教育部高等学校力学类专业教学指导委员会推荐教材

科学出版社"十三五"普通高等教育本科规划教材
航空宇航科学与技术教材出版工程

U0158104

振动力学——研究性教程

Vibration Mechanics — Research-oriented Coursebook

胡海岩 著

科 学 出 版 社
北 京

内 容 简 介

全书共分7章：第1章基于研究型学习需求，提出6个研究案例和12个科学问题作为学习全书的引导；第2章从美学角度回顾振动力学基础教程的主要理论和方法，为学习后续章节提供富有哲理的思想方法；此后几章分别讨论振动系统的模型、离散系统的振动、一维结构的固有振动、对称结构的固有振动、一维结构的波动与振动等问题，构成一个关于线性振动和波动的研究性教程框架，解决第1章所提出的12个科学问题。

本书体系新颖，内容来自作者长期从事人才培养、学术研究和工程咨询的经验和体会，具有学术深度；可激发读者开展以问题为导向的研究型学习，在学习和研究中实现对振动力学认知的螺旋式上升。

本书是振动力学基础教程的续篇，可供力学、航空、航天、机械、动力、交通、土木工程等专业高年级本科生和研究生作为研究型学习的教程。

图书在版编目(CIP)数据

振动力学：研究性教程/胡海岩著. — 北京：
科学出版社，2020.11
航空宇航科学与技术教材出版工程　教育部高等学校
力学类专业教学指导委员会推荐教材
ISBN 978-7-03-066651-2

Ⅰ．①振… Ⅱ．①胡… Ⅲ．①工程振动学-高等学校
-教材 Ⅳ．①TB123

中国版本图书馆 CIP 数据核字(2020)第 214132 号

责任编辑：徐杨峰／责任校对：谭宏宇
责任印制：黄晓鸣／封面设计：殷　靓

科 学 出 版 社 出版
北京东黄城根北街 16 号
邮政编码：100717
http://www.sciencep.com
南京展望文化发展有限公司排版
广东虎彩云印刷有限公司印刷
科学出版社发行　各地新华书店经销
*
2020 年 11 月第　一　版　开本：787×1092　1/16
2023 年 12 月第九次印刷　印张：23 3/4
字数：546 000
定价：**90.00** 元
(如有印装质量问题，我社负责调换)

航空宇航科学与技术教材出版工程
专家委员会

航空宇航科学与技术教材出版工程
编写委员会

丛书序

我在清华园中出生,旧航空馆对面北坡静置的一架旧飞机是我童年时流连忘返之处。1973年,我作为一名陕北延安老区的北京知青,怀揣着一张印有西北工业大学航空类专业的入学通知书来到古城西安,开始了延绵46年矢志航宇的研修生涯。1984年底,我在美国布朗大学工学部固体与结构力学学门通过Ph.D的论文答辩,旋即带着在24门力学、材料科学和应用数学方面的修课笔记回到清华大学,开始了一名力学学者的登攀之路。1994年我担任该校工程力学系的系主任。随之不久,清华大学委托我组织一个航天研究中心,并在2004年成为该校航天航空学院的首任执行院长。2006年,我受命到杭州担任浙江大学校长,第二年便在该校组建了航空航天学院。力学学科与航宇学科就像一个交互传递信息的双螺旋,记录下我的学业成长。

以我对这两个学科所用教科书的观察:力学教科书有一个推陈出新的问题,航宇教科书有一个宽窄适度的问题。20世纪80~90年代是我国力学类教科书发展的鼎盛时期,之后便只有局部的推进,未出现整体的推陈出新。力学教科书的现状也确实令人扼腕叹息:近现代的力学新应用还未能有效地融入力学学科的基本教材;在物理、生物、化学中所形成的新认识还没能以学科交叉的形式折射到力学学科;以数据科学、人工智能、深度学习为代表的数据驱动研究方法还没有在力学的知识体系中引起足够的共鸣。

如果说力学学科面临着知识固结的危险,航宇学科却孕育着重新洗牌的机遇。在军民融合发展的教育背景下,随着知识体系的涌动向前,航宇学科出现了重塑架构的可能性。一是知识配置方式的融合。在传统的航宇强校(如哈尔滨工业大学、北京航空航天大学、西北工业大学、国防科技大学等),实行的是航宇学科的密集配置。每门课程专业性强,但知识覆盖面窄,于是必然缺少融会贯通的教科书之作。而2000年后在综合型大学(如清华大学、浙江大学、同济大学等)新成立的航空航天学院,其课程体系与教科书知识面较宽,但不够健全,即宽失于泛、窄不概全,缺乏军民融合、深入浅出的上乘之作。若能够将这两类大学的教育名家聚集于一堂,互相切磋,是有可能纲举目张,塑造出一套横跨航空和宇航领域,体系完备、粒度适中的经典教科书。于是在郑耀教授的热心倡导和推动下,我们聚得22所高校和5个工业部门(航天科技、航天科工、中航、商飞、中航发)的数十位航宇专家为一堂,开启"航空宇航科学与技术教材出版工程",在科学出版社的大力促进下,为航空与宇航一级学科编纂这套教科书。

考虑到多所高校的航宇学科，或以力学作为理论基础，或由其原有的工程力学系改造而成，所以有必要在教学体系上实行航宇与力学这两个一级学科的共融。美国航宇学科之父冯·卡门先生曾经有一句名言："科学家发现现存的世界，工程师创造未来的世界……而力学则处在最激动人心的地位，即我们可以两者并举！"因此，我们既希望能够表达航宇学科的无垠、神奇与壮美，也得以表达力学学科的严谨和博大。感谢包为民先生、杜善义先生两位学贯中西的航宇大家的加盟，我们这个由18位专家（多为两院院士）组成的教材建设专家委员会开始使出十八般武艺，推动这一出版工程。

因此，为满足航宇课程建设和不同类型高校之需，在科学出版社盛情邀请下，我们决心编好这套丛书。本套丛书力争实现三个目标：一是全景式地反映航宇学科在当代的知识全貌；二是为不同类型教研机构的航宇学科提供可剪裁组配的教科书体系；三是为若干传统的基础性课程提供其新貌。我们旨在为移动互联网时代，有志于航空和宇航的初学者提供一个全视野和启发性的学科知识平台。

这里要感谢科学出版社上海分社的潘志坚编审和徐杨峰编辑，他们的大胆提议、不断鼓励、精心编辑和精品意识使得本套丛书的出版成为可能。

是为总序。

2019 年于杭州西湖区求是村、北京海淀区紫竹公寓

前　言

　　在我国高等工程教育中,力学、航空、航天、机械、动力、交通、土木等专业普遍开设以振动力学为核心内容的相关课程,如机械振动、结构振动、结构动力学等。这类课程对于提升未来工程师的科学素养和创新能力非常重要。面对从"中国制造"走向"中国创造"的历史性转变,我国未来的工程师需要具备对新颖、复杂的工程系统进行动力学建模、计算、分析、设计和测试的综合能力,逐步走向自主创新、原始创新。

　　作者自 20 世纪 80 年代起从事结构动力学与控制领域的学术研究和人才培养。早期,曾在南京航空航天大学为飞机设计、直升机设计等专业本科生讲授 60 学时的"结构振动"。近期,则在北京理工大学为飞行器设计与工程专业本科生讲授 32 学时的"结构动力学基础"。1997 年,作者将讲授"结构振动"的讲义扩充编写为《机械振动与冲击》,作为 60~80 学时课程的教材。2004 年,根据国防科学技术工业委员会的教材出版计划,又主编了《机械振动基础》,作为 40~56 学时课程的教材。这两本教材被许多高校选用,并被其他学者在学术论文中引用上千次。

　　在多年的科学研究和人才培养中,作者深刻体会到基本概念、基础理论的重要性。虽然在编写上述教材时,作者力求帮助读者建立清晰的基本概念,掌握坚实的理论基础,但限于本科生教材的基本框架和教学内容,无法对许多问题作详细阐述和深入研讨。

　　近年来,在理工科的本科教学改革中,以振动力学为核心的上述课程的学时数有大幅压缩,导致教学内容、课外实践等大为简化,教材内容也同样如此。目前,有些高校已将教学目标降低到为使用商业化软件服务。因此,许多正在攻读学位的研究生和刚入职的工程师在涉及与振动力学相关的研究时,表现出基本概念不清晰、理论基础不扎实、实验技能普遍缺乏等问题。他们向作者咨询时普遍反映,大学本科阶段学习的教材过于简单,而国内现有教材的内容大同小异,难以作为进一步提高的向导。

　　在上述背景下,作者萌发了撰写一本新教材的想法。将上述《机械振动基础》和《机械振动与冲击》作为振动力学基础教程(简称基础教程),撰写一本学习内容更加深入的研究性教程。以若干研究案例和科学问题作为教程的开篇,引导读者开展以问题为导向的研究型学习,在学习和实践中提升认知水平,实现对振动力学认知过程的螺旋式上升。

　　作为上述教育理念的尝试,本书在内容取材和写作风格方面不同于国内外现有的振动力学教材,其主要特点如下:

　　首先,本书在内容取材上聚焦线性振动和波动的若干问题,不求内容有宽覆盖面,但求有学术深度。鉴于基础教程中的非线性振动、随机振动、振动测试等内容属于选修内容,而且有专门的研究生教材,故本书不再涉及。

　　其次,本书在写作风格上针对振动理论及其应用中的若干问题展开研讨,包括问题的背景、提出的缘由、解决问题的思路、研究内容和结论等,试图引导读者进行深入思考,逐步展开研究型学习。

　　因此,本书的主要内容来自作者从事学术研究和人才培养的经验和体会。它既是一本教学用书,又是一部学术著作。希望它能为学习过 30~60 学时基础教程的读者提供更深入学习的参考,并在阅读中开展研究型学习。

　　读者可选用作者编写的《机械振动与冲击》或《机械振动基础》作为基础教程,在此基础上阅读本书。本书第 1 章和第 2 章的内容是阅读后续章节的引导,建议作为必读内容。此后各章的内容基本相互独立,读者可根据需要选择阅读,将其作为开展振动力学某个方面研究的入门引导。

　　哈尔滨工业大学(深圳校区)陈立群教授、北京航空航天大学邢誉峰教授审阅书稿并提出了宝贵意见,作者在此表示由衷感谢。同样也感谢在书稿完善过程中提供帮助的北京理工大学、南京航空航天大学的同事们,尤其是胡更开教授、金栋平教授、王怀磊副教授、王在华教授、王立峰教授、靳艳飞副教授、张丽副教授、黄锐副教授、周春燕副教授、罗凯助理教授。感谢科学出版社为提高本书出版质量付出的努力。

胡海岩

2020 年 5 月于北京

目　　录

第1章
研究型学习的起点

振动是指机械/结构系统在其平衡位置附近的往复运动。它既是古代先贤最早观察和思考的物理现象,也是当代设计师、工程师在机械与运载系统、建筑与基础设施的设计、制造和运行过程中必须解决的动力学问题。因此,振动已从早期少数物理学家、力学家出于好奇而钻研的个别问题,成为今天数以万计的工程科学家、设计师、工程师研究的普遍问题。

进入21世纪以来,随着上述工业产品从静态设计、动态校核向动态设计转变,不论是设计师,还是工程师,都必须具备振动力学方面的扎实理论基础,才能在实践中正确处理和解决工程问题,并不断有所创新。

在我国高等工程教育中,长期设有以振动力学为核心内容的若干门课程,包括机械振动、结构振动、结构动力学等,但现有的教学实践成效并不理想。因此,本章试图帮助读者确立学习振动力学的新起点,开展以问题为导向的研究型学习。

1.1 研究型学习需求

近年来,随着计算力学及其软件走向成熟,尤其是高性能数值仿真和显示技术的普及,工业产品的动力学建模、计算、分析和设计日益依赖计算力学软件。在这样的背景下,高等工程教育中与力学相关的课程不断压缩,基础理论、实验方法、课外实践等环节均受到影响,以振动力学为核心内容的上述课程同样如此,已影响到高等工程教育的质量。

例如,年轻一代设计师、工程师很少对所研制的产品建立简单的力学模型、分析主要系统参数对系统动态品质的影响,而是高度依赖计算力学软件,直接进行大量的数值仿真。面对总设计师和第三方评审时,他们能给出大量数值仿真的结果,但常常无法从力学机理上说明或预测尚未进行数值仿真的系统动态行为。近年来,在我国航空、航天工程项目研制中出现的若干动力学问题已表明,不少设计师、工程师对动力学问题的认知不够深入,这甚至可以追溯到在大学期间建立的理论基础不够扎实。

作者长期从事飞行器结构动力学与控制研究,也经常参加工程界的项目咨询和研讨。在多年的科学研究、人才培养和工程咨询中,深感基本概念、基础理论决定了综合素质和创新能力。目前,不论是来自学术界的学者,还是来自工业界的设计师和工程师,都认为我国高校的振动力学课程、教材内容、教学模式等无法满足高素质创新人才的培养要求。

面对这样的问题,高校教师,尤其是讲授振动力学类课程的教师有许多讨论,但提出的应对方案不外乎两类：一类是增加本科生的相关课时,恢复传统的教学和实践；另一类是加强研究生的相关理论基础和实践环节,以弥补上述短板。然而,上述两类应对方案的可行性和有效性并不高。

首先,增加本科生的相关课时有众多困难,只能在部分高校、部分专业进行尝试；而且即使在本科生教学中采用较长的学时和有深度的教材,也难以使初学者通过一次性学习就解决基本概念、基础理论方面的问题。人类的认知规律表明,认知水平的提升需要经历理论和实践的多重循环,才能逐步获得螺旋式上升。对于基本概念的理解、基础理论的掌握,需要通过不同视角的审视,通过处理综合性问题和研究型学习得以实现。

其次,研究生教育面临生源结构复杂、教学起点参差不齐、学位论文压力等问题,强化课程的学术深度也有困难。目前,以振动力学为核心内容的研究生课程普遍向振动测试方法、非线性振动、随机振动等内容拓展,学术深度不足。虽然许多研究生已不是振动力学的初学者,但通过这样的课程拓宽了知识结构,却并未学习如何研究和处理工程中的振动力学问题。

近年来,作者在与世界一流大学的许多著名学者交流中体会到,这是一个全球高等工程教育中的共性难题。在我国高校加速建设世界一流大学的背景下,我们应基于学术认知规律和研究入门规律,积极开辟创新之路来解决这样的共性难题。

因此,撰写本书的初心是帮助读者探索一种研究型学习的途径：通过若干研究案例,产生对相关科学问题的兴趣,带着学术兴趣思考和研究这些问题,在此过程中深化理论基础,学习研究方法。

本书试图从振动力学的几个研究案例出发,在线性振动范畴内介绍若干较为深入的学术内容,引发读者的深入思考。这些案例来自作者所从事的工程咨询、学术研究或教学过程。本章先介绍这些案例的提出背景、科学问题、研究思路,在后续章节将介绍具体的研究内容和研究结果,并给出若干继续思考与拓展阅读的内容。

1.2 研究案例和科学问题

现列举振动力学的若干研究案例,为读者阅读后续章节提供导引。这些案例有的来自作者参与的工程实践和学术研究,有的则来自作者的教学过程和师生交流。相对于振动力学的发展,它们大多属于"小问题",主要用来激发读者的学术兴趣和独立思考,进而去研究更具挑战性的"大问题"。

1.2.1 绳系卫星系统的初步论证

1. 背景概述

随着航天科技的发展,人们提出如下**绳系卫星系统**概念：基于空间站、飞船、母卫星等航天器,通过柔软的系绳释放和回收子卫星,完成航天器轨道调整、碎片捕获、系绳发电等任务。上述子卫星也称为绳系卫星。未来,人们还设想将多颗绳系卫星相互连接组网,构建具有长基线的天基雷达网来进行对地或对天的高精度观测。

图 1.1 是基于飞船释放和回收绳系卫星的示意图。其中,飞船沿地球轨道匀速飞行,

其质量为 M；子卫星质量为 m，且 $0 < m \ll M$。由于飞船质量远大于子卫星质量，可建立固定在飞船质心上的轨道坐标系 $oxyz$，其 x 轴指向地球质心，y 轴指向飞船速度方向，z 轴的指向服从右手法则。采用随时间 t 变化的系绳长度 $L(t)$、系绳在轨道平面的投影与 x 轴的夹角 $\varphi(t)$、系绳与轨道平面的夹角 $\theta(t)$ 来描述子卫星相对于飞船的运动。

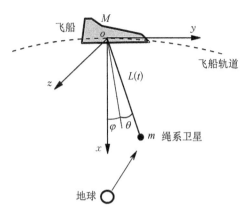

图 1.1　飞船-绳系卫星系统示意图

　　绳系卫星系统的核心技术是子卫星释放和回收控制，这无疑要基于对绳系卫星动力学的认知。在绳系卫星动力学研究中，涉及长度达数十千米、具有分布质量的系绳，它具有连续系统的动力学行为；涉及绳系卫星的上述三维大幅振动，这属于非线性动力学行为；还涉及绳系卫星运动中受到的 Coriolis 力、导电系绳在地球磁场中运动产生的 Lorenz 力等等。上述每个问题都富有挑战性[1][2]。因此，绳系卫星技术尚处于研究之中。

　　在绳系卫星系统的初步方案论证中，设计师需要研究绳系卫星缓慢释放或缓慢回收时的振动问题。为此，分析如下简化系绳-集中质量模型的振动：将上述轨道坐标系视为惯性坐标系，将子卫星视为不计转动惯量的集中质量，由固定长度的系绳将其与飞船相连接，考察系绳和卫星偏离 x 轴的振动。在此基础上，还可建立更复杂的系绳-刚体模型，研究子卫星的振动姿态。

　　若系绳-集中质量模型作系绳张紧的面内振动，则属于 1581 年意大利科学家 Galileo 所研究的单摆。然而，绳系卫星会发生图 1.2 所示的面内外振动，尤其是具有分布质量的系绳会发生弯曲振动，甚至产生图 1.2(c) 所示的弓形回旋运动。历史上，曾有多位学者研究过这类振动系统，并称其为**绳摆**；当端部质量为零时，则称为**重绳**，以强调重力场中绳的分布质量效应。在后续章节，将统一采用绳摆这一术语。对于端部质量为零的情况，将作特别讨论。

　　2. 问题概述

　　1）问题 1A：初步论证阶段的动力学建模

　　在绳系卫星系统的初步论证阶段，需要研究图 1.2(a) 和图 1.2(b) 所示绳摆在微重力（以下简称重力）作用下的平面内振动问题。参考图 1.3，将子卫星简化为不计转动惯量的集中质量 m，设系绳具有固定长度 L 和线密度 ρA，重力加速度为 g，研究子卫星在平衡位置附近的微振动问题。

　　与单摆相比，此处要计入系绳的分布质量，且重力加速度 g 可能很小。采用图 1.3 所示的连续模型来描述系绳动力学，由图 1.3 可见系绳各截面所受重力随弧长坐标 s 变化，

　　① Wen H, Jin D P, Hu H Y. Advances in dynamics and control of tethered satellite system [J]. Acta Mechanica Sinica, 2008, 24(3): 229-241.
　　② Alpatov A P, Beletsky V V, Dranovskii V I, et al. Dynamics of tethered space systems [M]. Baca Raton: CRC Press, 2010.

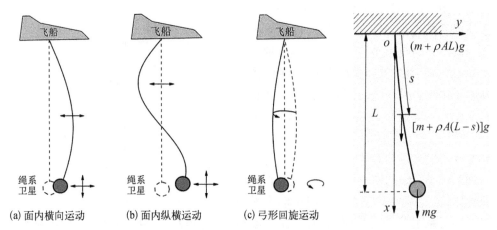

(a) 面内横向运动   (b) 面内纵横运动   (c) 弓形回旋运动

图 1.2   绳系卫星的典型振动形态   图 1.3   绳摆在重力场中的微振动

导致绳上端的张力最大,绳下端的张力最小,该系统的动力学方程是变系数的线性偏微分方程,求解有一定难度。如果采用离散模型来描述系绳动力学,是采用有限元法,还是采用 Ritz 法,或是集中参数法?

2) 问题 1B:重要参数对微振动的影响

在绳系卫星系统的初步论证阶段,设计师关注影响绳系卫星动力学行为的主要参数。例如,重力加速度 g、系绳长度 L、系绳线密度 ρA、子卫星质量 m 等参数的组合将如何影响绳系卫星的固有振动频率和固有振型,这些影响是否有简洁规律可循?

3. 研究思路

显然,上述两个问题具有逻辑关系,即解决问题 1A 的结果要服务于解决问题 1B。因此,在建立绳系卫星的动力学模型时,首先要考虑如何体现重力加速度 g、系绳长度 L、系绳线密度 ρA、子卫星质量 m 等参数对绳系卫星振动行为的影响。

虽然设计师、工程师普遍熟悉有限元法及其计算软件,但采用限元方法建立的动力学模型无法直接体现上述系统参数的作用。如果不假思索,直接选择四个参数 g、L、ρA 和 m,并各取 10 种情况进行组合,则需要进行 10^4 次数值仿真,这几乎不太可能。

如果采用基础教程所介绍的离散化方法,则有几种选择。虽然 Ritz 法可提供阶次低、精度高的离散化模型,但对于绳摆系统,猜想 Ritz 基函数颇有难度,难以实施;Rayleigh 法相对简单,较为可行,但只能预估绳摆系统的第一阶固有频率,这显然过于粗糙。

鉴于上述限定条件,可提出如下研究思路。第一步:用集中参数法建立绳系卫星系统的离散模型,并在建立其动力学方程后、计算其特征值问题前,初步分析重力加速度 g、系绳长度 L、系绳线密度 ρA、子卫星质量 m 等四个参数对绳摆系统固有振动的影响;第二步:建立绳系卫星系统的连续模型,研究其微振动的求解方法;第三步:将上述两种方法的结果进行对比,并分析上述四个参数对绳系卫星振动行为的影响。

第 3 章将介绍上述研究的第一步,给出初步结果;第 5 章将介绍研究的第二步和第三步,给出完整结果。读者若希望直接了解上述研究过程,可先阅读 3.1.3 小节,再阅读 5.1 节。

上述研究的结果令人鼓舞:影响绳摆系统固有振动的关键参数是端部质量比 $\eta \equiv$

$m/\rho AL$；绳摆的固有振型仅依赖 η，而固有频率除了依赖 η，还正比于 $\sqrt{g/L}$。这意味着，在重力场变化时，只需要对绳摆系统的固有频率按因子 $\sqrt{g/L}$ 做换算，而固有振型保持不变。

1.2.2　液压-弹性隔振系统的设计

1. 背景概述

在基础教程中，读者学习过单自由度隔振系统的基本原理，包括隔振系统阻尼比对隔振传递率的影响。在单自由度隔振系统设计中，人们总希望系统在共振频段具有较大阻尼比，能有效抑制共振；而在隔振频段具有较小阻尼比，能降低隔振传递率。然而，阻尼设计和调节并不容易。相对而言，液压环节的阻尼设计和调节技术比较成熟。

在汽车工业界，为了有效隔离汽车发动机在运行中传递到车身上的振动，工程师设计了**液压-弹性隔振系统**。该系统采用四个液压-弹性隔振器作为安装发动机的弹性支承，隔振器的剖面如图 1.4(a) 所示[①]。其中，a 是主橡胶弹性元件；其下方是上、下连通的油腔 b；c 是两个油腔之间的一组油孔；d 是次橡胶弹性元件，可通过其变形将油从下油腔挤压回到上油腔；e 是空气腔，提供适当的气压。该设计的初衷是通过调节油孔来获得理想的系统阻尼比。

在隔振系统设计中，工程师将车辆发动机和四个液压-弹性隔振器组成的隔振系统简化为图 1.4(b) 所示力学模型。其中，m 是发动机质量；左上侧弹簧 k_1 描述两个腔体内油的体积变化刚度；左下侧弹簧 k_2 描述次橡胶弹性元件的刚度；阻尼器 c_1 描述油流经油孔时的阻尼系数；右侧弹簧 k_4 描述主橡胶弹性元件的刚度；阻尼器 c_2 和弹性元件 k_3 串联成为 Maxwell 黏性流体环节，配合右侧弹簧 k_4 描述主橡胶弹性元件的黏弹性。

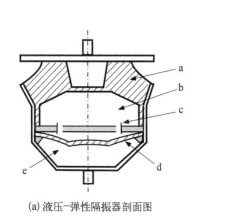

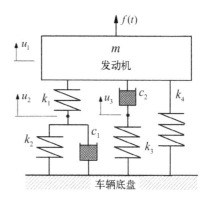

(a) 液压-弹性隔振器剖面图　　　　　　(b) 隔振系统的力学模型

图 1.4　车辆发动机的液压-弹性隔振系统

2. 问题概述

1) 问题 2A：阻尼效果出现反常

在该液压-弹性隔振器中，当油流经油孔时会产生阻尼，通过调节孔数、孔径、孔截面

---

① Morello L, Rossini L R, Pia G, et al. The automotive body. Volume II: System design[M]. New York: Springer, 2011.

形状等途径,可以改变阻尼系数大小。但计算和实验表明,通过这些途径增加液压-弹性隔振器的阻尼系数后,对隔振系统的共振峰抑制几乎没有效果。因此,工程师们感觉非常诧异,已非常成熟的液压阻尼竟然会产生与经典振动理论不相符的结果。他们质疑,为何会发生这样有悖于力学直觉的问题?

2)问题2B:如何确定系统自由度

在经典动力学中,将描述系统运动所需的最少独立坐标数作为系统的**自由度**。对于集中参数系统,系统自由度取决于系统内的集中质量(惯性元件)数量。图1.4(b)所示系统只有一个集中质量,似乎是单自由度系统。但仅采用集中质量的位置坐标 u_1 无法描述整个系统的运动,还需要引入图1.4(b)中的两个位置坐标 u_2 和 u_3 来描述弹簧和阻尼器的运动,故该系统又似乎是三自由度系统。工程师们质疑,该系统究竟有几个自由度?

3. 研究思路

事实上,上述两个问题的根源是同一个。在基础教程中所介绍的振动系统中,较少涉及弹簧与阻尼器相互串联的力学模型。在上述两个问题中,正是由于弹簧与阻尼器串联,而它们的连接点上无集中质量,导致系统自由度数发生退化,故阻尼系数对系统阻尼比的贡献也发生了变化。

以图1.5所示的集中质量-阻尼器-弹簧**串联系统**为例[①],除了用坐标 u_1 描述集中质量的运动,还要用坐标 u_2 描述弹簧与阻尼器连接点的运动,故系统不是单自由度系统。设想连接点的质量趋于零,则系统动力学方程为

$$\begin{cases} m\dfrac{d^2 u_1(t)}{dt^2} + c\left[\dfrac{du_1(t)}{dt} - \dfrac{du_2(t)}{dt}\right] = 0 \\ c\left[\dfrac{du_2(t)}{dt} - \dfrac{du_1(t)}{dt}\right] + ku_2(t) = 0 \end{cases} \tag{1.2.1}$$

对式(1.2.1)进行消元处理,得到仅含系统位移 $u_1(t)$ 的三阶常微分方程,即

$$\frac{1}{k}\frac{d^3 u_1(t)}{dt^3} + \frac{1}{c}\frac{d^2 u_1(t)}{dt^2} + \frac{1}{m}\frac{du_1(t)}{dt} = 0 \tag{1.2.2}$$

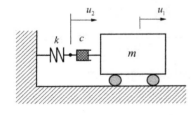

图1.5 集中质量-阻尼器-弹簧串联系统

如果视系统速度 $du_1(t)/dt$ 为未知量,则式(1.2.2)类似于单自由度系统的位移动力学方程,可类比求解得到 $du_1(t)/dt$,再积分即获得 $u_1(t)$。即该系统还具有单自由度系统的部分属性。更有趣的是,由式(1.2.2)可见:当 $c > \sqrt{mk}/2$ 时,该串联系统才产生衰减振动;且串联系统的阻尼比应定义为 $\zeta \equiv \sqrt{mk}/(2c)$,即阻尼系数 c 越大,系统阻尼比 ζ 越小。

因此,对上述两个问题提出如下研究思路:第一步,研究问题2B,即离散系统的自由

---

① 胡海岩. 机械振动与冲击[M]. 北京:航空工业出版社,1998:26.

度问题,尤其是系统中弹簧与阻尼器串联导致的系统自由度退化问题;第二步,研究问题2A,即具有退化自由度的系统阻尼比问题。

在第一步研究中,鉴于式(1.2.1)中第二式是速度约束关系,而且无法经过积分成为关于 $u_1(t)$ 和 $u_2(t)$ 的代数方程,属于分析力学中的非完整约束问题。在图1.4(b)所示的液压-弹性隔振系统中,有两套弹簧-阻尼器串联分支,导致更为复杂的速度约束关系,也属于分析力学中的非完整约束问题。因此,应对分析力学中的非完整约束问题进行分析,研究系统自由度退化问题。

在第二步研究中,由于研究对象是线性系统,可拓展现有模态分析方法,分别开展时域分析和频域分析,揭示阻尼与系统动力学行为之间的关系。

第3章将开展第一步研究,第4章转向第二步研究,依次解决问题2B和2A。若读者希望直接了解上述研究,可先阅读3.2节,再阅读4.1节。此外,3.3节介绍的黏弹性阻尼系统也涉及自由度退化问题。

1.2.3 系统振动中的两类不动点

1. 背景概述

在学习基础教程时,读者已感受到动力学与静力学之间有很大差异。以固支-自由梁为例,在其自由端施加静载荷时,除了梁的固支端,梁上各点均产生变形。但对于同样的梁,当其做第二阶以上的固有振动时,各阶固有振型均存在不发生运动的**节点**,即不动点;当对该梁施加频率缓慢变化的简谐激励时,会存在特定的激励频率,使梁上某些点不运动,呈现**反共振**现象,这些点也属于不动点。

在工程设计中,如果能巧妙利用上述两类不动点,无疑具有重要意义。以在图1.6(a)所示固支-自由结构上安装仪器问题为例,若基础运动 $u(t)$ 激发的结构响应 $v(x,t)$ 以第二阶固有振动为主,当无法抑制共振时,则应将仪器安装在结构根部或结构的第二阶固有振型节点 $x=x_1$ 处,进而降低仪器的垂向振动。又如,在我国台北101大厦的抗风振设计中,设计师发明了图1.6(b)所示的动力消振器(又称动力吸振器、谐调阻尼器等),通过四组(每组四根)钢丝绳,从大厦顶层悬挂下一个质量达660吨的钢球,利用动力消振器在大厦顶层悬挂点产生的反共振现象来降低大厦高层的风激振动。该设计已成为土木工程领域对高层建筑开展减振设计的著名案例。

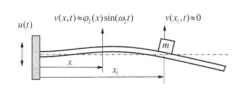

(a) 将仪器安装在结构固有振型节点处   (b) 中国台北101大厦的动力消振器

图1.6 主动利用结构振动的两类不动点

然而,人们对上述现象及其机理的认知还不够充分。在不少著作、教材和手册中,对固有振型节点或反共振的讨论存在不妥之处。

例如,20 世纪 50 年代至 80 年代,我国学者编写的振动力学教材大多借鉴国外学者的著作,尤其是苏联学者的著作。许多教材都以弦或杆为例,介绍其第 r 阶固有振型具有 $r-1$ 个节点,并断言链式系统皆具有这样的性质,或认为振动系统均有此性质。作者在大学本科阶段所学习的《理论力学》和《振动理论》教材中,都有类似论断。由我国著名学者集体编写的机械工程手册中,也有类似表述。事实上,读者回顾基础教程可知,这些论断肯定不适用于薄膜和薄板。

又如,现行基础教程都基于两自由度系统的反共振现象来介绍动力消振器原理。将受简谐激励的单自由度阻尼系统作为主系统,不受激励的单自由度无阻尼系统作为次系统,当激励频率与次系统固有频率重合时,主系统产生反共振,成为不动点。许多学者在著作和教材中称,此时主系统的能量转移到次系统,即次系统吸收了主系统的振动。事实上,既然主系统不运动,外激励做功就为零,能量转移之说自然不妥。

2. 问题概述

1）问题 3A：链式系统的固有振型节点数

苏联数学家 Гантмахер 和 Крейн 证明,弦、杆和梁的第 r 阶固有振型具有 $r-1$ 个节点[①]。对于一般的链式振动系统,该结论是否成立?

2）问题 3B：动力消振器是否吸收激励能量

该问题的本质是,多自由度振动系统产生反共振的力学机理是什么?需要满足怎样的频率条件和能量传输条件?

3. 研究思路

上述两个问题与前两小节提出的问题不同,它们并非来自工程实践,而是来自学术兴趣。研究这类问题,难以事先制定一套研究方案,但在开展研究前有必要梳理好研究思路。

对于问题 3A,作者是在大学本科阶段产生疑惑,进入硕士研究生阶段着手探索的。通过咨询上述教材的编著者得知,相关结论出自苏联数学家 Гантмахер 和 Крейн 的俄语专著,但作者当时无法阅读该著作,而该专著的汉译本到 2008 年才问世。要质疑他人的理论,就要提出反例。既然理论出自著名数学家之手,构造反例的思路自然是力学,而不是数学。多年后,作者阅读 Гантмахер 和 Крейн 著作的汉译本时发现:当年构造的所有链式系统反例,确实均不满足他们证明固有振型节点数定理时所需的振荡矩阵条件。

作者对于问题 3B 的研究,始于获得博士学位之后。根据当时的研究经验,将研究分解为三步。首先,鉴于反共振现象发生于至少有两个自由度的系统,故选择具有一般性的两自由度阻尼系统,研究其频响函数矩阵的特性,分析系统内外的能量传输问题。其次,对于反共振现象能否发生,即频响函数是否具有反共振频率,构造具有可调参数的两自由

---

① 甘特马赫,克列因.振荡矩阵、振荡核和力学系统的微振动[M].王其申,译.合肥:中国科学技术大学出版社,2008：94-151.

度无阻尼系统,研究参数变化时系统固有频率和反共振频率的演化,包括两个固有频率重合时的反共振问题。最后,将上述分析过程和结果推广到多自由阻尼系统。

第 4 章将介绍对上述两个问题的研究。4.2 节讨论问题 3A,即链式系统的固有振型节点数问题。4.3 节讨论问题 3B,针对任意两自由度阻尼系统,分析反共振的力学机理;4.4 节则讨论多自由度阻尼系统的反共振问题。

1.2.4　不同结构竟有相同固有频率

1. 背景概述

20 世纪 80 年代,作者协助张阿舟教授编写《结构振动》教材时,整理等截面 Euler-Bernoulli 梁在各种齐次边界条件下的固有频率方程,发现若不计刚体运动而仅关心弹性振动,则固支-固支梁与自由-自由梁的固有频率相同,铰支-固支梁与铰支-自由梁的固有频率相同。例如,图 1.7(a) 所示固支-固支梁与自由-自由梁具有相同的第一阶固有频率,尽管它们的固有振型完全不同;图 1.7(b) 所示的铰支-固支梁与铰支-自由梁也具有相同的第一阶固有频率,但具有完全不同的固有振型。

根据结构振动理论或工程经验,对结构增加约束之后,结构的各阶固有频率通常都会升高。对于上述自由-自由梁和铰支-自由梁,将梁的自由端完全固支,而梁的固有频率竟然没有发生任何变化,这种现象无疑令人诧异,作者也曾一度困惑不解。

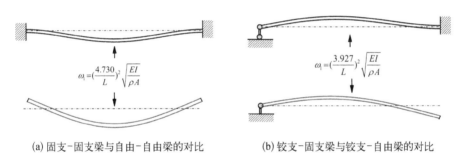

$$\omega_1 = (\frac{4.730}{L})^2 \sqrt{\frac{EI}{\rho A}}$$

$$\omega_1 = (\frac{3.927}{L})^2 \sqrt{\frac{EI}{\rho A}}$$

(a) 固支-固支梁与自由-自由梁的对比　　　　(b) 铰支-固支梁与铰支-自由梁的对比

图 1.7　梁在不同边界条件下具有相同固有频率

此后,作者在教学过程中发现了上述问题的端倪。在基础教程中,已给出等截面固支-固支梁和自由-自由梁分别满足如下动力学方程边值问题:

$$\begin{cases} \rho A \dfrac{\partial^2 v(x,t)}{\partial t^2} + EI \dfrac{\partial^4 v(x,t)}{\partial x^4} = 0 \\ v(0,t) = 0, \quad v_x(0,t) = 0, \quad v(L,t) = 0, \quad v_x(L,t) = 0 \end{cases} \tag{1.2.3}$$

$$\begin{cases} \rho A \dfrac{\partial^2 v(x,t)}{\partial t^2} + EI \dfrac{\partial^4 v(x,t)}{\partial x^4} = 0 \\ v_{xx}(0,t) = 0, \quad v_{xxx}(0,t) = 0, \quad v_{xx}(L,t) = 0, \quad v_{xxx}(L,t) = 0 \end{cases} \tag{1.2.4}$$

式中,L 是梁的长度;A 是梁的截面积;I 是梁的截面惯性矩;ρ 是材料密度;E 是材料弹性模量;$v(x,t)$ 是梁的动挠度;x 是从梁左端起度量的位置坐标;t 是时间。在边界条件中,

$v_x(x, t) \equiv \partial v(x, t)/\partial x$，$v_x(0, t) \equiv v_x(x, t)\mid_{x=0}$，其他可类推。

将式(1.2.4)中的动力学方程对位置坐标 x 求两次偏导数，引入梁在小变形时的曲率 $\kappa(x, t) \equiv v_{xx}(x, t)$，则式(1.2.4)可改写为

$$\begin{cases} \rho A \dfrac{\partial^2 \kappa(x, t)}{\partial t^2} + EI \dfrac{\partial^4 \kappa(x, t)}{\partial x^4} = 0 \\ \kappa(0, t) = 0, \quad \kappa_x(0, t) = 0, \quad \kappa(L, t) = 0, \quad \kappa_x(L, t) = 0 \end{cases} \tag{1.2.5}$$

将式(1.2.5)与式(1.2.3)对比可见，它们的形式完全相同。因此，若不计刚体运动，这两种梁的固有频率相同。对于铰支-固支梁和铰支-自由梁，可类似进行处理。20 世纪末，作者在主编的基础教程中建议读者思考这一问题[①]。

此后二十多年，不曾有读者和作者讨论这个问题。直到不久前，作者早年指导的一位博士询问该问题，引发如下思考。

2. 问题概述

1) 问题 4A：不同梁具有相同固有频率的机理

等截面梁的挠度和曲率都属于对梁变形的几何描述。等截面梁在不同边界条件下的曲率动力学方程边值问题和挠度动力学方程边值问题形式相同，其背后的力学机理是什么？变截面梁是否也有类似现象和力学机理？

2) 问题 4B：上述问题及其机理的普适性

对于其他结构，如变截面的弹性杆和轴等一维结构，是否也有类似的现象和力学机理？

3. 研究思路

对于等截面梁，其弯矩与曲率成正比，即 $M(x, t) = EI\kappa(x, t) = EIv_{xx}(x, t)$。因此，可以将式(1.2.5)改写为

$$\begin{cases} \rho\tilde{A} \dfrac{\partial^2 M(x, t)}{\partial t^2} + E\tilde{I} \dfrac{\partial^4 M(x, t)}{\partial x^4} = 0 \\ M(0, t) = 0, \quad M_x(0, t) = 0, \quad M(L, t) = 0, \quad M_x(L, t) = 0 \end{cases} \tag{1.2.6}$$

式中，$\rho\tilde{A} \equiv 1/EI$；$E\tilde{I} \equiv 1/\rho A$。此时，自由-自由梁的弯矩动力学方程边值问题与固支-固支梁的位移动力学方程边值问题形式相同。从能量角度看，求解梁的固有振动问题，既可以用挠度作为基本未知函数，也可以用弯矩作为基本未知函数[②]。因此，可将位移和弯矩所描述的相同形式动力学方程边值问题称为**对偶**，包括动力学方程对偶和边界条件对偶，固支-固支梁和自由-自由梁相互对偶，铰支-固支梁和铰支-自由梁相互对偶。

引入弯矩描述后，对偶研究可拓展到变截面梁。允许截面变化后，可根据一根变截面梁及其边界条件，构造另一根截面变化不同的梁，使它们具有相同固有频率；还可改变这根梁的边界条件，使其保持原来的固有频率。

---

① 胡海岩. 机械振动与冲击[M]. 北京：航空工业出版社，1998：159-160.
② 胡海昌. 弹性力学的变分原理及其应用[M]. 北京：科学出版社，1981：100-101.

采用类似思路,可研究杆和轴的固有振动对偶问题。例如,采用内力描述自由-自由杆,即可获得与位移描述固定-固定杆对偶的结果。轴的扭转振动与杆的纵向振动具有相同形式的动力学方程,自然有类似结果。

第 5 章将介绍对上述两个问题的近期研究和结果。5.2 节研究问题 4B,即两根杆(或两根轴)在固有振动中的对偶问题,包括它们具有不同截面变化、相同截面变化和等截面的情况。5.3 节研究问题 4A,即两根梁在固有振动中的对偶问题,也包括 5.2 节的几种截面情况。针对等截面杆和等截面梁,7.2 节和 7.4 节分别讨论了纵波和弯曲波在对偶边界处的相似行为。

1.2.5　对称结构的频率密集模态

1. 背景概述

在工程中,对称结构比比皆是。例如,飞机、汽车沿行驶方向左右对称,又称**镜像对称**。又如,图 1.8 所示的航空发动机叶盘、卫星射电望远镜天线均具有**循环对称性**,即它们绕中心轴旋转角度 $2\pi/n$ 后,与旋转前完全一致。上述结构采用对称性设计,既有结构外观需求,更有功能需求。

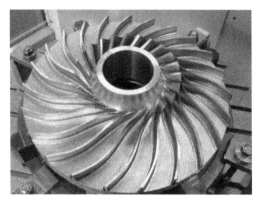 

(a) 航空发动机叶盘 ($n=23$)　　　　　　　(b) Spektr-R 卫星示意图 ($n=27$)[①]

图 1.8　典型的循环对称结构

人们很早就发现,利用系统对称性可简化力学计算。以镜像对称结构的受迫振动计算为例,可将任意激励分解为对称部分和反对称部分,它们分别激发对称和反对称振动;取半个结构计算这两种情况,将结果叠加就是任意激励下的振动。又如,对于循环对称结构的固有振动,人们自 20 世纪 70 年代起提出多种简化计算方法,只要计算结构的 n 个扇形区域之一,就可获得整个结构的固有振动。对于航空发动机叶盘、燃气轮机叶盘等循环对称结构,通常 $n \geqslant 10$,这样的计算方法可大幅提高计算效率。

近年来,随着计算力学和计算机技术的迅猛发展,上述利用结构对称性的计算方法逐步走向成熟。目前,工程界基本上不再为简化计算而苦恼。然而,设计师、工程师又面临结构对称性产生的若干新问题。

---

① 陈求发. 世界航天器大全[M]. 北京:中国宇航出版社,2012:329.

2. 问题概述

1）问题 5A：对称结构固有振动的不可重复

在作者参与的工程咨询中，曾多次涉及对称结构振动问题。工程师们反映，这类结构的固有频率非常密集，振动试验的可重复性差。例如，在对循环对称结构进行振动试验时，会测量到多组频率非常接近的固有振动，其对应的固有振型不同。这些振型旋转某个角度后似乎相同，但重复振动试验得到的结果又不同。对于工业产品设计和研制来说，产品交付前的这类试验结果不可重复属于大忌。出现这类问题的原因是什么？

2）问题 5B：含中心轴的循环对称结构振动

在循环对称结构振动研究领域，几乎所有文献的研究对象都是像图 1.8(a) 所示的环形结构，即循环对称结构在中心轴处是固定的，或是空心的，不发生动态变形。然而，工程中有许多循环对称结构与中心轴相交，会在中心轴处产生动态变形，如图 1.8(b) 所示天基射电望远镜的天线等。这两类循环对称结构有何不同，对前者的研究和结论能否推广到后者？

在早期对前一类循环对称结构的振动研究中，英国力学家 Thomas 分析过驻波问题，指出结构中的行波沿环向形成驻波[①]。此后，人们对这类结构振动分析提出的多种方法也都印证了这种驻波观点。因此，学者们普遍认为，如果循环对称结构在中心轴处发生振动，则结构内的行波不再是环向驻波，对前一类循环对称结构的研究和结论无法推广到后者。

3. 研究思路

对于问题 5A，其本质是结构对称性导致的重频固有振动。在振动力学界，人们了解这种现象，但普遍认为实际结构不会是理想对称结构，不存在重频现象。因此，在振动力学的教学中，大多不涉及重频固有振动问题。在工程界，人们对重频固有振动知之不多，即使在具体结构的固有振动计算中发现重频现象，也认为属于特殊行为。研究该问题的思路是，首先分析结构对称性导致的重频固有振动，了解重频造成的归一化固有振型不唯一。然后，针对结构固有频率分布的密集性，选择对重频固有振动贡献足够大的少数几个固有振动，建立降阶模型来研究结构对称性受到小扰动后的固有频率和固有振型变化，分析固有振动不可重复的原因。

对于问题 5B，作者从考察简单的圆板、圆环板固有振动问题入手，发现它们并无本质差异。即它们的固有振动既有沿环向的驻波，又有沿径向的驻波。对于上述两类循环对称结构，其固有振动也应如此。它们的唯一差异是：对于前一类循环对称结构，其任意两个扇形区域仅有一条公共边界；对于后一类循环对称结构，其中心轴属于所有扇形区域的公共边界，需满足的边界条件有别两个扇形区域间的公共边界。因此，只要对中心轴上的自由度进行特殊处理即可，不必研究驻波如何形成这样的复杂问题。

第 6 章将介绍对上述两个问题的研究和结果。6.1 节以四边铰支矩形板的固有振动为例，讨论结构小扰动对重频固有振动的影响，定性回答问题 5A。6.2 节和 6.3 节系统地研究循环对称结构固有振动问题，彻底解决问题 5B。

---

① Thomas D L. Standing waves in rotationally periodic structures[J]. Journal of Sound and Vibration, 1974, 37(2): 288-290.

1.2.6 细长结构的瞬态响应

1. 背景概述

近年来,航天结构正朝着大型化、轻柔化方向发展。例如,图 1.9 中论证的天基太阳能电站在长度方向达到 7 km,单个太阳能帆板的面积达 3 km²[①]。在太空构建这样的结构,受多方面因素制约,只能采用非常轻柔的材料和构型。这导致结构的固有频率极低,结构受扰动后的动响应衰减很慢。

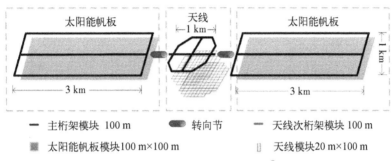

图 1.9 空间太阳能电站构想[①]

在现有的航天器结构设计中,几乎不考虑结构的波动响应。这是因为弹性波在金属结构中的传播速度为 km/s 量级,对于尺度为 m 量级的金属结构,弹性波在激发后的瞬间就完成多次反射,其高频成分的能量被结构阻尼耗散,最终形成以低频成分为主的动态响应。但若结构尺度达到 km 量级时,结构受扰动后的动响应衰减非常慢,呈现低频波动特征。因此,航天结构设计师日益关心大型空间结构,尤其是细长结构的瞬态响应问题,包括波动问题。

2. 问题概述

1) 问题 6A:波动分析的模态方法

弹性波在有限尺度的结构中传播时,会发生反射、折射等现象,行为非常复杂。对于结构设计师来说,难以用波动分析方法来研究细长结构的动响应。此时,能否采用结构动力学中的模态方法来研究细长结构的波动响应,包括窄带波动响应和宽带波动响应?

2) 问题 6B:冲击响应分析的模态方法

对于结构振动分析,初始位移扰动和初始速度扰动似乎并无本质差异。但由冲击载荷产生的初始速度扰动通常是一个不光滑的动态过程,导致结构内产生不光滑、不连续的应力波。对于这样的冲击响应问题,采用上述结构动力学中的模态方法还是否有效?

3. 研究思路

上述两个问题既有区别,又有联系。前者关心结构动响应的频域模态级数展开是否快速收敛,后者关心结构动响应在时空域的光滑性。但从数学角度看,这都与模态级数的展开特性有关,因为结构动响应在时空域的光滑性直接影响到模态级数解的收敛速度。

① Cheng Z A, Hou X B, Zhang X H, et al. In-orbit assembly mission for the space solar power station[J]. Acta Astronautica, 2016, 129: 299-308.

对于问题 6A,可选择杆和梁作为对象,通过对比各自动响应的精确解和模态级数解,研究波动分析和振动分析的关联性。还可针对杆截面变化、横向惯性、弹性边界等引起的波动频散,研究模态级数解的收敛性。

对于问题 6B,以杆和梁的冲击响应为例,研究具有间断的速度波和应变波,讨论模态级数解的有效性、收敛速度等,获得定性和定量结论。

第 7 章将以一维结构为例,介绍对上述两个问题的研究。其中,7.1 节和 7.2 节讨论杆的波动和振动;7.4 节和 7.5 节讨论梁的波动和振动,侧重介绍波动频散问题及其对计算的影响,回答问题 6A;7.3 节讨论杆的冲击响应分析,通过波动精确解和模态级数近似解的对比回答问题 6B;7.5 节进一步讨论梁的冲击响应问题,给出处理问题 6B 时更为实用的模态级数截断原则。

1.3　本书体系和内容

本书的体系设计和内容选取旨在引导读者开展研究型学习。首先,在第 1 章中提出若干科学问题,作为开展研究型学习的起点。然后,在第 2 章进行研究型学习的准备,从美学视角回顾振动力学基础教程的重要内容,提供必要的学术基础和思想方法。在第 3 章至第 7 章,分别介绍对第 1 章所提出科学问题的研究内容和研究结果。在每章末,均提出继续思考和拓展阅读的要求。各章的主要内容如下:

第 1 章介绍开展振动力学研究型学习的起点。阐述本书的撰写思想,即引导读者通过研究型学习来实现认知水平的螺旋式上升。根据这样的学习需求,提出若干具有综合性的问题和研究这些问题的思路,激发读者的学术兴趣和相关思考,引导后续学习,并思考如何发现和提出问题。

第 2 章为进行振动力学的研究型学习作准备。从美学视角回顾振动力学基础教程中的重要内容,帮助读者做好学术基础和思想方法的准备。该章的内容和体系完全不同于基础教程,希望读者从新视角、新高度来领会振动力学的理论和方法,并以这样的视角和高度去阅读后续章节。

第 3 章介绍振动系统动力学建模中的若干问题,包括连续模型的离散化、离散模型的自由度、结构阻尼模型等。重点介绍从连续到离散、从无限到有限所涉及的问题,非完整约束导致的系统半自由度问题,以及用黏弹性阻尼逼近结构阻尼的方法,而后者也涉及系统半自由度问题。该章对第 1 章中提出的问题 1A、1B 和 2B 给出具体研究和结果。

第 4 章介绍离散系统的若干振动问题,包括非完整约束系统的振动理论、一维系统的固有振型节点规律、简谐激励下的离散系统反共振规律、基于频响函数矩阵的结构动态修改等。该章对第 1 章中提出的问题 2A、3A 和 3B 给出具体研究和结果。

第 5 章介绍一维结构的若干固有振动问题,包括绳摆在重力场中的固有振动、杆和梁在固有振动中的对偶性问题,即两种不同的杆或梁在怎样的截面变化和边界条件下具有相同固有频率。该章对第 1 章的问题 1A、1B、4A 和 4B 给出具体研究和结果。

第 6 章介绍对称结构的固有振动分析,包括镜像对称和循环对称这两类结构,重点是对称性导致的结构重频固有振动问题。先以矩形薄板作为切入点,分析对称性导致的重频固有振动,以及矩形薄板受结构小扰动后产生的固有振动对称性破缺;再详细讨论循环对称结构的固有振动计算和固有振动特征。该章对第 1 章的问题 5A 和 5B 给出具体研究和结果。

第 7 章介绍杆和梁的波动和振动问题,包括它们的稳态简谐响应和冲击响应分析,重点是用波动分析方法和模态分析方法来研究杆和梁的动响应,给出它们的比较,尤其是用模态方法研究波动问题的可行性。该章对第 1 章的问题 6A 和 6B 给出具体研究和结果。

最后,通过附录对第 7 章中的一维波动作补充,概要介绍三维弹性波的描述和分解、平面波和球面波、简谐平面波在半无限弹性介质界面处的反射、Rayleigh 表面波等内容,给出了较为详细的推理过程。

本书作为引导读者开展学术研究的著作,第 3 章至第 7 章的内部结构布局类似于论文集,每节相当于一篇论文,始于研究背景,止于研究结论。但在介绍研究内容时,则采用教材风格,给出详细的推理,并配有大量注解和例题。此外,每章末均给出若干建议思考的问题和拓展阅读的文献。

第 1 章和第 2 章的内容具有通识性,其阅读相对比较轻松,学习难点是阅读后的独立思考。第 3 章至第 7 章彼此基本独立,读者可选择阅读,但按章节顺序阅读和学习则更佳。在阅读第 3 章至第 7 章的过程中或过程后,读者若重新阅读第 1 章和第 2 章,相信又会有新感悟,并引发新思考。

1.4　思考与拓展

(1)选读文献[①~⑧];梳理振动与波动研究的历史和脉络,列出五项左右具有里程碑意义的研究进展,并阐述研究者提出问题或解决问题的关键之处。

(2)对于绳系卫星系统,讨论将其简化为图 1.2(a)和图 1.2(b)所示绳摆面内振动模型的合理性,列出该简化模型应满足的力学条件。

(3)对于图 1.5 中的振动系统,如何给定初始条件来分析系统受扰动后的自由振动?在实验中如何实现这样的初始条件?

(4)参考 1.2 节的研究案例,提出一个在工程或生活中遇到的振动力学问题,列出可能的研究方案,阐述如何验证研究结果的正确性。

(5)在科学研究中,大胆猜想和严谨推理同样重要。试对问题 6A 和 6B 的结果进行猜测,并根据力学直觉来阐述理由。

①　胡海岩. 机械振动与冲击[M]. 北京:航空工业出版社,1998:1-188.
②　刘延柱,陈立群,陈文良. 振动力学[M]. 第 3 版. 北京:高等教育出版社,2019:1-8.
③　戴宏亮. 弹性动力学[M]. 长沙:湖南大学出版社,2014:1-8.
④　张策. 机械动力学史[M]. 北京:高等教育出版社,2009:1-293.
⑤　Balachandran B, Magrab E B. Vibrations[M]. 3rd edition. Cambridge:Cambridge University Press. 2019:1-10.
⑥　Rao S S. Vibration of continuous systems[M]. Hoboken:John Wiley & Sons, 2007:1-30.
⑦　Craig Jr R R. Structural dynamics[M]. New York:John Wiley and Sons, 1981:1-12.
⑧　Graff K F. Wave motion in elastic solids[M]. Columbus:Ohio State University Press, 1975:1-8.

第 2 章
研究型学习的准备

面对第 1 章基于研究案例提出的科学问题,读者能否开展高水平的研究型学习,既取决于学术基础,还取决于学习方法和学术品位。本章简要回顾振动力学基础教程中的主要理论和方法,为读者阅读全书提供必要学术基础。为了帮助读者改进学习方法、提高学术品位,本章打破基础教程的内容体系,从美学视角来回顾上述内容,促使读者开展较为综合的思考。

2.1 科学美概述

美学属于哲学的分支学科。迄今,人们尚未对美学建立统一的定义。通常,美学被称作是艺术的哲学,是研究感性知识的科学,是研究人对现实的审美观体系的科学等。具体地看,美学主要研究美的存在(包括类型和形态及彼此间的关系)、美的感受(包括美感的产生与发展、美感的性质与特征、美与美感的关系等)、美的创造与审美教育等①。

人们将科学本身展示的外在与内在的美称作科学美,将统一、和谐、简洁、整齐、对称等作为科学美的主要标志②。例如,德国天文学家 Kepler 将其论述行星运动规律的专著命名为《宇宙的和谐》,认为所发现的行星运动规律展示了宇宙科学之美。

在数学、物理学的研究中,人们非常重视科学美,指出许多理论和方法具有和谐、简洁、对称等美学特征。例如,数学中的线性算子理论、群论等,物理学中的 Maxwell 方程、Einstein 质能关系等,都充分展现了科学美。

振动力学根基于数学、物理学等基础科学,很自然地具有科学美的基本特征。20 世纪 80 年代,作者为本科生讲授"结构振动"课程时,曾从美学视角引导学生对课程内容进行归纳和总结,获得学生的正面反馈。因此,作者在 20 世纪末撰写论文,阐述振动力学及其发展中的美学问题③,后来又将该思考拓展到工程科学中的美学问题④。

本章基于上述论文和演讲的学术思想③④,从科学美角度回顾基础教程所介绍的振动力学主要理论和方法,阐述它们之间的内在联系。

---

① 蒋孔阳. 美与审美观[M]. 上海:上海人民出版社,1985:1-345.
② 徐本顺,殷启正. 数学中的美学方法[M]. 大连:大连理工大学出版社,2008:1-184.
③ 胡海岩. 对振动学及其发展的美学思考[J]. 振动工程学报,2000,13:161-169.
④ 胡海岩. 科学与艺术演讲录[M]. 北京:国防工业出版社,2013:183-201.

2.2　振动力学的美学特征

2.2.1　统一性

在振动力学的理论体系中,部分与部分、部分与整体之间具有高度的和谐,形成了一个统一的、优美的整体。例如,线性结构离散模型的动力学方程总是一类线性二阶常微分方程组,而线性结构连续模型的动力学方程总是一类线性偏微分方程组。如果将上述结构分解为若干子结构,每个子结构的模型仍具有相同形式的微分方程组。这表明,整个振动力学具有相当统一的理论框架。一旦在某个分支的研究中有所突破,往往会带动整个学科的发展。

基础教程主要关注线性振动系统,即具有输入 $f(t)$ 和输出 $u(t)$ 的线性动态系统。线性系统具有两个基本性质,即**齐次性**和**可加性**。采用数学语言,可将线性系统定义为输入和输出之间的线性映射 $L: f(t) \mapsto u(t)$,而齐次性和可加性则表述为

$$\begin{cases} L[\alpha f(t)] = \alpha L[f(t)] = \alpha u(t), \quad \alpha \in (-\infty, +\infty) \\ L[f_1(t) + f_2(t)] = L[f_1(t)] + L[f_2(t)] = u_1(t) + u_2(t) \end{cases} \tag{2.2.1}$$

如果以振动力学语言阐述这两个基本性质,则称线性系统的输入和输出关系满足**叠加原理**,即在线性系统上施加多种输入(包括初始扰动、多个外激励)时,系统总输出(即动响应)是各输入引起的输出之和。基于上述线性系统叠加原理的振动力学理论具有令人惊叹的统一性。

现考察具有 n 个自由度的线性系统,其动力学满足如下线性常微分方程组的初值问题:

$$\begin{cases} M\ddot{u}(t) + C\dot{u}(t) + Ku(t) = f(t) \\ u(0) = u_0, \ \dot{u}(0) = \dot{u}_0 \end{cases} \tag{2.2.2}$$

式中, $f: t \mapsto \mathbb{R}^n$ 是系统的激励列阵; $u: t \mapsto \mathbb{R}^n$ 是系统的位移列阵; $u_0 \in \mathbb{R}^n$ 是初始位移列阵; $\dot{u}_0 \in \mathbb{R}^n$ 是初始速度列阵; $\mathbb{R}^n$ 是 n 维实向量空间,此处称作系统**位形空间**; $M \in \mathbb{R}^{n \times n}$ 是对称正定的质量矩阵; $K \in \mathbb{R}^{n \times n}$ 是对称正定/半正定的刚度矩阵; $C \in \mathbb{R}^{n \times n}$ 是对称阻尼矩阵, $\mathbb{R}^{n \times n}$ 是 $n \times n$ 的实矩阵空间。

基于叠加原理,由式(2.2.2)所描述的线性系统动响应可表示为[①]

$$u(t) = U(t)u_0 + V(t)\dot{u}_0 + \int_0^t h(t - \tau)f(\tau)\mathrm{d}\tau \tag{2.2.3}$$

式中, $U: t \mapsto \mathbb{R}^{n \times n}$ 是单位初始位移引起的系统响应矩阵; $V: t \mapsto \mathbb{R}^{n \times n}$ 是单位初始速度引起的系统响应矩阵; $h: t \mapsto \mathbb{R}^{n \times n}$ 是单位理想脉冲引起的系统响应矩阵。即系统响应包括两部分:一是零激励下非零初始状态引起的系统响应;二是零初始状态下非零激励引起的

① 胡海岩.机械振动与冲击[M].北京:航空工业出版社,1998:115-127.

系统响应,后者被称作**Duhamel 积分**。

例 2.2.1:对于单自由度线性系统,式(2.2.3)可简化为标量函数形式,即

$$u(t) = U(t)u_0 + V(t)\dot{u}_0 + \int_0^t h(t-s)f(s)\,\mathrm{d}s \qquad (a)$$

式中,

$$\begin{cases} h(t) = \dfrac{1}{m\omega_n\sqrt{1-\zeta^2}}\exp(-\zeta\omega_n t)\sin(\omega_n\sqrt{1-\zeta^2}\,t) \\[3mm] U(t) = \exp(-\zeta\omega_n t)\left[\cos(\omega_n\sqrt{1-\zeta^2}\,t) + \dfrac{\zeta}{\sqrt{1-\zeta^2}}\sin(\omega_n\sqrt{1-\zeta^2}\,t)\right] \\[3mm] V(t) = \exp(-\zeta\omega_n t)\dfrac{\sin(\omega_n\sqrt{1-\zeta^2}\,t)}{\omega_n\sqrt{1-\zeta^2}}, \quad t \geq 0 \end{cases} \qquad (b)$$

式中,m 为系统质量;ω_n 为系统固有频率;ζ 为系统阻尼比。若系统无阻尼,则式(b)可进一步简化为

$$h(t) = \frac{1}{m\omega_n}\sin(\omega_n t), \quad U(t) = \cos(\omega_n t), \quad V(t) = \frac{\sin(\omega_n t)}{\omega_n}, \quad t \geq 0 \qquad (c)$$

读者在阅读后续章节时,可不断感受振动力学的统一性。建议读者在阅读 3.2 节和 4.1 节、5.2 节和 5.3 节时,分别考察相关理论的统一性。

2.2.2 简洁性

首先,振动力学的理论体系具有清晰的纲目,具有最少构成要素的概念和结构。例如,线性振动力学的整个理论体系均基于叠加原理,可归结为少数几个非常简洁、无比深刻的定理和公式,式(2.2.3)就是其中之一。

其次,振动力学所研究的问题具有可分解性。例如,式(2.2.3)表明,线性系统的响应可分解为零激励时非零初始状态引起的响应和零初始状态时非零激励引起的响应。又如,图 2.1(a)中复杂的概周期振动时间历程 $w(t)$ 可通过 Fourier 变换分解为三个简谐振动之和,由图 2.1(b)显示的频谱幅值 $|W(f)|$ 很简洁。

将复杂振动力学问题进行分解并逐一求解,是振动力学研究的主线,并由此产生了模态分析、时域中的 Duhamel 积分、频域中的谱分析、空间域中的动态子结构法等。现以多自由度系统的**模态分析**为例,来说明振动力学研究的这一主线。

设式(2.2.2)所描述系统的固有振动为 $\boldsymbol{u}_r(t) = \boldsymbol{\varphi}_r\sin(\omega_r t + \theta_r)$,$r = 1, 2, \cdots, n$,它满足的广义特征值问题为

$$(\boldsymbol{K} - \omega_r^2\boldsymbol{M})\boldsymbol{\varphi}_r = \boldsymbol{0}, \quad r = 1, 2, \cdots, n \qquad (2.2.4)$$

若所有的固有频率互异,即 $0 \leq \omega_1 < \omega_2 < \cdots < \omega_n$,则固有振型向量 $\boldsymbol{\varphi}_r \in \mathbb{R}^n$,$r = 1, 2, \cdots, n$ 满足**振型正交性**关系,即

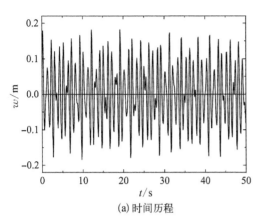

(a) 时间历程

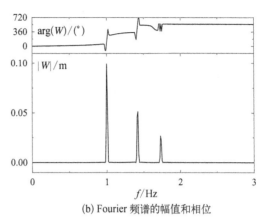

(b) Fourier 频谱的幅值和相位

图 2.1　概周期振动 $w(t) = 0.1[\sin(2\pi t) + 0.6\sin(2\pi\sqrt{2}t) + 0.3\sin(2\pi\sqrt{3}t)]$ 的两种描述

$$\boldsymbol{\varphi}_r^{\mathrm{T}} \boldsymbol{M} \boldsymbol{\varphi}_s = \begin{cases} M_r, & r = s \\ 0, & r \neq s \end{cases}, \quad \boldsymbol{\varphi}_r^{\mathrm{T}} \boldsymbol{K} \boldsymbol{\varphi}_s = \begin{cases} K_r, & r = s \\ 0, & r \neq s \end{cases}, \quad r, s = 1, 2, \cdots, n \quad (2.2.5)$$

式中，$M_r > 0$ 为第 r 阶模态质量；$K_r = M_r \omega_r^2 \geqslant 0$ 为第 r 阶模态刚度。

上述振型正交性表明，固有振型向量 $\boldsymbol{\varphi}_r$，$r = 1, 2, \cdots, n$ 线性无关，可作为位形空间 $\mathbb{R}^n$ 的基向量，将系统位移列阵 $\boldsymbol{u}(t)$ 表示为各阶固有振型的线性组合，得到

$$\boldsymbol{u}(t) = \sum_{r=1}^{n} \boldsymbol{\varphi}_r q_r(t) \quad (2.2.6)$$

人们将该表达式冠名为**模态分解**、**模态展开**、**模态叠加**等。

对于比例阻尼系统，固有振型向量关于阻尼矩阵也有正交性[①]，即

$$\boldsymbol{\varphi}_r^{\mathrm{T}} \boldsymbol{C} \boldsymbol{\varphi}_s = \begin{cases} C_r, & r = s \\ 0, & r \neq s, \quad r, s = 1, 2, \cdots, n \end{cases} \quad (2.2.7)$$

式中，$C_r \geqslant 0$ 为第 r 阶模态阻尼。将式 (2.2.6) 代入式 (2.2.2)，并将指标 r 换为 s，在结果两端左乘 $\boldsymbol{\varphi}_r^{\mathrm{T}}$，$r = 1, 2, \cdots, n$，再利用式 (2.2.5) 和式 (2.2.7) 的模态正交性，可得

$$\begin{cases} M_r \ddot{q}_r(t) + C_r \dot{q}_r(t) + K_r q_r(t) = f_r(t) \equiv \boldsymbol{\varphi}_r^{\mathrm{T}} \boldsymbol{f}(t) \\ q_r(0) = \dfrac{\boldsymbol{\varphi}_r^{\mathrm{T}} \boldsymbol{M} \boldsymbol{u}_0}{M_r}, \quad \dot{q}_r(0) = \dfrac{\boldsymbol{\varphi}_r^{\mathrm{T}} \boldsymbol{M} \dot{\boldsymbol{u}}_0}{M_r}, \quad r = 1, 2, \cdots, n \end{cases} \quad (2.2.8)$$

这是 n 个解耦的标量微分方程初值问题，可视为 n 个单自由度系统在初始扰动和外激励作用下的动响应问题。根据例 2.2.1 中的式 (a) 和式 (b)，可类比得到式 (2.2.8) 的动响应 $q_r(t)$，$r = 1, 2, \cdots, n$，代入式 (2.2.6) 即得到系统响应 $\boldsymbol{u}(t)$。

对于单自由度系统在任意激励 $f_r(t)$ 下的响应求解问题，读者已了解如下两种代表性方法：

---

① 胡海岩. 机械振动与冲击 [M]. 北京：航空工业出版社，1998：117 – 118.

一是在时域计算 Duhamel 积分(也称为**时域卷积**);即将外激励在时域分解为无穷多个理想脉冲激励,获得系统在单个理想脉冲激励作用后的自由振动响应,再对这些理想脉冲激励的自由振动响应求和。

二是在频域计算系统频响函数与激励频谱的积,再进行逆 Fourier 变换;即将外激励在频域分解为无穷多个简谐激励,获得系统在单个简谐激励下的稳态响应,再对这些简谐激励的稳态响应求和。

总之,这两种方法均基于线性系统的叠加原理,先对激励进行分解,获得单个激励下的响应,然后再进行求和。

建议读者在阅读 4.1 节、7.3 节和 7.5 节时,归纳和总结振动力学在时域、频域和空间域所涉及的分解与叠加。

2.2.3 整齐性

整齐一般指同一形状的重复。例如,图 2.2 中 NuSTAR 卫星的桅杆由许多相同单元构成,其端部安装掠射镜,用于探测宇宙黑洞。该桅杆在卫星发射前折叠,卫星入轨后展开,呈现优美的整齐性。

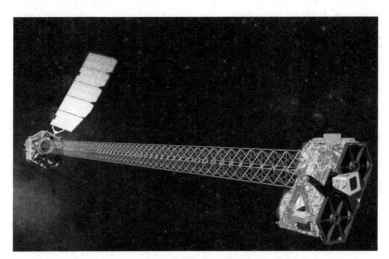

图 2.2　NuSTAR 卫星及其可折叠-展开桅杆①

在振动力学中,可列举出许多整齐的图案。例如,图 2.3 所示的周期振动比比皆是,其时间历程、相轨线都非常整齐。在图 2.4 中,两个简谐振动形成概周期振动,但由于彼此频率相近而产生调制,形成了整齐的拍现象。

在振动力学中,许多公式也具有整齐性。例如,将式(2.2.4)中的固有振型关于模态质量归一化,并引入如下振型矩阵:

$$\bar{\boldsymbol{\Phi}} \equiv [\bar{\boldsymbol{\varphi}}_1 \quad \bar{\boldsymbol{\varphi}}_2 \quad \cdots \quad \bar{\boldsymbol{\varphi}}_n] \in \mathbb{R}^{n \times n}, \quad \bar{\boldsymbol{\varphi}}_r \equiv \frac{1}{\sqrt{M_r}} \boldsymbol{\varphi}_r, \quad r = 1, 2, \cdots, n \quad (2.2.9)$$

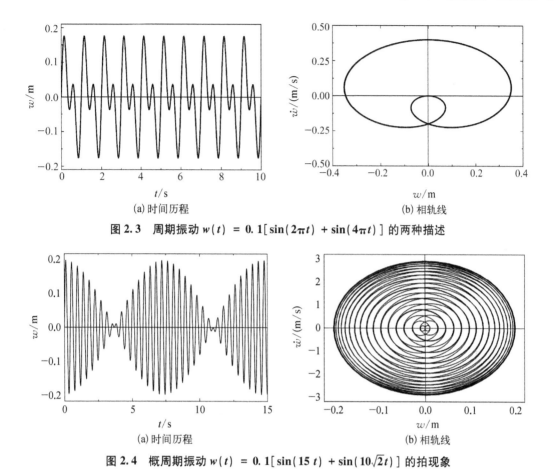

(a) 时间历程　　　　　　　　　　　(b) 相轨线

图 2.3　周期振动 $w(t) = 0.1[\sin(2\pi t) + \sin(4\pi t)]$ 的两种描述

(a) 时间历程　　　　　　　　　　　(b) 相轨线

图 2.4　概周期振动 $w(t) = 0.1[\sin(15\,t) + \sin(10\sqrt{2}t)]$ 的拍现象

可将式(2.2.5)表示为整齐的形式,得到

$$\bar{\boldsymbol{\Phi}}^{\mathrm{T}}\boldsymbol{M}\bar{\boldsymbol{\Phi}} = \boldsymbol{I}_n \in \mathbb{R}^{n\times n}, \quad \bar{\boldsymbol{\Phi}}^{\mathrm{T}}\boldsymbol{K}\bar{\boldsymbol{\Phi}} = \boldsymbol{\Omega}^2 \equiv \underset{1\leqslant r\leqslant n}{\mathrm{diag}}[\omega_r^2] \in \mathbb{R}^{n\times n} \qquad (2.2.10)$$

式中, $\boldsymbol{I}_n$ 为 n 阶单位矩阵;diag 表示对角矩阵。式(2.2.10)表明,在系统不同阶次的固有振动之间,动能互不耦合,势能也互不耦合。这样整齐的规律令人赏心悦目,过目不忘。

　　有趣的是,这类整齐性可在振动分析中得以保持。现以多自由度无阻尼系统为例,推导其自由振动表达式[①]。将模态展开式(2.2.6)写为矩阵形式,即

$$\boldsymbol{u}(t) = \bar{\boldsymbol{\Phi}}\boldsymbol{q}(t) \qquad (2.2.11)$$

将式(2.2.11)代入式(2.2.2)中的初始条件,得到由模态坐标表示的初始条件,即

$$\boldsymbol{q}(0) = \bar{\boldsymbol{\Phi}}^{-1}\boldsymbol{u}(0) = \bar{\boldsymbol{\Phi}}^{-1}\boldsymbol{u}_0, \quad \dot{\boldsymbol{q}}(0) = \bar{\boldsymbol{\Phi}}^{-1}\dot{\boldsymbol{u}}(0) = \bar{\boldsymbol{\Phi}}^{-1}\dot{\boldsymbol{u}}_0 \qquad (2.2.12)$$

参考例 2.2.1 中的式(c),可类比得到关于模态质量归一化的各阶模态的单位初始位移响应和单位初始速度响应为

① 胡海岩.机械振动与冲击[M].北京:航空工业出版社,1998:107 - 109.

$$U_r(t) = \cos(\omega_r t), \quad V_r(t) = \frac{\sin(\omega_r t)}{\omega_r}, \quad t \geqslant 0, \quad r = 1, 2, \cdots, n \quad (2.2.13)$$

将式(2.2.12)和式(2.2.13)代入式(2.2.11),得到系统自由振动的矩阵表达式,即

$$
\begin{aligned}
\boldsymbol{u}(t) &= \bar{\boldsymbol{\Phi}}[\, q_r(t)\,] = \bar{\boldsymbol{\Phi}}[\, U_r(t) q_r(0) + V_r(t) \dot{q}_r(0)\,] \\
&= \bar{\boldsymbol{\Phi}} \operatorname*{diag}_{1 \leqslant r \leqslant n}[\cos(\omega_r t)] \bar{\boldsymbol{\Phi}}^{-1} \boldsymbol{u}_0 + \bar{\boldsymbol{\Phi}} \operatorname*{diag}_{1 \leqslant r \leqslant n}[\sin(\omega_r t)/\omega_r] \bar{\boldsymbol{\Phi}}^{-1} \dot{\boldsymbol{u}}_0 \\
&= \boldsymbol{U}(t) \boldsymbol{u}_0 + \boldsymbol{V}(t) \dot{\boldsymbol{u}}_0 \quad\quad (2.2.14)
\end{aligned}
$$

其中,

$$\boldsymbol{U}(t) \equiv \bar{\boldsymbol{\Phi}} \operatorname*{diag}_{1 \leqslant r \leqslant n}[\cos(\omega_r t)] \bar{\boldsymbol{\Phi}}^{-1}, \quad \boldsymbol{V}(t) \equiv \bar{\boldsymbol{\Phi}} \operatorname*{diag}_{1 \leqslant r \leqslant n}[\sin(\omega_r t)/\omega_r] \bar{\boldsymbol{\Phi}}^{-1} \quad (2.2.15)$$

这正是单位初始位移引起的系统响应矩阵、单位初始速度引起的系统响应矩阵,它们皆具有整齐的形式。若从例2.2.1中的式(b)出发进行推导,可类似地得到多自由度阻尼系统的自由振动表达式。

此外,随着研究的不断深入,许多最初貌似杂乱无章的振动现象或复杂、冗长的数学表达式会在新的认知层次上呈现其内在的整齐性。例如,图2.1中概周期振动的时域图形看上去很复杂,而采用 Fourier 变换后得到的频域图形就很整齐。现代谱分析、小波方法则提供了揭示更杂乱振动信号内在整齐性和规律的有力工具。

建议读者在阅读4.1节、5.2节和5.3节时,从整齐性角度考察非完整约束系统的模态理论、一维结构的固有振动对偶等问题。

2.2.4　对称性

对称性可视为一种特殊的整齐性。许多结构具有几何和力学意义下对称性。例如,飞机、汽车、天安门城楼具有一个对称平面,法国的埃菲尔铁塔、埃及的金字塔具有两个对称面。图2.5所示的航空发动机叶盘具有循环对称性,其绕中心轴旋转角度 $2\pi/n$ 后保持不变。近年来,人们设计了图2.6所示的多种对称格栅结构,用于减少结构质量,提高力学性能。这些结构的对称性不仅具有系统功能上的需要,也给人们带来了视觉美的享受。

图2.5　航空发动机叶盘（$n = 24$）

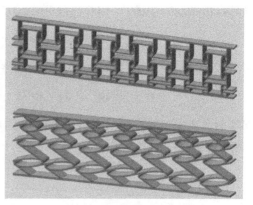

图2.6　轻质格栅结构

在基础教程中介绍的振动力学已涉及若干对称结构,例如,具有对称边界条件的等截面杆、等截面梁、矩形薄膜、矩形薄板等。在振动力学中,结构对称性既给人们带来了美的享受,也给这类结构的动力学建模、分析、计算和实验带来若干特殊问题。

例 2.2.2:考察图 2.7(a)所示简谐激励下的等截面铰支-铰支梁,讨论其结构左右镜像对称导致的振动特征。图 2.7(a)中梁的动力学方程边值问题为

$$
\begin{cases}
\rho A \dfrac{\partial^2 v(x,\,t)}{\partial t^2} + \eta EI \dfrac{\partial^5 v(x,\,t)}{\partial t \partial x^4} + EI \dfrac{\partial^4 v(x,\,t)}{\partial x^4} = f(x)\sin(\omega t) \\
v(0,\,t) = 0, \quad v_{xx}(0,\,t) = 0, \quad v(L,\,t) = 0, \quad v_{xx}(L,\,t) = 0
\end{cases} \tag{a}
$$

式中,L 为梁的长度;A 为梁的截面积;I 为梁的截面惯性矩;ρ 为材料密度;E 为材料弹性模量;$\eta > 0$ 为阻尼系数;ω 为激励频率;$f(x)$ 为激励的幅值分布。此外,$v_{xx}(x,\,t) \equiv \partial^2 v(x,\,t)/\partial x^2$,$v_{xx}(0,\,t) \equiv v_{xx}(x,\,t)|_{x=0}$,其他可类推。

采用分离变量法,得到梁的固有振动、固有频率和固有振型函数:

$$
v(x,\,t) = \varphi_r(x)\sin(\omega_r t), \quad \omega_r = \left(\frac{r\pi}{L}\right)^2 \sqrt{\frac{EI}{\rho A}}, \quad \varphi_r(x) = \sin\left(\frac{r\pi x}{L}\right), \quad r = 1,\,2,\,\cdots \tag{b}
$$

图 2.7(b)是铰支-铰支梁的前四阶固有振型函数,其中奇数阶固有振型函数关于 $x = L/2$ 对称,偶数阶固有振型函数关于 $x = L/2$ 反对称。

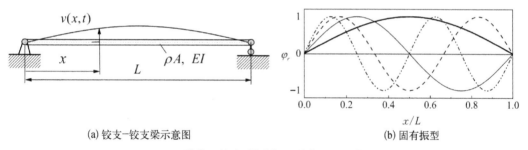

(a) 铰支-铰支梁示意图　　　　　　　　(b) 固有振型

图 2.7　等截面铰支-铰支梁及其前四阶固有振型

(粗实线:第一阶;细实线:第二阶;虚线:第三阶;点线:第四阶)

为了获得铰支-铰支梁在简谐激励下的动响应,将固有振型函数作为基函数,构造与式(2.2.6)类似的模态变换,即

$$
v(x,\,t) = \sum_{s=1}^{+\infty} \varphi_s(x) q_s(t) \tag{c}
$$

根据固有振型函数加权正交性,可将式(a)中的偏微分方程转化为一组解耦的常微分方程,得到

$$
M_r \ddot{q}_r(t) + \eta K_r \dot{q}_r(t) + K_r q_r(t) = f_r \sin(\omega_0 t), \quad r = 1,\,2,\,\cdots \tag{d}
$$

式(d)中的模态质量和模态刚度分别为

$$M_r = \rho A \int_0^L \varphi_r^2(x)\,\mathrm{d}x, \quad K_r = EI \int_0^L \left[\frac{\mathrm{d}^2\varphi_r(x)}{\mathrm{d}x^2}\right]^2 \mathrm{d}x, \quad r = 1, 2, \cdots \tag{e}$$

由于 $\eta K_r > 0$，式(d)中的瞬态响应随时间增加趋于零，故只需关注稳态响应。此时，式(d)中的模态响应 $q_r(t)$ 被激发程度取决于如下**模态激励**幅值，即

$$f_r \equiv \int_0^L \varphi_r(x) f(x)\,\mathrm{d}x \tag{f}$$

根据式(b)和式(f)，可推知如下结论。

(1) 当 r 为奇数时：$\varphi_r(x)$ 关于 $x = L/2$ 对称，此时若 $f(x)$ 关于 $x = L/2$ 反对称，则 $f_r = 0$，无法激发 $q_r(t)$。

(2) 当 r 为偶数时：$\varphi_r(x)$ 关于 $x = L/2$ 反对称，此时若 $f(x)$ 关于 $x = L/2$ 对称，则 $f_r = 0$，无法激发 $q_r(t)$。

从力学意义看，式(f)描述了分布激励 $f(x)$ 关于第 r 阶固有振型 $\varphi_r(x)$ 所做的功。因此，虽然上述两条结论来自铰支-铰支梁，但在对称结构的固有振动研究中具有普适性，可概括为：对称激励无法激发反对称固有振动；反对称激励无法激发对称固有振动。

如果某结构具有对称性，则该结构可剖分为两个以上相同的子结构。由于相同子结构携带冗余信息，故可消除冗余信息，简化动力学分析，获得对称结构的动力学特性。在研究这类对称性问题时，采用数学中的群论作为工具，可大幅降低动力学建模、分析、计算和实验的工作量。

例 2.2.3：图 2.8 所示的叶盘模型具有 6 根短叶片，叶盘绕其中心轴旋转 $2\pi/6$ 弧度时周期性重复。用群论的语言描述，则称该叶盘模型在循环群 C_6 上对称。根据循环群 C_6 的线性表示理论，只要取叶盘模型的 1/6 个扇形区域进行分析，然后通过 C_6 群线性表示理论中的基向量，构造出整个叶盘模型的固有振动特性，进而可大大降低计算工作量。更有趣的是，根据 C_6 群线性表示理论，可将叶盘模型的固有振动测试结果分类，构造出图 2.8 所示"固有振动模态周期表"[①]。从图 2.8 中的固有频率密集模态可见，这种理论分类可使人们在叶盘模型的振动测试中区分不同类型的固有振动，大大降低在对称结构固有振动测试中的盲目性。6.3 节将对相关理论和振动实验作详细介绍。

随着对振动力学理论学习的深入，读者会发现许多重要的公式也具有对称性，进而被振动理论的内在对称性所折服。

例如，对于由式(2.2.1)所描述的线性结构，可定义由频率 $\omega \in \mathbb{R}^1$ 到复矩阵空间 $\mathbb{C}^{n \times n}$ 的两个映射，即系统的**动刚度矩阵**和**动柔度矩阵**：

$$\boldsymbol{Z}(\omega) \equiv \boldsymbol{K} + \mathrm{i}\omega\boldsymbol{C} - \omega^2\boldsymbol{M}, \quad \boldsymbol{H}(\omega) \equiv \boldsymbol{Z}^{-1}(\omega) \tag{2.2.16}$$

式中，$\mathrm{i} \equiv \sqrt{-1}$。根据质量矩阵、阻尼矩阵和刚度矩阵的对称性，这两个矩阵的元素满足的对称关系为

$$Z_{ij}(\omega) = Z_{ji}(\omega), \quad H_{ij}(\omega) = H_{ji}(\omega), \quad i, j = 1, 2, \cdots, n \tag{2.2.17}$$

---

① 胡海岩，程德林. 循环对称结构固有模态特征[J]. 应用力学学报，1988，5(3)：1-8.

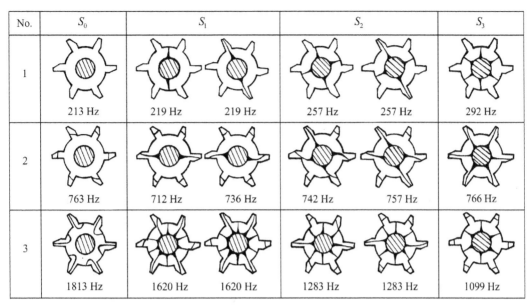

No.	S_0	S_1		S_2		S_3
1	213 Hz	219 Hz	219 Hz	257 Hz	257 Hz	292 Hz
2	763 Hz	712 Hz	736 Hz	742 Hz	757 Hz	766 Hz
3	1813 Hz	1620 Hz	1620 Hz	1283 Hz	1283 Hz	1099 Hz

图 2.8　C_6 群上对称叶盘模型的实测固有模态分类

式中,动柔度矩阵的元素 $H_{ij}(\omega)$ 是在系统的第 j 个自由度激励、第 i 个自由度测得的频响函数;而元素 $H_{ji}(\omega)$ 则是在系统的第 i 个自由度激励、第 j 个自由度测得的频响函数。它们彼此相同意味着:材料力学中的静态位移互等定理可推广到振动力学中的动态位移;在频响函数测试中,可根据设备条件决定采用单点激励、多点测量途径,或采用多点激励、单点测量途径。

第 6 章将专门讨论对称结构的振动问题,引导读者先根据力学直觉研究镜像对称结构的振动,再基于群论研究循环对称结构的振动,进而处理例 2.2.3 这类实际问题。

2.2.5　奇异性

奇异是指某些奇怪现象的极端。在力学发展史上,最早引起人们注意的奇异现象或许是压杆的静力失稳和桥梁的共振破坏。这类奇异现象往往并无先兆,突然发生。此后,人们在工程实践中发现许多类似突发现象。例如,飞行器速度达到某个临界速度时会发生机翼颤振,大跨度桥梁在某些风场中会出现涡激颤振等。

具有奇异的振动力学现象大多给人类带来过灾难性的后果。但人们一旦揭示出奇异现象的本质,它们就有可能造福人类,令人体会到奇异美。

例 2.2.4:考察受基础简谐激励的单自由度系统,将其响应幅值与激励幅值之比定义为传递率 T_d,图 2.9 给出不同系统阻尼比 ζ 时 T_d 与无量纲激励频率 $\lambda \equiv \omega/\omega_n$ 的关系。最初,人们只了解激励频率 ω 接近系统固有频率 ω_n 时会出现共振,即图 2.9 中 $\lambda \approx 1$ 时出现高耸峰值。由于多数结构的阻尼比约为 $\zeta \in (0.001, 0.05)$,对应的共振峰如图 2.9 中粗线所示,常常导致灾难。

在人们全面认识图 2.9 所示的振动传递率幅频响应规律后,不仅知道了如何避开共振或降低共振,而且还可利用 $\lambda > \sqrt{2}$ 时振动传递率小于 1 的特点,设计各种各样的隔振方案。

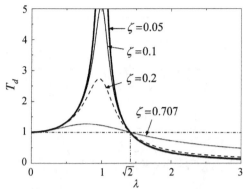

图 2.9　单自由度系统在基础简谐激励下的
响应传递率

在振动力学研究中,有些奇异现象来自处理实际问题时的某种理想化假设。例如,忽略结构阻尼,导致结构在简谐激励下的共振出现无穷大峰值。又如,将结构视为严格对称,导致其呈现重频固有振动等。现考察一个简化的对称结构,说明结构对称性导致的固有振动奇异性。

例 2.2.5: 图 2.10(a)中的轻质圆板中心点固定,在其周边上三等分安装了相同的集中质量 $m_1 = m_2 = m_3 = m$。现忽略板的惯性,将该系统简化为三自由度系统,分析其沿板法向的固有振动问题①。

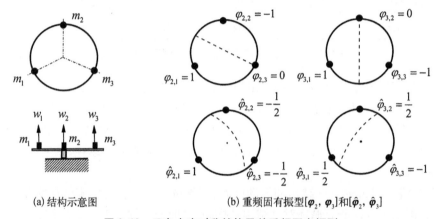

(a) 结构示意图　　　　　(b) 重频固有振型$[\boldsymbol{\varphi}_2,\boldsymbol{\varphi}_3]$和$[\hat{\boldsymbol{\varphi}}_2,\hat{\boldsymbol{\varphi}}_3]$

图 2.10　三自由度对称结构及其重频固有振型

首先,根据图 2.10(a)所示坐标系建立系统动力学方程,其矩阵形式如下:

$$m\ddot{\boldsymbol{w}}(t) + \boldsymbol{K}\boldsymbol{w}(t) = \boldsymbol{0}, \quad \boldsymbol{w} \equiv \begin{bmatrix} w_1 & w_2 & w_3 \end{bmatrix}^{\mathrm{T}} \tag{a}$$

根据对称性,圆板在三个集中质量安装点的法向位移刚度矩阵可表示为

$$\boldsymbol{K} = k\begin{bmatrix} 1 & \beta & \beta \\ \beta & 1 & \beta \\ \beta & \beta & 1 \end{bmatrix}, \quad \beta < 0 \tag{b}$$

式中,k 和 βk 分别为圆板的原点刚度系数和跨点刚度系数。

其次,将系统的固有振动表示为

$$\boldsymbol{w}(t) = \boldsymbol{\varphi}\sin(\omega t), \quad \boldsymbol{\varphi} \in \mathbb{R}^3 \tag{c}$$

将式(c)和式(b)代入式(a),得到广义特征值问题:

---

① 胡海岩. 机械振动与冲击[M].北京:航空工业出版社,1998: 103 - 106.

$$\begin{bmatrix} k - m\omega^2 & \beta k & \beta k \\ \beta k & k - m\omega^2 & \beta k \\ \beta k & \beta k & k - m\omega^2 \end{bmatrix} \boldsymbol{\varphi} = \mathbf{0} \qquad (d)$$

由式(c)解出三个特征值,由此得到对应的系统固有频率为

$$\omega_1 = \sqrt{\frac{(1 + 2\beta) k}{m}}, \quad \omega_2 = \omega_3 = \sqrt{\frac{(1 - \beta) k}{m}} \qquad (e)$$

对于固有频率 $\omega_1 = \sqrt{(1 + 2\beta) k/m}$,将其代入式(d),得到秩为 2 的齐次线性代数方程组,进而得到固有振型 $\boldsymbol{\varphi}_1 = \begin{bmatrix} 1 & 1 & 1 \end{bmatrix}^T$。这表明,在对应的固有振动中,三个集中质量作同向、同振幅的运动。

对于固有频率 $\omega_2 = \omega_3 = \sqrt{(1 - \beta) k/m}$,将其代入式(d),得到秩为 1 的齐次线性代数方程组为

$$k \begin{bmatrix} \beta & \beta & \beta \\ \beta & \beta & \beta \\ \beta & \beta & \beta \end{bmatrix} \boldsymbol{\varphi} = \mathbf{0} \qquad (f)$$

由此可得到一对线性无关的固有振型 $\boldsymbol{\varphi}_2$ 和 $\boldsymbol{\varphi}_3$,而且这种固有振型有无穷多对。例如,以下是两对线性无关的固有振型:

$$\boldsymbol{\varphi}_2 = \begin{bmatrix} 1 & -1 & 0 \end{bmatrix}^T, \quad \boldsymbol{\varphi}_3 = \begin{bmatrix} 1 & 0 & -1 \end{bmatrix}^T \qquad (g)$$

$$\hat{\boldsymbol{\varphi}}_2 = \begin{bmatrix} 1 & -1/2 & -1/2 \end{bmatrix}^T, \quad \hat{\boldsymbol{\varphi}}_3 = \begin{bmatrix} 1/2 & 1/2 & -1 \end{bmatrix}^T \qquad (h)$$

图 2.10(b)给出了它们对应的振动形态和节线。此时,只要选择一对线性无关的固有振型 $\boldsymbol{\varphi}_2$ 和 $\boldsymbol{\varphi}_3$,则它们的线性组合

$$\boldsymbol{\varphi} = c_2 \boldsymbol{\varphi}_2 + c_3 \boldsymbol{\varphi}_3 \qquad (i)$$

也满足式(d),自然也是固有振型。根据线性代数的观点,对应二重特征值 $\omega_2^2 = \omega_3^2$,其特征向量张成一个二维线性子空间,可选择特征向量 $\boldsymbol{\varphi}_2$ 和 $\boldsymbol{\varphi}_3$ 作为其基底,而这种基底有无穷多对,它们的线性组合自然位于该子空间中。

上述现象属于结构对称性导致的固有振动退化。若结构对称性被破坏,则 $\omega_2 \neq \omega_3$,自然会回归到常规情况。在对称性略有破坏的情况下,则有 $\omega_2 \approx \omega_3$,即结构具有密集固有频率。这种情况可称为**对称性破缺**。

为了直观地理解对称性破缺,现对图 2.10(a)所示系统的第二个集中质量进行调整,取其为 $m_2 = \delta m$,保持其他结构要素不变。计算结构各固有频率与 δ 之间的变化关系,进而理解这种奇异性。

图 2.11 以 $\beta = -0.2$ 为例,给出该系统各固有频率解支与参数 δ 之间的关系。在图中,解支 ω_1 关于 $\delta \in [0.8, 1.2]$ 单调递减;解支 ω_2 关于 $\delta \in [0.8, 1.0)$ 保持不变,解支 ω_3 关于 δ 单调递减;当 $\delta = 1$ 时,解支 ω_2 和解支 ω_3 相交,即两个固有频率相等;当 $\delta \in$

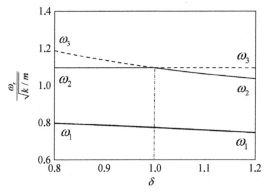

图 2.11　三自由度结构的固有频率关于对称性变化

(1.0，1.2] 时，解支 ω_2 单调递减，而解支 ω_3 保持不变。通常，将这种参数变化导致多个解支相交的情况称为**分岔**。

有趣的是，上述解支 ω_2 或解支 ω_3 中总有一个不随 δ 变化。事实上，该解支对应的固有振型或是 $\boldsymbol{\varphi}_2 = \begin{bmatrix} 1 & 0 & -1 \end{bmatrix}^{\mathrm{T}}$，$\delta < 1$，或是 $\boldsymbol{\varphi}_3 = \begin{bmatrix} 1 & 0 & -1 \end{bmatrix}^{\mathrm{T}}$，$\delta > 1$。它们以 m_2 为节点，即图 2.10(b) 中右上角的固有振型，故不受 m_2 变化的影响。

为了描述和分析奇异性，人们发展了许多数学工具和工程理论，例如，突变理论、奇异性理论、分岔理论等。它们不仅与奇异性现象相关，而且在研究思想上体现了新奇的色彩。对奇异性的研究结果通常具有令人折服的美学结构。例如，通过对非线性系统平衡点的奇异性研究，可以用简单表达式给出最可能发生的局部分岔及受扰动后所有可能发生的情况[①]。

建议读者阅读 6.1 节和 7.3 节时，结合矩形铰支板的对称性破缺问题、杆冲击响应中的应力波间断问题，体会如何研究振动力学中的奇异性。

2.3　振动力学之美的启示

自 20 世纪以来，世界范围内的工业化促进了振动力学的发展。若考察振动力学的若干突破性进展会发现，这主要依赖学术思想、研究方法的创新。因此，在振动力学的人才培养和科学研究中，应重视科学思想和研究方法。

2.3.1　思想方法

通过对振动力学中美的存在性和若干美学特征的分析，不难看出：发现并欣赏这种科学美，对于形成学习和研究振动力学的正确思想方法具有重要作用。现讨论和分析研究型学习中的几个问题。

1. 增强创新思维

创新的核心是创造性思维，而创造性思维不同于逻辑推理。要使思维成果超出已有知识的范围，必须运用想象、自觉和灵感思维。在科学研究中，只有透过复杂的、没有美感的现象，抓住其内在的、具有美学特征的本质，才能有所突破。

20 世纪以来，振动力学中若干新领域的开辟充分说明了创新的跳跃性和研究成果的科学美。

例如，人们很早就注意到，阵风中的旗帜飘扬、房屋的地震响应毫无规律可循。1905 年，瑞士物理学家 Einstein 面对杂乱无章的 Brown 运动，抓住了问题具有随机性与统

---

① 胡海岩.应用非线性动力学[M].北京：航空工业出版社，2000：146－154.

计规律的本质,运用随机过程给出了 Brown 运动的理论解释①,开创了对动力系统进行随机激励响应的研究。此后,一批学者致力于研究随机振动问题,开辟了随机系统动力学研究领域。如今,这些研究已成为航空、航天、土木、水利等工程的重要学术基础,直接造福人类。

又如,20 世纪前半叶,人们曾对非线性振动进行了大量研究,但一度止步不前。1963 年,美国气象学家 Lorenz 在计算由气象预报抽象出的 Benard 对流问题时,遇到貌似毫无规律的混沌现象。他坚信不是计算结果有问题,而是问题本身具有内在的随机性,进而发现了混沌现象。同年,美国数学家 Smale 构造了规则简单、逻辑优美的马蹄映射,揭示出混沌的内在数学结构②。他们的革命性思想,将非线性振动研究提升到非线性科学高度,推动振动力学研究进入一个新的历史时期。此后,人们不仅解决了许多非线性振动难题,而且在振动机械设计、能量采集技术等方面利用非线性振动。

上述由简到繁、由繁到简的认知过程充满了跳跃性思维,而研究结果又展示出科学美的内在规律。因此,能否自觉审美对能否创新有至关重要的意义。美育能提高人的感知力、想象力、创造力,使人的逻辑思维和形象思维得以协调发展。

2. 提升学术品位

在学术界有一种通俗的说法:一流学者将复杂问题简单化,三流学者将简单问题复杂化。形成这种差异的主要原因是学术品位,而学术品位则与研究兴趣密切相关。

例如,通过基础教程学习,读者已了解了 Rayleigh 商。英国物理学家 Rayleigh 曾因惰性气体研究而获得诺贝尔奖,但他早年的成名贡献是振动力学和声学研究,尤其是他青年时代基于能量分析提出估算振动系统最低阶固有频率的 Reyleigh 商。此前,人们对振动力学的研究很少从能量出发,Rayleigh 商开辟了振动力学研究的新途径,而且该结果普适、简洁、优美,充分展现了 Rayleigh 的科学品位。

又如,通过 2.2.4 小节和 2.2.5 小节的案例,可以看到对称性、对称性破缺及其关联性。这类性质充分体现了普适,简洁、优美,引发了许多重要研究。在振动力学发展历史上,一个著名案例就是德国科学家 Chladni 在 1787 年的实验中发现,矩形薄板具有对称固有振型节线,这激发法国力学家 Germain 和 Lagrange 等对矩形薄板振动的长期研究,最终形成了简洁、优美的理论。在自然科学其他分支中,也有许多类似追求简洁、优美的成功案例③。

一般来说,学术大师的代表作总是揭示一些基本的科学规律或提出通用的研究方法,具有统一、整齐、简洁等美的特征,能够成为永久性的科学文献。要取得这样的研究成果,必须具有高雅的学术品位和审美情趣,从而对所研究的问题产生锲而不舍的热情,坚持长期的探索。否则,重要的发现和结论往往擦肩而过。

3. 达到融会贯通

2.2.1 小节已介绍了振动力学的统一性,读者可在更高层面思考力学的统一

---

① Einstein A. Investigation on the theory of Brownian movement. English Translation of Einstein's Papers[M]. New York: Dover Publication, 1956.

② 胡海岩. 应用非线性动力学[M]. 北京: 航空工业出版社, 2000: 169 - 189.

③ Stewart I, Golubitsky M. Fearful symmetry[M]. Oxford: Blackwell Publisher, 1992: 26 - 242.

性,工程科学的统一性等,进而从总体上把握工程科学的理论框架。更具体地说,可以从深入理解振动力学出发,带着对科学美的感受,融会贯通其他的工程科学分支;也可以从研究其他工程科学分支中领悟科学美,更加深入地把握振动力学的本质。

例如,振动力学中的时域分析、频域分析、模态分析等方法均基于线性系统的叠加原理,自然适用于电气工程、控制工程中的线性系统分析。反之,这些工程系统研究中所发展的方法,尤其是控制理论与方法,已被大量移植和应用到振动力学之中。进入21世纪以来,科学研究的交叉和融合不断深化,呈现欣欣向荣的景象。

又如,许多科学家既从事振动力学研究,又从事其他领域的研究,在多个学术领域作出了重要贡献。早期从事振动力学研究的学者,大多既是力学家,又是物理学家、数学家。20世纪以来,英国物理学家 Rayleigh、美国力学家 Den Hartog、苏联力学家 Andronov 等著名学者,在振动力学研究中达到了融会贯通的境界,在多个工程科学研究领域取得重要成就。在我国力学家中,胡海昌先生早年研究弹性力学的板壳理论、变分原理,后在结构振动研究中取得重要成就;钟万勰先生早年研究结构力学、计算力学,近年来创立了结构动力学与控制的辛理论框架。对他们的知识结构和学术贡献进行分析,可以看到融会贯通多个学科的重要性。

可以预计,未来的振动力学将与更多的学科产生交叉,这迫切需要从事振动力学研究的学者能够进行跨学科研究。

4. 选择研究领域

不论对于研究集体,还是对于个人,选择可能取得突破的领域或问题至关重要。

首先,从美学角度来考察振动力学的发展。目前,在非线性动力学、随机动力学、声振耦合力学、流固耦合振动力学等学科分支,皆有许多不完美之处,存在许多内在规律不清的复杂现象。在工程实践中,尚未解决的复杂动力学问题更是比比皆是。例如,对飞行器研制工程中遭遇某些挫折的机理诠释,学术界的观点不尽相同,甚至还有许多争议,因为基于现有理论无法解释工程中的难题。这些都是学科未来发展的突破口。获取突破的一种有益尝试是:根据统一性、简洁性、整齐性、对称性、奇异性等振动力学的美学特征,思考和猜测一些重要理论问题的结论和复杂振动现象的内在规律,鼓励青年学者和研究生进行积极探索。

其次,可能取得的突破在目前的振动力学研究领域之外。例如,生命科学无疑是目前最具有吸引力的发展中学科。生命的节律可视为一种振动现象。然而与机械系统、电学系统乃至更一般的物理系统的振动相比,生命节律的起因非常复杂。以人们研究最多、拥有大数据的电生理现象为例,其数学模型具有极为复杂的非线性。然而,或许由于生物系统的自组织作用,它们的振动现象与一些简单机械系统的张弛自激振动非常相像[1]。根据科学美的简洁性原则,可否找到简单的数学建模方法或对这类复杂非线性系统进行约化的方法呢?

---

[1] Glass L, Mackey M C. From clock to chaos — the rhythms of life[M]. Princeton:Princeton University Press, 1988:1–248.

5. 坚定研究信心

简洁、对称、经济是自然界的普遍规律。科学家和哲学家很早就认识到"大自然不做多余之事",自然运动总是遵从"最小作用量原理"。理解大自然的这些本质,对于科学理论的简洁、对称之美必将怀有执着的信念。

例如,通过基础教程,读者已了解了 Fourier 变换的重要性。该变换在信号分析、自动控制等众多领域均有重要应用。具体地看,在时域信号 $w(t)$ 和频域信号 $W(\omega)$ 之间,具有如下形式优美、相互为逆的 **Fourier 变换**,即

$$\begin{cases} W(\omega) = \dfrac{1}{\sqrt{2\pi}} \displaystyle\int_{-\infty}^{+\infty} w(t) \exp(-\mathrm{i}\omega t)\, \mathrm{d}t, & \omega \in (-\infty, +\infty) \\[4mm] w(t) = \dfrac{1}{\sqrt{2\pi}} \displaystyle\int_{-\infty}^{+\infty} W(\omega) \exp(\mathrm{i}\omega t)\, \mathrm{d}\omega, & t \in (-\infty, +\infty), \quad \mathrm{i} \equiv \sqrt{-1} \end{cases} \tag{2.3.1}$$

自人类进入计算机时代以来,人们更加关注式(2.3.1)所对应的离散 Fourier 变换对,它们可表示为

$$\begin{cases} W(\omega_k) = \dfrac{\Delta t}{\sqrt{2\pi}} \displaystyle\sum_{j=1}^{N} w(t_j) \exp(-\mathrm{i}\omega_k t_j), & k = 1, 2, \cdots, N \\[4mm] w(t_j) = \dfrac{\Delta \omega}{\sqrt{2\pi}} \displaystyle\sum_{k=1}^{N} W(\omega_k) \exp(\mathrm{i}\omega_k t_j), & j = 1, 2, \cdots, N \end{cases} \tag{2.3.2}$$

由于式(2.3.2)所涉及的乘法运算要遍及所有的指标 j 和 k,实施一次变换的计算量正比于 N^2,这无疑是非常耗时的。历史上,曾有不少学者尝试如何快速计算离散 Fourier 变换对,但没有成功。

20 世纪 60 年代,美国计算工程师 Cooley 和 Tukey 坚信,离散 Fourier 变换对具有周期性和对称性,隐含了科学美的简洁性,应存在某种快速计算方法。他们经过不懈努力,终于找到利用周期性和对称性的简洁途径,提出了快速 Fourier 变换(简称 FFT)的蝶形算法,将计算量从 N^2 量级减少为 $N \log_2 N$ 量级。在振动信号分析中,经常采用的时间序列长度为 $N = 2^{10} = 1\,024$。由于 $N^2 / N \log_2 N = 102.4$,故 FFT 可提高计算速度大约百倍。

2.3.2　美学素养

科学技术研究的主体是人。当代素质教育强调对人的发展起长远和普遍作用的人文要素,以改善过于偏重工程技术教育的片面性。以下讨论与美学素养相关的几个问题。

1. 建立美学意识

首先,具备最基本的美学知识,才能建立审美意识,培养审美能力。早年,作者在"结构振动"教学中,结合对多自由度系统振动理论体系的小结,介绍一些科学美的基本特征,激发学生对美学的兴趣;然后,引导学生读一些科学美的普及性读物;在后继章节的教学中,启发学生自行寻找一些重要概念和结论的美学特征。经过这样的学习,不少学生会逐渐自觉地从美学角度来看待自己所学的知识。

因此,本书将科学美作为开展研究型学习的方法论,引导读者从美学角度回顾已学习

过的振动力学主要理论和方法,并在阅读后续章节过程中,主动从美学角度去思考新问题、新方法和新结果。

2. 以探索为导向

其次,审美能力的培养是以学习者为中心的。因此,不论是课堂教学,还是教材撰写,其内容必须使听众和读者具有愉悦感。喋喋不休地灌输审美意识,绝不会有好效果。启发式教学、研究型学习,才能使学习者处于发现主体的地位。听众和读者通过自主发现,自我超越,不断体会到"发现"的乐趣,从而使认知过程包含创新的萌芽。在中国传统的儒家美学思想中,将"完美"及"统一"视为美的最高境界。这对我国的传统教育思想具有重要影响,是教学过程中"满堂灌"和教材编写中"长而全"的思想基础之一。但这种"完美"观念会偏离美的新奇性特征,使听众和读者首先丧失兴趣,然后渐渐丧失主动思维。

为了改变现状,作者将本书设计成激发读者开展研究型学习的教程。在内容选择上不求全,而求有新意。在第1章,首先向读者介绍若干研究案例及相关科学问题。这些问题的规模不大,难度也不高,但值得思考和探索。在后续章节中,既介绍相关的理论和方法,帮助读者打好学术基础;又引导读者一步步解决这些问题,领悟如何跨入振动力学研究之门,进一步感受振动力学之美。

3. 亲历实践环节

审美能力的培养必须经历实践环节,建议读者从以下几个方面来进行实践。一是通过归纳整理理论体系、论证教程正文中未尽细节,增加对科学美的感受;二是针对本书各章末提出的问题,检索和研读相关学术文献,通过自己的思考,进行计算和实验,尝试解决或部分解决这些问题,在探索中增加对科学美的欣赏能力。

2.4 小 结

振动力学中的科学美是客观存在的,从而具有绝对性。但在每个历史阶段,人们对科学美的认识具有相对性。因此,必须把对科学美的认识作为不断完善的渐进过程,而不能将其绝对化,否则将会束缚自己的创新思维。

历史上,曾有不少科学家,甚至是著名科学家陶醉在某种理论的"完美"之中,因而延误了发展新理论。例如,人们很早就发现:对确定性系统施加确定性的输入,系统的输出具有确定性。这就是法国数学家 Laplace 提炼出的确定论思想。人们曾长期陶醉于这种完美。1963 年,美国气象学家 Lorenz 在计算 Benard 对流问题时发现某些呈现不确定性的混沌现象。由于人们已形成的思维定势,学术界在若干年后才逐步接受这种貌似不完美的新现象。而此后的深入研究表明,混沌、分形、孤立子等构成了新的科学美。

当今,人们所拥有的计算、实验条件和信息处理手段远比过去先进,尤其是计算条件日新月异。然而,对计算或实验结果的理解、讨论、提炼仍需要人工完成。只有具备出色科学和人文素养的科学家,才能从错综复杂、充满悬念的数据、图像、现象中感受其内在的科学美,不拘于已有的理论,获得突破性的研究进展。只要对振动力学的探索和研究沿着欣赏完美、发现不完美、探索更高层次完美的螺旋式道路去攀登,就会再创新的辉煌。

2.5　思 考 与 拓 展

（1）将振动力学与自动控制原理、线性系统等课程进行对比,给出三个以上案例,阐述它们具有统一性。

（2）阅读文献[1];对 2.2.2 小节中振动力学的简洁性案例进行补充。

（3）选读文献[2]-[6],对 2.2 节中振动力学的美学特征进行补充。

（4）阅读文献[7],借鉴自然科学其他分支中的对称性,指出 2.2.4 小节值得进一步改进之处。

（5）阅读文献[8],思考生命节律与振动力学之间的关联性。

① 胡海岩. 机械振动与冲击[M]. 北京:航空工业出版社,1998:1-188.
② 胡海岩. 对振动学及其发展的美学思考[J]. 振动工程学报,2000,13(2):161-169.
③ 胡海岩. 科学与艺术演讲录[M]. 北京:国防工业出版社,2013:1-242.
④ 张顺燕. 数学的美与理[M]. 第 2 版. 北京:北京大学出版社,2012:37-87.
⑤ 施大宁. 物理与艺术[M]. 第 2 版. 北京:科学出版社,2010:1-184.
⑥ 罗恩,邓鹏. 浅论力学研究中的一些思维方法与力学美[J]. 力学与实践,2004,26(1):76-78.
⑦ Stewart I, Golubitsky M. Fearful symmetry[M]. Oxford:Blackwell Publisher, 1992:26-242.
⑧ Glass L, Mackey M C. From clock to chaos — the rhythms of life[M]. Princeton:Princeton University Press, 1988:1-248.

第3章
振动系统的模型

振动力学是最早建立模型并基于模型进行研究的科学分支。1581 年,意大利科学家 Galileo 基于对教堂中吊灯摆动的观察,将石块系在绳端部来模拟吊灯,通过更换不同质量的石块,发现了单摆运动的等时性。这项伟大探索开创了科学研究的一种范式,即建立模型并基于模型进行研究。

在工程系统的动态分析和设计中,通常先基于已有认知和力学理论建立系统的动力学模型,然后才能进行动力学分析和设计。因此,振动系统的动力学建模具有基础性作用。能否建立正确的、简洁的动力学模型,既要依靠工程经验,更要依靠正确的概念、理论和方法。

读者通过 1.2.1 小节和 1.2.2 小节已了解,不论是绳系卫星系统,还是车辆发动机的液压-弹性隔振系统,其动力学建模都存在若干问题。对于前者,核心问题是如何将具有分布参数的结构系统进行离散,获得正确的、简洁的离散系统动力学模型;对于后者,则是如何确定离散系统的自由度,并正确理解和设计系统参数。此外,在动力学建模中,如何描述振动系统的阻尼是个难点,而基础教程对此介绍不足,读者有必要深入了解。

因此,本章首先介绍如何将具有分布参数的连续系统简化为离散系统。以变截面弹性杆为例,介绍其离散过程所涉及的若干理论问题,然后介绍绳系卫星系统的离散化研究。其次,针对有限维动力学模型,介绍由于非完整约束导致的系统自由度退化问题。最后,对于工程中常用的结构阻尼模型,指出其存在的问题和解决方案,而解决方案之一也涉及系统自由度问题。

3.1 连续系统及其离散模型

工程结构和机械系统都是连续系统,即它们的惯性、弹性和阻尼在一定的空间范围内连续分布。因此,对连续系统的运动和变形描述需采用关于空间坐标和时间坐标的连续函数,即连续系统的动力学方程是关于空间坐标和时间坐标的偏微分方程。

对于杆、梁、板等结构,基础教程通常选择微分形式的力学原理建模,即选择结构微单元分析受力,运用 Newton 定律或 d'Alembert 原理建立动力学方程。然而,有时采用这类方法较为困难。本节将介绍基于积分形式的力学原理来获得连续系统的动力学方程及其边界条件。

此外,求解上述偏微分方程非常困难,只有在等截面杆、等截面梁、等厚度薄板等情况下能得到精确解。基础教程已介绍了将连续系统离散化的若干方法,如集中参数模型、Ritz 法、有限元法等。本节在此基础上讨论若干更深入的问题,包括可离散化的前提,变截面结构、变刚度结构的离散化等。

3.1.1 连续系统的动力学模型

1. Hamilton 变分原理

在连续介质力学框架下,积分形式的力学原理有多种,最常用的是广义 Hamilton 变分原理。它既可以从连续介质的动力学方程导出,也可以作为基本原理来导出连续介质的动力学方程,两者相互等价。但从求解问题的结果看,连续介质动力学方程的解对光滑性要求高,属于强解;而变分原理的解是在积分意义下的平均解,对光滑性的要求低,属于弱解。在连续介质力学问题的近似求解中,变分原理具有特别重要的作用。本节将广义 Hamilton 变分原理作为基本原理来推导连续系统的动力学方程,不再从动力学方程出发推导该原理。

为了正确理解和应用广义 Hamilton 变分原理,首先阐述系统的几种位形。连续系统的位形可分为如下三类:A 类是满足边界条件、初始条件和动力学方程,经历时间演化而实现的**真实位形**,记作 Ψ_R;B 类是满足**几何边界条件**(即位移和转角条件)、经历无穷小位移而实现的**可能位形**,记作 Ψ_A;C 类是可能位形中不消耗时间即可达到的**虚位形**,记作 Ψ_V。

从上述三种位形的定义看,如果系统约束是定常的,则真实位形和虚位形是一致的,否则存在约束变化的时间差;可能位形包含真实位形和虚位形,系统抵达真实位形要消耗时间,而抵达虚位形不消耗时间。换言之,系统任意两个虚位形之差(即**虚位移**)是相同时刻的**等时变分**,其对应的运算记为 δ。设想系统从某个虚位形抵达另一个虚位形,将其内力和外力在虚位移上所做的功称为**虚功**,记为 δW。

1834 年,英国科学家 Hamilton 对保守系统提出了从可能位形中遴选真实位形的变分原理。后来,该原理被推广为适用于一般系统的如下原理。

广义 Hamilton 原理:对于任意的时间间隔 $t \in [t_1, t_2]$,记系统动能的等时变分为 δT,系统内力和外力所做的虚功为 δW,则在系统的可能位形 Ψ_A 中,真实位形 Ψ_R 满足

$$\int_{t_1}^{t_2} (\delta T + \delta W)\, \mathrm{d}t = 0 \tag{3.1.1}$$

如果系统的部分内力是有势力(如弹性力),可记其势函数为 V,将其对应的虚功 $-\delta V$ 从 δW 中分离出来,进而将式(3.1.1)表示为

$$\int_{t_1}^{t_2} (\delta T - \delta V + \delta W_n)\, \mathrm{d}t = 0, \quad \delta W_n \equiv \delta W + \delta V \tag{3.1.2}$$

式中,δW_n 是外力的虚功和内力中非有势力的虚功之和。

若系统是保守的,则式(3.1.2)中的 $\delta W_n = 0$。对具有完整约束的保守系统,式(3.1.2)中的积分运算和变分运算可交换顺序,进而得到积分驻值关系,即

$$\delta \int_{t_1}^{t_2} (T - V) \mathrm{d}t = 0 \tag{3.1.3}$$

对于非完整约束系统,可列举上述积分无法取驻值的反例[①]。

注解 3.1.1:与弹性力学或结构力学中讨论静变形问题的变分原理相比,广义 Hamilton 变分原理引入了由式(3.1.1)定义的时域积分泛函。从数学角度看,这属于固定端点的变分问题。从力学角度看,在任意时刻 t_1 和时刻 t_2,要求可能位形 $\mathbf{\Psi}_A$ 和真实位形 $\mathbf{\Psi}_R$ 完全相同,这样才能通过变分来确定真实位形。例如,若系统的可能位形为 $\mathbf{u}(x, t)$,$\mathbf{u}: \mathfrak{R}^3 \otimes \mathfrak{R}^+ \mapsto \mathfrak{R}^3$,则在两个时间端点上,系统的可能位形与真实位形相同,从而有

$$\delta \mathbf{u}(x, t_1) = \delta \mathbf{u}(x, t_2) = \mathbf{0} \tag{3.1.4}$$

例 3.1.1:1944 年,英国力学家 Love 在研究等截面杆的纵向振动问题时,计入杆纵向动态变形引起的**横向惯性效应**,建立了简化的一维动力学方程。如果采用微单元体受力分析来建立该动力学方程,将非常复杂。现基于广义 Hamilton 变分原理,建立该问题的一维动力学方程。

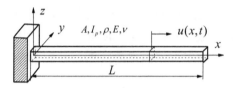

图 3.1　计入杆横向惯性的杆模型

考察图 3.1 所示由线弹性均质材料制成的等截面杆自由振动问题,杆的左端固定、右端自由。图中,L 为杆的长度;A 为杆的截面积;I_p 为杆的截面极惯性矩;ρ 为材料密度;E 为材料弹性模量;ν 为材料 Possion 比。

建立图 3.1 所示坐标系,设杆的横截面在动态变形时保持为平面,其纵向位移分量为 $u(x, t)$,与 y 和 z 无关;杆只受单轴应力作用,即 $\sigma_x(x, t) \neq 0$, $\sigma_y(x, t) = \sigma_z(x, t) = 0$。根据广义 Hooke 定律,杆的纵向和横向应变分别为

$$\begin{cases} \varepsilon_x(x, t) = u_x(x, t) = \dfrac{\sigma_x(x, t)}{E}, \quad u_x(x, t) \equiv \dfrac{\partial u(x, t)}{\partial x} \\[3mm] \varepsilon_y(x, t) = \varepsilon_z(x, t) = -\nu \dfrac{\sigma_x(x, t)}{E} = -\nu u_x(x, t) \end{cases} \tag{a}$$

由式(a)可知,杆的横向位移为

$$v(x, t) = \varepsilon_y(x, t) y = -\nu y u_x(x, t), \quad w(x, t) = \varepsilon_y z = -\nu z u_x(x, t) \tag{b}$$

以下用函数的下标 x 和 t 表示对其求偏导数,且对函数不再写出其自变量。

根据式(b)和上述约定,将杆的动能表示为

$$T = \frac{\rho}{2} \int_0^L \left[\int_A (u_t^2 + v_t^2 + w_t^2) \mathrm{d}A \right] \mathrm{d}x = \frac{\rho}{2} \int_0^L \left\{ \int_A \left[u_t^2 + \nu^2 (y^2 + z^2) u_{xt}^2 \right] \mathrm{d}A \right\} \mathrm{d}x$$

$$= \frac{\rho A}{2} \int_0^L (u_t^2 + \nu^2 r_p^2 u_{xt}^2) \mathrm{d}x \tag{c}$$

① 陈滨. 分析动力学[M]. 第 2 版. 北京:北京大学出版社,2012:338-344.

式中，r_p 是对应截面极惯性矩的回转半径，简称**截面极回转半径**，定义为

$$r_p^2 \equiv \frac{I_p}{A}, \quad I_p \equiv \int_A (y^2 + z^2)\, \mathrm{d}A \tag{d}$$

如果忽略杆截面上的剪应力，杆的弹性应变势能为

$$V = \frac{1}{2}\int_0^L \left(\int_A \sigma_x \varepsilon_x \mathrm{d}A\right)\mathrm{d}x = \frac{E}{2}\int_0^L\left(\int_A u_x^2 \mathrm{d}A\right)\mathrm{d}x = \frac{EA}{2}\int_0^L u_x^2 \mathrm{d}x \tag{e}$$

根据 Hamilton 变分原理，对于任取的时间区间 $[t_1, t_2]$，杆的自由振动满足如下变分：

$$\int_{t_1}^{t_2}(\delta T - \delta V)\,\mathrm{d}t = 0 \tag{f}$$

现采用分部积分法计算式（f）中的变分，推导得

$$\int_{t_1}^{t_2}\delta V \mathrm{d}t = \frac{EA}{2}\int_{t_1}^{t_2}\left(\delta\int_0^L u_x^2 \mathrm{d}x\right)\mathrm{d}t = EA\int_{t_1}^{t_2}\left(\int_0^L u_x \delta u_x \mathrm{d}x\right)\mathrm{d}t$$
$$= EA\int_{t_1}^{t_2}\left(u_x \delta u\Big|_0^L - \int_0^L u_{xx}\delta u \mathrm{d}x\right)\mathrm{d}t \tag{g}$$

$$\int_{t_1}^{t_2}\delta T \mathrm{d}t = \frac{\rho A}{2}\int_{t_1}^{t_2}\left[\delta\int_0^L (u_t^2 + \nu^2 r_p^2 u_{xt}^2)\,\mathrm{d}x\right]\mathrm{d}t$$
$$= \rho A\int_{t_1}^{t_2}\left[\int_0^L (u_t \delta u_t + \nu^2 r_p^2 u_{xt}\delta u_{xt})\,\mathrm{d}x\right]\mathrm{d}t \tag{h}$$

在计算式（h）中的两项变分时，可根据需要交换积分顺序。根据式（3.1.4）可知，$\delta u(x, t_1) = \delta u(x, t_2) = 0$，而且有 $\delta u_x(x, t_1) = \delta u_x(x, t_2) = 0$。由此得到

$$\int_{t_1}^{t_2}\int_0^L u_t \delta u_t \mathrm{d}x\ \mathrm{d}t = \int_0^L\left(u_t \delta u\Big|_{t_1}^{t_2} - \int_{t_1}^{t_2}u_{tt}\delta u \mathrm{d}t\right)\mathrm{d}x = -\int_{t_1}^{t_2}\left(\int_0^L u_{tt}\delta u \mathrm{d}x\right)\mathrm{d}t \tag{i}$$

$$\int_{t_1}^{t_2}\left(\int_0^L u_{xt}\delta u_{xt}\mathrm{d}x\right)\mathrm{d}t = \int_0^L\left(u_{xt}\delta u_x\Big|_{t_1}^{t_2} - \int_{t_1}^{t_2}u_{xtt}\delta u_x\ \mathrm{d}t\right)\mathrm{d}x$$
$$= -\int_{t_1}^{t_2}\left(\int_0^L u_{xtt}\delta u_x\ \mathrm{d}x\right)\mathrm{d}t = \int_{t_2}^{t_1}\left(-u_{xtt}\delta u\Big|_0^L + \int_0^L u_{xxtt}\delta u\ \mathrm{d}x\right)\mathrm{d}t \tag{j}$$

将式（i）和式（j）代入式（h），再将式（h）和式（g）代入式（f），得到

$$\int_{t_1}^{t_2}\left[\int_0^L (\rho A\nu^2 r_p^2 u_{xxtt} - \rho A u_{tt} + EA u_{xx})\delta u \mathrm{d}x\right]\mathrm{d}t$$
$$-\int_{t_1}^{t_2}\left[(\rho A\nu^2 r_p^2 u_{xtt} + EA u_x)\delta u\Big|_L^0\right]\mathrm{d}t = 0 \tag{k}$$

根据 $\delta u(x, t)$ 的任意性,得到动力学方程和边界条件为

$$\begin{cases} \rho A \nu^2 r_p^2 u_{xxtt} - \rho A u_{tt} + EA u_{xx} = 0, & x \in [0, L], \quad t \in [t_1, t_2] \\ (\rho A \nu^2 r_p^2 u_{xtt} + EA u_x) \Big|_L^0 = 0 \quad \text{or} \quad u \Big|_0^L = 0 \end{cases} \tag{1}$$

对于左端固定和右端自由边界条件,可将式(1)表示为

$$\begin{cases} \dfrac{\partial^2 u(x, t)}{\partial t^2} = c_0^2 \dfrac{\partial^2 u(x, t)}{\partial x^2} + \nu^2 r_p^2 \dfrac{\partial^4 u(x, t)}{\partial x^2 \partial t^2}, \quad c_0 \equiv \sqrt{\dfrac{E}{\rho}} \\ u(0, t) = 0, \quad c_0^2 u_x(L, t) + \nu^2 r_p^2 u_{xtt}(L, t) = 0 \end{cases} \tag{m}$$

这就是 Love 提出的考虑横向惯性的杆动力学方程,简称 **Love 杆模型**。其中,偏微分方程中的四次偏导数项和右端边界条件中的三次偏导数项,均反映了杆横向变形对杆纵向动力学的惯性影响。如果采用微单元受力分析,则不易分析横向变形引起的上述惯性效应。

2. 连续系统动力学的初边值问题

现以图 3.2 所示线弹性均质材料的变截面杆为例,说明连续系统动力学方程的初边值问题,为后续讨论其离散化问题提供准备。

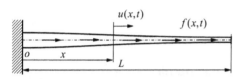

图 3.2 受分布载荷激励的变截面杆

记该杆的长度为 L;材料密度为 ρ;材料弹性模量为 E;材料阻尼比为 η;它们均大于零。在图 3.2 所示坐标系中,记位于坐标 x 处的截面的面积为 $A(x) > 0$,该截面的纵向位移为 $u(x, t)$,作用在该截面的纵向激励为 $f(x, t)$。

读者既可基于广义 Hamilton 原理,也可通过对该杆的任意微单元进行受力分析,建立杆的纵向动力学方程如下:

$$\rho A(x) \frac{\partial^2 u(x, t)}{\partial t^2} - \frac{\partial}{\partial x} \left[EA(x) \frac{\partial u(x, t)}{\partial x} + \eta EA(x) \frac{\partial^2 u(x, t)}{\partial t \partial x} \right] = f(x, t) \tag{3.1.5}$$

杆的左右两端分别为固定边界条件和自由边界条件,可表示为

$$u(0, t) = 0, \quad EA(L) u_x(L, t) = 0 \tag{3.1.6}$$

在初始时刻 $t = 0$,杆的位移和速度初始条件为

$$u(x, 0) = u_0(x), \quad u_t(x, 0) = \dot{u}_0(x) \tag{3.1.7}$$

上述三式构成了变截面杆动力学方程的**初边值混合问题**,由此可求解杆在 $t > 0$ 之后的动态响应。

随着先进材料和增材制造的发展,人们可制造材料密度和弹性模量均随位置坐标 x 变化的杆件。对这样的杆,记 $\rho(x) > 0$ 和 $E(x) > 0$,可类比式(3.1.5)得到动力学

方程为

$$\rho(x)A(x)\frac{\partial^2 u(x,t)}{\partial t^2} - \frac{\partial}{\partial x}\left[E(x)A(x)\frac{\partial u(x,t)}{\partial x} + \eta E(x)A(x)\frac{\partial^2 u(x,t)}{\partial t \partial x}\right] = f(x,t)$$

(3.1.8)

引入关于位置坐标 x 的变换：

$$y \equiv \int_0^x \sqrt{\frac{\rho(s)}{E(s)}}\,\mathrm{d}s$$

(3.1.9)

由式(3.1.9)可见，$\mathrm{d}y/\mathrm{d}x = \sqrt{\rho(x)/E(x)} > 0$，即 y 关于 x 严格单调递增，故存在逆变换 $x \equiv x(y)$。将式(3.1.9)代入式(3.1.8)，得到

$$\sqrt{\frac{\rho(x)}{E(x)}}\left\{A(x)\sqrt{\rho(x)E(x)}\frac{\partial^2 u(y,t)}{\partial t^2}\right.$$
$$\left. - \frac{\partial}{\partial y}\left[A(x)\sqrt{\rho(x)E(x)}\frac{\partial u(y,t)}{\partial y} + \eta A(x)\sqrt{\rho(x)E(x)}\frac{\partial^2 u(y,t)}{\partial t \partial y}\right]\right\} = f(y,t)$$

(3.1.10)

通过逆变换 $x \equiv x(y)$，可将式(3.1.10)改写为

$$\begin{cases}\bar{A}(y)\dfrac{\partial^2 u(y,t)}{\partial t^2} - \dfrac{\partial}{\partial y}\left[\bar{A}(y)\dfrac{\partial u(y,t)}{\partial y} + \eta\bar{A}(y)\dfrac{\partial^2 u(y,t)}{\partial t \partial y}\right] = \bar{f}(y,t) \\ \bar{A}(y) \equiv A[x(y)]\sqrt{\rho[x(y)]E[x(y)]}, \quad \bar{f}(y,t) \equiv \sqrt{\dfrac{E[x(y)]}{\rho[x(y)]}}f[x(y),t]\end{cases}$$

(3.1.11)

这是与式(3.1.5)形式相同的偏微分方程。将式(3.1.9)代入式(3.1.6)和式(3.1.7)，可得到形式相同的边界条件和初始条件。因此，以下仅研究由式(3.1.5)~式(3.1.7)构成的线弹性均质材料的变截面杆动力学初边值混合问题。

式(3.1.5)是具有变系数 $A(x)$ 的线性偏微分方程，只能在若干特殊情况下获得其精确解。对于变截面梁、变厚度板等，其偏微分方程更为复杂，一般难以获得其精确解。

式(3.1.6)给出的边界条件属于**齐次边界条件**。若在图 3.2 的杆右端安装集中质量 m 或沿杆轴线方向刚度为 k 的线性弹簧，则式(3.1.6)中杆的右端齐次边界条件变为如下**非齐次边界条件**：

$$mu_{tt}(L,t) + EA(L)u_x(L,t) = 0$$

(3.1.12a)

$$EA(L)u_x(L,t) - ku(L,t) = 0$$

(3.1.12b)

这会增加求解动力学方程初边值混合问题的难度。对于变截面梁、变厚度板，非齐次边界条件带来的求解难度更大。事实上，即使是等厚度薄板，在非铰支边界条件下的固有振动

问题求解也很困难,尚处于研究之中①。

鉴于上述困难,人们很自然转向离散化方法,试图求解上述动力学方程初边值混合问题的近似解或数值解。

3.1.2 离散化的前提

在基础教程中,介绍了采用集中参数模型、Ritz 基函数、有限元法等将连续系统简化为离散系统,进而用多自由度系统振动理论来研究连续系统的动力学问题。换言之,可通过离散化方法,将偏微分方程转化为常微分方程组,进而简化计算和分析。那么,这种离散化是否总是可行呢?

从力学角度看,当结构具有有限尺度时,其固有频率呈现离散分布,属于数学物理方程中的离散谱情况。此时,结构具有无穷多、可列个固有振型,它们具有加权正交性,可通过其线性组合来有效逼近结构的动响应。因此,当 Ritz 基函数、有限元插值函数的线性组合可逼近上述离散分布固有频率的固有振型时,这种离散化是可行性的。以下对该问题进行具体讨论。

1. 连续谱与离散谱问题

现以无限长等截面直杆和有限长等截面直杆为例,说明其动响应的谱结构,帮助读者理解连续谱和离散谱问题。

例 3.1.2:考察半无限长的等截面直杆自由振动问题,其左端固定,右端延伸到无穷远。暂不考虑初始条件,根据式(3.1.5)和式(3.1.6)得到杆的动力学方程边值问题为

$$
\begin{cases}
\dfrac{\partial^2 u(x,\,t)}{\partial t^2} - c_0^2 \dfrac{\partial^2 u(x,\,t)}{\partial x^2} = 0, \quad c_0 \equiv \sqrt{\dfrac{E}{\rho}} > 0 \\
u(0,\,t) = 0
\end{cases}
\tag{a}
$$

式中,c_0 为等截面杆的**纵波波速**,又称杆速。设式(a)的分离变量解为

$$
u(x,\,t) = \tilde{u}(x) q(t)
\tag{b}
$$

将式(b)代入式(a)中的偏微分方程,得到

$$
\frac{c_0^2}{\tilde{u}(x)} \frac{\mathrm{d}^2 \tilde{u}(x)}{\mathrm{d}x^2} = \frac{1}{q(t)} \frac{\mathrm{d}^2 q(t)}{\mathrm{d}t^2}
\tag{c}
$$

式(c)成立的充分必要条件是等式两端恒等于某个常数 γ,由此得到

$$
\begin{cases}
\dfrac{\mathrm{d}^2 \tilde{u}(x)}{\mathrm{d}x^2} - \dfrac{\gamma}{c_0^2} \tilde{u}(x) = 0, \quad \tilde{u}(0) = 0 \\
\dfrac{\mathrm{d}^2 q(t)}{\mathrm{d}t^2} - \gamma q(t) = 0
\end{cases}
\tag{d}
$$

---

① Xing Y F, Sun Q Z, Li B, et al. The overall assessment of closed-form solution methods for free vibrations of rectangular thin plates[J]. International Journal of Mechanical Sciences, 2018, 140: 455 – 470.

根据常数 γ 的取值, 应分析如下三种情况。

（1）若 $\gamma = 0$, 则式(d)的解为

$$\begin{cases} \tilde{u}(x) = ax \\ q(t) = b_1 t + b_2 \end{cases} \tag{e}$$

式中, a、b_1 和 b_2 为积分常数。将式(e)代入式(b), 则有如下可能性: 若 $a \neq 0$, 当 $x \to +\infty$ 时, 或者 $b_1^2 + b_2^2 > 0$ 导致 $|u(x, t)| \to +\infty$, 或者 $b_1^2 + b_2^2 = 0$ 导致 $u(x, t) = 0$; 若 $a = 0$, 则只有 $u(x, t) = 0$。总之, 这都不属于待求结果。

（2）若 $\gamma > 0$, 则式(d)的解为

$$\begin{cases} \tilde{u}(x) = a \sinh\left(\dfrac{\sqrt{\gamma}\, x}{c_0}\right) \\ q(t) = b_1 \cosh(\sqrt{\gamma}\, t) + b_2 \sinh(\sqrt{\gamma}\, t) \end{cases} \tag{f}$$

将式(f)代入式(b), 类似于对情况(1)的讨论可知: 随着 $x \to +\infty$ 和 $t \to +\infty$, $u(x, t)$ 或者是发散解, 或者是零解, 也不是待求结果。

（3）对于 $\gamma < 0$, 记 $\gamma = -\omega^2$, 得到式(d)的非零有限解为

$$\begin{cases} \tilde{u}(x) = a \sin(\kappa x) \\ q(t) = b_1 \cos(\omega t) + b_2 \sin(\omega t), \quad \kappa \equiv \omega / c_0 \end{cases} \tag{g}$$

式中, a、b_1 和 b_2 为积分常数; $\kappa > 0$ 称为**波数**。将式(g)代入式(b), 得到

$$\begin{aligned} u(x, t) &= ab_1 \sin(\kappa x)\cos(\omega t) + ab_2 \sin(\kappa x)\sin(\omega t) \\ &= \frac{ab_1}{2}\sin[\kappa(c_0 t + x)] - \frac{ab_1}{2}\sin[\kappa(c_0 t - x)] \\ &\quad + \frac{ab_2}{2}\cos[\kappa(c_0 t - x)] - \frac{ab_2}{2}\cos[\kappa(c_0 t + x)] \\ &= u_L(c_0 t + x) + u_R(c_0 t - x) \end{aligned} \tag{h}$$

式中,

$$\begin{cases} u_L(c_0 t + x) \equiv \dfrac{ab_1}{2}\sin[\kappa(c_0 t + x)] - \dfrac{ab_2}{2}\cos[\kappa(c_0 t + x)] \\ u_R(c_0 t - x) \equiv \dfrac{ab_2}{2}\cos[\kappa(c_0 t - x)] - \dfrac{ab_1}{2}\sin[\kappa(c_0 t - x)] \end{cases} \tag{i}$$

不难看出, $u_L(c_0 t + x)$ 和 $u_R(c_0 t - x)$ 分别是在杆中以速度 c_0 向左传播和向右传播的行波。左行波和右行波在杆的左端点相互抵消, 满足边界条件, 即

$$u(0, t) = u_L(c_0 t) + u_R(c_0 t) = 0 \tag{j}$$

由于杆的右端延伸到无穷远处,故右行波不发生反射,无法形成驻波。因此,上述 $\kappa > 0$ 不需要满足驻波条件,具有任意性。由波数 $\kappa > 0$ 所确定的频率 $\omega = \kappa c_0$ 可在区间 $[0, +\infty)$ 内连续取值,形成了连续谱。

例 3.1.3:考察有限长的等截面直杆自由振动问题,其左端固定、右端自由,动力学方程的边值问题如下:

$$\begin{cases} \dfrac{\partial^2 u(x, t)}{\partial t^2} - c_0^2 \dfrac{\partial^2 u(x, t)}{\partial x^2} = 0 \\ u(0, t) = 0, \quad u_x(L, t) = 0 \end{cases} \tag{a}$$

在基础教程中,已采用分离变量法得到该问题的自由振动[1],即

$$\begin{cases} u(x, t) = \displaystyle\sum_{r=1}^{+\infty} \sin(\kappa_r x)[b_{1r}\cos(\omega_r t) + b_{2r}\sin(\omega_r t)] \\ \kappa_r = \dfrac{(2r-1)\pi}{2L}, \quad \omega_r = \kappa_r c_0, \quad r = 1, 2, \cdots \end{cases} \tag{b}$$

式中,系数 b_{1r}, b_{2r}, $r = 1, 2, \cdots$ 由杆的初始条件来确定。此时,波数 κ_r 和固有频率 ω_r 均是离散值,形成两个无穷序列。

对比上述两个例题可见:对于有限长的左端固定、右端自由杆,其波数为离散值 κ_r, $r = 1, 2, \cdots$,固有频率也为离散值 $\omega_r = \kappa_r c_0$, $r = 1, 2, \cdots$,这种情况称为具有**离散谱**的动力学问题;对于无限长的左端固定杆,其波数 κ 可以是任意正实数,自由振动频率 $\omega = \kappa c_0$ 也是任意正实数,这种情况则称为具有**连续谱**的动力学问题。

注解 3.1.2:对于离散谱动力学问题,可通过逼近其低阶谱来建立连续系统的低阶离散模型。对于连续谱动力学问题,则难以实现低阶谱逼近,一般需在时间域或空间域对连续系统进行离散,得到的离散模型阶次较高。

2. 结构的奇点问题

对于有限长度的变截面杆、变截面梁等,通过分离变量法可得到关于空间坐标函数 $\varphi(x)$ 的变系数常微分方程。数学研究表明[2],若常微分方程的系数具有**奇点** $x = x_s$,则其解函数 $\varphi(x)$ 的波数 κ 可在某个正实数区间内连续取值。此时,时间函数 $q(t)$ 的振动频率 $\omega = \kappa c_0$ 将在某正实数区间内连续取值,成为连续谱问题。

从振动力学角度看,结构固有振动是结构内部两个或多个弹性波叠加形成的驻波。这样的驻波来自弹性波在结构边界处形成的反射,并需要满足特定的波数条件。因此,上述波数无法在某个正实数区间内连续分布;而固有振动频率必须满足波数条件,也无法呈现连续分布。所以,迄今尚未发现连续谱现象。

现以图 3.3 中的变截面杆为例,证明虽然支配其固有振型的线性微分方程的系数具

---

① 胡海岩. 机械振动与冲击[M]. 北京:航空工业出版社,1998: 145 – 146.
② 柯朗,希尔伯特. 数学物理方法 I[M]. 钱敏,郭敦仁,译. 北京:科学出版社,1981: 261 – 264.

有奇点,但杆的固有振动仍具有离散谱,并给出杆的固有振动在奇点处的渐近行为。

例 3.1.4: 考察图 3.3 中左端固定、右端自由的变截面杆的固有振动问题。杆的截面积在杆右端趋于零,满足

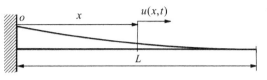

图 3.3　具有端部奇点的变截面杆

$$A(x) = A_0(x - L)^2 > 0, \quad A_0 > 0, \quad x \in [0, L) \quad (a)$$

将式(a)代入式(3.1.5)和式(3.1.6),得到杆的动力学方程边值问题:

$$
\begin{cases}
\rho A_0(x - L)^2 \dfrac{\partial^2 u(x, t)}{\partial t^2} - EA_0 \dfrac{\partial}{\partial x}\left[(x - L)^2 \dfrac{\partial u(x, t)}{\partial x} \right] = 0 \\
u(0, t) = 0, \quad \lim_{x \to L^-} EA_0(x - L)^2 u_x(x, t) = 0
\end{cases}
\quad (b)
$$

设式(b)的分离变量解为

$$u(x, t) = \varphi(x) q(t) \quad (c)$$

将式(c)代入式(b),得到

$$
\begin{cases}
\dfrac{\mathrm{d}^2 \varphi(x)}{\mathrm{d}x^2} + \dfrac{2}{x - L}\dfrac{\mathrm{d}\varphi(x)}{\mathrm{d}x} + \left(\dfrac{\omega}{c_0}\right)^2 \varphi(x) = 0, \quad c_0 \equiv \sqrt{\dfrac{E}{\rho}} \\
\varphi(0) = 0, \quad \lim_{x \to L^-} EA_0(x - L)^2 u_x(x, t) = 0
\end{cases}
\quad (d)
$$

式(d)中的微分方程系数在 $x = L$ 处有奇点,现证明该问题仍具有离散谱。

引入变换:

$$\varphi(x) = \frac{\psi(x)}{x - L}, \quad x \in [0, L) \quad (e)$$

可将式(d)中的变系数微分方程简化为常系数微分方程,即

$$\frac{\mathrm{d}^2 \psi(x)}{\mathrm{d}x^2} + \kappa^2 \psi(x) = 0, \quad \kappa \equiv \frac{\omega}{c_0} > 0 \quad (f)$$

相应的边界条件为

$$
\begin{cases}
\psi(0) = 0, \\
\lim_{x \to L^-} EA_0(x - L)^2 \varphi_x(x) = EA_0 \lim_{x \to L^-}\left[(x - L)\psi_x(x) - \psi(x) \right] = 0
\end{cases}
\quad (g)
$$

根据基础教程,常系数微分方程(f)的解可表示为

$$\psi(x) = c_1 \cos(\kappa x) + c_2 \sin(\kappa x) \quad (h)$$

将式(h)代入式(g),得到

$$\begin{cases} c_1 = 0 \\ \lim_{x \to L^-} EA_0 \big[(x - L)\psi_x(x) - \psi(x) \big] = -c_2 EA_0 \sin(\kappa L) = 0 \end{cases} \quad \text{(i)}$$

由此得到离散的特征值和对应的特征向量为

$$\kappa_r = \frac{r\pi}{L}, \quad \psi_r(x) = \sin\left(\frac{r\pi x}{L}\right), \quad r = 1, 2, \cdots \quad \text{(j)}$$

因此,该变截面杆具有无穷多、可列个固有频率和固有振型,即

$$\omega_r = \frac{r\pi}{L}c_0, \quad \varphi_r(x) = \frac{\psi_r(x)}{x - L} = \frac{1}{x - L}\sin\left(\frac{r\pi x}{L}\right), \quad r = 1, 2, \cdots \quad \text{(k)}$$

这说明,虽然微分方程(d)的系数具有奇点,但杆的动力学具有离散谱。

为了理解杆在奇点 $x = L$ 处的固有振动,通过 L'Hôpital 法则对第 r 阶固有振型 $\varphi_r(x)$ 求极限,得到 $\varphi_r(x)$ 和内力 $N_r(x) \equiv EA(x)\varphi_{rx}(x)$ 在奇点的极限值为

$$\begin{cases} \varphi_r(L) = \lim_{x \to L^-}\left[\frac{1}{x - L}\sin\left(\frac{r\pi x}{L}\right) \right] \\ \qquad = \frac{r\pi\cos(r\pi)}{L}\lim_{x \to L^-}\left\{ \frac{L}{r\pi(x - L)}\sin\left[\frac{r\pi(x - L)}{L}\right] \right\} = \frac{r\pi\cos(r\pi)}{L} \\ N_r(L) = \lim_{x \to L^-}EA(x)\varphi_{rx}(x) \\ \qquad = EA_0\lim_{x \to L^-}\left\{ \frac{r\pi(x - L)}{L}\cos\left[\frac{r\pi(x - L)}{L}\right] - \sin\left[\frac{r\pi(x - L)}{L}\right] \right\} = 0, \quad r = 1, 2, \cdots \end{cases}$$
$$\text{(1)}$$

式(1)表明,该变截面杆的奇点是固有振型的可去间断点和内力的连续点,仅给振型计算带来一定难度,并不导致杆的固有振动发生本质变化。

注解 3.1.3:对常微分方程的研究表明,本例中的奇点 $x = L$ 是正则奇点,不影响微分方程求解。如果杆的截面积变化为线性函数,可证明奇点仍属于正则奇点。虽然此时的固有振型不再这样简单,但可用幂级数法求解,且其解为 Bessel 函数[①]。

3.1.3　连续系统的离散化案例

当连续系统动力学具有离散谱时,可采用多种方法将连续系统离散化,且这些方法各有特点。例如,将连续系统简化为集中参数模型最简单,但简化过程中涉及许多人为因素,模型精度不高。Ritz 法的物理意义清晰,模型降阶精度较高,但选择高阶 Ritz 基函数难度大,适用于计算最低几阶固有振动。有限元法适应性非常广,但不便于讨论多个参数变化对系统动力学行为的影响。以下介绍两个案例,帮助读者加深对离散化方法的理解。

---

① 梁昆淼. 数学物理方法[M]. 第 2 版. 北京:人民教育出版社,1978:304 – 323.

1. Ritz 法

例 3.1.5：考察图 3.3 中的变截面杆,其截面积函数为

$$A(x) = A_0(x - L)^2 > 0, \quad A_0 > 0, \quad x \in [0, L] \tag{a}$$

现采用 Ritz 法将其简化为离散模型并计算其前两阶固有振动。

取满足杆边界条件的 Ritz 基函数,定义线性变换矩阵:

$$\boldsymbol{P}(x) \equiv [p_1(x) \quad p_2(x)] \equiv [x^2 - 2Lx \quad 2x^3 - 3Lx^2] \tag{b}$$

将杆的动态位移近似表示为

$$u(x, t) = \boldsymbol{P}(x)\boldsymbol{q}(t) = [x^2 - 2Lx \quad 2x^3 - 3Lx^2] \begin{bmatrix} q_1(t) \\ q_2(t) \end{bmatrix} \tag{c}$$

式中,$\boldsymbol{q}(t)$ 是近似动态位移 $u(x, t)$ 在 Ritz 基函数上的投影。根据式(a)所定义的截面积函数,得到杆的动能和势能分别为

$$
\begin{aligned}
T &= \frac{1}{2} \int_0^L \rho A(x) \left[\frac{\partial u(x, t)}{\partial t} \right]^2 \mathrm{d}x \\
&= \frac{\rho A_0}{2} \int_0^L (x - L)^2 \left[(x^2 - 2Lx)\dot{q}_1(t) + (2x^3 - 3Lx^2)\dot{q}_2(t) \right]^2 \mathrm{d}x \\
&= \frac{\rho A_0 L^7}{2} \left[\frac{8}{105}\dot{q}_1^2(t) + \frac{19L}{210}\dot{q}_1(t)\dot{q}_2(t) + \frac{19L^2}{630}\dot{q}_2^2(t) \right]
\end{aligned} \tag{d}
$$

$$
\begin{aligned}
V &= \frac{1}{2} \int_0^L EA(x) \left[\frac{\partial u(x, t)}{\partial x} \right]^2 \mathrm{d}x \\
&= \frac{EA_0}{2} \int_0^L (x - L)^2 \left[2(x - L)q_1(t) + 6(x^2 - Lx)q_2(t) \right]^2 \mathrm{d}x \\
&= \frac{EA_0 L^5}{2} \left[\frac{4}{5}q_1^2(t) + \frac{4L}{5}q_1(t)q_2(t) + \frac{12L^2}{35}q_2^2(t) \right]
\end{aligned} \tag{e}
$$

将上述动能和势能代入第二类 Lagrange 方程,得到杆的离散模型动力学方程,即

$$\begin{bmatrix} 8L^2/105 & 19L^3/420 \\ 19L^3/420 & 19L^4/630 \end{bmatrix} \begin{bmatrix} \ddot{q}_1(t) \\ \ddot{q}_2(t) \end{bmatrix} + c_0^2 \begin{bmatrix} 4/5 & 4L/10 \\ 4L/10 & 12L^2/35 \end{bmatrix} \begin{bmatrix} q_1(t) \\ q_2(t) \end{bmatrix} = \boldsymbol{0} \tag{f}$$

式中,$c_0 \equiv \sqrt{E/\rho}$。设式(f)的解为

$$\boldsymbol{q}(t) \equiv \begin{bmatrix} q_1(t) \\ q_2(t) \end{bmatrix} = \begin{bmatrix} \tilde{q}_1 \sin(\omega t) \\ \tilde{q}_2 \sin(\omega t) \end{bmatrix} \equiv \tilde{\boldsymbol{q}} \sin(\omega t) \tag{g}$$

将其代入式(f)得到广义特征值问题

$$\left\{ c_0^2 \begin{bmatrix} 4/5 & 4L/10 \\ 4L/10 & 12L^2/35 \end{bmatrix} - \omega^2 \begin{bmatrix} 8L^2/105 & 19L^3/420 \\ 19L^3/420 & 19L^4/630 \end{bmatrix} \right\} \tilde{\boldsymbol{q}} = \boldsymbol{0} \tag{h}$$

解上述特征值问题,得到杆的近似固有频率,而特征向量则是杆的固有振型在 Ritz 基函数空间上的投影,即

$$\begin{cases} \omega_1 = \dfrac{3.1417}{L}c_0, & \tilde{\boldsymbol{q}}_1 = \begin{bmatrix} 0.9706 & 1.0000 \end{bmatrix}^T \\[3mm] \omega_2 = \dfrac{6.7874}{L}c_0, & \tilde{\boldsymbol{q}}_2 = \begin{bmatrix} -0.6214 & 1.0000 \end{bmatrix}^T \end{cases} \tag{i}$$

根据式(c)和式(i)中的特征向量,得到杆的前两阶近似固有振型为

$$\begin{cases} \varphi_1(x) = \boldsymbol{P}(x)\tilde{\boldsymbol{q}}_1 = 0.9706(x^2 - 2Lx) + (2x^3 - 3Lx^2) \\ \varphi_2(x) = \boldsymbol{P}(x)\tilde{\boldsymbol{q}}_2 = 0.6214(x^2 - 2Lx) - (2x^3 - 3Lx^2) \end{cases} \tag{j}$$

将式(i)与例 3.1.4 中求得的精确解对比可见:第一阶近似固有频率精度很高,与精确值的相对误差仅 0.0035%;第二阶近似固有频率的相对误差为 8.0246%,尚在工程可接受范围之内。图 3.4 给出精确固有振型与式(j)的近似固有振型对比。其中,第一阶固有振型的彼此差异极小,无法辨认;第二阶固有振型则有显著差异。

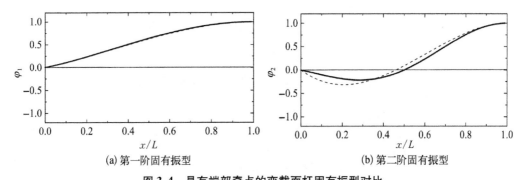

(a) 第一阶固有振型　　　　　　　　　　(b) 第二阶固有振型

图 3.4　具有端部奇点的变截面杆固有振型对比

(实线:精确解;虚线:近似解)

注解 3.1.4:与有限元法相比,基于 Ritz 法得到的近似解包含了杆长 L 和杆速 c_0,这在进行参数化分析和动态设计方面具有优势。

2. 集中参数法

第 1 章介绍了绳系卫星系统论证的工程背景,将该系统的振动问题归结为简化的绳摆系统在重力场中的面内微振动问题,重点考虑绳的分布质量对绳摆系统固有振动的影响。根据 1.2.1 小节提出的研究思路,现介绍该研究的第一步,即采用集中参数法来建立绳摆的动力学方程,并讨论系统参数对固有振动的影响,初步解决第 1 章中提出的问题 1A 和问题 1B。

例 3.1.6:根据图 3.5,将细绳等分为 N 段,每段的长度为 $a \equiv L/N$。在实践中,可采用如下两种离散方案,分别形成模型 A 和模型 B。

模型 A:借鉴有限元法中的集中参数方案,将各绳段的分布质量平均分配到其两个端点,由此得到图 3.5(a) 中的 N 自由度系统,其中 $\bar{m} \equiv \rho AL/N$,$\hat{m} \equiv m + \bar{m}/2 = \rho AL(\eta +$

$1/2N)$，$\eta \equiv m/\rho AL$ 为端部质量比。此时，绳与基础连接点的集中质量 $\bar{m}/2$ 被固定，对系统动力学没有贡献。

模型 B：将 $\bar{m} = \rho AL/N$ 赋予各个集中质量，这等价于将模型 A 中固定于基础上的集中质量 $\bar{m}/2$ 配置到绳的最下端，强化端部质量的效应，形成图 3.5(b) 中的 N 自由度系统。

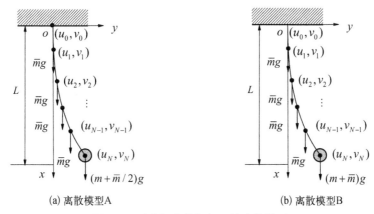

(a) 离散模型A　　　　　　　　　　　(b) 离散模型B

图 3.5　重力场中的绳摆系统离散模型

根据图 3.5，系统中各集中质量的垂向位移和横向位移分别为

$$\begin{cases} u_i = u_{i-1} + a\cos\theta_i \\ v_i = v_{i-1} + a\sin\theta_i, \quad i = 1, \cdots, N \end{cases} \tag{a}$$

式中，$u_0 = 0$；$v_0 = 0$；$\theta_0 = 0$；θ_i，$i = 1, \cdots, N$ 是各绳段上端与铅垂线之间的夹角，以逆时针方向为正。由式(a)可得到相应的速度为

$$\begin{cases} \dot{u}_i = \dot{u}_{i-1} - a\dot{\theta}_i\sin\theta_i \\ \dot{v}_i = \dot{v}_{i-1} + a\dot{\theta}_i\cos\theta_i, \quad i = 1, \cdots, N \end{cases} \tag{b}$$

因后续分析还用到加速度，在微振动前提下将其线性化为

$$\begin{cases} \ddot{u}_i = \ddot{u}_{i-1} - a\ddot{\theta}_i\sin\theta_i - a\dot{\theta}_i^2\cos\theta_i \approx \ddot{u}_{i-1} \\ \ddot{v}_i = \ddot{v}_{i-1} + a\ddot{\theta}_i\cos\theta_i - a\dot{\theta}_i^2\sin\theta_i \approx \ddot{v}_{i-1} + a\ddot{\theta}_i, \quad i = 1, \cdots, N \end{cases} \tag{c}$$

根据式(a)和式(b)，可得到模型 A 的动能及该模型在静平衡点处为零的势能，即

$$\begin{aligned} T &= \frac{\bar{m}}{2}\sum_{i=1}^{N-1}\left[(\dot{u}_{i-1} - a\dot{\theta}_i\sin\theta_i)^2 + (\dot{v}_{i-1} + a\dot{\theta}_i\cos\theta_i)^2\right] \\ &\quad + \frac{\hat{m}}{2}\left[(\dot{u}_{N-1} - a\dot{\theta}_N\sin\theta_N)^2 + (\dot{v}_{N-1} + a\dot{\theta}_N\cos\theta_N)^2\right] \\ &= \frac{\bar{m}}{2}\sum_{i=1}^{N-1}(\dot{u}_{i-1}^2 + \dot{v}_{i-1}^2 + a^2\dot{\theta}_i^2 - 2a\dot{u}_{i-1}\dot{\theta}_i\sin\theta_i + 2a\dot{v}_{i-1}\dot{\theta}_i\cos\theta_i) \\ &\quad + \frac{\hat{m}}{2}(\dot{u}_{N-1}^2 + \dot{v}_{N-1}^2 + a^2\dot{\theta}_N^2 - 2a\dot{u}_{N-1}\dot{\theta}_N\sin\theta_N + 2a\dot{v}_{N-1}\dot{\theta}_N\cos\theta_N) \end{aligned} \tag{d}$$

$$V = -\bar{m}g \sum_{i=1}^{N-1} (u_{i-1} + a\cos\theta_i) - \hat{m}g(u_{N-1} + a\cos\theta_N) \tag{e}$$

若将式(d)和式(e)代入第二类 Lagrange 方程,将得到复杂的非线性动力学方程。为简化后续分析,可在代入过程中进行线性化,并利用下述关系:

$$\frac{\partial \dot{u}_i}{\partial \dot{\theta}_j} \approx \frac{\partial \dot{u}_{i-1}}{\partial \dot{\theta}_j} = 0, \quad \frac{\partial \dot{v}_i}{\partial \dot{\theta}_j} \approx \frac{\partial(\dot{v}_{i-1} + a\dot{\theta}_i)}{\partial \dot{\theta}_j} = \begin{cases} a, j \leqslant i \\ 0, j > i \end{cases}, \quad i, j = 1, 2, \cdots, N \tag{f}$$

以推导第一个方程为例,可计算得到

$$\begin{cases} \dfrac{\mathrm{d}}{\mathrm{d}t}\dfrac{\partial T}{\partial \dot{\theta}_1} - \dfrac{\partial T}{\partial \theta_1} \approx \bar{m}\sum_{i=1}^{N-1}(a\ddot{v}_{i-1} + a^2\ddot{\theta}_i) + \hat{m}(a\ddot{v}_N + a^2\ddot{\theta}_N) \\ \quad = \bar{m}a^2[\ddot{\theta}_1 + (\ddot{\theta}_1 + \ddot{\theta}_2) + \cdots + (\ddot{\theta}_1 + \ddot{\theta}_2 + \cdots + \ddot{\theta}_{N-1})] + \hat{m}a^2(\ddot{\theta}_1 + \ddot{\theta}_2 + \cdots + \ddot{\theta}_N) \\ \quad = a^2\{[(N-1)\bar{m} + \hat{m}]\ddot{\theta}_1 + [(N-2)\bar{m} + \hat{m}]\ddot{\theta}_2 + \cdots + (\bar{m} + \hat{m})\ddot{\theta}_{N-1} + \hat{m}\ddot{\theta}_N\} \\ \dfrac{\partial V}{\partial \theta_1} = -\bar{m}g\sum_{i=1}^{N-1}\dfrac{\partial u_i}{\partial \theta_1} - \hat{m}g\dfrac{\partial u_{N-1}}{\partial \theta_1} = ga[(N-1)\bar{m} + \hat{m}]\theta_1 \end{cases} \tag{g}$$

以 $N = 4$ 为例,可得到模型 A 的动力学方程组,即

$$\begin{cases} a[(3\bar{m} + \hat{m})\ddot{\theta}_1 + (2\bar{m} + \hat{m})\ddot{\theta}_2 + (\bar{m} + \hat{m})\ddot{\theta}_3 + \hat{m}\ddot{\theta}_4] + (3\bar{m} + \hat{m})g\theta_1 = 0 \\ a[(2\bar{m} + \hat{m})\ddot{\theta}_1 + (2\bar{m} + \hat{m})\ddot{\theta}_2 + (\bar{m} + \hat{m})\ddot{\theta}_3 + \hat{m}\ddot{\theta}_4] + (2\bar{m} + \hat{m})g\theta_2 = 0 \\ a[(\bar{m} + \hat{m})\ddot{\theta}_1 + (\bar{m} + \hat{m})\ddot{\theta}_2 + (\bar{m} + \hat{m})\ddot{\theta}_3 + \hat{m}\ddot{\theta}_4] + (\bar{m} + \hat{m})g\theta_3 = 0 \\ a[\hat{m}\ddot{\theta}_1 + \hat{m}\ddot{\theta}_2 + \hat{m}\ddot{\theta}_3 + \hat{m}\ddot{\theta}_4] + \hat{m}g\theta_4 = 0 \end{cases} \tag{h}$$

注意到式(h)中的系数可统一表示为

$$i\bar{m} + \hat{m} = \frac{i\rho AL}{N} + \left(\eta + \frac{1}{2N}\right)\rho AL = (2i + 1 + 2N\eta)\frac{\rho AL}{2N}, \quad i = 1, \cdots, N-1 \tag{i}$$

引入参数 $\bar{\eta} \equiv 2N\eta$,利用 $a = L/N$,可将式(h)改写为更整齐的微分方程组,即

$$\begin{cases} L[(7 + \bar{\eta})\ddot{\theta}_1 + (5 + \bar{\eta})\ddot{\theta}_2 + (3 + \bar{\eta})\ddot{\theta}_3 + (1 + \bar{\eta})\ddot{\theta}_4] + (7 + \bar{\eta})Ng\theta_1 = 0 \\ L[(5 + \bar{\eta})\ddot{\theta}_1 + (5 + \bar{\eta})\ddot{\theta}_2 + (3 + \bar{\eta})\ddot{\theta}_3 + (1 + \bar{\eta})\ddot{\theta}_4] + (5 + \bar{\eta})Ng\theta_2 = 0 \\ L[(3 + \bar{\eta})\ddot{\theta}_1 + (3 + \bar{\eta})\ddot{\theta}_2 + (3 + \bar{\eta})\ddot{\theta}_3 + (1 + \bar{\eta})\ddot{\theta}_4] + (3 + \bar{\eta})Ng\theta_3 = 0 \\ L[(1 + \bar{\eta})\ddot{\theta}_1 + (1 + \bar{\eta})\ddot{\theta}_2 + (1 + \bar{\eta})\ddot{\theta}_3 + (1 + \bar{\eta})\ddot{\theta}_4] + (1 + \bar{\eta})Ng\theta_4 = 0 \end{cases} \tag{j}$$

将系统的固有振动表示为

$$\theta_i(t) = \tilde{\theta}_i \sin(\omega t), \quad i = 1, 2, \cdots, N \tag{k}$$

将式(k)代入式(j),得到 $N = 4$ 时模型 A 的固有振动的广义特征值问题为

$$\left\{ \begin{bmatrix} 7+\bar{\eta} & 0 & 0 & 0 \\ 0 & 5+\bar{\eta} & 0 & 0 \\ 0 & 0 & 3+\bar{\eta} & 0 \\ 0 & 0 & 0 & 1+\bar{\eta} \end{bmatrix} - \frac{\omega^2 L}{gN} \begin{bmatrix} 7+\bar{\eta} & 5+\bar{\eta} & 3+\bar{\eta} & 1+\bar{\eta} \\ 5+\bar{\eta} & 5+\bar{\eta} & 3+\bar{\eta} & 1+\bar{\eta} \\ 3+\bar{\eta} & 3+\bar{\eta} & 3+\bar{\eta} & 1+\bar{\eta} \\ 1+\bar{\eta} & 1+\bar{\eta} & 1+\bar{\eta} & 1+\bar{\eta} \end{bmatrix} \right\} \begin{bmatrix} \tilde{\theta}_1 \\ \tilde{\theta}_2 \\ \tilde{\theta}_3 \\ \tilde{\theta}_4 \end{bmatrix} = \begin{bmatrix} 0 \\ 0 \\ 0 \\ 0 \end{bmatrix} \tag{l}$$

对于模型 B，只要将 $\hat{m}$ 修改为 $\hat{m} = m + \rho AL/N$，式(i)修改为

$$i\bar{m} + \hat{m} = \frac{i\rho AL}{N} + \frac{\rho AL}{N} + \eta\rho AL = (i+1+N\eta)\frac{\rho AL}{N}, \quad i = 1, \cdots, N-1 \tag{m}$$

引入 $\hat{\eta} \equiv N\eta$，得到 $N = 4$ 时模型 B 的固有振动的广义特征值问题为

$$\left\{ \begin{bmatrix} 4+\hat{\eta} & 0 & 0 & 0 \\ 0 & 3+\hat{\eta} & 0 & 0 \\ 0 & 0 & 2+\hat{\eta} & 0 \\ 0 & 0 & 0 & 1+\hat{\eta} \end{bmatrix} - \frac{\omega^2 L}{gN} \begin{bmatrix} 4+\hat{\eta} & 3+\hat{\eta} & 2+\hat{\eta} & 1+\hat{\eta} \\ 3+\hat{\eta} & 3+\hat{\eta} & 2+\hat{\eta} & 1+\hat{\eta} \\ 2+\hat{\eta} & 2+\hat{\eta} & 2+\hat{\eta} & 1+\hat{\eta} \\ 1+\hat{\eta} & 1+\hat{\eta} & 1+\hat{\eta} & 1+\hat{\eta} \end{bmatrix} \right\} \begin{bmatrix} \tilde{\theta}_1 \\ \tilde{\theta}_2 \\ \tilde{\theta}_3 \\ \tilde{\theta}_4 \end{bmatrix} = \begin{bmatrix} 0 \\ 0 \\ 0 \\ 0 \end{bmatrix} \tag{n}$$

对于更高阶次的 N，可按式(l)和式(n)的规律写出质量矩阵和刚度矩阵。

注解 3.1.5： 式(l)和式(n)表明，基于模型 A 得到的固有振型依赖于参数 $\bar{\eta} = 2N\eta$，固有频率依赖于参数 $2N\eta$ 并正比于 $\sqrt{gN/L}$；基于模型 B 得到的固有振型依赖于参数 $\hat{\eta} \equiv N\eta$，固有频率依赖于参数 $N\eta$ 并正比于 $\sqrt{gN/L}$。鉴于 N 可人为选择，因此固有振型仅依赖于端部质量比 η，固有频率依赖于端部质量比 η 并正比于 $\sqrt{g/L}$。这为绳系卫星系统的论证提供了重要信息。

注解 3.1.6： 虽然式(n)中的特征向量乘以任意常数仍保持相似，但根据微振动前提，在计算中应对特征向量进行缩比处理，确保其分量都是微小角度，进而可代入式(a)获得系统的微振动。

在 5.1 节，将建立该绳摆系统的连续模型，获得固有振动的精确解，进而考核这两种离散模型的优劣，完善对第 1 章中问题 1A 和 1B 的研究。

3.1.4　小结

本节介绍如何基于 Hamilton 变分原理建立具有分布参数的连续系统动力学模型，以及将其简化为离散系统。这是浩瀚的研究领域，涉及众多研究对象和问题。为帮助读者理解相关问题的力学本质，以弹性杆和绳摆为例，研究其离散化问题，初步解决了第 1 章的问题 1A 和 1B。主要结论如下。

（1）对于材料密度、弹性模量、截面积沿轴线光滑变化的杆，其动力学方程可通过坐标变换归结为变截面杆的动力学方程。对于有限长的变截面杆，其动力学方程具有离散谱；通过逼近其低阶谱，可建立低阶离散模型来描述杆的振动问题。对于无限长的变截面

杆,其动力学方程具有连续谱;通常难以逼近其低阶谱,也难以建立低阶离散模型来描述杆的波动问题。

（2）对于某些变截面杆、重绳等振动系统,描述其动力学的常微分方程的系数会在某个空间位置坐标处出现奇点。这类奇点属于正则奇点,描述其振动形态的常微分方程仍具有离散谱,系统振动形态在奇点附近具有非奇异的渐近特性。

（3）将连续系统离散化的方法各有特点。对于变截面杆的振动问题,Ritz 法可提供低阶次、高精度的计算模型。对于绳摆系统,集中参数法则显示了其优越性。

（4）与有限元法相比,采用上述离散方法建立的系统动力学方程包含后续分析和设计所需的关键参数,可揭示力学问题的本质。以重力场中的绳摆系统为例,所建立的离散模型表明,系统固有振型仅依赖端部质量比,而固有频率与单摆固有频率成正比,可初步回答设计师所关心的重力影响问题。

3.2　离散系统的半自由度问题

对于离散系统,只需要有限个独立坐标即可描述其位形。通常,人们将这样的独立坐标个数定义为离散系统的自由度。当然,这样定义的自由度是正整数。然而,整数自由度是否满足描述实际问题的需求呢?

本节从具有集中参数的振动系统案例出发,说明当系统的某个集中质量趋于零时,系统自由度发生退化,出现非完整约束。然后,基于几何力学概念指出,研究这类非完整约束系统动力学时,现有文献定义的系统自由度存在不妥,过高估计了非完整约束的作用。本节在系统的位形空间和状态空间中分别讨论约束对系统运动可达性影响,提出新的自由度定义并通过案例说明其合理性,解决第 1 章的问题 2B。本节内容主要取自作者的论文[①]。

3.2.1　自由度退化问题

例 3.2.1：考察图 3.6(a)所示振动系统,它包含质量值为 m_1 和 m_2 的两个集中质量,阻尼系数为 c 的黏性阻尼器,刚度系数为 k_1 和 k_2 的两个弹簧;其第一个集中质量上施加着简谐激励 $F_0\sin(\omega t)$。限定这些元件只能沿铅垂方向运动或变形,用图中两个集中质量的位移 u_1 和 u_2 描述系统运动,则该系统的动力学方程是如下二阶常微分方程组:

$$\begin{cases} m_1\ddot{u}_1(t) + c[\dot{u}_1(t) - \dot{u}_2(t)] + k_1u_1(t) = F_0\sin(\omega t) \\ m_2\ddot{u}_2(t) + c[\dot{u}_2(t) - \dot{u}_1(t)] + k_2u_2(t) = 0 \end{cases} \tag{a}$$

根据基础教程,可推导出该系统在激励点的原点频响函数为

$$H_{11}(\omega) = \frac{k_2 - m_2\omega^2 + \mathrm{i}c\omega}{(k_1 - m_1\omega^2 + \mathrm{i}c\omega)(k_2 - m_2\omega^2 + \mathrm{i}c\omega) + c^2\omega^2} \tag{b}$$

---

① 胡海岩. 论力学系统的自由度[J]. 力学学报,2018,50(5): 1135 – 1144.

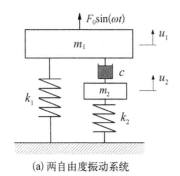
(a) 两自由度振动系统

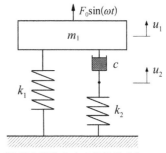
(b) 具有退化自由度的振动系统

图 3.6　两自由度振动系统的自由度退化

现将式(b)中的激励频率表示为 $\omega = 2\pi f$, 取系统参数 $m_1 = 10\ \text{kg}$, $k_1 = k_2 = 40\ \text{kN/m}$, $c = 50\ \text{N·s/m}$, 并将 $m_2 \in [0\ \text{kg}, 6\ \text{kg}]$ 作为区间参数。图 3.7 是频响函数幅值 $|H_{11}(f)|$ 随 m_2 变化的演化情况。当 $m_2 = 6\ \text{kg}$ 时, $|H_{11}(f)|$ 呈现两个共振峰;随着 $m_2 \to 0^+\ \text{kg}$, $|H_{11}(f)|$ 的第二个共振峰的幅值迅速下降、频率急剧升高;最后, $|H_{11}(f)|$ 只剩一个共振峰。

若直接取 $m_2 = 0\ \text{kg}$, 则该系统退化为图 3.6(b)所示系统,其动力学方程为

$$\begin{cases} m_1 \ddot{u}_1(t) + c[\dot{u}_1(t) - \dot{u}_2(t)] + k_1 u_1(t) = F_0 \sin(\omega t) \\ c[\dot{u}_2(t) - \dot{u}_1(t)] + k_2 u_2(t) = 0 \end{cases}$$

(c)

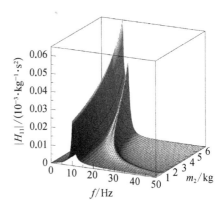

图 3.7　两自由度振动系统在集中质量退化过程中的频响函数幅值变化

此时,式(b)中的第二个二阶常微分方程退化为一阶常微分方程,成为一种速度约束。由于此时 $|H_{11}(f)|$ 只剩一个共振峰,系统行为犹如单自由度系统。但如果仅用坐标 u_1 描述该系统,则无法刻画阻尼器与串联弹簧连接点的运动。

针对上述问题,需研究力学系统的自由度退化问题。即图 3.6(a)的两自由振动系统随着 $m_2 \to 0$ 退化为图 3.6(b)的系统时,自由度发生了退化。为了阐述这个问题,需要重新审视现有的自由度概念。

3.2.2　现有的自由度概念

在理论力学/经典动力学中,针对由质点、刚体、弹簧、阻尼器等集中参数元件组成的系统,将其**自由度**定义为:确定系统位形所需的独立坐标数,或系统位形空间的维数。该定义具有直观的力学意义,在实践中得以广泛应用。例如,国际机构学与机器科学联合会(IFToMM)采用类似定义,将机构和运动链的自由度定义为确定其位形所需的独立参数个数。

从本质上看,上述系统自由度定义仅关注系统位形,属于系统运动学范畴,并未涉及系统动力学。对于以研究动力学为主的分析力学,其经典著作拓展上述概念,将系统自由

度定义为系统的独立坐标等时变分数(或独立虚位移数)①。如果系统不含约束,或仅含完整约束,则独立的坐标数与独立的坐标等时变分数一致,分析力学给出的系统自由度与理论力学/经典动力学的结果相同;若系统含有非完整约束,则这类速度约束导致部分坐标的等时变分彼此相关,即独立的坐标等时变分数会减少,分析力学给出的系统自由度将少于独立的坐标数。以下基于几何力学术语,阐述分析力学著作中的自由度概念。

在三维欧氏空间 $\Re^3$ 中建立固定坐标系,考察由 N 个自由刚体组成的系统的运动学。根据几何力学②,系统中第 i 个刚体的运动属于 6 维李群 $SE(3) \equiv SO(3) \otimes \Re^3$,包括由位移列阵 $\boldsymbol{u}_i \in \Re^3$ 描述的刚体平动和姿态矩阵 $R(\boldsymbol{\theta}_i) \in SO(3)$ 描述的刚体转动,其中 $R(\boldsymbol{\theta}_i)$ 的元素取决于该刚体的 Euler 角列阵 $\boldsymbol{\theta}_i$,并满足 $SO(3)$ 群的定义,即 $R^{\mathrm{T}}(\boldsymbol{\theta}_i)R(\boldsymbol{\theta}_i) = I_3$ 和 $\det R(\boldsymbol{\theta}_i) = 1$。

现将上述 $\boldsymbol{u}_i$ 和 $R(\boldsymbol{\theta}_i)$ 的元素按刚体序号组装为位移列阵 $\boldsymbol{v} \in \mathbb{R}^n \equiv [SE(3)]^N$,其中 $n = 6N$。若上述 N 个刚体均退化为质点,则不必考虑其在 $SO(3)$ 中的转动,得到 $\boldsymbol{v} \in \mathbb{R}^n = \Re^{3N} = (\Re^3)^N$。本节将用位移列阵 $\boldsymbol{v}$ 来描述上述无约束刚体/质点系统的运动,并称 $\mathbb{R}^n$ 为系统的**位形空间**。由于位移列阵 $\boldsymbol{v}$ 有 n 个独立分量,其等时变分 $\delta\boldsymbol{v}$ 也有 n 个独立分量,故系统自由度为 n,与 $\mathbb{R}^n$ 的维数一致。

注解 3.2.1:根据 $SE(3)$ 的构成可知,若系统中存在刚体转动,则 $\mathbb{R}^n$ 并非欧氏空间。在本节后续分析中,重点关注系统约束在 $\mathbb{R}^n$ 中形成的可达流形,而流形可分片拼接,这正是分析力学中研究约束理论的常规思路③。若所研究的约束是在系统位形空间 $\mathbb{R}^n$ 中局部定义的,则更是如此。

现对上述系统施加 r 个完整约束和 s 个非完整约束,将其记为 $S_{r,s}^n$。按此记号,无约束系统可表示为 $S_{0,0}^n$,仅含 r 个完整约束的系统可表示为 $S_{r,0}^n$,而仅含 s 个非完整约束的系统可表示为 $S_{0,s}^n$。

为了讨论方便,设上述 r 个**完整约束**是定常双面约束,且彼此线性无关,其约束方程为

$$\boldsymbol{\varphi}(\boldsymbol{v}) = \boldsymbol{0}, \quad \boldsymbol{\varphi}: \mathbb{R}^n \mapsto \mathbb{R}^r \tag{3.2.1}$$

此时,位移列阵 $\boldsymbol{v}$ 的独立分量数降为 $n-r$,等时变分 $\delta\boldsymbol{v}$ 中的独立分量数也如此。因此,分析力学将系统 $S_{r,0}^n$ 的自由度定义为 $D(S_{r,0}^n) = n - r$。

同理,设上述 s 个**非完整约束**是定常双面线性约束,且彼此线性无关,其约束方程为

$$\begin{cases} A(\boldsymbol{v})\dot{\boldsymbol{v}} + \boldsymbol{a}_0(\boldsymbol{v}) = \boldsymbol{0} \\ A: \mathbb{R}^n \mapsto \mathbb{R}^{s \times n}, \quad \boldsymbol{a}_0: \mathbb{R}^n \mapsto \mathbb{R}^s \end{cases} \tag{3.2.2}$$

为了讨论方便,约定这 s 个非完整约束的线性组合不产生可积约束,即它们是纯非完整约束;并约定,它们与上述 r 个完整约束联合作用时不产生新的可积约束。根据式(3.2.2),

① 梅凤翔. 高等分析力学[M]. 北京:北京理工大学出版社,1991:25-28.
② Lee T, Leok M, McClamroch N H. Global formulations of Lagrangian and Hamiltonian dynamics on manifolds[M]. New York:Springer-Verlag, 2018:1-388.
③ 陈滨. 分析动力学[M]. 第 2 版. 北京:北京大学出版社,2012:37-44.

取位移列阵 v 的等时变分 δv 满足如下 **Chetaev 条件**[1]，即

$$A(v)\delta v = 0 \qquad (3.2.3)$$

此时，δv 的独立分量数降为 $n-r-s$。根据分析力学的定义，系统 $S_{r,s}^{n}$ 的自由度为 $D(S_{r,s}^{n})=n-r-s$。由于非完整约束方程 (3.2.2) 不可积，此时仍需要用 $n-r$ 个独立坐标来描述系统 $S_{r,s}^{n}$ 的位形。近年来，曾有多位学者讨论与此相关的自由度问题，但在概念和本质上并未超出上述定义。

值得指出的是，非完整约束 (3.2.2) 仅导致位移列阵等时变分 δv 的部分分量线性相关，但并不改变位移列阵 v 的分量相关性，这正是约束的"非完整性"。因此，完整约束和非完整约束对系统运动的影响是不同的，对系统运动的自由程度影响也不同。以下从几何力学角度来分析系统自由度问题。

3.2.3　基于可达状态流形的自由度

1. 可达位形流形

设系统 $S_{r,0}^{n}$ 满足 r 个完整约束方程 (3.2.1)，其在位形空间 $\mathbb{R}^{n}$ 中的运动被限制在式 (3.2.1) 所确定的超曲面 Φ^{n-r} 或其某个叶上，无法达到整个位形空间 $\mathbb{R}^{n}$。由于这 r 个完整约束线性无关，可用初等方法证明，超曲面 Φ^{n-r} 的维数是 $n-r$[2]。根据微分几何[3]，对于光滑超曲面 Φ^{n-r}，可视其为 $\mathbb{R}^{n}$ 中的微分流形，记作 $Q \equiv \Phi^{n-r}$。本节将 Q 定义为系统 $S_{r,0}^{n}$ 的**可达位形流形**，其维数为 $\dim(Q)=n-r$。

对于式 (3.2.2) 所描述的非完整线性约束，其线性组合的不可积性质表明，它无法在位形空间 $\mathbb{R}^{n}$ 中形成超曲面来限制系统运动，故系统 $S_{r,s}^{n}$ 的运动可抵达流形 Q 上的任意点，但其速度受到式 (3.2.2) 限制，即系统运动的等时变分 δv 受式 (3.2.3) 中 s 个非完整约束的限制。因此，在含 r 个完整约束的系统 $S_{r,0}^{n}$ 上再施加 s 个非完整约束，得到的系统 $S_{r,s}^{n}$ 具有与 $S_{r,0}^{n}$ 相同的可达位形流形 Q。

2. 可达状态流形

根据 Newton 的决定性原理，系统的动力学演化过程不仅取决于其初始位移，还取决于其初始速度，即该过程的本质是系统状态演化。非完整约束对系统速度施加限制，影响到系统状态演化，故应在系统**状态空间** $\mathbb{R}^{2n}$ 中考察其作用。

根据微分几何，可在 $n-r$ 维微分流形 Q 上建立局部坐标系，将 Q 中的任意点 q 表示为 $n-r$ 维广义位移列阵 $q \in Q$，进而计算生成点 q 的 $n-r$ 维切空间 TQ_{q}。在微分几何中，将微分流形 Q 中所有点 q 的切空间 TQ_{q} 之并集定义为 Q 的**切丛**，记为

$$TQ \equiv \bigcup_{q \in Q} TQ_{q} \qquad (3.2.4)$$

————————————

①　Guo Y X, Mei F X. Integrability for Pfaffian constrained systems: a connection theory[J]. Acta Mechnica Sinica, 1998, 14: 85－91.

②　陈滨. 分析动力学[M]. 第 2 版. 北京: 北京大学出版社, 2012: 37－44.

③　Marsden J E, Ratiu T S. Introduction to mechanics and symmetry[M]. 2nd edition. New York: Springer-Verlag, 1999: 121－180.

它是系统状态空间 $\mathbb{R}^{2n}$ 中的微分流形,其维数为 $\dim(TQ) = 2(n-r)$ [①]。现将该切丛 TQ 定义为系统 $S^n_{r,0}$ 的**可达状态流形**。

为阐述上述概念的几何意义,在状态空间 $\mathbb{R}^{2n}$ 中考察超曲面 Φ^{n-r},它自动扩张为超曲面 Φ^{2n-r}。由于式(3.2.1)与速度列阵 $\dot{\boldsymbol{v}}$ 无关,故 Φ^{2n-r} 是沿速度列阵 $\dot{\boldsymbol{v}}$ 方向保持形状不变的超柱面。将式(3.2.1)对时间求导数,得到

$$\boldsymbol{\varphi}_{\boldsymbol{v}^{\mathrm{T}}}(\boldsymbol{v})\dot{\boldsymbol{v}} = \boldsymbol{0} \qquad (3.2.5)$$

式中,$\boldsymbol{\varphi}_{\boldsymbol{v}^{\mathrm{T}}}: \mathbb{R}^n \mapsto \mathbb{R}^{r \times n}$ 是列阵 $\boldsymbol{\varphi}(\boldsymbol{v})$ 关于行阵 $\boldsymbol{v}^{\mathrm{T}}$ 的 Jacobi 矩阵。式(3.2.5)关于速度列阵 $\dot{\boldsymbol{v}}$ 线性变化,可理解为 $\mathbb{R}^{2n}$ 中的直纹超曲面 Ψ^{2n-r},它必与超柱面 Φ^{2n-r} 相交。故 $S^n_{r,0}$ 的运动状态被限制在 $\mathbb{R}^{2n}$ 中两个超曲面 Φ^{2n-r} 和 Ψ^{2n-r} 的交集上,它就是切丛 TQ,其维数为 $2n-2r$。

现以位形空间 $\mathbb{R}^2$ 中的单个完整约束方程 $\Phi^{2-1} \equiv v_1^2 + v_2^2 - 1 = 0$ 为例来作说明。它给出 $\mathbb{R}^2$ 中的一维位形可达流形 Q。在状态空间 $\mathbb{R}^4$ 中,将超柱面 Φ^{4-1} 向任意超平面 $\dot{v}_2 = $ const 投影,得到图 3.8 所示的圆柱面。由式(3.2.5)得到 $\Psi^{4-1} \equiv 2(v_1\dot{v}_1 + v_2\dot{v}_2) = 0$,对于给定的 $\dot{v}_2 \neq 0$,Ψ^{4-1} 可改写为双曲抛物面 $v_2 = -v_1\dot{v}_1/\dot{v}_2$。图 3.8 给出 $\dot{v}_2 = \pm 1$ 时的两个双曲抛物面。若 $\dot{v}_2$ 取不同的值,则得到双曲抛物面簇,它们与圆柱面的交线就是切丛 TQ。

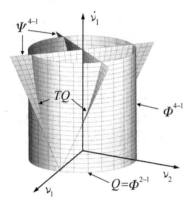

在微分几何中,若 Q 为 $\mathbb{R}^2$ 中的单位圆,其切丛 TQ 的平凡情况就是图 3.8 所示 $\mathbb{R}^3$ 中的圆柱面;而非平凡情况则是在 $\mathbb{R}^3$ 中扭曲的 Möbius 带。因后者具有不可定向性,此处不再予以考虑。

图 3.8 状态空间中的位形可达流形及其切丛示意图

为了考察非完整约束系统 $S^n_{r,s}$ 的可达状态,在系统 $S^n_{r,0}$ 的切丛 TQ 中建立局部坐标系,定义系统广义状态列阵 $[\boldsymbol{q}^{\mathrm{T}} \quad \dot{\boldsymbol{q}}^{\mathrm{T}}]^{\mathrm{T}} \in TQ$。将系统 $S^n_{0,0}$ 的位移列阵表示为 $\boldsymbol{v} = \tilde{\boldsymbol{v}}(\boldsymbol{q})$,其中,$\tilde{\boldsymbol{v}}: Q \mapsto \mathbb{R}^n$。把该变换代入式(3.2.1)和式(3.2.2),分别得到

$$\boldsymbol{\varphi}(\boldsymbol{v}) = \boldsymbol{\varphi}[\boldsymbol{v}(\boldsymbol{q})] \equiv \tilde{\boldsymbol{\varphi}}(\boldsymbol{q}) = \boldsymbol{0} \qquad (3.2.6)$$

$$\begin{cases} \boldsymbol{A}[\tilde{\boldsymbol{v}}(\boldsymbol{q})]\tilde{\boldsymbol{v}}_{\boldsymbol{q}^{\mathrm{T}}}(\boldsymbol{q})\dot{\boldsymbol{q}} + \boldsymbol{a}_0[\tilde{\boldsymbol{v}}(\boldsymbol{q})] \equiv \tilde{\boldsymbol{A}}(\boldsymbol{q})\dot{\boldsymbol{q}} + \tilde{\boldsymbol{a}}_0(\boldsymbol{q}) = \boldsymbol{0} \\ \tilde{\boldsymbol{A}}: Q \mapsto \mathbb{R}^{s \times (n-r)}, \quad \tilde{\boldsymbol{a}}_0: Q \mapsto \mathbb{R}^s \end{cases} \qquad (3.2.7)$$

对于任意广义位移列阵 $\boldsymbol{q} \in Q$,式(3.2.6)均自然满足,故系统 $S^n_{r,s}$ 在切丛 TQ 中的运动状态仅受到来自非完整约束(3.2.7)的限制,导致广义速度列阵 $\dot{\boldsymbol{q}}$ 的独立分量降低为 $n-r-s$。因此,系统 $S^n_{r,s}$ 的可达状态流形可记作切丛 TQ 中的子流形 Ω,其维数为 $\dim(\Omega) = 2n - 2r - s$。

———

① Marsden J E, Ratiu T S. Introduction to mechanics and symmetry[M]. 2nd edition. New York: Springer-Verlag, 1999: 121-180.

注解 3.2.2：对于系统 $S_{r,s}^n$，基于 Gibbs-Appell 方程和非完整约束方程,可得到描述系统状态演化的一阶常微分方程组[①],待求解的是 $n-r-s$ 维准速度列阵 $\boldsymbol{\sigma}$ 和 $n-r$ 维广义位移列阵 $\boldsymbol{q}$，即该方程组共含 $2n-2r-s$ 个未知函数。这相当于从纯粹分析途径证明,系统 $S_{r,s}^n$ 的可达状态流形维数为 $2n-2r-s$。

注解 3.2.3：对于非定常约束动力学系统,只要在状态时间空间中进行分析,其可达状态流形的维数也有类似结论。

3. 自由度的新定义

系统自由度概念始于描述系统运动学的坐标数量,因此其原始定义只与系统位形空间有关,并与系统可达位形流形的维数相一致。当人们转入状态空间去研究系统动力学时,很自然地认为,系统的可达状态维数是系统自由度的两倍。

对于完整约束系统 $S_{r,0}^n$，其可达状态流形 TQ 的维数总是两倍于可达位形流形 Q 的维数。但对于非完整约束系统 $S_{r,s}^n$，系统可达状态流形 Ω 的维数是 $2n-2r-s$，并不是分析力学中所定义的自由度 $n-r-s$ 的两倍。本节后继分析将表明,分析力学所定义的自由度会过度限制系统运动的自由程度。

因此,现提出**新的系统自由度定义**：即系统自由度为系统可达状态流形维数的一半。对于系统含 r 个完整约束和 s 个非完整约束的系统 $S_{r,s}^n$，则有

$$\tilde{\boldsymbol{D}}(S_{r,s}^n) \equiv \frac{\dim(\Omega)}{2} = n - r - \frac{s}{2} \tag{3.2.8}$$

显然,对于无约束系统 $S_{0,0}^n$ 和完整约束系统 $S_{r,0}^n$，新定义与原有定义的结果一致。对于非完整约束系统 $S_{r,s}^n$，新定义的系统自由度大于分析力学中定义的自由度 $D(S_{r,s}^n) = n-r-s$。

3.2.4 奇数非完整约束导致的半自由度

根据对系统自由度的新定义,当系统具有奇数个非完整约束时,将出现半个自由度。现通过含单个非完整约束系统的两个案例,阐述半自由的力学意义。

1. 振动系统的自由度退化

例 3.2.2：采用 3.2.3 小节的观点,讨论图 3.6 中的振动系统自由度退化问题。

对于图 3.6(a)中的系统,由于其只能沿铅垂方向运动,故其运动位于欧氏空间 $\Re^1$ 内。为了描述该系统位形,需要两个独立坐标 u_1 和 u_2，故系统的位形空间为 $\mathbb{R}^2 = (\Re^1)^2$。该系统可记为 $S_{0,0}^2$，其自由度为 $D(S_{0,0}^2)=2$，系统运动微分方程为例 3.2.1 中的式(a),即

$$\begin{cases} m_1\ddot{u}_1(t) + c[\dot{u}_1(t)-\dot{u}_2(t)] + k_1 u_1(t) = F_0\sin(\omega t) \equiv f(t) \\ m_2\ddot{u}_2(t) + c[\dot{u}_2(t)-\dot{u}_1(t)] + k_2 u_2(t) = 0 \end{cases} \tag{a}$$

令该系统的质量 $m_2 \to 0$，则系统变为图 3.6(b)所示系统,其运动微分方程退化为例 3.2.1 中的式(c),即

---

① 汪家訸. 分析力学[M].北京：高等教育出版社,1982,146-149.

$$\begin{cases} m_1\ddot{u}_1(t) + c[\dot{u}_1(t) - \dot{u}_2(t)] + k_1u_1(t) = f(t) \\ c[\dot{u}_2(t) - \dot{u}_1(t)] + k_2u_2(t) = 0 \end{cases} \qquad (b)$$

此时,式(b)中的第二个方程是定常线性速度约束,而且不可积,因此是非完整约束。由于该退化系统具有一个非完整约束,故将其记为 $S_{0,1}^2$。

退化系统 $S_{0,1}^2$ 的可达位形流形为 $Q = \mathbb{R}^2$,Q 的切丛为 $TQ_q = \mathbb{R}^4$。将式(b)改写为切丛 $TQ_q = \mathbb{R}^4$ 中的微分方程组和非完整约束方程,即

$$\begin{cases} \dot{q}_1(t) = q_3(t) \\ \dot{q}_2(t) = q_4(t) \\ \dot{q}_3(t) = [-k_1q_1(t) - cq_3(t) + cq_4(t) + f(t)]/m_1 \end{cases} \qquad (c)$$

$$c[q_4(t) - q_3(t)] + k_2q_2(t) = 0 \qquad (d)$$

此时,非完整约束方程(d)给出系统 $S_{0,1}^2$ 的可达状态流形 $\Omega \subset TQ_q$,其维数为 $\dim(\Omega) = 3$。由式(d)解出 $q_4(t) = [cq_3(t) - k_2q_2(t)]/c$ 代入式(c),得到系统 $S_{0,1}^2$ 在 Ω 中的状态微分方程为

$$\begin{cases} \dot{q}_1(t) = q_3(t) \\ \dot{q}_2(t) = [cq_3(t) - k_2q_2(t)]/c \\ \dot{q}_3(t) = [-k_1q_1(t) - k_2q_2(t) + f(t)]/m_1 \end{cases} \qquad (e)$$

该系统的自由振动对应三次特征方程,即

$$\det\begin{bmatrix} -\lambda & 0 & 1 \\ 0 & -k_2/c - \lambda & 1 \\ -k_1/m_1 & -k_2/m_1 & -\lambda \end{bmatrix} = \frac{1}{m_1c}[m_1c\lambda^3 + m_1k_2\lambda^2 + c(k_1+k_2)\lambda + k_1k_2] = 0$$

$$(f)$$

由于特征方程(f)的所有系数均为正,根据 Routh-Hurwitz 定理可判断,其三个特征根均有负实部。通常,它们是一对具有负实部的共轭复根 $\lambda_{1,2} = -\gamma \pm i\omega$,以及一个负实根 $\lambda_3 < 0$,其中 $\gamma > 0$,$\omega > 0$。因此,系统 $S_{0,1}^2$ 受初始扰动后的自由运动由两种运动叠加而成,一种是以指数 $\exp(-\gamma t)$ 为包络的衰减振动,另一种是指数 $\exp(-|\lambda_3|t)$ 形式的衰减运动。

如果换一种思路,将式(b)两端对时间求导数,再将结果与式(a)中第一个方程联立,依次消去 $\ddot{u}_2(t)$ 和 $\dot{u}_2(t)$,可得到仅含位移 $u_1(t)$ 的三阶常微分方程,即

$$m_1c\frac{d^3u_1(t)}{dt^3} + m_1k_2\frac{d^2u_1(t)}{dt^2} + c(k_1+k_2)\frac{du_1(t)}{dt} + k_1k_2u_1(t) = c\frac{df(t)}{dt} + k_2f(t) \quad (g)$$

它等价于系统 $S_{0,1}^2$ 在 Ω 中的状态微分方程(e)。由式(g)更容易看出,系统 $S_{0,1}^2$ 受扰后自由振动对应的特征方程正是式(f)。

现对系统 $S_{0,1}^2$ 的自由度进行更具体的讨论。

首先,式(b)中的非完整约束提供了该系统两个速度等时变分之间的关系,即 $c[\delta \dot{u}_2(t) - \delta \dot{u}_1(t)] = 0$。根据分析力学的自由度定义,$D(S_{0,1}^2) = 2 - 0 - 1 = 1$,即 $S_{0,1}^2$ 为单自由度系统。然而,系统 $S_{0,1}^2$ 不同于单自由度系统,需要用两个独立坐标来描述其运动。若从 Ω 中的状态微分方程(e)确定系统 $S_{0,1}^2$ 受扰后的自由振动,需要给定 $S_{0,1}^2$ 的三个初始条件 $q_1(0) = q_{10}$,$q_2(0) = q_{20}$ 和 $q_3(0) = q_{30}$;若基于式(g)完成上述任务,也需要三个初始条件,即 $u_1(0) = u_{10}$,$\dot{u}_1(0) = \dot{u}_{10}$ 和 $\ddot{u}_1(0) = \ddot{u}_{10}$。此外,系统 $S_{0,1}^2$ 受扰后的自由振动不仅包含单自由度阻尼系统所具有的衰减振动,还包含一种指数衰减运动,这也不同于单自由度系统。上述行为就是半自由度导致的特殊动力学现象。

其次,系统 $S_{0,1}^2$ 有别于普通两自由度系统。对于图 3.6(a)中的两自由度系统 $S_{0,0}^2$,若 m_2 与 m_1 的量级相同,则系统具有两对复特征值,系统受扰后的自由运动是两种衰减振动之叠加。随着 $m_2 \to 0$,系统会有一个实特征值 $\lambda_4 < 0$,且其绝对值非常大;而系统另外三个特征值则分别趋于 $\lambda_{1,2} = -\gamma \pm i\omega$ 和 $\lambda_3 < 0$。此时,系统受扰后的自由运动变为一种衰减振动、两种衰减速率不同的指数衰减运动的叠加。因此,两自由度系统 $S_{0,0}^2$ 的受扰后自由运动有别于 $S_{0,1}^2$。此外,确定两自由度系统 $S_{0,0}^2$ 的受扰后自由运动需要四个初始条件,除了 $S_{0,1}^2$ 所需的三个初始条件之外,还需要给定 $\dot{u}_2(0)$。确定系统 $S_{0,1}^2$ 的受扰后自由运动不需要 $\dot{u}_2(0)$,因为一旦给定 $\dot{u}_1(0)$ 和 $u_2(0)$,可从式(b)中的非完整约束得到 $\dot{u}_2(0) = \dot{u}_1(0) - (k_2/c)u_2(0)$。

上述分析表明,系统 $S_{0,1}^2$ 的动力学行为介于单自由度系统和两自由度系统之间。因此,根据式(3.2.8),将该系统的自由度定义为 $\tilde{D}(S_{0,1}^2) = 2 - 0 - 1/2 = 1.5$ 是恰当的。这半个自由度源自非完整约束导致的自由度缩减,因为它要求阻尼器 c 两端相对速度引起的阻尼力与弹簧 k_2 提供的弹性力始终保持一致。在系统动力学行为上,这样具有 1.5 个自由度的系统具有比单自由度系统更丰富的动力学行为,即在单自由度系统的衰减振动上叠加了指数衰减运动;但该系统的动力学行为又比两自由度振动系统简单,不是两个衰减振动的叠加。

注解 3.2.4:在历史上,对具有 1.5 个自由度的系统研究可追溯到 20 世纪 80 年代苏联数学家 Ziglin 对一类 Hamilton 系统的可积性分析[①],且这类数学研究一直延续到今天。但此处具有 1.5 个自由度的系统来自力学研究,具有力学意义。在图 3.6(b)中,质量 m_1 下方的阻尼器 c 和弹簧 k_2 串联后再与弹簧 k_1 并联,构成黏弹性力学中的标准线性模型,可描述许多黏弹性构件的力学行为。在 3.3 节将介绍,作者曾用这类具有 1.5 个自由度的振动系统来描述结构阻尼系统,消除非频变结构阻尼导致的系统时域响应非因果性。近年来,德国学者 Min 等则用 1.5 自由度振动系统模型研究了振动控制问题[②]。

注解 3.2.5:对于图 3.6(b)中的振动系统,也可设想从质量 m_1 和弹簧 k_1 组成的单自由度系统出发,附加由阻尼器 c 和弹簧 k_2 串联构成的 Maxwell 黏性流体环节而成。

①　Ziglin S L. Self-intersection of the complex separatrices and the nonexistence of the integrals in the Hamiltonian-systems with one-and-half degrees of freedom[J]. PMM Journal of Applied Mathematics and Mechanics, 1981, 45(3): 411-413.

②　Min C Q, Dahlmann M, Sattel T. A concept for semi-active vibration control with a serial-stiffness-switch system [J]. Journal of Sound and Vibration, 2017, 405: 234-250.

Maxwell 黏性流体环节满足式(b)中的第二个方程,即非完整约束方程。该方程是一阶常微分方程,具有 0.5 个自由度。在黏弹性力学中,由 Maxwell 黏性流体环节引入的 0.5 个自由度通常被视为**内变量**,或称作**内自由度**。对于含 Maxwell 黏性流体环节的系统 $S_{0,1}^2$,若按照分析力学将其自由度定义为 $D(S_{0,1}^2) = 1$,则应补充说明:该系统的受扰运动除了衰减振动模态,还包含一种由内自由度导致的指数衰减模态,后者也被称为**蠕变模态**。

注解 3.2.6:在固体力学中,还有许多采用内变量描述的问题,有些可视为对系统速度的非完整约束,有些则未必。例如,若将图 3.6(b)中的 Maxwell 黏性流体环节替换为理想塑性环节,可描述具有记忆特性的非线性隔振系统[①];若替换为著名的 Bouc-Wen 塑性环节,则可描述更为普遍的非线性弹塑性系统。对于这两类系统,其内变量是塑性力,不具有位移或速度的力学意义。

注解 3.2.7:如果 $0 < m_2 \ll m_1$,从理论上说可直接研究两自由度系统 $S_{0,0}^2$,但此时系统 $S_{0,0}^2$ 的微分方程初值问题常常具有数值病态。例如,当 $m_2/m_1 < 10^{-5}$ 时,若用 Maple 和 MATLAB 等软件中的 Rung-Kutta 法计算两自由度系统 $S_{0,0}^2$ 的初值问题,计算会失败。因此,有必要将两自由度系统 $S_{0,0}^2$ 简化为具有 1.5 个自由度的系统 $S_{0,1}^2$,避免计算困难。

2. 倾斜平面上的冰橇运动

虽然本书聚焦线性振动力学,但鉴于自由度是力学中最基本的概念之一,有必要验证式(3.2.8)所定义的自由度是否具有普适性。为此,讨论一个非线性动力学的案例,它也是分析力学著作中最常用的案例。

例 3.2.3:考察图 3.9 中在倾斜平面 $\Re^2$ 上运动的冰橇,将其简化为均质刚性杆。杆的质量为 m,长度为 l,受到重力分量 $mg\sin\alpha$ 作用。在图 3.9 所示的坐标系中,用杆的质心运动 $[u_1(t) \quad u_2(t)]^T$ 和绕质心的转角 $\theta(t)$ 来描述杆在倾斜平面上的运动,该系统的位形空间为 $\mathbb{R}^3 = SO(1) \otimes \Re^2$。

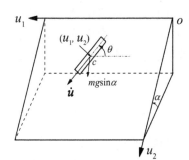

由于冰面对冰橇的约束,杆的质心速度 $\dot{u}_1$ 始终与杆平行,导致线性非完整约束,即

$$\dot{u}_1(t)\sin[\theta(t)] - \dot{u}_2(t)\cos[\theta(t)] = 0 \qquad (a)$$

图 3.9 在重力场中倾斜平面上运动的冰橇

因此,应将上述冰橇系统记为 $S_{0,1}^3$。

为了简洁,此处不再讨论该系统的状态空间、切丛和可达状态流形等,直接基于分析力学中的 Gibbs-Appell 方法[②],建立不含非完整约束的系统动力学方程。引入如下两个准速度:

$$\begin{cases} \sigma_1(t) \equiv \dot{u}_1(t)/\cos[\theta(t)] \\ \sigma_2(t) \equiv \dot{\theta}(t) \end{cases} \qquad (b)$$

可建立描述系统 $S_{0,1}^3$ 运动的 Gibbs-Appell 方程,得到其初值问题为

① 胡海岩,李岳锋. 具有记忆特性的非线性减振器参数识别[J]. 振动工程学报,1989,2(2):17-27.
② 汪家詠. 分析力学[M]. 北京:高等教育出版社,1982:146-149.

$$\begin{cases} \dot{\sigma}_1(t) = g\sin\alpha\sin[\theta(t)], & \sigma_1(0) = \dot{u}_{10}/\cos\theta_0 \\ \dot{\sigma}_2(t) = 0, & \sigma_2(0) = \omega_0 \\ \dot{u}_1(t) = \sigma_1(t)\cos[\theta(t)], & u_1(0) = u_{10} \\ \dot{u}_2(t) = \sigma_1(t)\sin[\theta(t)], & u_2(0) = u_{20} \\ \dot{\theta}(t) = \sigma_2(t), & \theta(0) = \theta_0 \end{cases} \qquad (c)$$

式(c)中的一阶微分方程组共含五个未知函数,但方程已解耦,可按如下顺序求解: $\sigma_2(t) \rightarrow \theta(t) \rightarrow \sigma_1(t) \rightarrow [u_1(t) \quad u_2(t)]^{\mathrm{T}}$。根据式(c)的第一个初始条件,约定初始转角 $\theta_0 \neq \pm\pi/2$。由于初始角速度 ω_0 对冰橇动力学行为有重要影响,在求解过程中需要区别以下两种情况。

(1)若冰橇初始角速度 $\omega_0 \neq 0$,则冰橇运动为

$$\begin{cases} u_1(t) = \dfrac{g\sin\alpha}{2\omega_0^2}\left[\sin\theta_0\cos\theta_0 - \sin(\omega_0 t + \theta_0)\cos(\omega_0 t + \theta_0) - \omega_0 t\right] \\ \qquad + \left(\dfrac{\dot{u}_{10}}{\omega_0\cos\theta_0} + \dfrac{g\sin\alpha}{\omega_0^2}\cos\theta_0\right)\left[\sin(\omega_0 t + \theta_0) - \sin\theta_0\right] + u_{10} \\ u_2(t) = \dfrac{g\sin\alpha}{2\omega_0^2}\left[\cos^2(\omega_0 t + \theta_0) - \cos^2\theta_0\right] \\ \qquad + \left(\dfrac{\dot{u}_{10}}{\omega_0\cos\theta_0} + \dfrac{g\sin\alpha}{\omega_0^2}\cos\theta_0\right)\left[\cos\theta_0 - \cos(\omega_0 t + \theta_0)\right] + u_{20} \\ \theta(t) = \omega_0 t + \theta_0 \end{cases} \qquad (d)$$

此时,冰橇质心运动轨迹沿 u_1 方向随时间线性递增(或递减)并叠加周期振动;沿 u_2 方向呈现周期振动;而冰橇转动则随时间线性递增(或递减)。图 3.10 给出两种典型的冰橇质心运动轨迹,显示了系统能量守恒。当 $\omega_0 < 0$ 时,冰橇质心沿着 $u_1 \geqslant 0$ 方向运动;当 $\omega_0 > 0$ 时,则沿反方向运动。

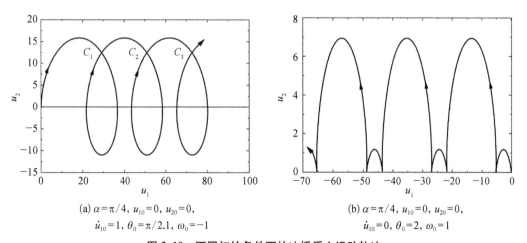

(a) $\alpha = \pi/4$, $u_{10}=0$, $u_{20}=0$,
$\dot{u}_{10}=1$, $\theta_0=\pi/2.1$, $\omega_0=-1$

(b) $\alpha = \pi/4$, $u_{10}=0$, $u_{20}=0$,
$\dot{u}_{10}=0$, $\theta_0=2$, $\omega_0=1$

图 3.10　不同初始条件下的冰橇质心运动轨迹

（2）若冰橇的初始角速度 $\omega_0 = 0$，则转角恒为 θ_0，冰橇沿着倾斜平面作匀加速直线运动，由式（c）解得

$$
\begin{cases}
u_1(t) = \dfrac{g\sin\alpha}{2}(\sin\theta_0\cos\theta_0)t^2 + \dot{u}_{10}t + u_{10} \\[2mm]
u_2(t) = \dfrac{g\sin\alpha}{2}(\sin\theta_0\sin\theta_0)t^2 + \dfrac{\dot{u}_{10}}{\cos\theta_0}t + u_{20} \\[2mm]
\theta(t) = \theta_0
\end{cases}
\tag{e}
$$

根据分析力学的自由度定义，上述冰橇的自由度为 $D(S_{0,1}^3) = 3 - 1 = 2$。若按两自由度系统去理解冰橇的动力学，可以解释 $\omega_0 = 0$ 时冰橇的直线运动，但无法解释冰橇的曲线运动，尤其是图 3.10(a) 中的冰橇质心运动轨迹相交现象。在冰橇的这类运动过程中，其质心可两次抵达点 C_1，C_2，C_3，…，但对应的转角（即轨线切线方向）却不同。

按照式（3.2.8）的自由度定义，该冰橇的自由度为 $\tilde{D}(S_{0,1}^3) = 3 - 1/2 = 2.5$。此时，非完整约束（a）不改变冰橇的可达位形流形，即冰橇质心位置和绕质心转角彼此是独立的，但质心速度方向与转角相关。系统 $S_{0,1}^3$ 的运动自由程度介于两自由度系统 $S_{1,0}^3$ 和三自由度系统 $S_{0,0}^3$ 之间。因此，定义该系统具有 2.5 个自由度自然更为恰当。

3.2.5　偶数非完整约束导致的自由度缩减

读者接受系统的半自由度概念之后，自然会产生如下猜想：两个非完整约束各自导致的半自由度缩减是否等价于系统减少一个自由度？现对该猜想进行讨论。

根据 3.2.3 小节对系统 $S_{r,s}^n$ 的可达状态流形分析，当 $s = 2$ 时，可达状态流形 Ω 的维数为 $2n - r - 2$，系统自由度为 $\tilde{D}(S_{r,2}^n) = n - r - 1$。从形式上看，该猜想合理。但若进一步分析，则会发现问题的复杂性。

事实上，力学系统的可达速度流形并不单独存在，而依赖于可达位形流形。以完整约束系统 $S_{r+1,0}^n$ 为例，它具有 $n - r - 1$ 维的可达位形流形 Q 和 $2(n - r - 1)$ 维切丛 TQ，可达速度流形是 Q 在 TQ 中的补，其维数为 $n - r - 1$。此外，可构造 $2(n - r - 1)$ 维余切丛 T^*Q，研究系统的 Hamilton 动力学。对于具有两个非完整约束的系统 $S_{r,2}^n$，虽然其自由度 $\tilde{D}(S_{r,2}^n) = n - r - 1$ 为整数，但系统的可达位形流形和可达速度流形的维数不同，分别是 $n - r$ 和 $n - r - 2$，系统 $S_{r,2}^n$ 未必具有与系统 $S_{r+1,0}^n$ 等价的动力学行为。以下通过两个案例来讨论这个问题。

1. 液压-弹性隔振系统

例 3.2.4：第 1 章介绍了图 3.11 所示车辆发动机液压-弹性隔振系统的力学模型[1]，并且指出工程师所关心

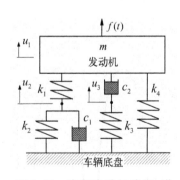

图 3.11　车辆发动机液压-弹性隔振系统的力学模型

① Simionatto V G S, Miyasato H H, de Melo F M, et al. Singular mass matrices and half degrees of freedom: a general method for system reduction[C]. Natal: The 21st International Congress of Mechanical Engineering, 2011.

的系统自由度、阻尼效应等问题。现基于式（3.2.8）的自由度定义，对此开展进一步研究。

图 3.11 中液压-弹性隔振系统的力学模型仅沿铅垂方向运动，可用图中三个坐标描述其运动，系统的位形空间为 $\mathbb{R}^3 = (\mathfrak{R}^1)^3$。系统动力学方程为

$$
\begin{cases}
m\ddot{u}_1(t) + c_2[\dot{u}_1(t) - \dot{u}_3(t)] + (k_1 + k_4)u_1(t) - k_1 u_2(t) = f(t) \\
c_1\dot{u}_2(t) - k_1 u_1(t) + (k_1 + k_2)u_2(t) = 0 \\
c_2[\dot{u}_3(t) - \dot{u}_1(t)] + k_3 u_3(t) = 0
\end{cases}
\tag{a}
$$

其中，

$$
\begin{cases}
m = 20\ \text{kg}, \quad c_1 = 300\ \text{N·s/m}, \quad c_2 = 100\ \text{N·s/m} \\
k_1 = 500\ \text{N/m}, \quad k_2 = 500\ \text{N/m}, \quad k_3 = 1\,000\ \text{N/m}, \quad k_4 = 5\,000\ \text{N/m}
\end{cases}
\tag{b}
$$

式（a）表明，该系统需要用三个坐标描述其位形，但同时又含两个线性非完整约束，应记作 $S_{0,2}^3$。根据分析力学的自由度定义，该系统的自由度为 $D(S_{0,2}^3) = 3 - 0 - 2 = 1$；但根据式（3.2.8）的自由度定义，该系统的自由度为 $\tilde{D}(S_{0,2}^3) = 3 - 0 - 2/2 = 2$。

现将式（b）代入式（a），考察系统的自由振动，计算得到对应的特征值：

$$
\lambda_{1,2} = -0.689\,72 \mp 17.706\text{i}, \quad \lambda_3 = -3.174\,2, \quad \lambda_4 = -8.779\,6
\tag{c}
$$

这表明，系统 $S_{0,2}^3$ 受扰动后的运动包含一种以指数为包络的衰减振动，两种呈快速衰减的指数运动；即该系统相当于一个欠阻尼线性振子和一个过阻尼线性振子组成的两自由度线性振动系统。这样的动力学行为支持式（3.2.8）的自由度定义，但不支持分析力学的自由度定义。

更具体地看，根据方程（a）中的两个非完整约束，可将质量 m 的位移 $u_1(t)$ 和速度 $\dot{u}_1(t)$ 表示为

$$
\begin{cases}
u_1(t) = [c_1\dot{u}_2(t) + (k_1 + k_2)u_2(t)]/k_1 \\
\dot{u}_1(t) = [c_2\dot{u}_3(t) + k_3 u_3(t)]/c_2
\end{cases}
\tag{d}
$$

将式（d）对时间求导，得到

$$
\begin{cases}
\dot{u}_1(t) = [c_1\ddot{u}_2(t) + (k_1 + k_2)\dot{u}_2(t)]/k_1 \\
\ddot{u}_1(t) = [c_2\ddot{u}_3(t) + k_3\dot{u}_3(t)]/c_2
\end{cases}
\tag{e}
$$

将式（d）的第二式代入式（e）的第一式左端，整理得到

$$
c_1 c_2\ddot{u}_2(t) + c_2(k_1 + k_2)\dot{u}_2(t) - c_2 k_1\dot{u}_3(t) - k_1 k_3 u_3(t) = 0
\tag{f}
$$

将式（e）的第二式和式（d）代入式（a）的第一式，整理得到

$$
\begin{aligned}
& mc_2 k_1\ddot{u}_3(t) + c_1 c_2(k_1 + k_4)\dot{u}_2(t) + mk_1 k_3\dot{u}_3(t) \\
& + c_2[(k_1 + k_4)(k_1 + k_2) - k_1^2]u_2(t) + c_2 k_1 k_3 u_3(t) = c_2 k_1 f(t)
\end{aligned}
\tag{g}
$$

式（f）和式（g）是由 $u_2(t)$ 和 $u_3(t)$ 描述的系统动力学方程组，其矩阵形式为

$$\begin{bmatrix} c_1 c_2 & 0 \\ 0 & mc_2 k_1 \end{bmatrix} \begin{bmatrix} \ddot{u}_2(t) \\ \ddot{u}_3(t) \end{bmatrix} + \begin{bmatrix} c_2(k_1 + k_2) & -c_2 k_1 \\ c_1 c_2(k_1 + k_4) & mk_1 k_3 \end{bmatrix} \begin{bmatrix} \dot{u}_2(t) \\ \dot{u}_3(t) \end{bmatrix}$$

$$+ \begin{bmatrix} 0 & -k_1 k_3 \\ c_2[(k_1 + k_2)(k_1 + k_4) - k_1^2] & c_2 k_1 k_3 \end{bmatrix} \begin{bmatrix} u_2(t) \\ u_3(t) \end{bmatrix} = \begin{bmatrix} 0 \\ c_2 k_1 f(t) \end{bmatrix} \quad \text{(h)}$$

这表明,系统 $S_{0,2}^3$ 已约化为一个两自由度系统,而系统的等效阻尼矩阵和等效刚度矩阵不再是对称矩阵。鉴于确定系统位形还需通过代数约束(d)获得 $u_1(t)$,故将该系统记为 $S_{1,0}^3$,而不记作 $S_{0,0}^2$。将式(b)代入式(h),可得到与式(c)相同的特征值,即系统 $S_{0,2}^3$ 和系统 $S_{1,0}^3$ 的动力学行为一致。求解微分方程(h),将结果代入约束方程(d),即得到位移 $u_1(t)$ 和速度 $\dot{u}_1(t)$。因此,系统 $S_{0,2}^3$ 的两个非完整约束方程类似控制系统的动态输出方程。

在此基础上,可顺便讨论阻尼问题。在约化后的两自由度系统动力学方程(h)中,油流经油孔产生的阻尼系数 c_1 不仅出现在速度列阵的系数矩阵中,还出现在加速度列阵的系数矩阵中。此时,增加阻尼系数 c_1 不仅等比放大阻尼力 $-c_1 c_2(k_1 + k_4)\dot{u}_2(t)$,也同时等比放大惯性力 $-c_1 c_2 \ddot{u}_2(t)$。因此,增加阻尼系数 c_1 时,系统阻尼比并非简单增加,系统共振峰也并非简单下降。在 4.1 节,将对此进行定量分析。

注解 3.2.8:上述分析表明,对于由式(a)所描述的液压-弹性隔振系统 $S_{0,2}^3$,其两个线性非完整约束确实导致系统减少一个自由度,使系统的动力学行为等价于具有一个完整约束的系统 $S_{1,0}^3$。

注解 3.2.9:系统 $S_{0,2}^3$ 的可达状态流形维数为 4,可达位形流形维数为 3,无法直接建立切丛和余切丛。但对于由微分方程(h)描述的等价完整约束系统 $S_{1,0}^3$,可用 $[u_2(t) \quad u_3(t)]^{\mathrm{T}}$ 作为广义位移列阵 $\boldsymbol{q} \in Q = \mathbb{R}^2$,建立 4 维切丛 TQ 和余切丛 T^*Q[1],进而研究等价系统 $S_{1,0}^3$ 的 Hamilton 力学结构。

2. 刚性圆盘在水平面上的纯滚动

由于例 3.2.4 是线性振动系统,上述结论未必普适。现转向分析力学中著名的圆盘纯滚动问题,这是一个较为复杂的非线性动力学案例。

例 3.2.5:考察图 3.12 中半径为 R 的刚性薄圆盘,研究其在粗糙水平面上的纯滚动[2]。建立固定坐标系 $ou_1 u_2 u_3$,原点位于圆盘质心 C 的平动坐标系 $Cz_1 z_2 z_3$ 和转动坐标系 $C\xi\eta\zeta$。过圆盘质心 C 作水平面,记它与圆盘的交线为 CN。该圆盘的运动可由其质心位移列阵

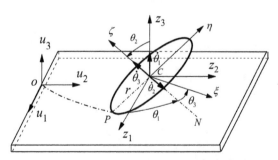

图 3.12 刚性薄圆盘在粗糙水平面上作纯滚动

① Marsden J E, Ratiu T S. Introduction to mechanics and symmetry[M]. 2nd edition. New York: Springer-Verlag, 1999: 121 - 180.

② 汪家訸. 分析力学[M]. 北京: 高等教育出版社,1982: 141 - 143.

$[\,u_1(t)\quad u_2(t)\quad u_3(t)\,]^{\mathrm{T}}$ 和其相对于平动坐标系 $Cz_1z_2z_3$ 的 Euler 角列阵 $[\,\theta_1(t)\quad \theta_2(t)$
$\theta_3(t)\,]^{\mathrm{T}}$ 来描述。其中,$\theta_1(t)$ 是进动角;$\theta_2(t)$ 是章动角;$\theta_3(t)$ 是自转角。因此,该系统
的位形空间为 $\mathbb{R}^6 = SO(3) \otimes \Re^3$。

根据刚体运动学,薄圆盘在粗糙水平面上作纯滚动的约束条件为

$$\begin{cases} \dot{u}_1(t) + R\{\dot{\theta}_3(t) + \dot{\theta}_1(t)\cos[\theta_2(t)]\}\cos[\theta_1(t)] - R\dot{\theta}_2(t)\sin[\theta_2(t)]\sin[\theta_1(t)] = 0 \\ \dot{u}_2(t) + R\{\dot{\theta}_3(t) + \dot{\theta}_1(t)\cos[\theta_2(t)]\}\sin[\theta_1(t)] + R\dot{\theta}_2(t)\sin[\theta_2(t)]\cos[\theta_1(t)] = 0 \\ \dot{u}_3(t) - R\dot{\theta}_2(t)\cos[\theta_2(t)] = 0 \end{cases}$$

$$(\mathrm{a})$$

由于式(a)的第三个方程可积分为 $u_3(t) - R\sin[\theta_2(t)] = 0$,故圆盘具有一个完整约束和
两个非完整约束,可记为系统 $S_{1,2}^6$。根据分析力学的自由度定义,该系统的自由度是
$D(S_{1,2}^6) = 6 - 1 - 2 = 3$。根据式(3.2.8)的自由度定义,该系统自由度为 $\tilde{D}(S_{1,2}^6) = 6 -$
$1 - 2/2 = 4$。以下考察这两种定义哪个更具合理性。

现引入三个准速度分量 $\sigma_1(t)$、$\sigma_2(t)$ 和 $\sigma_3(t)$,建立该系统的 Gibbs-Appell 方程,得
到描述圆盘姿态动力学的一阶微分方程组为

$$\begin{cases} \dot{\theta}_1(t) = \sigma_2(t)/\sin[\theta_2(t)] \\ \dot{\theta}_2(t) = \sigma_1(t) \\ \dot{\theta}_3(t) = \sigma_3(t) - \sigma_2(t)\cot[\theta_2(t)] \\ \dot{\sigma}_1(t) = \{\sigma_2^2(t)\cot[\theta_2(t)] - 6\sigma_1(t)\sigma_2(t) - 4g\sin[\theta_2(t)]/R\}/5 \\ \dot{\sigma}_2(t) = 2\sigma_2(t)\sigma_3(t) - \sigma_1(t)\sigma_2(t)\cot[\theta_2(t)] \\ \dot{\sigma}_3(t) = 2\sigma_1(t)\sigma_2(t)/3 \end{cases}$$

$$(\mathrm{b})$$

该一阶微分方程组包含六个未知函数,是封闭的,表明圆盘姿态动力学与圆盘质心位置和
速度无关,犹如一个三自由度力学系统。

然而,圆盘运动的位形还包括其质心运动。从式(b)求得各 Euler 角和相应的角速度
后代入式(a),再通过积分方可确定圆盘的质心位移列阵 $[\,u_1(t)\quad u_2(t)\quad u_3(t)\,]^{\mathrm{T}}$。这表
明,非完整约束(a)使圆盘姿态运动与圆盘质心运动之间具有单向耦合,而这种耦合由微
分方程(a)描述,与例 3.2.4 中由代数方程所描述的系统输出不同。

式(a)中的前两个约束方程表明,薄圆盘在水平上纯滚动时,其质心的水平速度列阵
$[\,\dot{u}_1(t)\quad \dot{u}_2(t)\,]^{\mathrm{T}}$ 无法人为给定。这是因为它由圆盘转动角速度列阵 $[\,\dot{\theta}_1(t)\quad \dot{\theta}_2(t)\quad \dot{\theta}_3(t)\,]^{\mathrm{T}}$
的分量组合而成,并且与圆盘转动的 Euler 角列阵 $[\,\theta_1(t)\quad \theta_2(t)\quad \theta_3(t)\,]^{\mathrm{T}}$ 相关。将式
(a)和式(b)联立可见,描述薄圆盘在水平面上的纯滚动需要五个独立的广义坐标,即圆
盘质心运动的水平位移列阵 $[\,u_1(t)\quad u_2(t)\,]^{\mathrm{T}}$ 和圆盘绕质心转动的 Euler 角列阵
$[\,\theta_1(t)\quad \theta_2(t)\quad \theta_3(t)\,]^{\mathrm{T}}$。

上述结果表明,若采用分析力学的自由度定义,则意味着不考虑圆盘质心运动;故式
(3.2.8)所定义的自由度更具有合理性。

与例 3.2.4 所不同的是,虽然圆盘纯滚动系统的自由度为 $\tilde{D}(S_{1,2}^6) = 4$,但由于非完整

约束方程(a)的复杂结构,难以选择 4 维位形流形来构造系统的切丛和余切丛。然而,根据微分方程组(b),可选择 3 维可达位形流形 Q 来完成上述构造,进而研究圆盘姿态运动的 Hamilton 力学结构;然后再获得圆盘质心运动规律。

事实上,由于圆盘纯滚动问题属于分析力学中的 Chaplygin 系统,故具有上述性质[①]。

3. 案例结果的推广

首先,推广例 3.2.4 的结果。对于系统 $S_{r,2}^n$,在其 $2(n-r)$ 维切丛 TQ 中考察两个非完整约束方程。根据式(3.2.7),设其分量形式为

$$\begin{cases} \sum_{j=1}^{n-r-1} \tilde{a}_{1j}[q_1(t), \cdots, q_{n-r-1}(t)]\dot{q}_j(t) + a_{1n-r}q_{n-r}(t) = 0 \\ \sum_{j=1}^{n-r-1} \tilde{a}_{2j}[q_1(t), \cdots, q_{n-r-1}(t)]\dot{q}_j(t) + a_{2n-r}\dot{q}_{n-r}(t) = 0 \end{cases} \qquad (3.2.9)$$

若式(3.2.9)中 $a_{1n-r}a_{2n-r} \neq 0$,则类似于对例 3.2.4 的分析可证明:该系统的自由度为 $\tilde{D}(S_{r,2}^n) = n - r - 1$,且该系统等价于系统 $S_{r+1,0}^n$,可构造 $2(n-r-1)$ 维切丛和余切丛,进而研究系统 $S_{r+1,0}^n$ 的 Hamilton 力学结构;而广义位移 $q_{n-r}(t)$ 和广义速度 $\dot{q}_{n-r}(t)$ 则表现为系统 $S_{r+1,0}^n$ 的动态输出。若系统 $S_{r,s}^n$ 具有更多偶数个形如式(3.2.9)的非完整约束,可类似将其两两合并为完整约束。

其次,推广例 3.2.5 的结果。将系统 $S_{r,s}^n$ 的 $n-r$ 维可达位形流形 Q 中的局部广义位移列阵表示为

$$\boldsymbol{q}(t) = [\boldsymbol{q}_\alpha^{\mathrm{T}}(t) \quad \boldsymbol{q}_\beta^{\mathrm{T}}(t)]^{\mathrm{T}} \qquad (3.2.10)$$

式中,$\boldsymbol{q}_\alpha(t)$ 和 $\boldsymbol{q}_\beta(t)$ 分别是 $n-r-s$ 维和 s 维列阵,并使 $n-r-s$ 维准速度列阵满足:

$$\boldsymbol{\sigma}(t) = \boldsymbol{C}[\boldsymbol{q}_\alpha(t)]\dot{\boldsymbol{q}}_\alpha(t) \qquad (3.2.11)$$

且 $\boldsymbol{C}[\boldsymbol{q}_\alpha(t)]$ 可逆。若该系统动力学方程可解耦为两组一阶微分方程。第一组微分方程是 $n-r-s$ 个 Gibbs-Appell 方程和 $n-r-s$ 个由式(3.2.11)导出的广义速度方程,其列阵形式为

$$\begin{cases} \boldsymbol{B}[\boldsymbol{q}_\alpha(t)]\dot{\boldsymbol{\sigma}}(t) = \boldsymbol{f}(t) \\ \dot{\boldsymbol{q}}_\alpha(t) = \boldsymbol{C}^{-1}[\boldsymbol{q}_\alpha(t)]\boldsymbol{\sigma}(t) \end{cases} \qquad (3.2.12)$$

式中,$\boldsymbol{B}[\boldsymbol{q}_\alpha(t)]\dot{\boldsymbol{\sigma}}(t) \equiv \partial G/\partial \dot{\boldsymbol{\sigma}}$,$G$ 是系统的 **Gibbs 函数**,$\boldsymbol{f}(t)$ 是对应于 $\boldsymbol{\sigma}(t)$ 的 $n-r-s$ 维广义力列阵。第二组微分方程则是 s 个由式(3.2.7)改写得到的非完整约束方程,其列阵形式为

$$\tilde{\boldsymbol{A}}[\boldsymbol{q}_\alpha(t), \boldsymbol{q}_\beta(t)][\dot{\boldsymbol{q}}_\alpha^{\mathrm{T}}(t) \quad \dot{\boldsymbol{q}}_\beta^{\mathrm{T}}(t)]^{\mathrm{T}} + \tilde{\boldsymbol{a}}_0[\boldsymbol{q}_\alpha(t), \boldsymbol{q}_\beta(t)] = \boldsymbol{0} \qquad (3.2.13)$$

因此,可对系统 $S_{r,s}^n$ 选择 $n-r-s$ 维可达位形流形 Q,构造 $2(n-r-s)$ 维的切丛 TQ 和余

---

① Liu C, Liu S X, Guo Y X. Inverse problem for Chaplygin's nonholonomic systems[J]. Science in China E, 2011, 54(8): 2100 - 2106.

切丛 T^*Q。式(3.2.12)的解给出系统 $S_{r,s}^n$ 在 TQ 和 T^*Q 中的动力学。将该解代入式(3.2.13)积分,则得到系统 $S_{r,s}^n$ 在 $2n-2r-s$ 维可达状态流形 Ω 上的动力学。

值得指出的是,上述推广的思路类似于分析力学中对 Chaplygin 系统的研究。即若系统动力学方程与非完整约束方程之间有部分状态变量解耦,可获得某种经过约化的完整约束系统动力学方程;进而可建立其切丛和余切丛,研究约化后的完整约束系统的 Hamilton 力学结构。

3.2.6　小结

本节基于几何力学观点研究离散系统的自由度问题,提出新的自由度定义并以案例说明其合理性,解决了第 1 章的问题 2B。主要结论如下。

(1)离散系统的自由度概念源于描述系统位形所需的独立坐标数,本质上属于运动学范畴。在分析力学中,当系统具有 r 个完整约束时,系统自由度从无约束时的 n 降为 $n-r$;若系统还有 s 个非完整约束,则独立的坐标等时变分会减少 s 个,故将系统自由度修正为 $n-r-s$。但这种修正未区分两种约束对系统位形和速度的影响差异,对非完整约束的影响给出了过高估计。

(2)本节从动力学角度研究系统自由度概念,分析两种约束对系统可达状态流形的不同影响,给出可达状态流形的维数,并将系统自由度定义为可达状态流形维数的一半,即 $n-r-s/2$,可消除现有自由度定义导致的矛盾。

(3)对于由奇数个非完整约束产生的半自由度,通过案例给出其力学意义,分析了半自由度与相邻整数自由度的关系。对偶数个非完整约束产生的整数自由度缩减,分析了新的自由度定义合理性,指出对缩减自由度系统建立切丛和余切丛的可能性。

(4)虽然本节仅研究定常双面约束系统,但主要结论可推广到含非定常双面约束的动力学系统。

3.3　结　构　阻　尼

人们很早就发现,金属结构作简谐振动时,内摩擦等耗能因素引起的宏观阻尼力在相当宽的频带内变化平缓。20 世纪 40 年代至 50 年代,人们提出了有别于线性黏性阻尼的结构阻尼模型[1],称其为**迟滞阻尼**或**复刚度阻尼**模型[2]。这种阻尼模型的基本特征是与简谐振动频率无关,简称**非频变**。由于结构阻尼模型的形式简洁,故在结构动力学、结构气动弹性分析中得到广泛应用。

多年来,不少学者试图将这种在简谐振动分析中行之有效的结构阻尼模型应用于更一般的动响应分析。然而,在单自由度系统的自由振动分析中就遇到有悖于物理事实的

---

① Robertson J M, Yorgiadis A J. Internal friction in engineering materials [J]. ASME Journal of Applied Mechanics, 1946, 13(1): 173–180.

② Myklestad N O. The concept of complex damping [J]. ASME Journal of Applied Mechanics, 1952, 19(3): 284–286.

困难①。在文献和教科书中曾有多种不同见解,这导致了振动理论研究和教学中的争议。20 世纪 90 年代初,作者梳理各种观点,明确非频变结构阻尼的使用条件,提出了结构阻尼系统动响应的近似分析方法②。本节内容主要取自该论文,并根据 3.2 节的研究结果作了补充和完善。

3.3.1 非频变结构阻尼模型及其局限性

经典的结构阻尼模型是根据金属结构的稳态简谐振动试验结果总结提炼而成的。该模型反映了阻尼力幅值在相当宽频带内变化很小,并且与振动速度的相位相反,故称作非频变结构阻尼模型。本节以单自由度系统振动为例,介绍和讨论结构阻尼问题。

单自由度系统的受迫振动满足如下动力学方程:

$$m\ddot{u}(t) + ku(t) = f(t) + f_d[u(t), \dot{u}(t), t] \tag{3.3.1}$$

式中,m 为系统质量;k 为系统刚度;$f(t)$ 是外激励;$f_d[u(t), \dot{u}(t), t]$ 是结构阻尼力。

为了简洁,以下采用复指数函数来描述简谐激励和简谐振动。当系统在简谐激励 $f(t) = F(\omega)\exp(i\omega t)$ 作用下进入稳态简谐振动 $u(t) = U(\omega)\exp(i\omega t)$ 后,结构阻尼力在一个较宽的频段内满足

$$f_d[u(t), \dot{u}(t), t] = -ik\eta_0 u(t), \quad \omega \in (\omega_a, \omega_b) \tag{3.3.2}$$

式中,$i \equiv \sqrt{-1}$;η_0 是在频段 (ω_a, ω_b) 内保持为常数的结构阻尼**损耗因子,**其取值为 $\eta_0 \in (0, 1)$。因此,式(3.3.1)可写为

$$\begin{cases} m\ddot{u}(t) + k(1 + i\eta_0)u(t) = F(\omega)\exp(i\omega t) & (3.3.3a) \\ u(t) = U(\omega)\exp(i\omega t) & (3.3.3b) \end{cases}$$

现对式(3.3.3)讨论如下。

(1) 虽然式(3.3.3a)在形式上是系统的时域动力学方程,但由于式(3.3.3b)的运动形式约束,式(3.3.3a)本质上是系统在频域的复函数形式力平衡关系,即

$$[k(1 + i\eta_0) - m\omega^2]U(\omega) = F(\omega), \quad \omega \in (\omega_a, \omega_b) \tag{3.3.4}$$

这说明,系统在频段 (ω_a, ω_b) 内的频响函数为

$$H(\omega) \equiv \frac{U(\omega)}{F(\omega)} = \frac{1}{k(1 + i\eta_0) - m\omega^2}, \quad \omega \in (\omega_a, \omega_b) \tag{3.3.5}$$

(2) 美国力学家 Scanlan 将式(3.3.3a)推广到如下系统动力学方程③:

$$m\ddot{u}(t) + k(1 + i\eta_0)u(t) = 0 \tag{3.3.6}$$

---

① Reid T J. Free vibration and hysteretic damping[J]. Journal of Royal Aeronautical Society, 1956, 60(544): 283.

② 胡海岩. 结构阻尼模型及其系统时域动响应[J]. 应用力学学报,1993,10(1): 34−43.

③ Scanlan R H. Linear damping models and causality in vibrations[J]. Journal of Sound and Vibration, 1970, 13(4): 499−509.

这等于放弃条件(3.3.3b),用式(3.3.6)来描述结构阻尼系统的自由振动。但基于式(3.3.6)计算出的自由振动总包含随时间延续而发散的响应成分。历史上,学者们对此予以多种解释,或将式(3.3.6)改写成其他形式,试图回避矛盾。事实上,被阻尼衰减的自由振动并非简谐振动。在这样的情况下,结构阻尼力无法表示为式(3.3.2),式(3.3.6)自然不能描述结构阻尼系统的自由振动。本节稍后将证明,此时结构阻尼系统的自由振动满足微分卷积方程。

（3）部分学者曾试图放弃式(3.3.5)中的频段约束条件,将阻尼系统的频响函数推广到整个频域,即

$$H(\omega) = \frac{1}{k[1 + i\eta_0 \mathrm{sgn}(\omega)] - m\omega^2}, \quad \omega \in (-\infty, +\infty) \tag{3.3.7}$$

对式(3.3.7)实施逆 Fourier 变换,获得系统的**单位脉冲响应函数**[①]为

$$h(t) = \frac{1}{2\pi} \int_{-\infty}^{+\infty} H(\omega) \exp(i\omega t) \, d\omega \tag{3.3.8}$$

在式(3.3.7)中,引入符号函数 $\mathrm{sgn}(\omega)$ 是希望 $\mathrm{Re}[H(\omega)]$ 和 $\mathrm{Im}[H(\omega)]$ 分别为偶函数和奇函数,进而保证 $h(t)$ 是实函数。在此前提下,式(3.3.8)可表示为 Maple 软件可计算的广义积分,即

$$
\begin{aligned}
h(t) &= \frac{1}{2\pi} \int_{-\infty}^{+\infty} \{\mathrm{Re}[H(\omega)] + i\mathrm{Im}[H(\omega)]\}[\cos(\omega t) + i\sin(\omega t)] \, d\omega \\
&= \frac{1}{\pi} \int_0^{+\infty} \left[\frac{(k - m\omega^2)\cos(\omega t)}{(k - m\omega^2)^2 + (\eta_0 k)^2} + \frac{\eta_0 k \sin(\omega t)}{(k - m\omega^2)^2 + (\eta_0 k)^2} \right] d\omega, \quad \omega \in (-\infty, +\infty)
\end{aligned}
\tag{3.3.9}
$$

图 3.13 给出 $\eta_0 = 0.2$ 和 $\eta_0 = 0.4$ 时无量纲化的单位脉冲响应函数。令人遗憾的是,

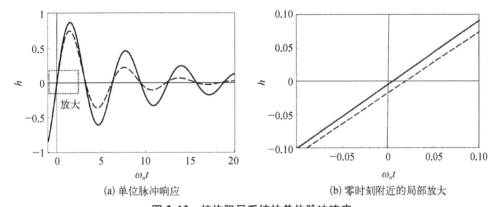

(a) 单位脉冲响应　　　　　　　(b) 零时刻附近的局部放大

图 3.13　结构阻尼系统的单位脉冲响应

（实线: $\eta_0 = 0.4$; 虚线: $\eta_0 = 0.2$）

[①]　Milne H K. The impulse response function of a single degree of freedom system with hysteretic damping[J]. Journal of Sound and Vibration, 1985, 100(4): 590-593.

$h(t) \neq 0, t \in (-\infty, 0]$，即单位脉冲响应不具备因果性。事实上，基于复变函数的围线积分可证明[①]：

$$h(0) = \frac{1}{\pi} \int_0^{+\infty} \frac{k - m\omega^2}{(k - m\omega^2)^2 + (\eta_0 k)^2} d\omega = -\frac{1}{2\sqrt{mk}} \sqrt{\frac{\sqrt{1 + \eta_0^2} - 1}{2(1 + \eta_0^2)}} < 0 \quad (3.3.10)$$

由于真实系统必须满足**因果性**，即 $h(t) = 0, t \in (-\infty, 0]$，故由式(3.3.9)得到的单位脉冲响应不能描述真实系统。该矛盾来自从式(3.3.5)到式(3.3.7)的数学推广，这不符合结构阻尼仅在有限频段 (ω_a, ω_b) 内非频变的实验结果。

因此，不论是将有限频段内定常的结构阻尼力直接当作时域的复阻尼力，还是将这种结构阻尼力推广到无限宽频段上非频变的阻尼力，均导致与物理事实相悖的结果。从理论上讲，非频变的结构阻尼力仅适用于有限频段内的简谐振动分析。

3.3.2　频变结构阻尼模型及系统动响应

对于由金属、混凝土等材料制造的结构，虽然其结构阻尼力幅值在宽频带内变化平缓，但在全频域或时域研究这类结构的动响应时，应将阻尼力视为频变的。这时，结构阻尼的损耗因子是关于频率的连续奇函数，即

$$\eta \equiv \eta(\omega) = -\eta(-\omega), \quad \omega \in (-\infty, +\infty) \quad (3.3.11)$$

至于目前广泛使用的高分子阻尼材料和复合材料，其损耗因子往往呈现明显的频变特征，甚至材料的弹性模量也随频率变化。

现以单自由度系统为例，对系统的弹性及阻尼引入**复刚度**（又称**复模量**等）来描述它们在单位简谐响应下产生的反力，令

$$K^*(\omega) \equiv K(\omega)[1 + i\eta(\omega)], \quad \omega \in (-\infty, +\infty) \quad (3.3.12)$$

式中，$K(\omega)$ 和 $\eta(\omega)$ 分别是复刚度 $K^*(\omega)$ 的实部函数和相位角正切函数，它们分别是频率 ω 的连续偶函数和连续奇函数。模型(3.3.12)自然可覆盖模型(3.3.11)。

对于式(3.3.12)描述的频变结构阻尼模型，系统在频域内的力平衡关系为

$$[K^*(\omega) - m\omega^2]U(\omega) = F(\omega), \quad \omega \in (-\infty, +\infty) \quad (3.3.13)$$

或改写为

$$U(\omega) = H(\omega)F(\omega), \quad H(\omega) \equiv \frac{1}{K^*(\omega) - m\omega^2}, \quad \omega \in (-\infty, +\infty)$$

$$(3.3.14)$$

式中，$H(\omega)$ 为系统频响函数。

实验研究和理论分析均表明，上述随频率变化的复刚度可反映材料或结构内在的黏

[①] 胡海岩.结构阻尼模型及其系统时域动响应[J].应用力学学报,1993,10(1):34-43.

弹性力学性质,复刚度 $K^*(\omega)$ 的具体表达式可由实验数据拟合为频率 ω 的有理真分式[①]。此时,频响函数 $H(\omega)$ 也是有理真分式。通过逆 Fourier 变换,可得到时域函数

$$k^*(t) = \frac{1}{2\pi} \int_{-\infty}^{+\infty} K^*(\omega) \exp(\mathrm{i}\omega t) \mathrm{d}\omega, \quad t \in [0, +\infty) \tag{3.3.15}$$

及系统单位脉冲响应函数

$$h(t) = \frac{1}{2\pi} \int_{-\infty}^{+\infty} H(\omega) \exp(\mathrm{i}\omega t) \mathrm{d}\omega, \quad t \in [0, +\infty) \tag{3.3.16}$$

根据 Fourier 变换理论中的 Paley-Wiener 定理可知,它们均是因果函数。

对式(3.3.13)两端实施逆 Fourier 变换,根据式(3.3.15)和式(3.3.16)的因果性及逆 Fourier 变换的卷积定理,可得到系统的时域动响应满足如下微分卷积方程,即

$$m\ddot{u}(t) + \int_0^t k^*(t-\tau)u(\tau)\, \mathrm{d}\tau = f(t), \quad t \in [0, +\infty) \tag{3.3.17}$$

由此可见,在频域中定义的复刚度 $K^*(\omega)$,在时域表现为式(3.3.17)中卷积运算的**卷积核** $k^*(t)$。

因为上述 Fourier 变换是双边的,所以未涉及系统初始条件。若系统初始状态为

$$u(0) = u_0, \quad \dot{u}(0) = \dot{u}_0 \tag{3.3.18}$$

则式(3.3.17)对应的单边 Fourier 谱为

$$m\left[-\omega^2 U(\omega) - \mathrm{i}\omega u_0 - \dot{u}_0 \right] + K^*(\omega) U(\omega) = F(\omega), \quad \omega \in [0, +\infty) \tag{3.3.19}$$

由式(3.3.19)解出动响应的单边 Fourier 谱,即

$$\begin{aligned}
U(\omega) &= \frac{1}{K^*(\omega) - m\omega^2} \left[F(\omega) + \mathrm{i}m\omega u_0 + m\dot{u}_0 \right] \\
&= H(\omega) \left[F(\omega) + \mathrm{i}\omega u_0 + \dot{u}_0 \right], \quad \omega \in [0, +\infty)
\end{aligned} \tag{3.3.20}$$

对式(3.3.20)实施单边逆 Fourier 变换并利用式(3.3.16),可得到系统的动响应为

$$u(t) = mu_0 \dot{h}(t) + m\dot{u}_0 h(t) + \int_0^t h(t-\tau)f(\tau)\, \mathrm{d}\tau, \quad t \in [0, +\infty) \tag{3.3.21}$$

式(3.3.21)表明,已知系统复刚度 $K^*(\omega)$,分析频变结构阻尼系统的关键是基于式(3.3.16)计算系统单位脉冲响应函数 $h(t)$,对此已有若干研究可借鉴[②]。若将式(3.3.21)与例 2.2.1 中的式(a)对比,可发现两种系统的动响应表达式内涵一致。

从理论上看,频变结构阻尼模型避免了经典结构阻尼模型引起的物理悖论,但它在应用上却有如下不便之处。

---

① 陈前. 弹性-粘弹性复合结构动力学研究[D]. 南京:南京航空学院,1987.
② 许克勤. 结构模态综合分析与试验研究[D]. 上海:上海交通大学,1991.

一是为了较好地拟合实验数据,复刚度模型往往是阶次比较高的有理真分式,会导致系统的动力学模型过于复杂。

二是系统动力学方程(3.3.17)是微分卷积方程,其求解比较复杂。例如,该微分卷积方程可转化为与复刚度分式阶次相关的高阶常微分方程或一阶常微分方程组,其求解需要获得系统的高阶状态变量初始值,如初始加速度、初始加加速度等,这对多数工程问题是过于苛求的。

为了在符合因果性前提下简化结构阻尼系统的动响应分析,以下讨论两种近似处理方法。

3.3.3 黏性阻尼近似模型

在工程中,结构阻尼系统动响应的主要频谱成分落在系统的共振频段或外激励的主要谱成分所在频段,以下称这种频段为动响应的优势频段。当所关心的结构阻尼系统动响应有一个或多个优势频段时,可对每个优势频段用适当的黏性阻尼来等效该频段上的结构阻尼。这时,虽然黏性阻尼随频率增加而递增,但它对系统动响应的主要贡献是在优势频段内,故这种等效不会引起很大误差。例如,在第 r 个优势频段内,可取等效黏性阻尼为

$$c_r = \frac{\eta_0 k}{\omega_r}, \quad r = 1, 2, \cdots \tag{3.3.22}$$

式中, ω_r 是该优势频段的中心频率。

以单自由度结构阻尼系统的自由振动为例,它只有一个优势频段,就是系统固有频率 $\omega_n = \sqrt{k/m}$ 导致的共振频段,故可取

$$c_1 = \frac{k\eta_0}{\omega_n} = \frac{k\eta_0}{\sqrt{k/m}} = \eta_0 \sqrt{mk} \tag{3.3.23}$$

此时,结构阻尼系统近似满足的动力学方程为

$$m\ddot{u}(t) + \eta_0 \sqrt{mk}\dot{u}(t) + ku(t) = 0 \tag{3.3.24}$$

该系统的自由振动为

$$u(t) = a\exp\left(-\frac{\eta_0 \omega_n t}{2}\right)\cos\left(\sqrt{1 - \frac{\eta_0^2}{4}}\omega_n t + \theta\right) \tag{3.3.25}$$

式中,常数 a 和 θ 由系统初始状态确定。

注解 3.3.1:式(3.3.24)表明,损耗因子为 η_0 的结构阻尼系统相当于阻尼比为 $\zeta = \eta_0/2$ 的黏性阻尼系统。尽管式(3.3.24)和式(3.3.25)与若干经典文献的结果形式类似,但此处避免了逻辑混乱,并明确了它们是结构阻尼系统的近似动力学方程和近似自由振动。事实上,目前工程上多数结构阻尼系统的自由振动分析、模态参数识别等都隐含了这种近似,以下案例定量给出其合理性。

例 3.3.1：对于单自由度系统,对比结构阻尼模型和黏性阻尼近似模型的差异。

首先,考察系统的单位脉冲响应。数值计算结果表明,当 $\eta_0 < 0.4$(即 $\zeta < 0.2$)时,这种近似完全符合工程要求。图 3.14 给出 $\eta_0 = 0.4$ 时结构阻尼系统和近似黏性阻尼系统的计算对比。在图 3.14 中,结构阻尼模型导致系统在 $t < 0$ 时有非零响应,不满足因果性的物理要求;黏性阻尼近似模型满足因果性要求,但得到的系统自由振动周期略长些。

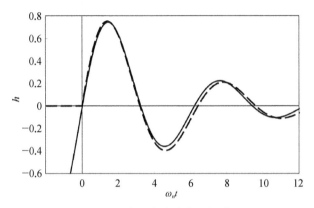

图 3.14　单位脉冲响应函数对比

(实线:结构阻尼系统;虚线:近似黏性阻尼系统)

其次,对比 $\eta_0 = 0.4$ 时由两种模型得到系统频响函数。由图 3.15 可见,两者的位移频响函数差异明显体现在低频段,而加速度频响函数的差异体现在中高频段。换言之,近似黏性阻尼系统只能在共振频段内较好地逼近非频变结构阻尼系统,而在其他频段的误差则稍大些。

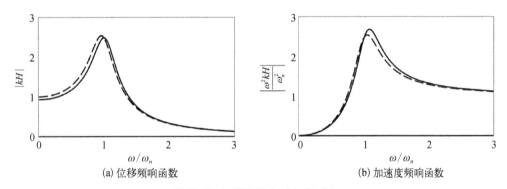

(a) 位移频响函数　　　　　　　　(b) 加速度频响函数

图 3.15　无量纲化频响函数对比

(实线:结构阻尼系统;虚线:近似黏性阻尼系统)

3.3.4　三参数黏弹性阻尼近似模型

由于黏性阻尼力正比于简谐振动频率,呈现显著的非频变特征。当结构阻尼的损耗因子比较大,或在动响应分析中需要照顾相邻频段时,上述黏性阻尼近似模型的误差有可能不符合要求。现采用基于黏弹性本构关系的三参数频变阻尼模型来改善逼近效果,并将采用该三参数黏弹性阻尼模型的系统简称为**黏弹性阻尼系统**。

1. 黏弹性阻尼系统

考察图 3.16 所示的黏弹性阻尼系统,其中弹簧 μk 和阻尼器 c 串联组成 Maxwell 黏性流体环节;该环节与弹簧 k 并联,则成为黏弹性力学中的三参数模型。图 3.16 与图

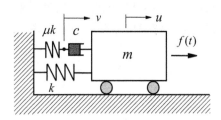

3.6(b)本质相同,根据 3.2.4 小节的研究可知,该系统具有 1.5 个自由度。因为描述 Maxwell 黏性流体环节时,引入了 0.5 个内自由度。

参考例 3.2.2 中的式(b),得到该系统的动力学方程为

图 3.16 具有黏弹性阻尼的振动系统

$$\begin{cases} m\ddot{u}(t) + c[\dot{u}(t) - \dot{v}(t)] + ku(t) = f(t) \\ c[\dot{v}(t) - \dot{u}(t)] + \mu kv(t) = 0, \quad t \in [0, +\infty) \end{cases} \tag{3.3.26}$$

式中,$v(t)$ 用于描述 0.5 个内自由度。对式(3.3.26)实施 Fourier 变换,得到

$$\begin{cases} -m\omega^2 + ic\omega[U(\omega) - V(\omega)] + kU(\omega) = F(\omega) \\ ic\omega[V(\omega) - U(\omega)] + \mu kV(\omega) = 0, \quad \omega \in (-\infty, +\infty) \end{cases} \tag{3.3.27}$$

由式(3.3.27)的第二式解出 $V(\omega)$,将其代入式(3.3.27)的第一式,得到频域内的力平衡关系,即

$$\left[\frac{\mu k^2 + ick(1+\mu)\omega}{(\mu k + ic\omega)} - m\omega^2 \right] U(\omega) = F(\omega), \quad \omega \in (-\infty, +\infty) \tag{3.3.28}$$

将式(3.3.28)与式(3.3.13)对比可知,黏弹性阻尼系统的复刚度为

$$K^*(\omega) = \frac{\mu k^2 + ick(1+\mu)\omega}{\mu k + ic\omega} = k\frac{1 + ia\omega}{1 + ib\omega} = K_R(\omega) + iK_I(\omega) \tag{3.3.29}$$

式中,

$$a \equiv \frac{c(1+\mu)}{\mu k}, \quad b \equiv \frac{c}{\mu k}, \quad K_R(\omega) \equiv \frac{k(1 + ab\omega^2)}{1 + b^2\omega^2}, \quad K_I(\omega) \equiv \frac{k(a-b)\omega}{1 + b^2\omega^2}$$

$$\tag{3.3.30}$$

在工程中,一般称 $K_R(\omega)$ 和 $K_I(\omega)$ 为复刚度 $K^*(\omega)$ 的**储能模量**和**耗能模量**。根据式(3.3.29)和式(3.3.30),不难证明这两个模量具有如下性质。

(1) $K_R(\omega)$ 是关于 $\omega \in (-\infty, +\infty)$ 的偶函数,且在频域 $\omega \in [0, +\infty)$ 单调递增。

(2) $K_R(0) = k$,且 $K_R(-\infty) = K_R(+\infty) = ka/b = k(1+\mu)$。

(3) $K_I(\omega)$ 是关于 $\omega \in (-\infty, +\infty)$ 的奇函数,且在频域 $\omega \in [0, +\infty)$ 内仅有一个峰值 $K_I(1/b) = \mu k/2$。

(4) $K_I(0) = K_I(-\infty) = K_I(+\infty) = 0$。

图 3.17 给出这两个模量在刚度比 $\mu = 1, 2, 3, 4$ 时的无量纲化幅频曲线。用三参数黏弹性阻尼模型来逼近非频变结构阻尼模型时,通常给定参数 k,选择刚度比 μ 和阻尼系

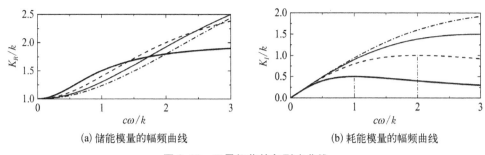

(a) 储能模量的幅频曲线　　　　　(b) 耗能模量的幅频曲线

图 3.17　无量纲化的复刚度曲线

（粗实线：$\mu = 1$；虚线：$\mu = 2$；细实线：$\mu = 3$；点划线：$\mu = 4$）

数 c 来获得所需的逼近模型。

例 3.3.2：根据例 3.3.1，采用黏性阻尼近似模型逼近结构阻尼模型时，单自由度系统单位脉冲响应的振动周期略长，加速度频响函数的中高频特性差异略大。现考察采用三参数黏弹性阻尼模型来逼近结构阻尼模型的结果。

首先，定性考察由三参数黏弹性阻尼模型构成的 1.5 自由度系统。显然，与阻尼器相串联的弹簧可调节阻尼器对该系统等效黏性阻尼比的贡献。特别当刚度比 $\mu \to +\infty$ 时，三参数黏弹性模型趋于弹簧-阻尼器并联的黏性阻尼模型。因此，在研究中可先取 $c = \eta_0\sqrt{mk}$，然后调整刚度比 μ，进而获得对结构阻尼模型的逼近。

以单自由度系统的加速度频响函数为例，图 3.18 给出结构阻尼模型（$\eta_0 = 0.4$）、黏性阻尼近似模型（$c = \eta_0\sqrt{mk}$）、三参数黏弹性阻尼模型（$c = \eta_0\sqrt{mk}$，$\mu = 3$）的比较结果。从图 3.18(b) 所展示的局部放大结果看，黏弹性阻尼模型明显优于黏性阻尼近似模型。

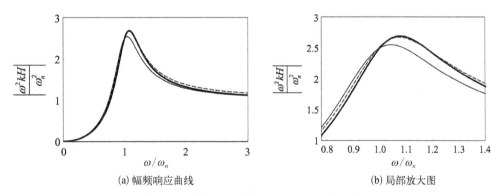

(a) 幅频响应曲线　　　　　(b) 局部放大图

图 3.18　无量纲化的加速度频响函数对比

（粗实线：结构阻尼系统；细实线：黏性阻尼系统；虚线：黏弹性阻尼系统）

针对上述三种阻尼模型构成的单自由度系统，图 3.19 给出对它们的位移频响函数进行逆 Fourier 变换获得的单位脉冲响应函数比较。由图 3.19(b) 中的局部放大结果看，黏弹性阻尼模型也优于黏性阻尼近似模型。

例 3.3.3：对于给定刚度比 μ，可从图 3.17(b) 中选择该 μ 值对应的曲线 K_I/k，作水平线 $K_I/k = \eta_0$ 与曲线 K_I/k 相交，从交点向横坐标轴作垂线，得到对应的横坐标值 $c\omega/k$。

以 $\mu = 5$ 和 $\eta_0 = 0.4$ 为例，得到 $c\omega/k = 0.4026$。如果仍选择优势频段的中心频率为

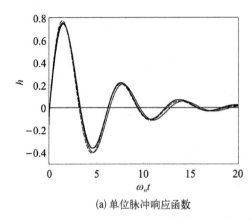
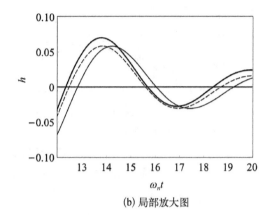

(a) 单位脉冲响应函数　　　　　　　　(b) 局部放大图

图 3.19　单位脉冲响应函数的对比

(粗实线：结构阻尼系统；细实线：黏性阻尼系统；虚线：黏弹性阻尼系统)

$\omega_1 = \omega_n = \sqrt{k/m}$，则有 $c = 0.402\,6k/\omega_n = 0.402\,6\sqrt{mk}$。这与例 3.3.2 中所选择的 $c = \eta_0\sqrt{mk} = 0.4\sqrt{mk}$ 非常接近。

根据图 3.17，上述三参数黏弹性阻尼模型不仅可以逼近结构阻尼模型，还可在较宽频带内逼近其他阻尼系统的实验数据。因此，有必要深入讨论单自由度黏弹性阻尼系统的自由振动问题，给出自由振动的衰减速率、振动频率与黏弹性模型中三个参数之间的显式关系，进而有利于对该模型的全面理解和应用。

2. 自由振动

根据例 3.2.2 中的式(f)，式(3.3.26)的特征方程为

$$mc\lambda^3 + m\mu k\lambda^2 + k(1+\mu)c\lambda + \mu k^2 = 0 \tag{3.3.31}$$

由于式(3.3.31)的所有系数均为正，根据 Routh-Hurwitz 定理可判断，其三个特征根均有负实部。通常，它们是一对具有负实部的共轭复根以及一个负实根，但其表达式非常复杂。

为了获得简洁的特征值表达式，将式(3.3.31)改写为

$$\varepsilon\lambda^3 + \lambda^2 + \varepsilon(1+\mu)\omega_n^2\lambda + \omega_n^2 = 0, \quad \varepsilon = \frac{c}{\mu k}, \quad \omega_n^2 = \frac{k}{m} \tag{3.3.32}$$

基于例 3.3.2 的讨论，在条件 $0 \le \varepsilon \ll 1$ 下求解式(3.3.32)的近似根。对于 $\varepsilon = 0$，式(3.3.32)有一对纯虚根，可记为 $\lambda_{10} = i\omega_n$；$\lambda_{20} = -i\omega_n$。对于 $0 < \varepsilon \ll 1$，将式(3.3.32)的根表示为 ε 的二次展开式，即

$$\lambda_r \approx \lambda_{r0} + \varepsilon\lambda_{r1} + \varepsilon^2\lambda_{r2}, \quad r = 1, 2 \tag{3.3.33}$$

将式(3.3.33)代入式(3.3.32)，比较 ε 的同次幂系数得到

$$\lambda_{11} = \lambda_{21} = -\frac{\mu}{2}\omega_n^2, \quad \lambda_{12} = -\lambda_{22} = -\frac{i\mu(\mu-4)}{8}\omega_n^3 \tag{3.3.34}$$

由此得到一对近似共轭复根,可表示为

$$\lambda_1 = \bar{\lambda}_2 \approx -\frac{\mu\varepsilon}{2}\omega_n^2 + \mathrm{i}\omega_n\left[1 + \frac{\mu(4-\mu)\varepsilon^2}{8}\omega_n^2\right]$$

$$= -\frac{c}{2k}\omega_n^2 + \mathrm{i}\omega_n\left[1 + \frac{(4-\mu)c^2}{8\mu k^2}\omega_n^2\right] \tag{3.3.35}$$

鉴于式(3.3.32)的最高次幂含小参数 ε,故 $\varepsilon=0$ 时的退化方程只有上述纯虚根,无法通过小参数摄动获得近似实根。现将式(3.3.32)改写为

$$\omega_n^2 s^3 + s^2 + \varepsilon(1+\mu)\omega_n^2 s + \varepsilon = 0, \quad s \equiv 1/\lambda \tag{3.3.36}$$

当 $\varepsilon=0$ 时,式(3.3.36)有实根 $s_0=0$,故可将式(3.3.36)的实根表示为 ε 的二次展开式,即

$$s \approx s_0 + \varepsilon s_1 + \varepsilon^2 s_2 \tag{3.3.37}$$

将式(3.3.37)代入式(3.3.36),比较 ε 的同次幂系数得到

$$s_1 = -1, \quad s_2 = 0 \tag{3.3.38}$$

由此得到式(3.3.32)的近似实根为

$$\lambda_3 = \frac{1}{s} \approx -\frac{1}{\varepsilon} = -\frac{\mu k}{c} \tag{3.3.39}$$

根据上述特征值,系统的自由振动可表示为

$$u(t) = \sum_{r=1}^{3} a_r \exp(\lambda_r t) \tag{3.3.40}$$

式中,常数 a_r,$r=1,2,3$ 由初始条件确定。根据近似特征值表达式(3.3.35)和式(3.3.39)可知,式(3.3.40)中的第一项和第二项呈现以指数为包络的衰减振动;与黏性阻尼近似模型不同的是,此处的自由振动频率可通过刚度比 μ 在 ω_0 处调节高低;式(3.3.40)中的第三项受扰运动不发生振荡,且衰减非常快,反映了黏弹性阻尼引起的蠕变模态。

注解 3.3.2:若取 $c = \eta_0\sqrt{mk}$,则三个近似特征根可表示为

$$\lambda_1 = \bar{\lambda}_2 = -\frac{\eta_0\omega_n}{2} + \mathrm{i}\omega_n\left[1 + \frac{(4-\mu)\eta_0^2}{8\mu}\right], \quad \lambda_3 = -\frac{\mu\omega_0}{\eta_0} \tag{3.3.41}$$

当 $\mu \to +\infty$ 时,得到

$$\lambda_1 = \bar{\lambda}_2 = -\frac{\eta_0\omega_n}{2} + \mathrm{i}\omega_n\left(1 - \frac{\eta_0^2}{8}\right), \quad \lambda_3 = -\infty \tag{3.3.42}$$

与式(3.3.25)相比可见,这正是黏性阻尼近似模型的特征根。

3. 单位脉冲响应函数

根据冲量定理,系统的单位脉冲响应是满足如下初始条件的自由振动:

$$u(0) = 0, \quad \dot{u}(0) = \frac{1}{m}, \quad \ddot{u}(0) = 0 \tag{3.3.43}$$

将式(3.3.40)代入式(3.3.43),得到

$$\sum_{r=1}^{3} a_r = 0, \quad \sum_{r=1}^{3} a_r \lambda_r = \frac{1}{m}, \quad \sum_{r=1}^{3} a_r \lambda_r^2 = 0 \tag{3.3.44}$$

求解上述关于 a_r 的线性方程组,得到

$$\begin{cases} a_1 = -\dfrac{\lambda_2 + \lambda_3}{m(\lambda_1 - \lambda_2)(\lambda_1 - \lambda_3)} \\[4mm] a_2 = -\dfrac{\lambda_1 + \lambda_3}{m(\lambda_2 - \lambda_1)(\lambda_2 - \lambda_3)} \\[4mm] a_3 = -\dfrac{\lambda_1 + \lambda_2}{m(\lambda_3 - \lambda_1)(\lambda_3 - \lambda_2)} \end{cases} \tag{3.3.45}$$

不难验证,式(3.3.45)中的 a_1 和 a_2 互为共轭,因此单位脉冲响应为

$$h(t) = 2\mathrm{Re}[a_1 \exp(\lambda_1 t)] + a_3 \exp(\lambda_3 t) \tag{3.3.46}$$

若取 $c = \eta_0 \sqrt{mk}$ 并采用式(3.3.41)的近似特征值,则可得到更具体的表达式,即

$$h(t) = 2 \mid a_1 \mid \exp\left(-\frac{\eta_0 \omega_n t}{2}\right) \cos\left\{ \left[1 + \frac{(4 - \mu)\eta_0^2}{8\mu}\right] \omega_n t + \theta \right\} + a_3 \exp\left(-\frac{\mu \omega_0 t}{\eta_0}\right) \tag{3.3.47}$$

式中,$\theta = \tan^{-1}[\mathrm{Im}(a_1)/\mathrm{Re}(a_1)]$ 为初始相位。

对于该系统在任意激励下的响应,只需将式(3.3.46)或式(3.4.47)代入式(3.3.21),完成卷积计算即可。对单位初始速度引起的自由振动计算表明,三参数黏弹性阻尼模型比黏性阻尼模型引入的误差小。

3.3.5 小结

本节梳理结构阻尼模型的优缺点,明确非频变结构阻尼的使用条件,提出如何采用频变阻尼模型来逼近非频变结构阻尼的方法。主要结论如下。

(1)结构阻尼是基于有限频段内实验数据构造的非频变阻尼模型,推广到全频域会与物理事实不符,在系统动力学分析中产生如下问题:若在全频域定义结构阻尼系统的频响函数,通过逆 Fourier 变换得到单位脉冲响应函数,则该函数不满足物理系统的因果性要求;若在时域基于结构阻尼模型建立系统动力学方程,则无法描述系统自由振动。

(2)真实结构阻尼在有限频段内缓慢变化,可采用频域内随频率变化的复刚度模型来描述,将对应的系统频响函数进行逆 Fourier 变换,可得到描述系统时域动响应的微分卷积方程。

（3）为了回避求解上述微分卷积方法的困难,可以采用黏性阻尼近似模型来分段描述系统在优势响应频段内的结构阻尼。这种方法非常简单,但在宽频段内的精度不高。

（4）为了弥补黏性阻尼近似模型的不足,本节提出采用含三参数的黏弹性阻尼模型来逼近结构阻尼,可在较宽频段内逼近结构阻尼。在三参数黏弹性阻尼模型中,由于出现黏性阻尼器与弹簧相串联的分支,产生 0.5 个内自由度。因此,该模型为 3.2 节提出的新自由度定义提供了又一个案例。

3.4　思考与拓展

（1）针对左端固支、右端自由的 Timoshenko 梁,基于 Hamilton 原理建立其动力学方程和边界条件。

（2）图 2.2 中的航天器桁杆由大量相同胞元构成,图 3.20 是其简化的面内弯曲振动模型,胞元内的杆两端铰接,其线密度为 ρA,拉压刚度为 EA。 基于能量等价思路,将该结构等效为梁,建立其弯曲振动的动力学方程。

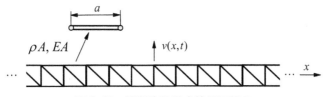

图 3.20　周期胞元组成的平面桁架

（3）考察矩形薄板,其两条长边为自由边界,长度为 a;两条短边为铰支边界,长度为 b。 讨论当 $0 < b \ll a$ 时,该矩形薄板与铰支-铰支 Euler-Bernoulli 梁的差异。

（4）根据科学美的奇异性,讨论 3.2 节和 3.3 节所涉及的自由度退化问题;阅读文献[1-3],讨论非完整约束对多自由度系统在位形空间、状态空间中的可达性影响;阅读文献[4][5],讨论在何种情况下需要微分流形概念来研究上述可达性。

（5）基于黏弹性阻尼模型逼近结构阻尼模型[6],可在较宽频带内调节阻尼模型,由此引出黏弹性记忆问题。阅读文献[7],基于分数阶导数讨论黏弹性阻尼的记忆特性;阅读文献[8],讨论多自由度黏弹性阻尼系统的脉冲响应计算。

①　胡海岩.论力学系统的自由度[J].力学学报,2018,50(5):1135－1144.

②　陈滨.分析动力学[M].第 2 版.北京:北京大学出版社,2012:15－45.

③　Greenwood D T. Advanced dynamics[M]. Cambridge:Cambridge University Press, 2003:34－39.

④　Arnold V I. Mathematical methods of classical mechanics[M]. New York:Springer-Verlag, 1978:75－135.

⑤　Marsden J E, Ratiu T S. Introduction to mechanics and symmetry[M]. 2nd ed. New York:Springer-Verlag, 1999:121－180.

⑥　胡海岩.结构阻尼模型及其系统时域动响应[J].应用力学学报,1993,10(1):34－43.

⑦　Du M L, Wang Z H, Hu H Y. Measuring memory with the order of fractional derivative[J]. Scientific Reports, 2013, 3:3431.

⑧　Milne H K. The impulse response function of a single degree of freedom system with hysteretic damping[J]. Journal of Sound and Vibration, 1985, 100(4):590－593.

第4章
离散系统的振动

自人类进入计算机时代以来,工程界通常将连续系统离散化为多自由度系统,采用数字化的计算和实验方法对其进行研究。因此,多自由度系统的振动理论和方法处于近代振动力学的核心地位。在思想方法层面,它充分体现了振动力学的科学美;在应用成效方面,它与有限元法、动态测试等紧密结合,成为解决工程振动问题的利器。设计师、工程师对多自由度系统振动理论的认知水平和应用成效,常常体现了工业产品的设计和制造水平。

通过基础教程,读者已学习了多自由度无阻尼系统、多自由度比例阻尼系统的振动分析方法,并初步了解了一般多自由度黏性阻尼系统振动问题。本章试图帮助读者在此基础上实现认知过程的螺旋式上升。在这方面,已有若干学者进行过尝试。例如,我国力学家胡海昌、郑钢铁曾基于从事飞行器结构振动研究的体会,先后出版了多自由度结构振动理论与方法的专著[1][2],使许多设计师、工程师受益。

本章试图以有限的篇幅来帮助读者深化对多自由度阻尼系统振动理论的认识,并对某些问题进行深入讨论。在内容选择上,主要考虑两点:一是帮助读者深化对多自由度系统振动理论的理解,尤其是基于模态理论的时域和频域分析;二是有利于读者在实践中主动利用上述振动理论,开展工程系统的动态设计和动态修改。

本章首先介绍具有非完整约束的多自由度系统振动理论,研究系统在可达状态流形上的动力学行为。这既是 3.2 节内容的自然延续,也是现有教材未曾涉及的问题。然后,本章转向讨论多自由度系统振动的几个专题,包括固有振动的振型节点数、简谐受迫振动的反共振、结构动特性修改等,展示如何把握、调节乃至设计系统的动态特性。

4.1　含非完整约束的振动系统

在 3.2 节对非完整约束自由度问题研究的基础上,本节研究非完整约束系统的动力学问题,建立较为系统的时域和频域分析理论,讨论系统中部分自由度退化对系统动力学的影响,解决第 1 章中提出的问题 2A。

设所关心的振动系统具有 n 维位形空间 $\mathbb{R}^n$,并具有 p 个非完整约束。此时,系统具

① 胡海昌.多自由度结构固有振动理论[M].北京:科学出版社,1987.
② 郑钢铁.结构动力学续篇——在飞行器设计中的应用[M].北京:科学出版社,2016.

有 $2n$ 维状态空间 $\mathbb{R}^{2n}$，但 p 个速度约束导致系统振动位于 $2n-p$ 维的可达状态流形 Ω 上，即系统自由度为 $n-p/2$。对于线性振动系统，其可达状态流形为 $\Omega=\mathbb{R}^{2n-p}$，本节称为可达状态空间。本节针对这类非完整约束振动系统，先进行时域分析，再进行频域分析，并建立两种分析之间的关联。

4.1.1 时域动力学分析

1. 系统动力学方程

在位形空间 $\mathbb{R}^n$ 中，系统的动力学方程和非完整约束方程分别为

$$\begin{cases} M_{aa}\ddot{u}_a(t) + C_{aa}\dot{u}_a(t) + C_{ab}\dot{u}_b(t) + K_{aa}u_a(t) + K_{ab}u_b(t) = f_a(t) & (4.1.1a) \\ C_{ba}\dot{u}_a(t) + C_{bb}\dot{u}_b(t) + K_{ba}u_a(t) + K_{bb}u_b(t) = 0 & (4.1.1b) \end{cases}$$

式中，$u_a:t\mapsto\mathbb{R}^{n-p}$；$u_b:t\mapsto\mathbb{R}^p$；$f_a:t\mapsto\mathbb{R}^{n-p}$；矩阵阶次与位移列阵、速度列阵和加速度列阵的维数相容，并约定矩阵 M_{aa} 和 C_{bb} 可逆。

如果在 $\mathbb{R}^n$ 中研究式 (4.1.1) 描述的动力学问题，由于式 (4.1.1b) 不含加速度项 $\ddot{u}_a(t)$ 和 $\ddot{u}_b(t)$，导致系统质量矩阵具有奇异性，给特征值计算和模态分析带来问题。现沿用 3.2 节处理振动系统自由度退化问题的思路，消除非完整约束式 (4.1.1b) 导致的退化自由度，建立系统在可达状态空间 Ω 中的动力学方程。

在状态空间 $\mathbb{R}^{2n}$ 中，将式 (4.1.1) 表示为

$$\begin{cases} \dot{u}_a(t) = v_a(t) \\ \dot{u}_b(t) = v_b(t) \\ \dot{v}_a(t) = M_{aa}^{-1}[-C_{aa}v_a(t) - C_{ab}v_b(t) - K_{aa}u_a(t) - K_{ab}u_b(t) + f_a(t)] \end{cases} \quad (4.1.2a)$$

$$C_{ba}v_a(t) + C_{bb}v_b(t) + K_{ba}u_a(t) + K_{bb}u_b(t) = 0 \quad (4.1.2b)$$

然后，采用非完整约束式 (4.1.2b) 消除 $v_b(t)$，进而研究系统在可达状态空间 Ω 中的动力学问题。

由式 (4.1.2b) 解出

$$v_b(t) = C_{bb}^{-1}[-C_{ba}v_a(t) - K_{ba}u_a(t) - K_{bb}u_b(t)] \quad (4.1.3)$$

将其代入式 (4.1.2a)，得到系统在可达状态空间 Ω 中的动力学方程为

$$\begin{cases} \dot{u}_a(t) = v_a(t) \\ \dot{u}_b(t) = C_{bb}^{-1}[-K_{ba}u_a(t) - K_{bb}u_b(t) - C_{ba}v_a(t)] \\ \dot{v}_a(t) = M_{aa}^{-1}[(C_{ab}C_{bb}^{-1}K_{ba} - K_{aa})u_a(t) + (C_{ab}C_{bb}^{-1}K_{bb} - K_{ab})u_b(t) \\ \qquad\qquad + (C_{ab}C_{bb}^{-1}C_{ba} - C_{aa})v_a(t) + f_a(t)] \end{cases} \quad (4.1.4)$$

式 (4.1.4) 可写为紧凑的矩阵形式

$$\dot{w}(t) = Aw(t) + g(t) \quad (4.1.5a)$$

式中，$w: t \mapsto \Omega$ 和 $g: t \mapsto \Omega$ 是系统的状态列阵和激励列阵，其分块形式为

$$
w(t) \equiv \begin{bmatrix} u_a(t) \\ u_b(t) \\ v_a(t) \end{bmatrix}, \quad g(t) \equiv \begin{bmatrix} 0 \\ 0 \\ M_{aa}^{-1} f_a(t) \end{bmatrix} \tag{4.1.6}
$$

矩阵 $A \in \mathbb{R}^{(2n-p) \times (2n-p)}$ 是非对称实矩阵，其各子块定义为

$$
\begin{cases}
A_{aa} = 0, & A_{ba} \equiv -C_{bb}^{-1} K_{ba}, & A_{ca} \equiv M_{aa}^{-1}(C_{ab} C_{bb}^{-1} K_{ba} - K_{aa}) \\
A_{ab} = 0, & A_{bb} \equiv -C_{bb}^{-1} K_{bb}, & A_{cb} \equiv M_{aa}^{-1}(C_{ab} C_{bb}^{-1} K_{bb} - K_{ab}) \\
A_{ac} = I_{n-p}, & A_{bc} \equiv -C_{bb}^{-1} C_{ba}, & A_{cc} = M_{aa}^{-1}(C_{ab} C_{bb}^{-1} C_{ba} - C_{aa})
\end{cases} \tag{4.1.7}
$$

根据式(4.1.6)，可将系统的初始状态表示为

$$
w_0 \equiv w(0) = \begin{bmatrix} u_a(0) \\ u_b(0) \\ v_a(0) \end{bmatrix} \equiv \begin{bmatrix} u_{a0} \\ u_{b0} \\ v_{a0} \end{bmatrix} = \begin{bmatrix} u_0 \\ v_0 \end{bmatrix} \in \Omega \tag{4.1.5b}
$$

此时，式(4.1.5a)和式(4.1.5b)构成了系统在可达状态空间 Ω 上的动力学方程初值问题。

注解 4.1.1：由上述分析可见，系统(4.1.1)的位移列阵分为 $u_a(t)$ 和 $u_b(t)$。其中，$u_a(t)$ 可产生惯性力 $-M_{aa} \ddot{u}_a(t)$，将其对应的自由度称为**惯性自由度**；$u_b(t)$ 不产生惯性力，将其对应的自由度称为**非惯性自由度**。根据 3.2 节的研究，每个非惯性自由度都是半自由度。

例 4.1.1：针对图 4.1 所示车辆发动机的液压-弹性隔振系统，建立其在可达状态空间 Ω 中的动力学方程。

在 3.2.5 小节，已建立了该系统在位形空间 $\mathbb{R}^3$ 中的动力学方程

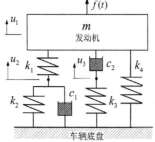

$$
m\ddot{u}_1(t) + c_2[\dot{u}_1(t) - \dot{u}_3(t)] + (k_1 + k_4)u_1(t) - k_1 u_2(t) = f(t) \tag{a}
$$

以及描述图 4.1 中弹性元件和阻尼元件运动的两个非完整约束方程

图 4.1 车辆发动机的液压-弹性隔振系统

$$
\begin{cases}
c_1 \dot{u}_2(t) - k_1 u_1(t) + (k_1 + k_2) u_2(t) = 0 \\
c_2[\dot{u}_3(t) - \dot{u}_1(t)] + k_3 u_3(t) = 0
\end{cases} \tag{b}
$$

该系统的状态空间为 $\mathbb{R}^6$，由于上述两个非完整约束方程的限制，其可达状态空间为 $\Omega = \mathbb{R}^4$，系统自由度为 $\dim(\Omega)/2 = 2$。

现根据上述流程，建立系统在 Ω 上的动力学方程。首先引入 $\mathbb{R}^6$ 中的状态向量，将式(a)和式(b)表示为式(4.1.2)所示的矩阵形式，其中，

$$\begin{cases} \boldsymbol{M}_{aa} = [\,m\,], \quad \boldsymbol{C}_{aa} = [\,c_2\,], \quad \boldsymbol{C}_{ba}^{\mathrm{T}} = \boldsymbol{C}_{ab} = [\,0 \quad -c_2\,], \quad \boldsymbol{C}_{bb} = \begin{bmatrix} c_1 & 0 \\ 0 & c_2 \end{bmatrix} \\[3mm] \boldsymbol{K}_{aa} = [\,k_1 + k_4\,], \quad \boldsymbol{K}_{ba}^{\mathrm{T}} = \boldsymbol{K}_{ab} = [\,-k_1 \quad 0\,], \quad \boldsymbol{K}_{bb} = \begin{bmatrix} k_1 + k_2 & 0 \\ 0 & k_3 \end{bmatrix} \\[3mm] \boldsymbol{u}_a(t) = [\,u_1(t)\,], \quad \boldsymbol{u}_b(t) = \begin{bmatrix} u_2(t) \\ u_3(t) \end{bmatrix}, \quad \boldsymbol{v}_a = [\,v_1(t)\,], \quad \boldsymbol{v}_b = \begin{bmatrix} v_2(t) \\ v_3(t) \end{bmatrix}, \quad \boldsymbol{f}_a = [\,f(t)\,] \end{cases}$$

$$\text{(c)}$$

将式(c)代入式(4.1.3),得到拟消去的速度列阵为

$$\boldsymbol{v}_b(t) = \begin{bmatrix} v_2(t) \\ v_3(t) \end{bmatrix} = \begin{bmatrix} c_1 & 0 \\ 0 & c_2 \end{bmatrix}^{-1} \left[-\begin{bmatrix} 0 \\ -c_2 \end{bmatrix} v_1(t) - \begin{bmatrix} -k_1 \\ 0 \end{bmatrix} u_1(t) - \begin{bmatrix} k_1 + k_2 & 0 \\ 0 & k_3 \end{bmatrix} \begin{bmatrix} u_2(t) \\ u_3(t) \end{bmatrix} \right]$$

$$= \begin{bmatrix} k_1 u_1(t)/c_1 - (k_1 + k_2) u_2(t)/c_1 \\ v_1(t) - k_3 u_3(t)/c_2 \end{bmatrix} \tag{d}$$

再将式(c)代入式(4.1.7),得到式(4.1.5a)中系数矩阵 $\boldsymbol{A}$ 的各子块,其表达式为

$$\begin{cases} \boldsymbol{A}_{aa} = [\,0\,], \quad \boldsymbol{A}_{ab} = [\,0 \quad 0\,], \quad \boldsymbol{A}_{ac} = [\,1\,] \\[3mm] \boldsymbol{A}_{ba} = \begin{bmatrix} k_1/c_1 \\ 0 \end{bmatrix}, \quad \boldsymbol{A}_{bb} = -\begin{bmatrix} (k_1 + k_2)/c_1 & 0 \\ 0 & k_3/c_2 \end{bmatrix}, \quad \boldsymbol{A}_{bc} = \begin{bmatrix} 0 \\ 1 \end{bmatrix} \\[3mm] \boldsymbol{A}_{ca} = [\,-(k_1 + k_4)/m\,], \quad \boldsymbol{A}_{cb} = [\,k_1/m \quad -k_3/m\,], \quad \boldsymbol{A}_{cc} = [\,0\,] \end{cases} \tag{e}$$

因此,系统动力学方程(4.1.5a)的具体表达式为

$$\begin{bmatrix} \dot{u}_1(t) \\ \dot{u}_2(t) \\ \dot{u}_3(t) \\ \dot{v}_1(t) \end{bmatrix} = \begin{bmatrix} 0 & 0 & 0 & 1 \\ k_1/c_1 & -(k_1 + k_2)/c_1 & 0 & 0 \\ 0 & 0 & -k_3/c_2 & 1 \\ -(k_1 + k_4)/m & k_1/m & -k_3/m & 0 \end{bmatrix} \begin{bmatrix} u_1(t) \\ u_2(t) \\ u_3(t) \\ v_1(t) \end{bmatrix} + \begin{bmatrix} 0 \\ 0 \\ 0 \\ f(t)/m \end{bmatrix} \tag{f}$$

若读者不关心上述矩阵运算流程,可从式(b)直接得到速度 $v_2(t) = \dot{u}_2(t)$ 和 $v_3(t) = \dot{u}_3(t)$,将其代入式(a)可得到与式(f)含义相同的动力学方程,即

$$\begin{cases} \dot{u}_1(t) = v_1(t) \\[3mm] \dot{u}_2(t) = \dfrac{k_1}{c_1} u_1(t) - \dfrac{k_1 + k_2}{c_1} u_2(t) \\[3mm] \dot{u}_3(t) = -\dfrac{k_3}{c_2} u_3(t) + v_1(t) \\[3mm] \dot{v}_1(t) = -\dfrac{k_1 + k_4}{m} u_1(t) + \dfrac{k_1}{m} u_2(t) - \dfrac{k_3}{m} u_3(t) + \dfrac{f(t)}{m} \end{cases} \tag{g}$$

2. 模态振动

根据线性微分方程理论,式(4.1.5a)对应的齐次线性微分方程的解形如 $w(t) = \boldsymbol{\varphi}\exp(\lambda t)$, $\boldsymbol{\varphi} \in \mathbb{R}^{2n-p}$。将其代入式(4.1.5a),得到如下特征值问题:

$$(\boldsymbol{A} - \lambda \boldsymbol{I}_{2n-p})\boldsymbol{\varphi} = \boldsymbol{0} \tag{4.1.8}$$

对应的特征方程为

$$\det(\boldsymbol{A} - \lambda \boldsymbol{I}_{2n-p}) = 0 \tag{4.1.9}$$

由于 $\boldsymbol{A}$ 是实矩阵,故式(4.1.9)是实系数代数方程,方程的根或者是实特征值,或者是共轭复特征值。若系统渐近稳定,则上述特征值均有负实部。

不失一般性,设式(4.1.9)具有 $n - p$ 对共轭复特征值,p 个实特征值。其中,后者来自非完整约束导致的自由度退化。记上述特征值为

$$\begin{cases} \lambda_r = \bar{\lambda}_{r+n-p} = -\gamma_r + \mathrm{i}\omega_{dr}, \quad \gamma_r > 0, \quad \omega_{dr} > 0, \quad r = 1, 2, \cdots, n-p \\ \lambda_s = -\gamma_s < 0, \quad s = 2(n-p)+1, 2(n-p)+2, \cdots, 2n-p \end{cases}$$
$$\tag{4.1.10}$$

对应上述特征值,将式(4.1.5a)的解表示为

$$w_r(t) = \boldsymbol{\varphi}_r\exp(\lambda_r t), \quad r = 1, 2, \cdots, 2n-p \tag{4.1.11}$$

本节称式(4.1.11)为系统(4.1.5)的**模态振动**。

根据上述特征值分类,可将 $n - p$ 对共轭复特征值对应的模态振动表示为

$$\begin{aligned} w_r(t) &= \boldsymbol{\varphi}_r\exp(\lambda_r t) + \bar{\boldsymbol{\varphi}}_r\exp(\bar{\lambda}_r t) \\ &= 2\exp(-\gamma_r t)\left[\mathrm{Re}(\boldsymbol{\varphi}_r)\cos(\omega_{dr}t) - \mathrm{Im}(\boldsymbol{\varphi}_r)\sin(\omega_{dr}t)\right] \end{aligned} \tag{4.1.12}$$

这是以 ω_{dr} 为阻尼固有频率的衰减振动,可称为第 r 阶**复模态振动**,λ_r 为**复频率**。为了考察复模态振动时系统各自由度之间的运动关系,可将式(4.1.12)改写为

$$w_r(t) = \exp(-\gamma_r t)\begin{bmatrix} a_{1,r}\cos(\omega_{dr}t + \theta_{1r}) \\ \vdots \\ a_{2n-p,r}\cos(\omega_{dr}t + \theta_{2n-p,r}) \end{bmatrix} \tag{4.1.13}$$

式中,

$$\begin{cases} a_{i,r} = 2\sqrt{\mathrm{Re}^2(\boldsymbol{\varphi}_{ir}) + \mathrm{Im}^2(\boldsymbol{\varphi}_{ir})} \\ \theta_{i,r} = \tan^{-1}\left[\mathrm{Im}(\boldsymbol{\varphi}_{ir})/\mathrm{Re}(\boldsymbol{\varphi}_{ir})\right], \quad i = 1, 2, \cdots, 2n-p \end{cases} \tag{4.1.14}$$

式(4.1.13)表明,一般情况下,由振型分量的虚部和实部所确定的相位角 $\theta_{i,r}$ 彼此并不相同。因此,各自由度在不同时刻达到系统平衡位置或最大值;系统在不同时刻的振动形态也不相似。这种行为与非比例阻尼系统的复模态振动是类似的。

此外,对应 p 个负实特征值,系统具有过阻尼的非振荡运动,可表示为

$$w_s(t) = \boldsymbol{\varphi}_s \exp(-\gamma_s t), \quad s = 2(n-p)+1, 2(n-p)+2, \cdots, 2n-p \tag{4.1.15}$$

这是由非完整约束导致的模态运动,可理解为非惯性自由度导致的非振荡运动,又称为**蠕变模态响应**。

由于 $\boldsymbol{A}$ 是非对称实矩阵,可定义其**左特征值问题**,即线性代数中的**伴随特征值问题**:

$$\boldsymbol{\psi}^{\mathrm{T}}(\boldsymbol{A} - \lambda \boldsymbol{I}_{2n-p}) = \boldsymbol{0} \quad \Leftrightarrow \quad (\boldsymbol{A}^{\mathrm{T}} - \lambda \boldsymbol{I}_{2n-p})\boldsymbol{\psi} = \boldsymbol{0} \tag{4.1.16}$$

相应地,式(4.1.8)称为**右特征值问题**或**原特征值问题**。由于矩阵转置前后的行列式相同,故式(4.1.16)与式(4.1.8)具有的相同的特征方程,即它们具有相同的特征值集合,但对应的特征向量 $\boldsymbol{\psi}$ 和 $\boldsymbol{\varphi}$ 不同,分别称为**左特征向量**和**右特征向量**。

以下证明,对于实矩阵 $\boldsymbol{A}$ 的任意互异特征值,其左特征向量和右特征向量满足如下两个正交关系:

$$\boldsymbol{\psi}_s^{\mathrm{T}}\boldsymbol{\varphi}_r = 0, \quad \boldsymbol{\psi}_s^{\mathrm{T}}\boldsymbol{A}\boldsymbol{\varphi}_r = 0, \quad \lambda_r \neq \lambda_s, \quad r,s = 1,2,\cdots,N \tag{4.1.17}$$

首先,取式(4.1.8)的第 r 阶特征值关系和式(4.1.16)的第 s 阶特征值关系,即

$$\boldsymbol{A}\boldsymbol{\varphi}_r = \lambda_r \boldsymbol{\varphi}_r, \quad \boldsymbol{A}^{\mathrm{T}}\boldsymbol{\psi}_s = \lambda_s \boldsymbol{\psi}_s \tag{4.1.18}$$

将式(4.1.18)中的第一式左乘 $\boldsymbol{\psi}_s^{\mathrm{T}}$,第二式左乘 $\boldsymbol{\varphi}_r^{\mathrm{T}}$,得

$$\boldsymbol{\psi}_s^{\mathrm{T}}\boldsymbol{A}\boldsymbol{\varphi}_r = \lambda_r \boldsymbol{\psi}_s^{\mathrm{T}}\boldsymbol{\varphi}_r, \quad \boldsymbol{\varphi}_r^{\mathrm{T}}\boldsymbol{A}^{\mathrm{T}}\boldsymbol{\psi}_s = \lambda_s \boldsymbol{\varphi}_r^{\mathrm{T}}\boldsymbol{\psi}_s \tag{4.1.19}$$

将式(4.1.19)中的第一式与第二式的转置相减,得

$$(\lambda_r - \lambda_s)\boldsymbol{\psi}_s^{\mathrm{T}}\boldsymbol{\varphi}_r = 0 \tag{4.1.20}$$

根据特征值互异,由式(4.1.20)得到式(4.1.17)中第一个正交关系;将结果代入式(4.1.19),即可得到另一个正交关系;证毕。

此外,当 $r=s$ 时,将特征值 λ_r 和右特征向量 $\boldsymbol{\varphi}_r$ 代入式(4.1.8),然后左乘左特征向量的转置 $\boldsymbol{\psi}_r^{\mathrm{T}}$,得

$$\boldsymbol{\psi}_r^{\mathrm{T}}\boldsymbol{A}\boldsymbol{\varphi}_r - \lambda_r \boldsymbol{\psi}_r^{\mathrm{T}}\boldsymbol{\varphi}_r = 0, \quad r,s = 1,2,\cdots,2n-p \tag{4.1.21}$$

或改写为

$$\beta_r - \alpha_r\lambda_r = 0, \quad \beta_r \equiv \boldsymbol{\psi}_r^{\mathrm{T}}\boldsymbol{A}\boldsymbol{\varphi}_r, \quad \alpha_r \equiv \boldsymbol{\psi}_r^{\mathrm{T}}\boldsymbol{\varphi}_r \neq 0, \quad r,s = 1,2,\cdots,2n-p \tag{4.1.22}$$

因此,上述特征向量的正交关系可表示为

$$\boldsymbol{\psi}_s^{\mathrm{T}}\boldsymbol{\varphi}_r = \alpha_r\delta_{rs}, \quad \boldsymbol{\psi}_s^{\mathrm{T}}\boldsymbol{A}\boldsymbol{\varphi}_r = \alpha_r\lambda_r\delta_{rs}, \quad r,s = 1,2,\cdots,2n-p \tag{4.1.23}$$

式中,δ_{rs} 为满足如下定义的 Kronecker 符号:

$$\delta_{rs} \equiv \begin{cases} 1, & r=s \\ 0, & r \neq s \end{cases} \tag{4.1.24}$$

采用类似基础教程中讨论非比例阻尼系统时的术语,称上述特征向量的正交性为**复振型正交性**。与基础教程不同的是,它们分别是左-右特征向量的正交性。这是开展后续分析的基础。

3. 自由振动

根据特征向量的正交性,系统的 $2n-p$ 个特征向量线性无关,可作为可达状态空间 Ω 的基向量,进而将系统在 Ω 中的运动表示为模态展开式,即

$$w(t) = \sum_{s=1}^{2n-p} \boldsymbol{\varphi}_s q_s(t) \tag{4.1.25}$$

对于自由振动问题,将式(4.1.25)代入式(4.1.5a),得

$$\sum_{s=1}^{2n-p} \boldsymbol{\varphi}_s \dot{q}_s(t) = A \sum_{s=1}^{2n-p} \boldsymbol{\varphi}_s q_s(t) \tag{4.1.26}$$

将式(4.1.26)两端左乘左特征向量的转置 $\boldsymbol{\psi}_r^{\mathrm{T}}$,根据特征向量的正交性关系式(4.1.23),得到解耦的一阶微分方程为

$$\dot{q}_r(t) = \lambda_r q_r(t), \quad r = 1, 2, \cdots, 2n-p \tag{4.1.27a}$$

将 $t=0$ 代入式(4.1.5b),两端左乘 $\boldsymbol{\psi}_r^{\mathrm{T}}$,再次利用特征向量的正交性关系式(4.1.23),得到微分方程(4.1.27a)的初始条件为

$$q_r(0) = \frac{1}{\alpha_r} \boldsymbol{\psi}_r^{\mathrm{T}} w_0, \quad r = 1, 2, \cdots, 2n-p \tag{4.1.27b}$$

求解微分方程初值问题式(4.1.27),得

$$q_r(t) = q(0)\exp(\lambda_r t) = \frac{\boldsymbol{\psi}_r^{\mathrm{T}} w_0}{\alpha_r}\exp(\lambda_r t), \quad r = 1, 2, \cdots, 2n-p \tag{4.1.28}$$

将式(4.1.28)代回式(4.1.25)并更换下标,得到系统在 Ω 上的自由振动,即

$$w(t) = \sum_{r=1}^{2n-p} \frac{\boldsymbol{\varphi}_r \boldsymbol{\psi}_r^{\mathrm{T}} w_0}{\alpha_r}\exp(\lambda_r t) \tag{4.1.29}$$

式中,参数 α_r 反映了第 r 阶模态对自由振动的贡献,故称之为第 r 阶**模态参与因子**。对于共轭复特征值,α_r 为复数。

为了获得系统的单位初位移响应矩阵和单位初速度响应矩阵,可将式(4.1.29)中的 $2n-p$ 阶方阵 $\boldsymbol{\varphi}_r \boldsymbol{\psi}_r^{\mathrm{T}}$ 作分块,表示为

$$\boldsymbol{\varphi}_r \boldsymbol{\psi}_r^{\mathrm{T}} \equiv \begin{bmatrix} [\boldsymbol{\varphi}_r \boldsymbol{\psi}_r^{\mathrm{T}}]_{nn} & [\boldsymbol{\varphi}_r \boldsymbol{\psi}_r^{\mathrm{T}}]_{na} \\ [\boldsymbol{\varphi}_r \boldsymbol{\psi}_r^{\mathrm{T}}]_{an} & [\boldsymbol{\varphi}_r \boldsymbol{\psi}_r^{\mathrm{T}}]_{aa} \end{bmatrix} \tag{4.1.30}$$

$$= \begin{bmatrix} [\boldsymbol{\varphi}_r \boldsymbol{\psi}_r^{\mathrm{T}}]_n & [\boldsymbol{\varphi}_r \boldsymbol{\psi}_r^{\mathrm{T}}]_a \end{bmatrix}, \quad r = 1, 2, \cdots, 2n-p$$

然后,将式(4.1.29)改写为

$$u(t) = \sum_{r=1}^{2n-p} \frac{[\boldsymbol{\varphi}_r \boldsymbol{\psi}_r^{\mathrm{T}}]_{nn} \boldsymbol{u}_0}{\alpha_r} \exp(\lambda_r t) + \sum_{r=1}^{2n-p} \frac{[\boldsymbol{\varphi}_r \boldsymbol{\psi}_r^{\mathrm{T}}]_{na} \boldsymbol{v}_{a0}}{\alpha_r} \exp(\lambda_r t)$$

$$= \left\{ \sum_{r=1}^{2n-p} \frac{[\boldsymbol{\varphi}_r \boldsymbol{\psi}_r^{\mathrm{T}}]_{nn}}{\alpha_r} \exp(\lambda_r t) \right\} \boldsymbol{u}_0 + \left\{ \sum_{r=1}^{2n-p} \frac{[\boldsymbol{\varphi}_r \boldsymbol{\psi}_r^{\mathrm{T}}]_{na}}{\alpha_r} \exp(\lambda_r t) \right\} \boldsymbol{v}_{a0} \qquad (4.1.31)$$

$$= \boldsymbol{U}(t) \boldsymbol{u}_0 + \boldsymbol{V}(t) \boldsymbol{v}_{a0}$$

显然,单位初位移响应矩阵 $\boldsymbol{U}(t)$ 和单位初速度响应矩阵 $\boldsymbol{V}(t)$ 分别为

$$\boldsymbol{U}(t) \equiv \sum_{r=1}^{2n-p} \frac{[\boldsymbol{\varphi}_r \boldsymbol{\psi}_r^{\mathrm{T}}]_{nn}}{\alpha_r} \exp(\lambda_r t), \quad \boldsymbol{V}(t) \equiv \sum_{r=1}^{2n-p} \frac{[\boldsymbol{\varphi}_r \boldsymbol{\psi}_r^{\mathrm{T}}]_{na}}{\alpha_r} \exp(\lambda_r t) \quad (4.1.32)$$

例 4.1.2:针对例 4.1.1 的车辆发动机液压-弹性隔振系统,研究其在初始静位移扰动下的自由振动。系统参数仍为

$$\begin{cases} m = 20 \text{ kg}, \quad c_1 = 300 \text{ N} \cdot \text{s/m}, \quad c_2 = 100 \text{ N} \cdot \text{s/m} \\ k_1 = 500 \text{ N/m}, \quad k_2 = 500 \text{ N/m}, \quad k_3 = 1\,000 \text{ N/m}, \quad k_4 = 5\,000 \text{ N/m} \end{cases} \qquad (a)$$

系统的初始状态为

$$u_1(0) = 0.01 \text{ m}, \quad u_2(0) = 0.01 \text{ m}, \quad u_3(0) = 0.01 \text{ m}, \quad v_1(0) = 0.0 \text{ m/s} \qquad (b)$$

将式(a)代入例 4.1.1 中建立的系统矩阵 $\boldsymbol{A}$,采用 Maple 软件计算其特征值问题,得到特征值

$$\lambda_1 = \bar{\lambda}_2 = -0.689\,7 + 17.705\,9\mathrm{i}, \quad \lambda_4 = -3.174\,2, \quad \lambda_4 = -8.779\,6 \qquad (c)$$

相应的左特征向量、右特征向量和模态参与因子不再列出。将上述结果代入式(4.1.29),得到系统在静变形释放后的位移响应,即

$$\begin{aligned} u_1(t) = \{ & (4.742\,6 - 0.164\,7\mathrm{i})\exp[(-0.689\,7 + 17.705\,9\mathrm{i})t] \\ & + (4.742\,6 + 0.164\,7\mathrm{i})\exp[(-0.689\,7 - 17.705\,9\mathrm{i})t] \\ & + 0.933\,1\exp(-3.174\,2t) - 0.418\,3\exp(-8.779\,6t) \} \times 10^{-3} \text{ m} \end{aligned} \qquad (d)$$

其对应的实函数形式为

$$\begin{aligned} u_1(t) = \{ & \exp(-0.689\,7t)[9.485\,2\cos(17.705\,9t) + 0.329\,4\sin(17.705\,9t)] \\ & + 0.933\,1\exp(-3.174\,2t) - 0.418\,3\exp(-8.779\,6t) \} \times 10^{-3} \text{ m} \end{aligned} \qquad (e)$$

在图 4.2 中,将上述结果作为精确解,与采用 Maple 软件中 Runge-Kutta 法直接计算微分方程组初值问题的数值解对比。其中,实线是系统位移精确解,圆点是数值解,两者完全一致;虚线是对应两个负实特征值的位移,即蠕变模态响应。在上述响应中,它们占比非常小,数值积分解无法将其分离出来。

注解 4.1.2:由于系统中的阻尼器均与弹簧串联,故增加阻尼系数并不提升复模态振动的衰减速率,甚至会降低蠕变模态响应的衰减速率。以图 4.1 中左侧阻尼器为例,其阻尼系数 c_1 与油孔阻力有关,是可调节的。图 4.3 给出系统各特征值实部随着阻尼系数

c_1 的变化。随着 c_1 增加,对应复模态振动的特征值实部 $\mathrm{Re}(\lambda_{1,2})$ 几乎不变,只是对应蠕变模态的负实特征值 λ_4 变化较大。因此,增加阻尼系数 c_1 对抑制共振无效,进而回答了第 1 章的问题 2A。

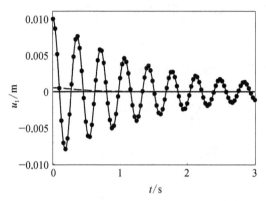

图 4.2 车辆发动机液压-弹性隔振系统在
初始位移扰动下的自由振动
(实线:精确解;圆点:数值解;虚线:蠕变模态响应)

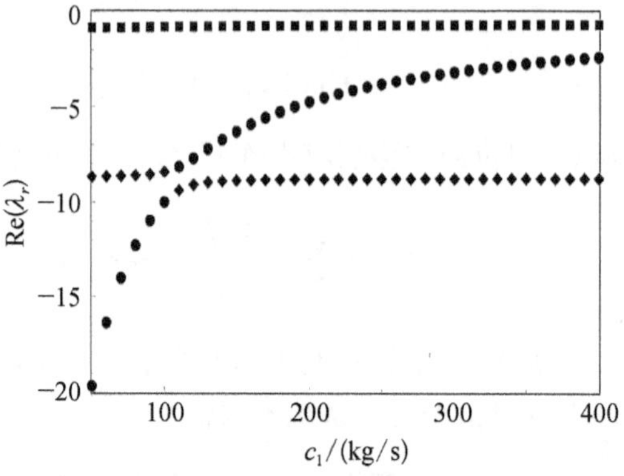

图 4.3 车辆发动机液压-弹性隔振系统的特征值
实部随阻尼系数 c_1 变化
[正方形点:$\mathrm{Re}(\lambda_{1,2})$;菱形点:$\lambda_3$;圆形点:$\lambda_4$]

4. 受迫振动

首先,分析系统的单位脉冲响应。对于初始静止系统,在 $t = 0^-$ 时刻对其第 j 个惯性自由度施加单位理想脉冲,将该激励表示为

$$f_a(t) = \boldsymbol{\delta}_j \equiv \begin{bmatrix} 0 & \cdots & 0 & \underset{j}{1} & 0 & \cdots & 0 \end{bmatrix}^{\mathrm{T}} \in \mathbb{R}^{n-p} \qquad (4.1.33)$$

根据冲量定理,在 $t = 0^+$ 时刻,系统惯性自由度产生的速度 $v_a(0^+)$ 满足

$$M_{aa} v_a(0^+) = \boldsymbol{\delta}_j \qquad (4.1.34)$$

因此,系统在 Ω 上的初始条件为

$$w_0 = \begin{bmatrix} u_a^{\mathrm{T}}(0^+) & u_b^{\mathrm{T}}(0^+) & v_a^{\mathrm{T}}(0^+) \end{bmatrix}^{\mathrm{T}} = \begin{bmatrix} \mathbf{0}^{\mathrm{T}} & \mathbf{0}^{\mathrm{T}} & M_{aa}^{-1}\boldsymbol{\delta}_j \end{bmatrix}^{\mathrm{T}} \qquad (4.1.35)$$

根据式(4.1.29),$t > 0$ 时系统在 Ω 上的自由振动为

$$w(t) = \sum_{r=1}^{2n-p} \frac{\boldsymbol{\varphi}_r \boldsymbol{\psi}_r^{\mathrm{T}} w_0}{\alpha_r} \exp(\lambda_r t) = \sum_{r=1}^{2n-p} \frac{\left[\boldsymbol{\varphi}_r \boldsymbol{\psi}_r^{\mathrm{T}}\right]_a M_{aa}^{-1} \boldsymbol{\delta}_j}{\alpha_r} \exp(\lambda_r t) \qquad (4.1.36)$$

式中,$\left[\boldsymbol{\varphi}_r, \boldsymbol{\psi}_r^{\mathrm{T}}\right]_a$ 由 $2n - p$ 阶方阵 $\boldsymbol{\varphi}_r \boldsymbol{\psi}_r^{\mathrm{T}}$ 的最后 $n - p$ 列构成,详见式(4.1.30)中对 $\boldsymbol{\varphi}_r \boldsymbol{\psi}_r^{\mathrm{T}}$ 的第二种分块定义。

若只关注系统在位形空间中的位移,可取式(4.1.36)的前 n 行,得

$$u(t) = \sum_{r=1}^{2n-p} \frac{\left[\boldsymbol{\varphi}_r \boldsymbol{\psi}_r^{\mathrm{T}}\right]_{na} M_{aa}^{-1} \boldsymbol{\delta}_j}{\alpha_r} \exp(\lambda_r t) \qquad (4.1.37)$$

式中,$\left[\boldsymbol{\varphi}_r, \boldsymbol{\psi}_r^{\mathrm{T}}\right]_{na}$ 详见式(4.1.30)中的第一种分块定义。

现定义在系统惯性自由度上施加单位脉冲激励引起的系统位移矩阵为单位脉冲响应矩阵 $\boldsymbol{h}(t)$，即 $\boldsymbol{h}: t \mapsto \mathbb{R}^{n \times (n-p)}$。由于非惯性自由度无法接受激励，故 $\boldsymbol{h}(t)$ 不是方阵，而是"高矩阵"。显然，式(4.1.37)是 $\boldsymbol{h}(t)$ 的第 j 列，故单位脉冲响应矩阵 $\boldsymbol{h}(t)$ 的模态展开式为

$$\boldsymbol{h}(t) = \sum_{r=1}^{2n-p} \frac{\left[\boldsymbol{\varphi}_r \boldsymbol{\psi}_r^{\mathrm{T}}\right]_{na} \boldsymbol{M}_{aa}^{-1}}{\alpha_r} \exp(\lambda_r t) \tag{4.1.38}$$

对照式(4.1.32)可见，单位脉冲响应矩阵 $\boldsymbol{h}(t)$ 和单位初速度响应矩阵 $\boldsymbol{V}(t)$ 之间的关系可表示为

$$\boldsymbol{h}(t) = \boldsymbol{V}(t) \boldsymbol{M}_{aa}^{-1} \tag{4.1.39}$$

根据线性系统的叠加原理，若系统在零初始条件下受到任意激励 $\boldsymbol{f}_a(t)$ 的作用，其响应满足的 Duhamel 积分为

$$\boldsymbol{u}(t) = \int_0^t \boldsymbol{h}(t - \tau) \boldsymbol{f}_a(\tau) \mathrm{d}\tau \tag{4.1.40}$$

基于线性系统的叠加原理，根据式(4.1.32)和式(4.1.40)，可得到系统在非零初始条件下受到任意激励 $\boldsymbol{f}_a(t)$ 的动力学响应：

$$\boldsymbol{u}(t) = \boldsymbol{U}(t) \boldsymbol{u}_0 + \boldsymbol{V}(t) \boldsymbol{v}_{a0} + \int_0^t \boldsymbol{h}(t - \tau) \boldsymbol{f}_a(\tau) \mathrm{d}\tau \tag{4.1.41}$$

4.1.2　频域动力学分析

1. 频响函数矩阵

对式(4.1.1)两端实施 Fourier 变换，得

$$\begin{cases} (\boldsymbol{K}_{aa} - \omega^2 \boldsymbol{M}_{aa} + \mathrm{i}\omega \boldsymbol{C}_{aa}) \boldsymbol{U}_a(\omega) + (\boldsymbol{K}_{ab} + \mathrm{i}\omega \boldsymbol{C}_{ab}) \boldsymbol{U}_b(\omega) = \boldsymbol{F}_a(\omega) \\ (\boldsymbol{K}_{ba} + \mathrm{i}\omega \boldsymbol{C}_{ba}) \boldsymbol{U}_a(\omega) + (\boldsymbol{K}_{bb} + \mathrm{i}\omega \boldsymbol{C}_{bb}) \boldsymbol{U}_b(\omega) = \boldsymbol{0} \end{cases} \tag{4.1.42}$$

由式(4.1.42)的第二式解出

$$\boldsymbol{U}_b(\omega) = -(\boldsymbol{K}_{bb} + \mathrm{i}\omega \boldsymbol{C}_{bb})^{-1} (\boldsymbol{K}_{ba} + \mathrm{i}\omega \boldsymbol{C}_{ba}) \boldsymbol{U}_a(\omega) \tag{4.1.43}$$

将其代入式(4.1.42)的第一式，得

$$\boldsymbol{Z}_{aa}(\omega) \boldsymbol{U}_a(\omega) = \boldsymbol{F}_a(\omega) \tag{4.1.44}$$

式中，$\boldsymbol{Z}_{aa}: \omega \mapsto \mathbb{R}^{(n-p) \times (n-p)}$ 是系统惯性自由度的**位移阻抗矩阵**，可表示为

$$\begin{aligned} \boldsymbol{Z}_{aa}(\omega) &\equiv (\boldsymbol{K}_{aa} - \omega^2 \boldsymbol{M}_{aa} + \mathrm{i}\omega \boldsymbol{C}_{aa}) \\ &\quad - (\boldsymbol{K}_{ab} + \mathrm{i}\omega \boldsymbol{C}_{ab})(\boldsymbol{K}_{bb} + \mathrm{i}\omega \boldsymbol{C}_{bb})^{-1}(\boldsymbol{K}_{ba} + \mathrm{i}\omega \boldsymbol{C}_{ba}) \end{aligned} \tag{4.1.45}$$

由此，可定义系统惯性自由度的**频响函数矩阵**

$$\boldsymbol{H}_{aa}(\omega) \equiv \boldsymbol{Z}_{aa}^{-1}(\omega) \tag{4.1.46}$$

进而得到系统惯性自由度的频率响应,即

$$U_a(\omega) = H_{aa}(\omega)F_a(\omega) \tag{4.1.47}$$

将式(4.1.47)代回式(4.1.43),可得到系统非惯性自由度的频率响应 $U_b(\omega)$。 因此,系统全部自由度的频率响应为

$$U(\omega) \equiv \begin{bmatrix} U_a(\omega) \\ U_b(\omega) \end{bmatrix} = H(\omega)F_a(\omega) \tag{4.1.48}$$

式中, $H(\omega)$ 定义为**系统频响函数矩阵**,其表达式为

$$H(\omega) \equiv \begin{bmatrix} H_{aa}(\omega) \\ -(K_{bb} + i\omega C_{bb})^{-1}(K_{ba} + i\omega C_{ba})H_{aa}(\omega) \end{bmatrix} \tag{4.1.49}$$

注解 4.1.3:虽然非完整约束导致线性系统式(4.1.1)的质量矩阵产生奇异性,但并未对上述频域分析带来影响。事实上,由式(4.1.42)可见,该式是否有解与其第二式中是否有对应加速度列阵 $\ddot{u}_a(t)$ 和 $\ddot{u}_b(t)$ 的质量矩阵子块无关,即质量矩阵的奇异性不影响后继分析。

注解 4.1.4:从逻辑上看,如果从可达状态空间中的动力学方程式(4.1.4)出发,对其两端实施 Fourier 变换,也能得到上述频域分析结果。但若推导则可发现,该过程涉及 $v_a(t)$ 的 Fourier 变换,反而比较复杂。这正如在自动控制原理课程中,通常不从系统状态动力学方程出发来进行频域分析。

例 4.1.3:针对例 4.1.1 和例 4.1.2 的车辆发动机液压-弹性隔振系统,分析其频响函数的幅频特性。根据例 4.1.1,该系统的动力学方程为

$$\begin{cases} m\ddot{u}_1(t) + c_2[\dot{u}_1(t) - \dot{u}_3(t)] + (k_1 + k_4)u_1(t) - k_1u_2(t) = f(t) \\ c_1\dot{u}_2(t) - k_1u_1(t) + (k_1 + k_2)u_2(t) = 0 \\ c_2[\dot{u}_3(t) - \dot{u}_1(t)] + k_3u_3(t) = 0 \end{cases} \tag{a}$$

根据例 4.1.2,系统参数为

$$\begin{cases} m = 20 \text{ kg}, \quad c_1 = 300 \text{ N} \cdot \text{s/m}, \quad c_2 = 100 \text{ N} \cdot \text{s/m} \\ k_1 = 500 \text{ N/m}, \quad k_2 = 500 \text{ N/m}, \quad k_3 = 1\,000 \text{ N/m}, \quad k_4 = 5\,000 \text{ N/m} \end{cases} \tag{b}$$

根据例 4.1.1 中式(c),其分块矩阵可表示为

$$\begin{cases} M_{aa} = [m], \quad C_{aa} = [c_2], \quad C_{ba}^T = C_{ab} = [0 \quad -c_2], \quad C_{bb} = \begin{bmatrix} c_1 & 0 \\ 0 & c_2 \end{bmatrix} \\ K_{aa} = [k_1 + k_4], \quad K_{ba}^T = K_{ab} = [-k_1 \quad 0], \quad K_{bb} = \begin{bmatrix} k_1 + k_2 & 0 \\ 0 & k_3 \end{bmatrix} \end{cases} \tag{c}$$

将式(c)代入式(4.1.45),得到系统惯性自由度的位移阻抗函数为

$$Z_{aa}(\omega) = (K_{aa} - \omega^2 M_{aa} + i\omega C_{aa}) - (K_{ab} + i\omega C_{ab})(K_{bb} + i\omega C_{bb})^{-1}(K_{ba} + i\omega C_{ba})$$

$$= k_1 + k_4 - m\omega^2 + ic_2\omega - \begin{bmatrix} -k_1 & -ic_2\omega \end{bmatrix} \begin{bmatrix} \dfrac{1}{k_1 + k_2 + ic_1\omega} & 0 \\ 0 & \dfrac{1}{k_3 + ic_2\omega} \end{bmatrix} \begin{bmatrix} -k_1 \\ -ic_2\omega \end{bmatrix}$$

$$= k_1 + k_4 - m\omega^2 + ic_2\omega - \frac{k_1^2}{k_1 + k_2 + ic_1\omega} + \frac{c_2^2\omega^2}{k_3 + ic_2\omega} \tag{d}$$

对应的频响函数为

$$\begin{cases} H_{aa}(\omega) = \dfrac{1}{Z_{aa}(\omega)} = \dfrac{(k_1 + k_2 + ic_1\omega)(k_3 + ic_2\omega)}{\Delta(i\omega)} \\ \Delta(i\omega) \equiv (k_1 + k_2 + ic_1\omega)(k_3 + ic_2\omega)[k_1 + k_4 + m(i\omega)^2 + ic_2\omega] \\ \qquad\qquad - k_1^2(k_3 + ic_2\omega) + c_2^2\omega^2(k_1 + k_2 + ic_1\omega) \end{cases} \tag{e}$$

图 4.4(a)给出该系统惯性自由度的频响函数幅值曲线,其形态犹如单自由度频响函数。在 3.2.5 节的分析中曾指出,该系统可约化为一个两自由度系统,这与此处的结果似乎不符,其原因何在?

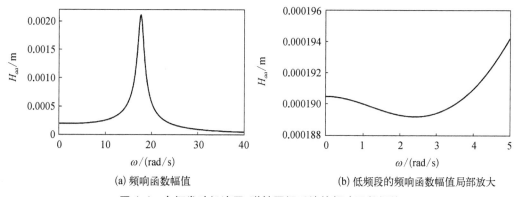

(a) 频响函数幅值　　　　　　　　(b) 低频段的频响函数幅值局部放大

图 4.4　车辆发动机液压-弹性隔振系统的频响函数幅值

事实上,如果将式(e)中的 $i\omega$ 临时替换为复数 σ,可视该频响函数为传递函数 $H_{aa}(\sigma)$。此时, $H_{aa}(\sigma)$ 的分子是 σ 的二次多项式,分母 $\Delta(\sigma)$ 是 σ 的四次多项式,故 $H_{aa}(\sigma)$ 在复平面上有两个零点和四个极点,的确应归为 3.2.5 小节讨论的两自由度系统。但对于目前的系统参数,该系统只有一对共轭复特征值。即传递函数 $H_{aa}(\sigma)$ 在虚轴 $s = i\omega$ 上只有互为共轭的两个极点,即例 4.1.2 中已得到的 $\pm\mathrm{Im}(\lambda_{1,2}) = \pm 17.7059i$,故系统犹如单自由度系统,其频响函数只有一个共振峰。

如果细致观察该频响函数,可发现其在低频段呈现图 4.4(b)所示的微小凹坑,这是与单自由度黏性阻尼系统不同的行为。换言之,通过调节系统参数,有可能使该系统的频响函数在低频端产生低谷,而这是两自由度系统才有的现象。上述讨论再次证实了 3.2.5 小节对第 1 章中问题 2B 的研究结论。

2. 频响函数矩阵的模态展开

对式(4.1.38)中的系统单位脉冲响应矩阵两端实施 Fourier 变换,得到频响函数矩阵的复模态展开表达式,即

$$H(\omega) = \sum_{r=1}^{2n-p} \frac{\left[\varphi_r \psi_r^{\mathrm{T}}\right]_{na} M_{aa}^{-1}}{\alpha_r} \frac{1}{\mathrm{i}\omega - \lambda_r} \qquad (4.1.50)$$

式(4.1.50)与式(4.1.49)等价,但直观展示了各阶复模态对频响函数矩阵的贡献。

例 4.1.4 对例 4.1.3 中的频响函数表达式(e)实施逆 Fourier 变换,得到系统惯性自由度的单位脉冲响应函数为

$$\begin{aligned}
h_{aa}(t) = \big\{ &(-0.933\,7 - 14.498\,2\mathrm{i})\exp\left[(-0.068\,97 + 17.705\,9\mathrm{i})t\right] \\
&+ (-0.933\,7 + 14.498\,2\mathrm{i})\exp\left[(-0.068\,97 - 17.705\,9\mathrm{i})t\right] \\
&+ 1.564\,4\exp(-8.779\,6t) + 0.303\,1\exp(-3.174\,2t) \big\} \times 10^{-4}\ \mathrm{m}
\end{aligned} \qquad (a)$$

相应的实函数表达式为

$$\begin{aligned}
h_{aa}(t) = \big\{ &\exp(-0.068\,97t)\left[28.996\,4\sin(17.705\,9t) - 1.867\,4\cos(17.705\,9t)\right] \\
&+ 1.564\,4\exp(-8.779\,6t) + 0.303\,1\exp(-3.174\,2t) \big\} \times 10^{-4}\ \mathrm{m}
\end{aligned} \qquad (b)$$

这相当于由式(4.1.49)得到式(4.1.38)。

作为对比,图 4.5 给出基于式(4.1.38)的计算结果和式(b)的结果对比,两者完全重合。这再次验证,式(4.1.49)和式(4.1.50)均与式(4.1.38)构成 Fourier 变换对。

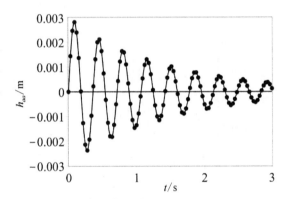

图 4.5 车辆发动机液压-弹性隔振系统在惯性自由度上的单位脉冲响应

[实线:式(4.1.38)的结果;圆点:式(b)的结果]

4.1.3 小结

本节基于 3.2 节所介绍的离散系统自由度研究,针对具有非完整约束的振动系统,全面研究其在可达状态流形上的动力学问题,解决了第 1 章中提出的问题 2A。主要结论如下。

(1) 在时域分析中,通过研究系统非对称系数矩阵导致的自伴随特征值问题,得到特征值互异前提下的左、右特征向量正交性;在此基础上建立了复模态分析方法;得到在惯性自由度上施加单位脉冲引起的系统响应矩阵。

(2) 在频域分析中,定义在系统惯性自由度上施加激励引起的系统频响矩阵,得到了该矩阵的复模态展开式;该矩阵与系统单位脉冲响应矩阵之间构成 Fourier 变换对。

4.2 固有振型的节点数

线性系统的固有振型节点概念源自两端固定的细弦作固有振动时呈现的波节现象。

波节是弦上的非完全约束点集（即除去端点以外的点），其在某阶固有振动中保持静止。对于梁和板等弹性体，通常将其固有振动时保持静止的非完全约束点集称为**节点和节线**。对于离散系统，通常将系统作固有振动时保持静止的非完全约束点集称为节点，尽管其可能具有一维或二维特征。节点概念在工程实践中具有重要地位，是判断固有振动阶次、在实验中布置激振点和测振点的依据，也是振动设计和振动控制的依据之一。

人们很早就发现，固有振型阶次与节点数目间存在一定关系。例如，1892 年英国数学家 Routh 指出，细弦横向振动的第 r 阶固有振型有 $r-1$ 个节点[①]；1945 年，瑞士数学家 Sturm 和法国数学家 Liouville 研究了直杆纵向振动的固有振型节点分布规律[②]。20 世纪 40 年代，苏联数学家 Гантмахер 和 Крейн 对固有振型节点规律进行了深入研究，在专著中讨论了多种离散和连续系统，指出其第 r 阶固有振型有 $r-1$ 个节点。虽然该专著的中译本到 2008 年才问世[③]，但我国学者早就在译著、教材和手册中广泛引用该结论[④][⑤]，甚至称其适用于一般线性系统。

事实上，Гантмахер 和 Крейн 主要采用柔度法研究链式离散系统或采用影响系数法研究链式连续系统，通过振荡矩阵或振荡核表示，分析特征向量分量或特征函数的正负号变化规律，并称其为振动的振荡性质。

虽然许多线性系统具有上述振荡性质，但它们仅仅是线性系统中的一类。例如，对于内周固支的环形薄板或循环对称叶盘，其最低阶固有振型有一根节线，而某阶高阶振型却没有节线[⑥]。由于人们在引用 Гантмахер 和 Крейн 的结论时，常常省略振荡矩阵的前提，导致结论被泛化。庆幸的是，近年来我国力学家王大钧等对 Гантмахер 和 Крейн 的研究结果进行了系统梳理和推广，明确了弦、杆、轴、梁及其离散系统的固有振动具有振荡性质[⑦]。

20 世纪 80 年代初，作者曾质疑上述泛化的论断，研究结果收入南京航空学院科技报告。近年来，阅读 Гантмахер 和 Крейн 著作的中译本、王大钧等学者的著作后，将早年研究结果完善并发表[⑧]。本节内容主要取自该论文，试图探讨离散系统固有振型的节点问题，纠正流行的不妥结论。本节重点研究两自由度系统的固有振型节点规律，回答第 1 章的问题 3A。在此基础上，对一类多自由度组合系统的固有振型进行讨论，说明其节点的可设计性。

4.2.1　现有理论概述及反思

1. 离散系统固有振型节点规律概述

Гантмахер 和 Крейн 的研究从 Sturm 系统开始，其典型代表是链式集中质量弹簧系统、带集中惯性元件的弦、杆和轴等。这类系统的动力学模型是二阶偏微分方程，其离散

① Routh E J. Dynamics of a system of rigid bodies[M]. London：Macmillan, 1892.
② Rayleigh L. The theory of sound[M]. 2nd edition. New York：Dover, 1945.
③ 甘特马赫，克列因. 振荡矩阵、振荡核和力学系统的微振动[M]. 王其申，译. 合肥：中国科学技术大学出版社, 2008：94-151.
④ 贺兴书. 机械振动学[M]. 上海：上海交通大学出版社, 1985.
⑤ 机械工程手册、电机工程手册编辑委员会. 机械工程手册，第 4 卷第 21 篇[M]. 北京：机械工业出版社, 1982.
⑥ 胡海岩，程德林. 循环对称结构固有模态特征的探讨[J]. 应用力学学报, 1988, 5(3)：1-8.
⑦ 王大钧，王其申，何北昌. 结构力学中的定性理论[M]. 北京：北京大学出版社, 2014：45-234.
⑧ 胡海岩. 论固有振型的节点规律[J]. 动力学与控制学报, 2018, 16(3)：193-200.

模型的质量矩阵是对角矩阵,刚度矩阵是标准 **Jacobi 矩阵**,即主对角元素为正、次主对角元素为负的三对角阵。他们用初等方法证明:对于 Sturm 系统,无论其是否有刚体运动,系统不会有重频固有频率,其第 r 阶固有振型有 $r-1$ 个节点。事实上,Sturm 系统最多只有一个刚体运动模态,可视其对应的第一阶固有频率为零,且固有振型无节点;此后第 r 阶固有振型必有 $r-1$ 个节点。

对于带集中质量的梁,其动力学模型是四阶偏微分方程,离散模型的刚度矩阵不再是标准 Jacobi 矩阵;更一般的系统自然也如此。在系统无刚体运动模态的前提下,Гантмахер 和 Крейн 采用影响系数法建立用系统柔度矩阵表示的特征值问题,证明如果柔度矩阵是**振荡矩阵**,则系统没有重频固有频率,其第 r 阶固有振型必有 $r-1$ 个节点。他们的重要贡献是,对于任意方阵给出了**振荡矩阵判据**,即方阵同时满足非奇异、任意阶子式非负、次主对角元素为正这三个条件[①]。

对于具有刚体运动模态的梁,王其申等通过引入共轭梁概念研究了固有振型阶次与节点数之间的关系[②]。对于铰支-自由梁,它仅含一个刚体运动模态,具有与 Sturm 系统一致的结论。值得指出的是,自由-自由梁具有两个刚体运动模态,即梁的前两阶固有频率均为零,该重频固有振型是两个线性无关的刚体运动。若定义第一阶固有振型为梁沿弯曲方向的平动,无节点;第二阶固有振型是绕质心的转动,有一个节点;将弹性振动模态从 $r=3$ 起升序排列,则自由-自由梁的第 r 阶固有振型也有 $r-1$ 个节点。

2. 广义坐标问题

在振动分析及计算中,人们用系统质量矩阵、刚度矩阵所确定的特征向量来描述其固有振型,并认为特征向量的相邻坐标分量变号意味着固有振型有节点。特别当某坐标分量为零时,则认为该坐标原点就是节点。

值得指出的是,系统质量矩阵、刚度矩阵依赖于研究问题时所选择的系统广义坐标,而广义坐标的选取具有很大灵活性,这会对固有振型的表示产生影响。

例 4.2.1:考察图 4.6(a)所示系统,其中刚性杆 AB 的质量 m 均匀分布,两个弹性支撑的刚度均为 k,其质量可忽略不计。对于该两自由度系统,其广义坐标可选用刚性杆上任意两个点的铅垂位移,现讨论两种简单情况。

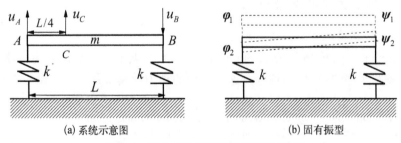

(a) 系统示意图   (b) 固有振型

图 4.6 两自由度系统的固有振动问题

---

① 甘特马赫,克列因. 振荡矩阵、振荡核和力学系统的微振动[M]. 王其申,译. 合肥:中国科学技术大学出版社,2008: 94-151.

② 王其申,王大钧. 存在刚体模态的杆、梁离散系统某些振荡性质的补充证明[J]. 振动工程学报,2014,35(2): 262-269.

（1）选用刚性杆端点 A 和 B 的铅垂位移 u_A 和 u_B 描述系统运动，根据系统对称性很容易地得到系统固有模态为

$$\begin{cases} \omega_1 = \sqrt{2k/m}, & \boldsymbol{\varphi}_1 = \begin{bmatrix} 1 & -1 \end{bmatrix}^T \\ \omega_2 = \sqrt{6k/m}, & \boldsymbol{\varphi}_2 = \begin{bmatrix} 1 & 1 \end{bmatrix}^T \end{cases} \tag{a}$$

由于 u_A 和 u_B 的方向不一致，导致 $\boldsymbol{\varphi}_1$ 的两个分量符号相反，但它并无节点；而 $\boldsymbol{\varphi}_2$ 的两个分量符号一致，但却有节点，且位于刚性杆的质心。

（2）选用左端点 A 的铅垂位移 u_A 和距左端点 $L/4$ 处 C 点的铅垂位移 u_C 来描述系统运动，则系统固有模态为

$$\begin{cases} \omega_1 = \sqrt{2k/m}, & \boldsymbol{\psi}_1 = \begin{bmatrix} 1 & 1 \end{bmatrix}^T \\ \omega_2 = \sqrt{6k/m}, & \boldsymbol{\psi}_2 = \begin{bmatrix} 1 & 1/2 \end{bmatrix}^T \end{cases} \tag{b}$$

虽然 $\boldsymbol{\psi}_2$ 的两个分量符号一致，但仍以刚性杆质心为节点。事实上，本例中的 $\boldsymbol{\varphi}_r$ 和 $\boldsymbol{\psi}_r$，$r = 1, 2$ 对应着图 4.6(b) 中完全相同的几何量。

固有振型是一个可比例伸缩的几何量，本质上不依赖坐标系。但为研究方便，又必须借助某种坐标系。上述两组广义坐标说明，在振动分析中不能仅仅根据特征向量相邻分量是否变号来断言固有振型是否具有节点，还必须在所选的广义坐标系中考察固有振型的几何形态，才能判断是否有节点。

注解 4.2.1：广义坐标的选取灵活多变，这给研究固有振型节点规律带来困难。因此，Гантмахер 和 Крейн 主要研究一维振动系统，选取指向一致的广义坐标，此时特征向量的相邻分量变号表明固有振型存在节点。但例 4.2.1 中第二组广义坐标说明，固有振型可能在系统端部的广义坐标原点外侧出现节点。因此，特征向量的相邻分量变号只是判断固有振型节点的充分条件。

3. 振荡矩阵问题

例 4.2.2：考察图 4.7(a) 所示的三自由度系统，其中三个集中质量均为 m，刚性杆 AC 和弹性支撑的质量均忽略不计；左端支撑和中间支撑的刚度均为 k，右端支撑的刚度为 γk，$\gamma > 0$ 为无量纲系数。

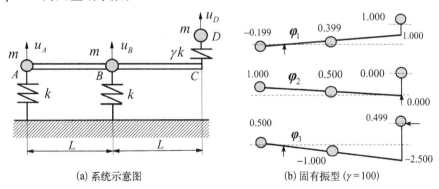

(a) 系统示意图　　　(b) 固有振型 ($\gamma = 100$)

图 4.7　三自由度系统的固有振动问题

（点划线：系统静平衡位置；箭头：节点位置）

在图 4.7(a)所示的坐标系中,系统的动能和势能分别为

$$
\begin{cases}
T = \dfrac{m}{2}\dot{u}_A^2(t) + \dfrac{m}{2}\dot{u}_B^2(t) + \dfrac{m}{2}\dot{u}_D^2(t) \\[2mm]
V = \dfrac{k}{2}u_A^2(t) + \dfrac{k}{2}u_B^2(t) + \dfrac{\gamma k}{2}\left\{u_D(t) - \left[u_B(t) + \dfrac{u_B(t) - u_A(t)}{L}\cdot L\right]\right\}^2 \\[4mm]
\quad = \dfrac{k}{2}\left\{u_A^2(t) + u_B^2(t) + \gamma[u_A(t) - 2u_B(t) + u_D(t)]^2\right\}
\end{cases}
\tag{a}
$$

由此得到系统的质量矩阵、刚度矩阵和柔度矩阵,即

$$
\begin{cases}
\boldsymbol{M} = m\begin{bmatrix} 1 & 0 & 0 \\ 0 & 1 & 0 \\ 0 & 0 & 1 \end{bmatrix}, \quad \boldsymbol{K} = k\begin{bmatrix} 1+\gamma & -2\gamma & \gamma \\ -2\gamma & 1+4\gamma & -2\gamma \\ \gamma & -2\gamma & \gamma \end{bmatrix} \\[6mm]
\boldsymbol{F} = \boldsymbol{K}^{-1} = k^{-1}\begin{bmatrix} 1 & 0 & -1 \\ 0 & 1 & 2 \\ -1 & 2 & 5+1/\gamma \end{bmatrix}
\end{cases}
\tag{b}
$$

对于 $\gamma = 1$ 和 $\gamma = 100$,求解广义特征值问题,得到系统的固有模态为

$$
\begin{cases}
\omega_1 = 0.382\sqrt{k/m}, \quad \boldsymbol{\varphi}_1 = \begin{bmatrix} -0.171 & 0.342 & 1.000 \end{bmatrix}^T \\
\omega_2 = 1.000\sqrt{k/m}, \quad \boldsymbol{\varphi}_2 = \begin{bmatrix} 1.000 & 0.500 & 0.000 \end{bmatrix}^T \\
\omega_3 = 2.618\sqrt{k/m}, \quad \boldsymbol{\varphi}_3 = \begin{bmatrix} 0.500 & -1.000 & 0.427 \end{bmatrix}^T
\end{cases}
\tag{c}
$$

$$
\begin{cases}
\omega_1 = 0.408\sqrt{k/m}, \quad \boldsymbol{\varphi}_1 = \begin{bmatrix} -0.199 & 0.399 & 1.000 \end{bmatrix}^T \\
\omega_2 = 1.000\sqrt{k/m}, \quad \boldsymbol{\varphi}_2 = \begin{bmatrix} 1.000 & 0.500 & 0.000 \end{bmatrix}^T \\
\omega_3 = 24.51\sqrt{k/m}, \quad \boldsymbol{\varphi}_3 = \begin{bmatrix} 0.500 & -1.000 & 0.499 \end{bmatrix}^T
\end{cases}
\tag{d}
$$

对比式(c)和式(d)可见,右端支撑刚度对固有振型影响不大。图 4.7(b)给出 $\gamma = 100$ 时的固有振型:第一阶振型在杆上有一个节点,第二阶振型在杆右端点及其以上部分均为节点,第三阶振型则在杆和右端支撑上各有一个节点。

注解 4.2.2:该系统的质量矩阵是对角阵,但刚度矩阵 $\boldsymbol{K}$ 不是 Jacobi 矩阵,故无法依据 Sturm 系统理论判断固有振型的节点数。虽然该系统形如链式系统,但柔度矩阵 $\boldsymbol{F}$ 的次对角元素包含零,不满足振荡矩阵条件,也无法用 Гантмахер 和 Крейн 的研究结果来判断固有振型的节点数。

4. 惯性耦合问题

例 4.2.3:仍考察图 4.7(a)所示系统,取 $\gamma \to +\infty$,这相当于将右端集中质量直接固定在刚性杆右端,导致该系统退化为两自由度系统。在图 4.7(a)的坐标 u_A 和 u_B 描述下,系统动能和势能分别为

$$
\begin{cases}
T = \dfrac{m}{2}\dot{u}_A^2(t) + \dfrac{m}{2}\dot{u}_B^2(t) + \dfrac{m}{2}\left[\dot{u}_B(t) + \dfrac{\dot{u}_B(t) - \dot{u}_A(t)}{L}\cdot L\right]^2 \\[3mm]
\quad = \dfrac{m}{2}\left\{\dot{u}_A^2(t) + \dot{u}_B^2(t) + \left[2\dot{u}_B(t) - \dot{u}_A(t)\right]^2\right\} \\[3mm]
V = \dfrac{k}{2}u_A^2(t) + \dfrac{k}{2}u_B^2(t)
\end{cases} \tag{a}
$$

该系统具有惯性耦合,质量矩阵和刚度矩阵分别为

$$
\boldsymbol{M} = m\begin{bmatrix} 2 & -2 \\ -2 & 5 \end{bmatrix}, \quad \boldsymbol{K} = k\begin{bmatrix} 1 & 0 \\ 0 & 1 \end{bmatrix} \tag{b}
$$

求解广义特征值问题,得到系统的固有模态为

$$
\begin{cases}
\omega_1 = 0.408\sqrt{k/m}, & \boldsymbol{\varphi}_1 = \begin{bmatrix} -0.500 & 1.000 \end{bmatrix}^{\mathrm{T}} \\[2mm]
\omega_2 = \sqrt{k/m}, & \boldsymbol{\varphi}_2 = \begin{bmatrix} 1.000 & 0.500 \end{bmatrix}^{\mathrm{T}}
\end{cases} \tag{c}
$$

将式(c)与例 4.2.2 中的式(c)对比可见,本例的固有振型与例 4.2.2 中的前两阶固有振型几乎相同。因此,本例中的两阶固有振型均有节点。

注解 4.2.3: 在 Гантмахер 和 Крейн 的研究中,对具有集中质量的离散系统采用影响系数法,故系统质量矩阵没有惯性耦合项。虽然本例中的系统形如链式系统,但其具有惯性耦合项,故采用 Гантмахер 和 Крейн 的研究结果已无法处理这类系统。系统惯性耦合项导致固有振型的节点规律更为复杂,甚至会出现两自由度系统的每个固有振型均有节点,下一小节对此进行讨论。

4.2.2　两自由度系统固有振型的节点规律

1. 理论分析

考察任意的两自由度振动系统,选取方向一致的两个广义坐标,建立系统的质量矩阵 $\boldsymbol{M} \in \mathbb{R}^{2\times 2}$ 和刚度矩阵 $\boldsymbol{K} \in \mathbb{R}^{2\times 2}$,记系统固有频率平方矩阵和关于模态质量归一化的固有振型矩阵分别为

$$
\boldsymbol{\Omega}^2 \equiv \begin{bmatrix} \omega_1^2 & 0 \\ 0 & \omega_2^2 \end{bmatrix} \in \mathbb{R}^{2\times 2}, \quad \boldsymbol{\Phi} \equiv \begin{bmatrix} \boldsymbol{\varphi}_1 & \boldsymbol{\varphi}_2 \end{bmatrix} \equiv \begin{bmatrix} \varphi_{11} & \varphi_{12} \\ \varphi_{21} & \varphi_{22} \end{bmatrix} \in \mathbb{R}^{2\times 2} \tag{4.2.1}
$$

式中, $\omega_1^2 \leqslant \omega_2^2$; $\boldsymbol{\Phi}$ 可逆。由于两个广义坐标方向一致,故系统第 r 阶固有振型有节点的充分条件是

$$
\varphi_{1r}\varphi_{2r} \leqslant 0, \quad r = 1, 2 \tag{4.2.2}
$$

现研究式(4.2.2)成立的条件。

根据固有振型矩阵关于质量矩阵、刚度矩阵的加权正交性,即 $\boldsymbol{\Phi}^{\mathrm{T}}\boldsymbol{M}\boldsymbol{\Phi} = \boldsymbol{I}_2$ 和 $\boldsymbol{\Phi}^{\mathrm{T}}\boldsymbol{K}\boldsymbol{\Phi} = \boldsymbol{\Omega}^2$,可导出

$$M = \boldsymbol{\Phi}^{-\mathrm{T}}\boldsymbol{\Phi}^{-1}, \quad K = \boldsymbol{\Phi}^{-\mathrm{T}}\boldsymbol{\Omega}^2\boldsymbol{\Phi}^{-1} \tag{4.2.3}$$

故它们的次对角线元素为

$$\begin{cases} m_{12} = m_{21} = -\dfrac{1}{(\det \boldsymbol{\Phi})^2}(\varphi_{11}\varphi_{21} + \varphi_{12}\varphi_{22}) \\[3mm] k_{12} = k_{21} = -\dfrac{1}{(\det \boldsymbol{\Phi})^2}(\omega_2^2\varphi_{11}\varphi_{21} + \omega_1^2\varphi_{12}\varphi_{22}) \end{cases} \tag{4.2.4}$$

由式(4.2.4)可得到系统物理参数与模态参数之间的关系为

$$\begin{cases} k_{12} - m_{12}\omega_1^2 = \dfrac{1}{(\det \boldsymbol{\Phi})^2}(\omega_1^2 - \omega_2^2)\varphi_{11}\varphi_{21} \\[3mm] k_{12} - m_{12}\omega_2^2 = \dfrac{1}{(\det \boldsymbol{\Phi})^2}(\omega_2^2 - \omega_1^2)\varphi_{12}\varphi_{22} \end{cases} \tag{4.2.5}$$

现对式(4.2.5)分两种情况进行讨论。

(1) 两个固有频率不同的情况，即 $\omega_1^2 < \omega_2^2$。根据式(4.2.5)和 $\omega_1^2 \leqslant \omega_2^2$ 的约定，若 $k_{12} - m_{12}\omega_1^2 \geqslant 0$，则 $\varphi_{11}\varphi_{21} \leqslant 0$，由式(4.2.2)可知，$\boldsymbol{\varphi}_1$ 有节点；若 $k_{12} - m_{12}\omega_2^2 \leqslant 0$，则 $\varphi_{12}\varphi_{22} \leqslant 0$，同理可知 $\boldsymbol{\varphi}_2$ 有节点；这是两个固有振型有节点的充分条件。如果考虑 m_{12} 的取值，该充分条件还可更进一步细分为以下几种情况。

(a) $m_{12} < 0$：若 $m_{12}\omega_2^2 \leqslant k_{12}$，则 $\boldsymbol{\varphi}_1$ 有节点；若 $k_{12} \leqslant m_{12}\omega_1^2$，则 $\boldsymbol{\varphi}_2$ 有节点；若 $m_{12}\omega_2^2 < k_{12} < m_{12}\omega_1^2 < 0$，则 $\boldsymbol{\varphi}_1$ 和 $\boldsymbol{\varphi}_2$ 可能均无节点。

(b) $m_{12} \geqslant 0$：若 $m_{12}\omega_2^2 \leqslant k_{12}$，则 $\boldsymbol{\varphi}_1$ 有节点；若 $k_{12} \leqslant m_{12}\omega_1^2$，则 $\boldsymbol{\varphi}_2$ 有节点；若 $0 < m_{12}\omega_1^2 \leqslant k_{12} \leqslant m_{12}\omega_2^2$，则 $\boldsymbol{\varphi}_1$ 和 $\boldsymbol{\varphi}_2$ 均有节点。

(c) 对于情况(b)的特例 $m_{12} = 0$，即系统在这组广义坐标下惯性解耦，有如下更为简洁的结果：若 $k_{12} < 0$，则 $\boldsymbol{\varphi}_2$ 有节点；若 $k_{12} = 0$，则 $\boldsymbol{\varphi}_1$ 和 $\boldsymbol{\varphi}_2$ 均有节点；若 $k_{12} > 0$，则 $\boldsymbol{\varphi}_1$ 有节点。由于此时系统的质量矩阵是对角阵，而根据伴随矩阵概念可推知：当 $k_{12} < 0$ 时，系统柔度矩阵是振荡矩阵，故属于 Гантмахер 和 Крейн 的研究覆盖范畴。除此之外，该系统还有产生节点的其他多种情况，则是他们的研究结果无法预计的。

图 4.8 是依据上述结论在 (m_{12}, k_{12}) 平面上确定的四个区域及其边界。该图直观地给出了固有振型节点数与系统的惯性耦合项、弹性耦合项及固有频率之间的关系。

(2) 两个固有频率相同的情况，即 $\omega_2^2 = \omega_1^2 = \omega_0^2$。此时，由式(4.2.3)可推导出如

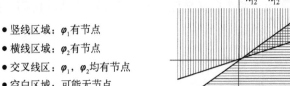

图 4.8 两自由度系统的固有振型关于系统参数分类

下关系:

$$K = \boldsymbol{\Phi}^{-T} \boldsymbol{\Omega}^2 \boldsymbol{\Phi}^{-1} = \omega_0^2 \boldsymbol{\Phi}^{-T} \boldsymbol{\Phi}^{-1} = \omega_0^2 M \qquad (4.2.6)$$

为满足 4.2.3 小节的研究需要,顺便在此引入系统的位移阻抗矩阵

$$Z(\omega) \equiv (K - \omega^2 M) = (\omega_0^2 - \omega^2) M \qquad (4.2.7)$$

因此,任意两个线性无关的非零向量均可作为该系统的固有振型,且它们的线性组合亦如此,故任意两自由度系统的重频固有振型具有如下节点性质:

(a) 两个固有振型可以均无节点,或均有节点,或仅其中之一有节点;

(b) 可以选择系统上任意一点,并找到某个固有振型以该点作为固有振型的节点。

现证明上述两条性质。首先,当两自由度系统的固有频率为重频时,由于任意两个线性无关的非零向量均是系统的固有振型,故性质(a)不证自明。

其次,为了证明性质(b),在两自由度系统上的任意点 A 和任意点 B 建立方向一致的广义坐标 u_A 和 u_B,再选择系统上任意点 C,建立与 u_A 和 u_B 同方向的广义坐标 u_C。 在点 C 施加约束,使 $u_C = 0$,则系统退化为单自由度系统。让该单自由度系统产生固有频率为 ω_0 的自由振动,获得相应的 $u_A(t) = \bar{u}_A \sin(\omega_0 t)$ 和 $u_B(t) = \bar{u}_B \sin(\omega_0 t)$;则非零向量 $\boldsymbol{\varphi} = \begin{bmatrix} \bar{u}_A & \bar{u}_B \end{bmatrix}^T$ 可作为系统的重频固有振型,且在点 C 满足节点条件 $u_C(t) = 0$。

最后需要指出的是,Гантмахер 和 Крейн 的研究仅适用于不含重频固有频率的系统,自然无法覆盖此处具有重频固有频率的复杂情况。

2. 案例分析

例 4.2.4:考察图 4.9(a)所示的两自由度系统,其中刚性杆 AB 的质量 m 均匀分布,杆的长度为 L;两个弹性支撑间的距离为 l,刚度分别为 k_1 和 k_2,其质量可忽略不计。为了便于讨论,引入无量纲参数 $\eta \equiv L/l \geqslant 1$。

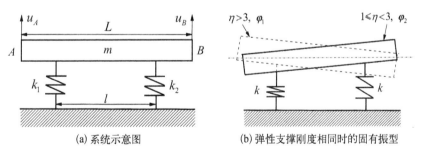

(a) 系统示意图　　　　　(b) 弹性支撑刚度相同时的固有振型

图 4.9　两自由度系统的固有振动问题

现取杆两端的向上位移 u_A 和 u_B 为广义坐标,研究系统在不同杆长及弹性支撑刚度情况下的固有振型节点问题。在图 4.9(a)定义的广义坐标 u_A 和 u_B 描述下,系统的动能和势能分别为

$$T = \frac{m}{2} \left[\frac{\dot{u}_A(t) + \dot{u}_B(t)}{2} \right]^2 + \frac{mL^2}{24} \left[\frac{\dot{u}_B(t) - \dot{u}_A(t)}{L} \right]^2$$

$$= \frac{m}{8} [\dot{u}_A(t) + \dot{u}_B(t)]^2 + \frac{m}{24} [\dot{u}_B(t) - \dot{u}_A(t)]^2 \tag{a}$$

$$
\begin{aligned}
V = \frac{1}{2} k_1 &\left\{ u_A(t) + \frac{[u_B(t) - u_A(t)](\eta - 1)}{2\eta} \right\}^2 \\
&+ \frac{1}{2} k_2 \left\{ u_A(t) + \frac{[u_B(t) - u_A(t)](\eta + 1)}{2\eta} \right\}^2
\end{aligned} \tag{b}
$$

由此得到系统的质量矩阵和刚度矩阵为

$$
\begin{cases}
\boldsymbol{M} = \dfrac{m}{6} \begin{bmatrix} 2 & 1 \\ 1 & 2 \end{bmatrix} \\[4mm]
\boldsymbol{K} = \dfrac{1}{4\eta^2} \begin{bmatrix} k_1(\eta + 1)^2 + k_2(\eta - 1)^2 & (k_1 + k_2)(\eta^2 - 1) \\ (k_1 + k_2)(\eta^2 - 1) & k_1(\eta - 1)^2 + k_2(\eta + 1)^2 \end{bmatrix}
\end{cases} \tag{c}
$$

以下针对两个弹性支撑刚度是否相同,分别进行讨论。

(1) 若两个弹性支撑刚度相等,记为 $k_1 = k_2 = k$,则式(c)简化为

$$
\boldsymbol{M} = \frac{m}{6} \begin{bmatrix} 2 & 1 \\ 1 & 2 \end{bmatrix}, \quad \boldsymbol{K} = \frac{k}{2\eta^2} \begin{bmatrix} \eta^2 + 1 & \eta^2 - 1 \\ \eta^2 - 1 & \eta^2 + 1 \end{bmatrix} \tag{d}
$$

此时,系统左右对称,具有对称固有振型 $\boldsymbol{\varphi}_s = \begin{bmatrix} 1 & 1 \end{bmatrix}^{\mathrm{T}}$ 和反对称固有振型 $\boldsymbol{\varphi}_a = \begin{bmatrix} 1 & -1 \end{bmatrix}^{\mathrm{T}}$。通过 Rayleigh 商,可得到相应的固有振动频率,即

$$
\omega_s = \sqrt{\frac{\boldsymbol{\varphi}_s^{\mathrm{T}} \boldsymbol{K} \boldsymbol{\varphi}_s}{\boldsymbol{\varphi}_s^{\mathrm{T}} \boldsymbol{M} \boldsymbol{\varphi}_s}} = \sqrt{\frac{2k}{m}}, \quad \omega_a = \sqrt{\frac{\boldsymbol{\varphi}_a^{\mathrm{T}} \boldsymbol{K} \boldsymbol{\varphi}_a}{\boldsymbol{\varphi}_a^{\mathrm{T}} \boldsymbol{M} \boldsymbol{\varphi}_a}} = \sqrt{\frac{6k}{m\eta^2}} \tag{e}
$$

显然,对称固有振型无节点,反对称固有振型以刚性杆中心为节点,但其对应的固有频率阶次取决于参数 η。

当 $1 \leqslant \eta^2 < 3$ 时,由式(e)可知,$\omega_1 = \omega_s < \omega_a = \omega_2$,即第二阶固有振型具有节点;当 $\eta^2 > 3$ 时,则有 $\omega_1 = \omega_a < \omega_s = \omega_2$,即第一阶固有振型具有节点;这两种情况如图 4.9(b)所示。不难验证,若 $1 \leqslant \eta^2 < 3$,则有 $k_{12} < m_{12}\omega_1^2$;若 $\eta^2 > 3$,则有 $k_{12} > m_{12}\omega_2^2$。它们分别满足上述理论分析中两个固有频率不同时情况(b)给出的条件 $k_{12} < m_{12}\omega_1^2$ 和 $k_{12} > m_{12}\omega_2^2$,各自落在图 4.8 中仅有横线的区域和仅有竖线的区域。

当 $\eta^2 = 3$ 时,系统具有重频固有频率 $\omega_a = \omega_s = \sqrt{2k/m}$,固有振型可取为任意两个线性无关的非零向量,节点具有任意性。

(2) 若两个弹性支撑刚度不等,不妨约定 $0 < k_1 < k_2$。为了讨论方便,取 $\eta^2 = 3$,则系统质量矩阵和刚度矩阵分别为

$$
\begin{cases}
\boldsymbol{M} = \dfrac{m}{6} \begin{bmatrix} 2 & 1 \\ 1 & 2 \end{bmatrix} \\[4mm]
\boldsymbol{K} = \dfrac{1}{6} \begin{bmatrix} k_1(2 + \sqrt{3}) + k_2(2 - \sqrt{3}) & k_1 + k_2 \\ k_1 + k_2 & k_1(2 - \sqrt{3}) + k_2(2 + \sqrt{3}) \end{bmatrix}
\end{cases} \tag{f}
$$

系统的两个固有模态为

$$
\begin{cases}
\omega_1 = \sqrt{2k_1/m}\,, \quad \boldsymbol{\varphi}_1 = \begin{bmatrix} 1+\sqrt{3} & 1-\sqrt{3} \end{bmatrix}^{\mathrm{T}} \\
\omega_2 = \sqrt{2k_2/m}\,, \quad \boldsymbol{\varphi}_2 = \begin{bmatrix} 1-\sqrt{3} & 1+\sqrt{3} \end{bmatrix}^{\mathrm{T}}
\end{cases}
\tag{g}
$$

这两个固有振型均有节点,分别位于右侧支撑、左侧支撑与刚性杆的连接点。正因为如此,第一阶固有频率与右侧支撑刚度无关,第二阶固有频率与左侧支撑刚度无关。可以验证,此时 $m_{12}\omega_1^2 = k_1/3$,$m_{12}\omega_2^2 = k_2/3$,$k_{12} = (k_1+k_2)/6$,属于前面理论分析中两个固有频率不同时的情况(b),即上述三个等式满足条件 $0 < m_{12}\omega_1^2 < k_{12} < m_{12}\omega_2^2$。这种情况落在图 4.8 中既有横线、又有竖线的区域里。因此,这两个固有振型均有节点。这类情况就超出了 Гантмахер 和 Крейн 的研究范畴。

注解 4.2.4:虽然此处讨论的是一个简单的两自由度系统,但它对于许多工程问题的研究具有参考价值。例如,在飞行器地面振动试验中,通常采用低刚度的空气弹簧作为支承,使飞行器犹如悬浮在空中。与空气弹簧刚度相比,飞行器结构刚度高许多。因此,在振动试验中测量到的前两阶固有振动,一般是飞行器在空气弹簧支承上的面内刚体运动,类似例 4.2.4 中的固有振动。如果空气弹簧的间距比较大,则第一阶固有振型无节点;第二阶固有振型有一个节点;第三阶固有振型非常接近飞行器在自由状态下最低阶的弯曲固有振型,有两个节点;更高阶固有振型的节点数可依次类推。但如果空气弹簧的间距较小,则前两阶固有振型出现节点的顺序发生颠倒。

本节的理论分析和案例分析说明,两自由度系统的固有振型节点规律远比人们通常的认识要复杂。特别当系统具有惯性耦合或重频固有频率时,超出了 Гантмахер 和 Крейн 理论的研究结果范畴。

4.2.3　固有振型节点的可设计性

当系统自由度数超过 2 之后,很难再按 4.2.2 小节的思路去分析系统固有振型的节点问题。现分析一类多自由度组合系统,试图说明固有振型节点的可设计性。

考察图 4.10 所示组合系统 $S_c \equiv S_a \cup S_b$,其中 S_a 是 n 自由度阻尼系统,其位移阻抗矩阵为 $\boldsymbol{Z}_n^a(\omega) \equiv [a_{ij}(\omega)]: \omega \mapsto \mathbb{C}^{n\times n}$;$S_b$ 是具有重频固有频率 ω_0 的两自由度无阻尼系统,其质量矩阵为 $\boldsymbol{M} \equiv [m_{ij}] \in \mathbb{R}^{2\times 2}$。根据式(4.2.7)知,系统 S_b 的位移阻抗矩阵可表示为

$$
\boldsymbol{Z}_2^b(\omega) \equiv [b_{ij}(\omega)] = (\omega_0^2 - \omega^2)\boldsymbol{M} \in \mathbb{R}^{2\times 2}
\tag{4.2.8}
$$

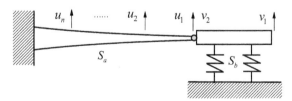

图 4.10　$n+1$ 自由度组合系统 $S_c \equiv S_a \cup S_b$ 示意图

在组合系统 S_c 中,约定将 S_a 的第一个自由度 u_1 与 S_b 的第二个自由度 v_2 刚性对接,故

组合系统的位移阻抗矩阵为 $n+1$ 阶方阵,即

$$\boldsymbol{Z}_{n+1}^c(\omega) = \begin{bmatrix} b_{11}(\omega) & b_{12}(\omega) & 0 & \cdots & 0 \\ b_{21}(\omega) & a_{11}(\omega)+b_{22}(\omega) & a_{12}(\omega) & \cdots & a_{1n}(\omega) \\ 0 & a_{21}(\omega) & a_{22}(\omega) & \cdots & a_{2n}(\omega) \\ \vdots & \vdots & \vdots & \ddots & \vdots \\ 0 & a_{n1}(\omega) & a_{n2}(\omega) & \cdots & a_{nn}(\omega) \end{bmatrix} \quad (4.2.9)$$

根据行列式展开的 Laplace 公式,由式(4.2.9)得到组合系统 S_c 的固有频率方程为

$$b_{11}(\omega)\det \boldsymbol{Z}_n^a(\omega) + \det \boldsymbol{Z}_2^b(\omega) \cdot \det \boldsymbol{Z}_{n-1}^a(\omega) = 0 \quad (4.2.10)$$

将式(4.2.8)代入式(4.2.10),得

$$(\omega_0^2 - \omega^2)\left[m_{11}\det \boldsymbol{Z}_n^a(\omega) + (\omega_0^2 - \omega^2)\det \boldsymbol{M} \cdot \det \boldsymbol{Z}_{n-1}^a(\omega) \right] = 0 \quad (4.2.11)$$

这说明,ω_0 是组合系统的一个固有频率。对应该固有频率 ω_0,阻抗矩阵 $\boldsymbol{Z}_{n+1}^c(\omega_0)$ 中的第一行和第一列全为零,因此可将相应的固有振型取为 $\boldsymbol{\varphi}_0 = [1 \quad 0 \quad \cdots \quad 0]^T \in \mathbb{R}^{n+1}$。显然,该固有振型有 n 个节点,组合系统发生该阶固有振动时,仅 S_b 的第一个广义坐标运动,而组合系统其余部分静止。

那么该固有振型是否是组合系统的第 $n+1$ 固有振型呢?答案是无法肯定。以下对该问题进行分析。

根据式(4.2.11),组合系统的其余 n 个固有频率满足方程:

$$\det \boldsymbol{Z}_n^a(\omega) + m_{11}^{-1}(\omega_0^2 - \omega^2)\det \boldsymbol{M} \cdot \det \boldsymbol{Z}_{n-1}^a(\omega) = 0 \quad (4.2.12)$$

如果引入 $m_e \equiv m_{11}^{-1}\det \boldsymbol{M}$ 和 $k_e \equiv m_{11}^{-1}\omega_0^2\det \boldsymbol{M}$,则该方程等价于

$$\det \begin{bmatrix} a_{11}(\omega)+(k_e - m_e\omega^2) & a_{12}(\omega) & a_{13}(\omega) & \cdots & a_{1n}(\omega) \\ a_{21}(\omega) & a_{22}(\omega) & a_{23}(\omega) & \cdots & a_{2n}(\omega) \\ a_{31}(\omega) & a_{32}(\omega) & a_{33}(\omega) & \cdots & a_{3n}(\omega) \\ \vdots & \vdots & \vdots & \ddots & \vdots \\ a_{n1}(\omega) & a_{n2}(\omega) & a_{n3}(\omega) & \cdots & a_{nn}(\omega) \end{bmatrix} = 0 \quad (4.2.13)$$

它描述对 S_a 作如下修改后系统 S_a' 的固有振动:即在 S_a 的第一个自由度上附加质量 m_e 并在该自由度与固定边界之间插入一个刚度为 k_e 的支撑。根据对振动系统附加质量及约束的固有频率分割定理[①],S_a 的固有频率在附加质量 m_e 后由 ω_r 降为 $\underset{\sim}{\omega}_r$,而附加支撑刚度 k_e 后又由 $\underset{\sim}{\omega}_r$ 升高为 $\tilde{\omega}_r$。因此,可获得 S_a 修改前后的固有频率变化关系,即

$$\begin{cases} 0 \leqslant \underset{\sim}{\omega}_1 \leqslant \omega_1 \leqslant \underset{\sim}{\omega}_2 \leqslant \omega_2 \leqslant \cdots \leqslant \underset{\sim}{\omega}_{n-1} \leqslant \omega_{n-1} \leqslant \underset{\sim}{\omega}_n \leqslant \omega_n \\ 0 \leqslant \underset{\sim}{\omega}_1 \leqslant \tilde{\omega}_1 \leqslant \underset{\sim}{\omega}_2 \leqslant \tilde{\omega}_2 \leqslant \cdots \leqslant \underset{\sim}{\omega}_{n-1} \leqslant \tilde{\omega}_{n-1} \leqslant \underset{\sim}{\omega}_n \leqslant \tilde{\omega}_n \end{cases} \quad (4.2.14)$$

由此得到

[①] 胡海昌. 多自由度结构固有振动理论[M]. 北京:科学出版社,1987:39-81.

$$\tilde{\omega}_1 \leqslant \omega_2, \quad \omega_{r-1} \leqslant \tilde{\omega}_r \leqslant \omega_{r+1}, \quad r = 2, \cdots, n - 1 \tag{4.2.15}$$

这说明，组合系统 S_c 的固有频率 $\tilde{\omega}_2$ 到 $\tilde{\omega}_{n-1}$ 介于系统 S_a 的固有频率 ω_1 到 ω_n 之间。所以，若选取两自由度系统的固有频率 ω_0 满足 $\omega_1 \leqslant \omega_0 \leqslant \omega_n$，则组合系统的固有振型 $\boldsymbol{\varphi}_0$ 对应固有频率 ω_0 将位于该频段。因此，具有 n 个节点的固有振型可以是组合系统 S_c 的第二阶固有振型到第 n 阶固有振型中的某一个，而未必是第 $n + 1$ 阶固有振型。

根据 4.2.2 小节的理论分析，当两自由度系统 S_b 具有重频时，总存在使其第二个广义坐标为零的固有振型，且 S_b 与 S_a 耦联后可保持该固有振型不变。即组合系统以 S_b 的固有频率振动时，S_a 的各自由度均保持静止，而仅有 S_b 的第一个自由度发生振动。

注解 4.2.5：上述固有振型与 S_a 的形式无关，所以可选择适当的 S_b，使该阶固有振动发生在所需频段上，而且是 S_b 的局部振动。这种振动模式有别于将 S_b 设计为动力消振器，使 S_a 在与 S_b 的联结点处发生反共振。当组合系统发生反共振时，S_a 的其他自由度可依然处于振动中，故与此处的情况不同。

注解 4.2.6：如果将例 4.2.4 作为 S_b 并且取 $\eta^2 = 3$，$k_1 = k_2 = k$，则 S_b 具有重频固有频率。将它与系统 S_a 组装，可产生所需的固有振型节点，验证上述结论。

4.2.4　小结

本节讨论多自由度系统固有振型的节点规律，解决了第 1 章中提出的问题 3A，主要结论如下。

（1）系统固有振型是一个几何量，但其研究和计算需要借助系统广义坐标。对于作一维振动的链式系统，可选取指向一致的广义坐标系，进而根据 Гантмахер 和 Крейн 的方法来判断特征向量的相邻分量是否变号，再结合广义坐标来确定固有振型是否有节点。对于链式系统，有必要检查节点是否出现在端点广义坐标原点的外侧。

（2）具有广泛影响的 Гантмахер 和 Крейн 理论的应用范围并非所有线性系统，甚至并非所有链式系统，尤其当系统存在惯性耦合时，该理论可能会失效。如果系统具有重频固有频率，则该理论必然失效。

（3）对两自由度系统的固有振型研究表明，其两个固有振型可能均无节点或均有节点，甚至可能其中任意一个有节点。

（4）将具有重频固有频率的两自由度系统与任意的多自由度系统相耦合，可使组合系统在原两自由度系统上产生局部共振，而原多自由度系统静止，从而人为设计组合系统的固有振型阶次与节点数目的关系。

4.3　系统反共振问题

早在 19 世纪末，人们就发现两自由度线系统会呈现**反共振**现象，即系统某个自由度在特定频率激励下的稳态振动幅值为零。1902 年，美国发明家 Frahm 基于对反共振的认识，提出用轮船上储水箱作为动力消振器，降低轮船在海浪作用下的晃动[1]。此后，人们

---

[1]　Den Hartog J P. Mechanical vibrations[M]. 4th edition. New York: Dover Publications Inc., 1984: 106 - 113.

成功利用反共振现象来改善隔振系统和振动机械的动态特性,通过反共振现象来提高模型修正效果。近年来,则将反共振概念引入声学超材料的设计中[1]。

虽然不少学者致力于研究反共振,但主要关注反共振频率计算等问题[2][3],对反共振现象的机理阐述还不够透彻。例如,对简谐激励下的单自由度阻尼系统(简称主系统)附加单自由度无阻尼系统(简称次系统),当激励频率与次系统固有频率重合时,主系统完全静止,导致外激励对组合系统做功为零。但许多学者认为,此时次系统吸收了主系统的振动,主系统的能量转移到次系统,即次系统的振动能量来自主系统,亦即外激励输入的能量,这无疑与外激励做功为零相矛盾。又如,读者阅读完 4.2 节后接着阅读本节,自然会思考系统反共振与固有振型节点是什么关系。

20 世纪 80 年代中期,作者研究了上述问题,研究结果收入江苏省振动工程学会的学术会议集,但后因故中断了研究。直到近期,才将早年研究结果完善后发表[4]。本节内容主要取自该论文,试图澄清上述问题,阐述原点反共振、跨点反共振的机理差异,以及反共振与固有振型节点之间的关系,解决第 1 章中提出的问题 3B。为了揭示问题的本质,本节先研究两自由度系统的反共振问题,在 4.4 节再讨论更一般的多自由度系统反共振问题。

4.3.1 两自由度系统的反共振问题

考察两自由度系统在外激励下的稳态振动问题

$$M\ddot{u}(t) + C\dot{u}(t) + Ku(t) = f(t), \quad t \in [0, +\infty) \tag{4.3.1}$$

式中,$u(t) \equiv [u_1(t) \quad u_2(t)]^{\mathrm{T}} : t \mapsto \mathbb{R}^2$ 是位移列阵;$f(t) \equiv [f_1(t) \quad f_2(t)] : t \mapsto \mathbb{R}^2$ 是外激励列阵;$M \in \mathbb{R}^{2 \times 2}$ 是对称正定的质量矩阵;$K \in \mathbb{R}^{2 \times 2}$ 是对称正定的刚度矩阵;$C \in \mathbb{R}^{2 \times 2}$ 是对称的阻尼矩阵;它们可表示为

$$M \equiv \begin{bmatrix} m_{11} & m_{12} \\ m_{21} & m_{22} \end{bmatrix}, \quad K \equiv \begin{bmatrix} k_{11} & k_{12} \\ k_{21} & k_{22} \end{bmatrix}, \quad C \equiv \begin{bmatrix} c_{11} & c_{12} \\ c_{21} & c_{22} \end{bmatrix} \tag{4.3.2}$$

通过 Fourier 变换,将式(4.3.1)表示为频域形式,即

$$Z(\omega)U(\omega) = F(\omega), \quad \omega \in (-\infty, +\infty) \tag{4.3.3}$$

式中,

$$F(\omega) \equiv \begin{bmatrix} F_1(\omega) \\ F_2(\omega) \end{bmatrix}, \quad U(\omega) \equiv \begin{bmatrix} U_1(\omega) \\ U_2(\omega) \end{bmatrix}, \quad Z(\omega) \equiv K + i\omega C - \omega^2 M \tag{4.3.4}$$

① Ma G C, Sheng P. Acoustic metamaterials: from local resonances to broad horizons[J]. Science Advances, 2016, 2: e1501595.

② 方同. 多自由度系统中的反共振[J]. 力学学报, 1979, 11(4): 360-366.

③ Wang B P. Eigenvalue problems in forced harmonic response analysis in structural dynamics[J]. Chinese Journal of Computational Mechanics, 2016, 33(4): 549-555.

④ 胡海岩. 论线性系统的反共振问题[J]. 动力学与控制学报, 2018, 16(5): 385-390.

在式(4.3.4)中,$i \equiv \sqrt{-1}$;$\boldsymbol{F}$:$\omega \mapsto \mathbb{C}^2$ 为外激励的频谱列阵;$\boldsymbol{U}$:$\omega \mapsto \mathbb{C}^2$ 为系统的位移频谱列阵;$\boldsymbol{Z}$:$\omega \mapsto \mathbb{C}^{2 \times 2}$ 为系统的**位移阻抗矩阵**;它们的分量均为频率 $\omega \in [0, +\infty)$ 的复值函数。

式(4.3.4)所定义的系统位移阻抗矩阵又称为**动刚度矩阵**,因为它反映不同激励频率下系统自由度间的刚度系数。将式(4.3.2)代入式(4.3.4),得到位移阻抗矩阵的表达式为

$$\boldsymbol{Z}(\omega) \equiv \begin{bmatrix} Z_{11}(\omega) & Z_{12}(\omega) \\ Z_{21}(\omega) & Z_{22}(\omega) \end{bmatrix} = \begin{bmatrix} k_{11} - m_{11}\omega^2 + ic_{11}\omega & k_{12} - m_{12}\omega^2 + ic_{12}\omega \\ k_{21} - m_{21}\omega^2 + ic_{21}\omega & k_{22} - m_{22}\omega^2 + ic_{22}\omega \end{bmatrix}$$

$$(4.3.5)$$

值得指出的是,系统的动刚度矩阵 $\boldsymbol{Z}(\omega)$ 与系统的静刚度矩阵 $\boldsymbol{K}$ 有重要区别。例如,虽然此处的动刚度 $\boldsymbol{Z}(\omega)$ 是对称矩阵,但未必是正定的。当 $\boldsymbol{C} = \boldsymbol{0}$ 时,在系统的两个固有频率 $\omega_{1,2}$ 处,$\boldsymbol{Z}(\omega_{1,2})$ 是奇异矩阵;而当 $|\omega| \to +\infty$ 时,它是负定矩阵。

根据式(4.3.3),可得到系统的位移频谱列阵为

$$\boldsymbol{U}(\omega) = \boldsymbol{Z}^{-1}(\omega)\boldsymbol{F}(\omega) \equiv \boldsymbol{H}(\omega)\boldsymbol{F}(\omega) \qquad (4.3.6)$$

式中,$\boldsymbol{H}(\omega) \equiv \boldsymbol{Z}^{-1}(\omega)$ 定义为系统的**频响函数矩阵**,又称为**动柔度矩阵**,反映系统在不同激励频率下的柔度。根据式(4.3.5),可得到频响函数矩阵的表达式为

$$\boldsymbol{H}(\omega) = \frac{1}{\det \boldsymbol{Z}(\omega)} \begin{bmatrix} Z_{22}(\omega) & -Z_{12}(\omega) \\ -Z_{21}(\omega) & Z_{11}(\omega) \end{bmatrix}$$

$$= \frac{1}{\det \boldsymbol{Z}(\omega)} \begin{bmatrix} k_{22} - m_{22}\omega^2 + ic_{22}\omega & -(k_{12} - m_{12}\omega^2 + ic_{12}\omega) \\ -(k_{21} - m_{21}\omega^2 + ic_{21}\omega) & k_{11} - m_{11}\omega^2 + ic_{11}\omega \end{bmatrix} \qquad (4.3.7)$$

鉴于反共振是系统的局部行为,对于不同的激励位置和响应测量位置,反共振频率一般不同,故将在 s 处激励和在 r 处测量系统位移获得的反共振频率标记为 ω_{rs},$r, s = 1, 2$。

不失一般性,考察仅对系统第一个自由度施加简谐激励的情况,即 $F_1(\omega) \equiv F_1 \neq 0$ 且 $F_2(\omega) \equiv 0$。此时,若存在某个频率 ω_{11} 使 $Z_{22}(\omega_{11}) = 0$,且 $Z_{21}(\omega_{11}) \neq 0$,则原点频响函数 $H_{11}(\omega_{11}) = 0$,即 $U_1(\omega_{11}) = 0$,可称系统的原点频率响应出现反共振,简称为**原点反共振**。

此时,跨点频率响应为 $U_2(\omega_{11}) = H_{21}(\omega_{11})F_1 = -F_1 Z_{21}(\omega_{11})/\det \boldsymbol{Z}(\omega_{11}) \neq 0$。若另有频率 $\omega_{21} \neq \omega_{11}$ 使 $Z_{21}(\omega_{21}) = 0$,且 $Z_{22}(\omega_{21}) \neq 0$,则 $H_{21}(\omega_{21}) = 0$,从而有 $U_2(\omega_{21}) = 0$,可称跨点频率响应出现反共振,简称为**跨点反共振**。此时,原点频率响应为 $U_1(\omega_{21}) = H_{11}(\omega_{21})F_1 = F_1 Z_{22}(\omega_{21})/\det \boldsymbol{Z}(\omega_{21}) \neq 0$。

若仅系统的第二个自由度受到简谐激励,可获得与上述分析结果类似的结论,不再赘述。

4.3.2 反共振的力学机理

1. 原点反共振分析

对于系统的原点反共振,即当外激励 $F_1(\omega) \equiv F_1 \neq 0$ 且 $F_2(\omega) \equiv 0$ 时出现系统频率

响应 $U_1(\omega_{11}) = 0$ 的现象,绝大多数文献均用"动力吸振"概念来解释。例如,文献①认为:系统第二个自由度吸收了系统第一个自由度的振动。由此可推断,系统第二个自由度的振动源自系统第一个自由度的振动,其能量来自外激励 $F_1(\omega_{11})$ 输入到系统第一个自由度的能量。这正是文献②所阐述的"能量转移"观点。以下分析将表明,上述观点并不妥当。

1) 外激励输入的能量分析

不难证明,当系统原点响应出现反共振时,外激励无法向系统输入能量。事实上,对于系统的原点反共振,即 $U_1(\omega_{11}) = 0$,外激励 $F_1(\omega_{11})$ 在第一个自由度上做功为零。更具体地看,若将对应 $F_1(\omega_{11})$ 的时域外激励记作 $f_1(t) = F_1 \sin(\omega_{11}t)$,由于其作用点位移满足 $u_1(t) = 0$,故 $f_1(t)$ 在任意周期 $[0, T]$ 上做功为

$$W \equiv \int_0^T u_1(t)f_1(t)\ \mathrm{d}t = \int_0^{2\pi/\omega_{11}} u_1(t)F_1\sin(\omega_{11}t)\ \mathrm{d}t = 0 \tag{4.3.8}$$

既然外激励 $f_1(t)$ 不做功,也就不向系统输入能量,因此能量转移之说并不成立。换言之,系统频率响应 $U_1(\omega_{11}) = 0$ 的原因是,$Z_{22}(\omega_{11}) = 0$ 导致 $H_{11}(\omega_{11}) = 0$,即当激励频率为 $\omega = \omega_{11}$ 时,系统的原点动柔度为零。这可理解为此时系统在原点处的动刚度无穷大,导致外激励无法向系统输入能量。

2) 跨点频率响应的能耗分析

不难证明,当系统原点响应出现反共振时,系统跨点响应是不耗能的简谐振动。事实上,系统原点频率响应产生反共振 $U_1(\omega_{11}) = 0$ 的原因是:外激励与作用在系统第一个自由度上的系统内力相互抵消。根据式(4.3.7),当外激励频率为 $\omega = \omega_{11}$ 时,作用在系统第二个自由度上的弹性力、阻尼力和惯性力满足平衡关系,即

$$Z_{22}(\omega_{11}) = k_{22} + \mathrm{i}c_{22}\omega_{11} - m_{22}\omega_{11}^2 = 0 \tag{4.3.9}$$

式(4.3.9)是复数关系,等价于两个实数条件:即 $c_{22} = 0$ 和 $k_{22} - m_{22}\omega_{11}^2 = 0$。前者说明系统第二个自由度的运动不耗能,后者说明系统第二个自由度的运动是简谐振动,其频率为 $\omega_{11} = \sqrt{k_{22}/m_{22}}$。正是由于该振动不消耗能量,它才能在外激励无法向系统输入能量时仍保持能量守恒的简谐振动。

3) 瞬态过程的分析

可以证明,在系统原点响应达到反共振状态前,外激励向系统输入能量;当达到反共振时,外激励维持跨点响应振幅。事实上,在系统原点频率响应达到反共振状态前的瞬态响应阶段,外激励在系统第一个自由度上做功,向系统输入能量。该能量激发起系统第二个自由度作不耗能的振动,产生弹性恢复力来抵消外激励对第一个自由度的作用。随着第一个自由度振动衰减,外激励做功趋于零。此时,跨点频率响应为

$$U_2(\omega_{11}) = -\frac{Z_{21}(\omega_{11})F_1}{\det \mathbf{Z}(\omega_{11})} = \frac{(k_{21} - m_{21}\omega_{11}^2 + \mathrm{i}c_{21}\omega_{11})F_1}{\det \mathbf{Z}(\omega_{11})} \tag{4.3.10}$$

---

① 郑兆昌. 机械振动(上册)[M]. 北京:机械工业出版社,1980:147.
② 闻邦椿,刘树英,张纯宇. 机械振动学[M]. 北京:冶金工业出版社,2011:196.

这表明,跨点频率响应所呈现的简谐振动幅值要靠外激励来维持。此时,若降低外激励力幅值,系统将再次经历瞬态过程后进入稳态过程,第二个自由度的振动幅值会相应降低,实现新的动力平衡,形成稳态反共振。特别当 $F_1 \to 0$ 时,自然有 $U_2(\omega_{11}) \to 0$。

例 4.3.1： 考察图 4.11 所示两自由度系统在变幅值简谐激励下的动力学响应。该系统的动力学方程形如式(4.3.1),对应的式(4.3.2)为

$$\boldsymbol{M} \equiv \begin{bmatrix} m & 0 \\ 0 & m \end{bmatrix}, \quad \boldsymbol{K} \equiv \begin{bmatrix} 2k & -k \\ -k & k \end{bmatrix}$$

$$\boldsymbol{C} \equiv \begin{bmatrix} c & 0 \\ 0 & 0 \end{bmatrix}$$

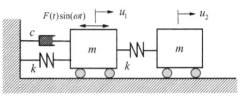

(a)

图 4.11　变幅值简谐激励下的两自由度系统

系统参数和激励频率为

$$m = 1 \text{ kg}, \quad k = 10^4 \text{ N/m}, \quad c = 0.3\sqrt{mk} = 30 \text{ N} \cdot \text{s/m}, \quad \omega = \sqrt{\frac{k}{m}} = 100 \text{ rad/s} \quad \text{(b)}$$

为了考察系统的瞬态过程,取激励幅值为如下分段连续函数(单位为 N):

$$F(t) = \begin{cases} 200, & t \in [0, t_1] \\ 200 - 100(t - t_1)/(t_2 - t_1), & t \in (t_1, t_2] \\ 100, & t \in (t_2, t_3] \end{cases} \quad \text{(c)}$$

选择如下快变和慢变两种时间切换方案:

$$\begin{cases} \text{I}: & t_1 = 1.5 \text{ s}, \quad t_2 = 1.6 \text{ s}, \quad t_3 = 3.0 \text{ s} \\ \text{II}: & t_1 = 1.5 \text{ s}, \quad t_2 = 2.0 \text{ s}, \quad t_3 = 3.0 \text{ s} \end{cases} \quad \text{(d)}$$

在系统零初始状态下,采用 Maple 软件的 Runge-Kutta 方法计算式(4.3.1)对应的微分方程初值问题,得到图 4.12 所示的系统位移时间历程。由图可见,不论外激励幅值快变还是慢变,系统响应经历两次瞬态阶段后,均满足上述分析结果,即 $u_1(t)$ 的幅值趋于

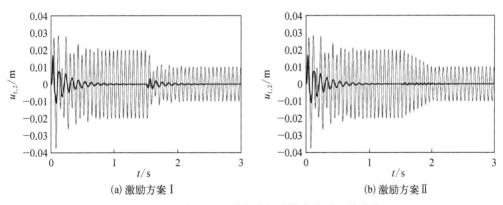

(a) 激励方案 I　　　　　　　　　　　　　(b) 激励方案 II

图 4.12　两自由度系统在变幅值简谐激励下的响应

[粗实线: $u_1(t)$; 细实线: $u_2(t)$]

零,而 $u_2(t)$ 的幅值正比于外激励幅值。

注解 4.3.1:上述分析表明,现有文献中的"动力吸振""能量转移"等观点并不妥当。根据式(4.3.9)给出的动力平衡关系,将术语"动力吸振"改为"动力消振"更为恰当。

注解 4.3.2:由于上述分析针对一般的两自由度阻尼系统,故其结论具有普适性。例如,它不仅适用于像图 4.11 中这类主系统+经典动力消振器的两自由度系统,也适用于描述人们后来提出的主系统+接地动力消振器的两自由度系统①。

2. 跨点反共振分析

对于系统跨点频率响应出现反共振现象,即 $U_2(\omega_{21}) = 0$ 的现象,迄今尚未见有文献讨论其力学机理。事实上,跨点反共振现象与原点反共振现象的力学机理有所不同。此时,外激励通过第一个自由度向系统输入能量,导致第一个自由度发生受迫振动,但输入的能量无法传递到第二个自由度上。

更进一步看,系统发生跨点反共振的条件是,存在某个频率 ω_{21} 使 $Z_{21}(\omega_{21}) = 0$,进而导致跨点频响函数 $H_{21}(\omega_{21}) = 0$。这可理解为系统的两个自由度之间动刚度无穷大,彼此的能量传输被阻止了。

现进一步分析如下跨点反共振条件:

$$Z_{21}(\omega_{21}) \equiv k_{21} - m_{21}\omega_{21}^2 = 0, \quad c_{21} = 0 \tag{4.3.11}$$

该条件的第一式可包括如下三种情况:

(1)系统同时存在惯性耦合 m_{21} 和弹性耦合 k_{21},在外激励频率为 $\omega = \omega_{21}$ 时,这种耦合被抵消了,外激励通过第一个自由度向系统输入能量,但该能量无法传递到第二个自由度;

(2)系统仅存在惯性耦合 m_{21},当 $\omega_{21} = 0$ 时该耦合自然消失,即静态外激励只引起第一个自由度运动,而第二个自由度保持静止;

(3)系统的两个自由度之间不存在任何耦合,外激励只引起第一个自由度振动。

4.3.3 反共振的可设计性

现以图 4.13(a)中的两自由度系统为例,分析均质刚性杆的杆长 L 与弹性支撑间距 l 之比对系统反共振的影响,讨论反共振的可设计性。

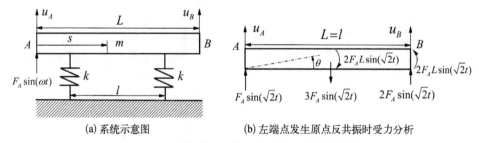

(a) 系统示意图   (b) 左端点发生原点反共振时受力分析

图 4.13 简谐激励下的两自由度系统振动问题

① Cheung Y L, Wong W O. H-infinity optimization of a variant design of the dynamic vibration absorber: revisited and new results[J]. Journal of Sound and Vibration, 2011, 330(16): 3901 – 3912.

为讨论方便,取均质刚性杆的质量为 $m = 6$,两个弹性支撑具有相同刚度 $k = 1$,引入杆长与支撑间距之比 $\eta \equiv L/l \geq 1$,讨论 η 对系统反共振的影响。

首先,取杆的两端位移 u_A 和 u_B 描述系统运动。根据例 4.2.4,该系统的动能和势能分别为

$$
\begin{cases}
T = \dfrac{3}{4}\left[\dot{u}_A(t) + \dot{u}_B(t)\right]^2 + \dfrac{1}{4}\left[\dot{u}_B(t) - \dot{u}_A(t)\right]^2 \\
V = \dfrac{1}{2}\left\{u_A(t) + \dfrac{\left[u_B(t) - u_A(t)\right](\eta - 1)}{2\eta}\right\}^2 \\
\qquad + \dfrac{1}{2}\left\{u_A(t) + \dfrac{\left[u_B(t) - u_A(t)\right](\eta + 1)}{2\eta}\right\}^2
\end{cases}
\tag{4.3.12}
$$

由此得到系统的质量矩阵和刚度矩阵为

$$
\boldsymbol{M} = \begin{bmatrix} 2 & 1 \\ 1 & 2 \end{bmatrix}, \quad \boldsymbol{K} = \frac{1}{2\eta^2}\begin{bmatrix} \eta^2 + 1 & \eta^2 - 1 \\ \eta^2 - 1 & \eta^2 + 1 \end{bmatrix}
\tag{4.3.13}
$$

对于不同的 η^2,求解广义特征值问题

$$
(\boldsymbol{K} - \omega^2 \boldsymbol{M})\boldsymbol{\varphi} = \boldsymbol{0}
\tag{4.3.14}
$$

得到如下三种情况下的固有振动。

(1)若 $1 \leq \eta^2 < 3$,则系统固有频率的平方为 $\omega_1^2 = 1/3$ 和 $\omega_2^2 = 1/\eta^2$,它们分别对应着对称固有振型 $\boldsymbol{\varphi}_1 = \begin{bmatrix} 1 & 1 \end{bmatrix}^\mathrm{T}$ 和反对称固有振型 $\boldsymbol{\varphi}_2 = \begin{bmatrix} 1 & -1 \end{bmatrix}^\mathrm{T}$。此时,刚性杆中点是第二阶固有振型的节点。

(2)若 $3 < \eta^2 < +\infty$,则系统固有频率的平方为 $\omega_1^2 = 1/\eta^2$ 和 $\omega_2^2 = 1/3$,它们分别对应着反对称固有振型 $\boldsymbol{\varphi}_1 = \begin{bmatrix} 1 & -1 \end{bmatrix}^\mathrm{T}$ 和对称固有振型 $\boldsymbol{\varphi}_2 = \begin{bmatrix} 1 & 1 \end{bmatrix}^\mathrm{T}$。此时,刚性杆中点是第一阶固有振型的节点。

(3)若 $\eta^2 = 3$,则系统具有两个重频固有频率,其平方为 $\omega_1^2 = \omega_2^2 = 1/3$。系统固有振型是任意两个线性无关的向量,可取为对称固有振型 $\boldsymbol{\varphi}_1 = \begin{bmatrix} 1 & 1 \end{bmatrix}^\mathrm{T}$ 和反对称固有振型 $\boldsymbol{\varphi}_2 = \begin{bmatrix} 1 & -1 \end{bmatrix}^\mathrm{T}$。

现对于杆的左端施加简谐激励,讨论系统的反共振设计问题,关心如下两个案例。

1. 杆端点的反共振设计

例 4.3.2: 考察系统在杆端点受简谐激励和测量响应的反共振频率设计问题。根据式(4.3.13),得到系统在杆端点的频响函数矩阵为

$$
\begin{aligned}
\boldsymbol{H}(\omega) &= (\boldsymbol{K} - \omega^2 \boldsymbol{M})^{-1} \\
&= \frac{1}{2(3\omega^2 - 1)(\eta^2\omega^2 - 1)}\begin{bmatrix} \eta^2 + 1 - 4\eta^2\omega^2 & 2\eta^2\omega^2 + 1 - \eta^2 \\ 2\eta^2\omega^2 + 1 - \eta^2 & \eta^2 + 1 - 4\eta^2\omega^2 \end{bmatrix}
\end{aligned}
\tag{a}
$$

由式(a)得到原点反共振频率和跨点反共振频率分别为

$$\omega_{AA}^2 = \omega_{BB}^2 = \frac{1}{4} + \frac{1}{4\eta^2}, \quad \omega_{AB}^2 = \omega_{BA}^2 = \frac{1}{2} - \frac{1}{2\eta^2} \tag{b}$$

参考对系统固有振动的上述讨论,可绘制图 4.14 所示的系统固有振动频率平方和反共振频率平方关系,进而作如下讨论。

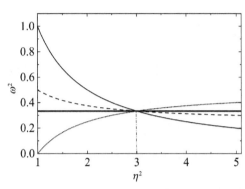

图 4.14　系统固有振动频率和反共振频率随 η^2 变化情况

(粗实线:对称振动固有频率平方 ω_s^2;细实线:反对称振动固有频率平方 ω_a^2;虚线:原点反共振频率平方 ω_{AA}^2;点线:跨点反共振频率平方 ω_{AB}^2)

(1)当 $1 \le \eta^2 < 3$ 时,由图 4.14 可见:系统第一阶固有频率 $\omega_1 = \omega_s$ 保持恒定,第二阶固有频率平方 $\omega_2^2 = \omega_a^2$ 随着 η^2 增加而单调递减;固有频率与反共振频率满足关系:$0 \le \omega_{AB}^2 = \omega_{BA}^2 < \omega_1^2 < \omega_{AA}^2 = \omega_{BB}^2 < \omega_2^2$,即原点反共振频率介于两个固有频率之间,而跨点反共振频率低于第一阶固有频率。

(2)当 $3 < \eta^2 < +\infty$ 时,由图 4.14 可见:系统第一阶固有频率平方 $\omega_1^2 = \omega_a^2$ 随着 η^2 增加而单调递减,第二阶固有频率 $\omega_2 = \omega_s$ 保持恒定;固有频率与反共振频率满足关系:$0 < \omega_1^2 < \omega_{AA}^2 = \omega_{BB}^2 < \omega_2^2 < \omega_{AB}^2 = \omega_{BA}^2$,即原点反共振频率仍介于两个固有频率之间,但跨点反共振频率高于第二阶固有频率。

(3)当 $\eta^2 = 3$ 时,系统固有频率和反共振频率均相等,即 $\omega_1^2 = \omega_2^2 = \omega_{AA}^2 = \omega_{BB}^2 = \omega_{AB}^2 = \omega_{BA}^2 = 1/3$。在图 4.14 中,四根曲线相交于点 $(3, 1/3)$,呈现退化情况。此时,系统频响函数在 $\omega = 1/\sqrt{3}$ 有一阶零点和二阶极点。对于 $\omega \ne 1/\sqrt{3}$,将 $\eta^2 = 3$ 代入式(a),得到系统频响函数矩阵为

$$\boldsymbol{H}(\omega) = \frac{1}{2(3\omega^2 - 1)^2}\begin{bmatrix} 4 - 12\omega^2 & 6\omega^2 - 2 \\ 6\omega^2 - 2 & 4 - 12\omega^2 \end{bmatrix} = \frac{1}{3\omega^2 - 1}\begin{bmatrix} -2 & 1 \\ 1 & -2 \end{bmatrix} \tag{c}$$

易见,此时没有反共振现象。

上述结果表明,可根据图 4.14 来选择杆长与支撑间距的比值 η,使反共振频率位于所需的频段内。图中的虚线表明,原点反共振频率的变化范围比较小;而图中的点线表明,跨点反共振频率的变化范围大许多,尤其是其频率下限为零,这给反共振设计带来很大的灵活性。

2. 杆上任意点的反共振设计

例 4.3.3:在杆左端点施加正弦激励 $f_A(t) = F_A\sin(\omega t)$,根据式(4.3.6)得到刚性杆两个端点的位移频率响应,即

$$\begin{bmatrix} U_A(\omega) \\ U_B(\omega) \end{bmatrix} = \frac{1}{2(3\omega^2 - 1)(\eta^2\omega^2 - 1)}\begin{bmatrix} \eta^2 + 1 - 4\eta^2\omega^2 & 2\eta^2\omega^2 + 1 - \eta^2 \\ 2\eta^2\omega^2 + 1 - \eta^2 & \eta^2 + 1 - 4\eta^2\omega^2 \end{bmatrix}\begin{bmatrix} F_A \\ 0 \end{bmatrix}$$

$$= \frac{F_A}{2(3\omega^2 - 1)(\omega^2 - 1)}\begin{bmatrix} \eta^2 + 1 - 4\eta^2\omega^2 \\ 2\eta^2\omega^2 + 1 - \eta^2 \end{bmatrix} \tag{a}$$

参考图4.13(a),考察刚性杆上任意点的频率响应,记该点到杆左端距离为 s。引入无量纲参数 $\xi = s/\eta L \in [0, 1]$,则该点的频率响应可表示为

$$U_s(\omega) = [(1 - \xi)U_A(\omega) + \xi U_B(\omega)]$$

$$= \frac{(1 - \xi)(\eta^2 + 1 - 4\eta^2\omega^2) + \xi(2\eta^2\omega^2 + 1 - \eta^2)}{2(3\omega^2 - 1)(\omega^2 - 1)} F_A \qquad (b)$$

在距杆左端 s 处产生位移反共振的条件是,存在频率 $\omega_{sA} \geq 0$ 使得

$$(1 - \xi)(\eta^2 + 1 - 4\eta^2\omega^2) + \xi(2\eta^2\omega^2 + 1 - \eta^2) = 0 \qquad (c)$$

若指定无量纲位置坐标 ξ,则该反共振频率 ω_{sA} 满足

$$\omega_{sA} = \sqrt{\frac{\eta^2(1 - 2\xi) + 1}{2\eta^2(2 - 3\xi)}} \qquad (d)$$

对于参数区域 $(\eta, \xi) \in [0, 4] \otimes [1, 0]$,图 4.15 给出式(d)的三维等高线图,进而可选择参数 (η, ξ),获得所需的反共振频率 ω_{sA}。

鉴于图 4.15 中的曲面较为复杂,现用图 4.16 给出该曲面在两个典型参数下的剖面。图 4.16(a)是 $\eta^2 = 1$ 的情况,此时 ω_{sA} 随着 ξ 增加而单调递增;图 4.16(b)是 $\eta^2 = 4$ 的情况,该图有两个单调递减的解支。当 $\eta^2 = 3$ 时,式(d)退化为 $\omega_{sA} = 1/\sqrt{3} \approx 0.577$,即图 4.16 中的水平细实线,这正是例 4.3.2 中所讨论的退化情况(3)。

从有利于系统静稳定性的角度看,通常选择 $\eta = 1$,将其代入式(d),得到反共振频率为

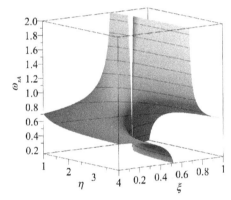

图 4.15 刚性杆反共振频率 ω_{sA} 与设计参数 (η, ξ) 的关系

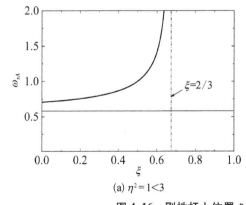

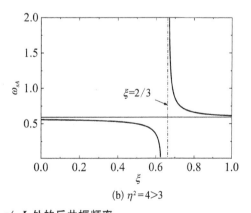

(a) $\eta^2 = 1 < 3$ (b) $\eta^2 = 4 > 3$

图 4.16 刚性杆上位置 $\xi = s/\eta L$ 处的反共振频率 ω_{sA}

$$\omega_{sA} = \sqrt{\frac{1-\xi}{2-3\xi}} \qquad\qquad (\text{e})$$

现分以下几种情况讨论反共振问题。

（1）当 $\xi = 0$ 时，$U_s(\omega) = U_A(\omega) = H_{AA}(\omega)F_A$ 是原点频率响应，其反共振频率 $\omega_{AA} = 1/\sqrt{2}$ 位于两个固有频率 $\omega_1 = 1/\sqrt{3}$ 和 $\omega_2 = 1$ 之间；发生反共振时，$U_A(\omega_{AA}) = 0$，$U_B(\omega_{AA}) = -2$，即 $u_A(t) = 0$，$u_B(t) = -2F_A\sin(\sqrt{1/2}t)$。现参考图 4.13(b) 分析刚性杆的受力情况：杆左端的外激励为 $f_A(t) = F_A\sin(\sqrt{1/2}t)$，作用在杆右端的弹性力为 $-ku_B(t) = 2F_A\sin(\sqrt{1/2}t)$，作用在杆质心的惯性力为 $-m\ddot{u}_B(t) = -3F_A\sin(\sqrt{1/2}t)$，这些力之和为零；若约定逆时针旋转为正，杆右端弹性力对杆左端点的力矩为 $-kLu_B(t) = 2F_ALsin(\sqrt{1/2}t)$，杆分布质量对杆左端点的惯性力矩为 $-(mL^2/3)[\ddot{u}_B(t)/L] = -2F_ALsin(\sqrt{1/2}t)$，两者之和也为零。因此，虽然杆左端点受外激励，但该点静止不动，左端支撑无变形；杆绕左端点作能量守恒的简谐振动，其幅值由外激励幅值 F_A 维持在 $2F_A$。

（2）当 $\xi > 0$ 时，$U_s(\omega)$ 成为跨点频率响应，式(e)给出其反共振频率。特别当 $\xi = 1/2$ 时，反共振频率为 $\omega_{sA} = \omega_2 = 1$，而 $\xi = 1/2$ 是系统第二阶固有振型的节点。此时，刚性杆在左端激励 $f_A(t) = F_A\sin t$ 作用下发生第二阶共振，呈现绕刚性杆质心的转动。一般来说，若跨点反共振频率与系统某阶固有频率重合，则反共振位置是该阶固有振型的节点。

（3）由图 4.16(a) 可见，如果将杆左端外激励视为扫频激励，则当激励频率 $\omega = 1/\sqrt{2}$ 时，刚性杆左端不动，随着激励频率 ω 缓慢升高，该不动点在杆上向右移动，其距左端的位置为 $s = (2\omega^2 - 1)L/(3\omega^2 - 1)$，最终趋于 $s = 2L/3$。即当 $\eta = 1$ 时，杆上反共振位置的可设计范围为 $s \in [0, 2L/3)$。

4.3.4　小结

本节研究两自由度阻尼系统在简谐激励下稳态响应的反共振问题，揭示反共振现象的机理，介绍反共振的可设计性，回答了第 1 章中提出的问题 3B。主要结论如下。

（1）当系统出现原点反共振时，外激励对系统不做功，系统跨点响应是能量守恒的简谐振动，但其幅值要靠外激励来维持；当系统出现跨点反共振时，外激励对系统做功，但系统两个自由度之间的位移阻抗无穷大，导致能量无法传输。对于原点反共振的力学机理解释，现有文献中的"动力吸振""能量转移"等观点不妥，建议采用基于动力平衡分析得到的"动力消振"观点。

（2）通过两个相同弹性支撑的刚性杆在左端简谐激励下的稳态振动，展示了反共振现象的有趣性和可设计性。例如，在杆右端测振，可使跨点反共振频率低于第一阶固有频率或高于第二阶固有频率。又如，可使跨点反共振出现在从杆左端到杆长 2/3 间的任意位置上。再如，当跨点反共振频率与系统某阶固有频率相重合时，可使反共振位置与该阶固有振型的节点重合。

4.4　结构动特性修改

在工程中,经常出现已有结构的设计不符合动力学要求,需要调整结构的动特性,这简称为结构动特性修改。结构动特性修改一般基于已有的动力学模型,包括连续模型和离散模型,针对工程问题的动态输入和动态输出要求,可融入结构优化和多学科优化等,已发展成为一个专门的研究领域。

本节试图用较短篇幅来介绍结构动力学局部修改的若干概念和理论。以多自由度阻尼系统为对象,基于系统频响函数矩阵来讨论局部结构动特性修改问题。将拟修改的多自由度阻尼系统称为**主系统**,通过附加**次系统**的办法来修改主系统的动特性。采用基于频响函数矩阵的动态子结构方法,描述主系统和次系统连接而成的组合系统,在频域讨论如何对主系统进行动力消振、共振频率调整、共振峰抑制等问题。

值得指出的是,基于频响函数矩阵的结构动特性修改可以针对已获得频响函数矩阵的连续系统,例如,本节的举例就是针对连续系统的。事实上,对连续系统获得有限频段的频响函数,意味着某种低频和高频截断。

4.4.1　组合系统的频域响应

考察图 4.17 中由主系统 P 和附加次系统 S 构成的组合系统。将主系统的自由度划分为两个集合:一是与次系统之间相互连接的自由度,记为集合 A;二是其余自由度,记为集合 B。类似地,将次系统的自由度也分为两个集合:集合 C 是与主系统之间相互连接的自由度,集合 D 是其余的自由度。当然,集合 B 和集合 D 可以是空集。

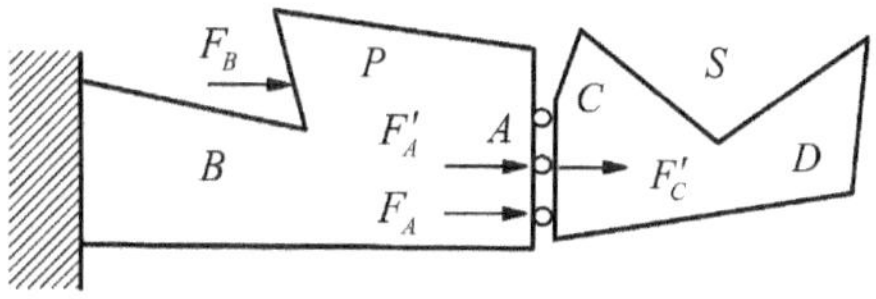

首先,考察受激励主系统 P 在频域 $\omega \in [0, +\infty)$ 中的动响应,将其表示为

$$U_P(\omega) = H_{PP}(\omega) F_P(\omega) \qquad (4.4.1)$$

图 4.17　由主系统和附加次系统组合成的系统示意图

式中, $U_P: \omega \mapsto \mathbb{C}^P$ 是主系统的位移频谱列阵; $F_P: \omega \mapsto \mathbb{C}^P$ 是主系统的激励频谱列阵; $H_{PP}: \omega \mapsto \mathbb{C}^{P \times P}$ 是主系统的频响函数矩阵。为简化表示,以下不再标注矩阵和列阵阶次;当不涉及具体频率时,也不写出 ω。根据对主系统的自由度集合的上述划分,将式(4.4.1)改写为如下分块形式:

$$\begin{bmatrix} U_A \\ U_B \end{bmatrix} = \begin{bmatrix} H_{AA} & H_{AB} \\ H_{BA} & H_{BB} \end{bmatrix} \begin{bmatrix} F_A \\ F_B \end{bmatrix} \qquad (4.4.2)$$

其次,考察与主系统相连接的次系统 S 的频域响应。在结构动特性修改中,次系统通常是人为增加的,不受外激励作用。因此,次系统仅在自由度集合 C 上受到来自主系统的作用力 F'_C,可将次系统的位移频谱列阵 U_S 表示为按自由度集合分块的如下形式:

$$\begin{bmatrix} U'_C \\ U'_D \end{bmatrix} = \begin{bmatrix} H_{CC} & H_{CD} \\ H_{DC} & H_{DD} \end{bmatrix} \begin{bmatrix} F'_C \\ 0 \end{bmatrix} \qquad (4.4.3)$$

将主系统与次系统相互连接后,主系统的自由度集合 A 受到来自次系统的作用力 F'_A,使得主系统的位移频谱列阵由 U_P 变为 U'_P。它可表示为原位移频谱列阵 U_P 和 F'_A 引起的增量之叠加,根据式(4.4.2)得

$$U'_P \equiv \begin{bmatrix} U'_A \\ U'_B \end{bmatrix} = \begin{bmatrix} H_{AA} & H_{AB} \\ H_{BA} & H_{BB} \end{bmatrix}\left(\begin{bmatrix} F_A \\ F_B \end{bmatrix} + \begin{bmatrix} F'_A \\ 0 \end{bmatrix} \right) \tag{4.4.4}$$

考虑主系统和次系统在界面自由度集合上的位移协调和力平衡条件,可得

$$U'_A - U'_C = 0, \quad F'_A + F'_C = 0 \tag{4.4.5}$$

将式(4.4.5)代入式(4.4.3)的第一行,得

$$U'_A = U'_C = H_{CC}F'_C = -H_{CC}F'_A \tag{4.4.6}$$

再将式(4.4.6)代入式(4.4.4)中第一行,得

$$(H_{AA} + H_{CC})F'_A = -(H_{AA}F_A + H_{AB}F_B) \tag{4.4.7}$$

现证明矩阵 $H_{AA} + H_{CC}$ 是可逆的。因为若不然,必有某个频率 $\tilde{\omega}$ 使 $\det[H_{AA}(\tilde{\omega}) + H_{CC}(\tilde{\omega})] = 0$。当 $F_A(\tilde{\omega}) = 0$ 和 $F_B(\tilde{\omega}) = 0$ 时,式(4.4.7)作为齐次线性方程组有非零解,即 $F'_A(\tilde{\omega}) \neq 0$。将 $F'_A(\tilde{\omega}) \neq 0$ 代入式(4.4.6),得到 $U'_A(\tilde{\omega}) \neq 0$。这意味着,对于无外激励作用的主系统,耦联一个不受外激励的次系统会产生动响应,与事实不符。该矛盾表明,矩阵 $H_{AA} + H_{CC}$ 可逆。

由于矩阵 $H_{AA} + H_{CC}$ 可逆,由式(4.4.7)解出

$$F'_A = -F'_C = -(H_{AA} + H_{CC})^{-1}(H_{AA}F_A + H_{AB}F_B) \tag{4.4.8}$$

将式(4.4.8)代回式(4.4.3)和式(4.4.4),得到组合系统的频域响应,即

$$\begin{bmatrix} U'_A \\ U'_B \\ U'_D \end{bmatrix} = \left\{ \begin{bmatrix} H_{AA} & H_{AB} & 0 \\ H_{BA} & H_{BB} & 0 \\ 0 & 0 & 0 \end{bmatrix} - \begin{bmatrix} H_{AA} \\ H_{BA} \\ -H_{DC} \end{bmatrix} (H_{AA} + H_{CC})^{-1}[H_{AA} \quad H_{AB}] \right\} \begin{bmatrix} F_A \\ F_B \end{bmatrix}$$

$$\tag{4.4.9}$$

因此,组合系统的频响函数矩阵为

$$H \equiv \begin{bmatrix} H_{AA} & H_{AB} & 0 \\ H_{BA} & H_{BB} & 0 \\ 0 & 0 & 0 \end{bmatrix} - \begin{bmatrix} H_{AA} \\ H_{BA} \\ -H_{DC} \end{bmatrix} (H_{AA} + H_{CC})^{-1}[H_{AA} \quad H_{AB}] \tag{4.4.10}$$

由于主系统的自由度集合 A 和次系统的自由度集合 C 相互连接,在式(4.4.9)和式(4.4.10)中,自由度集合 C 已不再出现。

在对主系统进行动特性修改中,非常关注激励与响应之间的关系。例如,设计师经常需要考察在主系统某自由度集合 J 上施加激励后,在自由度集合 I 上的动响应控制问题。此时,可将主系统自由度集合 I 和 J 之间的原频响函数矩阵记为 H_{IJ},将这两个自由度集

合与自由度集合 A 之间的原频响函数矩阵记为 $\boldsymbol{H}_{IA}$ 和 $\boldsymbol{H}_{JA}$；将主系统与次系统组装后，可根据式(4.4.10)得到上述自由度集合 I 和 J 之间的频响函数矩阵为

$$\boldsymbol{H}'_{IJ} = \boldsymbol{H}_{IJ} - \boldsymbol{H}_{IA}(\boldsymbol{H}_{AA} + \boldsymbol{H}_{CC})^{-1}\boldsymbol{H}_{AJ} \tag{4.4.11}$$

这是在频域对主系统进行振动分析和结构动态修改的重要公式。

注解4.4.1：在实践中，人们经常将式(4.4.11)中次结构的对接自由度频响函数矩阵 $\boldsymbol{H}_{CC}$ 改为相应的位移阻抗矩阵 $\boldsymbol{Z}_{CC} = \boldsymbol{H}_{CC}^{-1}$，进而得到以下两种表示：

$$\begin{aligned}\boldsymbol{H}'_{IJ} &= \boldsymbol{H}_{IJ} - \boldsymbol{H}_{IA}[\boldsymbol{H}_{CC}(\boldsymbol{Z}_{CC}\boldsymbol{H}_{AA} + \boldsymbol{I})]^{-1}\boldsymbol{H}_{AJ}\\ &= \boldsymbol{H}_{IJ} - \boldsymbol{H}_{IA}(\boldsymbol{I} + \boldsymbol{Z}_{CC}\boldsymbol{H}_{AA})^{-1}\boldsymbol{Z}_{CC}\boldsymbol{H}_{AJ}\end{aligned} \tag{4.4.12a}$$

$$\begin{aligned}\boldsymbol{H}'_{IJ} &= \boldsymbol{H}_{IJ} - \boldsymbol{H}_{IA}[(\boldsymbol{H}_{AA}\boldsymbol{Z}_{CC} + \boldsymbol{I})\boldsymbol{H}_{CC}]^{-1}\boldsymbol{H}_{AJ}\\ &= \boldsymbol{H}_{IJ} - \boldsymbol{H}_{IA}\boldsymbol{Z}_{CC}(\boldsymbol{I} + \boldsymbol{H}_{AA}\boldsymbol{Z}_{CC})^{-1}\boldsymbol{H}_{AJ}\end{aligned} \tag{4.4.12b}$$

在4.4.3小节将说明，上述表示对于在主系统内插入次系统更为方便。

注解4.4.2：式(4.4.9)的另一种表示为

$$\begin{bmatrix}\boldsymbol{U}'_A\\\boldsymbol{U}'_B\\\boldsymbol{U}'_D\end{bmatrix} = \begin{bmatrix}\boldsymbol{U}_A\\\boldsymbol{U}_B\\\boldsymbol{0}\end{bmatrix} - \left\{\begin{bmatrix}\boldsymbol{H}_{AA}\\\boldsymbol{H}_{BA}\\-\boldsymbol{H}_{DC}\end{bmatrix}(\boldsymbol{H}_{AA} + \boldsymbol{H}_{CC})^{-1}\begin{bmatrix}\boldsymbol{H}_{AA} & \boldsymbol{H}_{AB}\end{bmatrix}\right\}\begin{bmatrix}\boldsymbol{F}_A\\\boldsymbol{F}_B\end{bmatrix} \tag{4.4.13}$$

在式(4.4.13)中，出现主系统的原始位移频谱列阵 $\boldsymbol{U}_P$，但不出现频响函数分块矩阵 $\boldsymbol{H}_{BB}$。当结构动态修改限于局部时，自由度集合 A 很小，而自由度集合 B 可能非常大，获得频响函数分块矩阵 $\boldsymbol{H}_{BB}$ 很困难。此时，基于式(4.4.13)的结构动特性修改很有意义，可实施基于结构原始响应的振动抑制[①]。

4.4.2　主系统的反共振调节

考察对主系统的某个自由度 $a \in A$ 进行结构局部修改，此时的次系统只有一个自由度 $c \in C$，故式(4.4.11)可简化为

$$\boldsymbol{H}'_{IJ}(\omega) = \boldsymbol{H}_{IJ}(\omega) - \frac{1}{H_{aa}(\omega) + H_{cc}(\omega)}\boldsymbol{H}_{Ia}(\omega)\boldsymbol{H}_{aJ}(\omega) \tag{4.4.14}$$

值得指出的是，由式(4.4.14)可得到在任意自由度集合 J 上施加激励引起对接自由度 a 的频响函数行阵，即

$$\begin{aligned}\boldsymbol{H}'_{aJ}(\omega) &= \boldsymbol{H}_{aJ}(\omega) - \frac{H_{aa}(\omega)}{H_{aa}(\omega) + H_{cc}(\omega)}\boldsymbol{H}_{aJ}(\omega)\\ &= \frac{H_{cc}(\omega)}{H_{aa}(\omega) + H_{cc}(\omega)}\boldsymbol{H}_{aJ}(\omega)\end{aligned} \tag{4.4.15}$$

① Li Y F, Hu H Y. Vibration attenuation design of complicated structures based on their original responses[J]. Journal of Nanjing Aeronautical Institute, English Edition, 1988, 5(1): 133–142.

现考虑对主系统附加图 4.18 所示次系统,该系统的时域动力学方程为

$$
\begin{bmatrix} 0 & 0 \\ 0 & m \end{bmatrix} \begin{bmatrix} 0 \\ \ddot{u}_d(t) \end{bmatrix} + \begin{bmatrix} c & -c \\ -c & c \end{bmatrix} \begin{bmatrix} \dot{u}_c(t) \\ \dot{u}_d(t) \end{bmatrix} + \begin{bmatrix} k & -k \\ -k & k \end{bmatrix} \begin{bmatrix} u_c \\ u_d \end{bmatrix} = \begin{bmatrix} 0 \\ 0 \end{bmatrix} \quad (4.4.16)
$$

对式(4.4.16)实施 Fourier 变换,得到次系统的位移阻抗矩阵和频响函数矩阵为

$$
\boldsymbol{Z}_{SS}(\omega) \equiv \begin{bmatrix} k + \mathrm{i}c\omega & -k - \mathrm{i}c\omega \\ -k - \mathrm{i}c\omega & k + \mathrm{i}c\omega - m\omega^2 \end{bmatrix} \quad (4.4.17)
$$

$$
\boldsymbol{H}_{SS}(\omega) = -\frac{1}{m\omega^2(k + \mathrm{i}c\omega)} \begin{bmatrix} k + \mathrm{i}c\omega - m\omega^2 & k + \mathrm{i}c\omega \\ k + \mathrm{i}c\omega & k + \mathrm{i}c\omega \end{bmatrix} \quad (4.4.18)
$$

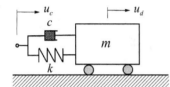

图 4.18 单自由度次系统示意图

特别在对接自由度处,得到次系统的原点频响函数为

$$
H_{cc}(\omega) = -\frac{k + \mathrm{i}c\omega - m\omega^2}{m\omega^2(k + \mathrm{i}c\omega)} \quad (4.4.19)
$$

根据 4.3 节对反共振条件的研究,在式(4.4.19)中取 $c = 0$,则当 $\omega_{aa} = \sqrt{k/m}$ 时,$H_{cc}(\omega_{aa}) = 0$。将其代入式(4.4.15)得

$$
\boldsymbol{H}'_{aJ}(\omega_{aa}) = \boldsymbol{0} \quad (4.4.20)
$$

与 4.3 节所讨论单自由度主系统的反共振问题相比,这是一个拓展到任意多自由度阻尼系统的重要结果。

注解 4.4.3:式(4.4.20)意味主系统的整个频响函数行阵 $\boldsymbol{H}'_{aJ}(\omega)$ 在频率 $\omega = \omega_{aa}$ 处可形成反共振。即主系统不仅在对接自由度 a 处出现原点反共振,而且在任意自由度集合 J 和对接自由度 a 之间出现跨点反共振。由此可理解,台北 101 大厦顶部安装动力消振器可消除分布风激励引起的大厦顶部响应。

注解 4.4.4:根据频响函数的对称性,此时还有

$$
\boldsymbol{H}'_{Ja}(\omega_{aa}) = \boldsymbol{H}'^{\mathrm{T}}_{aJ}(\omega_{aa}) = \boldsymbol{0} \quad (4.4.21)
$$

这说明如果主系统仅在对接点 a 受外激励,则整个主系统在频率 ω_{aa} 处可消除振动,即次系统导致主系统对接点在频率 ω_{aa} 处的位移阻抗无穷大。

根据式(4.4.14),可得到主系统其他自由度($a \notin I$, $a \notin J$)在反共振频率 ω_{aa} 处的频响函数矩阵为

$$
\boldsymbol{H}'_{IJ}(\omega_{aa}) = \boldsymbol{H}_{IJ}(\omega_{aa}) - \frac{1}{H_{aa}(\omega_{aa})} \boldsymbol{H}_{Ia}(\omega_{aa}) \boldsymbol{H}_{aJ}(\omega_{aa}) \quad (4.4.22)
$$

这表明,作用在自由度集 J 上的外激励,依然激发主系统其他部位的振动,即反共振是系统的局部行为。

根据式(4.4.10),可得到在主系统对接自由度施加激励引起次系统自由度 d 的频响函数为

$$H_{da}(\omega) = \frac{H_{dc}(\omega) H_{aa}(\omega)}{H_{aa}(\omega) + H_{cc}(\omega)} = \frac{k H_{aa}(\omega)}{k - m\omega^2 - k m \omega^2 H_{aa}(\omega)} \tag{4.4.23}$$

在上述原点反共振频率 $\omega_{aa} = \sqrt{k/m}$ 处,式(4.4.23)简化为

$$H_{da}(\omega_{aa}) = -\frac{1}{m\omega_{aa}^2} = -\frac{1}{k} \tag{4.4.24}$$

这正是次系统振动产生弹性力来平衡外激励的条件。

4.4.3　主系统的共振峰调节

现讨论如何通过附加次系统来调节主系统的共振峰,包括移动共振频率和抑制共振峰,采用的次系统包括:局部质量、局部刚度和局部阻尼。

1. 附加局部质量

由图 4.18 可见,如果取 $c \to +\infty$ 和 $k \to +\infty$,则集中质量 m 直接固定到主系统的对接自由度 a 上。此时,式(4.4.19)可简化为

$$H_{cc}(\omega) = -\frac{1}{m\omega^2} \tag{4.4.25}$$

将其代入式(4.4.15),得

$$\boldsymbol{H}'_{aJ}(\omega) = \frac{1}{1 - m\omega^2 H_{aa}(\omega)} \boldsymbol{H}_{aJ}(\omega) \tag{4.4.26}$$

根据式(4.4.26)的分母,可研究集中质量 m 对频响函数行阵 $\boldsymbol{H}'_{aJ}(\omega)$ 的极点影响,进而调节共振频率。现通过一个包括计算与实验的案例来说明具体过程。

例 4.4.1:将长度为 L 的铰支-铰支梁作为主系统,在距离其左端 $L/4$ 处附加集中质量,降低梁的前三阶固有频率。

首先,将铰支-铰支梁距其左端 $L/4$ 处作为结构修改点,获得其原点频响函数。根据频响函数的模态展开表达式,对于计入前三阶固有模态贡献的无阻尼梁,其在修改点的原点频响函数为

$$H_{aa}(\omega) = \sum_{r=1}^{3} \frac{\varphi_r(L/4) \varphi_r(L/4)}{M_r(\omega_r^2 - \omega^2)} \tag{a}$$

在讨论质量修改问题时,采用加速度频响函数较为方便。根据式(a),可将梁在结构修改点的加速度频响函数表示为

$$G_{aa}(\omega) \equiv -\omega^2 H_{aa}(\omega) = \sum_{r=1}^{3} \frac{\omega^2 \varphi_r(L/4) \varphi_r(L/4)}{M_r(\omega^2 - \omega_r^2)} \tag{b}$$

其次,在梁的结构修改点安装集中质量 m。根据式(b),将式(4.4.26)两端同乘以 $-\omega^2$ 并取 $J = a$,得到梁修改后的原点加速度频响函数为

$$G'_{aa}(\omega) = \frac{G_{aa}(\omega)}{1 + mG_{aa}(\omega)} \tag{c}$$

式中,分母的零点 ω'_r,$r = 1,2,3$ 就是梁在附加集中质量后的共振频率,亦即其固有频率。

基础教程已给出式(b)中的固有频率、固有振型和模态质量为

$$\omega_r = \frac{r^2\pi^2}{L^2}\sqrt{\frac{EI}{\rho A}}, \quad \varphi_r(x) = \sin\left(\frac{r\pi x}{L}\right), \quad M_r = \int_0^L \rho A\varphi_r^2(x)\,dx = \frac{\rho AL}{2}, \quad r = 1,2,3 \tag{d}$$

以作者讲授结构动力学实验采用的矩形截面铰支-铰支梁为例,其参数如下:

$$L = 2\text{ m}, \quad A = 6 \times 10^{-4}\text{ m}^2, \quad I = 5 \times 10^{-5}\text{m}^4, \quad \rho = 7\,850\text{ kg/m}^3, \quad E = 210\text{ GPa} \tag{e}$$

将上述参数代入式(d),得到梁的前三阶固有频率 ω_r,由 $f_r = \omega_r/(2\pi)$ 换算得

$$f_1 = 5.86\text{ Hz}, \quad f_2 = 23.45\text{ Hz}, \quad f_3 = 52.77\text{ Hz} \tag{f}$$

根据式(b)生成梁的结构修改点加速度频响函数 $G_{aa}(f)$,如图 4.19(a)所示,其中 $f = \omega/(2\pi)$。由于此时未计入阻尼,故 $G_{aa}(f)$ 在前三阶固有频率处呈现幅值无穷大的共振。若采用实验测量的频响函数,则呈现有限幅值。

在作者讲授的结构动力学实验中,附加质量为 $m = 4.866$ kg。在图 4.19(a)中作水平虚线 $G(f) = -1/m \approx -0.206\text{ kg}^{-1}$,自该虚线与 $G_{aa}(f)$ 的交点处向频率轴作垂线,得到附加质量后梁的固有频率,结果如表 4.1 所示。图 4.19(b)给出该铰支-铰支梁附加质量之前(虚线)和之后(实线)的对比。

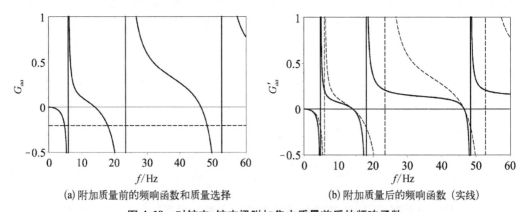

(a) 附加质量前的频响函数和质量选择　　(b) 附加质量后的频响函数(实线)

图 4.19　对铰支-铰支梁附加集中质量前后的频响函数

表 4.1　不同方法对铰支-铰支梁附加质量后的固有频率对比

方法类别	第一阶固有频率	第二阶固有频率	第三阶固有频率
本节计算结果	4.72	18.07	48.58
有限元计算结果	4.72	18.02	48.36
实验测试结果	4.99	18.26	48.40

表 4.1 还给出基于有限元软件 Abaqus 计算得到的固有频率,以及通过实验得到结果。由表可见,两种计算结果高度吻合,实验结果和计算结果有微小差异。这主要来自理论模型与实验对象的如下差异:一是实验中梁的边界条件并非理想铰链;二是实验中所附加质量并非质点,在梁的振动中具有转动效应。

根据图 4.19(a),容易看出如下规律。

(1) 在梁上附加质量,梁的各阶固有频率均会下降;附加质量值越大,各阶固有频率下降越多。对于给定的附加质量值 m,低阶固有频率的下降幅度小,高阶固有频率的下降幅度大。

(2) 若要设计附加质量值,可选择结构修改后的某个固有频率值 f'_r,在频率轴上从 f'_r 到 $G_{aa}(f)$ 作垂线,得到交点 $G_{aa}(f'_r)$,则附加质量值为 $m = -1/G_{aa}(f'_r)$。

2. 附加局部刚度

对主系统进行局部刚度修改,可有两种方案:一是在主系统和固定基础之间插入弹性元件;二是在主系统内部插入弹性元件。

首先,讨论第一种方案。在图 4.18 中取 $m \to +\infty$,则相当于次系统的弹簧连接到固定基础上,形成对主系统自由度 a 的局部刚度修改。根据式(4.4.19),此时有

$$H_{cc}(\omega) = \frac{1}{k} \tag{4.4.27}$$

将其代入式(4.4.15)得

$$\boldsymbol{H}'_{aJ}(\omega) = \frac{1}{1 + kH_{aa}(\omega)} \boldsymbol{H}_{aJ}(\omega) \tag{4.4.28}$$

根据式(4.4.28)的分母,可讨论弹簧刚度对频响函数行阵 $\boldsymbol{H}'_{aJ}(\omega)$ 的极点影响,进而调节共振频率。现结合案例说明具体过程。

例 4.4.2:将例 4.4.1 的铰支-铰支梁作为主系统,在距离其左端 $L/4$ 处附加与基础连接的弹簧,调节梁的前三阶固有频率。

对于计入前三阶固有模态贡献的无阻尼梁,根据例 4.4.1 得到其在修改点的原点频响函数为

$$H_{aa}(\omega) = \sum_{r=1}^{3} \frac{\varphi_r(L/4)\varphi_r(L/4)}{M_r(\omega_r^2 - \omega^2)} \tag{a}$$

若在梁的结构修改点和刚性基础之间插入刚度为 k 的弹簧,则在式(4.4.28)中取 $J = a$,得到梁修改后的原点频响函数为

$$H'_{aa}(\omega) = \frac{H_{aa}(\omega)}{1 + kH_{aa}(\omega)} \tag{b}$$

式(b)分母的零点是梁进行刚度修改后的共振频率,即其固有频率。

现将例 4.4.1 中的参数代入式(a),生成图 4.20(a)所示的结构修改点的原点频响函数 $H_{aa}(f)$,其中 $f = \omega/(2\pi)$。为了获得结构修改后的原点频响函数极点,只要在

图 4.20(a) 中作水平虚线 $H(f) = -1/k$,将它与 $H_{aa}(f)$ 的交点向频率轴作垂线,即可获得上述极点。

根据图 4.20,容易看出如下规律:

(1) 在梁和基础间安装弹簧后,梁的各阶固有频率均提升;附加弹簧的刚度越大,固有频率提升越高。对于给定的弹簧刚度 k,低阶固有频率的增幅大,高阶固有频率的增幅小。

(2) 若要设计弹簧刚度,可先指定结构修改后的某个固有频率值 f'_r,以 f'_r 为起点作频率轴的垂线与频响函数 $H_{aa}(f)$ 相交于 $H_{aa}(f'_r)$,则弹簧刚度为 $k = -1/H_{aa}(f'_r)$。

例如,若希望结构修改后第一阶固有频率为 $f'_1 = 10$ Hz,在图 4.20(a) 中对频率轴作铅垂点线通过 $f'_1 = 10$ Hz,再作过 $H_{aa}(f'_1)$ 点的水平虚线,即得到 $k = -1/H_{aa}(10) \approx 33$ kN/m。通过这样的刚度局部修改,铰支-铰支梁的频响函数 $H'_{aa}(f)$ 如图 4.20(b) 所示,此时梁的第一阶固有频率已调整到 $f'_1 = 10$ Hz。

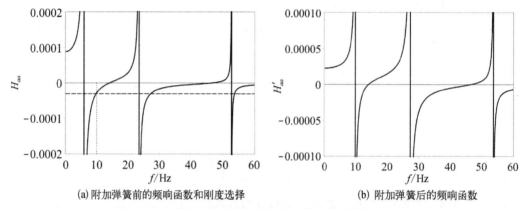

(a) 附加弹簧前的频响函数和刚度选择　　(b) 附加弹簧后的频响函数

图 4.20　对铰支-铰支梁作局部刚度修改前后的频响函数

其次,讨论第二种方案。此时,插入主系统的弹簧具有位移阻抗矩阵

$$\boldsymbol{Z}_{CC}(\omega) = \begin{bmatrix} k & -k \\ -k & k \end{bmatrix} \tag{4.4.29}$$

由于矩阵 $\boldsymbol{Z}_{CC}(\omega)$ 不可逆,在结构修改中应采用式(4.4.12)。在主系统共振峰调节问题中,为了解共振频率变化,只需要获得主系统对接自由度的频响函数矩阵。为此,将式(4.4.12a)简化为

$$\begin{aligned} \boldsymbol{H}'_{AA} &= \boldsymbol{H}_{AA} - \boldsymbol{H}_{AA}(\boldsymbol{I} + \boldsymbol{Z}_{CC}\boldsymbol{H}_{AA})^{-1}\boldsymbol{Z}_{CC}\boldsymbol{H}_{AA} \\ &= \boldsymbol{H}_{AA}(\boldsymbol{I} + \boldsymbol{Z}_{CC}\boldsymbol{H}_{AA})^{-1}(\boldsymbol{I} + \boldsymbol{Z}_{CC}\boldsymbol{H}_{AA} - \boldsymbol{Z}_{CC}\boldsymbol{H}_{AA}) = \boldsymbol{H}_{AA}(\boldsymbol{I} + \boldsymbol{Z}_{CC}\boldsymbol{H}_{AA})^{-1} \end{aligned} \tag{4.4.30}$$

定义 $\boldsymbol{H}_{AA}(\omega)$ 为

$$\boldsymbol{H}_{AA}(\omega) = \begin{bmatrix} H_{11}(\omega) & H_{12}(\omega) \\ H_{21}(\omega) & H_{22}(\omega) \end{bmatrix} \tag{4.4.31}$$

将式(4.4.29)和(4.4.31)代入式(4.4.30),得到主系统修改后的对接自由度频响函数矩

阵 $\boldsymbol{H}'_{AA}(\omega)$，其元素表达式为

$$
\begin{cases}
H'_{11}(\omega) = \dfrac{k\left[H_{11}(\omega) - H_{12}(\omega)\right]^2}{\Delta(\omega)}, \quad H'_{22}(\omega) = \dfrac{k\left[H_{21}(\omega) - H_{22}(\omega)\right]^2}{\Delta(\omega)} \\[3mm]
H'_{12}(\omega) = H'_{21}(\omega) = \dfrac{k\left[H_{11}(\omega) - H_{12}(\omega)\right]\left[H_{12}(\omega) - H_{22}(\omega)\right]}{\Delta(\omega)} \\[3mm]
\Delta(\omega) = 1 + k\left[H_{11}(\omega) + H_{22}(\omega) - H_{12}(\omega) - H_{21}(\omega)\right]
\end{cases}
\tag{4.4.32}
$$

式(4.4.32)提供了在主系统内插入弹簧的结构动特性修改效果预测公式。此时，$\Delta(\omega)$ 的零点成为主系统修改后的频响函数极点，可类似例 4.4.2 中的做法选择刚度系数 k，调整主系统的共振频率。

3. 附加局部阻尼

对主系统进行局部阻尼修改，也有两种方案：一是在主系统和固定基础之间插入阻尼元件；二是在主系统内部插入阻尼元件。由于与局部刚度修改类似，以下仅讨论第一种方案。

在图 4.18 中取 $m \to +\infty$，$k = 0$，则相当于次系统的阻尼器连接到固定基础上，形成对主系统自由度 a 的局部阻尼修改。根据式(4.4.19)，此时有

$$
H_{cc}(\omega) = \frac{1}{\mathrm{i}c\omega}
\tag{4.4.33}
$$

将式(4.4.33)代入式(4.4.15)，得

$$
\boldsymbol{H}'_{aJ}(\omega) = \frac{1}{1 + \mathrm{i}c\omega H_{aa}(\omega)}\boldsymbol{H}_{aJ}(\omega)
\tag{4.4.34}
$$

需进行局部阻尼修改的主系统通常是无阻尼系统或阻尼过小的系统。以无阻尼主系统为例，它在固有频率 ω_r 处满足

$$
\lim_{\omega \to \omega_r} |\boldsymbol{H}_{aJ}(\omega)| \to +\infty, \quad r = 1, 2, \cdots
\tag{4.4.35}
$$

附加局部阻尼后，主系统的频响函数满足

$$
|H'_{aj}(\omega_r)| = \left|\frac{H_{aj}(\omega_r)}{1 + \mathrm{i}c\omega_r H_{aa}(\omega_r)}\right| \approx \left|\frac{1}{c\omega_r}\right|, \quad j \in J, \quad r = 1, 2, \cdots
\tag{4.4.36}
$$

原来无穷大的共振峰可得到有效抑制。

若在主系统和固定基础之间安装 s 个互不耦合的黏性阻尼器，其阻尼系数为 c_j，$j = 1, 2, \cdots, s$，可将这些阻尼器合并视为一个次系统。参考式(4.4.33)，次系统的对接自由度位移阻抗矩阵满足

$$
\boldsymbol{Z}_{CC}(\omega) = \mathrm{i}\omega\boldsymbol{C}, \quad \boldsymbol{C} \equiv \operatorname*{diag}_{1 \leqslant j \leqslant s}[c_j]
\tag{4.4.37}
$$

将式(4.4.37)代入式(4.4.12b),得到主系统自由度集合 I 和自由度集合 J 之间的频响函数矩阵,即

$$H'_{IJ}(\omega) = H_{IJ}(\omega) - \mathrm{i}\omega H_{IA}(\omega)C[I + \mathrm{i}\omega H_{AA}(\omega)C]^{-1}H_{AJ}(\omega) \qquad (4.4.38)$$

这与文献①提出对多自由度系统附加离散阻尼器后的频响函数矩阵表达式相同,但此处的论证过程大为简化,并具有清晰的物理意义。

注解 4.4.5:基于频响函数对结构进行局部修改,具有物理意义清晰、可直接进行参数设计等优点,但也有短板。首先,式(4.4.11)和式(4.4.12)均涉及计算逆矩阵,仅适用于对接自由度很少的局部修改。其次,实测频响函数的误差较大,需要用经过理论拟合的频响函数,并处理好数值病态问题②。

4.4.4　小结

本节基于频响函数矩阵描述,讨论如何通过结构局部修改调节动态特性,其中涉及反共振的内容是对第 1 章中问题 3B 的补充研究。主要结论如下。

(1)针对由主系统和附加次系统构成的组合系统,可建立其频响函数矩阵描述主系统连接次系统前后的频域响应变化,分析次系统对主系统频域响应的贡献。该结果可涵盖此前若干研究结果③,但推理过程大为简化。

(2)基于上述频响函数矩阵描述,分析了在主系统某个自由度上附加动力消振器的效果,证明可实现主系统任意自由度集合与连接自由度之间的频响函数行阵反共振,拓展了 4.3 节的分析结果。研究在主系统附加集中质量、弹簧和阻尼器的效果,给出了组合系统的频响函数计算方法,提供了对这些次系统进行参数设计的简洁方法。

(3)上述方法的特点是,可在无法获得主系统完整频响函数矩阵的情况下,根据主系统的原始响应来进行减振设计。

4.5　思考与拓展

(1)阅读文献④⑤;将 4.1 节的模态分析与上述文献中的复模态理论作对比,找出科学美意义下的统一性;指出不同之处,并阐明相关的力学机理。

(2)阅读文献⑥⑦;证明例 3.1.6 中绳摆的第 r 阶固有振型有 $r-1$ 个节点。

(3)美国学者 Flannelly 发明了图 4.21 所示动力反共振隔振系统。对于限定铅垂运动的双层隔振系统,在底盘质量和运动基础之间附加了绕 o 点转动惯量为 J 的杠杆(部分

①　张文.阻尼系统的强迫响应[J].应用数学和力学,1980,1(3):407-416.
②　郑钢铁.结构动力学续篇——在飞行器设计中的应用[M].北京:科学出版社,2016,298-346.
③　丁文镜.多自由度振动系统动力谐调消振理论[J].清华大学学报,1985,25(3):38-47.
④　胡海岩.机械振动与冲击[M].北京:航空工业出版社,1998:91-141.
⑤　金斯伯格.机械与结构振动[M].白化同,李俊宝,译.北京:中国宇航出版社,2005:447-511.
⑥　甘特马赫,克列因.振荡矩阵、振荡核和力学系统的微振动[M].王其申,译.合肥:中国科学技术大学出版社,2008:94-151.
⑦　Wang D J, Wang Q S, He B C. Qualitative theory in structural mechanics[M]. Singapore: Springer Nature, 2019: 87-118.

被阻尼器遮挡)和质量 m_3,在所需频率处产生反共振,改善从基础位移激励 u_0 到设备位移 u_1 的传递率。阅读文献[①],研究附加质量 m_3、杠杆力臂 r 和 R 对上述传递率的影响。

(4) 基于结构动态修改思想,将图 4.21 的双层隔振系统作为主系统,附加的杠杆-质量作为次系统,研究次系统对主系统的影响。

(5) 阅读文献[②],讨论反共振现象在动力学建模和分析中的应用。

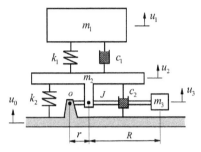

图 4.21　动力反共振隔振系统示意图

①　Flannelly W G. The dynamic anti-resonant vibration isolator[P]. US Patent 3445080, 1969: 1 - 10.
②　Hanson D, Watersb T P, Thompson D J. The role of anti-resonance frequencies from operational modal analysis in finite element model updating[J]. Mechanical System and Signal Processing, 2006, 21(1): 74 - 97.

第 5 章
一维结构的固有振动

21 世纪以来,计算力学的发展和计算力学软件的普及,使振动力学知识体系的传承和发展发生了重大变化。目前,学术界和工业界普遍采用基于有限元法的计算软件来建立机械/结构系统的动力学模型,并计算和分析其振动问题。在这样的背景下,基础教程通常只简要介绍等截面杆和等截面梁的固有振动问题,导致读者难以深刻理解杆、梁等一维结构振动问题的研究方法,更无法洞察这些振动问题背后的力学机理。在工程实践中,新一代设计师、工程师面对第 1 章中所提出的问题,或回答某些工程问题的结果"为何如此"时,难免遇到困难。

根据上述背景,本章选择一维连续系统的几个固有振动问题,展开有学术深度的研究。它们分别是绳摆系统在重力场中的固有振动、弹性杆的固有振动对偶、Euler-Bernoulli梁的固有振动对偶。本章旨在帮助读者从理论层面揭示这些问题的力学本质,跨入仅依赖有限元法及其计算软件计算难以达到的学术境界。

5.1 绳摆系统的固有振动

第 1 章基于绳系卫星系统论证的工程背景,提出针对重力场中由细绳和端部质量组成的系统动力学建模问题 1A 和 1B,并概述了研究思路。

历史上,曾有多位学者研究过这类系统,并将其称为**绳摆**;当端部质量为零时则称其为**重绳**,强调重力作用下绳的分布质量效应。已有研究大多关注某些特殊情况,比如绳摆的第一阶固有振动、重绳的固有振动等,但并未给出完整解答[1][2]。

3.1.3 小节实施了研究思路的第一步,即采用集中参数法建立离散模型,并定性讨论了系统固有振动、固有振型对系统参数的依赖关系。本节介绍该研究的第二步和第三步,即建立绳摆系统的连续模型,通过求解偏微分方程得到该系统的固有振动精确解;然后,与基于离散模型的近似解进行比较,并评价离散模型的优劣。由此可完善 3.1.3 小节对上述问题 1A 和 1B 的研究。

---

① Armstrong H L. Effect of the mass of the cord on the period of a simple pendulum[J]. American Journal of Physics, 1976, 44(6): 564-566.

② Epstein S T, Olsson M G. Comment on "effect of the mass of the cord on the period of a simple pendulum" [J]. American Journal of Physics, 1977, 45(7): 671-672.

5.1.1 绳摆系统的动力学方程

考察图 5.1 所示重力作用下的绳摆系统面内振动问题。其中,绳的长度为 L 且不可伸长;绳的截面积为 A;材料密度为 ρ;绳下端质点具有集中质量 m,可代表简化的子卫星。定义端部质量与细绳质量之比为 $\eta \equiv m/\rho AL > 0$。

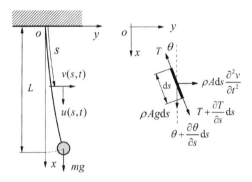

在图 5.1 所示的固定坐标系 oxy 中考察该系统的微振动,自坐标原点起度量细绳弧长 s,将绳上弧长 s 处截面沿 x 方向和 y 方向的位移分别记为 $u(s,t)$ 和 $v(s,t)$,约定绳的转角 θ 以逆时针方向为正。如图 5.1 所示,取绳上一个微段进行受力分析。

图 5.1 绳摆在重力场中的面内微振动

首先,考察该系统的静力学问题,确定绳内弧长坐标 s 处的静张力 $T(s)$。由于绳不可伸长,故绳沿 x 方向的运动远小于沿 y 方向的运动。如果忽略绳沿 x 方向的动力学效应,可建立绳沿 x 方向的静力平衡方程

$$\left[T(s) + \frac{\mathrm{d}T(s)}{\mathrm{d}s}\mathrm{d}s \right] \cos\left(\theta + \frac{\partial\theta}{\partial s}\mathrm{d}s \right) - T(s)\cos\theta + \rho Ag\mathrm{d}s = 0 \qquad (5.1.1)$$

在绳的下端,则有静力平衡条件 $T(L) = mg$。

对于绳摆系统的微振动,其摆动角度 θ 非常小,因此有 $\cos\theta \approx 1$ 和 $\cos[\theta + (\partial\theta/\partial s)\mathrm{d}s] \approx 1$。将它们代入式(5.1.1),连同绳下端的静力平衡条件,得到绳内静张力满足的一阶常微分方程边值问题:

$$\begin{cases} \dfrac{\mathrm{d}T(s)}{\mathrm{d}s} + \rho Ag = 0, & s \in [0, L] \\ T(L) = mg \end{cases} \qquad (5.1.2)$$

对式(5.1.2)积分,得到绳内静张力与弧长 s 之间的线性关系为

$$T(s) = mg + \rho Ag(L - s) = \rho Ag(L + l - s) = \rho Ag(L' - s) \qquad (5.1.3)$$

式中,$L' \equiv L + l$;常数 $l \equiv m/\rho A > 0$ 是端部质量与绳的线密度之比,它具有长度量纲。

现参考图 5.1 中的微单元体受力分析,以绳内静张力来近似绳内动张力,建立绳摆系统沿 y 方向的线性动力学方程,即

$$\rho A\mathrm{d}s\,\frac{\partial^2 v(s,t)}{\partial t^2}$$

$$= \left[T(s) + \frac{\mathrm{d}T(s)}{\mathrm{d}s}\mathrm{d}s \right]\left\{ \sin[\theta(s,t)] + \frac{\partial\sin[\theta(s,t)]}{\partial s}\mathrm{d}s \right\} - T(s)\sin[\theta(s,t)]$$

$$\approx \left\{\frac{\mathrm{d}T(s)}{\mathrm{d}s}\sin[\theta(s,t)] + T(s)\frac{\partial\sin[\theta(s,t)]}{\partial s}\right\}\mathrm{d}s = \frac{\partial}{\partial s}\{T(s)\sin[\theta(s,t)]\}\mathrm{d}s$$

$$(5.1.4)$$

将式(5.1.3)代入式(5.1.4),利用几何近似关系

$$\begin{cases} \sin[\theta(s,t)] \approx \dfrac{\partial v(s,t)}{\partial s} \\[3mm] \dfrac{\partial\sin[\theta(s,t)]}{\partial s} = \cos[\theta(s,t)]\dfrac{\partial\theta(s,t)}{\partial s} \approx \dfrac{\partial^2 v(s,t)}{\partial s^2} \end{cases} \qquad (5.1.5)$$

可将式(5.1.4)简化为变系数的线性偏微分方程

$$\frac{\partial^2 v(s,t)}{\partial t^2} + g\frac{\partial v(s,t)}{\partial s} - g(L'-s)\frac{\partial^2 v(s,t)}{\partial s^2} = 0, \quad s \in [0,L] \quad (5.1.6a)$$

绳的两端边界条件为

$$v(0,t) = 0, \quad gv_s(L,t) + v_{tt}(L,t) = 0 \qquad (5.1.6b)$$

式中,下端边界来自绳端部集中质量的动力学方程,即

$$m\frac{\partial^2 v(L,t)}{\partial t^2} = -T(L)\theta(L,t) = -mg\frac{\partial v(s,t)}{\partial s}\bigg|_{s=L} \qquad (5.1.7)$$

注解 5.1.1:如果绳的下端无集中质量,即 $m=0$,则 $T(L)=0$。这导致式(5.1.7)成为恒等式,无法提供任何边界条件信息。此时,绳下端无张力作用,这会使绳的横向刚度无穷小,而横向变形无穷大。5.1.2 小节将对这种退化情况进行讨论。

5.1.2 固有振动分析

1. 固有振动精确解

设式(5.1.6a)具有如下分离变量解:

$$v(s,t) = \varphi(s)q(t) \qquad (5.1.8)$$

将式(5.1.8)代入式(5.1.6a),得

$$\frac{1}{q(t)}\frac{\mathrm{d}^2 q(t)}{\mathrm{d}t^2} = \frac{1}{\varphi(s)}\left[g(L'-s)\frac{\mathrm{d}^2\varphi(s)}{\mathrm{d}s^2} - g\frac{\mathrm{d}\varphi(s)}{\mathrm{d}s}\right] \qquad (5.1.9)$$

鉴于式(5.1.9)左端和右端分别与时间 t 和弧长坐标 s 有关,必同时等于常数 γ。因此,将式(5.1.9)改写为

$$\begin{cases} g(L'-s)\dfrac{\mathrm{d}^2\varphi(s)}{\mathrm{d}s^2} - g\dfrac{\mathrm{d}\varphi(s)}{\mathrm{d}s} - \gamma\varphi(s) = 0 \\[4mm] \dfrac{\mathrm{d}^2 q(t)}{\mathrm{d}t^2} - \gamma q(t) = 0 \end{cases} \qquad (5.1.10)$$

若 $\gamma \geqslant 0$，则式(5.1.10)中第二个线性微分方程的解 $q(t)$ 可表示为

$$\begin{cases} q(t) = a_1 \exp(\sqrt{\gamma}t) + a_2 \exp(-\sqrt{\gamma}t), & \gamma > 0 \\ q(t) = a_1 t + a_2, & \gamma = 0 \end{cases} \qquad (5.1.11)$$

它们均随着时间延续而发散，不属于所需的解。因此，考虑 $\gamma = -\omega^2 < 0$ 的情况。此时式 (5.1.10)中第二个线性微分方程的解可表示为

$$q(t) = a\cos(\omega t + \theta) \qquad (5.1.12)$$

故式(5.1.10)中第一个线性微分方程为

$$g(L' - s)\frac{\mathrm{d}^2\varphi(s)}{\mathrm{d}s^2} - g\frac{\mathrm{d}\varphi(s)}{\mathrm{d}s} + \omega^2\varphi(s) = 0 \qquad (5.1.13\mathrm{a})$$

将式(5.1.8)连同式(5.1.12)代入式(5.1.7)，得到 $\varphi(s)$ 应满足的边界条件为

$$\varphi(0) = 0, \quad g\varphi_s(L) - \omega^2\varphi(L) = 0 \qquad (5.1.13\mathrm{b})$$

现求解由式(5.1.13)描述的变系数常微分方程边值问题。值得指出，采用 Maple 软件，可将该方程转化为 Bessel 方程，得到其精确解。为有助于读者理解，现进行详细推导。引入对应自变量 s 的新变量：

$$z = 2\omega\sqrt{\frac{L' - s}{g}}, \quad s \in [0, L] \qquad (5.1.14\mathrm{a})$$

或等价的

$$s = L' - g\left(\frac{z}{2\omega}\right)^2, \quad z \in \left[2\omega\sqrt{\frac{l}{g}}, 2\omega\sqrt{\frac{L'}{g}}\right] \qquad (5.1.14\mathrm{b})$$

根据式(5.1.14a)，可导出

$$\begin{cases} \dfrac{\mathrm{d}\varphi(s)}{\mathrm{d}s} = \dfrac{\mathrm{d}\varphi(z)}{\mathrm{d}z}\dfrac{\mathrm{d}z}{\mathrm{d}s} = -\dfrac{\omega}{\sqrt{g(L' - s)}}\dfrac{\mathrm{d}\varphi(z)}{\mathrm{d}z} \\[3mm] \dfrac{\mathrm{d}^2\varphi(s)}{\mathrm{d}s^2} = \dfrac{\mathrm{d}}{\mathrm{d}z}\left[-\dfrac{\omega}{\sqrt{g(L' - s)}}\dfrac{\mathrm{d}\varphi(z)}{\mathrm{d}z}\right]\dfrac{\mathrm{d}z(s)}{\mathrm{d}s} = \dfrac{\mathrm{d}}{\mathrm{d}z}\left[-\dfrac{2\omega^2}{gz}\dfrac{\mathrm{d}\varphi(z)}{\mathrm{d}z}\right]\dfrac{\mathrm{d}z(s)}{\mathrm{d}s} \\[3mm] \qquad = \left[-\dfrac{2\omega^2}{gz}\dfrac{\mathrm{d}\varphi^2(z)}{\mathrm{d}z^2} + \dfrac{2\omega^2}{gz^2}\dfrac{\mathrm{d}\varphi(z)}{\mathrm{d}z}\right]\dfrac{\mathrm{d}z(s)}{\mathrm{d}s} \\[3mm] \qquad = \dfrac{\omega^2}{g(L' - s)}\dfrac{\mathrm{d}^2\varphi(z)}{\mathrm{d}z^2} - \dfrac{\omega}{2\sqrt{g(L' - s)^3}}\dfrac{\mathrm{d}\varphi(z)}{\mathrm{d}z} \end{cases}$$

$$(5.1.15)$$

将式(5.1.14)和式(5.1.15)代入式(5.1.13a)，得

$$g(L' - s)\left[\frac{\omega^2}{g(L' - s)} \frac{\mathrm{d}^2 \varphi(z)}{\mathrm{d}z^2} - \frac{\omega}{2\sqrt{g}(L' - s)^{3/2}} \frac{\mathrm{d}\varphi(z)}{\mathrm{d}z} \right]$$

$$+ \frac{g\omega}{\sqrt{g(L' - s)}} \frac{\mathrm{d}\varphi(z)}{\mathrm{d}z} + \omega^2 \varphi(z) = 0 \tag{5.1.16}$$

式(5.1.16)可进一步简化为常微分方程

$$z^2 \frac{\mathrm{d}^2 \varphi(z)}{\mathrm{d}z^2} + z \frac{\mathrm{d}\varphi(z)}{\mathrm{d}z} + z^2 \varphi(z) = 0 \tag{5.1.17}$$

这是零阶 **Bessel 方程**,具有以 **Bessel 函数**为基函数的如下通解[①]:

$$\varphi(z) = c_1 J_0(z) + c_2 Y_0(z), \quad z \in \left[2\omega\sqrt{l/g}, 2\omega\sqrt{L'/g} \right] \tag{5.1.18}$$

式中,c_1 和 c_2 是积分常数;$J_0(z)$ 是第一类零阶 Bessel 函数;$Y_0(z)$ 是第二类零阶 Bessel 函数。它们的导数为

$$\frac{\mathrm{d}J_0(z)}{\mathrm{d}z} = -J_1(z), \qquad \frac{\mathrm{d}Y_0(z)}{\mathrm{d}z} = -Y_1(z) \tag{5.1.19}$$

式中,$J_1(z)$ 是第一类一阶 Bessel 函数;$Y_1(z)$ 是第二类一阶 Bessel 函数。图 5.2 给出这些函数随 z 变化的情况,它们均呈现振荡。

注解 5.1.2:为了理解式(5.1.18),读者可回顾线性常系数常微分方程的通解。若其特征方程的特征值均互异,则通解的基函数是三角函数、双曲三角函数。如图 5.2 所示,Bessel 函数具有振荡特征,可类比于三角函数,作为式(5.1.17)的通解的基函数。值得注意的是,第一类 Bessel 函数及其导数有界,而第二类 Bessle 函数及其导数在 $z = 0$ 处是无界的。

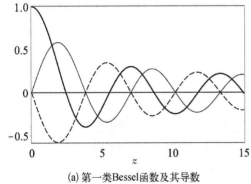

(a) 第一类Bessel函数及其导数
[粗实线:$J_0(z)$;细实线:$J_1(z)$;虚线:$J_0'(z)$]

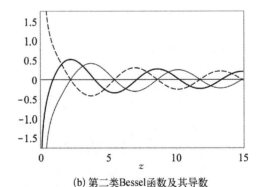

(b) 第二类Bessel函数及其导数
[粗实线:$Y_0(z)$;细实线:$Y_1(z)$;虚线:$Y_0'(z)$]

图 5.2　两类 Bessel 函数及其导数

根据式(5.1.14)和式(5.1.19),可得

---

① 梁昆淼. 数学物理方法[M]. 第 2 版. 北京:人民教育出版社,1978:304 - 323.

$$\frac{\mathrm{d}\varphi(s)}{\mathrm{d}s} = \frac{\mathrm{d}\varphi(z)}{\mathrm{d}z}\frac{\mathrm{d}z}{\mathrm{d}s} = \frac{c_1\omega}{\sqrt{g(L'-s)}}J_1(z) + \frac{c_2\omega}{\sqrt{g(L'-s)}}Y_1(z) \tag{5.1.20}$$

将式(5.1.18)和式(5.1.20)代入边界条件(5.1.13b),得

$$\begin{cases} c_1J_0\left(2\omega\sqrt{\dfrac{L'}{g}}\right) + c_2Y_0\left(2\omega\sqrt{\dfrac{L'}{g}}\right) = 0 \\[3mm] \omega\sqrt{\dfrac{g}{l}}\left[c_1J_1\left(2\omega\sqrt{\dfrac{l}{g}}\right) + c_2Y_1\left(2\omega\sqrt{\dfrac{l}{g}}\right)\right] - \omega^2\left[c_1J_0\left(2\omega\sqrt{\dfrac{l}{g}}\right) + c_2Y_0\left(2\omega\sqrt{\dfrac{l}{g}}\right)\right] = 0 \end{cases}$$
$$\tag{5.1.21}$$

这是关于积分常数 c_1 和 c_2 的齐次线性方程组,其有非零解的充分必要条件是

$$J_0\left(2\omega\sqrt{\frac{L'}{g}}\right)\left[Y_1\left(2\omega\sqrt{\frac{l}{g}}\right) - \omega\sqrt{\frac{l}{g}}Y_0\left(2\omega\sqrt{\frac{l}{g}}\right)\right]$$
$$- Y_0\left(2\omega\sqrt{\frac{L'}{g}}\right)\left[J_1\left(2\omega\sqrt{\frac{l}{g}}\right) - \omega\sqrt{\frac{l}{g}}J_0\left(2\omega\sqrt{\frac{l}{g}}\right)\right] = 0 \tag{5.1.22}$$

式(5.1.22)是该系统自由振动的特征方程。给定一组系统参数,可用数值方法从式(5.1.22)得到固有频率 ω_r, $r = 1, 2, \cdots$。将固有频率 ω_r 代入式(5.1.21)的第一式,取 $c_1 = 1$,可解出 c_2,进而得到固有振型为

$$\varphi_r(s) = J_0\left(2\omega_r\sqrt{\frac{L'-s}{g}}\right) - \frac{J_0(2\omega_r\sqrt{L'/g})}{Y_0(2\omega_r\sqrt{L'/g})}Y_0\left(2\omega_r\sqrt{\frac{L'-s}{g}}\right), \quad r = 1, 2, \cdots$$
$$\tag{5.1.23}$$

注解 5.1.3:根据注解 5.1.1,若绳摆系统的端部质量为零,则绳的下端边界条件失效,需另行讨论。注意到 $s = L$ 对应 $z = 0$,根据式(5.1.18)可见,若 $c_2 \neq 0$,必有

$$\lim_{s\to L^-}\varphi(s) = \lim_{z\to 0}\varphi(z) = c_1J_0(0) + c_2Y_0(0) = \infty \tag{5.1.24}$$

因此,根据问题的物理意义,须取 $c_2 = 0$。 在数学物理方程中,这种基于物理本质对数学方程定解的要求称为**自然边界条件**或**固有边界条件**。

2. 对固有振动的讨论

(1)端部质量大于零。引入变量代换:

$$\lambda \equiv \frac{2\omega}{\omega_0} = 2\omega\sqrt{\frac{L}{g}} \tag{5.1.25}$$

式中, $\omega_0 \equiv \sqrt{g/L}$ 是与绳摆对应的单摆固有频率。将式(5.1.25)代入式(5.1.22),利用参数关系 $l/L = m/\rho AL = \eta$ 和 $L'/L = \eta + 1$,得到简化的特征方程为

$$J_0(\sqrt{\eta+1}\lambda)\left[Y_1(\sqrt{\eta}\lambda) - \frac{\sqrt{\eta}\lambda}{2}Y_0(\sqrt{\eta}\lambda)\right]$$

$$- Y_0(\sqrt{\eta+1}\lambda)\left[J_1(\sqrt{\eta}\lambda) - \frac{\sqrt{\eta}\lambda}{2}J_0(\sqrt{\eta}\lambda)\right] = 0 \tag{5.1.26}$$

由式(5.1.26)解出的特征值λ_r仅依赖于端部质量比η，绳摆系统的固有频率则与单摆固有频率成正比，即

$$\omega_r = \frac{\omega_0\lambda_r}{2} = \frac{\lambda_r}{2}\sqrt{\frac{g}{L}}, \quad r = 1, 2, \cdots \tag{5.1.27}$$

将式(5.1.27)代入式(5.1.23)，得到仅依赖于端部质量比η的固有振型为

$$\varphi_r(s) = J_0\left(\lambda_r\sqrt{\eta+1-\frac{s}{L}}\right) - \frac{J_0(\sqrt{\eta+1}\lambda_r)}{Y_0(\sqrt{\eta+1}\lambda_r)}Y_0\left(\lambda_r\sqrt{\eta+1-\frac{s}{L}}\right), \quad r = 1, 2, \cdots$$

$$\tag{5.1.28}$$

上述分析表明，对于绳摆系统的固有振动问题，系统端部质量比η是关键参数。绳摆系统的固有振型仅与端部质量比η有关；固有频率除了与端部质量比η有关，还正比于$\sqrt{g/L}$。这就严格证明3.1.3小节中采用集中参数法得到的结论是正确的。

（2）端部质量为零。此时$c_2 = 0$，故特征方程(5.1.22)简化为

$$J_0(\lambda) = 0 \tag{5.1.29}$$

由式(5.1.29)解出特征值λ_r，绳的固有频率满足式(5.1.27)。由图5.2(a)可见，Bessel函数$J_0(\lambda)$的零点λ_r分布比较均匀，故绳的固有频率ω_r在频域内分布也较均匀。根据$\lambda_1 \approx 2.404$，可得到绳的第一阶固有频率为

$$\omega_1 \approx 1.202\sqrt{g/L} = 1.202\omega_0 \tag{5.1.30}$$

此时，绳的固有振型表达式(5.1.23)简化为

$$\varphi_r(s) = J_0\left(\lambda_r\sqrt{1-\frac{s}{L}}\right), \quad r = 1, 2, \cdots \tag{5.1.31}$$

即固有振型取决于Bessel函数$J_0(z)$的形态。若定义第r阶固有振型的第j个节点坐标为$s_{r,j}$，则由式(5.1.31)得

$$s_{r,j} = L\left[1 - \left(\frac{z_j}{\lambda_r}\right)^2\right], \quad 1 \leqslant j \leqslant r-1, \quad r = 2, 3, \cdots \tag{5.1.32}$$

式中，z_j是$J_0(z)$的第j个零点。由于$(z_j/\lambda_r)^2 < 1$，随着固有频率阶次r升高，必有$s_{r,j} \to L$，即高阶固有振型的节点大多聚集到绳下端附近。这是因为绳下端张力趋于零，导致绳的弯曲刚度趋于零。

3. 数值结果与讨论

例 5.1.1：对于给定的参数 $g = 9.8 \, \text{m/s}^2$，$L = 9.8 \, \text{m}$，选择四种端部质量比 $\eta = 10.0$、1.0、0.1、0.0，计算并分析绳摆系统的固有振动。

首先，求解式（5.1.26）或式（5.1.29），得到表 5.1 所示前四阶固有频率；再由式（5.1.28）或式（5.1.31）得到图 5.3 所示固有振型。然后，对图表讨论如下。

表 5.1　绳摆系统在不同端部质量比时的前四阶固有频率（Hz）

频率阶次	$\eta = 10.0$	$\eta = 1.0$	$\eta = 0.1$	$\eta = 0.0$
1	0.160 4	0.168 1	0.184 2	0.191 4
2	1.635 5	0.649 6	0.448 2	0.439 3
3	3.247 4	1.231 5	0.750 3	0.688 6
4	4.864 5	1.827 1	1.072 0	0.938 3

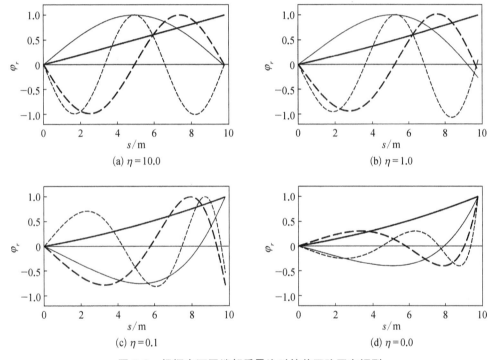

图 5.3　绳摆在不同端部质量比时的前四阶固有振型

（粗实线：第一阶；细实线：第二阶；粗虚线：第三阶；细虚线：第四阶）

由表 5.1 可见，当端部质量比 η 下降时，绳摆系统的第一阶固有频率略有提升，而其他阶次的固有频率显著降低；对于给定的端部质量比 η，自第二阶固有频率起，固有频率间隔比较均匀。当端部质量比 $\eta \to 0$ 时，前面的理论分析已预测这种均匀性。当 $\eta = 10.0$ 时，端部质量大到几乎不运动，绳摆系统犹如固定-固定弦，所以固有频率分布也比较均匀。

由图 5.3 可见，当端部质量比 $\eta = 10.0$ 时，绳摆下端几乎不运动，其第一阶固有振型接近直线，犹如单摆的振动；自第二阶固有频率起，绳摆的固有振型接近正弦函数，犹如固定-固定弦的固有振动。当端部质量比 $\eta = 0.1$ 和 $\eta = 0.0$ 时,情况则相反。正如前面的理论预测,此时绳的下端大幅振动,且随着固有振动阶次提升,固有振型的节点移向绳的下端。

其次,定量分析绳摆系统在两种极端情况下的固有振动。

(1)当 $\eta = 0.0$ 时,根据式(5.1.30)可知,$\omega_1 \approx 1.202\omega_0$。对于本案例所选参数,单摆频率为 $f_0 \equiv \omega_0/(2\pi) \approx 0.159\,2$ Hz,表 5.1 给出绳的第一阶固有频率为 $f_1 \approx 0.191\,4$ Hz,两者之比正是 $f_1/f_0 \approx 1.202$。

(2)当 $\eta = 10.0$ 时,表 5.1 给出绳摆系统的第一阶固有频率为 $f_1 \approx 0.160\,4$ Hz $\approx 1.007\,5f_0$,与单摆非常接近。根据基础教程,固定-固定弦的固有频率可表示为

$$\tilde{\omega}_r = \frac{r\pi}{L}\sqrt{\frac{\bar{T}}{\rho A}}, \quad r = 1, 2, \cdots \tag{a}$$

式中,$\bar{T}$ 为弦内的定常张力。若取绳摆上下端张力的平均值作为 $\bar{T}$,得

$$\tilde{\omega}_r = \frac{r\pi}{L}\sqrt{\frac{T(0)+T(L)}{2\rho A}} = \frac{r\pi}{L}\sqrt{\frac{(1+2\eta)\rho A L g}{2\rho A}} = r\pi\omega_0\sqrt{\frac{1+2\eta}{2}}, \quad r = 1, 2, \cdots \tag{b}$$

将 $\eta = 10.0$ 和 $\omega_0 = 1$ rad/s 代入式(b),可得

$$\tilde{f}_r = 1.620\,2 \text{ Hz}, 3.240\,4 \text{ Hz}, 4.860\,6 \text{ Hz}, \cdots \tag{c}$$

与表 5.1 中 $\eta = 10.0$ 的情况相比,固定-固定弦的固有频率可作为此时绳摆系统自第二阶起的固有频率近似值,属于下方逼近。

5.1.3　连续模型和离散模型的对比

本小节基于绳摆系统连续模型的固有振动精确解,考核 3.1.3 小节所建立的离散模型的有效性。根据 5.1.2 小节的分析,当端部质量比 η 较大,所关心的固有振动阶次比较低时,可建立自由度较少的离散模型;反之,必须建立自由度较多的离散模型。现取两种端部质量比,分别考察绳摆系统的前三阶固有振动计算问题。

1. 端部重质量案例

例 5.1.2:取端部质量比为 $\eta = 10.0$,离散模型自由度为 $N = 6$,采用 3.1.3 小节的离散模型 A 和离散模型 B,计算绳摆系统的前三阶固有振动并作对比。

表 5.2 是连续模型和离散模型的前三阶固有频率计算结果对比。由表 5.2 可见,对于第一阶固有频率,两种离散模型的计算结果与连续模型结果的前四位有效数字均相同;对于第二阶和第三阶固有频率,两种离散模型的计算结果也不错,相对误差为 $0.79\% \sim 4.55\%$。相比之下,模型 B 优于模型 A。在本案例中,模型 B 将各绳段分布质量集中到下端,可使第二阶以上的固有频率近似解略有增加,有利于逼近根据连续模型得到的固有频率精确解。

表 5.2　$\eta = 10.0$ 时连续模型和离散模型的前三阶固有频率对比(Hz)

频 率 阶 次	连续模型	离散模型 A(相对误差%)	离散模型 B(相对误差%)
1	0.160 4	0.160 4(0.00)	0.160 4(0.00)
2	1.635 5	1.616 2(1.18)	1.622 5(0.79)
3	3.247 4	3.099 6(4.55)	3.111 9(4.17)

此时,绳摆系统的第一阶固有振型接近直线,离散模型与其完全吻合。图 5.4 给出连续模型与离散模型 A 的第二阶和第三阶固有振型对比。由图可见,即使此时精度稍差的离散模型 A,给出的结果也很好。

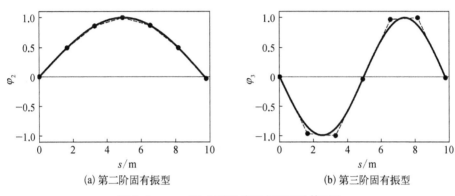

(a) 第二阶固有振型　　　　　　　　　(b) 第三阶固有振型

图 5.4　$\eta = 10.0$ 时系统固有振型计算对比

(实线:连续模型;实心圆虚线:离散模型 A)

2. 端部轻质量案例

例 5.1.3:取端部质量比为 $\eta = 0.1$,离散模型自由度仍为 $N = 6$,采用 3.1.3 小节的离散模型 A 和离散模型 B,计算绳摆系统的前三阶固有振动并作对比。

表 5.3 是连续模型和离散模型的前三阶固有频率计算结果对比。由表 5.3 可见,此时两种离散模型对不同阶次固有频率的计算各有优劣,但符合工程需求。从两种离散模型的计算结果看,离散模型 B 将各绳段分布质量集中到绳段下端,可降低第一阶固有频率、提升自第二阶起的固有频率,这完全符合端部质量对绳摆系统固有频率的影响规律。

表 5.3　$\eta = 0.1$ 时连续模型和离散模型的前三阶固有频率对比(Hz)

频 率 阶 次	连 续 模 型	离散模型 A(相对误差%)	离散模型 B(相对误差%)
1	0.184 2	0.183 2(0.54)	0.179 6(2.49)
2	0.448 2	0.429 9(0.38)	0.453 4(1.16)
3	0.750 3	0.688 9(8.18)	0.753 9(0.48)

图 5.5 选择第二阶和第三阶固有振型,给出连续模型与离散模型 A 的计算结果对比。由图 5.5 可见,随着固有振动阶次提升,固有振型节点向绳下端聚集;现有离散模型采用等间隔离散,故计算精度变差。

注解 5.1.4:为了提高离散模型的计算精度,可采用若干改进方案:例如,将现有绳

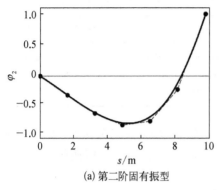

(a) 第二阶固有振型

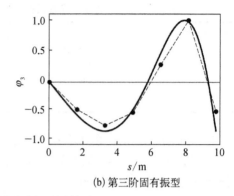

(b) 第三阶固有振型

图5.5　$\eta = 0.1$ 时系统固有振型计算对比

（实线：连续模型；实心圆虚线：离散模型 A）

段进一步等分,增加离散模型的自由度;又如,采用不等长度的绳段离散方案;再如,可综合上述两种方案,将绳的下部离散为更短的绳端等。这正是有限元法中的自适应网格思想。

5.1.4　小结

本节根据第1章提出的绳系卫星系统论证需求,对重力场中的绳摆系统面内固有振动问题给出了精确解,并与 3.1.3 小节中建立的两种离散模型进行了对比,完善了 3.1.3 小节对第1章中问题 1A 和 1B 的研究。主要结论如下。

（1）绳摆系统的固有振型仅依赖于系统的端部质量比 η;绳摆系统的固有频率除了依赖端部质量比 η,还与具有系绳长度的单摆的固有频率 $\omega_0 = \sqrt{g/L}$ 呈正比。对于绳系卫星系统的面内固有振动,若重力加速度 g 或绳长 L 变更,则只需调整固有频率的比例因子 $\sqrt{g/L}$。

（2）如果端部质量比较大（如 $\eta = 10.0$）,绳摆的固有振动相对简单,其第一阶固有振动犹如单摆,自第二阶起的固有振动犹如固定-固定弦。在绳系卫星系统中,通常子卫星质量远大于细绳质量,故这是利好结论。

（3）如果端部质量比趋于零,绳摆下端的张力趋于零,导致系绳弯曲刚度趋于零。此时,绳摆下端振动剧烈,高阶固有振型的节点向绳摆下端聚集。用系绳装置捕获空间小碎片时,若端部质量比过小,系绳端部摆动会过大。

（4）对于重力场中绳摆系统的面内固有振动问题,采用集中参数法建立离散模型并进行分析要比基于连续模型的研究简单许多,而且也可预测该系统固有振动与系统参数之间的依赖关系。若绳摆系统的端部质量比较大,两种离散模型的固有振动计算精度都很好;若端部质量比较小,则两种离散模型计算不同阶次固有振动的结果各有优劣。

5.2　杆在固有振动中的对偶分析

由线弹性均质材料制成的直杆（以下简称为杆）是工程结构的基本单元,也是分析和设计工程结构时常用的简化力学模型。人们对杆的动力学研究具有悠久历史,已相对比较成熟。在理论研究方面,包括引入变形假设,针对杆纵向动力学的初等波动理论①,以及基于该理论研究变截面杆、非局部弹性杆、给定固有频率之后杆的动态设计,还包括放弃变形假设,针对圆截面杆的三维弹性动力学理论②。

历史上,人们很早就发现某些不同的杆具有相同固有频率。例如,人们在设计管乐器时发现:对于两把长度均为 L 的长号 a 和 b,若其小端均固定、大端均自由,用 $A(x)$ 和 $\tilde{B}(x)$ 分别表示长号 a 和长号 b 距离小端 x 处的截面积,则当 $A(x)\tilde{B}(L-x)$ 为常数时,两把长号内的气柱具有相同固有频率③。

人们逐步认识到,这是变截面固定-自由杆的动力学性质,由此引发了若干研究。例如,Ram 和 Elhay 曾用有限差分法求解变截面杆的动力学方程,研究了上述性质④。他们将这样截面积不同、但具有相同固有频率的固定-自由杆称为**对偶**。在介绍等截面杆振动的许多著作和教材中也提及,自由-自由杆与固定-固定杆具相同的固有频率方程,但并未分析其原因。

在结构振动研究中,人们已提出多种对偶概念并开展了相关研究,如弹性结构与黏弹性结构之间的对偶问题⑤、基于辛对偶的结构振动分析⑥,但并未系统研究杆在固有振动中的对偶问题。

本节不计杆的刚体运动,将具有相同固有频率的杆定义为对偶,研究它们的截面变化规律和齐次边界条件,解决第 1 章中提出的问题 4B。首先,研究两根变截面杆对偶应满足的截面变化规律和齐次边界条件。在此基础上,限定两根对偶杆具有相同截面积变化,研究其截面变化规律和齐次边界条件,并讨论等截面杆对偶的力学含义。最后,将上述研究和结论推广到材料密度、弹性模量、截面积均沿轴向变化杆的对偶问题。本节内容主要取自作者的论文⑦。

5.2.1　不同截面变化杆的对偶

本小节研究由相同线弹性均质材料制成、但具有不同截面积变化的杆 a 和杆 b 在固有振动中的对偶问题。

1. 对偶条件

首先,针对杆 a,建立用其纵向位移 $u(x,t)$(以下简称位移)描述的杆动力学方程:

① Hagedorn P, Das Cupta A. Vibrations and waves in continuous mechanical systems[M]. Chichester: John Wiley & Sons Ltd., 2007: 1-112.
② Achenbach J D. Wave propagation in elastic solids[M]. Amsterdam: North-Holland Publishing Company, 1973: 202-261.
③ Benade A H. Fundamentals of musical acoustics[M]. Oxford: Oxford University Press, 1976: 140.
④ Ram Y M, Elhay S. Dualities in vibrating rods and beams: continuous and discrete models[J]. Journal of Sound and Vibration, 1995, 184(5): 648-655.
⑤ Chen Q, Zhu D M. Vibrational analysis theory and applications to elastic-viscoelastic composite structure[J]. Computers and Structures, 1990, 37(4): 585-595.
⑥ Li X J, Xu F Y, Zhang Z. Symplectic method for natural modes of beams resting on elastic foundations[J]. ASCE Journal of Engineering Mechanics, 2018, 144(4): 04018009.
⑦ 胡海岩. 杆在固有振动中的对偶关系[J]. 动力学与控制学报, 2020, 18(2): 1-8.

$$\rho A(x) \frac{\partial^2 u(x,t)}{\partial t^2} - \frac{\partial}{\partial x} \left[EA(x) \frac{\partial u(x,t)}{\partial x} \right] = 0 \qquad (5.2.1a)$$

式中，L 为杆的长度；ρ 为材料密度；E 为材料弹性模量；$x \in [0, L]$ 是以杆左端为原点、沿杆轴线的位置坐标；$A(x) > 0$ 是杆的截面积函数,它关于 $x \in [0, L]$ 二阶连续可微。

杆 a 在其端部具有关于位移或内力的边界条件,可简化为关于位移或应变的如下齐次边界条件：

$$u(x_B, t) = 0, \quad u_x(x_B, t) \equiv \frac{\partial u(x,t)}{\partial x} \bigg|_{x=x_B} = 0, \quad x_B \in \{0, L\} \qquad (5.2.1b)$$

在式(5.2.1b)中,两种边界与端部坐标 $x_B \in \{0, L\}$ 组合构成**边界条件集合**,包括四种边界条件,即固定-固定、自由-自由、固定-自由、自由-固定。在后续分析中,只要出现 $x_B \in \{0, L\}$,即意味着是上述边界条件集合。至此,可将式(5.2.1a)和式(5.2.1b)作为基于位移描述的杆 a 的动力学方程边值问题。

在式(5.2.1a)中,方括号项是杆 a 的纵向内力(以下简称内力),可记为

$$N(x,t) \equiv EA(x) \frac{\partial u(x,t)}{\partial x} \qquad (5.2.2)$$

由此将式(5.2.1a)改写为

$$\frac{\partial^2 u(x,t)}{\partial t^2} = \frac{1}{\rho A(x)} \frac{\partial N(x,t)}{\partial x} \qquad (5.2.3)$$

将式(5.2.2)对时间 t 求两次偏导数并交换偏导数顺序,再利用式(5.2.3),得

$$\frac{\partial^2 N(x,t)}{\partial t^2} = EA(x) \frac{\partial}{\partial x} \frac{\partial^2 u(x,t)}{\partial t^2} = EA(x) \frac{\partial}{\partial x} \left[\frac{1}{\rho A(x)} \frac{\partial N(x,t)}{\partial x} \right] \qquad (5.2.4)$$

将式(5.2.4)改写为基于内力 $N(x,t)$ 描述的杆 a 的动力学方程,即

$$\rho \tilde{A}(x) \frac{\partial^2 N(x,t)}{\partial t^2} = \frac{\partial}{\partial x} \left[E\tilde{A}(x) \frac{\partial N(x,t)}{\partial x} \right], \quad \tilde{A}(x) \equiv \frac{1}{\rho EA(x)} \qquad (5.2.5a)$$

式中,类比杆 a 截面积函数定义 $\tilde{A}(x)$,其单位是 $\mathrm{m}^2 \cdot \mathrm{s}^2 \cdot \mathrm{kg}^{-2}$。根据式(5.2.1b)中用位移描述的杆 a 的边界条件,可推导出用内力描述的边界条件集合为

$$\begin{cases} N_x(x_B, t) = \dfrac{\partial}{\partial x} \left[EA(x) \dfrac{\partial u(x,t)}{\partial x} \right] \bigg|_{x=x_B} = \rho A(x_B) \dfrac{\partial^2 u(x_B, t)}{\partial t^2} = 0 \\ N(x_B, t) = EA(x_B) u_x(x_B, t) = 0, \quad x_B \in \{0, L\} \end{cases} \qquad (5.2.5b)$$

式(5.2.5a)和式(5.2.5b)构成基于内力描述的杆 a 的动力学方程边值问题。

其次,考察由相同材料制成的杆 b,其截面积函数 $B(x)$ 关于 $x \in [0, L]$ 二次连续可微,杆 b 的其他参数与杆 a 相同。将杆 a 的固定边界置换为自由边界、自由边界置换为固

定边界,作为杆 b 的边界条件。建立由位移 $\tilde{u}(x, t)$ 描述的杆 b 的动力学方程边值问题:

$$\begin{cases} \rho\tilde{B}(x)\dfrac{\partial \tilde{u}^2(x, t)}{\partial t^2} = \dfrac{\partial}{\partial x}\left[E\tilde{B}(x)\dfrac{\partial \tilde{u}(x, t)}{\partial x}\right] \\ \tilde{u}_x(x_B, t) = 0, \quad \tilde{u}(x_B, t) = 0, \quad x_B \in \{0, L\} \end{cases} \tag{5.2.6}$$

引入杆 b 的内力为

$$\tilde{N}(x, t) = E\tilde{B}(x)\frac{\partial \tilde{u}(x, t)}{\partial x} \tag{5.2.7}$$

类比对杆 a 的分析,可得到用内力 $\tilde{N}(x, t)$ 描述的杆 b 的动力学方程边值问题,即

$$\begin{cases} \rho B(x)\dfrac{\partial^2 \tilde{N}(x, t)}{\partial t^2} = \dfrac{\partial}{\partial x}\left[EB(x)\dfrac{\partial \tilde{N}(x, t)}{\partial x}\right] \\ \tilde{N}(x_B, t) = 0, \quad \tilde{N}_x(x_B, t) = 0, \quad x_B \in \{0, L\}, \quad B(x) \equiv \dfrac{1}{\rho E\tilde{B}(x)} \end{cases} \tag{5.2.8}$$

现取杆 b 的截面积函数和类比截面积函数为

$$\tilde{B}(x) = \gamma\tilde{A}(x) = \frac{\gamma}{\rho EA(x)}, \quad B(x) = \frac{A(x)}{\gamma}, \quad \gamma \equiv 1\,\text{kg}^2 \cdot \text{s}^{-2} \tag{5.2.9}$$

将式(5.2.9)代入式(5.2.6)和式(5.2.8),则式(5.2.6)与式(5.2.5)的形式完全相同,式(5.2.8)与式(5.2.1)的形式也完全相同。因此,杆 a 和杆 b 具有相同固有频率。在一般情况下,$\tilde{B}(x) \neq A(x)$,故称这样的杆 a 和杆 b 为**异截面对偶**。

此外,不论是将式(5.2.1b)与式(5.2.5b)进行比较,还是将式(5.2.6)与式(5.2.8)中的边界条件作比较,均可见位移描述的边界条件和内力描述的边界条件构成如下**对偶边界**:即位移固定边界对应于内力梯度为零边界,位移自由边界对应于内力为零边界。

2. 异截面对偶杆及其分类

基于上述杆的异截面对偶概念和对偶边界概念,得到如下结论。

(1) 固定-固定杆 a 与自由-自由杆 b 为异截面对偶,自由-自由杆 a 与固定-固定杆 b 为异截面对偶,固定-自由杆 a 与自由-固定杆 b 为异截面对偶,自由-固定杆 a 与固定-自由杆 b 为异截面对偶。应指出,在后两种情况中,杆 a 和杆 b 的边界对偶,即应将固定边界和自由边界的位置对换。

(2) 异截面对偶的两种杆具有相同固有频率;它们彼此的内力振型与位移振型相同。若已知杆 a 的第 r 阶位移振型 $u_r(x)$,由式(5.2.2)可得到其内力振型 $N_r(x) = EA(x)\partial u_r(x)/\partial x$,则杆 b 的第 r 阶位移振型可取为 $\tilde{u}_r(x) = N_r(x)$;反之,若已知杆 b 的第 r 阶位移振型 $\tilde{u}_r(x)$,由式(5.2.7)和式(5.2.9)得到其内力振型 $\tilde{N}_r(x) = \gamma E\tilde{A}(x)\partial \tilde{u}_r(x)/\partial x$,则杆 a 的第 r 阶位移振型可取为 $u_r(x) = \tilde{N}_r(x)$。

例 5.2.1　现考察截面积平方变化的固定-固定杆 a,其截面积函数为 $A(x) =$

$A_0(1 + \alpha x)^2$，其中 $A_0 > 0$，$\alpha > -1/L$ 为常数。根据式(5.2.1)，得到由位移描述的杆 a 的动力学方程边值问题

$$\begin{cases} \rho A_0(1 + \alpha x)^2 \dfrac{\partial^2 u(x,\,t)}{\partial t^2} - \dfrac{\partial}{\partial x}\left[EA_0(1 + \alpha x)^2 \dfrac{\partial u(x,\,t)}{\partial x}\right] = 0 \\ u(0,\,t) = 0, \quad u(L,\,t) = 0 \end{cases} \tag{a}$$

引入函数 $v(x,\,t) \equiv (1 + \alpha x)u(x,\,t)$，可将式(a)转化为[①]

$$\begin{cases} \rho \dfrac{\partial^2 v(x,\,t)}{\partial t^2} - E \dfrac{\partial^2 v(x,\,t)}{\partial x^2} = 0 \\ v(0,\,t) = 0, \quad v(L,\,t) = 0 \end{cases} \tag{b}$$

这是常见的等截面固定-固定杆的动力学方程边值问题，基础教程已给出其固有频率和位移振型为

$$\omega_r = \kappa_r c_0, \quad v_r(x) = a_r \sin(\kappa_r x), \quad \kappa_r = \frac{r\pi}{L}, \quad r = 1,\,2,\,\cdots \tag{c}$$

式中，$c_0 \equiv \sqrt{E/\rho}$ 是等截面杆的纵波波速，也恰好是该变截面杆的纵波波速[②]。

变截面固定-固定杆 a 具有与此相同的固有频率，而其位移振型为

$$u_r(x) = \frac{v_r(x)}{1 + \alpha x} = \frac{a_r \sin(\kappa_r x)}{1 + \alpha x}, \quad r = 1,\,2,\,\cdots \tag{d}$$

取变截面自由-自由杆 b 的截面积函数为

$$\tilde{B}(x) = \frac{\gamma}{\rho EA(x)} = \frac{\gamma}{\rho EA_0(1 + \alpha x)^2} \tag{e}$$

根据异截面对偶，自由-自由杆 b 与固定-固定杆 a 具有相同固有频率，而其位移振型可取为

$$\begin{cases} \tilde{u}_r(x) = EA(x) \dfrac{\partial u_r(x)}{\partial x} = b_r[\kappa_r(1 + \alpha x)\cos(\kappa_r x) - \alpha\sin(\kappa_r x)] \\ b_r \equiv a_r EA_0 \end{cases} \tag{f}$$

为了验证上述结果的正确性，可将式(f)代入自由-自由杆 b 的动力学方程边值问题进行检查。图 5.6 以粗的实线、虚线、点划线给出 $\alpha = 2/L$ 时异截面对偶杆的前三阶最大位移归一化振型。此时，杆 a 的截面积左小右大，故振型幅值左高右低；而杆 b 的截面积变化相反，故振型幅值左低右高。作为参考，在图 5.6 中用细的实线、虚线、点划线给出

① Abrate S. Vibration of non-uniform rods and beams[J]. Journal of Sound and Vibration, 1995, 185(4): 703 - 716.

② Guo S Q, Yang S P. Wave motions in non-uniform one-dimensional waveguides[J]. Journal of Vibration and Control, 2012, 18(1): 92 - 100.

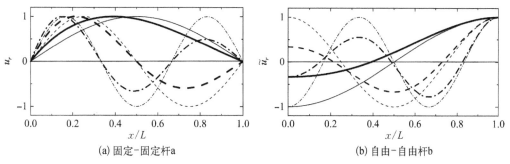

图 5.6　异截面对偶杆的前三阶最大位移归一化振型

（粗线：$\alpha = 2/L$；细线：$\alpha = 0$；实线：第一阶；虚线：第二阶；点划线：第三阶）

$\alpha = 0$ 时等截面杆的前三阶最大位移归一化振型，它们具有镜像对称性或反对称性。

3. 平凡与非平凡对偶

除了上述异截面对偶，杆 a 和杆 b 在如下情况下也具有相同固有频率。

（1）镜像：即杆 a 及其边界条件与杆 b 及其边界条件关于截面 $x = L/2$ 对称。显然，两镜像杆的固有频率相同，而它们的振型彼此为镜像。

（2）相似：即杆 a 和杆 b 具有相同边界，其截面积分别为 $A(x)$ 和 $\beta A(x)$，其中 $\beta > 0$。根据变截面杆的位移动力学方程，系数 $\beta > 0$ 不影响杆的固有振动，即两相似杆具有相同的固有频率和振型。在本研究中，可将它们视为同一根杆。

注解 5.2.1：镜像和相似具有如下特点：一是它们属于平凡情况，无须对偶分析即获得上述固有振动行为；二是两根杆彼此镜像或相似时，具有相同固有频率，属于本节引言所界定的对偶；三是根据上述异截面对偶杆的位移振型关系，它们不属于异截面对偶；四是对于两根彼此镜像或相似的杆，若其中之一与另一根杆构成异截面对偶，则它们均与该杆构成异截面对偶，即镜像或相似可传递对偶信息。基于上述特点，本节将镜像和相似作为**平凡对偶**，而将异截面对偶作为**非平凡对偶**。

5.2.2　相同截面变化杆的对偶

对于两根异截面对偶杆，若限定其具有相同的截面积变化，它们是否在对偶边界条件下具有相同固有频率呢？本节先讨论一个具体案例，再将研究推广到一般情况。

1. 截面积指数变化杆的对偶

例 5.2.2：首先，考察图 5.7 所示的固定-固定杆 a，其截面积为图 5.7 坐标系中的指数函数 $A(x) = A_0 \exp(\alpha x)$，其中 $A_0 > 0$，$\alpha \geqslant 0$ 为常数。此时，杆的两端截面积分别为 $A(0) = A_0$ 和 $A(L) = A_0 \exp(\alpha L)$。

再考察图 5.7 中的自由-自由杆 b，取其截面积 $\tilde{B}(x)$ 函数满足式（5.2.9），即

$$\tilde{B}(x) = \gamma \tilde{A}(x) = \frac{\gamma}{\rho E A(x)} = \frac{\gamma}{\rho E A_0} \exp(-\alpha x) \tag{a}$$

则自由-自由杆 b 与固定-固定杆 a 构成异截面对偶。

将杆 b 的镜像记为杆 c，它传递杆 b 携带的对偶信息，即自由-自由杆 c 与固定-固定

杆 a 构成异截面对偶。由于杆 c 在图 5.7 坐标系中的截面积为

$$\hat{B}(x) \equiv \tilde{B}(L-x) = \frac{\gamma}{\rho EA(L)} \exp(\alpha x) = \frac{A(x)}{\beta}, \quad \beta \equiv \frac{\rho EA_0 A(L)}{\gamma} > 0 \tag{b}$$

这表明,杆 c 和杆 a 具有相似的截面积变化规律,其差异仅是系数 $1/\beta$。若将杆 c 的截面积乘以 β 得到自由-自由杆 d,则杆 d 和杆 c 相似,具有相同固有振动。此时,固定-固定杆 a 与自由-自由杆 d 具有相同固有频率。由于固定-固定杆 a 与自由-自由杆 d 具有相同截面积,故称它们为**同截面对偶**。

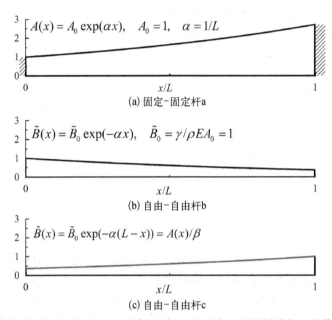

图 5.7　同截面对偶条件下的固定-固定杆 a、自由-自由杆 b 及其镜像杆 c 的截面积函数对比

对于上述截面积为指数函数的固定-固定杆,文献①给出了其固有频率和位移振型为

$$\begin{cases} \omega_r = c_0 \sqrt{\lambda_r^2 + \left(\frac{a}{2}\right)^2}, \quad \lambda_r = \frac{r\pi}{L}, \quad c_0 \equiv \sqrt{\frac{E}{\rho}} \\ u_r(x) = a_r \exp\left(-\frac{\alpha x}{2}\right) \sin(\lambda_r x), \quad r = 1, 2, \cdots \end{cases} \tag{c}$$

在 7.2.1 小节将分析指出,此时 c_0 是具有速度量纲的参数,但并非该变截面杆的纵波波速。根据式(c)中的位移振型,得到内力振型为

$$\begin{cases} N_r(x) = EA(x)\frac{\partial u_r(x)}{\partial x} = b_r \exp\left(\frac{\alpha x}{2}\right)\left[\lambda_r \cos(\lambda_r x) - \frac{\alpha}{2}\sin(\lambda_r x)\right] \\ b_r \equiv a_r EA_0, \quad r = 1, 2, \cdots \end{cases} \tag{d}$$

① 郭树起,杨绍普. 一类非等截面杆的纵向自由振动[J]. 石家庄铁道学院学报,2010,23(2):59-63.

根据固定-固定杆 a 与自由-自由杆 b 构成异截面对偶,自由-自由杆的固有频率为式 (c) 中的 ω_r, $r = 1, 2, \cdots$。将式 (d) 中固定-固定杆 a 的内力振型作为自由-自由杆 b 的位移振型 $\tilde{u}_r(x)$,通过把坐标 x 代换为 $L - x$ (或把 α 代换为 $-\alpha$),得到其镜像杆 c 的位移振型为

$$\hat{u}_r(x) = b_r \exp\left(-\frac{\alpha x}{2}\right)\left[\lambda_r \cos(\lambda_r x) + \frac{\alpha}{2}\sin(\lambda_r x)\right], \quad r = 1, 2, \cdots \tag{e}$$

这正是自由-自由杆 a 的位移振型[①]。

图 5.8 给出上述固定-固定杆和自由-自由杆的前三阶最大位移归一化振型。其中,粗的实线、虚线和点划线是 $\alpha = 2/L$ 时变截面杆的前三阶振型;此时杆的右端比左端粗,故振型幅值呈现左大右小。图中用细的实线、虚线和点划线给出 $\alpha = 0$ 时等截面杆的前三阶振型,它们具有镜像对称或反对称性。

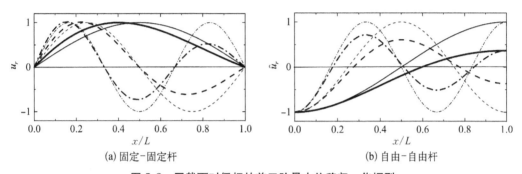

(a) 固定-固定杆　　　　　　　　　(b) 自由-自由杆

图 5.8　同截面对偶杆的前三阶最大位移归一化振型

(粗线:$\alpha = 2/L$;细线:$\alpha = 0$;实线:第一阶;虚线:第二阶;点划线:第三阶)

2. 同截面对偶条件

对例 5.2.2 的讨论作推广,可得到杆的同截面对偶条件:*存在常数 $\beta > 0$,使其截面积 $A(x)$ 满足*

$$A(x) = \beta\hat{B}(x) = \beta\tilde{B}(L - x) = \frac{\beta\gamma}{\rho E A(L - x)} \tag{5.2.10}$$

将式 (5.2.10) 改写为

$$\frac{A(x)}{\sqrt{\beta\gamma/\rho E}}\frac{A(L - x)}{\sqrt{\beta\gamma/\rho E}} = 1 \tag{5.2.11}$$

这等价为

$$\ln\left[\frac{A(x)}{\sqrt{\beta\gamma/\rho E}}\right] + \ln\left[\frac{A(L - x)}{\sqrt{\beta\gamma/\rho E}}\right] = 0 \tag{5.2.12}$$

---

① 郭树起,杨绍普.一类非等截面杆的纵向自由振动[J].石家庄铁道学院学报,2010,23(2):59-63.

引入以新变量 y 表示的函数

$$f(y) \equiv \ln\left[\frac{A(y+L/2)}{\sqrt{\beta\gamma/\rho E}}\right], \quad y \equiv x - \frac{L}{2} \in \left[-\frac{L}{2}, \frac{L}{2}\right] \tag{5.2.13}$$

用函数 $f(y)$ 来表达式(5.2.12),可发现 $f(y)$ 满足奇函数条件,即

$$f(y) + f(-y) = 0 \tag{5.2.14}$$

由式(5.2.13)和式(5.2.14)解出

$$A(x) = \sqrt{\frac{\beta\gamma}{\rho E}}\exp\left[f\left(x - \frac{L}{2}\right)\right], \quad x \in [0, L] \tag{5.2.15}$$

选择任意的光滑奇函数 $f(y)$,$y \in [-L/2, L/2]$,由式(5.2.15)给出的截面积函数 $A(x)$ 均满足同截面对偶条件(5.2.10)。不难验证,例5.2.2中的杆截面积函数具有满足式(5.2.15)的最简形式。

3. 同截面对偶杆

现考察截面积函数满足式(5.2.15)的固定-固定杆与自由-自由杆的对偶问题。为了直观地说明式(5.2.15)的功能,选择光滑奇函数

$$g(y) \equiv \alpha\sin\left(\frac{3\pi y}{L}\right), \quad y \in \left[-\frac{L}{2}, \frac{L}{2}\right], \quad \alpha > 0, \quad \beta \equiv \frac{\rho E A_0^2}{\gamma} \tag{5.2.16}$$

将式(5.2.16)代入式(5.2.15),得到杆 a 的截面积为

$$A(x) = A_0\exp\left[\alpha\cos\left(\frac{3\pi x}{L}\right)\right], \quad A_0 > 0, \quad \alpha > 0 \tag{5.2.17}$$

容易验证式(5.2.17)满足条件(5.2.10)。

图5.9给出三种杆的截面积变化函数,即固定-固定杆 a 的截面积函数 $A(x)$,自由-自由杆 b 的截面积函数 $\tilde{B}(x) = \gamma\tilde{A}(x)$,以及由杆 b 镜像得到的自由-自由杆 c 的截面积函数 $\hat{B}(x) = A(x)/\beta$。再将杆 c 的截面积乘以 β,得到与杆 c 相似的自由-自由杆 d。此时,杆 a 与杆 d 构成对偶,且具有相同截面积,故杆 a 在固定-固定边界和自由-自由边界下构成同截面对偶。

4. 非同截面对偶杆

根据杆的截面变化是否满足同截面对偶条件,可分如下两种情况讨论。

(1) 对于截面积函数满足式(5.2.15)的固定-自由杆 a,其异截面对偶是自由-固定杆 b,杆 b 的镜像是固定-自由杆 c。此时,固定-自由杆 c 与固定-自由杆 a 的唯一可能区别是端部截面积不同。根据对平凡对偶情况的讨论,杆 a 和杆 c 相似,应视为同一根杆。因此,固定-自由杆只能与其自身构成同截面对偶,属于平凡对偶。同理,自由-固定杆也如此。

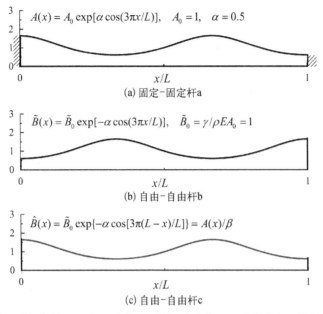

$$A(x) = A_0 \exp[\alpha \cos(3\pi x/L)], \quad A_0 = 1, \quad \alpha = 0.5$$

(a) 固定-固定杆 a

$$\tilde{B}(x) = \tilde{B}_0 \exp[-\alpha \cos(3\pi x/L)], \quad \tilde{B}_0 = \gamma/\rho E A_0 = 1$$

(b) 自由-自由杆 b

$$\hat{B}(x) = \tilde{B}_0 \exp\{-\alpha \cos[3\pi(L-x)/L]\} = A(x)/\beta$$

(c) 自由-自由杆 c

图 5.9　同截面对偶条件下固定-固定杆 a、自由-自由杆 b 及其镜像杆 c 的截面积函数对比

（2）在实践中,许多杆的截面积函数不满足同截面对偶条件(5.2.15)。例如,例 5.2.1 中的截面积二次变化杆不具有式(5.2.15)的形式,故不存在同截面对偶。已有研究表明[1],这样的杆在固定-固定边界和自由-自由边界下的固有频率不同,即非同截面对偶。

5.2.3　等截面杆的对偶

对于等截面杆, $A(x) \equiv A_0 > 0$,其动力学方程与截面积函数无关,即杆 a 的位移动力学方程边值问题(5.2.1)和内力动力学方程边值问题(5.2.5)可简化为

$$\begin{cases} \dfrac{\partial^2 u(x, t)}{\partial t^2} - c_0^2 \dfrac{\partial^2 u(x, t)}{\partial x^2} = 0 \\ u(x_B, t) = 0, \quad u_x(x_B, t) = 0, \quad x_B \in \{0, L\} \end{cases} \tag{5.2.18}$$

$$\begin{cases} \dfrac{\partial^2 N(x, t)}{\partial t^2} - c_0^2 \dfrac{\partial^2 N(x, t)}{\partial x^2} = 0 \\ N_x(x_B, t) = 0, \quad N(x_B, t) = 0, \quad x_B \in \{0, L\} \end{cases} \tag{5.2.19}$$

式中, $c_0 \equiv \sqrt{E/\rho}$ 是等截面杆的纵波波速。

根据条件式(5.2.9),杆 b 的位移动力学方程边值问题式(5.2.6)和内力动力学方程边值问题式(5.2.8)可简化为

---

① Abrate S. Vibration of non-uniform rods and beams[J]. Journal of Sound and Vibration, 1995, 185(4): 703 - 716.

$$\begin{cases} \dfrac{\partial^2 \tilde{u}(x,\,t)}{\partial t^2} - c_0^2 \dfrac{\partial^2 \tilde{u}(x,\,t)}{\partial x^2} = 0 \\[2mm] \tilde{u}_x(x_B,\,t) = 0, \quad \tilde{u}(x_B,\,t) = 0, \quad x_B \in \{0,\,L\} \end{cases} \tag{5.2.20}$$

$$\begin{cases} \dfrac{\partial^2 \tilde{N}(x,\,t)}{\partial t^2} - c_0^2 \dfrac{\partial^2 \tilde{N}(x,\,t)}{\partial x^2} = 0 \\[2mm] \tilde{N}(x_B,\,t) = 0, \quad \tilde{N}_x(x_B,\,t) = 0, \quad x_B \in \{0,\,L\} \end{cases} \tag{5.2.21}$$

显然,式(5.2.18)与式(5.2.21)的形式一致,式(5.2.19)与式(5.2.20)的形式一致。由于上述边值问题不含截面积函数,可认为杆 a 和杆 b 是同一根杆,改变杆的边界条件即可获得同截面对偶。因此,可得如下结论。

(1) 等截面固定-固定杆与自由-自由杆对偶;若不计自由-自由杆的刚体运动,它们具有相同的固有频率 $\omega_r = \kappa_r c_0$, $\kappa_r = r\pi/L$, $r = 1,\,2,\,\cdots$。 由于等截面固定-固定杆的位移振型为 $u_r(x) = a_r \sin(\kappa_r x)$,其内力振型为 $N_r(x) = b_r \cos(\kappa_r x)$,而这正是等截面自由-自由杆的位移振型 $\tilde{u}_r(x)$;反之亦然。图 5.8 中的细实线、细虚线、细点划线分别给出这两种杆的前三阶位移振型。

(2) 等截面固定-自由杆与自由-固定杆满足同截面对偶条件,但它们彼此镜像,属于平凡对偶。

读者可能会质疑,自由-自由杆与固定-固定杆的边界条件不同,很容易理解它们的位移振型不同,但为何两者会具有相同的固有频率呢? 现从能量角度来分析这个问题。

例5.2.3: 首先,计算固定-固定杆的第 r 阶固有振动的参考动能和势能,即

$$\begin{cases} T_{\text{ref}} = \dfrac{\rho A}{2} \displaystyle\int_0^L u_r^2(x)\,\mathrm{d}x = \dfrac{\rho A b_r^2}{2} \int_0^L \sin^2(\kappa_r x)\,\mathrm{d}x = \dfrac{\rho A L b_r^2}{4} \\[3mm] V = \dfrac{EA}{2} \displaystyle\int_0^L \left[\dfrac{\mathrm{d}u_r(x)}{\mathrm{d}x} \right]^2 \mathrm{d}x = \dfrac{EA b_r^2 \kappa_r^2}{2} \int_0^L \cos^2(\kappa_r x)\,\mathrm{d}x = \dfrac{EA L b_r^2 \kappa_r^2}{4} \end{cases} \tag{a}$$

其次,计算自由-自由杆的第 r 阶固有振动的参考动能和势能,即

$$\begin{cases} T_{\text{ref}} = \dfrac{\rho A}{2} \displaystyle\int_0^L \tilde{u}_r^2(x)\,\mathrm{d}x = \dfrac{\rho A b_r^2}{2} \int_0^L \cos^2(\kappa_r x)\,\mathrm{d}x = \dfrac{\rho A L b_r^2}{4} \\[3mm] V = \dfrac{EA}{2} \displaystyle\int_0^L \left[\dfrac{\mathrm{d}\tilde{u}_r(x)}{\mathrm{d}x} \right]^2 \mathrm{d}x = \dfrac{EA b_r^2 \kappa_r^2}{2} \int_0^L \sin^2(\kappa_r x)\,\mathrm{d}x = \dfrac{EA L b_r^2 \kappa_r^2}{4} \end{cases} \tag{b}$$

对比式(a)和式(b)可见它们相同,故两种杆的 Rayleigh 商相同,固有频率都为

$$\omega_r = \sqrt{\dfrac{V}{T_{\text{ref}}}} = \kappa_r c_0, \quad r = 1,\,2,\,\cdots \tag{c}$$

从能量角度看,虽然这两种杆的位移振型不同,但所携带的弹性势能和动能之比是相同的。

注解 5.2.2：若基于辛力学体系研究上述问题,则可视位移与内力互为对偶变量,即固定-固定杆的位移边界条件与自由-自由杆的内力边界条件彼此对偶。此时同一根杆受到对偶力学约束,可推断其动力学行为具有对偶性。

5.2.4　材料特性沿轴向变化杆的对偶

本小节将 5.2.1 小节和 5.2.2 小节的研究和结论推广到材料密度和弹性模量均随位置坐标 x 变化的变截面杆,并以案例说明其固有振动对偶的可行性。

1. 动力学方程边值问题

考察材料密度、弹性模量、截面积均随位置坐标 x 变化的杆,其自由振动满足动力学方程

$$\rho(x)A(x)\frac{\partial^2 u(x,t)}{\partial t^2} - \frac{\partial}{\partial x}\left[E(x)A(x)\frac{\partial u(x,t)}{\partial x}\right] = 0 \tag{5.2.22a}$$

式中,$A(x) > 0$；$\rho(x) > 0$；$E(x) > 0$,而杆的齐次边界条件集合为

$$u(x_B,t) = 0, \quad u_x(x_B,t) = 0, \quad x_B \in \{0,L\} \tag{5.2.22b}$$

参考 3.1.1 小节对变截面杆动力学方程的讨论,引入关于位置坐标的变换:

$$y \equiv \int_0^x \sqrt{\frac{\rho(s)}{E(s)}}\, \mathrm{d}s \tag{5.2.23}$$

根据 $\mathrm{d}y/\mathrm{d}x = \sqrt{\rho(x)/E(x)} > 0$,式(5.2.23)关于 x 单调递增,故存在逆变换 $x \equiv x(y)$。将式(5.2.23)代入式(5.2.22a)得

$$\sqrt{\frac{\rho(x)}{E(x)}}\left\{A(x)\sqrt{\rho(x)E(x)}\frac{\partial^2 u(y,t)}{\partial t^2} - \frac{\partial}{\partial y}\left[A(x)\sqrt{\rho(x)E(x)}\frac{\partial u(y,t)}{\partial y}\right]\right\} = 0$$
$$\tag{5.2.24}$$

通过逆变换 $x \equiv x(y)$,可将式(5.2.24)改写为

$$\begin{cases} \bar{A}(y)\dfrac{\partial^2 u(y,t)}{\partial t^2} - \dfrac{\partial}{\partial y}\left[\bar{A}(y)\dfrac{\partial u(y,t)}{\partial y}\right] = 0 \\[2mm] \bar{A}(y) \equiv A[x(y)]\sqrt{\rho[x(y)]E[x(y)]} \end{cases} \tag{5.2.25a}$$

式中,$\bar{A}(y)$ 定义为**截面特性函数**,其单位是 $\mathrm{kg \cdot s^{-1}}$。将式(5.2.23)代入式(5.2.22b),得到相应的齐次边界条件集合为

$$u(y_B,t) = 0, \quad u_y(y_B,t) = 0, \quad y_B \in \{0,\bar{L}\}, \quad \bar{L} \equiv \int_0^L \sqrt{\frac{\rho(x)}{E(x)}}\,\mathrm{d}x \tag{5.2.25b}$$

由于式(5.2.25)与式(5.2.1)具有相同形式,故可沿用 5.2.1 小节和 5.2.2 小节的方法研究这类杆在固有振动中的对偶。根据式(5.2.22b)与式(5.2.25b)中齐次边界条件的一致性,只需研究截面特性函数的对偶条件。

2. 对偶条件

设杆 a 的材料密度、弹性模量和截面积分别为 $\rho_a(x)$、$E_a(x)$ 和 $A(x)$，杆 b 的材料密度、弹性模量和截面积分别为 $\rho_b(x)$、$E_b(x)$ 和 $\tilde{B}(x)$。它们的截面特性函数为

$$\begin{cases} \bar{A}(y) \equiv \tilde{A}[x(y)]\sqrt{\rho_a[x(y)]E_a[x(y)]} \\ \bar{B}(y) \equiv \tilde{B}[x(y)]\sqrt{\rho_b[x(y)]E_b[x(y)]} \end{cases} \tag{5.2.26}$$

根据式(5.2.9)，得到杆 a 和杆 b 的异截面对偶条件：

$$\bar{A}(y)\bar{B}(y) = \gamma \tag{5.2.27}$$

根据式(5.2.15)，得到它们的同截面对偶条件为

$$\bar{A}(y) = \sqrt{\beta\gamma}\exp\left[f\left(y - \frac{\bar{L}}{2}\right)\right], \quad y \in [0, \bar{L}] \tag{5.2.28}$$

现以案例说明同截面对偶的可行性。

例 5.2.4：设杆的截面积定常、材料密度定常，仅材料弹性模量沿轴向呈平方变化，即

$$\begin{cases} A(x) \equiv A_0 > 0, \quad \rho(x) \equiv \rho_0 > 0 \\ E(x) \equiv E_0(1 + \eta x)^2, \quad E_0 > 0, \quad \eta > 0 \end{cases} \tag{a}$$

将式(a)代入坐标变换式(5.2.23)得

$$\begin{cases} y = \dfrac{1}{c_0}\displaystyle\int_0^x \dfrac{1}{1 + \eta s}\,\mathrm{d}s = \dfrac{\ln(1 + \eta x)}{c_0\eta} \in [0, \bar{L}] \\ \bar{L} \equiv \dfrac{\ln(1 + \eta L)}{c_0\eta}, \quad c_0 \equiv \sqrt{\dfrac{E_0}{\rho_0}} \end{cases} \tag{b}$$

此时 c_0 是具有速度量纲的参数，但并不是该杆的纵波波速。由式(b)解出

$$x = \frac{\exp(c_0\eta y) - 1}{\eta} \tag{c}$$

进而得到截面特性函数为

$$\bar{A}(y) \equiv A_0\sqrt{E_0\rho_0[1 + \eta x(y)]^2} = A_0\sqrt{\rho_0 E_0}\exp(c_0\eta y) \tag{d}$$

不难验证，式(d)满足同截面对偶条件(5.2.28)。事实上，此处的截面特性函数与例5.2.2 中的杆截面积函数形式相同，故杆在固定-固定边界和自由-自由边界下具有相同固有频率。

注解 5.2.3：对于材料密度、弹性模量、截面积均随 x 变化的杆，通常难以像本案例这样获得 $x(y)$ 的解析表达式，进而得到截面特性函数表达式。此时，需通过数值方法获得对偶条件。

5.2.5 小结

本节研究线弹性杆在固有振动中的对偶问题，即两种貌似不同的杆在何种条件下具

有相同的固有频率,解决了第 1 章的问题 4B。主要结论如下。

(1)对于线弹性均质材料的变截面杆,给定其截面积函数和齐次边界条件,可确定另一根变截面杆的截面积和齐次边界条件,使两根杆成为异截面对偶。即它们具有不同的截面变化,但具有相同固有频率,而两者的位移振型互为位置坐标的导数。此时,固定-固定杆与自由-自由杆对偶,固定-自由杆与自由-固定杆对偶。

(2)上述两根对偶杆也可成为同截面对偶,即它们具有相同的截面变化并具有相同固有频率,本节给出了这类杆的截面积变化规律。此时,固定-固定杆与自由-自由杆保持对偶,而固定-自由杆和自由-固定杆退化为彼此镜像。等截面杆作为满足上述截面积变化规律的特例,自然具有上述性质。

(3)对于材料特性沿长度变化的变截面杆,可引入坐标变换,将其位移动力学方程边值问题转化为形如材料特性不变的变截面杆位移动力学方程边值问题,进而获得异截面对偶、同截面对偶条件。

(4)由于线弹性材料制成的轴与杆具有相同形式的动力学方程和边界条件,故本节的研究和结论适用于轴的固有振动对偶问题。

5.3 梁在固有振动中的对偶分析

由线弹性均质材料制成的 Euler-Bernoulli 梁(以下简称为梁)是工程结构的基本单元,也是分析和设计工程结构时常用的简化力学模型。人们对梁的振动研究已相对比较成熟,近年来日益关注梁的动态设计问题。例如,提出变截面梁的"声学黑洞"概念并利用其进行减振设计[1][2];对梁的截面和边界进行结构优化来获得期望的动力学特性[3]。在这些研究中,通常给定梁的动特性,求解梁的截面变化和边界条件。对于这类动力学反问题,其提法是否正确、求解能否成功,往往取决于对振动力学的认知水平。

以约束设计为例,结构振动理论指出,对结构施加约束将提升(至少不降低)其各阶固有频率,而结构施加约束前后的固有频率彼此相间[4]。对具有刚体运动的欠约束结构,工程界主要关注其弹性振动,通常认为施加约束后的结构弹性振动固有频率提升。

多年前,作者在教材中指出等截面梁的一类固有振动现象,即略去刚体运动后,自由-自由梁与固支-固支梁的固有频率相同,而铰支-自由梁与铰支-固支梁的固有频率相同[5]。21 世纪以来,若干著作和教材也提及上述现象,但并未进行分析。虽然这些现象不违背上述结构振动理论,但让人们诧异的是,为何将梁的自由边界完全约束却不改变梁的弹性振动的固有频率?这是某种巧合,还是这些梁之间具有某种内在联系?如果是内在

① Krylov V V, Tilman F J B S. Acoustic "black holes" for flexural waves as effective vibration dampers[J]. Journal of Sound and Vibration, 2004, 274(3-5): 605-619.
② Gao N S, Wei Z Y, Zhang R H, et al. Low-frequency elastic wave attenuation in a composite acoustic black hole beam[J]. Applied Acoustics, 2019, 154: 68-76.
③ Zargham S, Ward T A, Ramli R, et al. Topology optimization: a review for structural designs under vibration problems[J]. Structural and Multidisciplinary Optimization, 2016, 53(6): 1157-1177.
④ 胡海昌. 多自由度结构固有振动理论[M]. 北京:科学出版社,1987:39-81.
⑤ 胡海岩. 机械振动与冲击[M]. 北京:航空工业出版社,1998:159-160.

联系,变截面梁之间是否也存在这种联系?

20世纪60年代,Karnopp曾基于对偶变分原理研究变截面梁的固有振动问题,将不同边界条件下具有相同固有频率的梁称为**对偶**[①]。此后,Ram和Elhay将变截面梁的微分方程进行有限差分,通过代数方法研究了梁的固有振动对偶问题[②]。Wang等将材料力学中的共轭梁概念引入结构振动理论,研究了欠约束梁和超静定约束梁的类比问题,重点讨论梁的振型节点规律[③]。在结构振动研究中,虽然人们已提出多种对偶概念并开展了相关研究,但并未系统研究梁在固有振动中的对偶问题。

本节将两种梁具有相同固有频率作为对偶,系统研究梁的各种对偶关系,解决第1章的问题4A。首先,给定梁的截面变化和齐次边界条件,确定对偶梁的截面变化规律和齐次边界条件。然后,限定对偶梁具有相同的截面变化,确定截面变化规律和齐次边界条件。最后,讨论等截面梁的对偶问题,指出等截面梁会产生新的对偶。本节内容主要取自作者的论文[④],其研究思路与5.2节一致。由于梁具有更复杂、更多样的边界条件,故需要细致分析。

5.3.1　不同截面变化梁的对偶

本节给定某种梁的截面变化和齐次边界条件,寻求另一种具有不同截面变化的梁和对应的齐次边界条件,使两种梁具有相同固有频率,成为对偶。按照齐次边界条件,对变截面梁的上述对偶进行分类,并指出梁的镜像、相似与上述对偶的关系。

1. 位移描述与弯矩描述

首先,考察图5.10所示的变截面梁a。以梁的左端为原点,建立沿梁轴线的位置坐标$x \in [0, L]$,其中L为梁的长度。用时刻t梁在坐标x处截面中线的横向位移$v(x, t)$(简称位移)描述梁的自由振动,则有

$$\rho A(x) \frac{\partial^2 v(x, t)}{\partial t^2} + \frac{\partial^2}{\partial x^2}\left[EI(x) \frac{\partial^2 v(x, t)}{\partial x^2} \right] = 0 \qquad (5.3.1)$$

其中,ρ为梁的材料密度;E为梁的材料弹性模量;$A(x) > 0$和$I(x) > 0$为梁的截面积函数和截面惯性矩函数,它们均关于$x \in [0, L]$二阶连续可微。

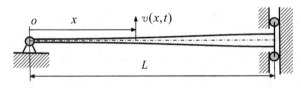

图 5.10　变截面梁示意图

①　Karnopp B H. Duality relations in the analysis of beam oscillations[J]. Zeitschrift für Angewandte Mathematik und Physik ZAMP, 1967, 18(4): 575-580.

②　Ram Y M, Elhay S. Dualities in vibrating rods and beams: continuous and discrete models[J]. Journal of Sound and Vibration, 1995, 184(5): 648-655.

③　Wang D J, Wang Q C, He B C. Qualitative theory of structural mechanics[M]. Singapore: Springer Nature, 2019: 129-132.

④　胡海岩. 梁在固有振动中的对偶关系[J]. 力学学报, 2020, 52(1): 139-149.

注意到式(5.3.1)中的方括号项是梁 a 在动态变形过程中产生的弯矩,将其记为

$$M(x,\,t) \equiv EI(x) \frac{\partial^2 v(x,\,t)}{\partial x^2} \qquad (5.3.2)$$

由此可将式(5.3.1)改写为

$$\frac{\partial^2 v(x,\,t)}{\partial t^2} = -\frac{1}{\rho A(x)} \frac{\partial^2 M(x,\,t)}{\partial x^2} \qquad (5.3.3)$$

将式(5.3.2)两端对时间 t 求两次偏导数并交换偏导数顺序,利用式(5.3.3)得

$$\frac{\partial^2 M(x,\,t)}{\partial t^2} = EI(x) \frac{\partial^2}{\partial x^2}\left[\frac{\partial^2 v(x,\,t)}{\partial t^2}\right] = -EI(x)\frac{\partial^2}{\partial x^2}\left[\frac{1}{\rho A(x)}\frac{\partial^2 M(x,\,t)}{\partial x^2}\right] \quad (5.3.4)$$

式(5.3.4)可改写为由弯矩 $M(x,\,t)$ 描述的梁 a 的动力学方程,即

$$\begin{cases} \rho \tilde{A}(x) \dfrac{\partial^2 M(x,\,t)}{\partial t^2} + \dfrac{\partial^2}{\partial x^2}\left[E\tilde{I}(x)\dfrac{\partial^2 M(x,\,t)}{\partial x^2}\right] = 0 \\[3mm] \tilde{A}(x) \equiv \dfrac{1}{\rho EI(x)}, \quad \tilde{I}(x) \equiv \dfrac{1}{\rho EA(x)} \end{cases} \qquad (5.3.5)$$

式(5.3.5)与式(5.3.1)的形式相同,但类比截面积函数所定义的 $\tilde{A}(x)$ 具有单位 $\mathrm{s}^2 \cdot \mathrm{kg}^{-2}$,类比截面惯性矩函数定义的 $\tilde{I}(x)$ 具有单位 $\mathrm{m}^2 \cdot \mathrm{s}^2 \cdot \mathrm{kg}^{-2}$。

其次,考虑相同材料的变截面梁 b,其长度也为 L,截面积函数为 $\tilde{B}(x) > 0$,截面惯性矩函数为 $\tilde{J}(x) > 0$,它们也关于 $x \in [0, L]$ 二阶连续可微。采用位移 $\tilde{v}(x,\,t)$ 描述梁 b 的自由振动,则有

$$\rho \tilde{B}(x) \frac{\partial^2 \tilde{v}(x,\,t)}{\partial t^2} + \frac{\partial^2}{\partial x^2}\left[E\tilde{J}(x)\frac{\partial^2 \tilde{v}(x,\,t)}{\partial x^2}\right] = 0 \qquad (5.3.6)$$

将式(5.3.6)中的方括号项定义为梁 b 的弯矩,即

$$\tilde{M}(x,\,t) \equiv E\tilde{J}(x) \frac{\partial^2 \tilde{v}(x,\,t)}{\partial x^2} \qquad (5.3.7)$$

类比于对梁 a 的分析过程,可得到由弯矩 $\tilde{M}(x,\,t)$ 描述的梁 b 的动力学方程为

$$\begin{cases} \rho B(x) \dfrac{\partial^2 \tilde{M}(x,\,t)}{\partial t^2} + \dfrac{\partial^2}{\partial x^2}\left[EJ(x)\dfrac{\partial^2 \tilde{M}(x,\,t)}{\partial x^2}\right] = 0 \\[3mm] B(x) \equiv \dfrac{1}{\rho E\tilde{J}(x)}, \quad J(x) \equiv \dfrac{1}{\rho E\tilde{B}(x)} \end{cases} \qquad (5.3.8)$$

现取梁 b 的截面积函数和截面惯性矩函数为

$$\begin{cases} \tilde{B}(x) = \tilde{\gamma}\tilde{A}(x) = \dfrac{\tilde{\gamma}}{\rho EI(x)} \\[3mm] \tilde{J}(x) = \tilde{\gamma}\tilde{I}(x) = \dfrac{\tilde{\gamma}}{\rho EA(x)}, \quad \tilde{\gamma} \equiv 1 \ \text{m}^2 \cdot \text{kg}^2 \cdot \text{s}^{-2} \end{cases} \quad (5.3.9)$$

将式(5.3.9)代入式(5.3.6)和式(5.3.8),则式(5.3.6)与式(5.3.5)中的偏微分方程形式完全相同,式(5.3.8)与式(5.3.1)也如此。现称满足条件式(5.3.9)的梁 a 和梁 b 具有**异截面对偶**的动力学方程;即梁 a 的位移动力学方程与梁 b 的弯矩动力学方程相同,梁 b 的位移动力学方程与梁 a 的弯矩动力学方程相同。

上述梁 a 和梁 b 是否具有相同固有频率,还取决于它们的边界条件是否对偶。现考察梁的**齐次边界条件**,包括常见的固支边界、铰支边界、自由边界,以及形如图 5.10 梁右端的滑支边界。这类滑支边界限定梁端部的转角和剪力均为零,而其自身可在水平面上自由滑动,释放梁弯曲变形引起的轴向变形和轴向力,也属于齐次边界条件。

记 $x_B \in \{0, L\}$ 为梁的端点坐标,考察基于位移和基于弯矩描述的四种齐次边界,其结果如表 5.4 所示。将表 5.4 中由位移描述的边界条件 $v(x_B, t) = 0$ 和 $v_x(x_B, t) = 0$ 转化为由弯矩描述时,用到动力学方程(5.3.3),其推理如下:

$$v(x_B, t) = 0 \Rightarrow \frac{\partial^2 v(x_B, t)}{\partial t^2} = 0 \Rightarrow \left[\frac{1}{\rho A(x)} \frac{\partial^2 M(x, t)}{\partial x^2} \right]\bigg|_{x = x_B} = 0$$

$$\Rightarrow M_{xx}(x_B, t) = 0 \qquad (5.3.10)$$

$$v_x(x_B, t) = 0 \Rightarrow \frac{\partial^2 v_x(x_B, t)}{\partial t^2} = 0 \Rightarrow \frac{\partial}{\partial x}\left[\frac{1}{\rho A(x)} \frac{\partial^2 M(x, t)}{\partial x^2} \right]\bigg|_{x = x_B} = 0$$

$$\Rightarrow \left[E\tilde{I}(x_B) M_{xx}(x_B, t) \right]_x = 0 \qquad (5.3.11)$$

式中,将 $1/\rho A(x_B)$ 代换为 $E\tilde{I}(x_B)$ 是为了得到与位移描述中剪力为零相对应的表达式。

表 5.4 位移和弯矩对偶描述下的齐次边界条件

边界类别	位 移 描 述	弯 矩 描 述
F:自由	$EI(x_B)v_{xx}(x_B, t) = 0$ $[EI(x_B)M_{xx}(x_B, t)]_x = 0$	$M(x_B, t) = 0,$ $M_x(x_B, t) = 0$
S:滑支	$v_x(x_B, t) = 0,$ $[EI(x_B)M_{xx}(x_B, t)]_x = 0$	$[E\tilde{I}(x_B)M_{xx}(x_B, t)]_x = 0,$ $M_x(x_B, t) = 0$
H:铰支	$v(x_B, t) = 0,$ $EI(x_B)v_{xx}(x_B, t) = 0$	$M_{xx}(x_B, t) = 0,$ $M(x_B, t) = 0$
C:固支	$v(x_B, t) = 0,$ $v_x(x_B, t) = 0$	$M_{xx}(x_B, t) = 0,$ $[E\tilde{I}(x_B)M_{xx}(x_B, t)]_x = 0$

将表 5.4 的第二列和第三列作对比可见,由位移描述的自由边界等价于由弯矩描述的固支边界,由位移描述的滑支边界等价于由弯矩描述的滑支边界,由位移描述的铰支边界等价于由弯矩描述的铰支边界,由位移描述的固支边界等价于由弯矩描述的自由边界。本节称上述彼此等价边界为**对偶边界**。

2. 异截面对偶梁及其分类

如果长度相同的梁 a 和梁 b 具有异截面对偶动力学方程,且满足对偶边界条件,则两者的动力学方程边值问题具有相同形式,故它们具有相同固有频率,可称其为**异截面对偶梁**。将表 5.4 中的边界条件配置到梁的两端,共有 16 种组合,得到表 5.5 所示的 16 种梁。

表 5.5　具有齐次边界条件的梁分类(F:自由,S:滑支,H:铰支,C:固支)

边 界 类 别	右边界: F		右边界: S		右边界: H		右边界: C	
左边界: F	1 类	F−F	2B 类	F−S	3B 类	F−H	**7 类**	F−C
左边界: S	2A 类	S−F	5 类	S−S	4B 类	S−H	2A 类	S−C
左边界: H	3A 类	H−F	4A 类	H−S	6 类	H−H	3A 类	H−C
左边界: C	**7 类**	C−F	2B 类	C−S	3B 类	C−H	1 类	C−C

根据上述异截面对偶梁概念,可得到如下结论。

(1) 表 5.5 的异截面对偶梁分为七类,其中第 2 类、第 3 类和第 4 类还可细分为子类 A 和子类 B。但若梁 a 和梁 b 的截面积函数、截面惯性矩函数关于截面 $x = L/2$ 对称(以下简称为彼此镜像),则上述子类 A 和子类 B 属于彼此镜像,不再区分。

(2) 对于上述七类异截面对偶梁,第 1 类至第 3 类中的对偶梁具有不同边界,第 4 类至第 6 类中的对偶梁具有相同边界,第 7 类中对偶梁具有彼此镜像边界,分别用宋体、黑体和粗楷体来区别。

(3) 在上述七类异截面对偶梁中,每一类均包括两种固有频率完全相同的梁;它们彼此的位移振型与弯矩振型相同,进而可简化计算。例如,若已知梁 a 的第 r 阶位移振型 $v_r(x)$,即由式(5.3.2)得到其弯矩振型 $M_r(x) = EI(x) \partial^2 v_r(x)/\partial x^2$,则梁 b 的第 r 阶位移振型可取为 $\tilde{v}_r(x) = M_r(x)$;反之,若已知梁 b 的第 r 阶位移振型 $\tilde{v}_r(x)$,即由式(5.3.7)得到其弯矩振型 $\tilde{M}_r(x) = E\tilde{I}(x) \partial^2 \tilde{v}_r(x)/\partial x^2$,则梁 a 的第 r 阶位移振型可取为 $v_r(x) = \tilde{M}_r(x)$。

例 5.3.1:考察截面积四次变化的固支-固支梁 a,其截面积函数为 $A(x) = A_0(1 + \alpha x)^4$, $A_0 > 0$, $\alpha > -1/L$,截面惯性矩函数为 $I(x) = A_0 r_g^2 (1 + \alpha x)^4$, $r_g > 0$ 为**截面回转半径**。根据式(5.3.1),梁的位移动力学方程边值问题为

$$\begin{cases} \rho(1 + \alpha x)^4 \dfrac{\partial^2 v(x, t)}{\partial t^2} + E r_g^2 \dfrac{\partial^2}{\partial x^2}\left[(1 + \alpha x)^4 \dfrac{\partial v^2(x, t)}{\partial x} \right] = 0 \\ v(0, t) = 0, \quad v_x(0, t) = 0, \quad v(L, t) = 0, \quad v_x(L, t) = 0 \end{cases} \tag{a}$$

引入新的函数 $w(x, t) \equiv (1 + \alpha x)^2 v(x, t)$，可将式(a)转化为[1]

$$\begin{cases} \dfrac{\partial^2 w(x, t)}{\partial t^2} + c_0^2 r_g^2 \dfrac{\partial^4 w(x, t)}{\partial x^4} = 0, & c_0 \equiv \sqrt{\dfrac{E}{\rho}} > 0 \\ w(0, t) = 0, \quad w_x(0, t) = 0, \quad w(L, t) = 0, \quad w_x(L, t) = 0 \end{cases} \quad (b)$$

此时 c_0 是具有速度量纲的参数，但并非该变截面梁的纵波波速[2]。式(b)是常见的等截面固支-固支梁的动力学方程边值问题，基础教程已给出其固有频率和位移振型为

$$\begin{cases} \omega_r = \kappa_r^2 r_g c_0, \quad \kappa_1 \approx \dfrac{4.730}{L}, \quad \kappa_2 \approx \dfrac{7.853}{L}, \quad \kappa_3 \approx \dfrac{10.996}{L} \\ \kappa_r \approx \dfrac{(2r + 1)\pi}{2L}, \quad r \geqslant 4 \end{cases} \quad (c)$$

$$\begin{cases} w_r(x) = a_r [\cos(\kappa_r x) - \cosh(\kappa_r x) + d_r \sinh(\kappa_r x) - d_r \sin(\kappa_r x)] \\ d_r \equiv \dfrac{\cos(\kappa_r L) - \cosh(\kappa_r L)}{\sin(\kappa_r L) - \sinh(\kappa_r L)}, \quad r = 1, 2, \cdots \end{cases} \quad (d)$$

变截面固支-固支梁 a 具有式(c)所确定的固有频率，而其位移振型为

$$v_r(x) = \frac{w_r(x, t)}{(1 + \alpha x)^2}$$

$$= \frac{a_r}{(1 + \alpha x)^2} [\cos(\kappa_r x) - \cosh(\kappa_r x) + d_r \sinh(\kappa_r x) - d_r \sin(\kappa_r x)], \quad r = 1, 2, \cdots$$

$$(e)$$

取变截面自由-自由梁 b 的截面积函数和截面惯性矩函数分别为

$$\begin{cases} \tilde{B}(x) = \dfrac{\tilde{\gamma}}{\rho EI(x)} = \dfrac{\tilde{\gamma}}{\rho EA_0 r_g^2 (1 + \alpha x)^4} \\ \tilde{J}(x) = \dfrac{\tilde{\gamma}}{\rho EA(x)} = \dfrac{\tilde{\gamma}}{\rho EA_0 (1 + \alpha x)^4} \end{cases} \quad (f)$$

根据异截面对偶关系，自由-自由梁 b 具有与固支-固支梁 a 相同的固有频率，其位移振型可取为

$$\tilde{v}_r(x) = EI(x) \frac{\partial^2 v_r(x)}{\partial x^2}$$

---

① Abrate S. Vibration of non-uniform rods and beams[J]. Journal of Sound and Vibration, 1995, 185(4): 703 - 716.

② Guo S Q, Yang S P. Wave motions in non-uniform one-dimensional waveguides[J]. Journal of Vibration and Control, 2012, 18(1): 92 - 100.

$$
= a_r E A_0 r_g^2 (1 + ax)^4 \cdot \left\{ \frac{\kappa_r^2 [d_r \sin(\kappa_r x) + d_r \sinh(\kappa_r x) - \cos(\kappa_r x) - \cosh(\kappa_r x)]}{(1 + \alpha x)^2} \right.
$$

$$
+ \frac{4\alpha\kappa_r [\sin(\kappa_r x) + \sinh(\kappa_r x) + d_r \cos(\kappa_r x) - d_r \cosh(\kappa_r x)]}{(1 + \alpha x)^3}
$$

$$
\left. + \frac{6\alpha^2 [\cos(\kappa_r x) - \cosh(\kappa_r x) + d_r \sinh(\kappa_r x) - d_r \sin(\kappa_r x)]}{(1 + \alpha x)^4} \right\}, \quad r = 1, 2, \cdots
$$

$$(g)$$

将式(g)代入变截面自由-自由梁 b 的动力学边值问题,可验证结果的正确性。

图 5.11 以粗实线、细实线和虚线给出 $\alpha = 2/L$ 时异截面对偶梁的前三阶最大位移归一化振型。由于梁 a 的截面积左小右大,故位移振型的幅值左高右低;而梁 b 的截面积变化相反,故位移振型的幅值左低右高。

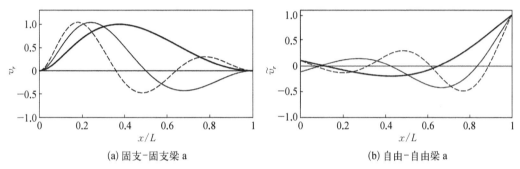

(a) 固支-固支梁 a　　　　　　　(b) 自由-自由梁 a

图 5.11　$\alpha = 2/L$ 时异截面对偶梁的最大位移归一化振型

(粗实线:第一阶;细实线:第二阶;虚线:第三阶)

注解 5.3.1:上述理论分析和案例表明,梁的位移和弯矩互为对偶变量,由此导致两种不同截面变化的梁在对偶边界条件下具有完全相同的固有频率,这与辛力学体系的观点是一致的。至于其内在力学机理,可参见 7.4.1 小节关于 Euler-Bernoulli 梁在不同边界处的弯曲波反射问题讨论。

3. 平凡与非平凡对偶

除了上述异截面对偶,梁 a 和梁 b 在如下情况下也具有相同固有频率。

(1)镜像:即梁 a 及其边界条件与梁 b 及其边界条件关于截面 $x = L/2$ 对称。显然,两镜像梁的固有频率相同,而它们的位移振型彼此为镜像。

(2)相似:即梁 a 具有截面积函数 $A(x)$ 和截面惯性矩函数 $I(x)$,梁 b 具有与梁 a 相同的边界,且具有截面积函数 $\beta A(x)$ 和截面惯性矩函数 $\beta I(x)$,其中 $\beta > 0$ 使梁 b 仍保持为 Euler-Bernoulli 梁。根据变截面梁的位移动力学方程,系数 $\beta > 0$ 不影响梁的固有振动,即两相似梁具有相同的固有频率和位移振型。在对偶研究中,将它们视为同一根梁。

注解 5.3.2:梁的镜像、相似具有与杆的镜像、相似一致的如下特点:一是它们均属于平凡情况,无须对偶分析即获得梁的固有振动行为;二是两根梁彼此镜像或相似时,具有相同固有频率,属于本节引言所界定的对偶;三是根据异截面对偶梁的位移振型与弯矩振型关系,它们不属于异截面对偶;四是对于两根彼此镜像或相似的梁,若其中之一与另一根梁构成异截面对偶,则它们均与该梁构成异截面对偶,即镜像或相似可传递对偶信息。因此,将梁的镜像、相似作为**平凡对偶**,而将异截面对偶作为**非平凡对偶**。

5.3.2　相同截面变化梁的对偶

现限定两种变截面梁具有相同的截面变化,研究它们在什么条件下具有相同固有频率。为直观起见,先讨论一个案例,再研究一般情况。

1. 截面积指数变化的梁

例 5.3.2:考察固支-固支梁 a,设其具有高度不变、宽度随指数变化的矩形截面,记截面积函数为 $A(x) = A_0 \exp(\alpha x)$,$A_0 > 0$,截面惯性矩函数为 $I(x) = A_0 r_g^2 \exp(\alpha x)$,其中 $r_g > 0$ 为截面回转半径。

再考察自由-自由梁 b,取其截面积函数和截面惯性矩函数为

$$
\begin{cases}
\tilde{B}(x) = \dfrac{\tilde{\gamma}}{\rho E I(x)} = \dfrac{\tilde{\gamma}}{\rho E A_0 r_g^2} \exp(-\alpha x) \\[3mm]
\tilde{J}(x) = \dfrac{\tilde{\gamma}}{\rho E A(x)} = \dfrac{\tilde{\gamma}}{\rho E A_0} \exp(-\alpha x)
\end{cases}
\tag{a}
$$

因此,自由-自由梁 b 与固支-固支梁 a 构成异截面对偶梁。

现引入梁 b 的镜像,记为梁 c。梁 c 可传递梁 b 携带的对偶信息,故自由-自由梁 c 与固支-固支梁 a 构成异截面对偶梁。值得注意的是,梁 c 的截面积和截面惯性矩分别为

$$
\begin{cases}
\hat{B}(x) = \dfrac{\tilde{\gamma}}{\rho E A_0 r_g^2} \exp[\alpha(x - L)] = \dfrac{A(x)}{\beta} \\[3mm]
\hat{J}(x) = \dfrac{\tilde{\gamma}}{\rho E A_0} \exp[\alpha(x - L)] = \dfrac{I(x)}{\beta}, \quad \beta \equiv \dfrac{\rho E A_0 A(L) r_g^2}{\tilde{\gamma}}
\end{cases}
\tag{b}
$$

然后,将自由-自由梁 c 的截面积 $\hat{B}(x)$ 和截面惯性矩 $\hat{J}(x)$ 乘以 β,得到与梁 c 相似的自由-自由梁 d,梁 d 与梁 c 具有相同固有频率。

从逻辑上看,固支-固支梁 a 与自由-自由梁 d 构成异截面对偶梁,具有相同的固有频率,两者的位移振型是对偶的弯矩振型。然而,梁 d 与梁 a 具有相同的截面积和截面惯性矩。由于这是相同截面变化的梁在不同边界条件下的对偶,故称其为**同截面对偶**。在后续研究中,可不再区分梁 a 和梁 d。

为了进一步理解该梁的同截面对偶,求解变截面固支-固支梁 a 的固有振动,再通过同截面对偶获得其在自由-自由边界条件下的固有振动。

为此,将梁 a 的截面积函数和截面惯性矩函数代入式(5.3.1),消去 $A_0 \exp(\alpha x) > 0$,得到线性常系数偏微分方程,即

$$
\frac{\partial^2 v(x,\,t)}{\partial t^2} + c_0^2 r_g^2 \left[\frac{\partial^4 v(x,\,t)}{\partial x^4} + 2\alpha \frac{\partial^3 v(x,\,t)}{\partial x^3} + \alpha^2 \frac{\partial^2 v(x,\,t)}{\partial x^2} \right] = 0, \quad c_0 \equiv \sqrt{\frac{E}{\rho}}
\tag{c}
$$

根据 7.2.1 小节的研究,此时 c_0 具有速度量纲,但并非该变截面梁的纵波波速。将分离变量解 $v(x,\ t) = v(x)\sin(\omega t)$ 代入式(c),得到常微分方程为

$$\frac{\mathrm{d}^4 v(x)}{\mathrm{d}x^4} + 2\alpha\frac{\mathrm{d}^3 v(x)}{\mathrm{d}x^3} + \alpha^2\frac{\mathrm{d}^2 v(x)}{\mathrm{d}x^2} - \kappa^4 v(x) = 0, \quad \kappa \equiv \sqrt{\frac{\omega}{c_0 r_g}} \tag{d}$$

式(d)的特征方程为

$$\lambda^4 + 2\alpha\lambda^3 + \alpha^2\lambda^2 - \kappa^4 = 0 \tag{e}$$

由于式(e)的精确解表达式比较复杂,现研究 α 为小参数时的情况,将式(e)的解近似表示为 $\lambda \approx \eta_0 + \eta_1\alpha$。将该表达式代入式(e),比较 α 的同次幂,得到 $\eta_0 \in \{\pm i\kappa,\ \pm\kappa\}$, $\eta_1 = -1/2$,进而得到近似特征值为

$$\lambda_{1,2} \approx -\frac{\alpha}{2} \pm i\kappa, \quad \lambda_{3,4} \approx -\frac{\alpha}{2} \pm \kappa \tag{f}$$

因此,式(d)的解具有如下形式:

$$v(x) = \exp\left(-\frac{\alpha x}{2}\right)\left[c_1\cos(\kappa x) + c_2\sin(\kappa x) + c_3\cosh(\kappa x) + c_4\sinh(\kappa x)\right] \tag{g}$$

对于固支-固支边界梁 a,将式(g)代入其边界条件得

$$\begin{cases} c_1\left[\cos(\kappa L) - \cosh(\kappa L)\right] + c_2\left[\sin(\kappa L) - \sinh(\kappa L)\right] = 0 \\ c_1\left\{\frac{\alpha}{2}\left[\cosh(\kappa L) - \cos(\kappa L)\right] - \kappa\left[\sin(\kappa L) + \sinh(\kappa L)\right]\right\} \\ \quad + c_2\left\{\frac{\alpha}{2}\left[\sinh(\kappa L) - \sin(\kappa L)\right] + \kappa\left[\cos(\kappa L) - \cosh(\kappa L)\right]\right\} = 0 \end{cases} \tag{h}$$

根据式(h)有非零解的充分必要条件,可得到与等截面固支-固支梁相同的特征方程。因此,根据基础教程可得到变截面固支-固支梁 a 的固有频率为

$$\begin{cases} \omega_r = \kappa_r^2 r_g c_0, \quad \kappa_1 \approx \dfrac{4.730}{L}, \quad \kappa_2 \approx \dfrac{7.853}{L}, \quad \kappa_3 \approx \dfrac{10.996}{L} \\ \kappa_r \approx \dfrac{(2r+1)\pi}{2L}, \quad r \geqslant 4 \end{cases} \tag{i}$$

将式(i)中的波数 κ_r 和式(h)的零解代入式(g),可得到梁 a 的位移振型,即

$$\begin{cases} v_r(x) = c_1\exp\left(-\dfrac{\alpha x}{2}\right)\left[\cos(\kappa_r x) - \cosh(\kappa_r x) + d_r\sinh(\kappa_r x) - d_r\sin(\kappa_r x)\right] \\ d_r \equiv \dfrac{\cos(\kappa_r L) - \cosh(\kappa_r L)}{\sin(\kappa_r L) - \sinh(\kappa_r L)} \end{cases} \tag{j}$$

再考察与梁 a 对偶的自由-自由梁 b,它满足对偶条件(a)。此时,梁 b 的固有频率与

梁 a 完全相同,而其位移振型等同于梁 a 的弯矩振型,可取为

$$
\begin{cases}
\tilde{v}_r(x) = EI(x)\dfrac{\partial^2 v_r(x)}{\partial x^2} \\
\\
\quad = b_r \exp\!\left(\dfrac{\alpha x}{2}\right)\big[\,(\alpha^2 - 4\alpha d_r \kappa_r - 4\kappa_r^2)\cos(\kappa_r x) \\
\\
\qquad + (4\alpha \kappa_r - \alpha^2 d_r + 4 d_r \kappa_r^2)\sin(\kappa_r x) \\
\\
\qquad - (\alpha^2 + 4\alpha d_r \kappa_r + 4\kappa_r^2)\cosh(\kappa_r x) \\
\\
\qquad + (\alpha^2 d_r + 4\alpha \kappa_r + 4 d_r \kappa_r^2)\sinh(\kappa_r x)\,\big], \quad b_r \equiv \dfrac{c_1 E A_0 r_g^2}{4}
\end{cases}
\tag{k}
$$

将式(k)中的位置坐标 x 代换为 $L - x$ 或改变 α 的正负号,可得到梁 c 的位移振型 $\hat{v}_r(x)$,也就是梁 d 和梁 a 在自由-自由边界条件下的位移振型。

图 5.12 给出 $\alpha = 1/2L$ 时固支-固支梁和自由-自由梁的前三阶位移振型。由于 $\alpha > 0$,这两种梁的截面积函数和截面惯性矩函数均随位置坐标 x 递增,故图 5.12 中梁的右端位移小于左端位移。

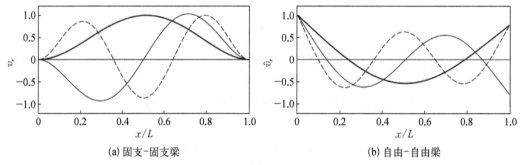

（a）固支-固支梁 　　　　　　　　（b）自由-自由梁

图 5.12　$\alpha = 1/2L$ 时同截面对偶梁的前三阶最大位移归一化振型

（粗实线：第一阶；细实线：第二阶；虚线：第三阶）

2. 同截面对偶条件

现将例 5.3.2 中的分析思路进行推广,得到梁的同截面对偶条件如下:存在常数 $\beta > 0$,使其截面积函数 $A(x)$ 和惯性矩函数 $I(x)$ 满足

$$
A(x) = \beta\hat{B}(x) = \frac{\beta\tilde{\gamma}}{\rho EI(L-x)}, \quad I(x) = \beta\hat{J}(x) = \frac{\beta\tilde{\gamma}}{\rho EA(L-x)} \tag{5.3.12}
$$

通过变量代换可知,式(5.3.12)中的两个条件等价。现选择第一个条件进行研究,将其改写为

$$
\frac{A(x)}{\beta}\frac{I(L-x)}{\tilde{\gamma}/\rho E} = 1 \tag{5.3.13}
$$

或等价的

$$\ln\left[\frac{A(x)}{\beta}\right] + \ln\left[\frac{I(L-x)}{\tilde{\gamma}/\rho E}\right] = 0 \tag{5.3.14}$$

引入新变量 y 及两个新函数:

$$\begin{cases} y \equiv x - \dfrac{L}{2} \in \left[-\dfrac{L}{2}, \dfrac{L}{2}\right] \\[3mm] f(y) \equiv \ln\left[\dfrac{A(L/2+y)}{\beta}\right], \quad g(-y) \equiv \ln\left[\dfrac{I(L/2-y)}{\tilde{\gamma}/\rho E}\right] \end{cases} \tag{5.3.15}$$

可将式(5.3.14)表示为

$$f(y) + g(-y) = 0 \tag{5.3.16}$$

由式(5.3.15)和式(5.3.16)解得

$$A(x) = \beta\exp\left[f\left(x - \frac{L}{2}\right)\right], \quad I(x) = \frac{\tilde{\gamma}}{\rho E}\exp\left[-f\left(\frac{L}{2} - x\right)\right] \tag{5.3.17}$$

因此,选择光滑函数 $f(y)$, $y \in [-L/2, L/2]$, 即可由式(5.3.17)得到满足式 (5.3.12)的截面积函数 $A(x)$ 和截面惯性矩函数 $I(x)$。虽然式(5.3.17)限定了梁的截面变化,但因光滑函数 $f(y)$ 的任意性,同截面对偶梁的设计空间非常大。以下讨论两种典型情况。

(1) $f(y)$ 为奇函数:此时, $A(x)$ 和 $I(x)$ 均关于 $x = L/2$ 反对称,且

$$I(x) = \frac{\tilde{\gamma}}{\beta\rho E}A(x) = r_g^2 A(x), \quad \beta = \frac{\tilde{\gamma}}{\rho E r_g^2} \tag{5.3.18}$$

式中,截面回转半径 r_g 为常数。不难验证,例 5.3.2 中梁的截面积函数和截面惯性矩函数满足式(5.3.17)和式(5.3.18),故该案例构成同截面对偶。

现以更复杂的奇函数 $f(y) = -\alpha\sin(\pi y/L)$, $\alpha > 0$ 为例,讨论同截面对偶关系。由式 (5.3.17)得

$$\begin{cases} A(x) = A_0\exp\left[\alpha\cos\left(\dfrac{\pi x}{L}\right)\right], \quad A_0 \equiv \beta \\[3mm] I(x) = I_0\exp\left[\alpha\cos\left(\dfrac{\pi x}{L}\right)\right], \quad I_0 \equiv A_0 r_g^2 \end{cases} \tag{5.3.19}$$

容易验证,式(5.3.19)满足条件(5.3.12)。

现取固支-固支梁 a 具有式(5.3.19)所给的截面积函数和截面惯性矩函数,讨论对偶问题。图 5.13 依次给出固支-固支梁 a、与梁 a 异截面对偶的自由-自由梁 b,以及梁 b 的镜像梁 c 的截面积对比。此时,梁 c 的截面积为 $\hat{B}(x) = A(x)/\beta$, 截面惯性矩为 $\hat{J}(x) = I(x)/\beta$。将它们乘以 β, 得到与梁 c 相似的自由-自由梁 d。由于梁 d 的截面积和截面惯性矩正是 $A(x)$ 和 $I(x)$, 故梁 d 与梁 a 是同截面对偶。换言之,将梁 a 的固支-固支边界改为自由-自由边界后,两者具有相同固有频率。

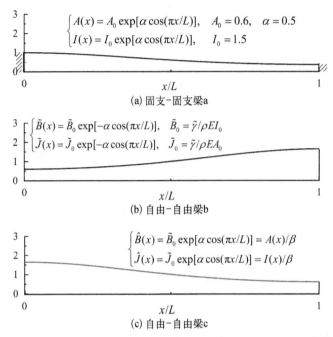

图 5.13　固支-固支梁 **a**、对偶的自由-自由梁 **b**、梁 **b** 的镜像梁 **c** 的截面积对比

（2）$f(y)$ 为偶函数：此时，$A(x)$ 和 $I(x)$ 均关于 $x = L/2$ 对称，而截面回转半径随 x 变化的规律为

$$r_g^2 = \frac{I(x)}{A(x)} = \frac{\tilde{\gamma}}{\beta\rho E}\exp\left[-2f\left(x - \frac{L}{2}\right)\right] \tag{5.3.20}$$

以偶函数 $f(y) = \alpha y^2$，$\alpha > 0$ 为例，由式（5.3.17）得

$$\begin{cases} A(x) = A_0\exp\left[\alpha\left(x - \dfrac{L}{2}\right)^2\right], & A_0 \equiv \beta \\[3mm] I(x) = I_0\exp\left[-\alpha\left(x - \dfrac{L}{2}\right)^2\right], & I_0 \equiv \dfrac{\tilde{\gamma}}{\rho E} \end{cases} \tag{5.3.21}$$

不难验证，式（5.3.21）满足式（5.3.12）。

现取固支-固支梁 a 具有式（5.3.21）所给出的截面积函数和截面惯性矩函数，讨论对偶问题。图 5.14 依次给出固支-固支梁 a、与梁 a 异截面对偶的自由-自由梁 b，以及梁 b 的镜像梁 c 的截面积对比。引入与梁 c 相似的自由-自由梁 d，即得到固支-固支梁 a 的同截面对偶。

3. 同截面对偶梁的分类

对于满足式（5.3.12）的变截面梁，现根据表 5.5 考察形成同截面对偶梁的边界条件。前面已分析了自由-自由梁与固支-固支梁的同截面对偶。类比前面讨论梁 a、异截面对偶梁 b 及其镜像梁 c、与梁 c 相似的梁 d 之间的关系，可证明表 5.5 中的第 2 类至第 4 类梁也属于同截面对偶。

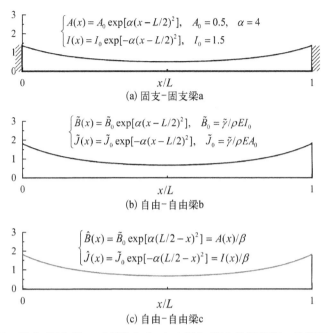

图 5.14　固支-固支梁 a、对偶的自由-自由梁 b、梁 b 的镜像梁 c 的截面积对比

以第 2A 类的滑支-自由梁 a 为例,其异截面对偶是滑支-固支梁 b,梁 b 的镜像是固支-滑支梁 c,而与梁 c 相似的固支-滑支梁 d 具有与梁 a 相同的截面积和截面惯性矩。因此,第 2A 类的滑支-自由梁与第 2B 类的固支-滑支梁属于同截面对偶。

采用相同方法可证明,第 2A 类的滑支-固支梁与第 2B 类的自由-滑支梁属于同截面对偶;第 3A 类的铰支-自由梁与第 3B 类的固支-铰支梁属于同截面对偶;第 3A 类的铰支-固支梁与第 3B 类的自由-铰支梁属于同截面对偶;第 4A 类的铰支-滑支梁与第 4B 类的滑支-铰支梁属于同截面对偶。

4. 同截面非对偶梁

由于同截面对偶梁要满足比异截面对偶梁更苛刻的截面条件,故表 5.5 中同截面对偶梁类别比异截面对偶梁类别要少。

以第 7 类梁为例,考察固支-自由梁 a,其异截面对偶是自由-固支梁 b,而梁 b 的镜像是固支-自由梁 c,它与梁 a 具有相同截面变化和相同边界条件。根据 5.3.1 小节对平凡对偶的讨论,梁 a 与梁 c 相似,可视为同一根梁,属于平凡对偶。换言之,固支-自由梁只能与其自身同截面对偶,其同类中的自由-固支梁也如此。此外,上述固支-自由梁 a 与自由-固支梁 b 的截面变化、边界条件均满足镜像条件,故这两种梁为彼此镜像,属于平凡对偶。

不难证明,表 5.5 中的第 5 类梁和第 6 类梁均只能与自身同截面对偶,也属于平凡对偶。

5. 非同截面对偶梁

根据已有研究,可列举出许多不满足同截面对偶条件式(5.3.12)的变截面梁。例如,在例 5.3.1 中讨论过的截面积四次变化梁 a,其截面惯性矩为 $I(x) = r_g^2 A(x)$,但截面

积函数 $A(x)$ 不具有式(5.3.17)的形式,故该梁不具有同截面对偶。事实上,根据已有研究[①],截面积四次变化的梁在固支-固支边界和自由-自由边界下具有不同的固有频率,自然彼此不是同截面对偶。

5.3.3 等截面梁的对偶

1. 变截面梁的退化结果

对于满足 $A(x) \equiv A_0 > 0$ 和 $I(x) \equiv A_0 r_g^2 > 0$ 的等截面梁 a,记其纵波波速为 $c_0 \equiv \sqrt{E/\rho}$,根据式(5.3.1)和式(5.3.5),可将梁的位移动力学方程边值问题和弯矩动力学方程边值问题分别简化为

$$\begin{cases} \dfrac{\partial^2 v(x,t)}{\partial t^2} + c_0^2 r_g^2 \dfrac{\partial^4 v(x,t)}{\partial x^4} = 0 \\ v(x_B,t)=0, \quad v_x(x_B,t)=0 \\ v_{xx}(x_B,t)=0, \quad v_{xxx}(x_B,t)=0, \quad x_B \in \{0,L\} \end{cases} \quad (5.3.22)$$

$$\begin{cases} \dfrac{\partial^2 M(x,t)}{\partial t^2} + c_0^2 r_g^2 \dfrac{\partial^2 M(x,t)}{\partial x^2} = 0 \\ M_{xx}(x_B,t)=0, \quad M_{xxx}(x_B,t)=0 \\ M(x_B,t)=0, \quad M_x(x_B,t)=0, \quad x_B \in \{0,L\} \end{cases} \quad (5.3.23)$$

在式(5.3.22)和式(5.3.23)中,按彼此为对偶边界的顺序,列出了等截面梁所有可能的边界条件集合;对于具体的梁,则可根据表5.4进行组合。

根据式(5.3.9)选择梁 b,可类似地得到其位移动力学方程边值问题和弯矩动力学方程边值问题为

$$\begin{cases} \dfrac{\partial^2 \tilde{v}(x,t)}{\partial t^2} + c_0^2 r_g^2 \dfrac{\partial^2 \tilde{v}(x,t)}{\partial x^2} = 0 \\ \tilde{v}_{xx}(x_B,t)=0, \quad \tilde{v}_{xxx}(x_B,t)=0 \\ \tilde{v}(x_B,t)=0, \quad \tilde{v}_x(x_B,t)=0, \quad x_B \in \{0,L\} \end{cases} \quad (5.3.24)$$

$$\begin{cases} \dfrac{\partial^2 \tilde{M}(x,t)}{\partial t^2} + c_0^2 r_g^2 \dfrac{\partial^2 \tilde{M}(x,t)}{\partial x^2} = 0 \\ \tilde{M}(x_B,t)=0, \quad \tilde{M}_x(x_B,t)=0 \\ \tilde{M}_{xx}(x_B,t)=0, \quad \tilde{M}_{xxx}(x_B,t)=0, \quad x_B \in \{0,L\} \end{cases} \quad (5.3.25)$$

由于上述方程中不出现截面积函数和截面惯性矩函数,可认为梁 a 和梁 b 是完全相同的梁,只能通过不同的齐次边界条件构成同截面对偶。注意到式(5.3.22)与式(5.3.25)的边界条件形式相同,式(5.3.23)和式(5.3.24)的边界条件形式相同。因此,

---

① Abrate S. Vibration of non-uniform rods and beams[J]. Journal of Sound and Vibration, 1995, 185(4): 703 - 716.

在位移描述和弯矩描述对偶的前提下,有如下结论。

(1) 表 5.5 中的前 3 类等截面梁保持同截面对偶:第 1 类是自由-自由梁与固支-固支梁对偶;第 2 类是滑支-自由梁与固支-滑支梁对偶或该对偶的镜像;第 3 类是铰支-自由梁与固支-铰支梁对偶或该对偶的镜像。这 3 类对偶各包含两种梁:其中一种梁欠约束,可作刚体运动;另一种梁不仅无法作刚体运动,而且有超静定约束;前者的弹性固有振动与后者的固有振动对偶。

(2) 对于等截面梁,表 5.5 中第 4 类的两种梁、第 7 类的两种梁均属于彼此镜像,第 5 类和第 6 类的梁则各属于一根梁;它们均属于平凡对偶。

2. 等截面梁的对偶拓展

在位移描述和弯矩描述下,滑支-滑支梁、铰支-铰支梁各属于平凡对偶,彼此没有对偶关系。但值得注意的是,滑支-滑支梁具有刚体运动,而铰支-铰支梁无刚体运动,这非常接近上述 3 类等截面梁对偶共有的基本特征。由此可猜想,在等截面梁的前提下,这两种梁的固有振动可否在其他描述下构成对偶?

根据式(5.3.22),等截面滑支-滑支梁的位移动力学方程边值问题为

$$\begin{cases} \dfrac{\partial^2 v(x,t)}{\partial t^2} + c_0^2 r_g^2 \dfrac{\partial^4 v(x,t)}{\partial x^4} = 0 \\ v_x(0,t)=0, \quad v_{xxx}(0,t)=0, \quad v_x(L,t)=0, \quad v_{xxx}(L,t)=0 \end{cases} \quad (5.3.26)$$

将式(5.3.26)中的偏微分方程两端对位置坐标 x 求一次偏导数,并将结果替换为梁的转角描述 $\theta(x,t) \equiv v_x(x,t)$,得到等截面梁的转角动力学方程边值问题,即

$$\begin{cases} \dfrac{\partial^2 \theta(x,t)}{\partial t^2} + c_0^2 r_g^2 \dfrac{\partial^4 \theta(x,t)}{\partial x^4} = 0 \\ \theta(0,t)=0, \quad \theta_{xx}(0,t)=0, \quad \theta(L,t)=0, \quad \theta_{xx}(L,t)=0 \end{cases} \quad (5.3.27)$$

注意到式(5.3.27)与位移描述的等截面铰支-铰支梁动力学方程边值问题具有相同形式,故等截面滑支-滑支梁的转角动力学与等截面铰支-铰支梁的位移动力学之间可形成同截面对偶。若不计滑支-滑支梁垂直于轴线的刚体运动,这两种梁的第 r 阶固有振动频率均为

$$\omega_r = \kappa_r^2 r_g c_0, \quad \kappa_r = \frac{r\pi}{L}, \quad r=1,2,\cdots \quad (5.3.28)$$

根据等截面铰支-铰支梁的位移振型,可取等截面滑支-滑支梁的转角振型为

$$\theta_r(x) = a_r \sin(\kappa_r x), \quad r=1,2,\cdots \quad (5.3.29)$$

将式(5.3.29)对 x 积分,得到不计刚体运动时的等截面滑支-滑支梁的位移振型为

$$v_r(x) = b_r \cos(\kappa_r x), \quad b_r \equiv -\frac{a_r}{\kappa_r}, \quad r=1,2,\cdots \quad (5.3.30)$$

注解 5.3.3:在现有的力学框架下,尚未见研究梁的位移与转角之间的对偶性。因

此,这是一种新的对偶关系。在 7.4.1 小节将会看到,等截面梁的铰支边界和滑支边界确实具有共性之处,即它们将入射的弯曲行波反射为弯曲行波,而不产生在边界附近迅速衰减的弯曲渐逝波。

3. 刚体运动

最后以等截面梁为例,证明在非平凡对偶的两种梁中,必有一种梁具有刚体运动。选择对偶中不含刚体运动的梁,记其振动波数为 $\kappa > 0$。考察其对偶梁的转角和曲率,将其写为分离变量形式,即

$$\tilde{v}_x(x, t) = [c_1\cos(\kappa x) + c_2\sin(\kappa x) + c_3\cosh(\kappa x) + c_4\sinh(\kappa x)]q(t)$$
(5.3.31a)

$$\tilde{v}_{xx}(x, t) \equiv \frac{\tilde{M}(x)}{EI} = [d_1\cos(\kappa x) + d_2\sin(\kappa x) + d_3\cosh(\kappa x) + d_4\sinh(\kappa x)]q(t)$$
(5.3.31b)

将式(5.3.31a)和式(5.3.31b)分别关于位置坐标 x 积分一次和两次,得

$$v(x, t) = c_5(t) + \frac{1}{\kappa}[c_4\cosh(\kappa x) + c_3\sinh(\kappa x) - c_2\cos(\kappa x) + c_1\sin(\kappa x)]q(t)$$
(5.3.32a)

$$v(x, t) = d_6(t) + xd_5(t)$$
$$+ \frac{1}{\kappa^2 EI}[d_4\sinh(\kappa x) + d_3\cosh(\kappa x) - d_2\sin(\kappa x) - d_1\cos(\kappa x)]q(t)$$
(5.3.32b)

式中,$c_5(t)$、$d_5(t)$ 和 $d_6(t)$ 是与刚体运动相关的时间函数。

式(5.3.32a)对应滑支-滑支梁、滑支-自由梁的位移动力学,其中 $c_5(t)$ 是垂直于梁轴线的刚体运动。式(5.3.32b)对应自由-自由梁的位移动力学,其中 $d_6(t) + xd_5(t)$ 是平面内的刚体运动。若式(5.3.32b)中的 $d_6(t) = 0$,则对应铰支-自由梁的位移动力学,$xd_5(t)$ 是绕梁左端铰的刚体转动。这些梁缺少足够的约束消除 $c_5(t)$、$d_5(t)$ 和 $d_6(t)$,故必有刚体运动。

注解 5.3.4: 在上述分析过程中,先获得梁在平衡位置附近的弹性振动,再积分获得刚体运动,形成两者的线性叠加。因此,式(5.3.32)仅适用于描述在平衡位置附近作刚体直线运动的滑支-滑支梁、滑支-自由梁,以及在平衡位置附近呈现低速刚体转动的铰支-自由梁、自由-自由梁。当铰支-自由梁、自由-自由梁的刚体转动速度较高时,则必须采用柔体动力学方法,计入梁的刚体转动与弹性振动的非线性耦合[1][2]。

5.3.4 小结

本节研究线弹性均质材料制成的 Euler-Bernoulli 梁的固有振动对偶问题,解决了第

---

[1] Bauchau O A. Flexible multibody dynamics[M]. New York: Springer-Verlag, 2011: 569-637.
[2] 刘延柱,潘振宽,戈新生. 多体系统动力学[M]. 第 2 版. 北京: 高等教育出版社,2014: 241-273,569-637.

1 章的问题 4A。主要结论如下。

（1）对于具有齐次边界条件的变截面梁,引入与位移描述对偶的弯矩描述,可获得不同截面变化下具有相同固有频率的对偶梁,本节称为异截面对偶。研究表明,上述变截面梁可划分为以下七类异截面对偶:一是自由-自由梁与固支-固支梁;二是滑支-自由梁与滑支-固支梁（及其镜像）;三是铰支-自由梁与铰支-固支梁（及其镜像）;四是铰支-滑支梁与铰支-滑支梁（及其镜像）;五是滑支-滑支梁与滑支-滑支梁;六是铰支-铰支梁与铰支-铰支梁;七是固支-自由梁与自由-固支梁。

（2）若上述对偶中的两种梁具有相同截面变化,可称其为同截面对偶。研究表明,同截面对偶梁具有特定指数函数形式的截面积函数和截面惯性矩函数,但具有广阔的设计空间。在满足上述截面积函数和截面惯性矩函数的前提下,上述前 4 类对偶梁成为同截面对偶;而后 3 类对偶梁只能与其自身或镜像构成同截面对偶,属于平凡对偶。

（3）若进一步限定梁具有等截面,则前 3 类对偶梁保持同截面对偶关系,第 4 类对偶梁退化为彼此镜像。此时,通过引入与位移描述对偶的转角描述,可发现等截面梁的一种新对偶,即滑支-滑支梁与铰支-铰支梁对偶。等截面梁的这 4 类对偶均具有如下特征,即对偶中的一种梁可作刚体运动,而另一种梁无法作刚体运动。

表 5.6 给出上述结论的完整归纳,在满足表中第一行的对偶条件前提下,不同齐次边界条件给出不同的对偶结果。其中,符号"⇔"代表非平凡对偶;符号"⇋"代表平凡对偶;采用表 5.5 的约定,以宋体表示对偶梁具有不同边界,黑体表示对偶梁有相同边界,粗楷体表示对偶梁有镜像边界。

上述结论不仅可提升对梁的固有振动特性认知水平,而且可为梁的动力学设计提供截面变化规律和边界条件选择的理论依据。

表 5.6　梁的对偶条件及在齐次边界条件下的分类
（F：自由;S：滑支;H：铰支;C：固支）

类　别	异截面对偶 $\tilde{B}(x)=\tilde{\gamma}/\rho EI(x)$ $\tilde{J}(x)=\tilde{\gamma}/\rho EA(x)$	同截面对偶 $A(x)I(L-x)=\beta\tilde{\gamma}/\rho E$	等截面梁对偶 $A(x)=A_0$ $I(x)=A_0 r_g^2$
1	F-F 梁 ⇔ C-C 梁	F-F 梁 ⇔ C-C 梁	F-F 梁 ⇔ C-C 梁
2	S-F 梁 ⇔ S-C 梁	S-F 梁 ⇔ C-S 梁	S-F 梁 ⇔ C-S 梁
3	H-F 梁 ⇔ H-C 梁	H-F 梁 ⇔ C-H 梁	H-F 梁 ⇔ C-H 梁
4	**H-S 梁 ⇔ H-S 梁**	**H-S 梁** ⇔ **S-H 梁**	**H-S 梁** ⇋ **S-H 梁**
5	**S-S 梁 ⇔ S-S 梁**	**S-S 梁** ⇋ **S-S 梁**	**S-S 梁** ⇔ **H-H 梁**
6	**H-H 梁 ⇔ H-H 梁**	**H-H 梁** ⇋ **H-H 梁**	
7	**C-F 梁 ⇔ F-C 梁**	**C-F 梁** ⇋ **F-C 梁**	**C-F 梁** ⇋ **F-C 梁**

5.4　思考与拓展

（1）在火箭的地面纵向振动试验中,采用多根拉伸刚度为 k 的钢丝绳将火箭吊起,其平面模型如图 5.15 所示。如果将火箭简化为长度 L 的等截面杆,记其线密度为 ρA、拉压

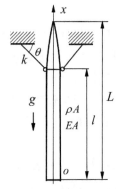

图 5.15 火箭地面振动试验示意图

刚度为 EA，研究该试验系统在重力加速度 g 作用下的纵向固有振动，讨论悬挂点位置 l 和角度 θ 对系统固有频率和固有振型的影响。阅读文献①②；将火箭视为非均质变截面杆，记其密度为 $\rho(x)A(x)$，拉压刚度为 $E(x)A(x)$，思考如何分析该试验系统的固有振动，讨论悬挂点位置 l 和角度 θ 对系统固有频率和固有振型的影响。

（2）在结构工程中，经常涉及图 5.16 所示具有斜支撑的梁结构。将该结构简化为重力加速度 g 作用下的矩形截面 Euler-Bernoulli 梁。记梁的长度为 L；截面宽度为 b；截面高度为 h；材料密度为 ρ；弹性模量为 E。讨论梁的纵向振动和横向振动的解耦条件，研究斜支撑角度 θ 对梁弯曲固有振动的影响。

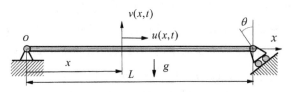

图 5.16 具有斜支撑的梁结构

（3）阅读文献③~⑤；当图 5.16 中梁结构比较短粗时，将其简化为 Timoshenko 梁，研究斜支撑角度 θ 对梁弯曲固有振动的影响。

（4）阅读文献⑥~⑧；对于 Euler-Bernoulli 梁在固有振动中的对偶性，给出有别于 5.3 节的力学机理解释；根据科学美的简洁性，讨论 Euler-Bernoulli 梁在铰支-铰支边界和滑支-滑支边界下的固有振动对偶问题。

（5）对于 Timoshenko 梁，讨论其在固支-固支边界和自由-自由边界条件下的固有振动是否具有对偶性，并解释其力学机理。

① Bapat C N. Vibration of rods with uniformly tapered sections[J]. Journal of Sound and Vibration, 1995, 185(1): 185－189.
② 胡海岩. 杆在固有振动中的对偶关系[J]. 动力学与控制学报,2020,18(2)：1－8.
③ 金斯伯格. 机械与结构振动[M]. 白化同, 李俊宝, 译. 北京: 中国宇航出版社,2005: 255－400.
④ Rao S S. Vibration of continuous systems[M]. Hoboken: John Wiley & Sons, 2007: 205－419.
⑤ Hagedorn P, Das Gupta A. Vibrations and waves in continuous mechanical systems[M]. Chichester: John Wiley & Sons Ltd. , 2007: 1－178.
⑥ Ram Y M, Elhay S. Dualities in vibrating rods and beams: continuous and discrete models[J]. Journal of Sound and Vibration, 1995, 184(5): 648－655.
⑦ Abrate S. Vibration of non-uniform rods and beams[J]. Journal of Sound and Vibration, 1995, 185(4): 703－716.
⑧ Wang D J, Wang Q C, He B C. Qualitative theory of structural mechanics[M]. Singapore: Springer Nature, 2019: 87－270.

第6章
对称结构的固有振动

历史上,人们很早就开始建造具有镜像对称性的建筑、桥梁,制造具有轴对称性的车轮、圆轴,后来又发明了具有循环对称性的风车、水轮机等。在振动力学发展早期,涉及结构对称性的研究基本限于镜像对称和轴对称结构,如两端固支梁、矩形板、圆板等,并未从科学层面来研究对称性问题。

19世纪30年代,法国数学家 Galois 创立群论。20世纪20年代,德国数学家 Noether 提出物理守恒律和对称性之间的对应关系。20世纪30年代起,物理学家、化学家在量子力学、分子振动等领域的复杂对称性研究中取得重要进展。然而,他们基于抽象数学、理论物理等术语发表的研究论文难以被工程界理解。

20世纪60年代,美国 NASA 在研制"土星五号"运载火箭过程中,将具有八个助推器的火箭系统振动计算问题按对称性解耦,开启了工程界研究复杂对称性问题的先河①。此后,工程界在航空发动机、燃气轮机、电厂冷却塔、核聚变装置等高端产品的研制中,研究各类对称结构的高效力学计算问题②,并从科学层面来研究对称结构的定性理论③。

对于机械和结构领域的设计师、工程师,其解决振动力学中对称性问题的能力可至少分为两个层次:第一层次,是利用结构的镜像对称性、轴对称性,降低结构振动分析的工作量,了解上述对称性对结构振动的影响;第二层次,是基于群论分析和解决更加复杂的对称结构振动计算、分析和实验问题,掌握对称性及对称破缺对结构动态特性的影响。

本章聚焦具有镜像对称、循环对称的结构振动分析。这两种结构对称性最常见,也最基本,可组合成更为复杂的结构对称性。本章以镜像对称结构作为切入点,介绍如何利用对称性简化结构的固有振动计算;以矩形薄板的固有振动为例,讨论对称性导致的结构固有频率重复、固有振型多样化、对称性破缺等问题。然后,基于群论方法研究循环对称结构的固有振动问题,包括动力学方程解耦、高效数值计算、固有振动特征等,解决第1章中提出的问题 5A 和 5B。

---

① Evensen D A. Vibration analysis of multi-symmetric structures[J]. AIAA Journal, 1976, 14(4): 446 – 453.

② Rong B, Lu K, Ni X J, et al. Hybrid finite element transfer matrix method and its parallel solution for fast calculation of large-scale structural eigenproblem[J]. Applied Mathematical Modelling, 2020, 77(1): 169 – 181.

③ Wang D J, Wang Q S, He B C. Qualitative theory in structural mechanics[M]. Singapore: Springer, 2019: 271 – 326.

6.1 镜像对称结构的固有振动

如果结构关于某个平面的镜像与其自身相同,则称其具有**镜像对称性**。在基础教程中介绍的两端边界相同的弦、等截面杆、等截面梁等,都具有镜像对称性。至于飞机、车辆等复杂的载运工具,也都具有镜像对称性。

本节先讨论镜像对称结构的固有振动解耦问题,分别介绍用力学方法和数学方法解耦。然后,讨论具有镜像对称性的矩形薄板固有振动,严格推导矩形薄板的固有振动解,分析四边铰支矩形板的重频固有振动,讨论由此导致的频率密集模态和固有振动测试不确定性,解决第 1 章的问题 5A。

6.1.1 镜像对称结构振动解耦

对于复杂结构的振动研究,人们通常建立其有限元模型,并将固有振动计算作为动力学研究的起点。此时,需要求解如下广义特征值问题

$$(\boldsymbol{K} - \omega^2 \boldsymbol{M})\boldsymbol{\varphi} = \boldsymbol{0} \tag{6.1.1}$$

式中,质量矩阵 $\boldsymbol{M} \in \mathbb{R}^{n \times n}$ 和刚度矩阵 $\boldsymbol{K} \in \mathbb{R}^{n \times n}$ 具有非常高的阶次。如果所研究的振动系统还涉及 3.1 节所介绍的非完整约束等因素,则上述矩阵是非对称矩阵,求解的计算量更大。

当结构具有镜像对称性时,其固有振动将具有对称性或反对称性。在第 2 章的例 2.2.2 中,已通过镜像对称的铰支-铰支梁为例来说明,对称激励无法激发反对称固有振动,反对称激励无法激发对称固有振动。换言之,镜像对称结构的对称固有振动和反对称固有振动是彼此解耦的。此时,式(6.1.1)的求解过程也可以解耦。

本小节先给出镜像对称结构的振动描述,然后通过案例说明,如何采用力学方法或数学方法,将式(6.1.1)中的广义特征值问题解耦,简化计算;然后再讨论一般性方法。

1. 镜像对称结构的振动描述

在图 6.1 中,虚线所示的结构 S 关于平面 P 镜像对称。因此,可用平面 P 将 S 划分为两个相同的子结构,分别记为 S_L 和 S_R,并称平面 P 为**对称面**。在图 6.1 中,首先为右侧子结构 S_R 建立局部坐标系 $ox_R y_R z_R$ 描述其运动。然后,通过关于对称面 P 的镜像操作,得到描述左侧子结构 S_L 的局部坐标系 $ox_L y_L z_L$。显然,当 $ox_R y_R z_R$ 是右手坐标系时,由镜像操作得到的 $ox_L y_L z_L$ 是左手坐标系。

现选择子结构 S_R 上任意质点 m_R,通过镜像操作得到 S_L 上的对应质点 m_L。将它们在各自局部坐标系中的位移列阵记为 $\begin{bmatrix} u_R & v_R & w_R \end{bmatrix}^T$ 和 $\begin{bmatrix} u_L & v_L & w_L \end{bmatrix}^T$。在结构 S 的振动中,若始终有 $u_R = u_L$,$v_R = v_L$,

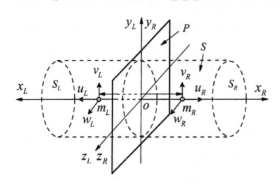

图 6.1 镜像对称结构及其子结构局部坐标系

$w_R = w_L$，则称该振动是关于平面 P 的**对称振动**；若始终有 $u_R = -u_L$，$v_R = -v_L$，$w_R = -w_L$，则称该振动为关于平面 P 的**反对称振动**。

注解 6.1.1：根据上述子结构局部坐标系 $ox_R y_R z_R$ 和 $ox_L y_L z_L$ 的指向，可对上述对称振动和反对称振动作进一步讨论。

（1）若将结构 S 视为空间梁，当梁作对称弯曲振动时，其在对称面 P 两侧的振动相同；而作反对称弯曲振动时，其在对称面 P 两侧的振动相反，即位于对称面 P 上的质点保持不动。不论是例 2.2.2，还是第 5 章所涉及的 Euler-Bernoulli 梁的对称固有振型、反对称固有振型，都与此相符。

（2）若将结构 S 视为杆，则杆作对称纵向振动时，其在对称面 P 两侧的振动相反，位于对称面 P 上的质点保持不动；而作反对称纵向振动时，其在对称面 P 两侧的振动相同。正是由于局部坐标系的指向，导致纵向振动与弯曲振动的上述区别。

2. 链式系统的解耦案例

例 6.1.1　考察图 6.2(a)所示关于平面 P 镜像对称的四自由度振动系统，分别从力学角度和数学角度分析其对称固有振动和反对称固有振动。

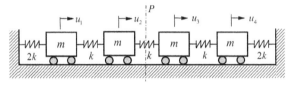

(a) 镜像对称系统及其总体坐标系

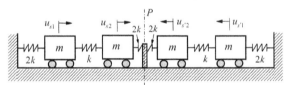

(b) 对称振动的简化模型及其局部坐标系

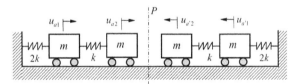

(c) 反对称振动的简化模型及其局部坐标系

图 6.2　镜像对称系统的振动分析

1）基于力学约束的分析

首先，考察系统的对称振动。根据注解 6.1.1 中关于对称纵向振动的讨论，此时系统在对称面 P 处的位移为零。因此，可在图 6.2(b)中施加约束，将系统分解为图 6.2(b)中两个彼此镜像、完全独立的两自由度系统，分别记为子系统 S 和子系统 S'。由于上述附加约束，两个子系统与附加约束相连接的弹性元件长度减半，故刚度均变为 $2k$。

现研究子系统 S 的固有振动，其在局部坐标系中的动力学方程为

$$M_s \ddot{u}_s(t) + K_s u_s(t) = 0 \tag{a}$$

式中，

$$\boldsymbol{M}_s = m\begin{bmatrix} 1 & 0 \\ 0 & 1 \end{bmatrix}, \quad \boldsymbol{K}_s = k\begin{bmatrix} 3 & -1 \\ -1 & 3 \end{bmatrix}, \quad \boldsymbol{u}_s = \begin{bmatrix} u_{s1} \\ u_{s2} \end{bmatrix} \tag{b}$$

求解式(b)中质量矩阵和刚度矩阵的广义特征值问题，得到固有频率和振型

$$\begin{cases} \omega_{s1} = \sqrt{2k/m}, & \boldsymbol{\varphi}_{s1} = \begin{bmatrix} 1 & 1 \end{bmatrix}^{\mathrm{T}} \\ \omega_{s2} = \sqrt{4k/m}, & \boldsymbol{\varphi}_{s2} = \begin{bmatrix} 1 & -1 \end{bmatrix}^{\mathrm{T}} \end{cases} \tag{c}$$

根据镜像对称系统的对称振动定义，在子结构 S' 的局部坐标系中，子系统 S' 具有与子系统 S 相同的固有振型，即

$$\boldsymbol{\varphi}_{s'1} = \boldsymbol{\varphi}_{s1}, \quad \boldsymbol{\varphi}_{s'2} = \boldsymbol{\varphi}_{s2} \tag{d}$$

如果在图 6.2(a) 的系统总体坐标系中考察上述对称固有振型，可根据子结构局部坐标系与系统总体坐标系的关系，将对称振动表示为

$$\begin{bmatrix} u_1 \\ u_2 \end{bmatrix} = \begin{bmatrix} u_{s1} \\ u_{s2} \end{bmatrix} = \boldsymbol{u}_s, \quad \begin{bmatrix} u_3 \\ u_4 \end{bmatrix} = -\begin{bmatrix} u_{s'2} \\ u_{s'1} \end{bmatrix} = -\begin{bmatrix} u_{s2} \\ u_{s1} \end{bmatrix} = -\tilde{\boldsymbol{I}}_2 \boldsymbol{u}_s, \quad \tilde{\boldsymbol{I}}_2 \equiv \begin{bmatrix} 0 & 1 \\ 1 & 0 \end{bmatrix} \tag{e}$$

由此得到该系统在总体坐标系中的对称固有振型

$$\begin{cases} \boldsymbol{\psi}_{s1} = \begin{bmatrix} \boldsymbol{\varphi}_{s1}^{\mathrm{T}} & -\tilde{\boldsymbol{I}}_2 \boldsymbol{\varphi}_{s1}^{\mathrm{T}} \end{bmatrix}^{\mathrm{T}} = \begin{bmatrix} 1 & 1 & -1 & -1 \end{bmatrix}^{\mathrm{T}} \\ \boldsymbol{\psi}_{s2} = \begin{bmatrix} \boldsymbol{\varphi}_{s2}^{\mathrm{T}} & -\tilde{\boldsymbol{I}}_2 \boldsymbol{\varphi}_{s2}^{\mathrm{T}} \end{bmatrix}^{\mathrm{T}} = \begin{bmatrix} 1 & -1 & 1 & -1 \end{bmatrix}^{\mathrm{T}} \end{cases} \tag{f}$$

它们分别有一个节点和三个节点，是系统的第二阶和第四阶固有振型。

其次，考察该系统的反对称振动。根据镜像对称系统的局部坐标系指向和反对称纵向振动定义，位于对称面 P 两侧的相邻集中质量的运动相同，它们之间的弹性元件不产生内力，可以略去。因此，该四自由度系统可视为图 6.2(c) 中两个互为镜像的两自由度子系统，分别记为子系统 A 和子系统 A'。

现研究子系统 A 的固有振动，其在局部坐标系中的动力学方程为

$$\boldsymbol{M}_a \ddot{\boldsymbol{u}}_a(t) + \boldsymbol{K}_a \boldsymbol{u}_a(t) = \boldsymbol{0} \tag{g}$$

式中，

$$\boldsymbol{M}_a = m\begin{bmatrix} 1 & 0 \\ 0 & 1 \end{bmatrix}, \quad \boldsymbol{K}_a = k\begin{bmatrix} 3 & -1 \\ -1 & 1 \end{bmatrix}, \quad \boldsymbol{u}_a = \begin{bmatrix} u_{a1} \\ u_{a2} \end{bmatrix} \tag{h}$$

求解式(h)中质量矩阵和刚度矩阵的广义特征值问题，得到固有频率和振型

$$\begin{cases} \omega_{a1} = \sqrt{(2 - \sqrt{2})k/m}, & \boldsymbol{\varphi}_{a1} = \begin{bmatrix} 1 & 1 + \sqrt{2} \end{bmatrix}^{\mathrm{T}} \\ \omega_{a2} = \sqrt{(2 + \sqrt{2})k/m}, & \boldsymbol{\varphi}_{a2} = \begin{bmatrix} 1 & 1 - \sqrt{2} \end{bmatrix}^{\mathrm{T}} \end{cases} \tag{i}$$

根据镜像对称系统的反对称纵向振动定义，在子结构局部坐标系中，子系统 A' 具有与子

系统 A 正负号相反的固有振型,即

$$\boldsymbol{\varphi}_{a'1} = -\boldsymbol{\varphi}_{a1}, \quad \boldsymbol{\varphi}_{a'2} = -\boldsymbol{\varphi}_{a2} \tag{j}$$

在系统总体坐标系中,该反对称振动可表示为

$$\begin{bmatrix} u_1 \\ u_2 \end{bmatrix} = \begin{bmatrix} u_{a1} \\ u_{a2} \end{bmatrix} = \boldsymbol{u}_a, \quad \begin{bmatrix} u_3 \\ u_4 \end{bmatrix} = -\begin{bmatrix} u_{a'2} \\ u_{a'1} \end{bmatrix} = \begin{bmatrix} u_{a2} \\ u_{a1} \end{bmatrix} = \tilde{\boldsymbol{I}}_2 \boldsymbol{u}_a \tag{k}$$

由此得到系统总体坐标系中的反对称固有振型为

$$\begin{cases} \boldsymbol{\psi}_{a1} = \begin{bmatrix} \boldsymbol{\varphi}_{a1}^{\mathrm{T}} & \boldsymbol{\varphi}_{a1}^{\mathrm{T}} \tilde{\boldsymbol{I}}_2 \end{bmatrix}^{\mathrm{T}} = \begin{bmatrix} 1 & 1+\sqrt{2} & 1+\sqrt{2} & 1 \end{bmatrix}^{\mathrm{T}} \\ \boldsymbol{\psi}_{a2} = \begin{bmatrix} \boldsymbol{\varphi}_{a2}^{\mathrm{T}} & \boldsymbol{\varphi}_{a2}^{\mathrm{T}} \tilde{\boldsymbol{I}}_2 \end{bmatrix}^{\mathrm{T}} = \begin{bmatrix} 1 & 1-\sqrt{2} & 1-\sqrt{2} & 1 \end{bmatrix}^{\mathrm{T}} \end{cases} \tag{l}$$

它们分别为无节点和有两个节点,是系统的第一阶和第三阶固有振型。

至此,完成了对该四自由度系统固有振动的计算。根据式(f)和式(l)可见,几何上的对称固有振动,其固有振型的代数表达式呈反对称;而几何上的反对称固有振动,其固有振型的代数表达式呈对称。这是纵向振动有别于弯曲振动的特点。

2) 基于数学变换的分析

根据图 6.2(a),建立四自由度系统的动力学方程

$$\boldsymbol{M\ddot{u}}(t) + \boldsymbol{Ku}(t) = \boldsymbol{0} \tag{m}$$

式中,

$$\boldsymbol{M} = m\begin{bmatrix} 1 & 0 & 0 & 0 \\ 0 & 1 & 0 & 0 \\ 0 & 0 & 1 & 0 \\ 0 & 0 & 0 & 1 \end{bmatrix}, \quad \boldsymbol{K} = k\begin{bmatrix} 3 & -1 & 0 & 0 \\ -1 & 2 & -1 & 0 \\ 0 & -1 & 2 & -1 \\ 0 & 0 & -1 & 3 \end{bmatrix} \tag{n}$$

由于系统的任意振动可分解为对称振动和反对称振动,根据对称振动和反对称振动在系统总体坐标系中的表达式,即式(e)和式(k),得

$$\boldsymbol{u} = \begin{bmatrix} \boldsymbol{I}_2 \\ -\tilde{\boldsymbol{I}}_2 \end{bmatrix} \boldsymbol{u}_s + \begin{bmatrix} \boldsymbol{I}_2 \\ \tilde{\boldsymbol{I}}_2 \end{bmatrix} \boldsymbol{u}_a = \begin{bmatrix} \boldsymbol{I}_2 & \boldsymbol{I}_2 \\ -\tilde{\boldsymbol{I}}_2 & \tilde{\boldsymbol{I}}_2 \end{bmatrix} \begin{bmatrix} \boldsymbol{u}_s \\ \boldsymbol{u}_a \end{bmatrix} = \boldsymbol{P} \begin{bmatrix} \boldsymbol{u}_s \\ \boldsymbol{u}_a \end{bmatrix} \tag{o}$$

式中,矩阵 $\boldsymbol{P}$ 可作为由对称振动、反对称振动到任意振动的变换矩阵

$$\boldsymbol{P} \equiv \begin{bmatrix} \boldsymbol{I}_2 & \boldsymbol{I}_2 \\ -\tilde{\boldsymbol{I}}_2 & \tilde{\boldsymbol{I}}_2 \end{bmatrix} \tag{p}$$

将式(o)代入式(m),并左乘变换矩阵 $\boldsymbol{P}$ 的转置矩阵 $\boldsymbol{P}^{\mathrm{T}}$,可得到解耦的系统动力学方程

$$\begin{bmatrix} \boldsymbol{M}_{ss} & \boldsymbol{0} \\ \boldsymbol{0} & \boldsymbol{M}_{aa} \end{bmatrix} \begin{bmatrix} \ddot{\boldsymbol{u}}_s(t) \\ \ddot{\boldsymbol{u}}_a(t) \end{bmatrix} + \begin{bmatrix} \boldsymbol{K}_{ss} & \boldsymbol{0} \\ \boldsymbol{0} & \boldsymbol{K}_{aa} \end{bmatrix} \begin{bmatrix} \boldsymbol{u}_s(t) \\ \boldsymbol{u}_a(t) \end{bmatrix} = \boldsymbol{0} \tag{q}$$

式中,

$$M_{ss} = M_{aa} = m \begin{bmatrix} 2 & 0 \\ 0 & 2 \end{bmatrix}, \quad K_{ss} = k \begin{bmatrix} 6 & -2 \\ -2 & 6 \end{bmatrix}, \quad K_{aa} = k \begin{bmatrix} 6 & -2 \\ -2 & 2 \end{bmatrix} \tag{r}$$

此时,式(m)中的四自由度系统动力学方程被解耦为式(q),它包含描述对称振动的两自由度动力学方程和描述非对称振动的两自由度动力学方程。分别求解它们对应的特征值问题,得到对称振动和反对称振动的固有频率;将特征向量代入式(o),则得到原系统的固有振型,结果与基于力学角度分析的结果完全一致。

注解 6.1.2:如果对比两种分析方法,可发现解耦后的质量矩阵、刚度矩阵并不相同。原因在于:在基于力学约束的分析中,对原系统引入约束或切断联系来解耦,故式(b)和式(h)给出的是子系统 S 或子系统 A 的质量矩阵和刚度矩阵,基于它们只能得到子系统 S 或子系统 A 的能量;在基于数学变换的分析中,直接根据对称振动和反对称振动引入坐标变换,故式(q)和式(r)给出整个系统运动解耦后的质量矩阵和刚度矩阵,基于它们可得到整个系统的能量。因此,后者的质量矩阵和刚度矩阵是前者的两倍。

3. 一般解耦方法

如果结构只有一个镜像对称面,上述两种方法差异不大。但若结构具有多个镜像对称面,则基于对称性的数学变换方法将有利于程式化分析。因此,现将例6.1.1中的数学变换法推广到一般形式。

参考图 6.1,用对称面 P 将镜像对称结构划分为子结构 S_L 和 S_R。选择子结构 S_R,在其局部坐标系下进行有限元离散,得到自由度为 n 的动力学模型。通过镜像操作,得到子结构 S_L 的有限元模型,其自由度也为 n。由此得到整个结构的动力学模型,其自由度为 $2n$。

现将子结构 S_R 的局部坐标系作为结构总体坐标系,结构动力学方程为

$$M\ddot{u}(t) + Ku(t) = 0 \tag{6.1.2}$$

在式(6.1.2)中,质量矩阵和刚度矩阵按上述两个子结构分块如下

$$M \equiv \begin{bmatrix} M_{RR} & M_{RL} \\ M_{LR} & M_{LL} \end{bmatrix} \in \mathbb{R}^{2n \times 2n}, \quad K \equiv \begin{bmatrix} K_{RR} & K_{RL} \\ K_{LR} & K_{LL} \end{bmatrix} \in \mathbb{R}^{2n \times 2n} \tag{6.1.3}$$

在上述结构总体坐标系中,由于子结构 S_L 的有限元模型是子结构 S_R 的有限元模型的镜像,故其质量矩阵和刚度矩阵的子块满足

$$\begin{cases} \tilde{I}_n M_{LL} \tilde{I}_n = M_{RR}, & \tilde{I}_n M_{LR} = M_{RL} \tilde{I}_n \\ \tilde{I}_n K_{LL} \tilde{I}_n = K_{RR}, & \tilde{I}_n K_{LR} = K_{RL} \tilde{I}_n \end{cases} \tag{6.1.4}$$

以式(6.1.4)中的第一式为例,镜像操作使得 M_{RR} 和 M_{LL} 形如

$$M_{RR} = \begin{bmatrix} m_{11} & m_{12} & \cdots & m_{1n} \\ m_{21} & m_{22} & \cdots & m_{21} \\ \vdots & \vdots & \ddots & \vdots \\ m_{n1} & m_{n2} & \cdots & m_{nn} \end{bmatrix}, \quad M_{LL} = \begin{bmatrix} m_{nn} & m_{n(n-1)} & \cdots & m_{n1} \\ m_{(n-1)n} & m_{(n-1)(n-1)} & \cdots & m_{(n-1)1} \\ \vdots & \vdots & \ddots & \vdots \\ m_{1n} & m_{1(n-1)} & \cdots & m_{11} \end{bmatrix}$$

$$\tag{6.1.5}$$

即矩阵 $\boldsymbol{M}_{LL}\tilde{\boldsymbol{I}}_n$ 将使矩阵 $\boldsymbol{M}_{LL}$ 中的列顺序发生反转,矩阵 $\tilde{\boldsymbol{I}}_n(\boldsymbol{M}_{LL}\tilde{\boldsymbol{I}}_n)$ 则使矩阵 $\boldsymbol{M}_{LL}\tilde{\boldsymbol{I}}_n$ 的行顺序发生反转,因此 $\tilde{\boldsymbol{I}}_n\boldsymbol{M}_{LL}\tilde{\boldsymbol{I}}_n = \boldsymbol{M}_{RR}$。

对于结构纵向振动,可参考例 6.1.1 中的式(o),构造坐标变换

$$\boldsymbol{u} = \boldsymbol{P}\begin{bmatrix}\boldsymbol{u}_s\\\boldsymbol{u}_a\end{bmatrix} \equiv \begin{bmatrix}\boldsymbol{I}_n & \boldsymbol{I}_n\\-\tilde{\boldsymbol{I}}_n & \tilde{\boldsymbol{I}}_n\end{bmatrix}\begin{bmatrix}\boldsymbol{u}_s\\\boldsymbol{u}_a\end{bmatrix} \tag{6.1.6a}$$

对于结构弯曲振动,因局部坐标系指向的差异,相应的坐标变换为

$$\boldsymbol{u} = \boldsymbol{P}\begin{bmatrix}\boldsymbol{u}_s\\\boldsymbol{u}_a\end{bmatrix} \equiv \begin{bmatrix}\boldsymbol{I}_n & \boldsymbol{I}_n\\\tilde{\boldsymbol{I}}_n & -\tilde{\boldsymbol{I}}_n\end{bmatrix}\begin{bmatrix}\boldsymbol{u}_s\\\boldsymbol{u}_a\end{bmatrix} \tag{6.1.6b}$$

将式(6.1.6)代入式(6.1.2)并左乘坐标变换矩阵的转置,利用式(6.1.4)得到解耦的动力学方程

$$\tilde{\boldsymbol{M}}\begin{bmatrix}\ddot{\boldsymbol{u}}_s(t)\\\ddot{\boldsymbol{u}}_a(t)\end{bmatrix} + \tilde{\boldsymbol{K}}\begin{bmatrix}\boldsymbol{u}_s(t)\\\boldsymbol{u}_a(t)\end{bmatrix} = \boldsymbol{0} \tag{6.1.7}$$

式中,

$$\begin{cases}\tilde{\boldsymbol{M}} = \begin{bmatrix}\boldsymbol{I}_n & \boldsymbol{I}_n\\\mp\tilde{\boldsymbol{I}}_n & \pm\tilde{\boldsymbol{I}}_n\end{bmatrix}^{\mathrm{T}}\begin{bmatrix}\boldsymbol{M}_{RR} & \boldsymbol{M}_{RL}\\\boldsymbol{M}_{LR} & \boldsymbol{M}_{LL}\end{bmatrix}\begin{bmatrix}\boldsymbol{I}_n & \boldsymbol{I}_n\\\mp\tilde{\boldsymbol{I}}_n & \pm\tilde{\boldsymbol{I}}_n\end{bmatrix}\\[2mm]\qquad = \begin{bmatrix}2\boldsymbol{M}_{RR}\mp\boldsymbol{M}_{RL}\tilde{\boldsymbol{I}}_n\mp\tilde{\boldsymbol{I}}_n\boldsymbol{M}_{LR} & \boldsymbol{0}\\\boldsymbol{0} & 2\boldsymbol{M}_{RR}\pm\boldsymbol{M}_{RL}\tilde{\boldsymbol{I}}_n\pm\tilde{\boldsymbol{I}}_n\boldsymbol{M}_{LR}\end{bmatrix}\\[3mm]\tilde{\boldsymbol{K}} = \begin{bmatrix}\boldsymbol{I}_n & \boldsymbol{I}_n\\\mp\tilde{\boldsymbol{I}}_n & \pm\tilde{\boldsymbol{I}}_n\end{bmatrix}^{\mathrm{T}}\begin{bmatrix}\boldsymbol{K}_{RR} & \boldsymbol{K}_{RL}\\\boldsymbol{K}_{LR} & \boldsymbol{K}_{LL}\end{bmatrix}\begin{bmatrix}\boldsymbol{I}_n & \boldsymbol{I}_n\\\mp\tilde{\boldsymbol{I}}_n & \pm\tilde{\boldsymbol{I}}_n\end{bmatrix}\\[2mm]\qquad = \begin{bmatrix}2\boldsymbol{K}_{RR}\mp\boldsymbol{K}_{RL}\tilde{\boldsymbol{I}}_n\mp\tilde{\boldsymbol{I}}_n\boldsymbol{K}_{LR} & \boldsymbol{0}\\\boldsymbol{0} & 2\boldsymbol{K}_{RR}\pm\boldsymbol{K}_{RL}\tilde{\boldsymbol{I}}_n\pm\tilde{\boldsymbol{I}}_n\boldsymbol{K}_{LR}\end{bmatrix}\end{cases} \tag{6.1.8}$$

因此,式(6.1.7)的广义特征值问题可表述为如下分块形式

$$\tilde{\boldsymbol{Z}}(\omega)\boldsymbol{\varphi} = \begin{bmatrix}\boldsymbol{Z}_{ss}(\omega) & \boldsymbol{0}\\\boldsymbol{0} & \boldsymbol{Z}_{aa}(\omega)\end{bmatrix}\begin{bmatrix}\boldsymbol{\varphi}_s\\\boldsymbol{\varphi}_a\end{bmatrix} = \boldsymbol{0} \tag{6.1.9}$$

式中,

$$\begin{cases}\boldsymbol{Z}_{ss}(\omega) \equiv 2\boldsymbol{K}_{RR}\mp\boldsymbol{K}_{RL}\tilde{\boldsymbol{I}}_n\mp\tilde{\boldsymbol{I}}_n\boldsymbol{K}_{LR} - \omega^2(2\boldsymbol{M}_{RR}\mp\boldsymbol{M}_{RL}\tilde{\boldsymbol{I}}_n\mp\tilde{\boldsymbol{I}}_n\boldsymbol{M}_{LR})\\\boldsymbol{Z}_{aa}(\omega) \equiv 2\boldsymbol{K}_{RR}\pm\boldsymbol{K}_{RL}\tilde{\boldsymbol{I}}_n\pm\tilde{\boldsymbol{I}}_n\boldsymbol{K}_{LR} - \omega^2(2\boldsymbol{M}_{RR}\pm\boldsymbol{M}_{RL}\tilde{\boldsymbol{I}}_n\pm\tilde{\boldsymbol{I}}_n\boldsymbol{M}_{LR})\end{cases} \tag{6.1.10}$$

分别对应对称振动和反对称振动的位移阻抗矩阵。

对于具有两个正交镜像对称面的结构,可采用类似于式(6.1.11)的变换,将整个结构的特征值问题解耦为如下 4×4 的块对角矩阵形式

$$Z(\omega)\varphi = \begin{bmatrix} Z_{ss}(\omega) & 0 & 0 & 0 \\ 0 & Z_{sa}(\omega) & 0 & 0 \\ 0 & 0 & Z_{as}(\omega) & 0 \\ 0 & 0 & 0 & Z_{aa}(\omega) \end{bmatrix} \begin{bmatrix} \varphi_{ss} \\ \varphi_{sa} \\ \varphi_{as} \\ \varphi_{aa} \end{bmatrix} = 0 \qquad (6.1.11)$$

式(6.1.11)中的下标 ss 表示关于两个平面对称, sa 和 as 分别表示关于一个平面对称、关于另一个平面反对称,而 aa 则表示关于两个平面反对称。在结构有限元建模和计算时,只需对结构的 1/4 进行即可。

若空间结构具有三个相互正交的镜像对称面,可采用类似的镜像变换法,将整个结构的特征值问题解耦为 8×8 的块对角矩阵形式,使有限元建模和计算的工作量降低为原问题的 1/8。

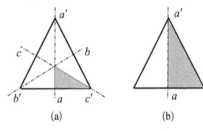

图 6.3　等边三角形板的对称性

注解 6.1.3: 如果上述镜像对称面不正交,问题将变得比较复杂。如图 6.3(a)所示,等边三角形薄板有三个不正交的对称面。若采用上述方法计算其固有振动,只能利用某个对称面来简化计算。例如,在图 6.3(b)中利用关于 aa' 平面的镜像对称性,将三角形薄板的阴影部分作为子结构进行分析,使求解问题的规模减小为原问题的 1/2。但若采用群论,则可利用三个对称面,将图 6.3(a)中的阴影部分作为子结构,使计算问题的规模降低到原问题的 1/6。

6.1.2　矩形薄板的自由振动

基础教程已介绍了四边铰支矩形薄板的固有振动问题,但在矩形薄板自由振动解的形式、四边铰支条件下板的固有振动等方面的推理仍存在问题。本小节给出详细推导,帮助读者理解相关的研究过程。

1. 动力学方程

考察图 6.4 中由线弹性均质材料制成的等厚度矩形薄板,其相邻边长分别为 a 和 b,厚度为 h。将板内部与上下表面等距离的平面称为**中面**,选择中面的一个角点为原点,建立图示坐标系 $oxyz$。

在薄板的微振动研究中,通常引入德国物理学家 Kirchhoff 提出的如下基本假设:

(1) 板弯曲变形时,板的厚度变化忽略不计;该假设等价于忽略板的法向应变,即 $\varepsilon_z = 0$。

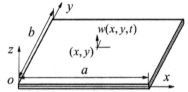

图 6.4　矩形薄板及其坐标系

(2) 板的最大弯曲变形远小于板的厚度,变形前后的中面均为中性面,中面内无应变。

(3) 板变形前与中面垂直的直线段,在板变形后保持为直线,并与变形后的中面垂直;该假设等价于忽略板的横向剪应变,即 $\gamma_{xz} = \gamma_{yz} = 0$。

(4) 板微振动时,板的分布质量引起的惯性力来自平动质量,忽略板弯曲变形时转动惯量带来的惯性力。

注解 6.1.4：在弹性力学中，称满足上述假设的薄板为 **Kirchhoff 薄板**。如果将上述
Kirchhoff 假设与研究 Euler-Bernoulli 梁时的假设进行对比，可见它们是一致的，即适用于
描述波数较少的低频振动问题。两者的不同在于，梁的侧向变形不受约束，而板的侧向变
形受约束；两者的弯曲刚度类似，但含义和量纲不同。

在 Kirchhoff 假设下，取薄板中的任意矩形微单元进行受力分析，采用图 6.4 中的
$w(x, y, t)$ 描述板的中面动态变形，可建立板的弯曲动力学方程如下：

$$\rho h \frac{\partial^2 w(x, y, t)}{\partial t^2} + D \nabla^4 w(x, y, t) = 0 \qquad (6.1.12)$$

式中，ρ 是材料密度；∇^4 是直角坐标系中的二重 Laplace 算子；D 是板的弯曲刚度；它们分
别定义为

$$\nabla^4 \equiv \nabla^2 \nabla^2 \equiv \left(\frac{\partial^2}{\partial x^2} + \frac{\partial^2}{\partial y^2} \right) \left(\frac{\partial^2}{\partial x^2} + \frac{\partial^2}{\partial y^2} \right) = \frac{\partial^4}{\partial x^4} + 2 \frac{\partial^4}{\partial x^2 \partial y^2} + \frac{\partial^4}{\partial y^4} \qquad (6.1.13)$$

$$D \equiv \frac{Eh^3}{12(1 - \nu^2)} \qquad (6.1.14)$$

式中，E 是材料弹性模量；ν 是材料 Poisson 比。

2. 自由振动的通解

在基础教程中，一般直接猜出或给出四边铰支矩形薄板的固有振动解。为了帮助读
者理解研究过程，现讨论矩形薄板的自由振动通解。类似于对梁的自由振动分析，可设矩
形薄板的自由振动具有如下分离变量解

$$w(x, y, t) = \varphi(x, y) \sin(\omega t + \theta) \qquad (6.1.15)$$

将其代入式(6.1.12)，则振动形态 $\varphi(x, y)$ 应满足如下偏微分方程

$$\nabla^4 \varphi(x, y) - \lambda^4 \varphi(x, y) = 0, \quad \lambda \equiv \sqrt[4]{\frac{\rho h \omega^2}{D}} \qquad (6.1.16)$$

根据式(6.1.13)，可将式(6.1.16)中的偏微分方程改写为

$$\left[\nabla^2 \varphi(x, y) + \lambda^2 \varphi(x, y) \right] \left[\nabla^2 \varphi(x, y) - \lambda^2 \varphi(x, y) \right] = 0 \qquad (6.1.17)$$

它成立的充分条件是

$$\begin{cases} \nabla^2 \varphi(x, y) + \lambda^2 \varphi(x, y) = 0 \\ \nabla^2 \varphi(x, y) + (\mathrm{i}\lambda)^2 \varphi(x, y) = 0 \end{cases} \qquad (6.1.18)$$

注解 6.1.5：目前，尚不知偏微分方程(6.1.17)的通解一般形式。以下过程将求取一
类可分离变量的通解，即式(6.1.18)中两个偏微分方程的解的线性组合。

以式(6.1.18)中第一个方程为例，设其有分离变量解

$$\tilde{\varphi}(x, y) = f(x)g(y) \tag{6.1.19}$$

将式(6.1.19)代入式(6.1.18)中第一个方程,得

$$\frac{1}{f(x)}\frac{\mathrm{d}^2 f(x)}{\mathrm{d}x^2} + \frac{1}{g(y)}\frac{\mathrm{d}^2 g(x)}{\mathrm{d}y^2} + \lambda^2 = 0 \tag{6.1.20}$$

若有常数 $\alpha > 0$ 和 $\beta > 0$ 满足如下关系

$$\frac{1}{f(x)}\frac{\mathrm{d}^2 f(x)}{\mathrm{d}x^2} = -\alpha^2, \quad \frac{1}{g(y)}\frac{\mathrm{d}^2 g(x)}{\mathrm{d}y^2} = -\beta^2, \quad \alpha^2 + \beta^2 = \lambda^2 \tag{6.1.21}$$

则式(6.1.21)的解将满足式(6.1.18)中第一个方程;但反之未必成立。

式(6.1.21)中的两个常微分方程分别有通解如下:

$$f(x) = b_1 \sin(\alpha x) + b_2 \cos(\alpha x), \quad g(y) = b_3 \sin(\beta y) + b_4 \cos(\beta y) \tag{6.1.22}$$

因此,式(6.1.18)中第一个偏微分方程具有如下一类分离变量通解:

$$\begin{aligned}
\tilde{\varphi}(x, y) &= f(x)g(y) = [b_1 \sin(\alpha x) + b_2 \cos(\alpha x)][b_3 \sin(\beta y) + b_4 \cos(\beta y)] \\
&= a_1 \sin(\alpha x)\sin(\beta y) + a_2 \sin(\alpha x)\cos(\beta y) \\
&\quad + a_3 \cos(\alpha x)\sin(\beta y) + a_4 \cos(\alpha x)\cos(\beta y)
\end{aligned} \tag{6.1.23}$$

类似地,可得到式(6.1.18)中第二个偏微分方程的一类分离变量通解如下:

$$\begin{aligned}
\hat{\varphi}(x, y) &= a_5 \sinh(\bar{\alpha}x)\sinh(\bar{\beta}y) + a_6 \sinh(\bar{\alpha}x)\cosh(\bar{\beta}y) \\
&\quad + a_7 \cosh(\bar{\alpha}x)\sinh(\bar{\beta}y) + a_8 \cosh(\bar{\alpha}x)\cosh(\bar{\beta}y)
\end{aligned} \tag{6.1.24}$$

式中,$\bar{\alpha}^2 + \bar{\beta}^2 = \lambda^2$。因此,式(6.1.16)具有如下形式的分离变量通解:

$$\begin{aligned}
\varphi(x, y) &= \tilde{\varphi}(x, y) + \hat{\varphi}(x, y) \\
&= a_1 \sin(\alpha x)\sin(\beta y) + a_2 \sin(\alpha x)\cos(\beta y) \\
&\quad + a_3 \cos(\alpha x)\sin(\beta y) + a_4 \cos(\alpha x)\cos(\beta y) \\
&\quad + a_5 \sinh(\bar{\alpha}x)\sinh(\bar{\beta}y) + a_6 \sinh(\bar{\alpha}x)\cosh(\bar{\beta}y) \\
&\quad + a_7 \cosh(\bar{\alpha}x)\sinh(\bar{\beta}y) + a_8 \cosh(\bar{\alpha}x)\cosh(\bar{\beta}y)
\end{aligned} \tag{6.1.25}$$

将式(6.1.25)代入式(6.1.15),则得到矩形板自由振动的一类分离变量通解。

注解 6.1.6:寻求式(6.1.17)的分离变量解也可直接将其设为指数函数。在这样得到的通解中,共有 16 项;除了式(6.1.25)中已有的 8 项,还有 8 项三角函数和双曲三角函数的乘积。这后 8 项乘积可描述具有非铰支边界的矩形薄板固有振动。

3. 四边铰支条件下的固有振动

对于矩形铰支薄板,用下标 x 和 y 表示偏导数,其边界条件如下:

$$\begin{cases}
w(0, y, t) = 0, & w_{xx}(0, y, t) = 0 \\
w(a, y, t) = 0, & w_{xx}(a, y, t) = 0, \quad y \in [0, b] \\
w(x, 0, t) = 0, & w_{yy}(x, 0, t) = 0 \\
w(x, b, t) = 0, & w_{yy}(x, b, t) = 0, \quad x \in [0, a]
\end{cases} \tag{6.1.26}$$

由此得到式(6.1.25)应满足的边界条件为

$$\begin{cases} \varphi(0, y) = 0, & \varphi_{xx}(0, y) = 0, & \varphi(a, y) = 0, & \varphi_{xx}(a, y) = 0, & y \in [0, b] \\ \varphi(x, 0) = 0, & \varphi_{yy}(x, 0) = 0, & \varphi(x, b) = 0, & \varphi_{yy}(x, b) = 0, & x \in [0, a] \end{cases}$$

$$(6.1.27)$$

以下分四步确定式(6.1.25)中的积分常数及特征值问题。

(1) 根据 $\varphi(0, 0) = 0$ 和 $\varphi_{xx}(0, 0) = 0$, 得到 $a_4 = 0$ 和 $a_8 = 0$;

(2) 根据 $\varphi(0, y) = 0$ 和 $\varphi_{xx}(0, y) = 0$, $y \in [0, b]$, 得到 $a_3 = 0$ 和 $a_7 = 0$;

(3) 根据 $\varphi(x, 0) = 0$ 和 $\varphi_{yy}(x, 0) = 0$, $x \in [0, a]$, 得到 $a_2 = 0$ 和 $a_6 = 0$;

(4) 根据 $\varphi(a, b) = 0$ 和 $\varphi_{xx}(a, b) = 0$, 得到 $a_5 = 0$, 以及非平凡解条件

$$\varphi(a, b) = a_1 \sin(\alpha a) \sin(\beta b) = 0 \qquad (6.1.28)$$

由式(6.1.28)解出特征值为

$$\alpha_r = \frac{r\pi}{a}, \quad \beta_s = \frac{s\pi}{b}, \quad \alpha_r^2 + \beta_s^2 = \lambda_{rs}^2, \quad r, s = 1, 2, \cdots \qquad (6.1.29)$$

根据式(6.1.16)对 λ 的定义,得到四边铰支矩形薄板的固有频率为

$$\omega_{rs} = \lambda_{rs}^2 \sqrt{\frac{D}{\rho h}} = \pi^2 \sqrt{\frac{D}{\rho h}} \left(\frac{r^2}{a^2} + \frac{s^2}{b^2} \right), \quad r, s = 1, 2, \cdots \qquad (6.1.30)$$

相应的固有振型为

$$\varphi_{rs}(x, y) = \sin(\alpha_r x) \sin(\beta_s y) = \sin\left(\frac{r\pi x}{a} \right) \sin\left(\frac{s\pi y}{b} \right), \quad r, s = 1, 2, \cdots \quad (6.1.31)$$

显然,式(6.1.31)描述的固有振型关于矩形薄板的两个镜像对称面具有对称性。

式(6.1.29)表明,作为二维结构的矩形薄板,其固有振动沿 x 方向和 y 方向具有各自的波数 α_r 和 β_s。 因此,在式(6.1.30)中,固有频率的阶次排序需要用两个指标。若 $a > b$,将式(6.1.30)改写为

$$\omega_{rs} = \frac{\pi^2}{b^2} \sqrt{\frac{D}{\rho h}} \left(\frac{b^2}{a^2} r^2 + s^2 \right), \quad r, s = 1, 2, \cdots \qquad (6.1.32)$$

在式(6.1.32)的括号中,指标 r 对固有频率 ω_{rs} 的贡献权重小于指标 s;即当薄板固有振动沿 x 方向出现多个波峰或节线时,才对应 y 方向的一个波峰或节线。若 $a < b$,则结果必然相反。当 $a = b$ 时,矩板薄板成为正方形薄板,其固有振型的波数和节线呈现较为复杂的规律,留待下一小节作专门讨论。

6.1.3 矩形铰支板的重频固有振动

本小节研究矩形铰支板的重频固有振动问题。为了循序渐进,先讨论正方形铰支板,再讨论非正方形的矩形铰支板。

1. 正方形板的重频固有模态

对于正方形铰支板,将 $b = a$ 代入式(6.1.30)和式(6.1.31),得到相应的固有频率和固有振型

$$\omega_{rs} = \frac{\pi^2}{a^2}\sqrt{\frac{D}{\rho h}}(r^2 + s^2), \quad r, s = 1, 2, \cdots \tag{6.1.33}$$

$$\varphi_{rs}(x, y) = \sin\left(\frac{r\pi x}{a}\right)\sin\left(\frac{s\pi y}{a}\right), \quad r, s = 1, 2, \cdots \tag{6.1.34}$$

由此可见正方形铰支板的如下固有振动特征:当 $r \neq s$ 时,式(6.1.33)给出 $\omega_{rs} = \omega_{sr}$,即不同阶次的两个固有频率重合,发生重频固有振动;两个重频固有振动对应的固有振型为

$$\begin{cases} \varphi_{rs}(x, y) = \sin\left(\dfrac{r\pi x}{a}\right)\sin\left(\dfrac{s\pi y}{a}\right) \\ \varphi_{sr}(x, y) = \sin\left(\dfrac{s\pi x}{a}\right)\sin\left(\dfrac{r\pi y}{a}\right), \quad r \neq s, \quad r, s = 1, 2, \cdots \end{cases} \tag{6.1.35}$$

由于 $r \neq s$,振型 $\varphi_{rs}(x, y)$ 和 $\varphi_{sr}(x, y)$ 沿 x 方向和 y 方向的波数不同,故无法相互表示,是两个独立的二元三角函数。根据线性代数,重频固有频率对应的固有振型子空间是二维的,上述独立的 $\varphi_{rs}(x, y)$ 和 $\varphi_{sr}(x, y)$ 可作为该子空间的基函数。因此,$\varphi_{rs}(x, y)$ 和 $\varphi_{sr}(x, y)$ 的线性组合

$$\psi(x, y) = c_1 \varphi_{rs}(x, y) + c_2 \varphi_{sr}(x, y) \tag{6.1.36}$$

也是对应 $\omega_{rs} = \omega_{sr}$ 的固有振型。

给定 $a = 1$ 和 $r = 1$,$s = 2$,图6.5是式(6.1.35)给出的两个重频固有振型的三维等高线曲面。易见,图6.5(a)的固有振型具有节线 $y = a/2 = 0.5$,图6.5(b)的固有振型具有节线 $x = a/2 = 0.5$,即图6.5(a)旋转 $\pi/2$ 后与图6.5(b)重合。

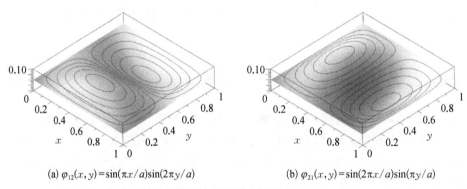

(a) $\varphi_{12}(x, y) = \sin(\pi x/a)\sin(2\pi y/a)$　　　　(b) $\varphi_{21}(x, y) = \sin(2\pi x/a)\sin(\pi y/a)$

图6.5　正方形铰支板的两个重频固有振型 ($a = 1, r = 1, s = 2$)

图6.6给出上述重频固有振型的两种线性组合,其中图6.6(a)的固有振型节线是正方形板的对角线 $y = 1 - x$,图6.6(b)的固有振型节线则是一根曲线。这样的线性组合有无穷多种方案,导致重频固有振型的节线不唯一。为了更清晰地观察固有振型的节线,改

用图 6.7 展示图 6.6 中的两个固有振型,其中白色区域代表振幅为正,灰色区域则代表振幅为负,它们的交界线就是节线。工程中通常称图 6.7 为**振型节线图**,简称**节线图**。

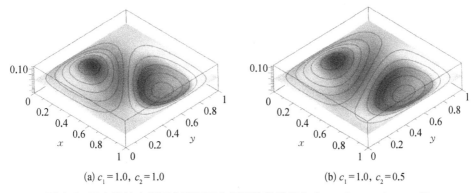

(a) $c_1 = 1.0$, $c_2 = 1.0$　　　　　　　(b) $c_1 = 1.0$, $c_2 = 0.5$

图 6.6　正方形铰支板两个重频固有振型的线性组合 ($a = 1$, $r = 1$, $s = 2$)

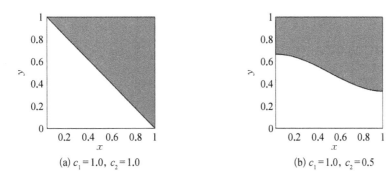

(a) $c_1 = 1.0$, $c_2 = 1.0$　　　　　　　(b) $c_1 = 1.0$, $c_2 = 0.5$

图 6.7　正方形铰支板两个重频固有振型线性组合的节线图 ($a = 1$, $r = 1$, $s = 2$)

由式(6.1.35)给出的重频固有振型节线均平行于正方形板的边,非常规整,具有镜像对称性。图 6.7 则表明,它们的线性组合不再如此。

为了考察重频固有振型的线性组合,固定 $c_1 = 1.0$,选择 $c_2 \in [-1, 1]$ 的若干值,给出典型的振型节线。图 6.8 给出 $r = 1$, $s = 3$ 时,重频固有振型的六种线性组合节线图,它们均保持镜像对称性。图 6.9 给出 $r = 2$, $s = 3$ 时,重频固有振型的六种线性组合节线图,它们不再具有镜像对称性。有趣的是,如果将图 6.9 中第二行的节线图逆时针旋转 $\pi/2$,则可得到第一行的节线图。因此,该重频固有振型的线性组合具有旋转对称性。正方形板的上述两种节线图对称性,与正方形板具有如下两类对称性密切相关。

(1)镜像对称性:一是关于图 6.4 坐标系中平面 $x = a/2$ 对称,二是关于平面 $y = b/2 = a/2$ 对称,三是关于平面 $y = x$ 对称,四是关于平面 $y = a - x$ 对称;总计有四种镜像对称结果。

(2)循环对称性:通过正方形板中心点作平行于 z 轴的轴(简称为**中心轴**),正方形板绕该中心轴分别旋转 $\pi/2$ 、 π 、 $3\pi/2$ 、 2π 时,与其自身完全重复;总计有四种循环对称结果。

本节仅研究结构镜像对称性,6.2 节和 6.3 节将研究结构的循环对称性。

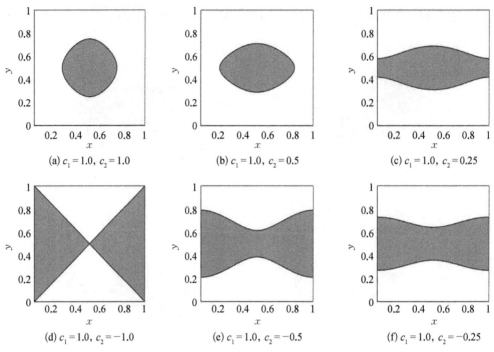

图 6.8　正方形铰支板两个重频固有振型线性组合的节线图（$a = 1$, $r = 1$, $s = 3$）

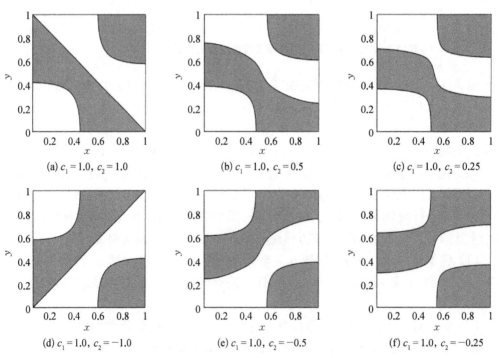

图 6.9　正方形铰支板两个重频固有振型线性组合的节线图（$a = 1$, $r = 2$, $s = 3$）

2. 矩形板的重频固有模态

在现有振动力学、板壳力学的著作中,通常不涉及矩形铰支板的重频固有振动问题。事实上,矩形板具有丰富的重频固有模态。

现考察边长满足条件 $0 < b < a$ 的矩形铰支板。若该板有一对重频固有频率 $\omega_{rs} = \omega_{ij}$,由式(6.1.30)得

$$\omega_{rs} = \pi^2 \sqrt{\frac{D}{\rho h}} \left(\frac{r^2}{a^2} + \frac{s^2}{b^2} \right) = \pi^2 \sqrt{\frac{D}{\rho h}} \left(\frac{i^2}{a^2} + \frac{j^2}{b^2} \right) = \omega_{ij} \quad (6.1.37)$$

这等价于对给定条件 $0 < b < a$,下述代数方程具有正整数解 (r, s) 和 (i, j)

$$\frac{r^2}{a^2} + \frac{s^2}{b^2} = \frac{i^2}{a^2} + \frac{j^2}{b^2} \quad (6.1.38)$$

从数学角度看,这属于复杂的不定方程求解问题。但如果仅关注矩形铰支板的低阶固有振动,则该问题不难求解。以下讨论两类典型问题。

(1)指定 $\omega_{rs} = \omega_{ij}$,确定矩形板的边长比 a/b。将式(6.1.38)改写为

$$\frac{a}{b} = \sqrt{\frac{i^2 - r^2}{s^2 - j^2}} \quad (6.1.39)$$

根据条件 $0 < b < a$,式(6.1.39)中的固有频率阶次应满足

$$s \neq j, \quad r \neq i, \quad s^2 - j^2 < i^2 - r^2 \quad (6.1.40)$$

由式(6.1.40)选择所需的固有频率阶次,即可由式(6.1.39)得到矩形板的边长比 a/b。若已知具体的固有频率值和 $\sqrt{D/\rho h}$,还可由式(6.1.37)求出 a 和 b。

例 6.1.2:对于给定参数 $\sqrt{D/\rho h}$ 的铰支矩形板,寻找边长比 a/b,使板的重频固有频率具有最少波峰数。

根据最少波峰数的原则,首先取 $j = 1$,则满足式(6.1.40)中第一个不等式的 s 最小值为 2;再根据式(6.1.40)中第二个和第三个不等式,确定 r 和 i 的最小值分别为 1 和 3。因此,具有最少波峰数的重频固有频率为 $\omega_{12} = \omega_{31}$。将这些固有频率阶次代入式(6.1.39),得到待求的边长比

$$\frac{a}{b} = \sqrt{\frac{8}{3}} \quad (a)$$

为了具体讨论,考察矩形铰支钢板,其参数为

$$b = 1.0 \text{ m}, \quad h = 0.005 \text{ m}, \quad \rho = 7\,800.0 \text{ kg/m}^3, \quad E = 210.0 \text{ GPa}, \quad \nu = 0.28 \quad (b)$$

将上述固有频率阶次、式(a)和式(b)代入式(6.1.37),得到重频固有频率为

$$f_{12} = f_{31} \equiv \frac{\omega_{31}}{2\pi} = \frac{35\pi}{16} \sqrt{\frac{D}{\rho h}} \approx 53.61 \text{ Hz} \quad (c)$$

根据式(6.1.31),上述固有频率阶次对应的固有振型为

$$\varphi_{12}(x,\,y) = \sin\!\left(\frac{\pi x}{\sqrt{8/3}}\right)\sin(2\pi y),\quad \varphi_{31}(x,\,y) = \sin\!\left(\frac{3\pi x}{\sqrt{8/3}}\right)\sin(\pi y) \qquad (\text{d})$$

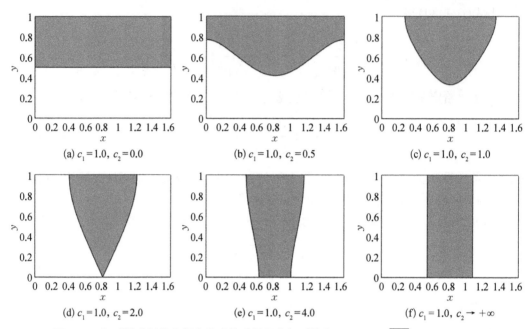

图 6.10　矩形铰支板具有最少波峰的重频固有振型节线 $\left(a/b = \sqrt{8/3}\,,\ \omega_{12} = \omega_{31}\right)$

在上述固有振型所张的线性子空间中,任意固有振型可表示为如下线性组合

$$\psi(x,\,y) = c_1\varphi_{12}(x,\,y) + c_2\varphi_{31}(x,\,y) \qquad (\text{e})$$

图 6.10 给出 $c_1 = 1.0$、$c_2 \in [0,\,+\infty)$ 时的重频固有振型变化,其中图 6.10(f)的情况等价于 $c_1 = 0.0$ 且 $c_2 = 1$。这展示了固有振型 $\psi(x,\,y)$ 如何从 $\varphi_{12}(x,\,y)$ 演化到 $\varphi_{31}(x,\,y)$,特别是从沿短边方向有 1 根节线演化为沿长边方向有 2 根节线。

注解 6.1.7:作者在基础教程中曾指出,当矩形铰支板的边长比 a/b 为有理数时,会出现重频固有频率[①]。本案例说明,该论断并非重频固有频率的必要条件。虽然加工出边长比 a/b 为无理数的矩形板难以实现,但对于本案例,若用可加工实现的边长比 $a/b = 1.632$ 来替代 $a/b = \sqrt{8/3} \approx 1.6322993$,将得到两个相近的固有频率 $f_{12} = 53.62$ Hz 和 $f_{31} = 53.66$ Hz,它们的固有振型分别与图 6.10(a)和图 6.10(f)几乎重合。这样的矩形铰支板受到小扰动,其固有振型也会呈现复杂的演化结果,6.1.4 小节将对该问题进行具体讨论。

(2)给定矩形铰支板的边长比 a/b,其中 a 和 b 均为整数,在低频范围内确定重频固有振动 $\omega_{rs} = \omega_{ij}$ 的阶次。将式(6.1.38)改写为

---

① 胡海岩. 机械振动与冲击[M]. 北京:航空工业出版社,1998:178.

$$r^2 = i^2 + \frac{a^2}{b^2}(j^2 - s^2) = i^2 + \frac{a^2}{b^2}(j+s)(j-s) \tag{6.1.41}$$

为了获得固有频率阶次尽可能低的整数解,可在式(6.1.41)中取因子 $(j+s) = b^2$,由此得

$$r^2 = i^2 + a^2(j-s) \tag{6.1.42}$$

在满足条件 $(j+s) = b^2$ 的前提下选择 $(j-s)$,对于给定范围的 i 计算 $\sqrt{i^2 + a^2(j-s)}$,其整数结果即为 r。 当然,若选择 $(j-s) = b^2$ 或 $j^2 - s^2 = b^2$ 等方案,也可获得整数解 r,但通常阶次比较高。

例 6.1.3:给定矩形铰支板的边长比 $a/b = 4/3$,讨论板沿 x 和 y 两个方向波峰数均在 10 以内的重频固有振动。

将 $a/b = 4/3$ 代入根据式(6.1.41),得

$$r^2 = i^2 + \frac{16}{9}(j+s)(j-s) \tag{a}$$

首先,取 $j+s = 9$,得到八种选择 $(s, j) = (1, 8), (2, 7), \cdots, (8, 1)$;其中后四种与前四种本质相同,只是下标 s 和下标 j 置换。以下考虑前四种情况,计算:

$$\sqrt{i^2 + 16(j-s)}, \quad i = 1, 2, \cdots 10, \quad (s, j) = (1, 8), (2, 7), (3, 6), (4, 5) \tag{b}$$

可得到两个方向波峰数均不超过 10 的如下四组整数解:

$$\begin{cases} (s, j) = (2, 7): & (r, i) = (9, 1) \\ (s, j) = (3, 6): & (r, i) = (7, 1), \quad (8, 4) \\ (s, j) = (4, 5): & (r, i) = (5, 3) \end{cases} \tag{c}$$

根据式(c)的行列顺序,可得到如下四对重频固有频率:

$$\omega_{92} = \omega_{17}, \quad \omega_{73} = \omega_{16}, \quad \omega_{83} = \omega_{46}, \quad \omega_{54} = \omega_{35} \tag{d}$$

其次,若选 $j-s = 9$、$j+s = 18$ 等方案,得到整数解 $r > 10$。 有趣的是,若选 $j^2 - s^2 = 45$,可得到波峰数 10 以下的如下整数解和重频固有频率:

$$(s, j) = (6, 9): \quad (r, i) = (9, 1) \quad \Rightarrow \quad \omega_{96} = \omega_{19} \tag{e}$$

不难验证,该重频固有频率高于式(d)中的四对重频固有频率。

以下针对式(d)中的四对重频固有频率,按频率值升序考察其固有振型的线性组合:

$$\psi(x, y) = c_1 \varphi_{rs}(x, y) + c_2 \varphi_{ij}(x, y) \tag{f}$$

首先,考察 $\omega_{54} = \omega_{35}$ 对应的重频固有振型,此时 $f_{54} = f_{35} = 368.40 \text{ Hz}$。 图 6.11 展示了重频固有振型 $\psi(x, y)$ 从 $\varphi_{54}(x, y)$ 到 $\varphi_{35}(x, y)$ 的演变;从最初有 7 根节线,到图 6.11(c)变为有 6 根节线,并到最终一直保持有 6 根节线。

其次,考察 $\omega_{73} = \omega_{16}$ 对应的重频固有振型,此时 $f_{73} = f_{16} = 448.05 \text{ Hz}$。 图 6.12 展示重

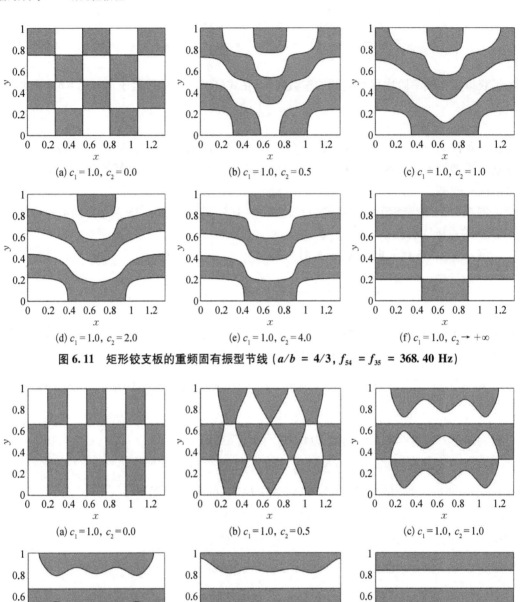

图 6.11　矩形铰支板的重频固有振型节线（$a/b = 4/3$，$f_{54} = f_{35} = 368.40\ \text{Hz}$）

图 6.12　矩形铰支板的重频固有振型节线（$a/b = 4/3$，$f_{73} = f_{16} = 448.05\ \text{Hz}$）

频固有振型 $\psi(x, y)$ 从 $\varphi_{73}(x, y)$ 到 $\varphi_{16}(x, y)$ 的演变过程；从最初有 8 根节线，到图 6.12(c) 变为有 5 根节线，并到最终一直保持有 5 根节线。

　　然后，考察 $\omega_{83} = \omega_{46}$ 对应的重频固有振型，此时 $f_{83} = f_{46} = 551.45\ \text{Hz}$。图 6.13 给出重频固有振型 $\psi(x, y)$ 从 $\varphi_{83}(x, y)$ 到 $\varphi_{46}(x, y)$ 的演变过程；从最初有 9 根节线变为图

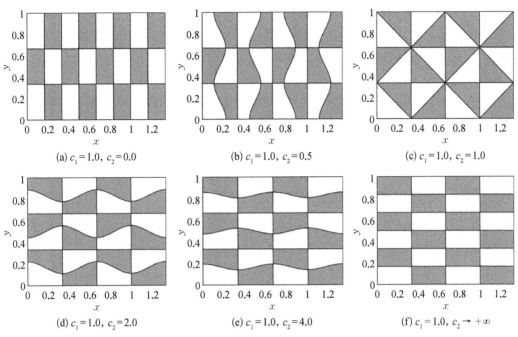

图 6.13　矩形铰支板的重频固有振型节线 (a/b = 4/3, f_{83} = f_{46} = 551.45 Hz)

6.13(c)中有 11 根节线,再到图 6.14(d)中有 8 根节线,并到最终一直保持有 8 根节线。

最后,考察 ω_{92} = ω_{17},即 f_{92} = f_{17} = 607.36 Hz 时的重频固有振型。图 6.14 展示重频固有振型 $\psi(x, y)$ 从 $\varphi_{92}(x, y)$ 演变为 $\varphi_{17}(x, y)$ 的过程;从最初有 9 根节线变为图 6.14(b)有 4 根节线,再到图 6.14(c)有 6 根节线,又到图 6.14(d)有 4 根节线,最终在图

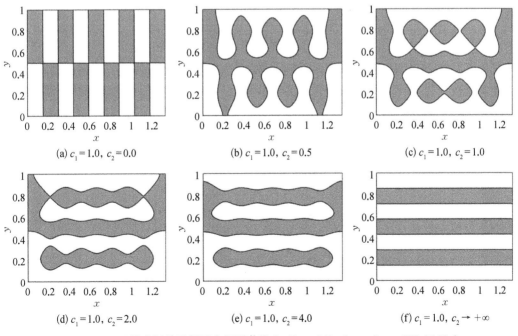

图 6.14　矩形铰支板的重频固有振型节线 (a/b = 4/3, f_{92} = f_{17} = 607.36 Hz)

6.14(f)变为有6根节线。

如果考察式(e)给出的重频固有振动,会得到更复杂的固有振型及其演化过程。由于 Kirchhoff 板模型不适用于描述高波数固有振动,且这样的高波数固有振动比较罕见,故不再展开讨论。

注解6.1.8:与正方形铰支板相比,矩形铰支板的重频固有振动在频域分布上要稀疏许多。原因在于,矩形铰支板的镜像对称仅关于平面 $x = a/2$ 和 $y = b/2$,绕中心轴循环对称的角度只有 π 和 2π。从数学角度看,矩形铰支板所属的对称群,是正方形铰支板所属对称群的**子群**。

6.1.4 矩形铰支板的频率密集模态

在2.2.5小节中,已简单介绍了结构对称性破缺对重频固有振动的影响。现研究结构小扰动对矩形铰支板造成的频率密集模态,回答第1章的问题5A。

1. 正方形铰支板的边长误差扰动

首先,考察正方形铰支板由于测量、加工等误差,其长度和宽度略有不同,成为相邻边有微小差异的矩形铰支板。现取 $b = a(1 + \varepsilon)$,其中 $0 \leqslant |\varepsilon| \ll 1$ 是小参数。根据式(6.1.30),可得到该板的两个无量纲固有频率

$$\bar{\omega}_{rs} \equiv \frac{\omega_{rs} a^2}{\pi^2 \sqrt{D/\rho h}} = r^2 + \frac{s^2}{(1 + \varepsilon)^2}, \quad \bar{\omega}_{sr} \equiv \frac{\omega_{sr} a^2}{\pi^2 \sqrt{D/\rho h}} = s^2 + \frac{r^2}{(1 + \varepsilon)^2} \quad (6.1.43)$$

它们均随着 ε 增加而递减。对于充分小的 ε,可将式(6.1.43)近似为

$$\bar{\omega}_{rs} \approx r^2 + s^2 - 2s^2 \varepsilon, \quad \bar{\omega}_{sr} \approx s^2 + r^2 - 2r^2 \varepsilon \quad (6.1.44)$$

且有

$$\bar{\omega}_{rs} - \bar{\omega}_{sr} \approx 2(r^2 - s^2) \varepsilon \quad (6.1.45)$$

由于 $r \neq s$,式(6.1.44)给出 $\bar{\omega}_{rs}$ 和 $\bar{\omega}_{sr}$ 随 ε 增加时的下降速度。若 $r < s$,则 $\bar{\omega}_{rs}$ 的下降速度比 $\bar{\omega}_{sr}$ 快;反之,则 $\bar{\omega}_{rs}$ 的下降速度比 $\bar{\omega}_{sr}$ 慢。式(6.1.45)则表明,受扰动的两个固有频率大小会随着 ε 正负变化发生交替。

其次,考察上述固有频率对应的振型。当 $|\varepsilon| \ll 1/s\pi$ 时,它们可近似为

$$\begin{cases} \varphi_{rs}(x, y) = \sin\left(\dfrac{r\pi x}{a}\right) \sin\left[\dfrac{s\pi y}{a(1 + \varepsilon)}\right] \approx \sin\left(\dfrac{r\pi x}{a}\right) \sin\left[\dfrac{(1 - \varepsilon)s\pi y}{a}\right] \\[2mm] \qquad \approx \sin\left(\dfrac{r\pi x}{a}\right) \sin\left(\dfrac{s\pi y}{a}\right) \left[1 - \dfrac{\varepsilon s\pi y}{a}\cot\left(\dfrac{s\pi y}{a}\right)\right] \\[2mm] \varphi_{sr}(x, y) \approx \sin\left(\dfrac{s\pi x}{a}\right) \sin\left(\dfrac{r\pi y}{a}\right) \left[1 - \dfrac{\varepsilon r\pi y}{a}\cot\left(\dfrac{r\pi y}{a}\right)\right] \end{cases} \quad (6.1.46)$$

式(6.1.46)中最后两个方括号内的项随着 y 变化而波动,波动量级分别为 $s\pi|\varepsilon|$ 和 $r\pi|\varepsilon|$。因此,对于正方形板的边长扰动,低阶固有振型受影响小,高阶固有振型受影响大。

例 6.1.4：对于边长为 a 的正方形铰支板,若其沿 y 方向的边长有微小变化,将该边长记为 $a(1+\varepsilon)$。在 $|\varepsilon| \leqslant 0.01$ 范围内,考察 $r=1$, $s=2$ 时的固有振动变化。

根据式(6.1.43),绘出无量纲固有频率的变化情况,如图 6.15(a)所示。由于 $s=2 > 1=r$,根据式(6.1.44)的预测,$\bar{\omega}_{12}$ 的下降相对较为迅速,而 $\bar{\omega}_{21}$ 的下降相对比较缓慢。在 $\varepsilon=0$ 的邻域内,$\bar{\omega}_{12}$ 和 $\bar{\omega}_{21}$ 的大小发生交替,呈现 2.2.5 小节所介绍的固有模态分岔。

对于 $\varepsilon=\pm 0.01$,计算式(6.1.35)中固有振型 $\varphi_{12}(x,y)$ 和式(6.1.46)中精确固有振型 $\varphi_{12}(x,y)$ 之差沿 y 方向变化的情况,如图 6.15(b)所示。由图可见,它们的差异确实在 $2\pi|\varepsilon| \approx 0.06$ 量级。因此,当正方形铰支板的边长有小扰动时,板的低阶固有振型受影响较小。

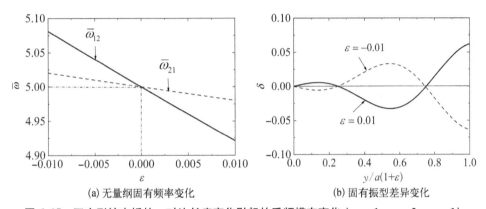

(a) 无量纲固有频率变化　　　　　　　(b) 固有振型差异变化

图 6.15　正方形铰支板的一对边长度变化引起的重频模态变化 ($r=1$, $s=2$, $a=1$)

2. 正方形铰支板的附加质量扰动

现针对正方形铰支板的固有振动测试,研究第 1 章中提出的问题 5A。在振动测试中,需在正方形铰支板上安装加速度传感器、或安装与电磁激振器的连接头。这导致在板上附加**局部质量**,形成结构扰动。设附加质量 m 远小于板的质量,即 $m \ll \rho a^2 h$,安装点的位置坐标为 (x_0, y_0)。以下采用 Ritz 法,研究上述结构扰动引起正方形板重频固有模态的变化情况。

由于附加质量很小,可以用正方形铰支板受扰动前的两个重频固有振型作为基函数,将该板受扰动后的动态变形表示为

$$w(x,y,t) \approx \varphi_{rs}(x,y)q_{rs}(t) + \varphi_{sr}(x,y)q_{sr}(t) \tag{6.1.47}$$

如果要计入相邻模态的贡献,可见稍后的注解 6.1.9。

根据式(6.1.47),正方形铰支板受扰动后的动能可表示为

$$
\begin{aligned}
T &= \frac{1}{2}\int_0^a\int_0^a \rho h \left[\frac{\partial w(x,y,t)}{\partial t}\right]^2 \mathrm{d}x\mathrm{d}y \\
&= \frac{\rho h}{2}\int_0^a\int_0^a \left[\varphi_{rs}(x,y)\dot{q}_{rs}(t) + \varphi_{sr}(x,y)\dot{q}_{sr}(t)\right]^2 \mathrm{d}x\mathrm{d}y \\
&\quad + \frac{m}{2}\left[\varphi_{rs}(x_0,y_0)\dot{q}_{rs}(t) + \varphi_{sr}(x_0,y_0)\dot{q}_{sr}(t)\right]^2
\end{aligned}
\tag{6.1.48}
$$

根据固有振型的正交性,式(6.1.48)可简化为

$$T = \frac{M_{rs}}{2}\dot{q}_{rs}^2(t) + \frac{M_{sr}}{2}\dot{q}_{sr}^2(t)$$

$$+ \frac{m}{2}[\varphi_{rs}(x_0, y_0)\dot{q}_{rs}(t) + \varphi_{sr}(x_0, y_0)\dot{q}_{sr}(t)]^2 \qquad (6.1.49)$$

式中,

$$M_{rs} = \rho h \int_0^a \int_0^a \varphi_{rs}^2(x, y)\,\mathrm{d}x\mathrm{d}y, \quad M_{sr} = \rho h \int_0^a \int_0^a \varphi_{sr}^2(x, y)\,\mathrm{d}x\mathrm{d}y \qquad (6.1.50)$$

是对应上述两个重频固有振型的模态质量。

将式(6.1.47)代入正方形薄板的弹性势能表达式①,根据固有振型正交性,得到正方形铰支板受扰动后的弹性势能

$$V = \frac{D}{2}\int_0^a\int_0^a\left[\frac{\partial^2 w(x, t)}{\partial x^2} + \frac{\partial^2 w(x, t)}{\partial y^2}\right]^2\mathrm{d}x\mathrm{d}y$$

$$+ \frac{2(1-\mu)D}{2}\int_0^a\int_0^a\left[\frac{\partial^2 w(x, t)}{\partial x\partial y}\frac{\partial^2 w(x, t)}{\partial x\partial y} - \frac{\partial^2 w(x, t)}{\partial x^2}\frac{\partial^2 w(x, t)}{\partial y^2}\right]\mathrm{d}x\mathrm{d}y$$

$$= \frac{K_{rs}}{2}q_{rs}^2(t) + \frac{K_{sr}}{2}q_{sr}^2(t) \qquad (6.1.51)$$

式中,K_{rs} 和 K_{sr} 为对应上述固有振型的模态刚度。虽然式(6.1.51)的具体表达式比较复杂,但采用 Maple 软件完成上述计算非常简单。此外,采用 Maple 软件计算时无须考虑固有振型正交性,得到的耦合项与非耦合项之比可达到 10^{-14} 量级,对后续数值计算无影响。

将上述动能和势能代入第二类 Lagrange 方程,得到满足边界条件的受扰动正方形铰支板的动力学方程

$$(M + \Delta M)\ddot{q}(t) + Kq(t) = 0 \qquad (6.1.52)$$

式中,

$$\begin{cases} K \equiv \begin{bmatrix} K_{rs} & 0 \\ 0 & K_{sr} \end{bmatrix}, \quad M \equiv \begin{bmatrix} M_{rs} & 0 \\ 0 & M_{sr} \end{bmatrix} \\ \Delta M \equiv m\begin{bmatrix} \varphi_{rs}^2(x_0, y_0) & \varphi_{rs}(x_0, y_0)\varphi_{sr}(x_0, y_0) \\ \varphi_{rs}(x_0, y_0)\varphi_{sr}(x_0, y_0) & \varphi_{sr}^2(x_0, y_0) \end{bmatrix} \end{cases} \qquad (6.1.53)$$

求解广义特征值问题

$$[K - \tilde{\omega}^2(M + \Delta M)]\tilde{q} = 0 \qquad (6.1.54)$$

得到正方形板受扰动后的两个固有频率 $\tilde{\omega}_{rs}$ 和 $\tilde{\omega}_{sr}$,以及对应的特征向量

---

① 胡海岩. 机械振动与冲击[M]. 北京:航空工业出版社,1998:180.

$$\tilde{\boldsymbol{q}}_{rs} \equiv \begin{bmatrix} \tilde{q}_{11} & \tilde{q}_{21} \end{bmatrix}^{\mathrm{T}}, \quad \tilde{\boldsymbol{q}}_{sr} \equiv \begin{bmatrix} \tilde{q}_{12} & \tilde{q}_{22} \end{bmatrix}^{\mathrm{T}} \tag{6.1.55}$$

根据式(6.1.47),正方形板受扰动后的两个固有振型近似为

$$\begin{cases} \tilde{\varphi}_{rs}(x, y) = \tilde{q}_{11}\varphi_{rs}(x, y) + \tilde{q}_{21}\varphi_{sr}(x, y) \\ \tilde{\varphi}_{sr}(x, y) = \tilde{q}_{12}\varphi_{rs}(x, y) + \tilde{q}_{22}\varphi_{sr}(x, y) \end{cases} \tag{6.1.56}$$

注解 6.1.9:板受扰前的模态刚度矩阵和模态质量矩阵为对角阵,质量扰动使模态质量阵产生惯性耦合,式(6.1.53)中扰动质量矩阵 $\Delta \boldsymbol{M}$ 给出了耦合项,可方便地讨论附加质量和安装位置对整个问题的影响。若要考虑相邻模态影响,只需用对应的模态刚度和模态质量对上述模态刚度阵和模态质量阵扩阶,而扰动质量阵 $\Delta \boldsymbol{M}$ 的元素为两个振型函数在安装点取值的乘积。

例 6.1.5:当 $r = 2$, $s = 3$ 和 $r = 3$, $s = 2$ 时,正方形铰支板出现一对重频固有振动,现讨论附加质量引起的固有频率和固有振型变化。

为了具体化,取正方形铰支板的参数如下:

$$a = 1.0 \, \mathrm{m}, \quad h = 0.005 \, \mathrm{m}, \quad \rho = 7\,800.0 \, \mathrm{kg/m^3}, \quad E = 210.0 \, \mathrm{GPa}, \quad \nu = 0.28 \tag{a}$$

根据式(6.1.33)和式(6.1.34),得到板的重频固有频率和对应固有振型为

$$f_{23} = f_{32} = \frac{13}{2\pi a^2}\sqrt{\frac{D}{\rho h}} = 159.31 \, \mathrm{Hz} \tag{b}$$

$$\varphi_{23}(x, y) = \sin\left(\frac{2\pi x}{a}\right)\sin\left(\frac{3\pi y}{a}\right), \quad \varphi_{32}(x, y) = \sin\left(\frac{3\pi x}{a}\right)\sin\left(\frac{2\pi y}{a}\right) \tag{c}$$

采用 Maple 软件计算,得到相应的模态质量矩阵和模态刚度矩阵为

$$\begin{cases} \boldsymbol{M} = \begin{bmatrix} M_{12} & 0 \\ 0 & M_{21} \end{bmatrix} = \begin{bmatrix} 9.7500 & 0.0000 \\ 0.0000 & 9.7500 \end{bmatrix} \, \mathrm{kg} \\ \boldsymbol{K} = \begin{bmatrix} K_{12} & 0 \\ 0 & K_{21} \end{bmatrix} = \begin{bmatrix} 9.7686 & 0.0000 \\ 0.0000 & 9.7686 \end{bmatrix} \times 10^3 \, \mathrm{kN/m} \end{cases} \tag{d}$$

现考察附加质量及其安装位置如下:

$$m = 0.01 \, \mathrm{kg}, \quad x_0 = 0.20 \, \mathrm{m}, \quad y_0 \in \{0.2 \, \mathrm{m}, \ 0.25 \, \mathrm{m}, \ 0.5 \, \mathrm{m}\} \tag{e}$$

由于正方形板的质量为 $m_p = \rho h a^2 = 39 \, \mathrm{kg}$,故 $m/m_p \approx 2.56 \times 10^{-4}$,确实是小扰动问题,属于上述理论分析的范畴。若以 $(x_0, y_0) = (0.2 \, \mathrm{m}, 0.2 \, \mathrm{m})$ 为例,可得到小扰动质量矩阵为

$$\Delta \boldsymbol{M} = \begin{bmatrix} 0.002\,795 & 0.002\,795 \\ 0.002\,795 & 0.002\,795 \end{bmatrix} \, \mathrm{kg} \tag{f}$$

(1) 对于 $(x_0, y_0) = (0.2 \, \mathrm{m}, 0.2 \, \mathrm{m})$,通过求解广义特征值问题,得到质量扰动后的固有频率为 $\tilde{f}_{23} = 159.26 \, \mathrm{Hz}$ 和 $\tilde{f}_{32} = 159.31 \, \mathrm{Hz}$。前者比重频固有频率降低约 0.05 Hz,后者几乎无差异;但固有振型变化很大,图 6.16 是其节线图。由于附加质量位于正方形

铰支板的对角线 $y = x$ 上，使得该板仍保持关于平面 $y = x$ 的镜像对称性，故图 6.16 中的节线图也具有这样的镜像对称性。

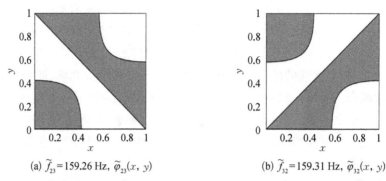

(a) $\tilde{f}_{23} = 159.26$ Hz, $\tilde{\varphi}_{23}(x, y)$ (b) $\tilde{f}_{32} = 159.31$ Hz, $\tilde{\varphi}_{32}(x, y)$

图 6.16　在正方形铰支板的 (0.2 m, 0.2 m) 处附加 0.01 kg 质量后的固有模态

（2）对于 $(x_0, y_0) = (0.2\ \text{m}, 0.25\ \text{m})$，得到固有频率为 $\tilde{f}_{23} = 159.25$ Hz 和 $\tilde{f}_{32} = 159.31$ Hz。前者比重频固有频率约低 0.06 Hz，后者仍几乎不变；固有振型也发生很大变化，相应的节线图如图 6.17 所示。

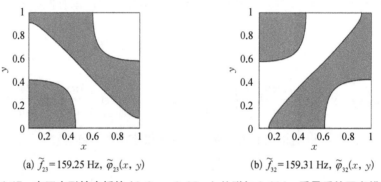

(a) $\tilde{f}_{23} = 159.25$ Hz, $\tilde{\varphi}_{23}(x, y)$ (b) $\tilde{f}_{32} = 159.31$ Hz, $\tilde{\varphi}_{32}(x, y)$

图 6.17　在正方形铰支板的 (0.2 m, 0.25 m) 处附加 0.01 kg 质量后的固有模态

（3）对于 $(x_0, y_0) = (0.2\ \text{m}, 0.5\ \text{m})$，得到固有频率为 $\tilde{f}_{23} = 159.24$ Hz 和 $\tilde{f}_{32} = 159.33$ Hz。前者比重频固有频率约低 0.07 Hz，后者则约高 0.02 Hz；固有振型同样发生很大变化，相应的节线图如图 6.18 所示。

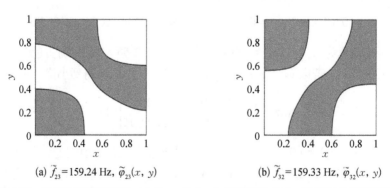

(a) $\tilde{f}_{23} = 159.24$ Hz, $\tilde{\varphi}_{23}(x, y)$ (b) $\tilde{f}_{32} = 159.33$ Hz, $\tilde{\varphi}_{32}(x, y)$

图 6.18　在正方形铰支板的 (0.2 m, 0.5 m) 处附加 0.01 kg 质量后的固有模态

由图 6.17 和图 6.18 可见,鉴于附加质量的位置不在正方形板的对角线上,这两种情况的节线图均失去关于平面 $y = x$ 的镜像对称性。

注解 6.1.10:由例 6.1.5 可见,对于理想的正方形板,结构对称性导致的重频固有振动对附加质量极度敏感。对于质量 39 kg 的正方形板,附加 10 g 的集中质量导致板的重频固有频率 $f_{23} = f_{32}$ 发生微小的分裂,两者的频率差不足千分之一,但固有振型发生很大变化。由此可理解,对高精度的对称结构进行振动测试,由于传感器、激振器接头所产生的结构小扰动,导致固有振型测试结果的重复性变差。此时,应尽量采用非接触式的激励和测量技术。

3. 准正方形铰支板的附加质量扰动

工程中的正方形板绝不是数学意义下的正方形,而是存在测量、加工和装配误差的"准正方形板"。现以例 6.1.4 中边长有误差的准正方形板为例,考察其固有振动对附加质量的敏感性,进一步回答第 1 章的问题 5A。

例 6.1.6:设准正方形板的边长为 $a = 1.0$ m 和 $b = 1.01a$,其他参数与例 6.1.4 相同,讨论在 $(x_0, y_0) = (0.2\text{ m}, 0.2\text{ m})$ 处附加 0.01 kg 质量引起的固有频率和固有振型变化。

根据矩形铰支板的固有频率公式(6.1.30),准正方形板的固有频率分裂为

$$f_{23} = 157.13 \text{ Hz}, \quad f_{32} = 158.34 \text{ Hz} \tag{a}$$

固有振型则为

$$\varphi_{23}(x, y) = \sin\left(\frac{2\pi x}{a}\right)\sin\left(\frac{3\pi y}{1.01a}\right), \quad \varphi_{32}(x, y) = \sin\left(\frac{3\pi x}{a}\right)\sin\left(\frac{2\pi y}{1.01a}\right) \tag{b}$$

采用式(b)作为基函数,通过类似例 6.1.5 的流程得

$$\tilde{f}_{23} = 157.11 \text{ Hz}, \quad \tilde{f}_{32} = 158.32 \text{ Hz} \tag{c}$$

将式(a)与式(c)比较可见,附加质量后两个固有频率皆下降约 0.02 Hz。图 6.19 是相应的固有振型,它们与附加质量前的固有振型有一定差异,但比起例 6.1.5 中的固有振型变化要小许多。

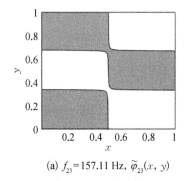
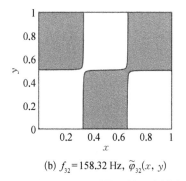

(a) f_{23}=157.11 Hz, $\tilde{\varphi}_{23}(x, y)$ (b) f_{32}=158.32 Hz, $\tilde{\varphi}_{32}(x, y)$

图 6.19 在准正方形铰支板的 (0.2 m, 0.2 m) 处附加 0.01 kg 质量后的固有模态

4. 矩形铰支板的附加质量扰动

对正方形铰支板附加质量的上述研究,可推广到分析附加质量对矩形铰支板频率密

集模态的影响,完善对第 1 章中问题 5A 的研究。

例 6.1.7: 根据例 6.1.2 的研究,当边长比为 $a/b = \sqrt{8/3} \approx 1.632\,993$ 时,矩形铰支板具有重频固有振动。现考察与该边长比较为接近的矩形铰支钢板,其参数为

$$
\begin{cases}
a = 1.63 \text{ m}, \quad b = 1.0 \text{ m}, \quad h = 0.005 \text{ m} \\
\rho = 7\,800.0 \text{ kg/m}^3, \quad E = 210.0 \text{ GPa}, \quad \nu = 0.28
\end{cases} \tag{a}
$$

该矩形铰支板具有如下密集固有频率和振型:

$$
\begin{cases}
f_{12} = 53.630 \text{ Hz}, \quad \varphi_{12}(x, y) = \sin\left(\dfrac{\pi x}{1.63}\right) \sin(2\pi y) \\[3mm]
f_{31} = 53.765 \text{ Hz}, \quad \varphi_{31}(x, y) = \sin\left(\dfrac{3\pi x}{1.63}\right) \sin(\pi y)
\end{cases} \tag{b}
$$

如果将集中质量 $m = 0.1$ kg 安装在板上 $(x_0, y_0) = (0.4 \text{ m}, 0.25 \text{ m})$ 处,由于该板的质量为 $m_p = \rho a b h = 63.65$ kg,集中质量与板质量之比为 $m/m_p = 0.001\,57$,属于质量小扰动问题。

按照例 6.1.5 中的方法,采用式(b)中的固有振型作为基函数,计算得到该矩形铰支板受质量扰动后的固有频率为 $\tilde{f}_{12} = 53.579$ Hz 和 $\tilde{f}_{31} = 53.727$ Hz。前者下降约 0.06 Hz,后者下降约 0.04 Hz,对应的固有振型如图 6.20 所示。这表明,0.16% 的附加质量会导致矩形铰支板的密集固有频率振型发生显著变化。

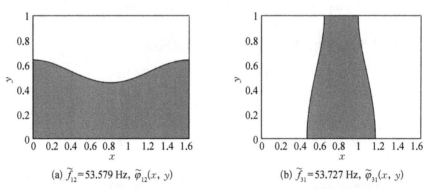

(a) $\tilde{f}_{12}$=53.579 Hz, $\tilde{\varphi}_{12}(x, y)$ (b) $\tilde{f}_{31}$=53.727 Hz, $\tilde{\varphi}_{31}(x, y)$

图 6.20 在矩形铰支板的 $(0.4 \text{ m}, 0.25 \text{ m})$ 处附加 0.1 kg 质量后的固有模态

6.1.5 小结

本节首先介绍镜像对称结构的振动分析,讨论其固有振动计算的解耦问题;然后详细介绍矩形薄板的自由振动分析,给出四边铰支薄板固有振动的详细推导过程;在此基础上,系统研究矩形铰支板的重频固有振动和频率密集模态问题,定性回答了第 1 章中提出的问题 5A。主要结论如下。

(1) 当结构具有镜像对称性时,可将结构对称面的两侧划分为两个子结构,采用力学方法或数学方法将结构固有振动问题解耦。采用力学方法时,需要根据对称振动和反对称振动,在子结构界面上施加边界条件,将子结构真正解耦。采用数学方法时,基于对称

振动和反对称振动建立变换矩阵,将整个结构的质量矩阵和刚度矩阵解耦,无须施加边界条件。力学方法比较直观,数学方法则更为通用。

（2）本节给出了矩形薄板自由振动解的可能形式和板在四边铰支条件下的固有振动解,但矩形薄板自由振动解的全部形式和板在任意边界条件下的求解仍是尚未彻底解决的问题。

（3）四边铰支矩形薄板的对称性会导致重频固有振动。这类固有振动具有二维固有振型子空间,任意两个线性无关的固有振型可作为其基函数,它们的任意线性组合都是固有振型,展现出丰富多彩的动力学现象。在四边铰支矩形薄板中,正方形板具有关于四个平面的镜像对称性和绕中心轴旋转的四种对称性,故具有大量的重频固有振动。非正方形的矩形板具有相对稀疏的重频固有振动,但其重频固有振型会呈现不同的节线数,规律非常复杂。

（4）当矩形铰支板受到小扰动时,若其对称性遭到破坏,上述重频固有模态发生分裂,成为频率密集模态。在振动测试中,若对矩形铰支板附加千分之一左右的微小质量,其附加位置也对重频固有振型的分裂以及频率密集模态具有重要影响。因此,对称结构的振动测试结果重复性较差。

6.2　循环对称结构的固有振动计算

第1章已简要介绍了循环对称结构。这类对称结构由 n 个扇形子结构围绕中心轴组成,当结构绕中心轴旋转 $\theta = 2\pi/n$ 时,与未旋转前完全相同。在工程中,循环对称结构比比皆是,如航空发动机叶盘、直升机旋翼、水轮机转轮、天基射电望远镜等。

在循环对称结构的振动研究中,人们很早就尝试利用对称性简化计算。早期研究受当时的计算条件限制,只能针对若干简化模型。自20世纪70年代起,人们提出多种与有限元相结合的振动计算方法,包括波传播法、复拘束法、循环矩阵法、群论方法等。上述方法的出发点不同,但异曲同工,都只要取整个结构的 n 个扇形区域之一进行有限元离散和计算,就可获得整个结构的固有振动。对于航空发动机叶盘等循环对称结构,通常 $n \gg 10$,这样的计算方法颇具吸引力。

在上述方法中,波传播法利用环形结构的驻波特点,物理意义清晰[1];复拘束法将驻波表示为复数振型,在结构刚度矩阵的各子块上施加复拘束,将特征值问题解耦[2];循环矩阵法利用结构刚度矩阵的子块周期性来实现特征值问题解耦[3];群论方法则基于有限群的表示理论,引入群既约表示子空间中的广义位移列阵,对动力学问题解耦[4]。此外,

① Thomas D L. Standing waves in rotationally periodic structures[J]. Journal of Sound and Vibration, 1974, 37(2): 288-290.

② Thomas D L. Dynamics of rotationally periodic structures [J]. International Journal of Numerical Methods in Engineering, 1979, 14(1): 81-102.

③ Olson B J, Shaw S W, Shi C Z, et al. Circulant matrices and their application to vibration analysis[J]. Applied Mechanics Reviews, 2014, 66(4): 040803.

④ 胡海岩,程德林.循环对称结构振动分析的广义模态综合法[J].振动与冲击,1986: 5(4): 1-7.

人们还将上述方法与动态子结构方法、大规模并行计算等融合,进一步提升解决问题的能力[1][2]。

20 世纪 80 年代起,我国多位学者基于群论研究循环对称结构振动问题,作者也参与其中。研究表明,虽然群论方法比其他方法复杂,但普适性强,展示了力学与数学结合的魅力。本节介绍基于群论的循环对称结构振动分析,研究思路取自作者的论文[1],但补充了详细论证和例题,以增强可读性。

以图 6.21 所示的循环对称结构模型为例,它关于其中心轴 oo' 具有**循环对称性**,即结构绕中心轴 oo' 逆时针旋转某个角度后与旋转前完全相同。在群论中,记该角度的最小值为 $\theta \equiv 2\pi/n$ (此处 $n = 4$,故有 $\theta \equiv \pi/2$),将具备上述循环对称性的对象抽象为一个集合,称为**循环对称群** C_n;并将绕中心轴逆时针旋转 $\theta \equiv 2\pi/n$ 称为 C_n 群的操作。本节将图 6.21 中这类在 C_n 群上对称的结构简称为 C_n 结构,采用 C_n 群表示理论研究其固有振动。由于 $n = 1$ 意味着结构无循环对称性, $n = 2$ 是不用群论也可解决的简单问题,因此本节考察 $n > 2$ 的一般情况。

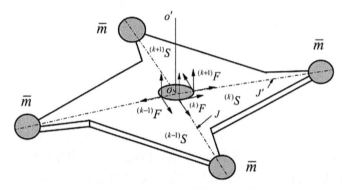

图 6.21 C_n 结构示意图 ($n = 4$)

值得指出, C_n 结构还有两类相近结构。第一类是轴对称结构,其绕中心轴旋转任意角度 θ 均保持不变,如圆板和圆柱壳。第二类是不仅具有循环对称性,而且其每个扇形区域还有镜像对称性,如等边三角形薄板、正方形薄板等。按照群论,可称上述第二类结构为 C_{nv} **群上对称的结构**, C_n 群是 C_{nv} 群的**子群**。从工程角度看,这种对称性可视为循环对称性和镜像对称性的组合。本节选择循环对称结构作为研究对象,一是它体现了结构绕定轴旋转时呈现周期性循环的属性,二是得到的主要结论适用于轴对称结构和 C_{nv} 群上的对称结构。

为了分解难点,6.2.1 小节先研究图 6.21 中这类循环对称的环形结构,即结构在中心轴 oo' 处固定或空心,在中心轴处无自由度,或简称不含中心轴。6.2.2 小节研究含中心轴的 C_n 结构,即 C_n 结构在中心轴上有自由度(简称**中心自由度**)的情况,分析中心自由度对结构固有振动的影响,解决第 1 章的问题 5B。

---

① 胡海岩,程德林. 循环对称结构振动分析的广义模态综合法[J]. 振动与冲击,1986;5(4): 1 − 7.

② Tran D M. Reduced models of multi-stage cyclic structures using cyclic symmetry reduction and component mode synthesis[J]. Journal of Sound and Vibration, 2014, 333(21): 5443 − 5463.

6.2.1　不含中心轴的结构动力学解耦

1. 基本描述

参考图 6.21,将 C_n 结构 S 沿周向划分为 n 个相同的子结构 $^{(k)}S$,且约定 $^{(k+n)}S = {}^{(k)}S$, $k \in I_n$,其中指标集 $I_n \equiv \{0, 1, \cdots, n-1\}$。

取 $^{(0)}S$ 为基本子结构,为其建立直角坐标系或圆柱坐标系 $^{(0)}F$,并约定其第三坐标轴 z 平行于中心轴;然后,基于该坐标系对 $^{(0)}S$ 进行有限元离散。在此基础上,对 $^{(0)}F$ 和 $^{(0)}S$ 进行 k 次 C_n 群的操作(即绕中心轴逆时针旋转 $k\theta$),得到子结构 $^{(k)}S$ 的坐标系 $^{(k)}F$,以及 $^{(k)}S$ 的有限元网格。

本节涉及的数学符号比较复杂,在建立动力学方程前,暂不写出位移列阵的时间变量 t。将 $^{(k)}S$ 在坐标系 $^{(k)}F$ 中的结点位移列阵定义为 $^{(k)}u$,且作分块为

$$^{(k)}u \equiv \begin{bmatrix} ^{(k)}u_I^T & ^{(k)}u_J^T & ^{(k)}u_{J'}^T \end{bmatrix}^T, \quad k \in I_n \tag{6.2.1}$$

式中,$^{(k)}u_I \in \mathbb{R}^I$ 是 $^{(k)}S$ 的内部结点位移列阵;$^{(k)}u_J \in \mathbb{R}^J$ 是两个子结构界面 $J \equiv {}^{(k)}S \cap {}^{(k-1)}S$ 的结点位移列阵;$^{(k)}u_{J'} \in \mathbb{R}^J$ 是两个子结构界面 $J' \equiv {}^{(k)}S \cap {}^{(k+1)}S$ 的结点位移列阵。如果子结构间无界面耦合,则属于已解耦的平凡问题,不必再研究。

此时,子结构 $^{(k)}S$ 的结点自由度为

$$m' \equiv I + 2J \tag{6.2.2}$$

即对子结构 $^{(k)}S$ 进行有限元建模时,需考虑 $^{(k)}S$ 与相邻两个子结构 $^{(k-1)}S$ 和 $^{(k+1)}S$ 的界面,故子结构的质量矩阵为 $M \in \mathbb{R}^{m' \times m'}$,刚度矩阵为 $K \in \mathbb{R}^{m' \times m'}$。但后续分析表明,通过界面位移协调,最终只计入 $^{(k)}S$ 与一个相邻子结构的界面自由度。因此,$^{(k)}S$ 的有效自由度为 m,整个 C_n 结构的自由度为 N,即

$$m \equiv I + J, \quad N \equiv n \times m = n \times (I + J) \tag{6.2.3}$$

以下将根据结构的循环对称性,基于 C_n 群表示引入新的广义位移列阵,实现解耦变换;然后根据子结构界面位移协调关系,引入消去冗余自由度的界面协调变换;最后获得系统的动能和势能,建立一组解耦的动力学方程,而其中每个方程的自由度只有 m 或 $2m$。

2. 广义位移变换

首先,简要介绍 C_n 群的表示理论。众所周知,三维空间中的刚体定轴旋转可用正交矩阵来表示。对于 C_n 群的操作,也有类似表示。不难想象,C_n 群共有 n 个不同操作,超过 n 之后的操作呈周期性重复。采用代数语言描述这些操作,可将其表示为 n 维复向量空间 $\mathbb{C}^n$ 中的 n 个向量,其对应的列阵为

$$e_j \equiv \frac{1}{\sqrt{n}} \mathrm{col}_k \left[\exp(\mathrm{i}jk\theta) \right] \in \mathbb{C}^n, \quad j \in I_n \tag{6.2.4}$$

式中,$\mathrm{i} \equiv \sqrt{-1}$;$\mathrm{col}_k[\cdot]$ 是按元素指标 $k \in I_n$ 构造的列阵。

不难证明,上述向量是酉空间中的一组归一化正交基向量,且满足如下共轭关系:

$$\boldsymbol{e}_{n-j} \equiv \frac{1}{\sqrt{n}}\mathrm{col}_k[\exp[\mathrm{i}(n-j)k\theta]] = \frac{1}{\sqrt{n}}\mathrm{col}_k[\exp(-\mathrm{i}jk\theta)] = \bar{\boldsymbol{e}}_j, \quad j \in \tilde{I}_{n-1} \quad (6.2.5)$$

值得指出,在上式中引入了有别于 I_n 的指标集 $\tilde{I}_{n-1} \equiv \{1, 2, \cdots, n-1\}$。

例 6.2.1: 以图 6.21 的 C_4 结构为例,考察 C_4 群表示。C_4 群的每次操作为逆时针旋转 $\theta = \pi/2$,它的四个一维表示对应如下列阵:

$$\boldsymbol{e}_0 = \frac{1}{2}\begin{bmatrix} 1 \\ 1 \\ 1 \\ 1 \end{bmatrix}, \quad \boldsymbol{e}_1 = \frac{1}{2}\begin{bmatrix} 1 \\ \mathrm{i} \\ -1 \\ -\mathrm{i} \end{bmatrix}, \quad \boldsymbol{e}_2 = \frac{1}{2}\begin{bmatrix} 1 \\ -1 \\ 1 \\ -1 \end{bmatrix}, \quad \boldsymbol{e}_3 = \frac{1}{2}\begin{bmatrix} 1 \\ -\mathrm{i} \\ -1 \\ \mathrm{i} \end{bmatrix} \quad (\mathrm{a})$$

若在复平面上考察这四个列阵的各自元素变化,即 $\boldsymbol{e}_0$ 中元素不旋转,$\boldsymbol{e}_1$ 中元素依次逆时针旋转 θ,$\boldsymbol{e}_2$ 中元素依次逆时针旋转 2θ,$\boldsymbol{e}_3$ 中元素依次逆时针旋转 3θ,它们完备描述了 C_4 群所有可能的操作。读者可验证这四个列阵的归一化正交性。例如:

$$\boldsymbol{e}_1^{\mathrm{H}}\boldsymbol{e}_2 = \frac{1}{4}[1 \ -\mathrm{i} \ 1 \ \mathrm{i}][1 \ -1 \ 1 \ -1]^{\mathrm{T}} = 0, \quad \boldsymbol{e}_2^{\mathrm{H}}\boldsymbol{e}_2 = 1 \quad (\mathrm{b})$$

式中,运算符 H 代表对复列阵的共轭转置。对照式(6.2.5),容易看出

$$\boldsymbol{e}_3 = \frac{1}{2}[1 \ -\mathrm{i} \ -1 \ \mathrm{i}]^{\mathrm{T}} = \frac{1}{2}[\bar{1} \ \bar{\mathrm{i}} \ -\bar{1} \ -\bar{\mathrm{i}}]^{\mathrm{T}} = \bar{\boldsymbol{e}}_1 \quad (\mathrm{c})$$

现转入对 C_n 结构位移列阵引入新的描述手段。取诸子结构位移列阵 $^{(k)}\boldsymbol{u}$ 的第 l 个位移分量 $^{(k)}u_l$ 组成如下列阵:

$$\boldsymbol{u}_l \equiv \mathrm{col}_k[^{(k)}u_l] \in \mathbb{R}^n \subset \mathbb{C}^n, \quad l \in \tilde{I}_{m'} \equiv \{1, 2, \cdots, m'\} \quad (6.2.6)$$

由于该位移列阵属于 n 维复向量空间 $\mathbb{C}^n$,故可由上述基向量线性表示为

$$\boldsymbol{u}_l = \sum_{j=0}^{n-1} \boldsymbol{e}_j q_{jl} = \frac{1}{\sqrt{n}}\sum_{j=0}^{n-1}\mathrm{col}_k[\exp(\mathrm{i}jk\theta)]q_{jl}, \quad l \in \tilde{I}_{m'} \quad (6.2.7)$$

式(6.2.7)中的复系数 q_{jl} 定义为 $\boldsymbol{e}_j$ 和 $\boldsymbol{u}_l$ 的内积,即

$$q_{jl} \equiv \boldsymbol{e}_j^{\mathrm{H}}\boldsymbol{u}_l = \frac{1}{\sqrt{n}}\sum_{k=0}^{n-1} {}^{(k)}u_l \exp(-\mathrm{i}jk\theta), \quad j \in I_n, \quad l \in \tilde{I}_{m'} \quad (6.2.8)$$

式中,共轭转置运算使上述两式中的指数函数互为共轭。

为了获得对位移列阵 $^{(k)}\boldsymbol{u}$ 的描述,将上述 m' 个列阵 $\boldsymbol{u}_l$ 的表达式(6.2.7)组合成矩阵,即

$$[\boldsymbol{u}_1 \ \cdots \ \boldsymbol{u}_{m'}] = [^{(k)}u_l] = \frac{1}{\sqrt{n}}[\exp(\mathrm{i}jk\theta)][q_{jl}] \quad (6.2.9)$$

其转置矩阵为

$$\left[\,^{(k)}u_l\,\right]^{\mathrm{T}} = \frac{1}{\sqrt{n}}\left[\,q_{jl}\,\right]^{\mathrm{T}}\left[\,\exp(\mathrm{i}jk\theta)\,\right]^{\mathrm{T}} = \frac{1}{\sqrt{n}}\left[\,q_{jl}\,\right]^{\mathrm{T}}\left[\,\exp(\mathrm{i}jk\theta)\,\right] \tag{6.2.10}$$

注意到,式(6.2.10)左端矩阵中的第 k 列就是位移列阵 $^{(k)}u$。考察式(6.2.10)右端矩阵 $[\,q_{jl}\,]^{\mathrm{T}}$,将其第 j 列记为

$$q_j \equiv \mathrm{col}_l[\,q_{jl}\,] \in \mathbb{C}^{m'}, \quad j \in I_n \tag{6.2.11}$$

因此,式(6.2.10)两端的第 k 列可表示为

$$^{(k)}u = \frac{1}{\sqrt{n}}\mathrm{row}_j[\,q_j\,]\mathrm{col}_j[\,\exp(\mathrm{i}jk\theta)\,] = \frac{1}{\sqrt{n}}\sum_{j=0}^{n-1}\exp(\mathrm{i}jk\theta)q_j \tag{6.2.12}$$

式中,$\mathrm{row}_j[\cdot]$ 是按元素指标 j 构造的行阵。在式(6.2.12)中,由式(6.2.11)定义的 q_j 可理解为整个 C_n 结构在 C_n 群表示基向量 e_j 所张**既约表示子空间** S_j(简称子空间)中的**广义位移列阵**,而式(6.2.12)则是由 q_j 到 $^{(k)}u$ 的线性变换。

值得指出,此时的 q_j 并不独立,因为根据式(6.2.5)可得到

$$q_{n-j} \equiv \mathrm{col}_l[\,e_{n-j}^{\mathrm{H}}u_l\,] = \mathrm{col}_l[\,e_j^{\mathrm{T}}u_l\,] = \bar{q}_j, \quad j \in \tilde{I}_{n-1} \tag{6.2.13}$$

为了采用独立广义位移列阵进行线性变换,引入

$$a_j \equiv \begin{cases} 1, & j = 0 \\ 2, & j = 1,2,\cdots \\ 1, & j = n/2 = [n/2] \end{cases} \tag{6.2.14}$$

式中,$[n/2]$ 是不超过 $n/2$ 的最大整数。采用该符号,从式(6.2.12)得到由一组独立广义位移列阵 q_j 表示的子结构 $^{(k)}S$ 的位移列阵,即

$$\begin{aligned} ^{(k)}u &= \frac{1}{\sqrt{n}}\sum_{j=0}^{n-1}\exp(\mathrm{i}jk\theta)q_j = \frac{1}{\sqrt{n}}\{q_0 + \exp(\mathrm{i}k\theta)q_1 + \cdots + \exp[\mathrm{i}(n-1)k\theta]q_{n-1}\} \\ &= \frac{1}{\sqrt{n}}[q_0 + \exp(\mathrm{i}k\theta)q_1 + \cdots + \overline{\exp(\mathrm{i}k\theta)q_1}] \\ &= \frac{1}{\sqrt{n}}\sum_{j=0}^{[n/2]}a_j\mathrm{Re}[\exp(\mathrm{i}jk\theta)q_j], \quad k \in I_n \end{aligned} \tag{6.2.15}$$

为了理解上述子空间 S_j 中的广义位移列阵表示,考察如下案例。

例 6.2.2:对于图 6.21 所示 C_4 结构,考虑薄板角点处各集中质量 $\bar{m}$ 沿铅垂方向的运动,忽略薄板惯性,计入薄板沿铅垂方向的弯曲刚度,可得到简化的四自由度系统。

为了避免非惯性自由度,采用图 6.21 中的子结构划分。此时,子结构 $^{(k)}S$ 无内部自由度,仅在界面 J 和界面 J' 上各有一个自由度,分别描述子结构两个角点上集中质量 $\bar{m}/2$ 的运动。因此,可定义 $^{(k)}S$ 沿垂向的如下位移列阵:

$$^{(k)}u \equiv [\,^{(k)}u_J \quad ^{(k)}u_{J'}\,]^{\mathrm{T}} \equiv [\,^{(k)}u_1 \quad ^{(k)}u_2\,]^{\mathrm{T}}, \quad k \in I_4 \tag{a}$$

按照式(6.2.6)的生成方式,构造 $\boldsymbol{u}_1 \in \mathbb{R}^4$ 和 $\boldsymbol{u}_2 \in \mathbb{R}^4$。根据例6.2.1中得到的 C_4 群的四个正交基向量的列阵,将其代入式(6.2.9),得到位移列阵 $\boldsymbol{u}_1$ 和 $\boldsymbol{u}_2$ 的线性表示为

$$\begin{bmatrix} \boldsymbol{u}_1 & \boldsymbol{u}_2 \end{bmatrix} = \begin{bmatrix} {}^{(0)}u_1 & {}^{(0)}u_2 \\ {}^{(1)}u_1 & {}^{(1)}u_2 \\ {}^{(2)}u_1 & {}^{(2)}u_2 \\ {}^{(3)}u_1 & {}^{(3)}u_2 \end{bmatrix} = \frac{1}{2}\begin{bmatrix} 1 & 1 & 1 & 1 \\ 1 & i & -1 & -i \\ 1 & -1 & 1 & -1 \\ 1 & -i & -1 & i \end{bmatrix}\begin{bmatrix} q_{01} & q_{02} \\ q_{11} & q_{12} \\ q_{21} & q_{22} \\ q_{31} & q_{32} \end{bmatrix} \tag{b}$$

将式(b)转置,得

$$\begin{bmatrix} {}^{(0)}u_1 & {}^{(1)}u_1 & {}^{(2)}u_1 & {}^{(3)}u_1 \\ {}^{(0)}u_2 & {}^{(1)}u_2 & {}^{(2)}u_2 & {}^{(3)}u_2 \end{bmatrix} = \frac{1}{2}\begin{bmatrix} q_{01} & q_{11} & q_{21} & q_{31} \\ q_{02} & q_{12} & q_{22} & q_{32} \end{bmatrix}\begin{bmatrix} 1 & 1 & 1 & 1 \\ 1 & i & -1 & -i \\ 1 & -1 & 1 & -1 \\ 1 & -i & -1 & i \end{bmatrix} \tag{c}$$

式(c)左端的第 k 列是子结构 ${}^{(k)}S$ 的位移列阵。以 $k=1$ 为例,由式(c)得

$$ {}^{(1)}\boldsymbol{u} = \begin{bmatrix} {}^{(1)}u_1 \\ {}^{(1)}u_2 \end{bmatrix} = \frac{1}{2}\left\{ \begin{bmatrix} q_{01} \\ q_{02} \end{bmatrix} + i\begin{bmatrix} q_{11} \\ q_{12} \end{bmatrix} - \begin{bmatrix} q_{21} \\ q_{22} \end{bmatrix} - i\begin{bmatrix} q_{31} \\ q_{32} \end{bmatrix} \right\} = \frac{1}{2}\sum_{j=0}^{3}\exp(ij\theta)\boldsymbol{q}_j \tag{d}$$

这正是式(6.2.12)的具体表示。参考式(6.2.15),可进一步得到由独立广义位移列阵表示的位移列阵,即

$$ {}^{(1)}\boldsymbol{u} = \begin{bmatrix} {}^{(1)}u_1 \\ {}^{(1)}u_2 \end{bmatrix} = \frac{1}{2}\sum_{j=0}^{2}\mathrm{Re}[\exp(ij\theta)\boldsymbol{q}_j] = \frac{1}{2}\mathrm{Re}\left(\begin{bmatrix} q_{01} \\ q_{02} \end{bmatrix} + 2i\begin{bmatrix} q_{11} \\ q_{12} \end{bmatrix} - \begin{bmatrix} q_{21} \\ q_{22} \end{bmatrix} \right) \tag{e}$$

3. 界面协调变换

在子结构 ${}^{(k)}S$ 的界面自由度集 J' 上,子结构 ${}^{(k)}S$ 和子结构 ${}^{(k+1)}S$ 的位移相互协调。考虑到描述两个子结构位移列阵的坐标系不同,采用正交变换 $\boldsymbol{R}_J^{-1}$,将 ${}^{(k+1)}\boldsymbol{u}_J$ 转化到 ${}^{(k)}S$ 的坐标系中,得到位移协调关系:

$$ {}^{(k)}\boldsymbol{u}_{J'} - \boldsymbol{R}_J^{-1}{}^{(k+1)}\boldsymbol{u}_J = \boldsymbol{0}, \quad k \in I_n \tag{6.2.16}$$

式中,

$$\boldsymbol{R}_J^{-1} \equiv \mathrm{diag}\left[\begin{bmatrix} \cos\theta & -\sin\theta & 0 \\ \sin\theta & \cos\theta & 0 \\ 0 & 0 & 1 \end{bmatrix}\right] \in \mathbb{R}^{J\times J} \tag{6.2.17}$$

$\boldsymbol{R}_J^{-1}$ 是与界面自由度集 J' 相容的块对角正交变换矩阵,其子阵是绕中心轴旋转 $-\theta$ 的变换阵。将式(6.2.16)扩充为由整个子结构位移列阵表示的界面协调方程,则有

$$\boldsymbol{B}\begin{bmatrix} {}^{(k)}\boldsymbol{u} \\ {}^{(k+1)}\boldsymbol{u} \end{bmatrix} = \boldsymbol{0}, \quad \boldsymbol{B} \equiv \begin{bmatrix} \boldsymbol{0} & \boldsymbol{0} & \boldsymbol{I}_J & \boldsymbol{0} & -\boldsymbol{R}_{JJ}^{-1} & \boldsymbol{0} \end{bmatrix} \in \mathbb{R}^{J\times 2m'}, \quad k \in I_n \tag{6.2.18}$$

式中,矩阵 $\boldsymbol{B}$ 称为界面协调矩阵,其秩为 $\mathrm{rank}(\boldsymbol{B}) = J$。

以下讨论如何采用独立的广义位移列阵 $\boldsymbol{q}_j$ 来描述上述位移协调条件。将式(6.2.15)代入上式,根据 $\boldsymbol{q}_j$ 的独立性,得到各子空间 S_j 中的位移协调条件,即

$$\boldsymbol{B}\begin{bmatrix} \mathrm{Re}[\exp(\mathrm{i}jk\theta)]\boldsymbol{I}_{m'} \\ \mathrm{Re}\{\exp[\mathrm{i}j(k+1)\theta]\}\boldsymbol{I}_{m'} \end{bmatrix}\boldsymbol{q}_j = \boldsymbol{0}, \quad j \in J_{[n/2]} \equiv \left\{0, 1, \cdots, \left[\frac{n}{2}\right]\right\}, \quad k \in I_n \tag{6.2.19}$$

引入子空间 S_j 中的位移协调矩阵:

$$\boldsymbol{B}_j \equiv \boldsymbol{B}\begin{bmatrix} \boldsymbol{I}_{m'} \\ \exp(\mathrm{i}j\theta)\boldsymbol{I}_{m'} \end{bmatrix} = \begin{bmatrix} \boldsymbol{0} & -\exp(\mathrm{i}j\theta)\boldsymbol{R}_J^{-1} & \boldsymbol{I}_J \end{bmatrix} \in \mathbb{C}^{J \times m'}, \quad j \in J_{[n/2]} \tag{6.2.20}$$

可将式(6.2.19)改写为

$$\mathrm{Re}[\exp(\mathrm{i}jk\theta)\boldsymbol{B}_j\boldsymbol{q}_j] = \boldsymbol{0}, \quad j \in J_{[n/2]}, \quad k \in I_n \tag{6.2.21}$$

以下分两种情况讨论式(6.2.21)的进一步化简。

首先,若 $j = 0$ 或 $j = n/2 = [n/2]$,则 $\boldsymbol{B}_j$ 和 $\boldsymbol{q}_j$ 为实矩阵和实列阵,分别有

$$\boldsymbol{B}_0\boldsymbol{q}_0 = \mathrm{Re}(\boldsymbol{B}_0\boldsymbol{q}_0) = \boldsymbol{0} \tag{6.2.22}$$

$$\mathrm{Re}[\exp(\mathrm{i}k\pi)\boldsymbol{B}_{n/2}\boldsymbol{q}_{n/2}] = (-1)^k\mathrm{Re}(\boldsymbol{B}_{n/2}\boldsymbol{q}_{n/2}) = \boldsymbol{0} \tag{6.2.23}$$

式(6.2.22)和式(6.2.23)表明, $\boldsymbol{B}_j\boldsymbol{q}_j = \boldsymbol{0}$, $j = 0$, $n/2$。

其次,若 $0 < j < n/2$,将式(6.2.21)表示为

$$\cos(jk\theta)\mathrm{Re}(\boldsymbol{B}_j\boldsymbol{q}_j) - \sin(jk\theta)\mathrm{Im}(\boldsymbol{B}_j\boldsymbol{q}_j) = \boldsymbol{0}, \quad k \in I_n \tag{6.2.24}$$

由于式(6.2.24)中指标 k 的任意性,可取 $k = 0$ 和 $k = 1$,得到线性代数方程组

$$\begin{bmatrix} \boldsymbol{I}_J & \boldsymbol{0} \\ \cos(j\theta)\boldsymbol{I}_J & -\sin(j\theta)\boldsymbol{I}_J \end{bmatrix}\begin{bmatrix} \mathrm{Re}(\boldsymbol{B}_j\boldsymbol{q}_j) \\ \mathrm{Im}(\boldsymbol{B}_j\boldsymbol{q}_j) \end{bmatrix} = \boldsymbol{0} \tag{6.2.25}$$

对于 $0 < j < n/2$,易见 $0 < j\theta < \pi$,故式(6.2.25)中系数矩阵的行列式为

$$\Delta = [-\sin(j\theta)]^J \neq 0 \tag{6.2.26}$$

因此,式(6.2.25)只有零解 $\mathrm{Re}(\boldsymbol{B}_j\boldsymbol{q}_j) = \boldsymbol{0}$ 和 $\mathrm{Im}(\boldsymbol{B}_j\boldsymbol{q}_j) = \boldsymbol{0}$,即 $\boldsymbol{B}_j\boldsymbol{q}_j = \boldsymbol{0}$。综合上述讨论, C_n 结构在子空间 S_j 中的界面协调方程可简化为

$$\boldsymbol{B}_j\boldsymbol{q}_j = \boldsymbol{0}, \quad j \in J_{[n/2]} \tag{6.2.27}$$

现聚焦分析 $\boldsymbol{q}_j$ 中的独立分量。根据 $^{(k)}\boldsymbol{u}$ 的分块构成,其前 m 个分量彼此独立。再由式(6.2.8)和式(6.2.11)可知, $\boldsymbol{q}_j$ 的前 m 个分量彼此独立。将这些独立分量定义为列阵 $\boldsymbol{q}_{jd} \in \mathbb{C}^m$,其余分量定义为列阵 $\boldsymbol{q}_{jr} \in \mathbb{C}^J$,则可将式(6.2.27)表示为分块形式,即

$$\boldsymbol{B}_j \boldsymbol{q}_j = \begin{bmatrix} \boldsymbol{B}_{jd} & \boldsymbol{B}_{jr} \end{bmatrix} \begin{bmatrix} \boldsymbol{q}_{jd} \\ \boldsymbol{q}_{jr} \end{bmatrix} = \boldsymbol{0}, \quad j \in J_{[n/2]} \tag{6.2.28}$$

将式(6.2.20)与矩阵 $\boldsymbol{B}_j$ 的上述分块进行对照,可看出

$$\boldsymbol{B}_{jd} = \begin{bmatrix} \boldsymbol{0} & -\exp(\mathrm{i}j\theta)\boldsymbol{R}_J^{-1} \end{bmatrix} \in \mathbb{C}^{J \times m}, \quad \boldsymbol{B}_{jr} = \boldsymbol{I}_{JJ} \tag{6.2.29}$$

由此得到在子空间 S_j 中由独立广义位移列阵 $\boldsymbol{q}_{jd}$ 表示的界面协调关系,即

$$\boldsymbol{q}_j = \begin{bmatrix} \boldsymbol{q}_{jd} \\ \boldsymbol{q}_{jr} \end{bmatrix} = \begin{bmatrix} \boldsymbol{I}_m \\ -\boldsymbol{B}_{jd} \end{bmatrix} \boldsymbol{q}_{jd} \equiv \tilde{\boldsymbol{B}}_{jd} \boldsymbol{q}_{jd}, \quad j \in J_{[n/2]} \tag{6.2.30}$$

式中,矩阵 $\tilde{\boldsymbol{B}}_{jd}$ 是界面协调变换矩阵

$$\tilde{\boldsymbol{B}}_{jd} \equiv \begin{bmatrix} \boldsymbol{I}_m \\ -\boldsymbol{B}_{jd} \end{bmatrix} = \begin{bmatrix} \boldsymbol{I}_I & \boldsymbol{0} \\ \boldsymbol{0} & \boldsymbol{I}_J \\ \boldsymbol{0} & \exp(\mathrm{i}j\theta)\boldsymbol{R}_J^{-1} \end{bmatrix} \in \mathbb{C}^{m' \times m}, \quad j \in J_{[n/2]} \tag{6.2.31}$$

综上,经过上述两次变换,即式(6.2.15)和式(6.2.30),任意子结构 $^{(k)}S$ 的位移列阵 $^{(k)}\boldsymbol{u} \in \mathbb{R}^{m'}$ 均可由子空间 S_j 中独立广义位移列阵 $\boldsymbol{q}_{jd} \in \mathbb{C}^m$ 来表示。

例 6.2.3:对于图 6.21 所示的 C_4 结构,建立其在子空间 S_j 中由独立广义位移列阵 $\boldsymbol{q}_{jd}$ 表示的界面协调关系。

首先,给出子结构 $^{(k)}S$ 和子结构 $^{(k+1)}S$ 的界面位移协调条件,即

$$^{(k)}u_2 - {}^{(k+1)}u_1 = 0, \quad k \in I_4 \tag{a}$$

由此可定义子结构位移列阵 $^{(k)}\boldsymbol{u}$ 和 $^{(k+1)}\boldsymbol{u}$ 的界面位移协调矩阵为

$$\boldsymbol{B} = \begin{bmatrix} 0 & 1 & -1 & 0 \end{bmatrix} \tag{b}$$

其次,根据式(6.2.20),得到广义位移列阵 $\boldsymbol{q}_j$ 的位移协调矩阵为

$$\boldsymbol{B}_j \equiv \begin{bmatrix} 0 & 1 & -1 & 0 \end{bmatrix} \begin{bmatrix} \boldsymbol{I}_2 \\ \exp(\mathrm{i}j\pi/2)\boldsymbol{I}_2 \end{bmatrix} = \begin{bmatrix} -\exp(\mathrm{i}j\pi/2) & 1 \end{bmatrix}, \quad j \in J_2 \tag{c}$$

进而可建立 S_j 中的广义位移协调关系

$$\boldsymbol{B}_j \boldsymbol{q}_j = \begin{bmatrix} -\exp(\mathrm{i}j\pi/2) & 1 \end{bmatrix} \begin{bmatrix} q_{j1} \\ q_{j2} \end{bmatrix} = \boldsymbol{0}, \quad j \in J_2 \tag{d}$$

选择式(d)中的 $q_{j1} \in \mathbb{C}^1$ 为独立变量,得到从 q_{j1} 到 $\boldsymbol{q}_j$ 的界面协调变换为

$$\boldsymbol{q}_j = \begin{bmatrix} q_{j1} \\ q_{j2} \end{bmatrix} = \begin{bmatrix} 1 \\ \exp(\mathrm{i}j\pi/2) \end{bmatrix} q_{j1} \equiv \tilde{\boldsymbol{B}}_{jd} q_{j1}, \quad j \in J_2 \tag{e}$$

4. 动力学问题的解耦

现考虑动力学问题,将上述两次变换合成,并将位移列阵 $^{(k)}\boldsymbol{u}$ 和广义位移列阵 $\boldsymbol{q}_{jd}$ 表示为时间 t 的函数,即

$$^{(k)}\boldsymbol{u}(t) = \frac{1}{\sqrt{n}} \sum_{j=0}^{[n/2]} a_j \mathrm{Re} \big[\exp(\mathrm{i}jk\theta) \tilde{\boldsymbol{B}}_{jd} \boldsymbol{q}_{jd}(t) \big], \quad k \in I_n \qquad (6.2.32)$$

为了下一步推导方便,可通过共轭关系 $\boldsymbol{B}_{n-j} = \boldsymbol{B}_j$,将式(6.2.32)改为复数表示,即

$$^{(k)}\boldsymbol{u}(t) = \frac{1}{\sqrt{n}} \sum_{j=0}^{n-1} \exp(\mathrm{i}jk\theta) \tilde{\boldsymbol{B}}_{jd} \boldsymbol{q}_{jd}(t), \quad k \in I_n \qquad (6.2.33)$$

由于各子结构在其坐标系中具有相同的质量矩阵 $\boldsymbol{M} \in \mathbb{R}^{m' \times m'}$ 和刚度矩阵 $\boldsymbol{K} \in \mathbb{R}^{m' \times m'}$,采用复矩阵运算的共轭转置 H 和如下正交关系:

$$\sum_{k=0}^{n-1} \exp\big[\mathrm{i}(j - j')k\theta\big] = n\delta_{jj'} \qquad (6.2.34)$$

可推导出整个 C_n 结构的动能和势能,即

$$
\begin{aligned}
T &= \frac{1}{2} \sum_{k=0}^{n-1} {}^{(k)}\dot{\boldsymbol{u}}^{\mathrm{H}}(t) \boldsymbol{M} {}^{(k)}\dot{\boldsymbol{u}}(t) \\
&= \frac{1}{2} \sum_{k=0}^{n-1} \left[\frac{1}{\sqrt{n}} \sum_{j=0}^{n-1} \exp(\mathrm{i}jk\theta) \tilde{\boldsymbol{B}}_{jd} \dot{\boldsymbol{q}}_{jd}(t) \right]^{\mathrm{H}} \boldsymbol{M} \left[\frac{1}{\sqrt{n}} \sum_{j'=0}^{n-1} \exp(\mathrm{i}j'k\theta) \tilde{\boldsymbol{B}}_{j'd} \dot{\boldsymbol{q}}_{j'd}(t) \right] \\
&= \frac{1}{2n} \sum_{j=0}^{n-1} \sum_{j'=0}^{n-1} \Big\{ \dot{\boldsymbol{q}}_{jd}^{\mathrm{H}}(t) (\tilde{\boldsymbol{B}}_{jd}^{\mathrm{H}} \boldsymbol{M} \tilde{\boldsymbol{B}}_{j'd}) \dot{\boldsymbol{q}}_{j'd}(t) \sum_{k=0}^{n-1} \exp\big[\mathrm{i}(j - j')k\theta\big] \Big\} \\
&= \frac{1}{2} \sum_{j=0}^{n-1} \dot{\boldsymbol{q}}_{jd}^{\mathrm{H}}(t) (\tilde{\boldsymbol{B}}_{jd}^{\mathrm{H}} \boldsymbol{M} \tilde{\boldsymbol{B}}_{jd}) \dot{\boldsymbol{q}}_{jd}(t) \qquad (6.2.35)
\end{aligned}
$$

$$V = \frac{1}{2} \sum_{k=0}^{n-1} {}^{(k)}\boldsymbol{u}^{\mathrm{H}}(t) \boldsymbol{K} {}^{(k)}\boldsymbol{u}(t) = \frac{1}{2} \sum_{j=0}^{n-1} \boldsymbol{q}_{jd}^{\mathrm{H}}(t) (\tilde{\boldsymbol{B}}_{jd}^{\mathrm{H}} \boldsymbol{K} \tilde{\boldsymbol{B}}_{jd}) \boldsymbol{q}_{jd}(t) \qquad (6.2.36)$$

上述动能和势能表达式说明,整个 C_n 结构在子空间 S_j 中已被解耦。由于上述两式涉及的广义位移列阵为时间的复函数,以下将其改用实函数表示。

定义子空间 S_j 中广义位移列阵 $\boldsymbol{q}_{jd} \in \mathbb{C}^m$ 对应的质量矩阵和刚度矩阵,即

$$\boldsymbol{M}_j \equiv \tilde{\boldsymbol{B}}_{jd}^{\mathrm{H}} \boldsymbol{M} \tilde{\boldsymbol{B}}_{jd} \in \mathbb{C}^{m \times m}, \quad \boldsymbol{K}_j \equiv \tilde{\boldsymbol{B}}_{jd}^{\mathrm{H}} \boldsymbol{K} \tilde{\boldsymbol{B}}_{jd} \in \mathbb{C}^{m \times m}, \quad j \in I_n \qquad (6.2.37)$$

其实部和虚部分别为

$$\boldsymbol{M}_j^R \equiv \mathrm{Re}(\boldsymbol{M}_j), \quad \boldsymbol{M}_j^I \equiv \mathrm{Im}(\boldsymbol{M}_j), \quad \boldsymbol{K}_j^R \equiv \mathrm{Re}(\boldsymbol{K}_j), \quad \boldsymbol{K}_j^I \equiv \mathrm{Im}(\boldsymbol{K}_j) \quad j \in I_n \qquad (6.2.38)$$

根据式(6.2.37)可验证,$\boldsymbol{M}_j$ 和 $\boldsymbol{K}_j$ 均为 Hermite 矩阵,具有如下性质:

$$(\boldsymbol{M}_j^R)^{\mathrm{T}} = \boldsymbol{M}_j^R, \quad (\boldsymbol{M}_j^I)^{\mathrm{T}} = -\boldsymbol{M}_j^I, \quad (\boldsymbol{K}_j^R)^{\mathrm{T}} = \boldsymbol{K}_j^R, \quad (\boldsymbol{K}_j^I)^{\mathrm{T}} = -\boldsymbol{K}_j^I, \quad j \in I_n \qquad (6.2.39)$$

再定义广义位移列阵 $\boldsymbol{q}_{jd}(t)$ 的实部和虚部为

$$\boldsymbol{q}_{jd}^R(t) \equiv \mathrm{Re}\big[\boldsymbol{q}_{jd}(t)\big], \quad \boldsymbol{q}_{jd}^I(t) \equiv \mathrm{Im}\big[\boldsymbol{q}_{jd}(t)\big], \quad j \in I_n \qquad (6.2.40)$$

采用式(6.2.38)和式(6.2.40),得到用实函数表示的动能和势能,即

$$T = \frac{1}{2}\sum_{j=0}^{n-1}\dot{\boldsymbol{q}}_{jd}^{\mathrm{H}}(t)\boldsymbol{M}_j\dot{\boldsymbol{q}}_{jd}(t) = \frac{1}{2}\sum_{j=0}^{[n/2]}a_j^2\begin{bmatrix}\dot{\boldsymbol{q}}_{jd}^R(t)\\\dot{\boldsymbol{q}}_{jd}^I(t)\end{bmatrix}^{\mathrm{T}}\begin{bmatrix}\boldsymbol{M}_j^R & -\boldsymbol{M}_j^I\\\boldsymbol{M}_j^I & \boldsymbol{M}_j^R\end{bmatrix}\begin{bmatrix}\dot{\boldsymbol{q}}_{jd}^R(t)\\\dot{\boldsymbol{q}}_{jd}^I(t)\end{bmatrix} \quad (6.2.41)$$

$$V = \frac{1}{2}\sum_{j=0}^{n-1}\boldsymbol{q}_{jd}^{\mathrm{H}}(t)\boldsymbol{K}_j\boldsymbol{q}_{jd}(t) = \frac{1}{2}\sum_{j=0}^{[n/2]}a_j^2\begin{bmatrix}\boldsymbol{q}_{jd}^R(t)\\\boldsymbol{q}_{jd}^I(t)\end{bmatrix}^{\mathrm{T}}\begin{bmatrix}\boldsymbol{K}_j^R & -\boldsymbol{K}_j^I\\\boldsymbol{K}_j^I & \boldsymbol{K}_j^R\end{bmatrix}\begin{bmatrix}\boldsymbol{q}_{jd}^R(t)\\\boldsymbol{q}_{jd}^I(t)\end{bmatrix} \quad (6.2.42)$$

将上述动能和势能代入第二类 Lagrange 方程,得到在各子空间 S_j, $j \in J_{[n/2]}$ 中解耦的动力学方程组为

$$\begin{bmatrix}\boldsymbol{M}_j^R & -\boldsymbol{M}_j^I\\\boldsymbol{M}_j^I & \boldsymbol{M}_j^R\end{bmatrix}\begin{bmatrix}\ddot{\boldsymbol{q}}_{jd}^R(t)\\\ddot{\boldsymbol{q}}_{jd}^I(t)\end{bmatrix} + \begin{bmatrix}\boldsymbol{K}_j^R & -\boldsymbol{K}_j^I\\\boldsymbol{K}_j^I & \boldsymbol{K}_j^R\end{bmatrix}\begin{bmatrix}\boldsymbol{q}_{jd}^R(t)\\\boldsymbol{q}_{jd}^I(t)\end{bmatrix} = \boldsymbol{0}, \quad j \in J_{[n/2]} \quad (6.2.43)$$

对于受约束的 C_n 结构,上式中的质量矩阵正定,刚度矩阵对称。若结构发生固有振动,将其表示为

$$^{(k)}\boldsymbol{u}(t) = {}^{(k)}\boldsymbol{\varphi}\sin(\omega t), \quad k \in I_n \quad (6.2.44)$$

根据式(6.2.32)和上述解耦性质,该固有振动必位于某个子空间 S_j 中,进而可表示为

$$^{(k)}\boldsymbol{u}_j(t) = \frac{a_j}{\sqrt{n}}\mathrm{Re}\big[\exp(\mathrm{i}jk\theta)\tilde{\boldsymbol{B}}_{jd}\boldsymbol{q}_{jd}\big]\sin(\omega_j t), \quad k \in I_n, \quad j \in J_{[n/2]} \quad (6.2.45)$$

此处,不含时间的 $\boldsymbol{q}_{jd}$ 是待定复常数向量,满足矩阵广义特征值问题

$$\left\{\begin{bmatrix}\boldsymbol{K}_j^R & -\boldsymbol{K}_j^I\\\boldsymbol{K}_j^I & \boldsymbol{K}_j^R\end{bmatrix} - \omega_j^2\begin{bmatrix}\boldsymbol{M}_j^R & -\boldsymbol{M}_j^I\\\boldsymbol{M}_j^I & \boldsymbol{M}_j^R\end{bmatrix}\right\}\begin{bmatrix}\boldsymbol{q}_{jd}^R\\\boldsymbol{q}_{jd}^I\end{bmatrix} = \boldsymbol{0}, \quad j \in J_{[n/2]} \quad (6.2.46)$$

求解式(6.2.46),得到固有频率 ω_j;对照式(6.2.45),可取固有振型为

$$^{(k)}\boldsymbol{\varphi}_j = \mathrm{Re}\big[\exp(\mathrm{i}jk\theta)\tilde{\boldsymbol{B}}_{jd}\boldsymbol{q}_{jd}\big] \in \mathbb{R}^{m'}, \quad k \in I_n, \quad j \in J_{[n/2]} \quad (6.2.47)$$

值得指出的是,$^{(k)}\boldsymbol{\varphi}_j$ 中含有界面 J' 上的位移列阵。为删除该冗余信息,可删去式(6.2.31)中最后一行子块来简化式(6.2.47)。仍保持式(6.2.47)的振型列阵符号,得

$$^{(k)}\boldsymbol{\varphi}_j = \mathrm{Re}\big[\exp(\mathrm{i}jk\theta)\boldsymbol{q}_{jd}\big] \in \mathbb{R}^{m}, \quad k \in I_n, \quad j \in J_{[n/2]} \quad (6.2.48)$$

最后,如果希望在整个 C_n 结构的总体坐标系中描述固有振型,可选择 C_n 结构的总体坐标系与子结构 $^{(0)}S$ 的坐标系 $^{(0)}F$ 重合,定义由 $^{(k)}F$ 到 $^{(0)}F$ 的变换矩阵,即绕中心轴旋转 $-k\theta$ 的正交变换矩阵为

$$\boldsymbol{R}^{-k} = \begin{bmatrix}\cos(k\theta) & -\sin(k\theta) & 0\\\sin(k\theta) & \cos(k\theta) & 0\\0 & 0 & 1\end{bmatrix} \quad (6.2.49)$$

根据对 $^{(0)}S$ 中各自由度的方向,选择 $\boldsymbol{R}^{-k}$(或其子块)作为子矩阵,构造与位移列阵维数相容的块对角正交方阵:

$$\boldsymbol{R}_m^{-k} \equiv \mathrm{diag}[\boldsymbol{R}^{-k}] = \mathrm{diag}\left[\begin{bmatrix} \cos(k\theta) & -\sin(k\theta) & 0 \\ \sin(k\theta) & \cos(k\theta) & 0 \\ 0 & 0 & 1 \end{bmatrix}\right] \in \mathbb{R}^{m \times m} \quad (6.2.50)$$

由此,可将式(6.2.48)中诸子结构的振型列阵表示为 C_n 结构在其总体坐标系中的固有振型列阵,即

$$\boldsymbol{\varphi}_j \equiv \mathrm{col}_k[\boldsymbol{R}_m^{-k(k)}\boldsymbol{\varphi}_j] = \mathrm{col}_k[\boldsymbol{R}_m^{-k}\mathrm{Re}[\exp(\mathrm{i}jk\theta)\boldsymbol{q}_{jd}]] \in \mathbb{R}^{n \times m}, \quad j \in J_{[n/2]} \quad (6.2.51)$$

后文中将 ω_j 和 $\boldsymbol{\varphi}_j$ 称为 C_n 结构在子空间 S_j 中的固有模态。

注解 6.2.1:当 $j = 0$ 或 $j = n/2 = [n/2]$ 时,易见有 $\exp(0) = 1$ 或 $\exp(\mathrm{i}k\pi) = (-1)^k$。这导致矩阵 $\boldsymbol{B}_j$ 和 $\tilde{\boldsymbol{B}}_{jd}$ 为实矩阵,故质量矩阵 $\boldsymbol{M}_j$ 和刚度矩阵 $\boldsymbol{K}_j$ 均为实矩阵,广义位移列阵 $\boldsymbol{q}_j$ 和 $\boldsymbol{q}_{jd}$ 均为实列阵。因此在式(6.2.46)中,$\boldsymbol{M}_j^I = 0$,$\boldsymbol{K}_j^I = 0$ 且 $\boldsymbol{q}_{jd}^I = \boldsymbol{0}$,即式(6.2.46)可简化为如下实对称矩阵的广义特征值问题:

$$(\boldsymbol{K}_j - \omega_j^2 \boldsymbol{M}_j)\boldsymbol{q}_{jd} = \boldsymbol{0}, \quad j = 0, \; n/2 = [n/2] \quad (6.2.52)$$

此时,求解实对称矩阵特征值问题的阶次从式(6.2.46)的 $2m$ 阶降低为式(6.2.52)的 m 阶。

注解 6.2.2:以 n 为偶数的情况为例,经过上述解耦过程后,需要求解对应 $j = 0$ 和 $j = n/2$ 的两个 m 阶实对称矩阵特征值问题,求解对应 $1 \leqslant j \leqslant n/2 - 1$ 的 $n/2 - 1$ 个 $2m$ 阶实对称矩阵特征值问题。因此,求解问题的总阶次数为 $\hat{N} = 2m + 2m \times (n/2 - 1) = m \times n$,与式(6.2.3)给出的原问题阶次数 N 相同。

计算数学研究表明,求解实对称矩阵特征值问题的计算量与矩阵阶次的立方成正比。因此,若直接求解 C_n 结构的固有振动问题,计算其特征值问题的成本约为

$$\mathrm{cost}(N) \propto (n \times m)^3 = n^3 \times m^3 \quad (6.2.53)$$

而经过上述解耦过程,计算成本约为

$$\mathrm{cost}(\hat{N}) \propto 2m^3 + (n/2 - 1) \times (2m)^3 = (4n - 6) \times m^3 \quad (6.2.54)$$

随着 n 增加,两者之比可相差几个数量级。当然,此处未统计在上述解耦过程中生成特征值问题(6.2.43)的若干矩阵乘法计算。

例 6.2.4:对于图 6.21 所示 C_4 结构,其子结构 $^{(k)}S$ 的质量矩阵和刚度矩阵可表示为

$$\boldsymbol{M} = \frac{\bar{m}}{2}\begin{bmatrix} 1 & 0 \\ 0 & 1 \end{bmatrix}, \quad \boldsymbol{K} = \bar{k}\begin{bmatrix} 1 & \beta \\ \beta & 1 \end{bmatrix}, \quad \beta < 1 \quad (\mathrm{a})$$

由式(6.2.37)和例 6.2.3 得到的变换矩阵,计算 S_j 中的质量矩阵和刚度矩阵,得到

$$\begin{cases} \boldsymbol{M}_j = \tilde{\boldsymbol{B}}_{jd}^{\mathrm{H}} \boldsymbol{M} \tilde{\boldsymbol{B}}_{jd} = \dfrac{\bar{m}}{2} \begin{bmatrix} 1 & \exp(-\mathrm{i}j\pi/2) \end{bmatrix} \begin{bmatrix} 1 & 0 \\ 0 & 1 \end{bmatrix} \begin{bmatrix} 1 \\ \exp(\mathrm{i}j\pi/2) \end{bmatrix} = \bar{m} \\[4mm] \boldsymbol{K}_j = \tilde{\boldsymbol{B}}_{jd}^{\mathrm{H}} \boldsymbol{K} \tilde{\boldsymbol{B}}_{jd} = \bar{k} \begin{bmatrix} 1 & \exp(-\mathrm{i}j\pi/2) \end{bmatrix} \begin{bmatrix} 1 & \beta \\ \beta & 1 \end{bmatrix} \begin{bmatrix} 1 \\ \exp(\mathrm{i}j\pi/2) \end{bmatrix} \\[4mm] \qquad = 2\bar{k}\{1 + \beta\mathrm{Re}[\exp(\mathrm{i}j\pi/2)]\}, \quad j = 0, 1, 2 \end{cases} \quad (\text{b})$$

现分别求解各子空间 S_j 中的广义特征值问题,然后将特征向量代入式(6.2.51),可得到整个 C_4 结构的固有振型。对于本问题 $\boldsymbol{R}_m^{-k} = [1]$,因此

$$\tilde{\boldsymbol{\varphi}}_j = \mathrm{col}_k[\mathrm{Re}[\exp(\mathrm{i}jk\pi/2)q_{j1}]], \quad j = 0, 1, 2 \quad (\text{c})$$

根据注解 6.2.1,现分三种情况进行求解。

(1) 对于 $j = 0$,得到一阶实特征值问题:

$$(M_0 - \omega_0^2 K_0)q_{01} = 0, \quad M_0 = \bar{m}, \quad K_0 = 2\bar{k}(1 + \beta) \quad (\text{d})$$

对应的固有频率和特征向量为

$$\omega_{01} = \sqrt{\dfrac{2\bar{k}(1 + \beta)}{\bar{m}}}, \quad q_{01} = 1 \quad (\text{e})$$

将 $j = 0$ 和 $q_{01} = 1$ 代入式(c),得到固有振型

$$\boldsymbol{\varphi}_{01} = \begin{bmatrix} 1 & 1 & 1 & 1 \end{bmatrix}^{\mathrm{T}} \quad (\text{f})$$

式(f)表明,此时四个集中质量的振动方向和振动幅度相同,如图 6.22(a)所示。其中,符号 ⊕ 代表正向振动。

(2) 对于 $j = 2$,得到一阶实特征值问题:

$$(M_2 - \omega_2^2 K_2)q_{21} = 0, \quad M_2 = \bar{m}, \quad K_2 = 2\bar{k}(1 - \beta) \quad (\text{g})$$

其固有频率和特征向量为

$$\omega_{21} = \sqrt{\dfrac{2\bar{k}(1 - \beta)}{\bar{m}}}, \quad q_{21} = 1 \quad (\text{h})$$

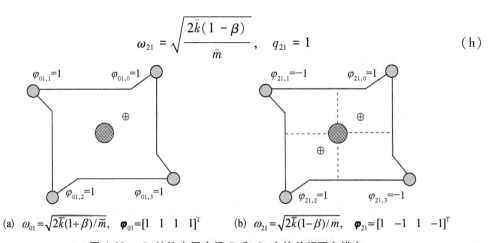

(a) $\omega_{01} = \sqrt{2\bar{k}(1+\beta)/\bar{m}}$, $\boldsymbol{\varphi}_{01} = [1 \ \ 1 \ \ 1 \ \ 1]^{\mathrm{T}}$ (b) $\omega_{21} = \sqrt{2\bar{k}(1-\beta)/m}$, $\boldsymbol{\varphi}_{21} = [1 \ \ -1 \ \ 1 \ \ -1]^{\mathrm{T}}$

图 6.22　C_4 结构在子空间 S_0 和 S_2 中的单频固有模态

将 $j = 2$ 和 $q_{21} = 1$ 代入式(c),得到固有振型

$$\boldsymbol{\varphi}_{21} = \begin{bmatrix} 1 & -1 & 1 & -1 \end{bmatrix}^{T} \tag{i}$$

式(i)表明,此时相邻子结构的振动方向相反,形成图 6.22(b)中的节线。

(3) 对于 $j = 1$,得到二阶实特征值问题:

$$\begin{bmatrix} K_1 - \omega_1^2 M_1 & 0 \\ 0 & K_1 - \omega_1^2 M_1 \end{bmatrix} \begin{bmatrix} \mathrm{Re}(q_{11}) \\ \mathrm{Im}(q_{11}) \end{bmatrix} = \begin{bmatrix} 0 \\ 0 \end{bmatrix}, \quad M_1 = \bar{m}, \quad K_1 = 2\bar{k} \tag{j}$$

进而得到重频固有频率和任选的两个线性无关特征向量

$$\hat{\omega}_{11} = \breve{\omega}_{11} = \sqrt{\frac{2\bar{k}}{\bar{m}}}, \quad \begin{bmatrix} \mathrm{Re}(\hat{q}_{11}) \\ \mathrm{Im}(\hat{q}_{11}) \end{bmatrix} = \begin{bmatrix} 1 \\ 0 \end{bmatrix}, \quad \begin{bmatrix} \mathrm{Re}(\breve{q}_{11}) \\ \mathrm{Im}(\breve{q}_{11}) \end{bmatrix} = \begin{bmatrix} 0 \\ 1 \end{bmatrix} \tag{k}$$

将 $j = 1$ 和上述两个特征向量代入式(c),得到两个重频固有振型

$$\hat{\boldsymbol{\varphi}}_{11} = \begin{bmatrix} 1 & 0 & -1 & 0 \end{bmatrix}^{T}, \quad \breve{\boldsymbol{\varphi}}_{11} = \begin{bmatrix} 0 & -1 & 0 & 1 \end{bmatrix}^{T} \tag{l}$$

这两个重频固有振型的线性组合仍是固有振型,因此还可取

$$\hat{\boldsymbol{\psi}}_{11} = \hat{\boldsymbol{\varphi}}_{11} + \breve{\boldsymbol{\varphi}}_{11} = \begin{bmatrix} 1 & -1 & -1 & 1 \end{bmatrix}^{T}, \quad \breve{\boldsymbol{\psi}}_{11} = \hat{\boldsymbol{\varphi}}_{11} - \breve{\boldsymbol{\varphi}}_{11} = \begin{bmatrix} 1 & 1 & -1 & -1 \end{bmatrix}^{T} \tag{m}$$

注意从式(k)到式(m),采用了有别于单一固有频率和固有振型的符号。

图 6.23(a)和图 6.23(b)给出对应式(l)的两个重频固有振型节线图,图 6.23(c)和

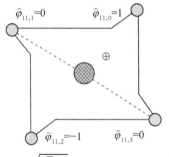

(a) $\hat{\omega}_{11} = \sqrt{2\bar{k}/\bar{m}}$, $\hat{\boldsymbol{\varphi}}_{11} = \begin{bmatrix} 1 & 0 & -1 & 0 \end{bmatrix}^{T}$

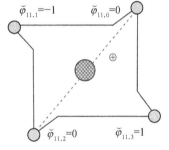

(b) $\breve{\omega}_{11} = \sqrt{2\bar{k}/\bar{m}}$, $\breve{\boldsymbol{\varphi}}_{11} = \begin{bmatrix} 0 & -1 & 0 & 1 \end{bmatrix}^{T}$

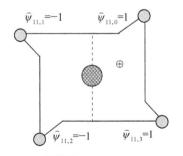

(c) $\hat{\omega}_{11} = \sqrt{2\bar{k}/\bar{m}}$, $\hat{\boldsymbol{\psi}}_{11} = \begin{bmatrix} 1 & -1 & -1 & 1 \end{bmatrix}^{T}$

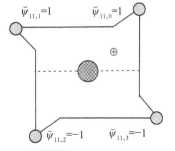

(d) $\breve{\omega}_{11} = \sqrt{2\bar{k}/\bar{m}}$, $\breve{\boldsymbol{\psi}}_{11} = \begin{bmatrix} 1 & 1 & -1 & -1 \end{bmatrix}^{T}$

图 6.23　C_4 结构在子空间 S_1 中的两对重频固有模态

图 6.23(d)则给出对应式(m)的两个重频固有振型节线图。这样的固有振型有无穷多对,目前给出的固有振型彼此逆时针旋转 π/2 后重复。这些结果与 6.1 节讨论的正方形板固有振动颇为相似。

注解 6.2.3:对于上述 C_4 结构,中心轴处的固支条件决定着系统刚度矩阵中参数 β 的正负号,进而决定结构的固有频率顺序。例如,若对板的某个角点施加向上静载荷,而相邻角点的静变形向下,则这两点之间的结构柔度系数为负,刚度系数 $\beta > 0$,进而得到固有频率关系:$\omega_{21} < \hat{\omega}_{11} = \check{\omega}_{11} < \omega_{01}$;反之,则有 $\beta < 0$,得到固有频率关系:$\omega_{01} < \hat{\omega}_{11} = \check{\omega}_{11} < \omega_{21}$。

6.2.2 含中心轴的结构动力学解耦

现转向研究图 6.24 中这类含中心轴的 C_n 结构固有振动,即分析 C_n 结构具有中心自由度时的固有振动。历史上,英国力学家 Thomas 关于环形循环对称结构具有环向驻波的研究颇具影响。但若循环对称结构具有中心自由度,则结构中未必仅有环形驻波。因此,鲜有研究涉及含中心轴的循环对称结构振动问题。

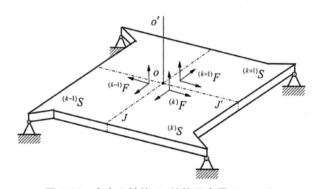

图 6.24 含中心轴的 C_n 结构示意图 ($n = 4$)

作者在 20 世纪 80 年代研究该问题,发现中心自由度对结构内驻波的影响并不复杂,可通过中心自由度的位移协调来解决[1]。以图 6.24 中含中心轴的 C_n 结构为例,各子结构 $^{(k)}S$ 均与中心轴相交,从而共享中心自由度。因此,需要在子空间 S_j 中保证各子结构在中心自由度上位移协调。对于其他自由度,则可沿用对不含中心轴的 C_n 结构的研究结果。2018 年,美国学者 Parker 的研究组采用循环矩阵法分析含中心轴的 C_n 结构,也类似处理中心自由度问题[2]。

首先,将子结构 $^{(k)}S$ 的中心自由度位移列阵记为 $^{(k)}\boldsymbol{u}_o \in \mathbb{R}^o$,简称**中心位移列阵**,其中 o 是中心自由度集合,其自由度数也记为 o。将子结构 $^{(k)}S$ 的中心位移列阵 $^{(k)}\boldsymbol{u}_o$ 和其他自由度的位移列阵 $^{(k)}\boldsymbol{u}$ 组装成如下增广列阵:

① 胡海岩,程德林,王莱.含中心点的循环对称结构振动研究[C].上海:第二届全国计算力学会议论文,1986:No. 2 - 236.

② Dong B, Parker R G. Modal properties of cyclically symmetric systems with central components vibrating as three-dimensional rigid bodies[J]. Journal of Sound and Vibration, 2018, 435: 350 - 371.

$$^{(k)}\tilde{\boldsymbol{u}} \equiv \begin{bmatrix} ^{(k)}\boldsymbol{u}_o^{\mathrm{T}} & ^{(k)}\boldsymbol{u}^{\mathrm{T}} \end{bmatrix}^{\mathrm{T}} \in \mathbb{R}^{\tilde{m}'}, \quad \tilde{m}' \equiv o + I + J + J', \quad k \in I_N \tag{6.2.55}$$

并记子结构 $^{(k)}S$ 的质量矩阵为 $\boldsymbol{M} \in \mathbb{R}^{\tilde{m}' \times \tilde{m}'}$；刚度矩阵为 $\boldsymbol{K} \in \mathbb{R}^{\tilde{m}' \times \tilde{m}'}$。

由于各子结构共享中心自由度集合 o，而相邻子结构共享界面自由度集合 J'，此时含中心轴的 C_n 结构的自由度为

$$\tilde{N} = o + n \times m = o + n \times (I + J) \tag{6.2.56}$$

1. 广义位移变换

采用 6.2.1 小节的研究思路，将上述增广列阵 $^{(k)}\tilde{\boldsymbol{u}}$ 用子空间 S_j 中的广义位移列阵 $\tilde{\boldsymbol{q}}_j$ 来表示，得到

$$^{(k)}\tilde{\boldsymbol{u}} = \frac{1}{\sqrt{n}} \sum_{j=0}^{n-1} \exp(\mathrm{i}jk\theta) \tilde{\boldsymbol{q}}_j = \frac{1}{\sqrt{n}} \sum_{j=0}^{[n/2]} a_j \exp(\mathrm{i}jk\theta) \tilde{\boldsymbol{q}}_j \tag{6.2.57}$$

式中，

$$\begin{cases} \tilde{\boldsymbol{q}}_j \equiv \mathrm{col}_l [q_{jl}] \in \mathbb{C}^{\tilde{m}'} \\ q_{jl} \equiv \boldsymbol{e}_j^{\mathrm{H}} \boldsymbol{u}_l = \dfrac{1}{\sqrt{n}} \sum_{k=0}^{n-1} {}^{(k)}\tilde{\boldsymbol{u}}_l \exp(-\mathrm{i}jk\theta) \quad j \in I_n, \quad l \in \tilde{I}_{\tilde{m}'} \end{cases} \tag{6.2.58}$$

值得指出的是，此时 $\tilde{\boldsymbol{q}}_j$ 的前 o 个分量对应于中心位移列阵 $^{(k)}\boldsymbol{u}_o$，$k \in I_n$。在后续的界面位移协调中，需要单独处理。

2. 界面协调变换

第一步，先分析 C_n 结构在中心自由度上的位移协调关系。考察各子结构的中心位移列阵 $^{(k)}\boldsymbol{u}_o$，$k \in I_n$，它们描述同样的中心位移，只因在各子结构的坐标系 $^{(k)}F$ 中分别描述，从而产生差异。现选择 $^{(0)}\boldsymbol{u}_o$ 作为后续计算时的中心位移列阵，则 $^{(k)}\boldsymbol{u}_o$ 可通过将 $^{(0)}F$ 绕中心轴旋转为 $^{(k)}F$ 来获得。

建立由 $^{(0)}F$ 到 $^{(k)}F$ 的变换矩阵，即绕中心轴旋转 $k\theta$ 的正交矩阵

$$\boldsymbol{R}^k = \begin{bmatrix} \cos(k\theta) & \sin(k\theta) & 0 \\ -\sin(k\theta) & \cos(k\theta) & 0 \\ 0 & 0 & 1 \end{bmatrix} \tag{6.2.59}$$

请读者注意，式 (6.2.59) 与式 (6.2.49) 所定义正交变换矩阵的转动方向不同，故上标有所差异。根据中心自由度的方向，选择 $\boldsymbol{R}^k$ 或其子块，构造由 $^{(0)}\boldsymbol{u}_o \in \mathbb{R}^o$ 到 $^{(k)}\boldsymbol{u}_o \in \mathbb{R}^o$ 的块对角正交变换矩阵，即

$$\boldsymbol{R}_o^k \equiv \mathrm{diag}[\boldsymbol{R}^k] = \mathrm{diag}\left[\begin{bmatrix} \cos(k\theta) & \sin(k\theta) & 0 \\ -\sin(k\theta) & \cos(k\theta) & 0 \\ 0 & 0 & 1 \end{bmatrix}\right] \in \mathbb{R}^{o \times o} \tag{6.2.60}$$

进而得

$$^{(k)}\boldsymbol{u}_o = \boldsymbol{R}_o^k {}^{(0)}\boldsymbol{u}_o, \quad k \in I_n \tag{6.2.61}$$

现采用 R_{ls}^k 表示矩阵 $\boldsymbol{R}_o^k$ 的元素,将由各子结构第 l 个中心自由度的位移组成列阵,记为

$$\boldsymbol{u}_l = \mathrm{col}_k \left[{}^{(k)}u_l \right] = \mathrm{col}_k \left[\mathrm{row}_s \left[R_{ls}^k \right] {}^{(0)}\boldsymbol{u}_o \right], \quad l \in \tilde{I}_o \tag{6.2.62}$$

值得指出的是,以下要建立的表示与式(6.2.57)的表示不同。现基于式(6.2.58),用中心位移列阵 ${}^{(0)}\boldsymbol{u}_o$ 来表示子空间 S_j 中广义位移列阵的对应分量,得

$$q_{jl} \equiv \boldsymbol{e}_j^{\mathrm{H}} \boldsymbol{u}_l = \frac{1}{\sqrt{n}} \sum_{k=0}^{n-1} \exp(-\mathrm{i}jk\theta) \mathrm{row}_s \left[R_{ls}^k \right] {}^{(0)}\boldsymbol{u}_o, \quad j \in I_n, \quad l \in \tilde{I}_o \tag{6.2.63}$$

由此定义子空间 S_j 中的广义位移列阵 $\boldsymbol{q}_{jo} \in \mathbb{C}^o$,并推导得

$$\boldsymbol{q}_{jo} \equiv \mathrm{col}_l \left[q_{jl} \right] = \frac{1}{\sqrt{n}} \mathrm{col}_l \left[\sum_{k=0}^{n-1} \exp(-\mathrm{i}jk\theta) \mathrm{row}_s \left[R_{ls}^k \right] {}^{(0)}\boldsymbol{u}_o \right]$$

$$= \frac{1}{\sqrt{n}} \left[\sum_{k=0}^{n-1} \exp(-\mathrm{i}jk\theta) \boldsymbol{R}_o^k \right] {}^{(0)}\boldsymbol{u}_o = \boldsymbol{D}_j {}^{(0)}\boldsymbol{u}_o, \quad j \in I_n \tag{6.2.64}$$

式中,

$$\boldsymbol{D}_j \equiv \frac{1}{\sqrt{n}} \left[\sum_{k=0}^{n-1} \exp(-\mathrm{i}jk\theta) \boldsymbol{R}_o^k \right] \in \mathbb{C}^{o \times o}, \quad j \in I_n \tag{6.2.65}$$

式(6.2.64)给出了从自由度位移列阵 ${}^{(0)}\boldsymbol{u}_o \in \mathbb{R}^o$ 到子空间 S_j 中广义位移列阵 $\boldsymbol{q}_{jo} \in \mathbb{C}^o$ 的变换;$\boldsymbol{D}_j$ 为复变换矩阵。

第二步,对非中心自由度的位移列阵进行界面协调。这可沿用 6.2.1 小节的界面协调结果。将 $\tilde{\boldsymbol{q}}_j$ 中前 o 个分量删去,剩余部分正是 6.2.1 小节中的 $\boldsymbol{q}_j$,故将式(6.2.30)转抄如下:

$$\boldsymbol{q}_j = \begin{bmatrix} \boldsymbol{q}_{jd} \\ \boldsymbol{q}_{jr} \end{bmatrix} = \begin{bmatrix} \boldsymbol{I}_m \\ -\boldsymbol{B}_{jd} \end{bmatrix} \boldsymbol{q}_{jd}, \quad j \in J_{\lfloor n/2 \rfloor} \tag{6.2.66}$$

将上述两步的结果组装在一起,得到用子空间 S_j 中独立广义位移列阵描述的界面协调变换,即

$$\tilde{\boldsymbol{q}}_j \equiv \begin{bmatrix} \boldsymbol{q}_{jo} \\ \boldsymbol{q}_{jd} \\ \boldsymbol{q}_{jr} \end{bmatrix} = \begin{bmatrix} \boldsymbol{D}_j & \boldsymbol{0} \\ \boldsymbol{0} & \boldsymbol{I}_m \\ \boldsymbol{0} & -\boldsymbol{B}_{jd} \end{bmatrix} \begin{bmatrix} {}^{(0)}\boldsymbol{u}_o \\ \boldsymbol{q}_{jd} \end{bmatrix} \equiv \tilde{\boldsymbol{B}}_{jD} \boldsymbol{q}_{jD}, \quad j \in J_{\lfloor n/2 \rfloor} \tag{6.2.67}$$

在式(6.2.67)中,$\boldsymbol{q}_{jD} \in \mathbb{C}^{\tilde{m}}$,$D \equiv o \cup I \cup J$,$\tilde{m} \equiv o + I + J$;广义位移列阵 $\tilde{\boldsymbol{q}}_j$ 中的前 o 个分量已替换为中心位移列阵协调后的式(6.2.64),但沿用了原来的符号。

3. 动力学问题的解耦

现考虑动力学问题,将上述两次变换合成,并将位移列阵 ${}^{(k)}\boldsymbol{u}$ 和广义坐标列阵 $\boldsymbol{q}_{jD}$ 表示为时间 t 的函数,故有

$$^{(k)}\boldsymbol{u}(t) = \frac{1}{\sqrt{n}} \sum_{j=0}^{[n/2]} a_j \mathrm{Re}\left[\exp(\mathrm{i}jk\theta)\tilde{\boldsymbol{B}}_{jD}\boldsymbol{q}_{jD}(t)\right], \quad k \in I_n \tag{6.2.68}$$

沿用 6.2.1 小节的推导,可将 C_n 结构固有振动转化为如下实对称矩阵的广义特征值问题:

$$\left\{ \begin{bmatrix} \boldsymbol{K}_j^R & -\boldsymbol{K}_j^I \\ \boldsymbol{K}_j^I & \boldsymbol{K}_j^R \end{bmatrix} - \omega_j^2 \begin{bmatrix} \boldsymbol{M}_j^R & -\boldsymbol{M}_j^I \\ \boldsymbol{M}_j^I & \boldsymbol{M}_j^R \end{bmatrix} \right\} \begin{bmatrix} \boldsymbol{q}_{jD}^R \\ \boldsymbol{q}_{jD}^I \end{bmatrix} = \boldsymbol{0}, \quad j \in J_{[n/2]} \tag{6.2.69}$$

式中,待求特征向量中的 $\boldsymbol{q}_{jD}^R$ 和 $\boldsymbol{q}_{jD}^I$ 是不含时间的列阵,各矩阵子块均为 $\tilde{m}$ 阶实方阵,满足 Hermite 矩阵的性质

$$\begin{cases} \boldsymbol{M}_j^R \equiv \mathrm{Re}(\tilde{\boldsymbol{B}}_{jD}^H \boldsymbol{M}\tilde{\boldsymbol{B}}_{jD}) = (\boldsymbol{M}_j^R)^T, & \boldsymbol{M}_j^I \equiv \mathrm{Im}(\tilde{\boldsymbol{B}}_{jD}^H \boldsymbol{M}\tilde{\boldsymbol{B}}_{jD}) = -(\boldsymbol{M}_j^I)^T \\ \boldsymbol{K}_j^R \equiv \mathrm{Re}(\tilde{\boldsymbol{B}}_{jD}^H \boldsymbol{K}\tilde{\boldsymbol{B}}_{jD}) = (\boldsymbol{K}_j^R)^T, & \boldsymbol{K}_j^I \equiv \mathrm{Im}(\tilde{\boldsymbol{B}}_{jD}^H \boldsymbol{K}\tilde{\boldsymbol{B}}_{jD}) = -(\boldsymbol{K}_j^I)^T, \quad j \in J_{[n/2]} \end{cases} \tag{6.2.70}$$

注解 6.2.4:根据注解 6.2.1,当 $j = 0$ 或 $j = n/2 = [n/2]$ 时,矩阵 $\boldsymbol{B}_j$ 和 $\tilde{\boldsymbol{B}}_{jd}$ 为实矩阵,$\boldsymbol{q}_j$ 和 $\boldsymbol{q}_{jD}$ 为实列阵,故式(6.2.69)中的虚部矩阵和虚部列阵均为零矩阵,式(6.2.69)可简化为实对称矩阵的广义特征值问题

$$(\boldsymbol{K}_j - \omega_j^2 \boldsymbol{M}_j)\boldsymbol{q}_{jD} = \boldsymbol{0}, \quad j = 0, n/2 = [n/2] \tag{6.2.71}$$

此时,求解实对称特征值问题的阶次从式(6.2.69)的 $2\tilde{m} = 2(o + I + J)$,降阶到式(6.2.71)的 $\tilde{m} = o + I + J$ 阶。在 6.3.3 小节,还将对上述阶次问题作进一步讨论,删去某些无贡献的自由度,给出更准确的阶次。

求解上述广义特征值问题,得到固有频率 ω_j,对照式(6.2.68)可得到固有振型

$$^{(k)}\boldsymbol{\varphi}_j = \mathrm{Re}\left[\exp(\mathrm{i}jk\theta)\tilde{\boldsymbol{B}}_{jD}\boldsymbol{q}_{jD}\right] \in \mathbb{R}^{\tilde{m}'}, \quad k \in I_n, \quad j \in J_{[n/2]} \tag{6.2.72}$$

类似于 6.2.1 小节的分析,式(6.2.72)中的 $^{(k)}\boldsymbol{\varphi}_j$ 含有界面 J' 上的位移列阵。为消除该冗余信息,删去式(6.2.67)中界面协调矩阵的最后一行子块,定义:

$$\boldsymbol{B}_{jD} \equiv \begin{bmatrix} \boldsymbol{D}_j & \boldsymbol{0} \\ \boldsymbol{0} & \boldsymbol{I}_m \end{bmatrix} \in \mathbb{R}^{\tilde{m} \times \tilde{m}}, \quad j \in J_{[n/2]} \tag{6.2.73}$$

仍采用原振型列阵的符号 $^{(k)}\boldsymbol{\varphi}_j$,消除式(6.2.72)中冗余信息的振型列阵为

$$^{(k)}\boldsymbol{\varphi}_j = \mathrm{Re}\left[\exp(\mathrm{i}jk\theta)\boldsymbol{B}_{jD}\boldsymbol{q}_{jD}\right] \in \mathbb{R}^{\tilde{m}}, \quad k \in I_n, \quad j \in J_{[n/2]} \tag{6.2.74}$$

类似 6.2.1 小节最后的讨论,可通过正交变换 $\boldsymbol{R}_m^{-k}$ 将式(6.2.74)转化到整个结构的总体坐标系中,组装得到 C_n 结构的固有振型列阵。值得注意的是,由于中心自由度的位移列阵属于各子结构共享,组装时需删去重复信息。为此,可对照式(6.2.67),采用如下组装表达式:

$$\boldsymbol{\varphi}_j = \begin{bmatrix} ^{(0)}\boldsymbol{u}_o \\ \mathrm{col}_k\left[\boldsymbol{R}_m^{-k}\mathrm{Re}\left[\exp(\mathrm{i}jk\theta)\boldsymbol{q}_{jd}\right]\right] \end{bmatrix}, \quad j \in J_{[n/2]} \tag{6.2.75}$$

此时,整个结构振型列阵 $\boldsymbol{\varphi}_j$ 的维数为 $o + n \times m = o + n \times (I + J)$。

例 6.2.5：考察图 6.25(a) 所示含中心轴的 C_4 结构,它具有 5 个相同的集中质量 $\bar{m}$,由 4 根完全相同、不计惯性的刚性板条相互连接,安装在 5 个刚度均为 $\bar{k}$ 的弹性支承上。现采用上述方法,研究该 C_4 结构垂直于集中质量所在平面的固有振动问题。

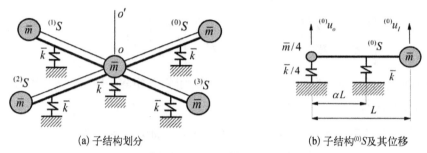

(a) 子结构划分   (b) 子结构 $^{(0)}S$ 及其位移

图 6.25 含中心轴的 C_4 结构

首先,取该 C_4 结构的 1/4,作为图 6.25(b) 所示含 1/4 中心质量和中心弹簧的子结构 $^{(0)}S$,它与其他子结构间的界面自由度集合 J 和 J' 为空集。然后,为子结构 $^{(0)}S$ 建立坐标系 $^{(0)}F$,将子结构 $^{(0)}S$ 的中心质量铅垂位移 $^{(0)}u_o$ 和端部质量铅垂位移 $^{(0)}u_I$ 组装成子结构位移列阵,即

$$^{(0)}\tilde{\boldsymbol{u}} \equiv \begin{bmatrix} ^{(0)}u_o & ^{(0)}u_I \end{bmatrix}^{\mathrm{T}} \tag{a}$$

子结构 $^{(0)}S$ 的动能和势能可表示为

$$\begin{cases} T = \dfrac{1}{2}\left(\dfrac{\bar{m}}{4}\dot{u}_o^2 + \bar{m}\dot{u}_I^2 \right) \\[3mm] V = \dfrac{1}{2}\left\{ \dfrac{\bar{k}}{4}u_o^2 + \bar{k}[\, u_o + \alpha(u_I - u_o)\,]^2 \right\} \end{cases} \tag{b}$$

由此,得到子结构 $^{(0)}S$ 的质量矩阵和刚度矩阵为

$$\boldsymbol{M} = \bar{m}\begin{bmatrix} 1/4 & 0 \\ 0 & 1 \end{bmatrix}, \quad \boldsymbol{K} = \bar{k}\begin{bmatrix} 1/4 + (1-\alpha)^2 & \alpha(1-\alpha) \\ \alpha(1-\alpha) & \alpha^2 \end{bmatrix} \tag{c}$$

其次,在 C_4 群表示的子空间 S_j 中研究该结构的固有振动。根据式(6.2.67),S_j 中的广义位移列阵具有如下界面协调变换矩阵：

$$\tilde{\boldsymbol{B}}_{jD} = \begin{bmatrix} D_j & 0 \\ 0 & 1 \end{bmatrix}, \quad j \in J_2 \tag{d}$$

由此可生成该结构在 S_j 中的质量矩阵和刚度矩阵,即

$$\begin{cases} \boldsymbol{M}_j = \tilde{\boldsymbol{B}}_{jD}^{\mathrm{H}}\boldsymbol{M}\tilde{\boldsymbol{B}}_{jD} = \bar{m}\begin{bmatrix} D_j^2/4 & 0 \\ 0 & 1 \end{bmatrix} \\[5mm] \boldsymbol{K}_j = \tilde{\boldsymbol{B}}_{jD}^{\mathrm{H}}\boldsymbol{K}\tilde{\boldsymbol{B}}_{jD} = \bar{k}\begin{bmatrix} [\,1/4 + (1-\alpha)^2\,]D_j^2 & \alpha(1-\alpha)\bar{D}_j \\ \alpha(1-\alpha)D_j & \alpha^2 \end{bmatrix} \end{cases} \tag{e}$$

式中，

$$D_j = \frac{1}{2}\left[1 + \exp\left(-\mathrm{i}\frac{j\pi}{2}\right) + \exp\left(-\mathrm{i}\frac{2j\pi}{2}\right) + \exp\left(-\mathrm{i}\frac{3j\pi}{2}\right)\right] = \begin{cases} 2, & j = 0 \\ 0, & j = 1 \\ 0, & j = 2 \end{cases} \qquad \text{(f)}$$

（1）对于 $j = 0$，将 $D_0 = 2$ 代入式（e）后再代入式（6.2.71），得特征值问题为

$$\left\{ \bar{k}\begin{bmatrix} 1 + 4(1-\alpha)^2 & 2\alpha(1-\alpha) \\ 2\alpha(1-\alpha) & \alpha^2 \end{bmatrix} - \bar{m}\omega_0^2\begin{bmatrix} 1 & 0 \\ 0 & 1 \end{bmatrix} \right\} \boldsymbol{q}_{0D} = \boldsymbol{0} \qquad \text{(g)}$$

现取 $\alpha = 3/4$，得到两个固有振动频率和对应的特征向量为

$$\begin{cases} \omega_{01} = 0.631\sqrt{\dfrac{\bar{k}}{\bar{m}}}, & \boldsymbol{q}_{0D1} = \begin{bmatrix} 0.440 & -1.000 \end{bmatrix}^{\mathrm{T}} \\[3mm] \omega_{02} = 1.190\sqrt{\dfrac{\bar{k}}{\bar{m}}}, & \boldsymbol{q}_{0D2} = \begin{bmatrix} 1.000 & 0.440 \end{bmatrix}^{\mathrm{T}} \end{cases} \qquad \text{(h)}$$

将上述特征向量代入式（6.2.74），得到各子结构的振型列阵为

$$\begin{cases} {}^{(k)}\boldsymbol{\varphi}_{01} = \boldsymbol{B}_{0D}\boldsymbol{q}_{0D1} = \begin{bmatrix} 0.880 & -1.000 \end{bmatrix}^{\mathrm{T}} \\[2mm] {}^{(k)}\boldsymbol{\varphi}_{02} = \boldsymbol{B}_{0D}\boldsymbol{q}_{0D2} = \begin{bmatrix} 1.000 & 0.220 \end{bmatrix}^{\mathrm{T}}, & k \in I_n \end{cases} \qquad \text{(i)}$$

根据式（6.2.75），组装上述子结构振型列阵并删去冗余的中心位移，得到结构 C_4 在子空间 S_0 中的两个固有振型，即

$$\begin{cases} \boldsymbol{\varphi}_{01} = \begin{bmatrix} 0.880 & -1.000 & -1.000 & -1.000 & -1.000 \end{bmatrix}^{\mathrm{T}} \\[2mm] \boldsymbol{\varphi}_{02} = \begin{bmatrix} 1.000 & 0.220 & 0.220 & 0.220 & 0.220 \end{bmatrix}^{\mathrm{T}} \end{cases} \qquad \text{(j)}$$

图 6.26 是这两个固有振型及其节线，此时各子结构的固有振动完全相同。其中，图 6.26(a) 的固有振型在刚性板条上有节线，各刚性板条绕其节线转动；图 6.26(b) 的固有振型没有节线，各板条和集中质量做同向振动。

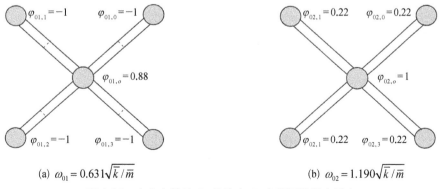

(a) $\omega_{01} = 0.631\sqrt{\bar{k}/\bar{m}}$　　　　　　　　(b) $\omega_{02} = 1.190\sqrt{\bar{k}/\bar{m}}$

图 6.26　含中心轴的 C_4 结构在 S_0 中的两阶固有模态

（2）对于 $j = 2$，将 $D_2 = 0$ 代入式（e），得到奇异的质量矩阵和刚度矩阵为

$$\boldsymbol{M}_2 = \bar{m}\begin{bmatrix} 0 & 0 \\ 0 & 1 \end{bmatrix}, \quad \boldsymbol{K}_2 = \bar{k}\begin{bmatrix} 0 & 0 \\ 0 & \alpha^2 \end{bmatrix} \qquad (\mathrm{k})$$

式（k）中矩阵的第一行和第一列全为零，意味着中心自由度在子空间 S_2 中失去作用，可删除式（k）中这样的行和列，注解 6.2.5 将对此再作讨论。将式（k）代入式（6.2.71），得到一个固有振动频率和对应的特征向量为

$$\omega_{21} = \alpha\sqrt{\frac{\bar{k}}{\bar{m}}}, \quad \boldsymbol{q}_{2D1} = \begin{bmatrix} 0 & 1 \end{bmatrix}^{\mathrm{T}} \qquad (\mathrm{l})$$

将特征向量代入式（6.2.74），得到各子结构的振型列阵为

$$^{(k)}\boldsymbol{\varphi}_{21} = \begin{bmatrix} 0 & (-1)^k \end{bmatrix}^{\mathrm{T}}, \quad k \in I_n \qquad (\mathrm{m})$$

根据式（6.2.75），删去冗余的中心位移信息，组装得到结构 C_4 在子空间 S_2 中的固有振型列阵，即

$$\boldsymbol{\varphi}_{21} \equiv \begin{bmatrix} 0 & 1 & -1 & 1 & -1 \end{bmatrix}^{\mathrm{T}} \qquad (\mathrm{n})$$

式（n）表明，此时各相邻子结构的振动幅值相同，相位相反。图 6.27（a）是该振型的节线示意图。在严格意义上，结构中心的集中质量不发生变形，该图是示意各刚性板条的运动方向。

（3）对于 $j = 1$，将 $D_1 = 0$ 代入式（e），同样得到奇异的质量矩阵和刚度矩阵为

$$\boldsymbol{M}_1 = \bar{m}\begin{bmatrix} 0 & 0 \\ 0 & 1 \end{bmatrix}, \quad \boldsymbol{K}_1 = \bar{k}\begin{bmatrix} 0 & 0 \\ 0 & \alpha^2 \end{bmatrix} \qquad (\mathrm{o})$$

注意此时待求解的特征值问题为式（6.2.69），即

$$\left\{ \begin{bmatrix} \boldsymbol{K}_1 & \boldsymbol{0} \\ \boldsymbol{0} & \boldsymbol{K}_1 \end{bmatrix} - \omega_1^2 \begin{bmatrix} \boldsymbol{M}_1 & \boldsymbol{0} \\ \boldsymbol{0} & \boldsymbol{M}_1 \end{bmatrix} \right\} \begin{bmatrix} \mathrm{Re}(\boldsymbol{q}_{1D}) \\ \mathrm{Im}(\boldsymbol{q}_{1D}) \end{bmatrix} = \boldsymbol{0} \qquad (\mathrm{p})$$

将式（o）非零子块代入式（p）求解特征值问题，得到两个相同固有频率和一对复振型为

$$\hat{\omega}_{11} = \alpha\sqrt{\frac{\bar{k}}{\bar{m}}}, \quad \hat{\boldsymbol{q}}_{1D1} = \begin{bmatrix} 0 \\ 1 \end{bmatrix}, \quad \breve{\omega}_{11} = \alpha\sqrt{\frac{\bar{k}}{\bar{m}}}, \quad \breve{\boldsymbol{q}}_{1D1} = \begin{bmatrix} 0 \\ \mathrm{i} \end{bmatrix} \qquad (\mathrm{q})$$

将式（q）代入（6.2.74），得到各子结构的两个振型列阵，即

$$\begin{cases} ^{(k)}\hat{\boldsymbol{\varphi}}_{11} = \mathrm{Re}\{\exp(\mathrm{i}k\pi/2)\begin{bmatrix} 0 & 1 \end{bmatrix}^{\mathrm{T}}\} \\ ^{(k)}\breve{\boldsymbol{\varphi}}_{11} = \mathrm{Re}\{\exp(\mathrm{i}k\pi/2)\begin{bmatrix} 0 & \mathrm{i} \end{bmatrix}^{\mathrm{T}}\}, \quad k \in I_n \end{cases} \qquad (\mathrm{r})$$

根据式（6.2.75），删去中心位移中的冗余信息，组装得到结构 C_4 在子空间 S_1 中的两个重频固有振型列阵，即

$$\begin{cases} \hat{\boldsymbol{\varphi}}_{11} = \begin{bmatrix} 0 & 1 & 0 & -1 & 0 \end{bmatrix}^{\mathrm{T}} \\ \check{\boldsymbol{\varphi}}_{11} = \begin{bmatrix} 0 & 0 & -1 & 0 & 1 \end{bmatrix}^{\mathrm{T}} \end{cases} \tag{s}$$

图 6.27(b) 和 6.27(c) 表明,该重频固有振型各有一根节线,刚性板条绕节线转动。

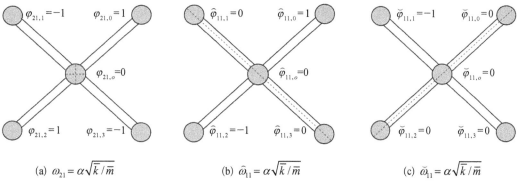

(a) $\omega_{21} = \alpha\sqrt{k/\overline{m}}$ 　　(b) $\hat{\omega}_{11} = \alpha\sqrt{k/\overline{m}}$ 　　(c) $\check{\omega}_{11} = \alpha\sqrt{k/\overline{m}}$

图 6.27　含中心轴的 C_4 结构在 S_2 和 S_1 中的重频固有模态

注解 6.2.5：例 6.2.5 的 C_4 结构具有 5 个自由度,但在上述求解过程涉及的广义特征值问题阶数之和为 8,即在子空间 S_0 和 S_2 中分别求解 2 阶广义特征值问题,在 S_1 中求解 4 阶广义特征值问题。这种现象的原因归结为中心位移列阵在各解耦的动力学方程中重复出现。因此,子空间 S_1 和 S_2 中的质量矩阵和刚度矩阵呈现奇异,计算中 3 次删去这些矩阵中与中心位移对应的行和列。在 6.3.3 小节,将对该问题作更深入的分析。

6.2.3　引入模态缩聚的高效计算

工程中的 C_n 结构非常复杂,有时仅靠结构对称性解耦,尚无法满足计算要求。以航空发动机叶盘为例,其叶片是在空间扭曲的变厚度壳结构,叶盘的单个子结构有限元模型就可达到数千个自由度,需在子结构层面进一步压缩模型自由度。因此,人们在引入群论表示子空间 S_j 的广义位移变换前,通过多种方法来近似描述子结构位移列阵,降低后续计算的规模。这些研究各有特点,例如,固定界面模态缩聚相对简单[1],而自由界面模态缩聚的压缩效率比较高[2]。本节介绍作者提出的固定界面广义模态综合法[1],并给出算例。

1. 固定界面模态缩聚简介

模态缩聚属于计算结构动力学范畴。以美国力学家 Craig Jr. 和 Bampton 提出的**固定界面模态缩聚**方法为例[3],其思路是将复杂结构划分为若干子结构,保留结构界面自由度,用各子结构界面固定时的低阶固有振型来近似描述结构内部自由度,然后通过界面位移协调,获得降阶的结构动力学方程。

为了理解上述思路,考察 C_n 结构的子结构 $^{(k)}S$,将其两个界面自由度集合 J 和 J' 合

①　胡海岩,程德林. 循环对称结构振动分析的广义模态综合法[J]. 振动与冲击,1986,5(4)：1-7.
②　王文亮,朱农时,胥加华. C_N 群上对称结构的双协调模态综合[J]. 航空动力学报,1990,5(4)：352-356,374.
③　Craig Jr R R, Bampton M M C. Coupling of substructures for dynamic analyses[J]. AIAA Journal, 1968, 6(7)：1313-1319.

并记为 Z。按照 6.2.1 小节对 C_n 结构的子结构划分和有限元离散,将子结构 $^{(k)}S$ 的位移列阵分块表示为

$$^{(k)}\boldsymbol{u} = \begin{bmatrix} ^{(k)}\boldsymbol{u}_I^{\mathrm{T}} & ^{(k)}\boldsymbol{u}_Z^{\mathrm{T}} \end{bmatrix}^{\mathrm{T}}, \quad k \in I_n \tag{6.2.76}$$

如果将子结构 $^{(k)}S$ 视为一个"超级有限单元",通过界面位移列阵 $^{(k)}\boldsymbol{u}_Z \in \mathbb{R}^Z$ 来近似表示内部位移列阵 $^{(k)}\boldsymbol{u}_I \in \mathbb{R}^I$,则可大幅度缩聚求解问题的规模。

美国力学家 Guyan 提出,可从静力学角度考虑这样的缩聚。对于子结构 $^{(k)}S$,将其刚度矩阵 $\boldsymbol{K}$ 按式(6.2.76)的列阵形式进行分块;若子结构 $^{(k)}S$ 内部自由度集合 I 上无外力作用,则子结构的静平衡方程为

$$\boldsymbol{K}^{(k)}\boldsymbol{u} = \begin{bmatrix} \boldsymbol{K}_{II} & \boldsymbol{K}_{IZ} \\ \boldsymbol{K}_{ZI} & \boldsymbol{K}_{ZZ} \end{bmatrix} \begin{bmatrix} ^{(k)}\boldsymbol{u}_I \\ ^{(k)}\boldsymbol{u}_Z \end{bmatrix} = \begin{bmatrix} \boldsymbol{0} \\ ^{(k)}\boldsymbol{f}_Z \end{bmatrix} \tag{6.2.77}$$

式中,$^{(k)}\boldsymbol{f}_Z$ 是相邻子结构施加给 $^{(k)}S$ 的界面力。根据式(6.2.77)中第一行,解出

$$^{(k)}\boldsymbol{u}_I = -\boldsymbol{K}_{II}^{-1}\boldsymbol{K}_{IZ}\,^{(k)}\boldsymbol{u}_Z \tag{6.2.78}$$

即在静态条件下,子结构 $^{(k)}S$ 的内部位移列阵 $^{(k)}\boldsymbol{u}_I$ 可由边界位移列阵 $^{(k)}\boldsymbol{u}_Z$ 来线性表示。因此,可以建立从 $^{(k)}\boldsymbol{u}_Z \in \mathbb{R}^Z$ 到 $^{(k)}\boldsymbol{u} \in \mathbb{R}^{I+Z}$ 的线性变换

$$^{(k)}\boldsymbol{u} = \begin{bmatrix} ^{(k)}\boldsymbol{u}_I \\ ^{(k)}\boldsymbol{u}_Z \end{bmatrix} = \begin{bmatrix} -\boldsymbol{K}_{II}^{-1}\boldsymbol{K}_{IZ} \\ \boldsymbol{I}_Z \end{bmatrix} {}^{(k)}\boldsymbol{u}_Z \tag{6.2.79}$$

Guyan 将式(6.2.79)作为一种缩聚方法代入子结构的动力学方程中,略去内部自由度,只保留界面自由度。由于这种缩聚未考虑子结构的动力学效应,属于**静力缩聚**,精度比较低。但其思路类似有限元法的结点插值,启发了后人提出动力缩聚,即模态缩聚。

美国力学家 Craig Jr. 和 Bampton 提出的改进方案是:在子结构界面固定条件下,计算子结构内部自由度的前 D 阶固有振型列阵($D \ll I$),组装为矩阵 $\boldsymbol{\psi}_{ID} \in \mathbb{R}^{I \times D}$,用它作为 Rizt 基向量,近似描述子结构内部位移列阵 $^{(k)}\boldsymbol{u}_I$ 的动态部分;采用 Guyan 静力缩聚,描述子结构界面位移列阵对子结构内部位移列阵 $^{(k)}\boldsymbol{u}_I$ 的准静态影响;将上述两部分叠加,得到子结构内部位移列阵 $^{(k)}\boldsymbol{u}_I$。

按照这样的思路,可定义**模态缩聚变换**为

$$^{(k)}\boldsymbol{u} = \begin{bmatrix} ^{(k)}\boldsymbol{u}_I \\ ^{(k)}\boldsymbol{u}_Z \end{bmatrix} = \begin{bmatrix} \boldsymbol{\psi}_{ID} & -\boldsymbol{K}_{II}^{-1}\boldsymbol{K}_{IZ} \\ \boldsymbol{0} & \boldsymbol{I}_Z \end{bmatrix} \begin{bmatrix} ^{(k)}\boldsymbol{p}_D \\ ^{(k)}\boldsymbol{u}_Z \end{bmatrix} \tag{6.2.80}$$

式中,$^{(k)}\boldsymbol{p}_D \in \mathbb{R}^D$ 是对应上述 D 阶振型的模态位移列阵。在正式文献中,Craig Jr. 和 Bampton 将上述变换改写为

$$\begin{bmatrix} ^{(k)}\boldsymbol{u}_I \\ ^{(k)}\boldsymbol{u}_Z \end{bmatrix} = \begin{bmatrix} \boldsymbol{\psi}_{ID} & \boldsymbol{\psi}_{IZ} \\ \boldsymbol{0} & \boldsymbol{I}_Z \end{bmatrix} \begin{bmatrix} ^{(k)}\boldsymbol{p}_D \\ ^{(k)}\boldsymbol{p}_Z \end{bmatrix} \equiv \boldsymbol{\Psi}\boldsymbol{p} \tag{6.2.81}$$

并称 $\boldsymbol{\psi}_{IZ} \equiv - \boldsymbol{K}_{II}^{-1} \boldsymbol{K}_{IZ} \in \mathbb{R}^{I \times Z}$ 为**约束模态**，$^{(k)}\boldsymbol{p}_Z \equiv {}^{(k)}\boldsymbol{u}_Z \in \mathbb{R}^Z$ 为**约束模态位移列阵**。显然，矩阵 $\boldsymbol{\psi}_{IZ}$ 物理意义是：当 Z 个界面自由度依次产生单位静位移时，子结构内部位移列阵排成的矩阵。采用式（6.2.81）来近似描述各子结构的动态位移，将各子结构的动力学方程通过子结构界面协调条件进行组装，可获得整个结构的动力学方程，而自由度则获得极大压缩。

研究表明，上述固定界面模态缩聚比 Guyan 的静力缩聚好许多，只要取子结构的几个固定界面固有振型，在整个结构的固有振动计算中就可获得很高计算精度。

2. 计算格式

现以不含中心轴的 C_n 结构为例，给出固定界面模态缩聚的具体计算格式。按照 6.2.1 小节对 C_n 结构的子结构划分和有限元离散，并区分子结构 $^{(k)}S$ 具有两个自由度相同的界面自由度集合 J 和 J'。参考式（6.2.81），将子结构 $^{(k)}S$ 的位移列阵 $^{(k)}\boldsymbol{u} \in \mathbb{R}^{m'}$ 用模态位移列阵 $^{(k)}\boldsymbol{p} \in \mathbb{R}^{\hat{m}}$，$\hat{m} \equiv D + 2J$ 表示为

$$
{}^{(k)}\boldsymbol{u} = \begin{bmatrix} {}^{(k)}\boldsymbol{u}_I \\ {}^{(k)}\boldsymbol{u}_J \\ {}^{(k)}\boldsymbol{u}_{J'} \end{bmatrix} \approx \begin{bmatrix} \boldsymbol{\psi}_{ID} & \boldsymbol{\psi}_{IJ} & \boldsymbol{\psi}_{IJ'} \\ \boldsymbol{0} & \boldsymbol{I}_J & \boldsymbol{0} \\ \boldsymbol{0} & \boldsymbol{0} & \boldsymbol{I}_{J'} \end{bmatrix} \begin{bmatrix} {}^{(k)}\boldsymbol{p}_I \\ {}^{(k)}\boldsymbol{p}_J \\ {}^{(k)}\boldsymbol{p}_{J'} \end{bmatrix} \equiv \boldsymbol{\Psi}^{(k)}\boldsymbol{p}, \quad k \in I_n \qquad (6.2.82)
$$

根据式（6.2.81）的由来，可依次解释式（6.2.82）中各子矩阵的含义。

（1）第一列子阵：将 $^{(k)}S$ 与相邻子结构界面固定，计算得到子结构关于模态质量归一化的低阶固有振型列阵，组装成 $\boldsymbol{\psi}_{ID} \in \mathbb{R}^{I \times D}$；与其对应的 $^{(k)}\boldsymbol{p}_I \in \mathbb{R}^D$ 是保留的 D 阶模态坐标列阵，通过 $D \ll I$ 来实现降维。

（2）第二列子阵：将子结构界面 $J' = {}^{(k)}S \cap {}^{(k+1)}S$ 固定，让子结构界面 $J = {}^{(k)}S \cap {}^{(k-1)}S$ 的各自由度依次产生单位静位移形成单位矩阵 $\boldsymbol{I}_J$，计算得到结构内部自由度静变形矩阵 $\boldsymbol{\psi}_{IJ} \in \mathbb{R}^{IJ}$；相应的 $^{(k)}\boldsymbol{p}_J = {}^{(k)}\boldsymbol{u}_J \in \mathbb{R}^J$ 是界面位移列阵，作为保留自由度。

（3）第三列子阵：将界面 J 固定，在界面 J' 上实施类似（2）的操作，得到结构内部自由度静变形矩阵 $\boldsymbol{\psi}_{IJ'} \in \mathbb{R}^{IJ}$；将 $^{(k)}\boldsymbol{p}_{J'} = {}^{(k)}\boldsymbol{u}_{J'} \in \mathbb{R}^J$ 也作为保留自由度。

根据变换式（6.2.82）和上述子矩阵的含义，可得到对应模态缩聚列阵 $^{(k)}\boldsymbol{p}$ 的质量矩阵和刚度矩阵，其表达式为

$$
\begin{cases}
\boldsymbol{m} \equiv \boldsymbol{\Psi}^{\mathrm{T}} \boldsymbol{M} \boldsymbol{\Psi} = \begin{bmatrix} \boldsymbol{I}_D & \boldsymbol{m}_{DJ} & \boldsymbol{m}_{DJ'} \\ \boldsymbol{m}_{JD} & \boldsymbol{m}_{JJ} & \boldsymbol{m}_{JJ'} \\ \boldsymbol{m}_{J'D} & \boldsymbol{m}_{J'J} & \boldsymbol{m}_{J'J'} \end{bmatrix} \in \mathbb{R}^{\hat{m} \times \hat{m}} \\[30pt]
\boldsymbol{k} \equiv \boldsymbol{\Psi}^{\mathrm{T}} \boldsymbol{K} \boldsymbol{\Psi} = \begin{bmatrix} \boldsymbol{k}_{DD} & \boldsymbol{0} & \boldsymbol{0} \\ \boldsymbol{0} & \boldsymbol{k}_{JJ} & \boldsymbol{k}_{JJ'} \\ \boldsymbol{0} & \boldsymbol{k}_{J'J} & \boldsymbol{k}_{J'J'} \end{bmatrix} \in \mathbb{R}^{\hat{m} \times \hat{m}}
\end{cases} \qquad (6.2.83)
$$

式（6.2.83）中诸子矩阵的表达式为

$$\begin{cases} \boldsymbol{k}_{DD} = \boldsymbol{\psi}_{ID}^{\mathrm{T}} \boldsymbol{K}_{II} \boldsymbol{\psi}_{ID} = \operatorname*{diag}_{1 \leqslant r \leqslant D} \left[\omega_r^2 \right] \\[2mm] \begin{bmatrix} \boldsymbol{k}_{JJ} & \boldsymbol{k}_{JJ'} \\ \boldsymbol{k}_{J'J} & \boldsymbol{k}_{J'J'} \end{bmatrix} = \begin{bmatrix} \boldsymbol{K}_{JI} \\ \boldsymbol{K}_{J'I} \end{bmatrix} \boldsymbol{C}_{IJ} + \begin{bmatrix} \boldsymbol{K}_{JJ} & \boldsymbol{0} \\ \boldsymbol{0} & \boldsymbol{K}_{J'J'} \end{bmatrix} \\[4mm] \begin{bmatrix} \boldsymbol{m}_{DJ} & \boldsymbol{m}_{DJ'} \end{bmatrix} = \boldsymbol{\psi}_{ID}^{\mathrm{T}} \left\{ \boldsymbol{M}_{II} \boldsymbol{C}_{IJ} + \begin{bmatrix} \boldsymbol{M}_{IJ} & \boldsymbol{M}_{IJ'} \end{bmatrix} \right\} \\[3mm] \begin{bmatrix} \boldsymbol{m}_{JJ} & \boldsymbol{m}_{JJ'} \\ \boldsymbol{m}_{J'J} & \boldsymbol{m}_{J'J'} \end{bmatrix} = \boldsymbol{C}_{IJ}^{\mathrm{T}} \boldsymbol{M}_{II} \boldsymbol{C}_{IJ} + \begin{bmatrix} \boldsymbol{M}_{JI} \\ \boldsymbol{M}_{J'I} \end{bmatrix} \boldsymbol{C}_{IJ} + \boldsymbol{C}_{IJ}^{\mathrm{T}} \begin{bmatrix} \boldsymbol{M}_{IJ} & \boldsymbol{M}_{IJ'} \end{bmatrix} + \begin{bmatrix} \boldsymbol{M}_{JJ} & \boldsymbol{0} \\ \boldsymbol{0} & \boldsymbol{M}_{J'J'} \end{bmatrix} \\[4mm] \boldsymbol{C}_{IJ} \equiv \begin{bmatrix} \boldsymbol{\psi}_{IJ} & \boldsymbol{\psi}_{IJ'} \end{bmatrix} = -\boldsymbol{K}_{II}^{-1} \begin{bmatrix} \boldsymbol{K}_{IJ} & \boldsymbol{K}_{IJ'} \end{bmatrix} \in \mathbb{R}^{I \times (2J)} \end{cases} \tag{6.2.84}$$

在式(6.2.84)中，ω_r，$r = 1, 2, \cdots, D$ 是子结构界面固定时的低阶固有频率。易见，此时刚度矩阵的内部自由度彼此解耦，内部自由度和界面自由度也解耦。

为了推导计算格式，现给出界面协调变换。将模态缩聚后的广义位移列阵 $^{(k)}\boldsymbol{p} \in \mathbb{R}^{\hat{m}}$ 视为 6.2.2 小节的位移列阵 $^{(k)}\boldsymbol{u} \in \mathbb{R}^{m'}$，在群表示子空间 S_j 中进行解耦计算。由于上述模态缩聚保留了全部界面自由度，故诸子结构的界面位移协调关系与 6.2.2 小节完全相同。参考式(6.2.31)，将其内部自由度集合从 I 缩聚为 D，即将 m 改为 $d \equiv D + J$，得到子空间 S_j 中的界面协调变换矩阵为

$$\tilde{\boldsymbol{B}}_{jd} \equiv \begin{bmatrix} \boldsymbol{I}_D & \boldsymbol{0} \\ \boldsymbol{0} & \boldsymbol{I}_J \\ \boldsymbol{0} & \exp(\mathrm{i}j\theta)\boldsymbol{R}_J^{-1} \end{bmatrix} \in \mathbb{C}^{\hat{m} \times d}, \quad j \in J_{[n/2]} \tag{6.2.85}$$

结合模态缩聚变换式(6.2.82)，可将子结构 $^{(k)}S$ 的位移列阵表示为

$$^{(k)}\boldsymbol{u} = \boldsymbol{\Psi}^{(k)}\boldsymbol{p} = \boldsymbol{\Psi} \sum_{j=0}^{[n/2]} \operatorname{Re}\left[\exp(\mathrm{i}jk\theta) \tilde{\boldsymbol{B}}_{jd} \boldsymbol{q}_{jd} \right], \quad k \in I_n \tag{6.2.86}$$

将式(6.2.85)代入式(6.2.37)，得到子空间 S_j 中的质量矩阵和刚度矩阵

$$\begin{cases} \boldsymbol{M}_j = \begin{bmatrix} \boldsymbol{I}_D & \boldsymbol{m}_{DJ} + \exp(\mathrm{i}j\theta)\boldsymbol{m}_{DJ'}\boldsymbol{R}_J^{-1} \\ \mathrm{sym} & \boldsymbol{m}_{JJ} + \exp(\mathrm{i}j\theta)\boldsymbol{m}_{JJ'}\boldsymbol{R}_J^{-1} + \exp(-\mathrm{i}j\theta)\boldsymbol{R}_J^1 \boldsymbol{m}_{J'J} + \boldsymbol{R}_J^1 \boldsymbol{m}_{J'J'}\boldsymbol{R}_J^{-1} \end{bmatrix} \\[4mm] \boldsymbol{K}_j = \begin{bmatrix} \operatorname{diag}\left[\omega_r^2 \right] & 0 \\ \boldsymbol{0} & \boldsymbol{k}_{JJ} + \exp(\mathrm{i}j\theta)\boldsymbol{k}_{JJ'}\boldsymbol{R}_J^{-1} + \exp(-\mathrm{i}j\theta)\boldsymbol{R}_J^1 \boldsymbol{k}_{J'J} + \boldsymbol{R}_J^1 \boldsymbol{k}_{J'J'}\boldsymbol{R}_J^{-1} \end{bmatrix} \end{cases} \tag{6.2.87}$$

式中，sym 表示与上三角部分对称。将与式(6.2.87)对应的实对称矩阵记为

$$
\begin{cases}
\boldsymbol{M}_{jR} = \begin{bmatrix} \boldsymbol{I}_D & \boldsymbol{M}_{j1} & \boldsymbol{0} & \boldsymbol{M}_{j3} \\ \boldsymbol{M}_{j1}^{\mathrm{T}} & \boldsymbol{M}_{j2} & -\boldsymbol{M}_{j3}^{\mathrm{T}} & \boldsymbol{M}_{j4} \\ \boldsymbol{0} & -\boldsymbol{M}_{j3} & \boldsymbol{I}_D & \boldsymbol{M}_{j1} \\ \boldsymbol{M}_{j3}^{\mathrm{T}} & \boldsymbol{M}_{j4}^{\mathrm{T}} & \boldsymbol{M}_{j1}^{\mathrm{T}} & \boldsymbol{M}_{j2} \end{bmatrix} \\[4mm]
\boldsymbol{K}_{jR} = \begin{bmatrix} \mathrm{diag}[\omega_r^2] & \boldsymbol{0} & \boldsymbol{0} & \boldsymbol{0} \\ \boldsymbol{0} & \boldsymbol{K}_{j1} & \boldsymbol{0} & \boldsymbol{K}_{j2} \\ \boldsymbol{0} & \boldsymbol{0} & \mathrm{diag}[\omega_r^2] & \boldsymbol{0} \\ \boldsymbol{0} & \boldsymbol{K}_{j2}^{\mathrm{T}} & \boldsymbol{0} & \boldsymbol{K}_{j1} \end{bmatrix}, \quad j \in J_{[n/2]}
\end{cases}
\tag{6.2.88}
$$

式中,

$$
\begin{cases}
\boldsymbol{M}_{j1} \equiv \boldsymbol{m}_{DJ} + \cos(j\theta)\boldsymbol{m}_{DJ'}\boldsymbol{R}_J^{-1} \\
\boldsymbol{M}_{j2} \equiv \boldsymbol{m}_{JJ} + \boldsymbol{R}_J^1 \boldsymbol{m}_{J'J'}\boldsymbol{R}_J^{-1} + \cos(j\theta)(\boldsymbol{m}_{JJ'}\boldsymbol{R}_J^{-1} + \boldsymbol{R}_J^1 \boldsymbol{m}_{J'J}) \\
\boldsymbol{M}_{j3} \equiv -\sin(j\theta)\boldsymbol{m}_{DJ'}\boldsymbol{R}_J^{-1} \\
\boldsymbol{M}_{j4} \equiv \sin(j\theta)(\boldsymbol{R}_J^1 \boldsymbol{m}_{J'J'} - \boldsymbol{m}_{JJ'}\boldsymbol{R}_J^{-1}) \\
\boldsymbol{K}_{j1} \equiv \boldsymbol{k}_{JJ} + \boldsymbol{R}_J^1 \boldsymbol{k}_{J'J'}\boldsymbol{R}_J^{-1} + \cos(j\theta)(\boldsymbol{k}_{JJ'}\boldsymbol{R}_J^{-1} + \boldsymbol{R}_J^1 \boldsymbol{k}_{J'J}) \\
\boldsymbol{K}_{j2} \equiv \sin(j\theta)(\boldsymbol{R}_J^1 \boldsymbol{k}_{J'J'} - \boldsymbol{k}_{JJ'}\boldsymbol{R}_J^{-1}), \quad j \in J_{[n/2]}
\end{cases}
\tag{6.2.89}
$$

求解式(6.2.88)中实对称矩阵的广义特征值问题,得到结构的固有频率 ω_{jr}, $j \in J_{[n/2]}$, $r = 1, 2, 3, \cdots$ 将对应的复特征向量 $\boldsymbol{q}_{jr}$ 代入变换(6.2.86),得到子结构 $^{(k)}S$ 的固有振型列阵,即

$$
^{(k)}\boldsymbol{\varphi}_{jr} = \boldsymbol{\Psi}\mathrm{Re}\{\exp(\mathrm{i}jk\theta)\tilde{\boldsymbol{B}}_{jd}\boldsymbol{q}_{jr}\}, \quad k \in I_n, \quad j \in J_{[n/2]}, \quad r = 1, 2, \cdots
\tag{6.2.90}
$$

如果删去子结构 $^{(k)}S$ 在界面 J' 上的冗余信息,式(6.2.90)可简化为

$$
\begin{cases}
^{(k)}\boldsymbol{\varphi}_{jr} = \boldsymbol{\Psi}[\cos(jk\theta)\mathrm{Re}(\boldsymbol{q}_{jr}) - \sin(jk\theta)\mathrm{Im}(\boldsymbol{q}_{jr})] \\
k \in I_n, \quad j \in J_{[n/2]}, \quad r = 1, 2, \cdots
\end{cases}
\tag{6.2.91}
$$

3. 计算案例

例 6.2.6:研究图 6.28 所示中心固支 C_6 叶盘模型的固有振动计算问题。采用三角形薄板单元 $T-9$,对图中的子结构 $^{(0)}S$ 进行离散。离散模型有内部节点 23 个,与相邻两个子结构的界面节点各 3 个,每个节点 3 个自由度;故有 $I = 69$ 和 $J = 9$。根据式(6.2.3),子结构 $^{(0)}S$ 的有效自由度为 $m = I + J = 78$,整个叶盘模型的自由度为 $N = m \times n = 468$。

首先,采用 6.2.1 小节中的动力学解耦方法,计算叶盘在各子空间 S_j 中的前 3 阶固有频率;包括重频在内,共计 18 个固有频率。为了证明计算结果的正确性,还采用

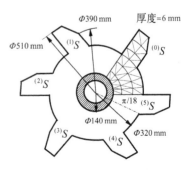

图 6.28 C_6 叶盘模型及其子结构 $^{(0)}S$ 的有限元网格

不解耦的有限元模型计算了该叶盘的前 18 个固有频率,两种方法得到前 6 位有效数字相同的结果。表 6.1 给出 6.2.1 小节的解耦方法计算结果,其中对应 S_1 和 S_2 的两列固有频率为重频,标注了 *。由该表可见,该叶盘模型呈现频率密集的低频模态。若叶盘模型受到微小扰动导致重频模态分裂,则频率密集模态现象更加突出。

表 6.1　C_6 群上对称的叶盘模型固有频率(Hz)

频率阶次	S_0	S_1	S_2	S_3
f_{j1}	245.6	245.5 *	258.9 *	277.9
f_{j2}	833.0	824.2 *	802.5 *	786.4
f_{j3}	1 817.7	1 594.8 *	1 289.1 *	1 156.9

为了考察模态缩聚的有效性,表 6.2 给出采用不同固定界面模态数 D 的固有频率计算相对误差。在表中,将包括重频在内的 18 个固有频率从小到大排序,但采用与表 6.1 相同的固有频率下标,说明它们对应的子空间序号和在子空间中的阶次,其中频率数字后的星号代表重频。

表 6.2　采用模态缩聚计算 C_6 叶盘模型的固有频率相对误差(%)

固有频率	$D = 0$	$D = 1$	$D = 2$	$D = 3$	$D = 5$
f_{11} *	6.93	0.055 9	0.003 85	0.001 84	0.000 737
f_{01}	6.77	0.054 1	0.005 08	0.001 95	0.000 650
f_{21} *	7.16	0.043 9	0.005 99	0.001 68	0.000 306
f_{31}	4.22	0.026 9	0.001 82	0.000 43	0.000 071
f_{32}	20.8	3.79	2.54	0.477	0.040
f_{22} *	31.4	6.28	1.73	0.377	0.049
f_{12} *	37.4	10.8	0.705	0.242	0.060
f_{02}	46.3	12.7	0.403	0.201	0.064
f_{33}	—	50.5	1.33	0.119	0.017
f_{23} *	—	52.5	4.77	0.351	0.032
f_{13} *	—	57.1	13.9	0.578	0.084
f_{03}	—	68.4	26.5	0.366	0.067

对表 6.2 进行分析,可见如下规律:

(1) 当 $D = 0$ 时,意味着采用 Guyan 静力缩聚,略去子结构的全部内自由度。此时,即使是最低阶固有频率,相对误差也无法接受。

(2) 当 $D = 1$ 时,前 6 个固有频率(即各子空间中的第 1 阶固有频率)的相对误差均小于 0.1%,表明模态缩聚立即见效;但各子空间中的第 2 阶固有频率误差仍过大。

(3) 当 $D = 2$ 时,前 12 个固有频率(即各子空间中的前 2 阶固有频率)的相对误差不超过 3%,表明模态缩聚的收敛性已见成效。

(4) 当 $D = 3$ 时,前 18 个固有频率(即各子空间中的前 3 阶固有频率)的相对误差均不超过 0.6%;当 $D = 5$ 时,相对误差均不超过 0.09%。

表 6.3 给出采用不同固定界面模态数 D 与不进行模态缩聚的计算耗时之比。由此可见,对于本案例这样子结构自由度不足 10^2 量级的小问题,采用 3~5 个固定界面模态进行缩聚,计算精度令人满意,而计算耗时比无模态缩聚的解耦方法可节省 76%~82%。对于子结构自由度在 10^3~10^4 量级的大问题,这样的计算耗时压缩将具有重要意义。

表 6.3　采用模态缩聚计算 C_6 叶盘模型的相对耗时

模态缩聚	$D = 0$	$D = 1$	$D = 2$	$D = 3$	$D = 5$
相对耗时/%	9.44	14.45	15.19	17.39	23.53

6.2.4　小结

本节基于 C_n 群表示理论,研究循环对称结构(简称 C_n 结构)的动力学方程解耦问题,解决了第 1 章提出的问题 5B。主要结论如下。

(1) 对于不含中心轴的 C_n 结构,取其 $1/n$ 的扇形子结构,对它建立自由度为 m 的有限元模型;通过引入 C_n 群表示子空间 S_j 中的广义位移列阵,可将总自由度数为 $m \times n$ 的 C_n 结构动力学问题大幅度解耦。当 n 为偶数时,解耦为 2 个自由度为 m 的动力学方程,$n/2 - 1$ 个自由度为 $2m$ 的动力学方程;当 n 为奇数时,解耦为 1 个自由度为 m 的动力学方程,$[n/2]$ 个自由度为 $2m$ 的动力学方程。求解上述解耦动力学方程后,通过原结构位移列阵与子空间 S_j 中的广义位移列阵间变换关系,即可得到整个 C_n 结构的动响应。

(2) 对于含中心轴(或中心自由度)的 C_n 结构,可对上述研究过程作补充,完成动力学方程解耦。由于中心自由度属于 n 个子结构共有,可取某个子结构的中心位移列阵作为待求,命其他子结构的中心位移列阵与其协调,在子空间 S_j 中用该中心位移列阵来表示广义位移列阵,实现动力学方程解耦。由于该中心位移列阵出现在各解耦动力学方程中,故解耦后的动力学方程自由度略有增加。在求解上述解耦动力学方程时,应注意到中心位移列阵会重复出现,需删除冗余信息。

(3) 对于复杂 C_n 结构,可通过模态缩聚降低子结构位移列阵的维数,采用模态坐标来构造 C_n 群表示子空间 S_j 中的广义位移列阵,进一步提高计算效率。基于固定界面模态缩聚的算例表明,只要用很少的子结构固定界面振动模态和界面约束模态,即可获得高精度的固有振动计算结果,而计算时间可比上述解耦方法再降低 76% 以上。

6.3　循环对称结构的固有振动特征

通过 6.2 节的几个例题,读者可初步感受到循环对称结构具有独特的固有振动特征,尤其是丰富多彩的重频固有振动。

在循环对称结构研究初期,人们将其固有振动类比圆板固有振动,按固有振型的节径数和节圆数,对循环对称结构的固有振动分组。20 世纪 70 年代起,人们在航空发动机叶盘的振动试验中发现,循环对称叶盘的固有振动具有许多与圆板不同的特征,尤其是频率密集的振动模态①。随着研究的深入，人们从理论上发现了这类结构的若干振动特征②。例如，循环对称结构单频固有振动的充分条件是诸子结构具有相同振型或反相位振型。

然而，与循环对称结构振动的高效计算方法研究相比，对这类结构的固有振动特性研究相对较少，对许多基本问题的认识不够充分。例如，循环对称结构的单频固有振动必要条件是什么？又如，重频固有振动特性如何？采用 6.2 节的解耦方法计算出的重频振型之间具有什么关系？再如，含中心轴的循环对称结构固有振动有何特殊性？

本节将在 6.2 节的基础上，按照作者在论文③④中提出的思路，讨论 C_n 结构的固有振动特征并给出若干判据。首先，讨论 C_n 结构在子空间 S_j 中的广义位移振动性质。然后，讨论结构在物理空间中的固有振动性质。由于中心位移具有特殊性，还需要对其作专门讨论。上述分析过程将有利于读者加深对第 1 章中问题 5A 的认识，并可在此基础上理解近期学术界和工程界非常关注的 C_n 结构对称性破缺⑤、多级 C_n 结构振动分析⑥等研究。

6.3.1 群表示空间中的模态性质

在 6.2 节中，已将 C_n 结构的固有振动解耦为 C_n 群表示子空间 S_j 中广义位移的振动，并给出了描述广义位移模态的实对称矩阵特征值问题（6.2.46）和（6.2.69）。由于式（6.2.69）可描述 C_n 结构的中心位移，自然可包含前者。

根据式（6.2.70）可验证，式（6.2.69）的复数形式为

$$(K_j - \omega_j^2 M_j)q_{jD} = 0, \quad j \in J_{[n/2]} \tag{6.3.1}$$

式中，

$$M_j^H = M_j \equiv \tilde{B}_{jD}^H M \tilde{B}_{jD} \in \mathbb{C}^{\tilde{m} \times \tilde{m}}, \quad K_j^H = K_j \equiv \tilde{B}_{jD}^H K \tilde{B}_{jD} \in \mathbb{C}^{\tilde{m} \times \tilde{m}}, \quad j \in J_{[n/2]} \tag{6.3.2}$$

即式（6.3.1）是 Hermite 矩阵的广义特征值问题。本小节基于式（6.3.1）讨论广义位移模态的性质，暂不考虑 $j = 0$，$n/2 = [n/2]$ 时，式（6.3.1）可简化为实特征值问题。此外，在以下讨论中，不涉及 q_{jD} 的第二个下标，故用 q_j 代替之。

根据线性代数，若 Hermite 矩阵 M_j 正定，则式（6.3.1）具有非负实特征值，可表示为

$$0 \leqslant \omega_{j1}^2 \leqslant \omega_{j2}^2 \leqslant \cdots \leqslant \omega_{j\tilde{m}}^2 \tag{6.3.3}$$

其对应的特征向量 q_{jr}，$r \in \tilde{I}_{\tilde{m}}$ 是酉空间的复向量，且满足如下正交关系：

① Ewins D J. Vibration characteristics of bladed disc assemblies[J]. Journal of Mechanical Engineering Science, 1973, 15(3): 165 - 186.

② Thomas D L. Dynamics of rotationally periodic structures[J]. International Journal for Numerical Methods in Engineering, 1979, 14(1): 81 - 102.

③ 胡海岩,程德林. 循环对称结构固有模态特征[J].应用力学学报,1988,5(3): 1 - 8.

④ 胡海岩,程德林,王莱. 含中心点的循环对称结构振动研究[C].上海: 第二届全国计算力学会议论文,1986: No. 2 - 236.

⑤ Yan Y J, Cui P L, Hao H N. Vibration mechanism of a mistuned bladed-disk[J]. Journal of Sound and Vibration, 2008, 317(1 - 2): 294 - 307.

⑥ Nyssen F, Epureanu B, Golinval J C. Experimental modal identification of mistuning in an academic two-stage drum[J]. Mechanical Systems and Signal Processing, 2017, 88: 428 - 444.

$$\boldsymbol{q}_{jr}^{\mathrm{H}}\boldsymbol{M}_j\boldsymbol{q}_{js} = 0, \quad \boldsymbol{q}_{jr}^{\mathrm{H}}\boldsymbol{K}_j\boldsymbol{q}_{js} = 0, \quad \omega_{jr} \neq \omega_{js}, \quad r, s = 1, 2, \cdots, \tilde{m}, \quad j \in J_{[n/2]}$$
$$(6.3.4)$$

现考察复特征向量 $\boldsymbol{q}_j$，若按酉空间范数 $\|\boldsymbol{q}_j\|^2 \equiv \boldsymbol{q}_j^{\mathrm{H}}\boldsymbol{q}_j$ 将其归一化，则酉空间范数归一化的任意特征向量可表示为

$$\tilde{\boldsymbol{q}}_j = \exp(\mathrm{i}\phi)\boldsymbol{q}_j, \quad \phi \in [0, 2\pi), \quad j \in J_{[n/2]} \qquad (6.3.5)$$

如果定义上述复向量对应的实列阵为

$$\boldsymbol{q}_{jR} \equiv \begin{bmatrix} \mathrm{Re}(\boldsymbol{q}_j) \\ \mathrm{Im}(\boldsymbol{q}_j) \end{bmatrix}, \quad \tilde{\boldsymbol{q}}_{jR} \equiv \begin{bmatrix} \mathrm{Re}(\tilde{\boldsymbol{q}}_j) \\ \mathrm{Im}(\tilde{\boldsymbol{q}}_j) \end{bmatrix}, \quad j \in J_{[n/2]} \qquad (6.3.6)$$

容易验证，上述复向量在酉空间的范数归一化，等价于其实列阵在欧氏空间的范数归一化，且式(6.3.5)可表示为如下正交变换：

$$\tilde{\boldsymbol{q}}_{jR} = \begin{bmatrix} \boldsymbol{I}_{\tilde{m}}\cos\phi & -\boldsymbol{I}_{\tilde{m}}\sin\phi \\ \boldsymbol{I}_{\tilde{m}}\sin\phi & \boldsymbol{I}_{\tilde{m}}\cos\phi \end{bmatrix} \boldsymbol{q}_{jR}, \quad j \in J_{[n/2]} \qquad (6.3.7)$$

如果在式(6.3.7)中取 $\phi = -\pi/2$，并将结果定义为

$$\hat{\boldsymbol{q}}_{jR} \equiv \begin{bmatrix} \boldsymbol{0} & \boldsymbol{I}_{\tilde{m}} \\ -\boldsymbol{I}_{\tilde{m}} & \boldsymbol{0} \end{bmatrix} \begin{bmatrix} \mathrm{Re}(\boldsymbol{q}_j) \\ \mathrm{Im}(\boldsymbol{q}_j) \end{bmatrix} = \begin{bmatrix} \mathrm{Im}(\boldsymbol{q}_j) \\ -\mathrm{Re}(\boldsymbol{q}_j) \end{bmatrix}, \quad j \in J_{[n/2]} \qquad (6.3.8)$$

则有如下正交关系和线性表示关系：

$$\hat{\boldsymbol{q}}_{jR}^{\mathrm{T}}\boldsymbol{q}_{jR} = 0, \quad j \in J_{[n/2]} \qquad (6.3.9)$$

$$\tilde{\boldsymbol{q}}_{jR} = \left\{ \begin{bmatrix} \boldsymbol{I}_{\tilde{m}}\cos\phi & \boldsymbol{0} \\ \boldsymbol{0} & \boldsymbol{I}_{\tilde{m}}\cos\phi \end{bmatrix} - \begin{bmatrix} \boldsymbol{0} & \boldsymbol{I}_{\tilde{m}}\sin\phi \\ -\boldsymbol{I}_{\tilde{m}}\sin\phi & \boldsymbol{0} \end{bmatrix} \right\} \boldsymbol{q}_{jR}$$
$$= \boldsymbol{q}_{jR}\cos\phi - \hat{\boldsymbol{q}}_{jR}\sin\phi, \quad j \in J_{[n/2]} \qquad (6.3.10)$$

总结上述讨论，可归纳如下。

性质 6.3.1：C_n 结构的实对称矩阵特征值问题(6.2.69)的每个特征值均对应一个二维实特征子空间 V_j，$j \in J_{[n/2]}$；由式(6.2.69)得到的任意欧氏范数归一化特征向量 $\boldsymbol{q}_{jR}$ 和由式(6.3.8)构造的 $\hat{\boldsymbol{q}}_{jR}$ 可作为 V_j 的归一化正交基向量，V_j 中的任意归一化特征向量均可表示为式(6.3.10)。

利用式(6.3.9)和式(6.3.10)，可以证明如下性质。

性质 6.3.2：对于无刚体位移的 C_n 结构，上述二维特征子空间 V_j 中两个向量正交，等价于它们关于式(6.2.69)中的质量矩阵和刚度矩阵加权正交。

证明：因关于两个矩阵的加权正交性类似，现仅证明关于刚度矩阵的加权正交性，且以下推导适用于任意的 $j \in J_{[n/2]}$。

（1）必要性：若二维实特征子空间 V_j 的两个向量正交，则其相互关系类似式(6.3.9)，至多差一个实数因子，从而可取 $\boldsymbol{q}_{jR}$ 和 $\hat{\boldsymbol{q}}_{jR}$ 作为代表。由式(6.2.70)，易得

$$\begin{cases} \mathrm{Re}(\boldsymbol{q}_j)^{\mathrm{T}}\boldsymbol{K}_j^R\mathrm{Im}(\boldsymbol{q}_j) = \mathrm{Im}(\boldsymbol{q}_j)^{\mathrm{T}}\boldsymbol{K}_j^R\mathrm{Re}(\boldsymbol{q}_j) \\ \mathrm{Re}(\boldsymbol{q}_j)^{\mathrm{T}}\boldsymbol{K}_j^I\mathrm{Re}(\boldsymbol{q}_j) = \mathrm{Im}(\boldsymbol{q}_j)^{\mathrm{T}}\boldsymbol{K}_j^I\mathrm{Im}(\boldsymbol{q}_j) = 0 \end{cases} \quad (a)$$

根据式(6.3.8)和式(a),经计算得

$$\begin{bmatrix} \mathrm{Im}(\boldsymbol{q}_j)^{\mathrm{T}} & -\mathrm{Re}(q_j)^{\mathrm{T}} \end{bmatrix} \begin{bmatrix} \boldsymbol{K}_j^R & -\boldsymbol{K}_j^I \\ \boldsymbol{K}_j^I & \boldsymbol{K}_j^R \end{bmatrix} \begin{bmatrix} \mathrm{Re}(\boldsymbol{q}_j) \\ \mathrm{Im}(\boldsymbol{q}_j) \end{bmatrix}$$

$$= \mathrm{Im}(\boldsymbol{q}_j)^{\mathrm{T}}\boldsymbol{K}_j^R\mathrm{Re}(\boldsymbol{q}_j) - \mathrm{Re}(\boldsymbol{q}_j)^{\mathrm{T}}\boldsymbol{K}_j^I\mathrm{Re}(\boldsymbol{q}_j)$$

$$- \mathrm{Im}(\boldsymbol{q}_j)^{\mathrm{T}}\boldsymbol{K}_j^I\mathrm{Im}(\boldsymbol{q}_j) - \mathrm{Re}(\boldsymbol{q}_j)^{\mathrm{T}}\boldsymbol{K}_j^R\mathrm{Im}(\boldsymbol{q}_j) = 0 \quad (b)$$

(2) 充分性:任取 V_j 中关于刚度矩阵加权正交的范数归一化向量 $\boldsymbol{q}_{jR}$ 和 $\tilde{\boldsymbol{q}}_{jR}$。按照式(6.3.8)构造与 $\boldsymbol{q}_{jR}$ 正交的向量 $\hat{\boldsymbol{q}}_{jR}$,将 $\tilde{\boldsymbol{q}}_{jR}$ 表达为式(6.3.10),可导出

$$0 = \tilde{\boldsymbol{q}}_{jR}^{\mathrm{T}}\begin{bmatrix} \boldsymbol{K}_j^R & -\boldsymbol{K}_j^I \\ \boldsymbol{K}_j^I & \boldsymbol{K}_j^R \end{bmatrix}\boldsymbol{q}_{jR} = \begin{bmatrix} \boldsymbol{q}_{jR}^{\mathrm{T}}\cos\phi - \hat{\boldsymbol{q}}_{jR}^{\mathrm{T}}\sin\phi \end{bmatrix}\begin{bmatrix} \boldsymbol{K}_j^R & -\boldsymbol{K}_j^I \\ \boldsymbol{K}_j^I & \boldsymbol{K}_j^R \end{bmatrix}\boldsymbol{q}_{jR}$$

$$= \boldsymbol{q}_{jR}^{\mathrm{T}}\begin{bmatrix} \boldsymbol{K}_j^R & -\boldsymbol{K}_j^I \\ \boldsymbol{K}_j^I & \boldsymbol{K}_j^R \end{bmatrix}\boldsymbol{q}_{jR}\cos\phi \propto \omega_j^2\cos\phi \quad (c)$$

对于无刚体位移的结构,$\omega_j^2 > 0$,故有 $\cos\phi = 0$,由此得到充分性结果,即

$$\tilde{\boldsymbol{q}}_{jR}^{\mathrm{T}}\boldsymbol{q}_{jR} = \boldsymbol{q}_{jR}^{\mathrm{T}}\boldsymbol{q}_{jR}\cos\phi - \hat{\boldsymbol{q}}_{jR}^{\mathrm{T}}\boldsymbol{q}_{jR}\sin\phi = \boldsymbol{q}_{jR}^{\mathrm{T}}\boldsymbol{q}_{jR}\cos\phi = 0 \quad (d)$$

注解 6.3.1:通用的广义特征值软件提供对质量矩阵和刚度矩阵加权正交的特征向量。根据性质 6.3.2,对于无刚体位移的 C_n 结构,它们是正交的。

6.3.2 物理空间中的模态性质

现转向在物理空间中讨论 C_n 结构的固有振动问题。考察由通用的广义特征值软件求解式(6.2.69)得到的两个特征向量 $\boldsymbol{q}_{jR}$ 和 $\hat{\boldsymbol{q}}_{jR}$,将其对应的复向量 $\boldsymbol{q}_{jD}$ 和 $\hat{\boldsymbol{q}}_{jD}$ 代入式(6.2.74),得到 C_n 结构在各子结构坐标系 $^{(k)}F$ 中的振型列阵,即

$$\begin{cases} ^{(k)}\boldsymbol{\varphi}_j = \mathrm{Re}\begin{bmatrix} \exp(\mathrm{i}jk\theta)\boldsymbol{B}_{jD}\boldsymbol{q}_{jD} \end{bmatrix} \in \mathbb{R}^{\tilde{m}} \\ ^{(k)}\hat{\boldsymbol{\varphi}}_j = \mathrm{Re}\begin{bmatrix} \exp(\mathrm{i}jk\theta)\boldsymbol{B}_{jD}\hat{\boldsymbol{q}}_{jD} \end{bmatrix} \in \mathbb{R}^{\tilde{m}}, \quad k \in I_n, \quad j \in J_{\lfloor n/2 \rfloor} \end{cases} \quad (6.3.11)$$

由于 $\boldsymbol{q}_{jR}$ 和 $\hat{\boldsymbol{q}}_{jR}$ 关于子空间 S_j 中质量矩阵 $\boldsymbol{M}_j$ 和刚度矩阵 $\boldsymbol{K}_j$ 的实形式加权正交,故称上述两个振型列阵为 C_n 结构的子结构**基振型**。请读者注意,上述振型列阵尚未装配到结构总体坐标系中。根据式(6.3.11),可证明各子结构基振型之间满足如下正交变换。

性质 6.3.3:C_n 结构中子结构 $^{(k)}S$ 的基振型与子结构 $^{(0)}S$ 的基振型之间具有如下关系:

$$\begin{bmatrix} ^{(k)}\boldsymbol{\varphi}_j \\ ^{(k)}\hat{\boldsymbol{\varphi}}_j \end{bmatrix} = \begin{bmatrix} \cos(jk\theta)\boldsymbol{I}_{\tilde{m}} & -\sin(jk\theta)\boldsymbol{I}_{\tilde{m}} \\ \sin(jk\theta)\boldsymbol{I}_{\tilde{m}} & \cos(jk\theta)\boldsymbol{I}_{\tilde{m}} \end{bmatrix}\begin{bmatrix} ^{(0)}\boldsymbol{\varphi}_j \\ ^{(0)}\hat{\boldsymbol{\varphi}}_j \end{bmatrix} \quad (6.3.12)$$

证明:根据式(6.3.11)可得

$$^{(0)}\boldsymbol{\varphi}_j = \mathrm{Re}(\boldsymbol{B}_{jD}\boldsymbol{q}_{jD}), \quad ^{(0)}\hat{\boldsymbol{\varphi}}_j = \mathrm{Re}(\boldsymbol{B}_{jD}\hat{\boldsymbol{q}}_{jD}) \quad (a)$$

由复矩阵运算规则得

$$\begin{cases} \mathrm{Re}(\boldsymbol{B}_{jD}\boldsymbol{q}_{jD}) = \mathrm{Re}(\boldsymbol{B}_{jD})\mathrm{Re}(\boldsymbol{q}_{jD}) - \mathrm{Im}(\boldsymbol{B}_{jD})\mathrm{Im}(\boldsymbol{q}_{jD}) = -\mathrm{Im}(\boldsymbol{B}_{jD}\hat{\boldsymbol{q}}_{jD}) \\ \mathrm{Im}(\boldsymbol{B}_{jD}\boldsymbol{q}_{jD}) = \mathrm{Re}(\boldsymbol{B}_{jD})\mathrm{Im}(\boldsymbol{q}_{jD}) + \mathrm{Im}(\boldsymbol{B}_{jD})\mathrm{Re}(\boldsymbol{q}_{jD}) = \mathrm{Re}(\boldsymbol{B}_{jD}\hat{\boldsymbol{q}}_{jD}) \end{cases} \tag{b}$$

将式(6.3.11)按照 Euler 公式展开,利用式(b)和式(a)得

$$\begin{aligned} {}^{(k)}\boldsymbol{\varphi}_j &= \cos(jk\theta)\mathrm{Re}(\boldsymbol{B}_{jD}\boldsymbol{q}_{jD}) - \sin(jk\theta)\mathrm{Im}(\boldsymbol{B}_{jD}\boldsymbol{q}_{jD}) \\ &= \cos(jk\theta)\mathrm{Re}(\boldsymbol{B}_{jD}\boldsymbol{q}_{jD}) - \sin(jk\theta)\mathrm{Re}(\boldsymbol{B}_{jD}\hat{\boldsymbol{q}}_{jD}) \\ &= \cos(jk\theta){}^{(0)}\boldsymbol{\varphi}_j - \sin(jk\theta){}^{(0)}\hat{\boldsymbol{\varphi}}_j \end{aligned} \tag{c}$$

$$\begin{aligned} {}^{(k)}\hat{\boldsymbol{\varphi}}_j &= \cos(jk\theta)\mathrm{Re}(\boldsymbol{B}_{jD}\hat{\boldsymbol{q}}_{jD}) - \sin(jk\theta)\mathrm{Im}(\boldsymbol{B}_{jD}\hat{\boldsymbol{q}}_{jD}) \\ &= \cos(jk\theta)\mathrm{Re}(\boldsymbol{B}_{jD}\hat{\boldsymbol{q}}_{jD}) + \sin(jk\theta)\mathrm{Re}(\boldsymbol{B}_j\boldsymbol{q}_{jD}) \\ &= \sin(jk\theta){}^{(0)}\boldsymbol{\varphi}_j + \cos(jk\theta){}^{(0)}\hat{\boldsymbol{\varphi}}_j \end{aligned} \tag{d}$$

对照式(6.3.12)与式(c)和式(d)可见,结果完全一致。

以下将基于性质 6.3.3,分别讨论 C_n 结构的单频固有振动和重频固有振动模态特征。

1. 单频固有振动

根据 6.3.1 小节的讨论,结构 C_n 的固有振动问题对应 Hermite 矩阵的广义特征值问题,其单个实特征值具有复特征向量,从而导致对应的实特征值问题具有重频和一对重频固有振型。因此,以下研究的单频固有振动,并非指 Hermite 矩阵的广义特征值问题具有不同的实特征值,而是指对应 C_n 结构的一个固有频率,仅有一个归一化固有振型。

性质 6.3.4:如果 C_n 结构的各子结构之间具有界面耦合,则其单频固有振动的充分必要条件是:固有振动对应的广义位移位于子空间 S_0,各子结构的固有振型相同;或当 n 为偶数时,固有振动对应的广义位移位于子空间 $S_{n/2}$,相邻子结构的固有振型相位相反,即固有振型以两个子结构为周期重复。

证明:该证明包括充分性和必要性两部分,具体如下。

(1) 充分性:根据注解 6.2.4 所述,当 $j = 0$ 或 $j = n/2$ 时,得到 $\exp(0) = 1$ 或 $\exp(ik\pi) = (-1)^k$,故矩阵 $\boldsymbol{B}_j$ 和 $\tilde{\boldsymbol{B}}_{jD}$ 为实矩阵。因此,式(6.2.70)中矩阵 $\boldsymbol{M}_j$ 和 $\boldsymbol{K}_j$ 的虚部均为零矩阵,$\boldsymbol{q}_j$ 和 $\boldsymbol{q}_{jD}$ 为实列阵,虚部为零。因此,式(6.2.69)可简化为实对称矩阵的广义特征值问题:

$$(\boldsymbol{K}_j - \omega_j^2\boldsymbol{M}_j)\boldsymbol{q}_{jD} = \boldsymbol{0}, \quad j = 0, \; n/2 \tag{a}$$

由此,可排除 Hermite 矩阵广义特征值问题导致的重频固有振动。

当 $j = 0$ 或 $j = n/2$ 时,根据式(6.3.12)可见

$$ {}^{(k)}\boldsymbol{\varphi}_0 = {}^{(0)}\boldsymbol{\varphi}_0, \quad k \in I_n \tag{b}$$

$$ {}^{(k)}\boldsymbol{\varphi}_{n/2} = (-1)^k {}^{(0)}\boldsymbol{\varphi}_{n/2}, \quad k \in I_n \tag{c}$$

关于各子结构界面耦合这一前提,见稍后的注解 6.3.3。

(2) 必要性:若 C_n 结构发生单频固有振动,则两个归一化基振型之间有如下两种可能的关系。一是 ${}^{(k)}\hat{\boldsymbol{\varphi}}_j = {}^{(k)}\boldsymbol{\varphi}_j, k \in I_n$;二是 ${}^{(k)}\boldsymbol{\varphi}_j, k \in I_n$ 和 ${}^{(k)}\hat{\boldsymbol{\varphi}}_j, k \in I_n$ 中有一个恒为零。

先考察第一种情况，将 $^{(0)}\hat{\boldsymbol{\varphi}}_j = {}^{(0)}\boldsymbol{\varphi}_j$ 和 $^{(1)}\hat{\boldsymbol{\varphi}}_j = {}^{(1)}\boldsymbol{\varphi}_j$ 代入式(6.3.12)，可得

$$
\begin{aligned}
0 &= {}^{(1)}\hat{\boldsymbol{\varphi}}_j - {}^{(1)}\boldsymbol{\varphi}_j \\
&= \left[\sin(j\theta){}^{(0)}\boldsymbol{\varphi}_j + \cos(j\theta){}^{(0)}\hat{\boldsymbol{\varphi}}_j\right] - \left[\cos(j\theta){}^{(0)}\boldsymbol{\varphi}_j - \sin(j\theta){}^{(0)}\hat{\boldsymbol{\varphi}}_j\right] \\
&= 2\sin(j\theta){}^{(0)}\boldsymbol{\varphi}_j
\end{aligned} \tag{d}
$$

由于 $^{(0)}\boldsymbol{\varphi}_j \neq \boldsymbol{0}$，必有 $\sin(j\theta)=0$，$j \in J_{[n/2]}$，由此解出 $j=0$ 或 $j=n/2$。

对于第二种情况，将上述可能的关系代入式(6.3.12)，可得

$$
\boldsymbol{0} = {}^{(1)}\hat{\boldsymbol{\varphi}}_j = \sin(j\theta){}^{(0)}\boldsymbol{\varphi}_j \quad 或 \quad \boldsymbol{0} = {}^{(1)}\boldsymbol{\varphi}_j = \sin(j\theta){}^{(0)}\hat{\boldsymbol{\varphi}}_j \tag{e}
$$

式(e)等号右端的基振型不能为零向量，故 $\sin(j\theta)=0$，解出 $j=0$ 或 $j=n/2$。

此外，若各子结构具有相同固有振型，则

$$
{}^{(1)}\boldsymbol{\varphi}_0 = {}^{(0)}\boldsymbol{\varphi}_0, \quad {}^{(1)}\hat{\boldsymbol{\varphi}}_0 = {}^{(0)}\hat{\boldsymbol{\varphi}}_0 \tag{f}
$$

由式(6.3.12)可见，此时正交变换矩阵必须为单位矩阵，即

$$
\cos(j\theta)=1, \quad \sin(j\theta)=0, \quad j \in J_{[n/2]} \tag{g}
$$

解出 $j=0$。同理可得，当相邻子结构固有振型反相位时，$j=n/2$。

注解 6.3.2：在实践中，常用的单频固有振动判据是：在结构总体坐标系中观察，要么各子结构固有振型相同，要么相邻子结构固有振型相位相反。

注解 6.3.3：在 6.2 节对 C_n 结构进行子结构划分时已约定，子结构之间具有界面耦合。若 C_n 结构的各子结构之间无界面耦合，则必产生 n 重频率的固有振动。以 6.2.2 小节的例 6.2.5 为例，在该 C_4 结构中，各子结构仅在中心质量处耦合，彼此间无界面耦合，导致子空间 S_2 中的固有振动频率与 S_1 中的重频固有频率相同，呈现出三个频率相同的固有振动。

2. 重频固有振动

上述分析表明，当 $j=0$，$n/2$ 时，C_n 结构具有周期性重复的单频固有振型。现针对 $0<j<n/2$，研究 C_n 结构的重频固有振型周期性重复问题。以下研究表明：两个重频固有振型的周期性重复需满足若干附加条件。

性质 6.3.5：对于 $0<j<n/2$，若存在整数 $p=n/j$，则 C_n 结构对应 ω_j 的任意固有振型均以 p 个子结构为周期重复；反之亦然。

证明：不失一般性，可认为此任意固有振型为基振型 $^{(k)}\boldsymbol{\varphi}_j$，$k \in I_n$。以下分别证明必要性和充分性。

（1）充分性：根据条件 $p=n/j$，得到 $jp\theta=n\theta=2\pi$。利用式(6.3.12)，可得到充分性结果，即

$$
\begin{aligned}
{}^{(k+p)}\boldsymbol{\varphi}_j &= \cos[j(k+p)\theta]{}^{(0)}\boldsymbol{\varphi}_j - \sin[j(k+p)\theta]{}^{(0)}\hat{\boldsymbol{\varphi}}_j \\
&= \cos(jk\theta){}^{(0)}\boldsymbol{\varphi}_j - \sin(jk\theta){}^{(0)}\hat{\boldsymbol{\varphi}}_j = {}^{(k)}\boldsymbol{\varphi}_j, \quad k+p \in I_n
\end{aligned} \tag{a}
$$

（2）必要性：设有整数 p，使对应 ω_j 的任意固有振型满足

$$
{}^{(k+p)}\boldsymbol{\varphi}_j = {}^{(k)}\boldsymbol{\varphi}_j, \quad k+p \in I_n, \quad 0<j<n/2 \tag{b}
$$

根据式(6.3.12),可将式(b)表示为

$$^{(k+p)}\boldsymbol{\varphi}_j = \cos(jp\theta)\,^{(k)}\boldsymbol{\varphi}_j - \sin(jp\theta)\,^{(k)}\hat{\boldsymbol{\varphi}}_j = \,^{(k)}\boldsymbol{\varphi}_j, \quad k+p \in I_n \tag{c}$$

根据三角函数的半角公式,将式(c)改写为

$$2\sin\!\left(\frac{jp\theta}{2}\right)\!\left[\sin\!\left(\frac{jp\theta}{2}\right)^{(k)}\boldsymbol{\varphi}_j + \cos\!\left(\frac{jp\theta}{2}\right)^{(k)}\hat{\boldsymbol{\varphi}}_j\right] = \mathbf{0}, \quad k+p \in I_n \tag{d}$$

若 $\sin\!\left(\dfrac{jp\theta}{2}\right) \neq 0$,则有

$$\sin\!\left(\frac{jp\theta}{2}\right)^{(k)}\boldsymbol{\varphi}_j + \cos\!\left(\frac{jp\theta}{2}\right)^{(k)}\hat{\boldsymbol{\varphi}}_j = \mathbf{0}, \quad k+p \in I_n \tag{e}$$

将式(e)两端乘以 $^{(k)}\boldsymbol{\varphi}_j^{\mathrm{T}}$,得到标量关系

$$\sin\!\left(\frac{jp\theta}{2}\right)^{(k)}\boldsymbol{\varphi}_j^{\mathrm{T}\,(k)}\boldsymbol{\varphi}_j + \cos\!\left(\frac{jp\theta}{2}\right)^{(k)}\boldsymbol{\varphi}_j^{\mathrm{T}\,(k)}\hat{\boldsymbol{\varphi}}_j = 0, \quad k+p \in I_n \tag{f}$$

根据 $^{(k)}\boldsymbol{\varphi}_j^{\mathrm{T}\,(k)}\boldsymbol{\varphi}_j > 0$,可解出

$$\tan\!\left(\frac{jp\theta}{2}\right) = -\,\frac{^{(k)}\boldsymbol{\varphi}_j^{\mathrm{T}\,(k)}\hat{\boldsymbol{\varphi}}_j}{^{(k)}\boldsymbol{\varphi}_j^{\mathrm{T}\,(k)}\boldsymbol{\varphi}_j}, \quad k+p \in I_n \tag{g}$$

对于给定的整数 p,式(g)不可能对所有的 $k+p \in I_n$ 均成立。因此,必有

$$\sin\!\left(\frac{jp\theta}{2}\right) = 0, \quad 0 < j < n/2 \tag{h}$$

解上述三角函数方程,得到必要性结果,即

$$\frac{jp\theta}{2} = \frac{jp\pi}{n} = \pi \quad \Rightarrow \quad p = \frac{n}{j} \tag{i}$$

性质 6.3.6:若有非负整数 r,使正整数 s 满足

$$s = \frac{n}{j}\left(r + \frac{1}{4}\right) \in \tilde{I}_n \tag{6.3.13}$$

则 C_n 结构对应 ω_j 的基振型 $^{(k)}\hat{\boldsymbol{\varphi}}_j$,$k \in I_n$ 绕中心轴旋转 $s\theta$ 后与 $^{(k)}\boldsymbol{\varphi}_j$,$k \in I_n$ 相重合;反之亦然。

证明:该证明包括必要性和充分性两部分,具体如下。

(1)充分性:若式(6.3.13)成立,则

$$sj\theta = \frac{n}{j}\left(r + \frac{1}{4}\right) \cdot j \cdot \frac{2\pi}{n} = 2r\pi + \frac{\pi}{2} \tag{a}$$

利用式(6.3.12),容易推导出充分性结果,即

$$^{(k+s)}\hat{\boldsymbol{\varphi}}_j = \sin(js\theta)\,^{(k)}\boldsymbol{\varphi}_j + \cos(js\theta)\,^{(k)}\hat{\boldsymbol{\varphi}}_j$$

$$= \sin\left(2r\pi + \frac{\pi}{2}\right){}^{(k)}\boldsymbol{\varphi}_j + \cos\left(2r\pi + \frac{\pi}{2}\right){}^{(k)}\hat{\boldsymbol{\varphi}}_j = {}^{(k)}\boldsymbol{\varphi}_j, \quad k+s \in I_n, \quad 0 < j < n/2$$

$$\text{(b)}$$

（2）必要性：根据式（6.3.12），此时

$${}^{(k+s)}\hat{\boldsymbol{\varphi}}_j = \sin(js\theta){}^{(k)}\boldsymbol{\varphi}_j + \cos(js\theta){}^{(k)}\hat{\boldsymbol{\varphi}}_j = {}^{(k)}\boldsymbol{\varphi}_j, \quad k+s \in I_n, \quad 0 < j < n/2 \quad \text{(c)}$$

利用三角函数性质，将式（c）改写为

$$\cos(js\theta - \pi/2){}^{(k)}\boldsymbol{\varphi}_j - \sin(js\theta - \pi/2){}^{(k)}\hat{\boldsymbol{\varphi}}_j = {}^{(k)}\boldsymbol{\varphi}_j, \quad k+s \in I_n, \quad 0 < j < n/2 \quad \text{(d)}$$

式（d）与性质 6.3.5 证明中的式（c）形式相同，采用类似推理得

$$\sin\left(\frac{js\theta - \pi/2}{2}\right) = 0, \quad 0 < j < n/2 \quad \text{(e)}$$

解上述三角函数方程，得到有非负整数 r 使下式成立：

$$\frac{js\theta}{2} - \frac{\pi}{4} = r\pi \quad \Rightarrow \quad s = \frac{n}{j}\left(r + \frac{1}{4}\right) \quad \text{(f)}$$

由于限定 $0 < s < n$，可由式（6.3.13）得到非负整数 r 的取值范围为

$$0 \leqslant r < j - \frac{1}{4} < j \quad (6.3.14)$$

例 6.3.1：根据上述性质，讨论例 6.2.4 中的 C_4 结构计算结果。

该结构的四种固有振动可分为如下三组：一是在 S_0 中的单频固有振型，此时板角点处的四个集中质量做相同的振动，符合性质 6.3.4；二是在 S_2 中的单频固有振型，此时板相邻角点上的集中质量做幅值相同、相位相反的振动，也符合性质 6.3.4；三是在 S_1 中的重频固有振型，其自身旋转的重复周期为 $p = n/j = 4$，符合性质 6.3.5。

注解 6.3.4：上述几条性质的证明与中心自由度无关，即 C_n 结构是否含有中心轴皆如此。以下将分析中心位移模式，揭示中心位移的作用。

6.3.3 固有振型的中心位移模式

1. 位移协调变换矩阵的结构

首先，针对中心位移列阵在各子结构位移协调时引进的变换矩阵 $\boldsymbol{D}_j$，讨论其在 C_n 群表示子空间 S_j 中的结构。

根据三角函数求和关系以及 Kronecker 符号，可得

$$\begin{cases} \sum_{k=0}^{n-1}\cos(jk\theta) = n\delta_{j0}, \quad \sum_{k=0}^{n-1}\sin(jk\theta) = 0 \\ \sum_{k=0}^{n-1}\cos(jk\theta)\cos(k\theta) = \frac{n}{2}(\delta_{j1} + \delta_{jn-1}), \quad \sum_{k=0}^{n-1}\sin(jk\theta)\sin(k\theta) = \frac{n}{2}(\delta_{j1} - \delta_{jn-1}) \\ \sum_{k=0}^{n-1}\cos(jk\theta)\sin(k\theta) = 0, \quad \sum_{k=0}^{n-1}\sin(jk\theta)\cos(k\theta) = 0, \quad j \in I_n \end{cases}$$

$$(6.3.15)$$

将式(6.3.15)代入式(6.2.65)所定义的 $\boldsymbol{D}_j$，经计算得

$$
\begin{aligned}
\boldsymbol{D}_j &= \frac{1}{\sqrt{n}}\Big[\sum_{k=0}^{n-1}\exp(-\mathrm{i}jk\theta)\boldsymbol{R}_o^k\Big] \\
&= \frac{1}{\sqrt{n}}\mathrm{diag}\Big[\sum_{k=0}^{n-1}\big[\cos(jk\theta)-\mathrm{i}\sin(jk\theta)\big]\begin{bmatrix}\cos(k\theta) & \sin(k\theta) & 0\\ -\sin(k\theta) & \cos(k\theta) & 0\\ 0 & 0 & 1\end{bmatrix}\Big] \\
&= \frac{\sqrt{n}}{2}\mathrm{diag}\Big[\begin{bmatrix}\delta_{j1}+\delta_{jn-1} & -\mathrm{i}(\delta_{j1}-\delta_{jn-1}) & 0\\ \mathrm{i}(\delta_{j1}-\delta_{jn-1}) & \delta_{j1}+\delta_{jn-1} & 0\\ 0 & 0 & 2\delta_{j0}\end{bmatrix}\Big]\in\mathbb{C}^{o\times o},\quad j\in I_n
\end{aligned}
$$

$$(6.3.16)$$

由式(6.3.16)可得到 $\boldsymbol{D}_j$ 的具体形式为

$$
\begin{cases}
\boldsymbol{D}_0 = \frac{\sqrt{n}}{2}\mathrm{diag}\Big[\begin{bmatrix}0&0&0\\0&0&0\\0&0&2\end{bmatrix}\Big], & \boldsymbol{D}_1 = \bar{\boldsymbol{D}}_{n-1} = \frac{\sqrt{n}}{2}\mathrm{diag}\Big[\begin{bmatrix}1&-\mathrm{i}&0\\\mathrm{i}&1&0\\0&0&0\end{bmatrix}\Big] \\
\boldsymbol{D}_j = \boldsymbol{0}, \quad 1 < j \le \left[\frac{n}{2}\right]
\end{cases}
$$

$$(6.3.17)$$

根据 6.2 节的分析,独立的广义位移列阵发生在 S_j, $j\in J_{[n/2]}$ 中,故后续分析不考虑 $\bar{\boldsymbol{D}}_{n-1}$。

以下根据 C_n 群表示子空间 S_j, $j\in I_{[n/2]}$,讨论中心位移模式。

(1) 首先,讨论 $j=0$ 的情况。将 $\boldsymbol{D}_0$ 代入式(6.2.67)并利用式(6.2.68),得到此时各子结构的中心位移列阵,即

$$
{}^{(k)}\boldsymbol{u}_{o0} = \frac{1}{\sqrt{n}}a_0\boldsymbol{D}_0{}^{(0)}\boldsymbol{u}_o = \mathrm{diag}\Big[\begin{bmatrix}0&0&0\\0&0&0\\0&0&1\end{bmatrix}\Big]{}^{(0)}\boldsymbol{u}_o, \quad k\in I_n \quad (6.3.18)
$$

根据 6.2 节所定义的子结构坐标系 ${}^{(k)}F$,其第三坐标轴 z 平行于中心轴。式(6.3.18)表明,当 C_n 结构振动位于 S_0 时,经过 $\boldsymbol{D}_0$ 过滤,中心位移列阵 ${}^{(0)}\boldsymbol{u}_{o0}$ 的非零元素是沿中心轴的线位移和绕中心轴的角位移,其他分量为零,求解时可删除。

注解 6.3.5：当 C_n 结构中心自由度位于薄壁板壳上时,可视其位于薄板和薄膜的组合变形曲面上。根据薄板变形的几何关系可知,上述 ${}^{(0)}\boldsymbol{u}_{o0}$ 是沿中心轴线位移的驻值点,不含角位移。不难证明,当且仅当固有振型无节线通过中心轴时,上述线位移取得极值;当且仅当 rn(r 为整数)根节线通过中心轴时,它成为其所在薄壁板壳邻域内的**鞍形节点**,具体情况可见下文的例 6.3.2。

(2) 其次,讨论 $j=1$ 的情况。将 $\boldsymbol{D}_1$ 代入式(6.2.67)并利用式(6.2.68),得到此时各子结构的中心位移列阵为

$$^{(k)}\boldsymbol{u}_{o1} = \frac{1}{\sqrt{n}}a_1\mathrm{Re}\big[\exp(\mathrm{i}k\theta)\boldsymbol{D}_1{}^{(0)}\boldsymbol{u}_o\big]$$

$$= \mathrm{diag}\left[\begin{bmatrix} \cos(k\theta) & \sin(k\theta) & 0 \\ -\sin(k\theta) & \cos(k\theta) & 0 \\ 0 & 0 & 0 \end{bmatrix}\right]^{(0)}\boldsymbol{u}_o, \quad k \in I_n \qquad (6.3.19)$$

由于子结构坐标系 $^{(k)}F$ 的第三坐标轴 z 平行于中心轴,式(6.3.19)中非零元素位于中心轴横截面上。即当 C_n 结构振动位于 S_1 中时,经过矩阵 $\boldsymbol{D}_1$ 的过滤,中心位移列阵 $^{(0)}\boldsymbol{u}_{o1}$ 的非零元素是位于中心轴横截面内的线位移和绕横截面内某根轴线的角位移,其他分量为零,求解时可删除。

注解 6.3.6:当 C_n 结构中心自由度位于薄壁板壳上时,结构位移连续性保证沿中心轴方向可观察到有节线通过中心自由度。此外,仅有一根节线通过中心自由度的固有振动必然对应于式(6.3.19);但反之未必成立①。

（3）最后,讨论情况 $1 < j \le [n/2]$。根据 $\boldsymbol{D}_j = \boldsymbol{0}$,必有 $^{(0)}\boldsymbol{u}_{oj} = \boldsymbol{0}$,即经过 $\boldsymbol{D}_j$ 的过滤作用,中心自由度处于静止状态,求解时可删除 $^{(0)}\boldsymbol{u}_{oj}$。

注解 6.3.7:当 C_n 结构中心自由度位于薄壁板壳上时,沿中心轴方向可观察到至少有两根节线通过中心自由度。若不然,根据 $^{(k)}\boldsymbol{u}_{oj} = {}^{(0)}\boldsymbol{u}_{oj} = \boldsymbol{0}$,$k \in I_n$ 可断言,至少有一根节线通过中心自由度,这将使中心自由度发生绕该节线的切线方向角位移,与中心自由度处于静止状态相矛盾。

例 6.3.2:考察图 6.29 所示三点铰支圆板和正六边形薄膜的高阶固有振型②③。如6.2 节所述,这两种结构除了循环对称性,其每个子结构还有镜像对称性,是在 C_{3v} 群和 C_{6v} 群上对称的结构,很自然具有 C_3 和 C_6 结构的属性。

如图 6.29 所示,三点铰支圆板和正六边形薄膜的诸子结构具有相同固有振型,这属于子空间 S_0 中的固有振动。此外,它们分别有 3 根和 6 根节线穿过中心点,中心点正是注解 6.3.5 所述的鞍形节点。

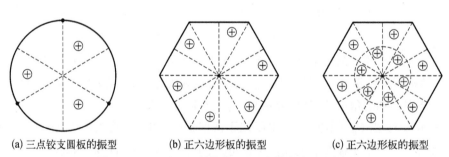

(a) 三点铰支圆板的振型　　　　(b) 正六边形板的振型　　　　(c) 正六边形板的振型

图 6.29　C_{3v} 和 C_{6v} 结构位于 S_0 中的高阶固有振型

① Irie T, Yamada G. Free vibration of circular plate elastically supported at some points[J]. Bulletin of Japanese Society of Mechanical Engineers, 1978, 21(61): 1602 – 1609.
② Evensen D A. Vibration analysis of multi-symmetric structures[J]. AIAA Journal, 1976, 14(4): 446 – 453.
③ Chi C. Modes of vibration in a circular plate with three simple support points[J]. AIAA Journal, 1972, 10(2): 142 – 147.

若用 C_{nv} 群表示理论来进行分析,可预测这些过中心的节线位于各子结构的镜像对称面上。事实上,对 C_{nv} 群上的对称结构,可分成 $2n$ 个子结构进行分析,预测相邻子结构固有振型相位相反的单频振动,也就是图 6.29 中的三种固有振型。

2. 含中心位移的广义特征值问题阶次

根据上述分析,现对 6.2.2 小节中求解广义特征值问题的阶次进行分析。根据式 (6.3.17),变换矩阵 $\boldsymbol{D}_j$ 总是奇异的,这导致由式 (6.2.70) 形成的质量矩阵、刚度矩阵也如此。因此,在形成上述质量矩阵和刚度矩阵时,应删去导致奇异的行和列,即删除对应的中心位移分量。此时,具体结果如下。

(1) 对于 $j = 0$,在中心位移列阵中只保留沿中心轴的线位移和绕中心轴的角位移,记它们的自由度之和为 $\bar{o}$。此时,根据式 (6.2.70) 生成的 $\boldsymbol{M}_j^R$ 和 $\boldsymbol{K}_j^R$ 的阶次均为 $N_0 = \bar{o} + I + J$,即式 (6.2.71) 中特征值问题的阶次有所降低。

(2) 对于 $j = 1$,在中心位移列阵中只保留中心轴横截面内的线位移和绕面内轴线的角位移,记它们的自由度之和为 $\tilde{o}$,且 $\tilde{o} = o - \bar{o}$。此时,对应式 (6.3.17) 中 $\boldsymbol{D}_1$ 的每个块矩阵,似乎应保留两个位移分量。但若将 $\boldsymbol{D}_1$ 的块矩阵第一行乘 i 减去第二行可发现,块矩阵的秩为 1,即只需保留一个复数形式的中心位移分量,故中心自由度数之和为 $\tilde{o}/2$。因此,由式 (6.2.70) 生成的质量矩阵和刚度矩阵阶次均为 $\tilde{o}/2 + I + J$,特征值问题 (6.2.69) 的阶次为 $N_1 = \tilde{o} + 2(I + J)$。

(3) 对于 $1 < j \leqslant \lceil n/2 \rceil$,不需要引入中心位移列阵,此时的 C_n 结构与不含中心轴的 C_n 结构相同。对于 $j = n/2 = \lceil n/2 \rceil$,所求解特征值问题 (6.2.71) 的阶次为 $N_2 = I + J$;对于 $1 < j < \lceil n/2 \rceil$,共求解 $(n/2) - 2$ 个特征值问题 (6.2.69),合计阶次为 $N_3 = (n/2 - 2) \times 2(I + J) = (n - 4) \times (I + J)$。

综上所述,以 n 为偶数的情况为例,所求解特征值问题的总阶次为

$$
\begin{aligned}
\hat{N} &= N_0 + N_1 + N_2 + N_3 \\
&= (\bar{o} + I + J) + [\tilde{o} + 2(I + J)] + (I + J) + (n - 4) \times (I + J) \\
&= o + n \times (I + J)
\end{aligned}
\tag{6.3.20}
$$

将式 (6.3.20) 与式 (6.2.56) 对照可见,两者完全一致。

3. 中心位移列阵的物理意义

在 6.2.2 小节的研究中,已将子结构 $^{(0)}S$ 的中心位移列阵 $^{(0)}\boldsymbol{u}_o$ 作为待求未知量 $\boldsymbol{q}_{jD}$ 的一部分,现从计算角度讨论其物理意义。

对于 $j = 0$,C_n 结构的固有振动对应于实对称矩阵的特征值问题,即式 (6.2.71),得到的特征向量 $\boldsymbol{q}_{0D}$ 为实向量,它包含与中心位移列阵 $^{(0)}\boldsymbol{u}_{oo}$ 成比例的分量,具有明确物理意义。

对于 $j = 1$,C_n 结构的固有振动对应 Hermite 矩阵的特征值问题,即式 (6.2.69),计算得到复特征向量 $\boldsymbol{q}_{1D}$。根据 6.3.1 小节的讨论和式 (6.3.5),任意两个酉范数归一化特征向量可相差一个单位复数 $\exp(\mathrm{i}\phi)$。根据式 (6.2.68),计算得到的中心位移列阵必具有如下形式:

$$
\begin{aligned}
{}^{(0)}\tilde{\boldsymbol{u}}_{o1} &= \frac{1}{\sqrt{n}} a_1 \mathrm{Re}\left[\boldsymbol{D}_1 \exp(\mathrm{i}\phi)\,{}^{(0)}\boldsymbol{u}_o\right] = \frac{1}{\sqrt{n}} a_1 \mathrm{Re}\left[\exp(\mathrm{i}\phi)\boldsymbol{D}_1\,{}^{(0)}\boldsymbol{u}_o\right] \\
&= \mathrm{diag}\left[\begin{bmatrix} \cos\phi & \sin\phi & 0 \\ -\sin\phi & \cos\phi & 0 \\ 0 & 0 & 0 \end{bmatrix}\right]{}^{(0)}\boldsymbol{u}_o \\
&= \mathrm{diag}\left[\begin{bmatrix} \cos\phi & \sin\phi & 0 \\ -\sin\phi & \cos\phi & 0 \\ 0 & 0 & 0 \end{bmatrix}\right]{}^{(0)}\boldsymbol{u}_{o1}
\end{aligned} \tag{6.3.21}
$$

式中，最后一步源自将列阵 ${}^{(0)}\boldsymbol{u}_o$ 中各自由度的第三个分量置零就是 ${}^{(0)}\boldsymbol{u}_{o1}$，故它们与式 (6.3.21) 中块对角矩阵的乘积相同。因此，计算得到的重频固有振型的中心位移列阵 ${}^{(0)}\tilde{\boldsymbol{u}}_{o1}$ 可以与 ${}^{(0)}\boldsymbol{u}_{o1}$ 相差某个角度 ϕ。如果 $\phi = \pm\pi/2$，则有

$$
{}^{(0)}\hat{\boldsymbol{u}}_{o1} = \mathrm{diag}\left[\begin{bmatrix} 0 & \pm 1 & 0 \\ \mp 1 & 0 & 0 \\ 0 & 0 & 0 \end{bmatrix}\right]{}^{(0)}\boldsymbol{u}_{o1} \tag{6.3.22}
$$

根据式 (6.3.19) 和式 (6.3.22)，可得

$$
{}^{(k)}\hat{\boldsymbol{u}}_{o1}^{\mathrm{T}}\,{}^{(k)}\boldsymbol{u}_{o1} = {}^{(0)}\hat{\boldsymbol{u}}_{o1}^{\mathrm{T}}\,{}^{(0)}\boldsymbol{u}_{o1} = {}^{(0)}\boldsymbol{u}_{o1}^{\mathrm{T}}\mathrm{diag}\left[\begin{bmatrix} 0 & \pm 1 & 0 \\ \mp 1 & 0 & 0 \\ 0 & 0 & 0 \end{bmatrix}\right]^{\mathrm{T}}{}^{(0)}\boldsymbol{u}_{o1} = 0, \quad k \in I_n \tag{6.3.23}
$$

这表明，若 C_n 结构的两个重频固有振型的中心位移分量正交，则等价于其在中心轴横截面上相差 $\phi = \pm\pi/2$。

注解 6.3.8：根据注解 6.3.6，C_n 结构在 S_1 中的固有振型必有节线通过中心轴。计算得到的两个重频固有振型，其正交性保证节线正交。

例 6.3.3：德国力学家 Bauer 和 Reiss 计算了正六边形薄板的前 20 阶固有振动，并按固有频率升序给出固有振型节线图[①]。现根据本小节的研究结果，对其研究结果进行讨论。

如 6.2 节所述，正六边形薄板是 C_{6v} 群上对称的结构，具有 C_6 群上对称结构的全部属性。现按照性质 6.3.4、性质 6.3.5 和对中心位移模式的注解，对上述 20 阶固有振动进行分组，得到图 6.30。其中，固有振型右下角的数字是对应的固有频率顺序号。

由图 6.30 可见如下规律：

（1）在子空间 S_0 中，该板作单频固有振动，各子结构的固有振型相同，且板中心位移取极值；符合性质 6.3.4 和注解 6.3.5 的理论预测。

（2）在子空间 S_1 中，板的各固有振动均为重频，且均有一根节线通过板的中心轴；符

① Bauer L, Reiss E L. Cutoff wavenumbers and modes of hexagonal waveguides [J]. SIAM Journal on Applied Mathematics, 1978, 35(3): 508-514.

合性质 6.3.5 和注解 6.3.6 的理论预测。

（3）在子空间 S_2 中,板的各固有振动均为重频,其固有振型以三个（$p = 6/2$）子结构为周期重复,有两根节线通过板的中心轴,故板中心静止不动;符合性质 6.3.5 和注解 6.3.7 的理论预测。

（4）在子空间 S_3 中,该板作单频固有振动,相邻子结构振型相位相反,有三根节线通过板的中心轴,故板中心静止不动;这些特征符合性质 6.3.4 和注解 6.3.7 的预测。

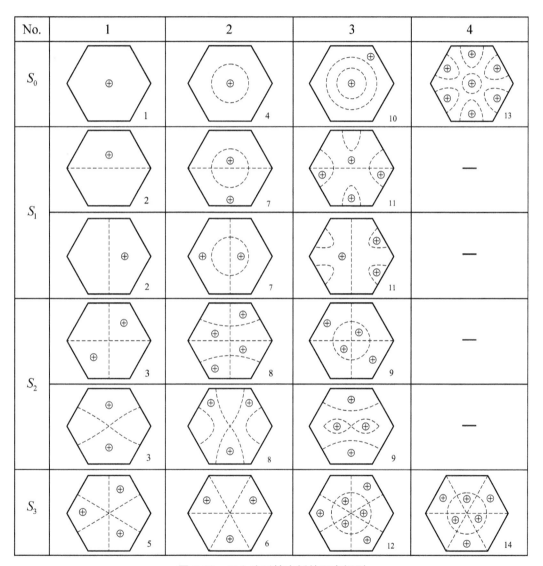

图 6.30　正六边形铰支板的固有振型

6.3.4　重频固有振型的正交性

1. 不含中心轴的 C_n 结构

在 6.2.1 小节,已介绍了将不含中心轴 C_n 结构的各子结构振型列阵组装为整个结构振型列阵的公式,即式(6.2.51)。对于式(6.3.11)所定义的子结构基振型,略去中心自由度后,可组装为结构振型列阵,即

$$\boldsymbol{\varphi}_j = \mathrm{col}_k [\boldsymbol{R}_m^{-k(k)} \boldsymbol{\varphi}_j], \quad \hat{\boldsymbol{\varphi}}_j = \mathrm{col}_k [\boldsymbol{R}_m^{-k(k)} \hat{\boldsymbol{\varphi}}_j], \quad j \in J_{[n/2]} \tag{6.3.24}$$

式中,$\boldsymbol{R}_m^{-k}$ 是绕中心轴旋转 $-k\theta$ 的正交变换矩阵,其元素和阶次与 $^{(k)}\hat{\boldsymbol{\varphi}}_j$ 匹配。以下研究重频基振型的正交性问题。

性质 6.3.7 对于不含中心轴的 C_n 结构,与重频 ω_j, $0 < j < n/2$ 对应的上述基振型相互正交。

证明:根据式(6.3.24)和式(6.3.12),利用正交矩阵性质,可推导得

$$\hat{\boldsymbol{\varphi}}_j^{\mathrm{T}} \boldsymbol{\varphi}_j = \sum_{k=0}^{n-1} {}^{(k)}\hat{\boldsymbol{\varphi}}_j^{\mathrm{T}} (\boldsymbol{R}_m^{-k})^{\mathrm{T}} \boldsymbol{R}_m^{-k} \boldsymbol{\varphi}_j = \sum_{k=0}^{n-1} {}^{(k)}\hat{\boldsymbol{\varphi}}_j^{\mathrm{T}(k)} \boldsymbol{\varphi}_j$$

$$= \sum_{k=0}^{n-1} [\sin(jk\theta) {}^{(0)}\boldsymbol{\varphi}_j + \cos(jk\theta) {}^{(0)}\hat{\boldsymbol{\varphi}}_j]^{\mathrm{T}} [\cos(jk\theta) {}^{(0)}\boldsymbol{\varphi}_j - \sin(jk\theta) {}^{(0)}\hat{\boldsymbol{\varphi}}_j]$$

$$= \sum_{k=0}^{n-1} \sin(jk\theta)\cos(jk\theta) [{}^{(0)}\boldsymbol{\varphi}_j^{\mathrm{T}(0)}\boldsymbol{\varphi}_j - {}^{(0)}\hat{\boldsymbol{\varphi}}_j^{\mathrm{T}(0)}\hat{\boldsymbol{\varphi}}_j]$$

$$+ \sum_{k=0}^{n-1} \cos^2(jk\theta) {}^{(0)}\hat{\boldsymbol{\varphi}}_j^{\mathrm{T}(0)}\boldsymbol{\varphi}_j - \sum_{k=0}^{n-1} \sin^2(jk\theta) {}^{(0)}\boldsymbol{\varphi}_j^{\mathrm{T}(0)}\hat{\boldsymbol{\varphi}}_j \tag{a}$$

注意到内积关系 ${}^{(0)}\hat{\boldsymbol{\varphi}}_j^{\mathrm{T}(0)}\boldsymbol{\varphi}_j = {}^{(0)}\boldsymbol{\varphi}_j^{\mathrm{T}(0)}\hat{\boldsymbol{\varphi}}_j$,并利用三角函数求和公式

$$\sum_{k=0}^{n-1} \sin(jk\theta)\cos(jk\theta) = 0, \quad \sum_{k=0}^{n-1} [\cos^2(jk\theta) - \sin^2(jk\theta)] = 0, \quad 0 < j < n/2 \tag{b}$$

得到待证明的正交关系为

$$\hat{\boldsymbol{\varphi}}_j^{\mathrm{T}} \boldsymbol{\varphi}_j = 0, \quad 0 < j < n/2 \tag{c}$$

2. 含中心轴的 C_n 结构

对于含中心轴的 C_n 结构,根据式(6.2.75),其基振型可表示为

$$\begin{cases} \boldsymbol{\varphi}_j = \begin{bmatrix} {}^{(0)}\boldsymbol{u}_{oj} \\ \mathrm{col}_k [\boldsymbol{R}_m^{-k} \mathrm{Re}[\exp(\mathrm{i}jk\theta)\boldsymbol{q}_{jd}]] \end{bmatrix} \equiv \begin{bmatrix} {}^{(0)}\boldsymbol{u}_{oj} \\ \boldsymbol{\psi}_j \end{bmatrix} \\ \hat{\boldsymbol{\varphi}}_j = \begin{bmatrix} {}^{(0)}\hat{\boldsymbol{u}}_{oj} \\ \mathrm{col}_k [\boldsymbol{R}_m^{-k} \mathrm{Re}[\exp(\mathrm{i}jk\theta)\hat{\boldsymbol{q}}_{jd}]] \end{bmatrix} \equiv \begin{bmatrix} {}^{(0)}\hat{\boldsymbol{u}}_{oj} \\ \hat{\boldsymbol{\psi}}_j \end{bmatrix} \end{cases} \tag{6.3.25}$$

式(6.3.25)中,分块列阵 $\boldsymbol{\psi}_j$ 和 $\hat{\boldsymbol{\psi}}_j$ 相当于无中心轴的结构基振型。

性质 6.3.8 对于含中心轴的 C_n 结构,与重频 ω_j 对应的基振型相互正交。

证明:根据6.3.3小节的分析,当 $2 \leqslant j < n/2$ 时,含中心轴的 C_n 结构的中心位移为零,犹如不含中心轴的 C_n 结构。因此,对于重频固有振型,只需讨论 $j = 1$ 的情况。

当 $j = 1$ 时,由式(6.3.23)可知,式(6.3.25)中的中心位移列阵满足

$$^{(0)}\hat{\boldsymbol{u}}_{o1}^{\mathrm{T}(0)}\boldsymbol{u}_{o1} = 0 \tag{a}$$

根据式(6.3.25)中 $\boldsymbol{\psi}_j$ 和 $\hat{\boldsymbol{\psi}}_j$ 的定义,可类比性质 6.3.7 的证明,验证它们在 $j=1$ 时具有正交性:

$$\hat{\boldsymbol{\psi}}_1^{\mathrm{T}}\boldsymbol{\psi}_1 = 0 \qquad\qquad (\mathrm{b})$$

最后,得到所需的正交性结论,即

$$\hat{\boldsymbol{\varphi}}_1^{\mathrm{T}}\boldsymbol{\varphi}_1 = {}^{(0)}\hat{\boldsymbol{u}}_{o1}^{\mathrm{T}}\,{}^{(0)}\boldsymbol{u}_{o1} + \hat{\boldsymbol{\psi}}_1^{\mathrm{T}}\boldsymbol{\psi}_1 = 0 \qquad\qquad (\mathrm{c})$$

3. 任意重频固有振型的关系

根据性质 6.3.7 和性质 6.3.8,结构重频固有振动的基振型相互正交,对应该重频的其他固有振型可由它们线性表示,从而有如下性质。

性质 6.3.9: C_n 结构的任意归一化重频固有振型可由对应基振型表示为

$$\tilde{\boldsymbol{\varphi}}_j = (\cos\phi)\boldsymbol{\varphi}_j - (\sin\phi)\hat{\boldsymbol{\varphi}}_j, \quad \phi \in [0, 2\pi), \quad 0 < j < n/2 \qquad (6.3.26)$$

证明:参考式(6.3.5),对于 C_n 结构在子空间 S_j 中的广义特征值问题,其任意酉范数归一化的特征向量可表示为

$$\tilde{\boldsymbol{q}}_{jD} = \exp(\mathrm{i}\phi)\boldsymbol{q}_{jD}, \quad \phi \in [0, 2\pi), \quad 0 < j < n/2 \qquad (\mathrm{a})$$

根据式(6.2.74),由式(a)得到子结构 ${}^{(k)}S$ 的振型列阵为

$$\begin{aligned}
{}^{(k)}\tilde{\boldsymbol{\varphi}}_j &= \mathrm{Re}[\exp(\mathrm{i}jk\theta)\boldsymbol{B}_{jD}\tilde{\boldsymbol{q}}_{jD}] = \mathrm{Re}\{\exp[\mathrm{i}(jk\theta + \phi)]\boldsymbol{B}_{jD}\boldsymbol{q}_{jD}\} \\
&= \cos(jk\theta + \phi){}^{(0)}\boldsymbol{\varphi}_j - \sin(jk\theta + \phi){}^{(0)}\hat{\boldsymbol{\varphi}}_j \\
&= (\cos\phi){}^{(k)}\boldsymbol{\varphi}_j - (\sin\phi){}^{(k)}\hat{\boldsymbol{\varphi}}_j, \quad k \in I_n, \quad 0 < j < n/2
\end{aligned} \qquad (\mathrm{b})$$

根据式(6.2.75)的结构进行组装,利用式(6.3.25),得到待证明的式(6.3.26)。

最后,借助性质 6.3.9 来讨论任意两重频固有振型 ${}^{(k)}\tilde{\boldsymbol{\varphi}}_j$, $k \in I_n$ 和 ${}^{(k)}\boldsymbol{\varphi}_j$, $k \in I_n$ 可能发生的旋转重合条件。

性质 6.3.10: 对于 C_n 结构的重频振型,若有整数 $s + k \in I_n$,使得 ${}^{(k)}\boldsymbol{\varphi}_j$, $k \in I_n$ 绕中心轴旋转过 s 个子结构后与 ${}^{(k)}\tilde{\boldsymbol{\varphi}}_j$, $k \in I_n$ 重合,则必有非零整数 r 和转角 ϕ,使正整数 s 满足

$$s = \frac{n}{j}\left(r - \frac{\phi}{2\pi}\right), \quad 0 < j < \frac{n}{2} \qquad (6.3.27)$$

证明:首先,根据固有振型 ${}^{(k)}\boldsymbol{\varphi}_j$, $k \in I_n$,可确定与其正交的固有振型 ${}^{(k)}\hat{\boldsymbol{\varphi}}_j$, $k \in I_n$,组成一对基振型。根据性质 6.3.9 证明中的式(b),存在实数 ϕ 使 ${}^{(k)}\tilde{\boldsymbol{\varphi}}_j$, $k \in I_n$ 可被这对基振型表示为

$${}^{(k)}\tilde{\boldsymbol{\varphi}}_j = (\cos\phi){}^{(k)}\boldsymbol{\varphi}_j - (\sin\phi){}^{(k)}\hat{\boldsymbol{\varphi}}_j, \quad k \in I_n, \quad 0 < j < n/2 \qquad (\mathrm{a})$$

如果子结构 ${}^{(k)}S$ 的振型列阵 ${}^{(k)}\boldsymbol{\varphi}_j$ 绕中心轴旋转过 s 个子结构后与 ${}^{(k+s)}\tilde{\boldsymbol{\varphi}}_j$ 重合,利用式(6.3.12),得

$$
\begin{aligned}
{}^{(k+s)}\tilde{\boldsymbol{\varphi}}_j &= (\cos\phi)^{(k+s)}\boldsymbol{\varphi}_j - (\sin\phi)^{(k+s)}\hat{\boldsymbol{\varphi}}_j \\
&= \left[(\cos\phi)\boldsymbol{I}_{\tilde{m}} \quad -(\sin\phi)\boldsymbol{I}_{\tilde{m}}\right]\begin{bmatrix}\cos(js\theta)\boldsymbol{I}_{\tilde{m}} & -\sin(js\theta)\boldsymbol{I}_{\tilde{m}} \\ \sin(js\theta)\boldsymbol{I}_{\tilde{m}} & \cos(js\theta)\boldsymbol{I}_{\tilde{m}}\end{bmatrix}\begin{bmatrix}{}^{(k)}\boldsymbol{\varphi}_j \\ {}^{(k)}\hat{\boldsymbol{\varphi}}_j\end{bmatrix} \\
&= \cos(js\theta+\phi)\,{}^{(k)}\boldsymbol{\varphi}_j - \sin(js\theta+\phi)\,{}^{(k)}\hat{\boldsymbol{\varphi}}_j = {}^{(k)}\boldsymbol{\varphi}_j
\end{aligned}
\tag{b}
$$

式(b)与性质 6.3.5 证明中的式(c)形式相同,采用类似推理可得

$$
\sin\left(\frac{js\theta+\phi}{2}\right)=0
\tag{c}
$$

解上述三角函数方程,得到待证明结果为

$$
js\theta+\phi=2r\pi \quad \Rightarrow \quad s=\frac{n}{j}\left(r-\frac{\phi}{2\pi}\right)
\tag{d}
$$

注解 6.3.9:将式(6.3.27)与式(6.3.13)对比可见,当 $\phi=-\pi/2$ 时,两式相同。由于 ϕ 可连续取值,似乎式(6.3.27)容易得到满足。但计算得到的 C_n 结构固有振型是基振型,而具有任意性的 ${}^{(k)}\tilde{\boldsymbol{\varphi}}_j$,$k\in I_n$ 通常来自实验,故该条件并不易满足。

6.3.5 叶盘模型的振动实验

考察图 6.31 所示的具有六根短叶片的中心固支叶盘模型振动实验问题,采用 6.3.2 小节和 6.3.4 小节的理论来指导实验,减少盲目性。

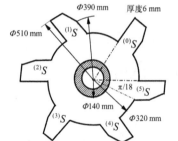

图 6.31 具有六根短叶片的中心固支叶盘模型

1. 实验前的分析

在早期叶盘振动实验中,通常将这类叶盘比拟为圆盘,根据实测固有振型的节圆和节径进行分组和分析。对于某些具有复杂节线图的固有振型,分组遇到困难。这是一个不含中心轴的 C_6 叶盘,在振动实验前即可根据 6.3.2 小节的理论研究结果,对其固有振动特性进行推测,减少实验过程的盲目性。

在该实验中,按 C_6 群的表示子空间 S_j,$j=0,1,2,3$,将叶盘固有振动分为属于 S_j 的四个组;在每个组内,则将固有频率从低到高排序。根据性质 6.3.4 和性质 6.3.5,可提出如下分组准则和预判。

(1)根据性质 6.3.4,将叶盘诸子结构振型相同的固有振动归入 S_0,它们均为单频固有振动。

(2)根据性质 6.3.5,若叶盘的子结构振型从 ${}^{(0)}S$ 到 ${}^{(5)}S$ 无任何重复,则必有 $j=n/p=6/6=1$;将这类固有振动归入 S_1,它们是重频固有振动。

(3)根据性质 6.3.5,若叶盘的子结构振型每三个子结构重复一次,则必有 $j=n/p=6/3=2$;将这类固有振动归入 S_2,它们也都是重频固有振动。

(4)根据性质 6.3.4,将叶盘诸子结构振型相位相反的固有振动归入 S_3,它们也是单频固有振动。

（5）根据 6.2.3 小节的研究可知，叶盘在诸 S_j 中同阶固有振动的差异，主要体现在式 (6.2.89) 的质量矩阵和刚度矩阵中含 $\cos(j\theta)$ 和 $\sin(j\theta)$ 的项，而这些项主要出现在子结构界面上。当子结构间耦合较弱时，诸 S_j 中的固有频率差异较小，会在频域呈现密集模态。

2. 实验中的分析

该实验限定采用单点正弦扫频激励，通过叶盘共振时的沙形获得固有振型节线图。在首次实验中，观察到 9 阶固有振动。根据实验前的分析，将测得的 9 个固有频率（标注 * 为实测振型不同的重频）列为表 6.4。

表 6.4　C_6 叶盘模型的首次实测固有频率分布

频率阶次	S_0	S_1	S_2	S_3
1	213 Hz	—	257 Hz	292 Hz
2	—	—		766 Hz
3	1 813 Hz	1 620 Hz*	1 283 Hz	1 099 Hz

根据该表格，可对首次实验结果作如下讨论：

（1）若以所测得的最高固有频率作为该实验的截止频率，计入已测得的重频固有振动，该实验尚遗漏 9 阶固有振动。

（2）根据实验前的分析，估计 S_1 中遗漏的第一阶固有频率为 200 Hz 左右，具有一根节线，因为表中该位置的固有振型从 $^{(0)}S$ 到 $^{(5)}S$ 无重复；而 S_0 中遗漏的第二阶固有振动的频率应落入 700 Hz ~ 1 000 Hz 频段，不会高于诸 S_j 中第三阶固有频率的最小值 1 099 Hz，且其固有振型具有一根节线。

（3）表 6.4 中 1 620 Hz 所对应的固有振型旋转 π 后重复，是通过改变激励位置获得的结果，这与它们位于子空间 S_1 相符。由此可猜测，通过调整激励位置，可获得更多的重频固有振动。

在上述分析基础上进行第二次实验。通过对固有振型节线位置的判断，调整激励位置，细致调节激励频率，最终获得图 6.32 所示 18 阶固有振动。

3. 实验结果分析

现结合图 6.32 所示结果，对该实验讨论如下。

（1）实验表明，该 C_6 叶盘模型在频域具有密集模态。例如，在 712 Hz ~ 766 Hz 范围内，该叶盘模型有 6 阶固有振动；固有频率 763 Hz 和 766 Hz 只差 3 Hz，而固有振型截然不同。若叶片数 n 继续增加，则固有频率分布更加密集。如果没有关于循环对称结构固有模态特征的理论分析为基础，将很难获得完整实验结果。

（2）对于多数重频固有振动，通过改变激励位置，可激发出不同的固有振型。目前，图 6.32 给出的是一对接近正交的固有振型。对于加工和装配精度高的 C_n 结构，只要改变激励位置，测得的固有振型就会发生改变。当激励位置沿着叶盘模型周向移动，测得的固有振型绕中心轴旋转，与性质 6.3.10 相符。

（3）该叶盘模型的加工误差较大，是具有一定失谐程度的 C_6 结构。因此，某些重频

No.	S_0	S_1		S_2		S_3
1	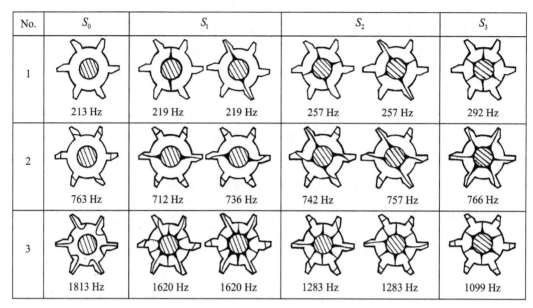 213 Hz	219 Hz	219 Hz	257 Hz	257 Hz	292 Hz
2	763 Hz	712 Hz	736 Hz	742 Hz	757 Hz	766 Hz
3	1813 Hz	1620 Hz	1620 Hz	1283 Hz	1283 Hz	1099 Hz

图 6.32　具有 6 根短叶片的中心固支叶盘模型的固有振动测试结果

固有振动分离为两个频率比较接近的单频固有振动。例如,在图 6.32 中,对应固有频率 742 Hz 和 757 Hz 的固有振型呈现明显的不对称性。

（4）实验表明,该叶盘模型在各子空间 S_j 中的同阶固有频率顺序比较复杂。例如,子空间 S_0 中的固有频率既可能是诸 S_j, $j=1,2,3$ 的同阶固有频率中最低者（如 213 Hz）,也可能是中间者（如 763 Hz）,也可能是最高者（如 1 813 Hz）。这颠覆了前人的研究结论,即诸叶片振型相同的叶盘模型固有振动具有最低频率[1]。

6.3.6　小结

本节基于 C_n 群表示理论,全面研究了 C_n 结构在相邻子结构具有耦合前提下的固有振动特性,发现不论结构是否含中心轴,其固有振动特征基本一致,进一步完善了 6.2 节对第 1 章中问题 5B 的研究。主要结论如下。

（1）C_n 结构单频固有振动的充分必要条件是:固有振动发生在 C_n 群表示子空间 S_0,各子结构的固有振型相同;或当 n 为偶数时,固有振动发生在 C_n 群表示子空间 $S_{n/2}$,相邻子结构的固有振型相位相反。

（2）C_n 结构具有大量重频固有振动,其充分必要条件是:固有振动发生在 C_n 群表示子空间 S_j, $0 < j < n/2$;存在正整数 $p = n/j$,结构的固有振型以 p 个子结构为周期重复。

（3）在 C_n 群表示子空间 S_j, $1 < j < n/2$ 中,系统的质量矩阵和刚度矩阵是 Hermite 矩阵,其对应的实对称矩阵特征值均为重特征值。采用通用程序将得到正交重频特征向量,由此可构造一对重频基振型。基振型在欧氏空间正交,可表示其他重频固有振型,并描述

① Ewins D J. Bladed disc vibration — a review of techniques and characteristics [C]. Southampton: International Conference on Recent Advances in Structural Dynamics, 1980.

任意固有振型之间的旋转重复性。

（4）当 C_n 结构含中心轴时,其固有振动可分为如下三类。第一类是发生在 S_0 中的单频固有振动,结构中心位移或者是沿中心轴的线位移,或者是绕中心轴的角位移;而结构中心是固有振型的极值点,或是有 rn（r 为正整数）根节线通过的鞍形节点。第二类是发生在 S_1 中的重频振动,此时结构中心位移发生在中心轴横截面内,至少有 1 根节线通过结构中心。第三类是发生在 S_j, $1 < j \leqslant [n/2]$ 中的重频或单频固有振动,此时至少有 2 根节线通过结构中心,结构中心位移恒为零。

（5）上述理论分析结果与现有文献中关于 C_n 结构（包括 C_{nv} 结构）固有振动的计算结果和实验结果完全一致,并成功指导了 C_n 结构的固有振动实验和实验模态分析。

6.4　思考与拓展

（1）考察一对边铰支、另一对边自由的矩形薄板,证明对于不同的固有频率,对应的固有振型具有正交性;讨论该矩形板退化为正方形板时的重频固有振动问题。

（2）人们已提出多种循环对称结构固有振动计算方法。选择文献①~③中的方法,根据科学美的简洁性、整齐性,将其与本章的群论方法进行对比。

（3）阅读文献④;考察周边固支的圆板,将其重频固有振型与 6.3 节中含中心轴的循环对称结构重频固有振型对比,指出它们的不同之处;若圆板半径为 R,在距板中心 $R/2$ 处附加集中质量,讨论其对重频固有振动的影响。

（4）阅读文献⑤⑥,基于 C_{3v} 群或 C_{4v} 群的表示理论,讨论等边三角形薄板或正方边形薄板的固有振型规律。

（5）阅读文献⑦⑧,讨论对复杂循环对称结构进行高效计算的流程。

————————————

①　胡海昌. 多自由度结构固有振动理论[M]. 北京:科学出版社,1987:117-135.

②　Olson B J, Shaw S W, Shi C Z et al. Circulant matrices and their application to vibration analysis[J]. Applied Mechanics Review, 2014, 66(4):040803.

③　Wang D J, Wang Q S, He B C. Qualitative theory in structural mechanics[M]. Singapore:Springer, 2019:271-326.

④　Rao S S. Vibration of continuous systems[M]. Hoboken:John Wiley & Sons, 2007:485-495.

⑤　Evensen D A. Vibration analysis of multi-symmetric structures[J]. AIAA Journal, 1976, 14(4):446-453.

⑥　Joshi A W. Elements of group theory for physicists[M]. New Delhi:Wiley Eastern, 1977:57-102.

⑦　Tran D M. Reduced models of multi-stage cyclic structures using cyclic symmetry reduction and component mode synthesis[J]. Journal of Sound and Vibration, 2014, 333(21):5443-5463.

⑧　Rong B, Lu K, Ni X J, et al. Hybrid finite element transfer matrix method and its parallel solution for fast calculation of large-scale structural eigenproblem[J]. Applied Mathematical Modelling, 2020, 77(1):169-181.

第7章
一维结构的波动与振动

　　振动与波动同属于动力学的研究范畴,但研究视角有所不同。以弹性结构为例,振动研究关注结构在其静平衡位置附近的往复运动,研究出发点是结构的固有振动,这属于结构的整体同步运动,相对比较简单;波动研究则关注结构动态变形的时空演化,研究出发点是结构的行波传播,这属于结构的非整体同步运动,相对比较复杂。因此,研究振动比研究波动要容易,所需的数学工具也相对简单。

　　从以往的理工科教育看,振动力学课程主要面向航空、航天、机械、动力、土木等学科和专业,侧重讨论有限尺度系统的动力学问题;而波动力学课程主要面向地球物理、地震工程、无损检测等学科和专业,侧重讨论无限、半无限介质的动力学问题。迄今为止,振动与波动的融合性教程还较少。

　　近年来,振动力学和波动力学呈现交叉和融合发展趋势。例如,精密机械领域的超声波电机研究①、减振降噪领域的超构材料研究等②,均体现了振动力学和波动力学的交叉和融合。1.2.6 小节介绍的细长空间结构动力学问题,也同样如此。因此,本书将振动力学拓展到波动力学。

　　本章不同于以三维波动为主的弹性动力学著作,主要以弹性杆和弹性梁为对象,讨论其波动和振动的关联,回答第 1 章中提出的问题 6A 和 6B。为了便于读者对照学习,本书附录提供了三维弹性波理论概要。

7.1　杆的非频散波动

　　本节讨论由线弹性均质材料制成的等截面直杆(简称等截面杆)的纵向动态响应,重点分析杆的纵向波动与纵向振动之间的关联性。作为波动分析的第一步,本节先讨论简单的**非频散波动**,其波速与频率无关;下节再讨论波速与频率相关的频散波动。在7.1.1 小节和 7.1.2 小节,用两种不同的波动分析方法研究无限长杆在简谐激励下的波动问题;在 7.1.3 小节和 7.1.4 小节,针对有限长杆在简谐激励下的稳态振动问题,分别用两种波动分析方法、两种振动分析方法进行研究,给出这些方法的对比,部分回答第1 章的问题 6A。

---

　　① Zhao C S. Ultrasonic motor technologies and applications[M]. Heidelberg: Springer, 2011: 118-299.

　　② Ma G C, Sheng P. Acoustic metamaterials: From local resonances to broad horizons[J]. Science Advances, 2016, 2: e1501595.

7.1.1　无限长杆的波动分析

本小节主要讨论无限长等截面杆在外激励作用下的动力学问题。根据 3.1.1 小节，在线弹性均质材料和等截面的前提下，纵向激励 $f(x, t)$ 导致的杆纵向位移 $u(x, t)$ 满足如下非齐次偏微分方程（又称一维非齐次波动方程）：

$$\rho A \frac{\partial^2 u(x, t)}{\partial t^2} - EA \frac{\partial^2 u(x, t)}{\partial x^2} = f(x, t), \quad x \in (-\infty, +\infty), \quad t \in [0, +\infty) \tag{7.1.1}$$

式中，A 为杆的截面积；ρ 为材料密度；E 为材料弹性模量。以下先讨论杆不受外激励的自由波动，再讨论杆在外激励作用下的受迫波动。

1. 杆的自由行波

当无限长等截面杆不受外激励作用时，式(7.1.1)退化为齐次波动方程，可改写为

$$\frac{\partial^2 u(x, t)}{\partial t^2} - c_0^2 \frac{\partial^2 u(x, t)}{\partial x^2} = 0, \quad c_0 \equiv \sqrt{\frac{E}{\rho}}, \quad x \in (-\infty, +\infty), \quad t \in [0, +\infty) \tag{7.1.2}$$

式中，c_0 为等截面杆的**纵波波速**，简称为**杆速**。引入变量代换

$$\xi = c_0 t - x, \quad \eta = c_0 t + x \tag{7.1.3}$$

得

$$\frac{\partial^2 u}{\partial x^2} = \frac{\partial^2 u}{\partial \xi^2} - 2\frac{\partial^2 u}{\partial \xi \partial \eta} + \frac{\partial^2 u}{\partial \eta^2}, \quad \frac{\partial^2 u}{\partial t^2} = c_0^2 \left(\frac{\partial^2 u}{\partial \xi^2} + 2\frac{\partial^2 u}{\partial \xi \partial \eta} + \frac{\partial^2 u}{\partial \eta^2} \right) \tag{7.1.4}$$

通过式(7.1.3)和式(7.1.4)，可将式(7.1.2)转化为

$$\frac{\partial^2 u(\xi, \eta)}{\partial \xi \partial \eta} = 0 \tag{7.1.5}$$

将式(7.1.5)依次对 ξ 和 η 积分，得到 1746 年法国科学家 d'Alembert 发现的解，即

$$u(\xi, \eta) = u_R(\xi) + u_L(\eta) \tag{7.1.6}$$

式中，$u_R(\xi)$ 和 $u_L(\eta)$ 是任意的二次可微函数。对波动方程的进一步研究表明，这两个函数可以是分段连续可微函数，此时的解称为**弱解**或**广义解**[①]。在 7.3 节的等截面杆冲击响应分析中，将给出具体的弱解。

将式(7.1.3)代入式(7.1.6)，得

$$u(x, t) = u_R(c_0 t - x) + u_L(c_0 t + x), \quad x \in (-\infty, +\infty), \quad t \in [0, +\infty) \tag{7.1.7}$$

---

① 柯朗, 希尔伯特. 数学物理方法 Ⅱ [M]. 钱敏, 郭敦仁, 译. 北京：科学出版社, 1981：397 - 398.

从物理意义看，$u_R(c_0t - x)$ 是以速度 c_0 向右传播的自由行波；$u_L(c_0t + x)$ 是以速度 c_0 向左传播的自由行波。因此，式 (7.1.7) 又被称为波动方程的 **d'Alembert 行波解** 或简称为 **行波解**。

图 7.1 为等截面杆的左右行波时空结构。在图 7.1 中，$u_R(\xi) = [1 + \cos(\xi\pi)]/2$，$u_L(\eta) = [1 + \cos(\eta\pi)]/2$，它们分别在 (x, t) 平面的直线 $\xi = c_0t - x = \mathrm{const}$ 和 $\eta = c_0t + x = \mathrm{const}$ 上保持为常数，因此是三维空间 (x, t, u) 中的柱面。随着时间 t 增加，$u_R(c_0t - x)$ 沿着直线 $c_0t - x = \mathrm{const}$ 向右传播，$u_L(c_0t + x)$ 沿着直线 $c_0t + x = \mathrm{const}$ 向左传播，这两条直线称为波动方程的 **特征线**。显然，左行波影响到图 7.1(a) 中柱面在 (x, t) 平面上投影的区域，右行波则影响图 7.1(b) 中柱面在 (x, t) 平面上投影的区域，它们被称为 **影响区域**。

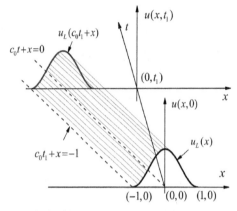 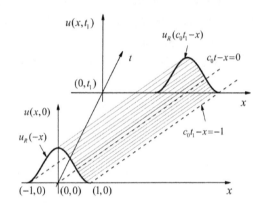

(a) 左行波 $u_L(c_0t+x)=\{1+\cos[\pi(c_0t+x)]\}/2$　　(b) 右行波 $u_R(c_0t-x)=\{1+\cos[\pi(c_0t-x)]\}/2$

图 7.1　等截面杆的左右行波时空结构

由式 (7.1.2) 所描述的等截面杆自由行波具有如下 **非频散特性**：杆的纵波传播速度 c_0 是常数，不依赖于波的频率和波数。如果杆的初始扰动 $u_R(x)$ 和 $u_L(x)$ 的 Fourier 谱有多种频率成分，则各种频率成分的简谐波以相同速度 c_0 传播，故 $u_R(c_0t - x)$ 和 $u_L(c_0t + x)$ 的波形可保持不变。自 7.2 节起，将讨论波速与频率和波数相关的 **频散波动**，其波形在波的传播过程中将发生变化。

在线性系统的振动分析中，简谐振动不仅最简单，而且不同频率成分的简谐振动叠加后可逼近任意振动。在波动分析中，简谐波动具有相同的作用。因此，以下基于行波解来分别讨论在半无限长杆端部和无限长杆中部作用简谐激励后杆内的简谐波传播问题。

2. 简谐激励在杆端激发的行波

首先，考察图 7.2 中的半无限长等截面杆，其左端受简谐激励 $f(t) = f_0\cos(\omega_0t)$，右端延伸至无穷远。以杆左端为原点，建立图 7.2 所示的坐标轴 ox，记沿 x 轴正向的纵向位移为 $u(x, t)$。此时，激励引起的波动在杆中单向传播，不发生反射。

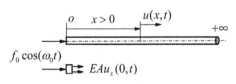

图 7.2　左端受简谐激励的半无限长杆及激励点处的微单元受力分析

根据式 (7.1.1)，左端受激励的杆纵向位移动力学方程为

$$\rho A\frac{\partial^2 u(x,\,t)}{\partial t^2} - EA\frac{\partial^2 u(x,\,t)}{\partial x^2} = f_0\delta(x)\cos(\omega_0 t),\quad x\in[0,\,+\infty),\quad t\in[0,\,+\infty)$$

$$(7.1.8)$$

式中, $\delta(x)$ 是 Dirac 函数。对于 $x>0$, 式(7.1.8)为齐次波动方程,式(7.1.7)是式(7.1.8)的解的一般形式。简谐激励在杆左端激发起右行波,而杆右端位于无穷远处,不会反射左行波,故可将式(7.1.7)简化为

$$u(x,\,t) = u_R(c_0 t - x),\quad x\in[0,\,c_0 t],\quad t\in[0,\,+\infty)\qquad(7.1.9)$$

现根据杆左端激励,来确定式(7.1.9)中函数 $u_R(\xi) = u_R(c_0 t - x)$ 的具体表达式。根据图 7.2,在 $x=0$ 处,杆端应力满足力平衡条件

$$EAu_x(0,\,t) + f_0\cos(\omega_0 t) = -EA\frac{du_R(\xi)}{d\xi}\bigg|_{\xi=c_0 t} + f_0\cos(\omega_0 t) = 0\qquad(7.1.10)$$

将式(7.1.10)中的自变量 $t\geqslant 0$ 代换为 $t=\xi/c_0\geqslant 0$, 得

$$EA\frac{du_R(\xi)}{d\xi} = f_0\cos(\kappa\xi),\quad \kappa\equiv\frac{\omega_0}{c_0},\quad \xi=c_0 t\geqslant 0\qquad(7.1.11)$$

式中, κ 为等截面杆的纵波**波数**。对式(7.1.11)积分,得到的待求函数为

$$u_R(\xi) = \frac{f_0}{\kappa EA}\sin(\kappa\xi),\quad \xi=c_0 t\geqslant 0\qquad(7.1.12)$$

将式(7.1.12)中的宗量 ξ 代换为 $\xi=c_0 t - x\geqslant 0$, 即右行波可表示为

$$u(x,\,t) = u_R(c_0 t - x) = \frac{f_0}{\kappa EA}\sin(\omega_0 t - \kappa x)$$

$$= \frac{f_0}{\kappa EA}\sin[\kappa(c_0 t - x)],\quad x\in[0,\,c_0 t],\quad t\in[0,\,+\infty)\qquad(7.1.13)$$

根据式(7.1.13)可知,杆在激励点的纵向位移 $u(0,\,t) = f_0\sin(\omega_0 t)/\kappa EA$ 与激励 $f_0\cos(\omega_0 t)$ 之间存在相位差 $\pi/2$。这既体现了在激励点处杆的内部弹性力与外部简谐力平衡的结果,也体现了该纵波是稳态波。

如果关注稳态波的形成过程,可考察简谐激励频率 ω_0 从零起逐步增加的情况。当 $\omega_0\to 0^+$ 时,左端轴向激励趋于静压力。由于波数 $\kappa=O(\omega_0)\to 0$, 对式(7.1.13)取极限,得到杆的近似位移和近似应变为

$$\lim_{\omega_0\to 0^+} u(x,\,t) \approx \frac{f_0(c_0 t - x)}{EA}\geqslant 0,\quad \lim_{\omega_0\to 0^+}\varepsilon(x,\,t)\approx -\frac{f_0}{EA}<0,\quad x\in[0,\,c_0 t]$$

$$(7.1.14)$$

式(7.1.14)表明,在加载初始阶段,杆的端部位移为 $u(0,t) \approx f_0 c_0 t / EA$。 随着激励频率 ω_0 提高,杆端部位移呈现式(7.1.13)所表示的简谐波动。

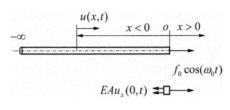

图7.3 右端受简谐激励的半无限长杆及激励点处的微单元受力分析

其次,研究右端受简谐激励的半无限长杆。若先考虑激励正向朝左的情况,该情况与图7.2 中的情况互为镜像,建立方向朝左的坐标轴 ox,即可用式(7.1.13)描述杆的左行波。现建立图7.3 所示方向朝右的坐标轴 ox,研究激励正向朝右的情况。

对于图7.3 的坐标系,将式(7.1.13)中的 x 改为 $-x$,得到杆的左行波为

$$u(x,t) = u_L(c_0 t + x) = \frac{f_0}{\kappa EA} \sin[\kappa(c_0 t + x)], \quad x \in [-c_0 t, 0], \quad t \in [0, +\infty)$$

(7.1.15)

与杆左端激励情况类似,此时若 $\omega_0 \to 0^+$,轴向激励趋于静拉力;根据波数 $\kappa = O(\omega_0) \to 0$,对式(7.1.15)取极限,得到杆的近似位移和近似应变为

$$\lim_{\omega_0 \to 0^+} u(x,t) \approx \frac{f_0(c_0 t + x)}{EA} \geq 0, \quad \lim_{\omega_0 \to 0^+} \varepsilon(x,t) = \frac{f_0}{EA} > 0, \quad x \in [-c_0 t, 0]$$

(7.1.16)

3. 简谐激励在杆任意位置激发的行波

考察图7.4 所示的无限长等截面杆,在杆上指定位置施加正向朝右的简谐激励 $f_0 \cos(\omega_0 t)$。 以该激励位置为原点,建立方向朝右的坐标轴 ox,研究杆沿 x 正向的纵向位移 $u(x,t)$。

若将该无限长杆在激励点一分为二,则该问题可分解为前面讨论过的两个问题。即在右半段杆的左端施加 $f_0 \cos(\omega_0 t)/2$,激发杆的右行波;在左半段杆的右侧施加 $f_0 \cos(\omega_0 t)/2$,激发杆的左行波。因此,杆的纵向位移为

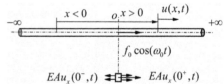

图7.4 无限长杆在任意点受简谐激励及激励点处的微单元受力分析

$$u(x,t) = \frac{f_0}{2\kappa EA} \sin(\omega_0 t - \kappa|x|)$$

$$= \frac{f_0}{2\kappa EA} \sin[\kappa(c_0 t - |x|)], \quad x \in [-c_0 t, c_0 t], \quad t \in [0, +\infty) \quad (7.1.17)$$

若该激励作用在 x_0 处,则杆的纵向位移为

$$u(x,t) = \frac{f_0}{2\kappa EA} \sin(\omega_0 t - \kappa|x - x_0|)$$

$$= \frac{f_0}{2\kappa EA} \sin[\kappa(c_0 t - |x - x_0|)], \quad x \in [x_0 - c_0 t, x_0 + c_0 t], \quad t \in [0, +\infty)$$

$$(7.1.18)$$

此时若 $\omega_0 \to 0^+$，则有 $\kappa = O(\omega_0) \to 0$；轴向载荷在杆 x_0 左侧趋于静拉力，导致拉应变；轴向载荷在 x_0 右侧趋于静压力，导致压应变；杆中的位移恒为正。在加载初始阶段，近似位移和近似应变为

$$\begin{cases} \lim\limits_{\omega_0 \to 0^+} u(x, t) \approx \dfrac{f_0(c_0 t - |x - x_0|)}{2EA} \geqslant 0 \\[3mm] \lim\limits_{\omega_0 \to 0^+} \varepsilon(x, t) = -\dfrac{f_0}{2EA} \mathrm{sgn}(x - x_0), \quad x \in [x_0 - c_0 t, x_0 + c_0 t], \quad t \in [0, +\infty) \end{cases}$$

$$(7.1.19)$$

7.1.2　无限长杆的简谐行波复函数解法

在 7.1.1 小节中，对简谐激励下半无限长杆、无限长杆进行波动分析时，需要同时关注波动的时空演化，比较复杂。鉴于简谐激励下的上述行波在时域仍保持简谐特征，以下引入复指数函数描述简谐行波，重点关注行波幅值的空间分布情况。

为简明起见，仅针对图 7.4 所示的无限长杆，分析在指定位置施加简谐激励引起的波动。此时，杆的动力学方程为

$$\rho A \frac{\partial^2 u(x, t)}{\partial t^2} - EA \frac{\partial^2 u(x, t)}{\partial x^2} = f_0 \delta(x) \cos(\omega_0 t), \quad x \in (-\infty, +\infty), \quad t \in [0, +\infty)$$

$$(7.1.20)$$

如果将式(7.1.20)中的余弦函数 $\cos(\omega_0 t)$ 表示为 $\mathrm{Re}[\exp(\mathrm{i}\omega_0 t)]$，则可将式(7.1.20)拓展为复函数的偏微分方程，即

$$\rho A \frac{\partial^2 u_c(x, t)}{\partial t^2} - EA \frac{\partial^2 u_c(x, t)}{\partial x^2} = f_0 \delta(x) \exp(\mathrm{i}\omega_0 t), \quad x \in (-\infty, +\infty), \quad t \in [0, +\infty)$$

$$(7.1.21)$$

此时，式(7.1.20)是式(7.1.21)的实部，其解满足 $u(x, t) = \mathrm{Re}[u_c(x, t)]$，而求解 $u_c(x, t)$ 常常比求解 $u(x, t)$ 更为方便。以下称这种将实函数微分方程拓展到复函数微分方程求解的过程为**复函数解法**，称 7.1.1 小节的方法为**实函数解法**。

设式(7.1.21)具有复指数函数解，即

$$u_c(x, t) = \tilde{u}_c(x) \exp(\mathrm{i}\omega_0 t), \quad x \in (-\infty, +\infty), \quad t \in [0, +\infty) \quad (7.1.22)$$

式中，$\tilde{u}_c(x)$ 是待定的复振幅函数。将式(7.1.22)代入式(7.1.21)，得到 $\tilde{u}_c(x)$ 应满足的常微分方程为

$$\frac{\partial^2 \tilde{u}_c(x)}{\partial x^2} + \kappa^2 \tilde{u}_c(x) = -\frac{f_0 \delta(x)}{EA}, \quad x \in (-\infty, +\infty) \tag{7.1.23}$$

式中，$\kappa = \omega_0/c_0$ 是式(7.1.11)中定义的波数。求解式(7.1.23)的方法有多种，以下分别介绍基于激励点受力分析的方法和基于 Fourier 变换的方法。

1. 基于激励点受力分析的方法

当 $x \neq 0$ 时，式(7.1.23)为线性齐次常微分方程，其通解为

$$\tilde{u}_c(x) = c_1 \exp(-\mathrm{i}\kappa x) + c_2 \exp(\mathrm{i}\kappa x), \quad x \in (-\infty, +\infty) \tag{7.1.24}$$

将式(7.1.24)代入式(7.1.22)，得到式(7.1.21)的复指数解

$$\begin{cases} u_c(x, t) = [c_1 \exp(-\mathrm{i}\kappa x) + c_2 \exp(\mathrm{i}\kappa x)] \exp(\mathrm{i}\omega_0 t) \\ \qquad = c_1 \exp[\mathrm{i}\kappa(c_0 t - x)] + c_2 \exp[\mathrm{i}\kappa(c_0 t + x)] \\ x \in [-c_0 t, c_0 t], \quad t \in [0, +\infty) \end{cases} \tag{7.1.25}$$

从波的传播可以看出：在激励点右侧 ($x > 0$)，杆中只有右行波 $c_1 \mathrm{Re}\{\exp[\mathrm{i}\kappa(c_0 t - x)]\}$，此时 $c_2 = 0$；而在激励点左侧 ($x < 0$)，杆中只有左行波 $c_2 \mathrm{Re}\{\exp[\mathrm{i}\kappa(c_0 t + x)]\}$，此时 $c_1 = 0$。因此，式(7.1.24)可表示为

$$\tilde{u}_c(x) = \begin{cases} c_1 \exp(-\mathrm{i}\kappa x), & x \in [0, c_0 t] \\ c_2 \exp(\mathrm{i}\kappa x), & x \in [-c_0 t, 0] \end{cases} \tag{7.1.26}$$

根据杆位移 $u_c(x, t)$ 在 $x = 0$ 处的连续性，即 $\tilde{u}_c(x)$ 在 $x = 0$ 处连续，得到 $c_1 = c_2$。注意在 $x = 0$ 处，杆的应变不连续，即

$$\left. \frac{\partial u_c(x, t)}{\partial x} \right|_{x=0} = \exp(\omega_0 t) \left. \frac{\mathrm{d}\tilde{u}_c(x)}{\mathrm{d}x} \right|_{x=0} = \begin{cases} -\mathrm{i}\kappa c_1 \exp(\omega_0 t), & x = 0^+ \\ \mathrm{i}\kappa c_1 \exp(\omega_0 t), & x = 0^- \end{cases} \tag{7.1.27}$$

如图 7.4 所示，在 $x = 0$ 处取长度为 $\mathrm{d}x$ 的杆单元体，当 $\mathrm{d}x \to 0$ 时其惯性力为零，该单元上的力平衡关系为

$$\left\{ EA \left[\left. \frac{\mathrm{d}\tilde{u}_c(x)}{\mathrm{d}x} \right|_{x=0^+} - \left. \frac{\mathrm{d}\tilde{u}_c(x)}{\mathrm{d}x} \right|_{x=0^-} \right] + f_0 \right\} \exp(\mathrm{i}\omega_0 t) = 0 \tag{7.1.28}$$

由此得

$$c_1 = c_2 = -\frac{\mathrm{i}f_0}{2\kappa EA} \tag{7.1.29}$$

将式(7.1.29)代入式(7.1.26)，得到复函数解为

$$\tilde{u}_c(x) = -\frac{\mathrm{i}f_0}{2\kappa EA} \exp(-\mathrm{i}\kappa |x|), \quad x \in [-c_0 t, c_0 t] \tag{7.1.30}$$

其对应的实函数解为

$$u(x, t) = \text{Re}\left[-\frac{if_0\exp(-i\kappa|x|)}{2\kappa EA}\exp(i\omega_0 t)\right]$$

$$= -\frac{f_0}{2\kappa EA}\text{Re}\{i\exp[i(\omega_0 t - \kappa|x|)]\}$$

$$= \frac{f_0}{2\kappa EA}\sin(\omega_0 t - \kappa|x|), \quad x \in [-c_0 t, c_0 t], \quad t \in [0, +\infty)$$

$$(7.1.31)$$

若将简谐激励施加在 x_0 处,则有

$$\tilde{u}_c(x) = -\frac{if_0}{2\kappa EA}\exp(-i\kappa|x - x_0|), \quad x \in [x_0 - c_0 t, x_0 + c_0 t] \quad (7.1.32)$$

对应的实函数解为

$$u(x, t) = \frac{f_0}{2\kappa EA}\sin(\omega_0 t - \kappa|x - x_0|), \quad x \in [x_0 - c_0 t, x_0 + c_0 t], \quad t \in [0, +\infty)$$

$$(7.1.33)$$

上述结果与 7.1.1 小节中通过实函数解法得到的结果完全相同。

　　注解 7.1.1:在上述推导中,在 $x = 0$ 处取出的杆单元体左右两侧均有应力,这与半无限长杆端部的力平衡条件不同。因此,若将无限长杆的简谐激励波动问题分解为两个半无限长杆的波动问题,要将激励分配到激励点的两侧。

　　注解 7.1.2:对于端部作用简谐激励的半无限长杆,可用式(7.1.30)或式(7.1.31)描述杆内的行波。但根据杆端部的力平衡条件,要将式(7.1.30)中的复振幅改为 $-if_0/\kappa EA$,将式(7.1.31)中的振幅改为 $f_0/\kappa EA$。

　　2. 基于 Fourier 变换的方法

　　对式(7.1.23)两端实施 Fourier 变换,可得

$$\tilde{U}_c(\omega) = \frac{f_0}{EA(\omega^2 - \kappa^2)}, \quad \omega \in (-\infty, +\infty) \quad (7.1.34)$$

再对式(7.1.34)两端实施逆 Fourier 变换,利用 Heaviside 函数 $s(x)$,得

$$\tilde{u}_c(x) = F^{-1}[\tilde{U}_c(\omega)] = \frac{f_0}{EA}F^{-1}\left(\frac{1}{\omega^2 - \kappa^2}\right)$$

$$= \frac{if_0}{2\kappa EA}F^{-1}\left[\frac{1}{i(\omega - \kappa)} - \frac{1}{i(\omega + \kappa)}\right]$$

$$= \frac{if_0}{2\kappa EA}[\exp(i\kappa x) - \exp(-i\kappa x)]s(x) \quad (7.1.35)$$

在式(7.1.35)中, $\exp(i\kappa x)$ 和 $\exp(-i\kappa x)$ 分别是左行波和右行波的复振幅,它们在无限

长杆中的定义域分别是 $x \in (-\infty, 0]$ 和 $x \in [0, +\infty)$。由于 Haviside 函数 $s(x)$ 的作用,式(7.1.35)中仅含右行波。考虑到右行波的传播时间,x 的定义域还应进一步缩小,即

$$\tilde{u}_c(x) = -\frac{\mathrm{i}f_0}{2\kappa EA}\exp(-\mathrm{i}\kappa x), \quad x \in [0, c_0 t] \tag{7.1.36}$$

根据问题的对称性,左行波的复振幅应为

$$\tilde{u}_c(x) = -\frac{\mathrm{i}f_0}{2\kappa EA}\exp(\mathrm{i}\kappa x), \quad x \in [-c_0 t, 0] \tag{7.1.37}$$

将式(7.1.36)和式(7.1.37)合并,则得到与式(7.1.31)相同的结果,即

$$\tilde{u}_c(x) = -\frac{\mathrm{i}f_0}{2\kappa EA}\exp(-\mathrm{i}\kappa |x|), \quad x \in [-c_0 t, c_0 t] \tag{7.1.38}$$

注解 7.1.3:将上述两种方法比较可见,基于 Fourier 变换的方法可回避容易出错的受力分析环节,但也自然降低了该方法的力学直观性。

7.1.3 有限长杆的简谐响应波动分析

在上述两小节所讨论的半无限长杆、无限长杆波动问题中,由于波动不发生反射,相对比较简单。本小节将讨论有限长杆在简谐激励下的动响应,此时波动在杆的两端发生反射,使问题变得复杂。鉴于实际问题中阻尼对瞬态响应的衰减作用,本小节仅研究稳态响应问题,不关注其瞬态过程。

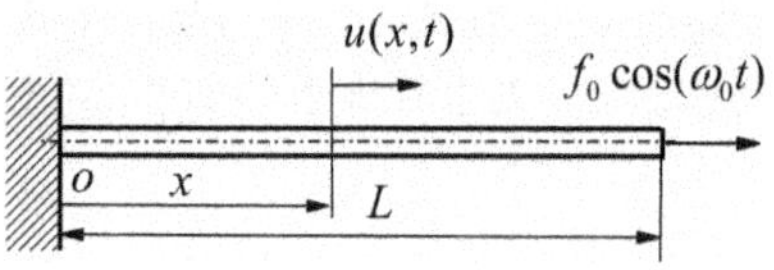

图 7.5 左端固定、右端受简谐激励的杆

考察图 7.5 中长度为 L 的杆,其左端固定、右端作用正向朝右的简谐激励,采用图 7.5 示坐标系描述杆的纵向运动。

对于稳态响应定解问题,可以不关注时间的起点和终点,研究如下偏微分方程的边值问题:

$$\begin{cases} \rho A \dfrac{\partial^2 u(x, t)}{\partial t^2} - EA \dfrac{\partial^2 u(x, t)}{\partial x^2} = 0, \quad x \in [0, L] \\ u(0, t) = 0, \quad EA \dfrac{\partial u(x, t)}{\partial x}\bigg|_{x=L} = f_0 \cos(\omega_0 t) \end{cases} \tag{7.1.39}$$

在基础教程中,已用振动分析方法给出了该问题的稳态解①。由于稳态响应是驻波,采用波动分析比较复杂,既要考虑左端固定边界引起的左行波反射,又要考虑行波引起的右端内力如何与外激励平衡。然而,波动分析可以加深理解形成驻波的条件。因此,本小节先基于波动分析来研究该问题,揭示行波如何形成驻波,到 7.1.4 小节再讨论振动分析方法。根据 7.1.1 小节的介绍,在波动分析中可采用实函数解法,也可采用复函数解法。

---

① 胡海岩. 机械振动与冲击[M]. 北京:航空工业出版社,1998:154.

以下分别采用两种方法进行分析,帮助读者了解它们的特点。

1. 实函数解法

根据线性叠加原理,式(7.1.39)的解可由如下两个解线性叠加而成:一是右端边界上简谐力在杆中激发出的左行波解;二是该左行波解抵达左端边界后反射产生的自由波动解,即齐次波动方程的 d'Alembert 行波解。它们的和应满足式(7.1.39)中的边界条件。

首先,考虑杆右端简谐力激发的左行波 $u_{1L}(x, t)$。回顾 7.1.1 小节研究无限长杆右端简谐激励所激发的左行波解,即式(7.1.15)。只要视坐标系原点在杆右端,通过坐标代换 $x \to x - L$, 即可由式(7.1.15)得到左行波 $u_{1L}(x, t)$ 为

$$u_{1L}(x, t) = \frac{f_0}{\kappa EA}\sin[\omega_0 t + \kappa(x - L)], \quad x \in [0, L] \tag{7.1.40}$$

其次,研究自由波动解。它来自杆右端简谐激励引起的左行波在杆两端的反射。该自由波动解就是齐次波动方程的 d'Alembert 行波解,是与左行波具有相同频率和波数的简谐波,可表示为

$$u_2(x, t) = c_1\cos(\omega_0 t - \kappa x) + c_2\cos(\omega_0 t + \kappa x) \tag{7.1.41}$$

可以验证,若在式(7.1.41)中取正弦函数,将得到相同结果。

综合上述分析,式(7.1.39)的解形如

$$u(x, t) = c_1\cos(\omega_0 t - \kappa x) + c_2\cos(\omega_0 t + \kappa x) + \frac{f_0}{\kappa EA}\sin[\omega_0 t + \kappa(x - L)] \tag{7.1.42}$$

将式(7.1.42)代入式(7.1.39)的两端边界条件,分别得

$$u(0, t) = c_1\cos(\omega_0 t) + c_2\cos(\omega_0 t) + \frac{f_0}{\kappa EA}\sin(\omega_0 t - \kappa L) = 0 \tag{7.1.43}$$

$$EA\frac{\partial u(x, t)}{\partial x}\bigg|_{x=L} = c_1 EA\kappa\sin(\omega_0 t - \kappa L) - c_2 EA\kappa\sin(\omega_0 t + \kappa L) + f_0\cos(\omega_0 t)$$
$$= f_0\cos(\omega_0 t) \tag{7.1.44}$$

由式(7.1.44)得

$$c_2 = c_1\frac{\sin(\omega_0 t - \kappa L)}{\sin(\omega_0 t + \kappa L)} \tag{7.1.45}$$

将式(7.1.45)代入式(7.1.43),解得

$$c_1 = \frac{f_0}{\kappa EA}\frac{\sin(\omega_0 t + \kappa L)\sin(\kappa L - \omega_0 t)}{[\sin(\omega_0 t + \kappa L) + \sin(\omega_0 t - \kappa L)]\cos(\omega_0 t)}$$
$$= \frac{f_0\sin(\omega_0 t + \kappa L)\sin(\kappa L - \omega_0 t)}{2\kappa EA\cos(\kappa L)\sin(\omega_0 t)\cos(\omega_0 t)} \tag{7.1.46}$$

将式(7.1.45)和(7.1.46)代入式(7.1.42),通过 Maple 软件化简,得

$$u(x, t) = \frac{f_0 \sin(\kappa x)}{\kappa E A \cos(\kappa L)} \cos(\omega_0 t), \quad x \in [0, L] \tag{7.1.47}$$

注解 7.1.4:上述分析表明,杆右端简谐激励引起左行的位移波,与杆两端反射产生的位移波叠加。式(7.1.43)表明,上述三种位移波在杆左端相互抵消,满足杆左端的固定边界条件。式(7.1.44)则表明,左行应力波和右行应力波在杆右端相互抵消,简谐激励引起的左行应力波所产生内力满足杆的动力边界条件。

例 7.1.1:为了便于理解上述结果,取参数

$$\omega_0 = \pi, \quad \kappa = \frac{\omega_0}{c_0} = \pi, \quad \frac{f_0}{\kappa E A} = 1 \tag{a}$$

并记

$$u_{2R}(x, t) = c_1 \cos(\omega_0 t - \kappa x), \quad u_{2L}(x, t) = c_2 \cos(\omega_0 t + \kappa x) \tag{b}$$

首先,通过图 7.6 给出式(7.1.40)和式(7.1.41)中三个位移行波随时间的变化情况。由于在 $t = 0$ 时,$u_{2R}(x, 0) = u_{2L}(x, 0) = 0$,故图 7.6(b)和 7.6(c)中的粗实线与横轴重合。

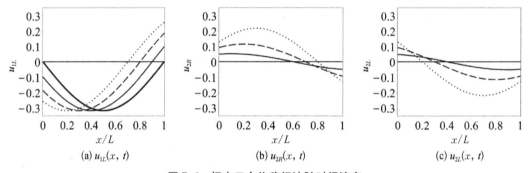

(a) $u_{1L}(x, t)$ (b) $u_{2R}(x, t)$ (c) $u_{2L}(x, t)$

图 7.6 杆中三个位移行波随时间演变

(粗实线:$t = 0$;细实线:$t = 0.1$;虚线:$t = 0.15$;点线:$t = 0.2$)

其次,图 7.7 给出三个特定时刻上述三个位移行波及其叠加结果。在图 7.7 中,不论三个位移行波随时间如何变化,它们叠加后总是由式(7.1.47)所表示的驻波;在 $t = 0.1$、

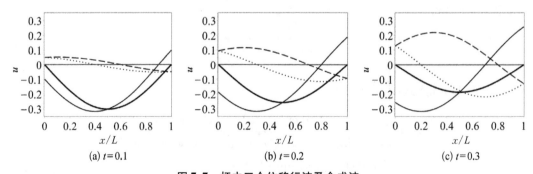

(a) $t = 0.1$ (b) $t = 0.2$ (c) $t = 0.3$

图 7.7 杆中三个位移行波及合成波

[粗实线:$u(t)$;细实线:$u_{1L}(x, t)$;虚线:$u_{2R}(x, t)$;点线:$u_{2L}(x, t)$]

0.2、0.3 这三个时刻,该驻波幅值递减。若仔细观察图中虚线和点线所代表的 $u_{2R}(x,t)$ 和 $u_{2L}(x,t)$,易见它们在杆右端随 x 增加时的变化趋势相反。这表明,它们对应的应力波在杆右端相互抵消,由左行波 $u_{1L}(x,t)$ 对应的应力波形成内力,平衡右端激励。

2. 关于定解问题的分析

由于上述波动分析的基础是齐次波动方程的 d'Alembert 行波解。读者很自然会联想,既然齐次波动方程的所有解均具有行波解的形式,是否可通过行波解直接确定上述问题的解呢?

为此,将式(7.1.7)所给出的行波解转抄如下:

$$u(x,t) = u_R(c_0 t - x) + u_L(c_0 t + x) = u_R(\xi) + u_L(\eta) \tag{7.1.48}$$

将式(7.1.48)代入杆的左端边界条件 $u(0,t)=0$,得到左右行波的反射条件为

$$u_L(c_0 t) = -u_R(c_0 t) \tag{7.1.49}$$

因式(7.1.49)对任意 $t \geq 0$ 均成立,可将 $c_0 t \geq 0$ 代换为 $\eta \geq 0$,得

$$u_L(\eta) = -u_R(\eta) \tag{7.1.50}$$

故式(7.1.48)可表示为

$$u(x,t) = u_R(\xi) - u_R(\eta) = u_R(c_0 t - x) - u_R(c_0 t + x) \tag{7.1.51}$$

但若将式(7.1.42)分解为左行波和右行波,则有

$$\begin{cases} u_R(c_0 t - x) = c_1 \cos(\omega_0 t - \kappa x) \\ u_L(c_0 t + x) = c_2 \cos(\omega_0 t + \kappa x) + \dfrac{f_0}{\kappa EA}\sin[\omega_0 t + \kappa(x-L)] \\ \qquad = \left[c_2 - \dfrac{f_0 \sin(\kappa L)}{\kappa EA}\right]\cos(\omega_0 t + \kappa x) + \dfrac{f_0 \cos(\kappa L)}{\kappa EA}\sin(\omega_0 t + \kappa x) \end{cases} \tag{7.1.52}$$

虽然式(7.1.52)属于式(7.1.48)这样的行波解形式,但左行波中含有与 $\sin(\omega_0 t + \kappa x)$ 相关的成分。当 $\cos(\kappa L) \neq 0$ 时,式(7.1.52)并不具有式(7.1.51)的结构。至于 $\cos(\kappa L)=0$,则是固定-自由杆的固有频率方程,即杆在简谐激励下的共振条件,此时杆的稳态响应趋于无穷大。因此,根据行波解和非齐次边界条件,无法得到式(7.1.42)中三个行波的合成结果。

注解 7.1.5:从数学角度看,齐次波动方程的 d'Alembert 行波解是波动方程解的基本形式,但并非定解充分条件。在数理方程著作中,仅基于行波解研究 Cauchy 初值问题①。因为这类问题的提法满足因果关系,具有充分的定解条件。鉴于波动方程的时间和空间

① 谷超豪,李大潜,陈恕行,等. 数学物理方程[M]. 北京:人民教育出版社,1979:12-35.

坐标可互易,从而可将式(7.1.39)理解为对应时间初值问题的两点边值问题,它的提法不具备完全因果性,不构成定解的充分条件。只有先确定杆右端激励引起的左行波,才能再求解上述边值问题。

3. 复函数解法

对于有限长杆在简谐激励下的稳态响应问题,复函数解法的思路与实函数法相同,只是表达方式不同。记杆在简谐激励下的波动具有复函数形式如下:

$$u_c(x, t) = \tilde{u}_c(x)\exp(i\omega_0 t), \quad x \in [0, L] \tag{7.1.53}$$

式中,复幅值 $\tilde{u}_c(x)$ 既包含杆在右端简谐激励下的受迫波动复振幅,还包括杆的自由波动复振幅。对于受迫波动复振幅,可根据 $0 \leqslant x \leqslant L = x_0$,由式(7.1.32)和注解7.1.2来确定;对于自由波动复幅值,则采用 d'Alembert 行波解的复指数函数表达式。由此得

$$\tilde{u}_c(x) = c_1\exp(i\kappa x) + c_2\exp(-i\kappa x) - \frac{if_0}{EA\kappa}\exp[i\kappa(x - L)], \quad x \in [0, L] \tag{7.1.54}$$

式中,常数 c_1 和 c_2 由杆的边界条件来确定。

根据式(7.1.39),式(7.1.54)应满足如下边界条件:

$$\tilde{u}_c(0) = 0, \quad EA\frac{d\tilde{u}_c(x)}{dx}\bigg|_{x=L} = f_0 \tag{7.1.55}$$

将式(7.1.54)代入式(7.1.55),得

$$\begin{cases} c_1 + c_2 - \dfrac{if_0\exp(-i\kappa L)}{\kappa EA} = 0 \\ i\kappa EA[c_1\exp(i\kappa L) - c_2\exp(-i\kappa L)] + f_0 = f_0 \end{cases} \tag{7.1.56}$$

由式(7.1.56)解得

$$c_1 = \frac{if_0\exp(-2i\kappa L)}{2\kappa EA\cos(\kappa L)}, \quad c_2 = \frac{if_0}{2\kappa EA\cos(\kappa L)} \tag{7.1.57}$$

将式(7.1.57)代入式(7.1.54),采用 Maple 软件化简得

$$\tilde{u}_c(x) = \frac{f_0\sin(\kappa x)}{\kappa EA\cos(\kappa L)}, \quad x \in [0, L] \tag{7.1.58}$$

最后,将式(7.1.58)代入式(7.1.53),得到与式(7.1.47)完全相同的结果,即

$$u(x, t) = \text{Re}[\tilde{u}_c(x)\exp(i\omega_0 t)] = \frac{f_0\sin(\kappa x)}{\kappa EA\cos(\kappa L)}\cos(\omega_0 t), \quad x \in [0, L] \tag{7.1.59}$$

注解 7.1.6:式(7.1.56)中的第一式表明,杆右端激励引起左行波,它与杆中左行和

右行的自由波叠加,在左端点相互抵消,满足固定边界条件;第二式则表明,在右端点,激励引起的左行波产生内力与外激励相互平衡,而左行和右行的自由波相互抵消。因此,复函数解法不仅可以清晰地揭示杆右端激励引起的左行波、自由行波的叠加效果,而且比实函数解法中的三角函数推导要简单。

7.1.4 有限长杆的简谐响应振动分析

对于简谐激励下的有限长杆稳态响应分析,振动力学教程均采用分离变量法,其具体实施过程有两种。第一种可称为**半逆解法**,即假设稳态振动解具有驻波解形式,将其代入式(7.1.39)后确定解的表达式;第二种是**模态解法**(又称**模态叠加法**),可获得级数解。相对而言,前者简单,后者通用。

1. 半逆解法

设式(7.1.39)的稳态解为

$$u(x, t) = \tilde{u}(x)\cos(\omega_0 t), \quad x \in [0, L] \tag{7.1.60}$$

将其代入式(7.1.39),则振幅函数 $\tilde{u}(x)$ 应满足如下常微分方程边值问题:

$$\begin{cases} \dfrac{\mathrm{d}^2 \tilde{u}(x)}{\mathrm{d}x^2} + \kappa^2 \tilde{u}(x) = 0, \quad x \in [0, L] \\ \tilde{u}(0) = 0, \quad EA\dfrac{\mathrm{d}\tilde{u}(x)}{\mathrm{d}x}\bigg|_{x=L} = f_0 \end{cases} \tag{7.1.61}$$

式(7.1.61)的通解为

$$\tilde{u}(x) = c_1\cos(\kappa x) + c_2\sin(\kappa x), \quad x \in [0, L] \tag{7.1.62}$$

将式(7.1.62)代入式(7.1.61)中的边界条件,解得

$$c_1 = 0, \quad c_2 = \frac{f_0}{\kappa EA\cos(\kappa L)} \tag{7.1.63}$$

将式(7.1.63)代入式(7.1.62),再将结果代入式(7.1.60),得到与式(7.1.47)完全相同的稳态响应,即

$$u(x, t) = \frac{f_0\sin(\kappa x)}{\kappa EA\cos(\kappa L)}\cos(\omega_0 t), \quad x \in [0, L] \tag{7.1.64}$$

注解 7.1.7:将式(7.1.39)的稳态解取为式(7.1.60)这样的驻波形式,主要依据线性系统的如下基本性质:对线性系统施加某个频率的简谐输入,则系统具有同频率的稳态简谐输出。这种求解方法不仅被力学界和工程界普遍接受,还被收入数学物理方法的名著[1]。该方法的不足之处是无法像波动分析方法那样,揭示稳态解的形成原因。

---

[1] 柯朗,希尔伯特.数学物理方法Ⅱ[M].钱敏,郭敦仁,译.北京:科学出版社,1981:423-431.

2. 模态解法

在数学物理方程著作中[①]，为了求解含非齐次边界条件的齐次波动方程(7.1.39)，通常引入辅助函数 $w(x, t)$，使其满足具有齐次边界条件的非齐次波动方程，采用分离变量法求解后，再获得原问题的解 $u(x, t)$。例如，定义满足齐次边界条件的函数变换为

$$w(x, t) \equiv EAu(x, t) - xf_0\cos(\omega_0 t), \quad x \in [0, L] \tag{7.1.65}$$

由此得

$$\begin{cases} \dfrac{\partial^2 u(x, t)}{\partial t^2} = \dfrac{1}{EA}\dfrac{\partial^2 w(x, t)}{\partial t^2} - \dfrac{\omega_0^2 f_0 x\cos(\omega_0 t)}{EA} \\[3mm] \dfrac{\partial^2 u(x, t)}{\partial x^2} = \dfrac{1}{EA}\dfrac{\partial^2 w(x, t)}{\partial x^2} \end{cases} \tag{7.1.66}$$

将式(7.1.66)代入式(7.1.39)，得到具有齐次边界条件的非齐次波动方程

$$\begin{cases} \dfrac{\partial^2 w(x, t)}{\partial t^2} - c_0^2\dfrac{\partial^2 w(x, t)}{\partial x^2} = f_0\omega_0^2 x\cos(\omega_0 t), \quad x \in [0, L] \\[3mm] w(0, t) = EAu(0, t) = 0, \quad \left.\dfrac{\partial w(x, t)}{\partial x}\right|_{x=L} = EA\left.\dfrac{\partial u(x, t)}{\partial x}\right|_{x=L} - f_0\cos(\omega_0 t) = 0 \end{cases} \tag{7.1.67}$$

求解式(7.1.67)得到 $w(x, t)$，再根据式(7.1.65)得到 $u(x, t)$。

根据式(7.1.67)及杆左端固定、右端自由的边界条件，可由基础教程得到杆的固有振动波数、固有频率和模态质量归一化振型为

$$\kappa_r = \frac{(2r-1)\pi}{2L}, \quad \omega_r = \kappa_r c_0, \quad \bar{\varphi}_r(x) = \sqrt{\frac{2}{L}}\sin(\kappa_r x), \quad r = 1, 2, \cdots \tag{7.1.68}$$

引入如下模态坐标变换：

$$w(x, t) = \sum_{r=1}^{+\infty}\bar{\varphi}_r(x)q_r(t) = \sqrt{\frac{2}{L}}\sum_{r=1}^{+\infty}\sin(\kappa_r x)q_r(t) \tag{7.1.69}$$

将式(7.1.69)代入式(7.1.67)中的偏微分方程，得

$$\sum_{r=1}^{+\infty}\bar{\varphi}_r(x)\frac{\partial^2 q_r(t)}{\partial t^2} - c_0^2\sum_{r=1}^{+\infty}\frac{\partial^2 \bar{\varphi}_r(x)}{\partial x^2}q_r(t) = f_0\omega_0^2 x\cos(\omega_0 t) \tag{7.1.70}$$

对式(7.1.70)两端同乘 $\bar{\varphi}_r(x)$ 后在 $[0, L]$ 上积分，根据模态质量归一化的固有振型正交性，得到一组解耦的常微分方程，即

$$\frac{\mathrm{d}^2 q_r(t)}{\mathrm{d}t^2} + \omega_r^2 q_r(t) = f_r\cos(\omega_0 t), \quad r = 1, 2, \cdots \tag{7.1.71}$$

[①] 谷超豪,李大潜,陈恕行,等.数学物理方程[M].北京:人民教育出版社,1979:34-35.

式(7.1.71)中的非齐次项为**模态激励**,其表达式为

$$f_r \equiv f_0\omega_0^2\sqrt{\frac{2}{L}}\int_0^L x\sin(\kappa_r x)\,\mathrm{d}x = \frac{4f_0\omega_0^2 L^2(-1)^r}{(2r-1)^2\pi^2}\sqrt{\frac{2}{L}},\quad r=1,2,\cdots \quad (7.1.72)$$

式(7.1.71)的稳态解为

$$q_r(t) = \frac{f_r\cos(\omega_0 t)}{\omega_r^2-\omega_0^2},\quad r=1,2,\cdots \quad (7.1.73)$$

将式(7.1.73)代入式(7.1.69),再将结果代入式(7.1.65),得到杆的简谐稳态响应为

$$u(x,t) = \frac{1}{EA}\big[w(x,t)+xf_0\cos(\omega_0 t)\big]$$

$$= \frac{f_0}{EA}\left[\frac{8L}{\pi^2}\sum_{r=1}^{+\infty}\frac{(-1)^r\omega_0^2}{(2r-1)^2(\omega_r^2-\omega_0^2)}\sin(\kappa_r x)+x\right]\cos(\omega_0 t),\quad x\in[0,L] \quad (7.1.74)$$

显然,当激励频率 ω_0 与左端固定、右端自由杆的固有频率 ω_r 重合时,稳态响应 $u(x,t)$ 发生共振。

注解 7.1.8:如果 $\omega_0 \neq \omega_r$,对于充分大的 r,式(7.1.74)中函数级数的通项满足

$$\left|\frac{(-1)^r\omega_0^2}{(2r-1)^2(\omega_r^2-\omega_0^2)}\sin(\kappa_r x)\right| \leqslant \frac{1}{(2r-1)^2} \quad (7.1.75)$$

根据数学分析中函数级数的 M-判据,该函数级数一致收敛。

注解 7.1.9:如果不引进辅助函数,直接采用式(7.1.68)中的固有振型构造模态坐标变换

$$u(x,t) = \sum_{r=1}^{+\infty}\bar\varphi_r(x)q_r(t) = \sqrt{\frac{2}{L}}\sum_{r=1}^{+\infty}\sin(\kappa_r x)q_r(t) \quad (7.1.76)$$

虽然齐次波动方程(7.1.39)可解耦,但其右端的动力边界条件成为

$$0 = EA\frac{\partial u(x,t)}{\partial x}\bigg|_{x=L} - f_0\cos(\omega_0 t)$$

$$= \sqrt{\frac{2}{L}}\sum_{r=1}^{+\infty}\kappa_r\cos(\kappa_r L)q_r(t) - f_0\cos(\omega_0 t) \quad (7.1.77)$$

由于式(7.1.77)无法解耦,会给模态解法带来困难。

3. **两种方法的等价性**

现讨论振动力学中上述两种解法的等价性。

首先,证明半逆解法属于分离变量法。事实上,若采用分离变量法直接研究含非齐次

边界条件的式(7.1.39),可设 $u(x,t)=\tilde{u}(x)q(t)$,将其代入式(7.1.39)得

$$\frac{\mathrm{d}^2 q(t)}{\mathrm{d}t^2}+\omega^2 q(t)=0,\qquad \frac{\mathrm{d}^2\tilde{u}(x)}{\mathrm{d}x^2}+\kappa^2\tilde{u}(x)=0 \qquad (7.1.78)$$

相应的边界条件为

$$u(0,t)=\tilde{u}(0)q(t)=0,\qquad EA\frac{\mathrm{d}\tilde{u}(x)}{\mathrm{d}x}q(t)\bigg|_{x=L}=f_0\cos(\omega_0 t) \qquad (7.1.79)$$

由于式(7.1.39)是受迫振动的稳态解问题,故需要先确定 $q(t)=\cos(\omega_0 t)$ 且 $\omega=\omega_0$,然后按照本小节第1部分中的步骤确定 $\tilde{u}(x)$。这属于求非齐次线性代数方程的唯一解,不同于固有振动分析中求齐次线性代数方程的无穷多解。

其次,证明半逆解法和模态解法的结果是一致的。在模态解法得到的式(7.1.74)中,将 x 展开为固有振型的 Fourier 级数,即

$$x=\sum_{r=1}^{+\infty}a_r\sin(\kappa_r x),\quad x\in[0,L] \qquad (7.1.80)$$

其 Fourier 系数为

$$a_r=\frac{2}{L}\int_0^L x\sin(\kappa_r x)\,\mathrm{d}x=\frac{8L(-1)^r}{\pi^2(2r-1)^2}\quad r=1,2,\cdots \qquad (7.1.81)$$

将式(7.1.81)代入式(7.1.74),得

$$u(x,t)=\frac{f_0}{EA}\left\{\frac{8L}{\pi^2}\sum_{r=1}^{+\infty}\sin(\kappa_r x)\left[\frac{(-1)^r\omega_0^2}{(2r-1)^2(\omega_r^2-\omega_0^2)}+\frac{(-1)^r}{(2r-1)^2}\right]\right\}\cos(\omega_0 t)$$

$$=\frac{f_0}{EA}\left\{\frac{8L}{\pi^2}\sum_{r=1}^{+\infty}\sin(\kappa_r x)\left[\frac{(-1)^r\omega_r^2}{(2r-1)^2(\omega_r^2-\omega_0^2)}\right]\right\}\cos(\omega_0 t)$$

$$=\frac{2f_0 c_0^2}{EAL}\sum_{r=1}^{+\infty}\frac{(-1)^r}{\omega_r^2-\omega_0^2}\sin(\kappa_r x)\cos(\omega_0 t),\quad x\in[0,L] \qquad (7.1.82)$$

如果将半逆解法得到的式(7.1.64)表示为 Fourier 级数,则有

$$u(x,t)=\frac{f_0\sin(\kappa x)}{\kappa EA\cos(\kappa L)}\cos(\omega_0 t)$$

$$=\sum_{r=1}^{+\infty}b_r\sin(\kappa_r x)\cos(\omega_0 t),\quad x\in[0,L] \qquad (7.1.83)$$

计算其 Fourier 系数并利用式(7.1.68)中的固有频率表达式,得

$$b_r=\frac{2}{L}\int_0^L\frac{f_0\sin(\kappa x)}{\kappa EA\cos(\kappa L)}\sin(\kappa_r x)\,\mathrm{d}x$$

$$= \frac{2f_0c_0^2}{EAL} \frac{(-1)^r}{\dfrac{\pi^2(2r-1)^2c_0^2}{4L^2} - c_0^2\kappa^2} = \frac{2f_0c_0^2}{EAL} \frac{(-1)^r}{\omega_r^2 - \omega_0^2} \tag{7.1.84}$$

显然,式(7.1.84)与式(7.1.82)中的 Fourier 系数完全相同。

回顾上述四种解法,波动分析中的实函数解法、复函数解法和振动分析中的半逆解法给出了完全相同的精确解,振动分析中的模态解法则给出一致收敛于精确解的级数解。以下具体考察模态解法的求解精度。

例 7.1.2:将杆右端稳态振动幅值除以杆右端作用静载荷 f_0 导致的静变形 f_0L/EA,定义其为无量纲化的杆右端原点幅频响应。按此定义,由式(7.1.64)可得到无量纲幅频响应的精确解为

$$|H(\omega_0)| \equiv \left| \frac{\sin(\kappa L)}{\kappa L\cos(\kappa L)} \right| = \frac{c_0}{\omega_0 L}\left| \tan\left(\frac{\omega_0 L}{c_0} \right) \right| \tag{a}$$

取式(7.1.74)中的前 n 阶模态叠加,则得到的无量纲幅频响应的近似解

$$|H_n(\omega_0)| \equiv \left| \frac{8}{\pi^2}\sum_{r=1}^{n} \frac{(-1)^r\omega_0^2}{(2r-1)^2(\omega_r^2-\omega_0^2)}\sin(\kappa_r L) + 1 \right| \tag{b}$$

现取 $n=4$,将式(a)和式(b)在图7.8中对比。该图纵轴采用对数坐标来展示近似解与精确解之间的微小差异。由图7.8可见,基于前四阶模态叠加的近似解可以很好描述幅频响应中的前三阶共振峰,具有很好的逼近精度。

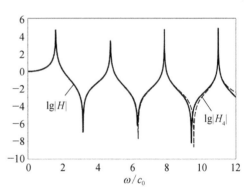

图 7.8　杆右端的原点幅频响应对比
(实线:精确解;虚线:前四阶模态近似解)

7.1.5　小结

本节针对无限长和有限长的弹性等截面杆,研究其非频散的波动和振动问题。采用波动分析和振动分析方法研究有限长杆的稳态简谐响应,对第 1 章中问题 6A 涉及的杆简谐响应计算给出了等价性结论。主要结论如下。

(1) 在波动分析方法中,基于 d'Alembert 行波解的实函数解法物理意义清晰,适用于包括具有间断波的波动分析;复函数解法使用方便,适用简谐波的波动分析。对于非简谐波,学者们已将复函数解法和 Fourier 分析(尤其是 FFT)相结合,提出了高效的计算方法。

(2) 在振动分析方法中,半逆解法相对简洁,但仅适用于简谐激励;模态解法的推导冗长,但其通用性优于半逆解法。对于非简谐激励,模态解法可通过 Duhamel 积分求解一组解耦的微分方程,然后获得最终结果。对于不同的问题,模态解法的级数收敛性不同,7.3 节将对此作进一步分析。

7.2 杆的频散波动

在 7.1 节中，基于波动方程(7.1.1)所研究的杆非频散波动属于简化的一维波动，需要满足多种假设。例如，要求杆的横截面在动态变形中保持为平面，忽略杆的横向变形、剪切变形等。通常将这种一维波动研究结果称为杆的初等波动理论，其基本特征是波动过程没有频散现象。

事实上，波在传播中会发生**频散**，即波速与频率相关。如果初始波含有多种频率成分，不同频率成分的波具有不同波速，导致初始波在传播中发生畸变。在光学中，这种畸变表现为光的**色散**，因此频散波也称为**色散波**。

当波出现频散时，相近频率成分的波速差异不大，导致波动相互调制，形成**波群**。此时，首先解决如何描述波速的问题。

例7.2.1：考察两个具有相近频率、相近波数的简谐右行波，将其表示为

$$u_{R1}(x,t)=a\cos(\omega_1 t-\kappa_1 x),\quad u_{R2}(x,t)=a\cos(\omega_2 t-\kappa_2 x) \tag{a}$$

根据三角函数的和差化积公式，由上述两个右行波合成的波群可表示为

$$u_R(x,t)=u_{R1}(x,t)+u_{R2}(x,t)=a\cos(\omega_1 t-\kappa_1 x)+a\cos(\omega_2 t-\kappa_2 x)$$

$$=2a\cos\left(\frac{\omega_1-\omega_2}{2}t-\frac{\kappa_1-\kappa_2}{2}x\right)\cos\left(\frac{\omega_1+\omega_2}{2}t-\frac{\kappa_1+\kappa_2}{2}x\right)$$

$$=2a\cos(\Delta\omega t-\Delta\kappa x)\cos(\bar\omega t-\bar\kappa x) \tag{b}$$

式中，

$$\Delta\omega\equiv\frac{\omega_1-\omega_2}{2},\quad \Delta\kappa\equiv\frac{\kappa_1-\kappa_2}{2},\quad \bar\omega\equiv\frac{\omega_1+\omega_2}{2},\quad \bar\kappa\equiv\frac{\kappa_1+\kappa_2}{2} \tag{c}$$

图 7.9 自上向下分别给出上述两个简谐右行波及其合成波群。将式(b)与合成波群示意图对比，可以看出 $\cos(\bar\omega t-\bar\kappa x)$ 是**载波**，它的频率为 $\bar\omega\approx\omega_1\approx\omega_2$，波数为 $\bar\kappa\approx\kappa_1\approx$

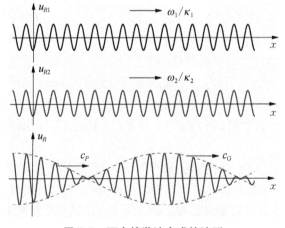

图 7.9 两个简谐波合成的波群

κ_2，即载波的频率和波数与合成前的两个右行波接近；$2a\cos(\Delta\omega t - \Delta\kappa x)$ 是**调制波**，反映波群幅值的变化，其频率 $\Delta\omega$ 和波数 $\Delta\kappa$ 均为小量，变化缓慢。因此，可用如下两个速度描述该波群的运动，即

$$c_P = \frac{\bar{\omega}}{\bar{\kappa}} = \frac{\omega_1 + \omega_2}{\kappa_1 + \kappa_2} \approx \frac{\omega_1}{\kappa_1} \approx \frac{\omega_2}{\kappa_2}, \quad c_G = \frac{\Delta\omega}{\Delta\kappa} = \frac{\omega_1 - \omega_2}{\kappa_1 - \kappa_2} \tag{d}$$

前者反映载波的相位时间变化率 $\bar{\omega}$ 与相位空间变化率 $\bar{\kappa}$ 之比；后者反映调制波的幅值变化快慢。

将例 7.2.1 的情况推广，当两个行波的频率无限接近、波数也无限接近时，定义载波相位的时空变化速率为**相速度**，波群幅值的时空变化速率为**群速度**。参考式（d），将它们定义为

$$c_P \equiv \frac{\omega}{\kappa}, \quad c_G \equiv \frac{\mathrm{d}\omega}{\mathrm{d}\kappa} = \frac{\mathrm{d}(\kappa c_P)}{\mathrm{d}\kappa} = c_P + \kappa \frac{\mathrm{d}c_P}{\mathrm{d}\kappa} \tag{7.2.1}$$

如果 $c_G < c_P$，称为**正常频散**；如果 $c_P < c_G$，则为**反常频散**；无频散时，则有 $c_P = c_G$。从物理意义看，波的能量与波群幅值的平方成正比，所以群速度体现了波的能量传播速度。

有了对频散波的波速描述，本节将在一维波动前提下，分别讨论杆的截面变化、横向惯性、边界条件等常见因素引起的波动频散问题，为采用振动力学方法研究宽带波动问题提供基础，进一步回答第 1 章的问题 6A。

7.2.1　杆的截面变化引起频散

对于细长的变截面杆，其波动仍以一维纵向波动为主。本小节在此前提下研究截面积指数变化杆（简称**指数截面杆**）的纵波。首先，介绍半无限长指数截面杆的波动频散概念；其次，讨论无限长指数截面杆在简谐激励下的纵波传播；最后，给出左端固定、右端简谐激励的指数截面杆稳态响应。

1. 半无限长杆的纵波频散问题

考察左端固定的半无限长变截面杆，其动力学方程满足

$$\begin{cases} \rho A(x) \dfrac{\partial^2 u(x,t)}{\partial t^2} - \dfrac{\partial}{\partial x}\left[EA(x)\dfrac{\partial u(x,t)}{\partial x}\right] = 0 \\ u(0,t) = 0, \quad x \in [0, +\infty) \end{cases} \tag{7.2.2}$$

式中，E 为弹性模量；ρ 为材料密度；$A(x) > 0$ 为截面积。

设式（7.2.2）的分离变量解为

$$u(x,t) = \bar{u}(x)q(t) \tag{7.2.3}$$

将式（7.2.3）代入式（7.2.2），得

$$\frac{1}{q(t)}\frac{\mathrm{d}^2 q(t)}{\mathrm{d}t^2} = \frac{1}{\rho A(x)\bar{u}(x)}\frac{\mathrm{d}}{\mathrm{d}x}\left[EA(x)\frac{\mathrm{d}\bar{u}(x)}{\mathrm{d}x}\right] = \gamma \tag{7.2.4}$$

若 $\gamma \geq 0$,得到的 $q(t)$ 将随时间延续而发散,故取 $\gamma = -\omega^2 < 0$,得

$$\begin{cases} \dfrac{\mathrm{d}}{\mathrm{d}x}\left[A(x)\dfrac{\mathrm{d}\tilde{u}(x)}{\mathrm{d}x}\right] + \dfrac{\omega^2}{c_0^2}A(x)\tilde{u}(x) = 0, \quad \tilde{u}(0) = 0 \\ \dfrac{\mathrm{d}^2 q(t)}{\mathrm{d}t^2} + \omega^2 q(t) = 0 \end{cases} \tag{7.2.5}$$

在式(7.2.5)中,第二个常微分方程在时间域具有形如 $q(t) = a\sin(\omega t + \theta)$ 的振动解,但第一个常微分方程在空间域具有怎样的波动幅值尚需讨论。因此,虽然此处仍然引入等截面杆的纵波波速 $c_0 \equiv \sqrt{E/\rho}$,但它仅作为比较参数,一般不再是变截面杆的纵波波速。

现考察 5.2 节研究过的指数截面杆,取截面积函数为

$$A(x) = A_0 \exp(\alpha x), \quad A_0 > 0, \quad x \in [0, +\infty) \tag{7.2.6}$$

由于式(7.2.6)在 $\alpha = 0$ 时退化为等截面杆,故以下关注 $\alpha \neq 0$ 的情况。将式(7.2.6)代入式(7.2.5)中第一个微分方程及其边界条件,得

$$\begin{cases} \dfrac{\mathrm{d}^2 \tilde{u}(x)}{\mathrm{d}x^2} + \alpha\dfrac{\mathrm{d}\tilde{u}(x)}{\mathrm{d}x} + \dfrac{\omega^2}{c_0^2}\tilde{u}(x) = 0 \\ \tilde{u}(0) = 0 \end{cases} \tag{7.2.7}$$

现对该线性微分方程对应的代数方程特征值讨论如下:

(1) 如果 $\alpha^2 - 4(\omega/c_0)^2 = 0$,得到重特征值 $\lambda_{1,2} = -\alpha/2$,式(7.2.7)的解为

$$\tilde{u}(x) = c_1 x \exp\left(-\frac{\alpha x}{2}\right) \tag{7.2.8}$$

式中,c_1 为积分常数,后文不再赘述。此时,如果 $\alpha > 0$,当 $x \to +\infty$ 时,$\tilde{u}(x) \to 0$,这种波无法长程传播,故称为**渐逝波**或**近场波**。如果 $\alpha < 0$,则当 $x \to +\infty$ 时,$|\tilde{u}(x)| \to +\infty$,该波动失去物理意义,在无限长杆的波动问题中不予考虑。

(2) 如果 $\alpha^2 - 4(\omega/c_0)^2 > 0$,得到一对实特征值为

$$\lambda_{1,2} = -\frac{\alpha}{2} \pm \beta, \quad \beta \equiv \sqrt{\left(\frac{\alpha}{2}\right)^2 - \left(\frac{\omega}{c_0}\right)^2} > 0 \tag{7.2.9}$$

由此得到微分方程(7.2.7)的解为

$$\tilde{u}(x) = c_1[\exp(\lambda_1 x) - \exp(\lambda_2 x)] \tag{7.2.10}$$

当 $\alpha > 0$ 时,得到 $\lambda_1 < 0$ 和 $\lambda_2 < 0$,此时若 $x \to +\infty$,则 $\tilde{u}(x) \to 0$,即该波动是渐逝波。当 $\alpha < 0$ 时,则有 $\lambda_1 > 0$ 和 $\lambda_2 > 0$,此时若 $x \to +\infty$,则 $|\tilde{u}(x)| \to +\infty$,在无限长杆的波动问题中同样不予考虑。

(3) 如果 $\alpha^2 - 4(\omega/c_0)^2 < 0$,得到一对共轭复特征值为

$$\lambda_{1,2} = -\frac{\alpha}{2} \pm i\kappa, \quad \kappa \equiv \sqrt{\left(\frac{\omega}{c_0}\right)^2 - \left(\frac{\alpha}{2}\right)^2} > 0 \tag{7.2.11}$$

式中, κ 为波数。此时微分方程(7.2.7)的解为

$$\tilde{u}(x) = c_1 \exp\left(-\frac{\alpha x}{2}\right) \sin(\kappa x) \qquad (7.2.12)$$

即波动幅值在空间域呈现具有指数衰减包络的简谐起伏。

值得注意的是, $\alpha^2 - 4(\omega/c_0)^2 < 0$ 的前提是,波动频率 ω 必须满足

$$\omega > \omega_c, \quad \omega_c \equiv \frac{|\alpha|}{2} c_0 \qquad (7.2.13)$$

即当 $\omega > \omega_c$ 时,纵波才能在杆中传播,故将式(7.2.13)所定义的 ω_c 称为**截止圆频率**,对应的**截止频率**为 $f_c \equiv \omega_c/2\pi$。

当 $\omega > \omega_c$ 时,根据式(7.2.1),定义指数截面杆的**纵波相速度**为

$$c_L \equiv \frac{\omega}{\kappa} = \frac{\omega}{\sqrt{\left(\dfrac{\omega}{c_0}\right)^2 - \left(\dfrac{\alpha}{2}\right)^2}} = \frac{\omega}{\sqrt{\left(\dfrac{\omega}{c_0}\right)^2 - \left(\dfrac{\omega_c}{c_0}\right)^2}} = \frac{c_0}{\sqrt{1 - \left(\dfrac{\omega_c}{\omega}\right)^2}} > c_0 \qquad (7.2.14)$$

式(7.2.14)还可改写为纵波相速度与波数的关系,即

$$c_L \equiv \frac{\omega}{\kappa} = \frac{c_0\sqrt{\kappa^2 + (\alpha/2)^2}}{\kappa} = c_0\sqrt{1 + \left(\frac{\alpha}{2\kappa}\right)^2} > c_0 \qquad (7.2.15)$$

由式(7.2.14)和式(7.2.15)可见,杆的纵波相速度 c_L 与频率 ω 或波数 κ 有关,可写为函数 $c_L(\omega)$ 或 $c_L(\kappa)$。此外,参考式(7.2.1),定义指数截面杆的**纵波群速度**为

$$c_G = \frac{\mathrm{d}\omega}{\mathrm{d}\kappa} = \frac{\kappa c_0}{\sqrt{\kappa^2 + (\alpha/2)^2}} \leqslant c_0 \qquad (7.2.16)$$

因此,指数截面杆具有正常频散,且纵波的相速度和群速度满足如下关系:

$$c_L c_G = c_0\sqrt{1 + \left(\frac{\alpha}{2\kappa}\right)^2} \cdot \frac{\kappa c_0}{\sqrt{\kappa^2 + (\alpha/2)^2}} = c_0^2 \qquad (7.2.17)$$

注解 7.2.1:在式(7.2.14)中,当 $\omega \to \omega_c^+$ 时必有 $c_L \to +\infty$。与此同时, $\kappa \to 0$,由式(7.2.16)得到 $c_G \to 0$。由于相速度 $c_L \to +\infty$ 仅表明纵波的相位变化极快,而群速度 $c_G \to 0$ 则体现纵波的幅值变化速度为零,即能量传播速度为零。因此,此时纵波并无法传播。

例 7.2.2:考察长为 $L = 1$ m 的铝杆,其两端面积之比 $A(L)/A_0$ 为 2。在左端固定、右端自由边界条件下,讨论其截止频率和固有频率的关系。

根据式(7.2.6),得到截面积函数的参数为

$$\alpha = \frac{\ln[A(L)/A_0]}{L} = \ln(2) = 0.693\ 1\ /\mathrm{m} \qquad (a)$$

取铝的弹性模量为 $E = 72.7$ GPa,密度为 $\rho = 2\,700$ kg/m^3, 得

$$c_0 = \sqrt{\frac{E}{\rho}} = 5\,189.02 \text{ m/s} \tag{b}$$

将式(a)和式(b)代入式(7.2.13),得到与边界条件无关的截止频率如下:

$$f_c = \frac{\omega_c}{2\pi} = \frac{\alpha c_0}{4\pi} \approx 286.2 \text{ Hz} \tag{c}$$

对于右端自由的指数截面杆,其边界条件为

$$EA(x) \left. \frac{\partial u(x,\ t)}{\partial x} \right|_{x=L} = 0 \tag{d}$$

将式(7.2.12)描述的左端固定杆波动幅值函数代入式(d),得

$$c_1 EA(L) \tilde{u}_x(L) = c_1 EA_0 \exp\left(\frac{\alpha L}{2}\right) \left[\kappa \cos(\kappa L) - \frac{\alpha}{2} \sin(\kappa L) \right] = 0 \tag{e}$$

将式(a)代入式(e),得到描述杆固有振动的特征方程为

$$0.693\,1L\tan(\kappa L) - 2\kappa L = 0 \tag{f}$$

求解该方程,得到特征值如下:

$$\kappa_1 = 1.312\,6/L, \quad \kappa_2 = 4.637\,8/L, \quad \kappa_3 = 7.809\,6/L, \cdots \tag{g}$$

由此得到指数截面杆的固有频率为

$$f_r = \frac{c_0}{2\pi} \sqrt{\left(\frac{\alpha}{2}\right)^2 + \kappa_r^2}, \quad r = 1,\ 2,\ \cdots \tag{h}$$

表 7.1 给出指数截面杆和等截面杆的前三阶固有频率、纵波波速比的对比。由表 7.1 可知,指数截面杆的第一阶固有频率远高于截止频率;随着固有频率阶次增加,两种杆在固有频率、纵波群速度方面的差异都越来越小。

表 7.1 指数截面杆和等截面杆的固有频率、纵波波速比的对比

	第 一 阶	第 二 阶	第 三 阶
等截面杆固有频率/Hz	1 297.25	3 891.75	6 486.25
指数截面杆固有频率/Hz	1 121.23	3 840.83	6 455.97
纵波波速比/(c_G/c_0)	0.966 8	0.997 2	0.999 0

注解 7.2.2: 按照上述思路,还可研究其他变截面杆的纵波频散问题。例如,文献①研究了截面积为二次函数、双曲三角函数的变截面杆。其中,二次函数的变截面杆截

---

① Guo S Q, Yang S P. Wave motions in non-uniform one-dimensional waveguides [J]. Journal of Vibration and Control, 2012, 18(1): 92 – 100.

止频率为零,其具有非频散纵波;而双曲三角函数的变截面杆具有非零截止频率,以及与指数截面杆相似的纵波频散特性。

注解 7.2.3:尽管上述分析预测了指数截面杆的纵波传播具有频散,但仍基于初等波动理论,未考虑杆的横向惯性、剪切变形等三维效应对一维波动假设的影响。文献[①]基于Mindlin-Herrmann 理论,考虑上述影响后计算得到的截止频率为 340 Hz,而实验测得的截止频率约 360 Hz。

2. 无限长杆的简谐纵波

现考察上述指数截面杆,研究其在指定位置受简谐激励的稳态波动问题。采用7.1.2 小节的复函数解法,将杆的动力学方程表示为

$$
\rho A_0 \exp(\alpha x) \frac{\partial^2 u_c(x,t)}{\partial t^2} - \frac{\partial}{\partial x}\left[EA_0 \exp(\alpha x) \frac{\partial u_c(x,t)}{\partial x} \right] = f_0 \delta(x) \exp(\mathrm{i}\omega_0 t)
$$

$$(7.2.18)$$

设式(7.2.18)的复指数函数解为

$$
u_c(x,t) = \tilde{u}_c(x) \exp(\mathrm{i}\omega_0 t) \tag{7.2.19}
$$

式中,$\tilde{u}_c(x)$ 是待定的复振幅函数。将式(7.2.19)代入式(7.2.18),得到 $\tilde{u}_c(x)$ 应满足的常微分方程为

$$
\frac{\mathrm{d}^2 \tilde{u}_c(x)}{\mathrm{d}x^2} + \alpha \frac{\mathrm{d}\tilde{u}_c(x)}{\mathrm{d}x} + \left(\frac{\omega_0}{c_0}\right)^2 \tilde{u}_c(x) = -\frac{f_0 \delta(x)}{EA_0 \exp(\alpha x)} \tag{7.2.20}
$$

当 $x \neq 0$ 时,式(7.2.20)为齐次线性常微分方程,且与式(7.2.7)一致。设激励频率高于截止圆频率,即 $\omega_0 > \omega_c = |\alpha| c_0 / 2$,则式(7.2.20)的通解为

$$
\tilde{u}_c(x) = \exp\left(-\frac{\alpha x}{2}\right)\left[c_1 \exp(\mathrm{i}\kappa x) + c_2 \exp(-\mathrm{i}\kappa x) \right], \quad x \in (-\infty, +\infty)
$$

$$(7.2.21)$$

式中,κ 是(7.2.11)中定义的波数。将式(7.2.21)代入式(7.2.19),得到其复指数解为

$$
\begin{cases}
u_c(x,t) = \exp\left(-\frac{\alpha x}{2}\right)\left\{ c_1 \exp[\mathrm{i}\kappa(c_L t - x)] + c_2 \exp[\mathrm{i}\kappa(c_L t + x)] \right\} \\
x \in [-c_L t, c_L t], \quad t \in [0, +\infty)
\end{cases} \tag{7.2.22}
$$

式中,c_L 是式(7.2.14)所定义的纵波相速度。

在激励点右侧($x > 0$),杆中只有右行波,此时 $c_2 = 0$;而在激励点左侧($x < 0$),杆中只有左行波,此时 $c_1 = 0$。因此,式(7.2.21)可表示为

---

① 魏义敏,杨世锡,甘春标. 变截面杆中纵波传播特性的实验研究[J]. 振动、测试与诊断,2016,36(3):498-504.

$$\tilde{u}_c(x) = \begin{cases} c_1 \exp\left(-\dfrac{\alpha x}{2}\right) \exp(-\mathrm{i}\kappa x), & x \in [0, c_L t] \\ c_2 \exp\left(-\dfrac{\alpha x}{2}\right) \exp(\mathrm{i}\kappa x), & x \in [-c_L t, 0] \end{cases} \quad (7.2.23)$$

根据杆位移 $u_c(x, t)$ 在 $x = 0$ 处的连续性,即 $\tilde{u}_c(x)$ 在 $x = 0$ 处连续,得到 $c_1 = c_2$。注意在 $x = 0$ 处,杆的应变不连续,即

$$\left.\frac{\partial u_c(x, t)}{\partial x}\right|_{x=0} = \exp(\omega_0 t) \left.\frac{\mathrm{d}\tilde{u}_c(x)}{\mathrm{d}x}\right|_{x=0} = \begin{cases} \left(-\dfrac{\alpha}{2} - \mathrm{i}\kappa\right) c_1 \exp(\omega_0 t), & x = 0^+ \\ \left(-\dfrac{\alpha}{2} + \mathrm{i}\kappa\right) c_1 \exp(\omega_0 t), & x = 0^- \end{cases}$$

$$(7.2.24)$$

类似于对简谐激励下的等截面杆在 $x = 0$ 处的微单元受力分析,可得

$$EA_0\left[\left(-\frac{\alpha}{2} - \mathrm{i}\kappa\right) c_1 - \left(-\frac{\alpha}{2} + \mathrm{i}\kappa\right) c_1\right] + f_0 = 0 \quad (7.2.25)$$

由此得到 $c_1 = c_2 = -\mathrm{i}f_0/2\kappa EA_0$,所以有

$$\tilde{u}_c(x) = -\frac{\mathrm{i}f_0}{2\kappa EA_0} \exp\left(-\frac{\alpha x}{2}\right) \exp(-\mathrm{i}\kappa |x|), \quad x \in [-c_L t, c_L t] \quad (7.2.26)$$

将式(7.2.26)代入式(7.2.19)并取实部,得到实函数解为

$$u(x, t) = \frac{f_0}{2\kappa EA_0} \exp\left(-\frac{\alpha x}{2}\right) \sin(\omega_0 t - \kappa |x|), \quad x \in [-c_L t, c_L t], \quad t \in [0, +\infty)$$

$$(7.2.27)$$

显然,当 $\alpha = 0$ 时,式(7.2.27)退化为等截面杆的简谐波动。需要指出的是,上述讨论限定 $\omega_0 > \omega_c$。对于 $\omega_0 \leq \omega_c$ 的情况,将在后文中讨论。

3. 左端固定、右端简谐激励的稳态响应

对于指数截面杆,考察其左端固定、右端受简谐激励的稳态问题响应,对应的动力学方程边值问题为

$$\begin{cases} \rho A \dfrac{\partial^2 u(x, t)}{\partial t^2} - \dfrac{\partial}{\partial x}\left[EA_0 \exp(\alpha x) \dfrac{\partial u(x, t)}{\partial x}\right] = 0, & x \in [0, L] \\ u(0, t) = 0, \quad EA(L)u_x(L, t) = f_0 \cos(\omega_0 t) \end{cases} \quad (7.2.28)$$

在本问题的研究中,将不限定激励频率满足 $\omega_0 > \omega_c$。

对于简谐激励下的线性系统,其稳态响应必定是简谐的。根据7.1节的研究,采用振动分析中的半逆解法最简洁,故设式(7.2.28)的稳态解为

$$u(x, t) = \tilde{u}(x) \cos(\omega_0 t), \quad x \in [0, L] \quad (7.2.29)$$

将其代入式(7.2.28),则振幅函数 $\tilde{u}(x)$ 满足常微分方程边值问题

$$\begin{cases} \dfrac{\mathrm{d}^2\tilde{u}(x)}{\mathrm{d}x^2} + \alpha\dfrac{\mathrm{d}\tilde{u}(x)}{\mathrm{d}x} + \left(\dfrac{\omega_0}{c_0}\right)^2\tilde{u}(x) = 0, \quad x \in [0, L] \\ \tilde{u}(0) = 0, \quad EA(x)\dfrac{\mathrm{d}\tilde{u}(x)}{\mathrm{d}x}\bigg|_{x=L} = f_0 \end{cases} \tag{7.2.30}$$

以下的研究重点是波动振幅 $\tilde{u}(x)$ 在空间域的分布。

式(7.2.30)中的齐次常微分方程具有如下通解:

$$\tilde{u}(x) = \exp\left(-\frac{\alpha x}{2}\right)\left[c_1\exp(\tilde{\kappa}x) + c_2\exp(-\tilde{\kappa}x)\right] \tag{7.2.31}$$

式中,$\tilde{\kappa}$ 为尚待讨论的复波数,定义为

$$\tilde{\kappa} \equiv \sqrt{\left(\frac{\alpha}{2}\right)^2 - \left(\frac{\omega_0}{c_0}\right)^2} \tag{7.2.32}$$

将式(7.2.31)代入式(7.2.30)中的左端边界条件,解出 $c_2 = -c_1$,得

$$\tilde{u}(x) = c_1\exp\left(-\frac{\alpha x}{2}\right)\left[\exp(\tilde{\kappa}x) - \exp(-\tilde{\kappa}x)\right] \tag{7.3.33}$$

再将式(7.3.33)代入式(7.2.30)中的右端边界条件,得

$$EA(x)\frac{\mathrm{d}\tilde{u}(x)}{\mathrm{d}x}\bigg|_{x=L}$$
$$= c_1EA_0\exp\left(\frac{\alpha L}{2}\right)\left[\left(\tilde{\kappa} - \frac{\alpha}{2}\right)\exp(\tilde{\kappa}L) + \left(\tilde{\kappa} + \frac{\alpha}{2}\right)\exp(-\tilde{\kappa}L)\right] = f_0 \tag{7.2.34}$$

由此解得

$$c_2 = \frac{f_0}{EA_0\exp\left(\dfrac{\alpha L}{2}\right)\left[\left(\tilde{\kappa} - \dfrac{\alpha}{2}\right)\exp(\tilde{\kappa}L) + \left(\tilde{\kappa} + \dfrac{\alpha}{2}\right)\exp(-\tilde{\kappa}L)\right]} \tag{7.2.35}$$

将式(7.2.35)代入式(7.2.33),再将结果代入式(7.2.29),得到指数截面杆的稳态简谐响应表达式为

$$u(x, t) = \frac{f_0\exp\left(-\dfrac{\alpha L}{2}\right)\exp\left(-\dfrac{\alpha x}{2}\right)\left[\exp(\tilde{\kappa}x) - \exp(-\tilde{\kappa}x)\right]\cos(\omega_0 t)}{EA_0\left[\left(\tilde{\kappa} - \dfrac{\alpha}{2}\right)\exp(\tilde{\kappa}L) + \left(\tilde{\kappa} + \dfrac{\alpha}{2}\right)\exp(-\tilde{\kappa}L)\right]} \tag{7.2.36}$$

根据式(7.2.13)所定义的截止圆频率 $\omega_c \equiv c_0|\alpha|/2$,现讨论激励频率 ω_0 和截止圆频率

ω_c 之间关系的三种情况。

1) 激励频率满足 $\omega_0 > \omega_c$

由式(7.2.32)可见,此时 $\tilde{\kappa} = \mathrm{i}\kappa$,其中 κ 是式(7.2.11)所定义的波数。因此,式 (7.2.36)可简化为

$$u(x,t) = \frac{f_0 \exp\left(-\dfrac{\alpha L}{2}\right) \exp\left(-\dfrac{\alpha x}{2}\right) \sin(\kappa x)}{EA_0\left[\kappa\cos(\kappa L) - \dfrac{\alpha}{2}\sin(\kappa L)\right]}\cos(\omega_0 t) \qquad (7.2.37)$$

在式(7.2.37)中,分子中的 $\exp(-\alpha x/2)\sin(\kappa x)$ 与杆的位置坐标 x 相关,反映动响应幅值沿杆长的波动;当 $\alpha > 0$ 时,杆右端的纵波幅值小于左端;当 $\alpha < 0$ 时,则相反。式 (7.2.37)分母中的方括号部分正是例7.2.2的特征方程,即当波数 κ 为式(e)的特征值时,杆的幅频响应呈现共振。当 $\alpha = 0$ 时,式(7.2.37)退化为等截面杆的稳态振动,与式 (7.1.64)的结果一致。由此可见,当 $\omega_0 > \omega_c$ 时,杆截面指数变化仅改变了稳态简谐响应幅值沿杆长的变化。当然,对于宽频激励,杆截面变化引起的频散会导致其波动响应变得比较复杂。

2) 激励频率满足 $\omega_0 < \omega_c$

由式(7.2.32)可见,此时 $\tilde{\kappa} > 0$。将式(7.2.36)的分子中与位置坐标 x 相关的部分表示为

$$\exp\left(-\frac{\alpha x}{2}\right)\left[\exp(\tilde{\kappa}x) - \exp(-\tilde{\kappa}x)\right]$$

$$= \exp\left(\tilde{\kappa}L - \frac{\alpha x}{2}\right)\left\{\exp\left[\tilde{\kappa}(x-L)\right] - \exp\left[-\tilde{\kappa}(x+L)\right]\right\} \qquad (7.2.38)$$

显然,式(7.2.38)的大括号中第二项 $\exp\left[-\tilde{\kappa}(x+L)\right]$ 从 $x=0$ 起随着 x 的增加而单调递减,属于杆左端边界导致的右渐逝波;第一项 $\exp\left[\tilde{\kappa}(x-L)\right]$ 则从 $x=L$ 起随着 x 的减小而单调递减,属于杆右端边界导致的左渐逝波。虽然这两个渐逝波均不能长程传播,但它们的差与因子 $\exp(\tilde{\kappa}L - \alpha x/2)$ 一起,构成了简谐响应幅值沿杆长的分布。此时,式 (7.2.36)可表示为

$$u(x,t) = \frac{f_0 \exp\left(-\dfrac{\alpha L}{2}\right) \exp\left(-\dfrac{\alpha x}{2}\right) \sinh(\tilde{\kappa}x)}{EA_0\left[\tilde{\kappa}\cosh(\tilde{\kappa}L) - \dfrac{\alpha}{2}\sinh(\tilde{\kappa}L)\right]}\cos(\omega_0 t) \qquad (7.2.39)$$

由于 $\exp\left(-\dfrac{\alpha x}{2}\right)$ 和 $\sinh(\tilde{\kappa}x)$ 关于 x 单调,故简谐响应幅值沿杆长单调变化。

根据式(7.3.32),如果 $\omega_0 \to 0$,则有 $\tilde{\kappa} \to |\alpha|/2$,对式(7.2.39)取极限得到指数截面杆在静载荷 f_0 作用下的变形,即

$$\lim_{\omega_0 \to 0} \tilde{u}_s(x) = \lim_{\tilde{\kappa} \to |\alpha|/2} \frac{f_0 \exp\left(-\dfrac{\alpha L}{2}\right) \exp\left(-\dfrac{\alpha x}{2}\right) \sinh(\tilde{\kappa} x)}{EA_0 \left[\tilde{\kappa}\cosh(\tilde{\kappa} L) - \dfrac{\alpha}{2}\sinh(\tilde{\kappa} L)\right]}$$

$$= \frac{f_0[1 - \exp(-\alpha x)]}{\alpha EA_0} \tag{7.2.40}$$

在动力学方程(7.2.28)中取 $\rho = 0$ 和 $\omega_0 = 0$,通过两次积分即可验证该结果。

3)激励频率满足 $\omega_0 = \omega_c$

根据式(7.2.32),此时 $\tilde{\kappa} = \kappa = 0$,式(7.2.36)出现间断点。但不论是由式 (7.2.39)取左极限 $\omega_0 \to \omega_c^-$,还是由式(7.2.37)取右极限 $\omega_0 \to \omega_c^+$,均可由 L'Hôpital 法则得到杆的纵向位移为

$$\lim_{\omega_0 \to \omega_c^-} u(x,t) = \lim_{\omega_0 \to \omega_c^+} u(x,t) = \frac{2f_0 \exp\left(-\dfrac{\alpha L}{2}\right) x\exp\left(-\dfrac{\alpha x}{2}\right)}{EA_0(2 - \alpha L)}\cos(\omega_c t) \tag{7.2.41}$$

注解 7.2.4:虽然此时由式(7.2.11)和式(7.2.32)定义的两种波数均为零,但杆的稳态简谐响应并不为零。式(7.2.41)分子中的 $x\exp(-\alpha x/2)$ 描述了杆的动响应幅值沿杆长分布,这与式(7.2.8)完全一致,体现了重特征值的效应。

例 7.2.3:对于例 7.2.2 中的指数截面的铝杆,考察其在右端简谐激励下的稳态响应。根据例 7.2.2,取杆的参数为

$$L = 1\ \text{m}, \quad \alpha = 0.693\ 1/\text{m}, \quad E = 72.7\ \text{GPa}, \quad \rho = 2\ 700\ \text{kg/m}^3 \tag{a}$$

计算得到杆的截止频率为

$$f_c = \frac{\omega_c}{2\pi} = \frac{\alpha c_0}{4\pi} = \frac{\alpha}{4\pi}\sqrt{\frac{E}{\rho}} \approx 286.2\ \text{Hz} \tag{b}$$

根据式(7.2.37)和式(7.2.39),可得到杆右端的无量纲化原点幅频响应 $|\tilde{u}(L)/\tilde{u}_s(L)|$,其中 $\tilde{u}_s(L)$ 是根据式(7.2.40)得到的杆右端静变形。图 7.10 中实线是该幅频响应,虚线是基于指数截面杆的前六阶模态叠加得到的近似幅频响应。与例 7.1.2 中等截面杆的情况相比,此时模态叠加得到的近似结果精度明显下降。由图 7.10(b)中的局部放大结果可见,杆在截止频率附近的幅频响应曲线是光滑的,即截止频率 $f_c = \omega_c/(2\pi)$ 是该幅频响应曲线的正则奇点。

7.2.2　杆的横向惯性引起频散

人们很早就发现,杆的波动问题并非是理想化的一维波动,而是复杂的三维弹性动力学问题。随着波动频率升高,三维弹性动力学的横向惯性、剪切变形等效应将发挥重要作用。因此,在波导元件等涉及高频波动问题的产品精细设计中,必须考虑上述效应。

历史上,曾经有许多学者研究杆的三维弹性波问题。1876 年,德国数学家

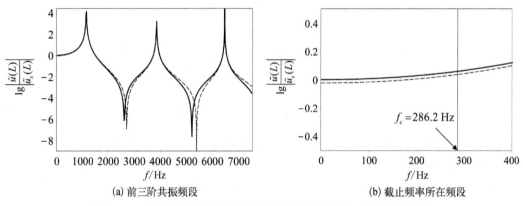

(a) 前三阶共振频段　　　　　(b) 截止频率所在频段

图 7.10　左端固定指数截面杆在右端简谐激励下的无量纲幅频响应

（实线：精确结果；虚线：模态近似解）

Pochhammer 首先获得无限长自由表面圆杆的稳态波动精确解，而且发现精确解有无穷多个解支[①]。上述精确解仅限于圆截面杆，而且求解过程和最终结果都很复杂。目前，这类精确解主要用于检验各种近似解。在杆纵向波动的三维近似解方面，代表性进展包括：1944 年，英国数学和力学家 Love 建立了计入杆横向惯性效应的理论；1950 年，美国力学家 Mindlin 和 Herrmann 建立了计入杆剪切变形的理论等。美国力学家 Graff 的著作全面介绍了相关进展[②]。

在杆纵向波动的三维近似解中，计入杆横向惯性效应的 Love 理论最简单，但显著拓展了杆的初等波动理论。本小节介绍该理论，并在后续的 7.3 节讨论如何运用该理论处理杆的冲击响应问题。

1. Love 杆模型和频散波动

对于左端固定、右端自由的等截面杆，3.1.1 小节基于 Hamilton 变分原理，建立了计入横向惯性效应的 Love 杆动力方程边值问题，即

$$\begin{cases} \dfrac{\partial^2 u(x,t)}{\partial t^2} = c_0^2 \dfrac{\partial^2 u(x,t)}{\partial x^2} + \nu^2 r_p^2 \dfrac{\partial^4 u(x,t)}{\partial x^2 \partial t^2}, \quad x \in [0,L], \quad c_0 \equiv \sqrt{\dfrac{E}{\rho}} \\ u(0,t) = 0, \quad c_0^2 u_x(L,t) + \nu^2 r_p^2 u_{xtt}(L,t) = 0 \end{cases}$$

$$(7.2.42)$$

在式(7.2.42)中，ν 为材料的 Poisson 比；r_p 为杆的截面极回转半径。值得注意的是，式(7.2.42)的右端自由边界与过去不同，即杆在自由端的纵向应变需要与横向惯性效应相互抵消。

设式(7.2.42)的复指数形式行波解为

$$u(x,t) = \hat{u}\exp[\mathrm{i}(\omega t - \kappa x)] \tag{7.2.43}$$

① Pochhammer L. Über die fortpflanzungsgeschwindigkeiten kleiner schwingungen in einem unbegrenzten isotropen kreiscylinder[J]. Journal für die Reine und Angewandte Mathematik, 1876, 81(3): 324 - 336.

② Graff K F. Wave motion in elastic solids[M]. Columbus: Ohio State University Press, 1975: 431 - 575.

式中，$\hat{u}$ 为常数。将式(7.2.43)代入式(7.2.42)中的偏微分方程，得到频率和波数的关系为

$$\omega^2 + \nu^2 r_p^2 \kappa^2 \omega^2 - c_0^2 \kappa^2 = 0 \qquad (7.2.44)$$

现对式(7.2.44)作两个方面的讨论。

首先，由式(7.2.44)求解波数，得

$$\kappa = \frac{\omega}{\sqrt{c_0^2 - \nu^2 r_p^2 \omega^2}} \qquad (7.2.45)$$

式(7.2.45)意味着 $c_0^2 - \nu^2 r_p^2 \omega^2 > 0$，即存在截止圆频率 ω_c，使得

$$\omega < \omega_c \equiv \frac{c_0}{\nu r_p} \qquad (7.2.46)$$

如果 $\omega > \omega_c$，则式(7.2.45)中的波数为虚数，意味着纵波成为渐逝波。此时，如果沿杆纵向施加这样的高频激励，则杆的纵向波动无法长程传播。Love 杆可能会像指数截面杆那样，呈现低幅值的纵向动响应；也可能将纵向输入能量转化为横向波动。

注解 7.2.5：从三维弹性动力学的观点看，沿杆纵向的输入能量无法全部转为横向变形能，部分将转为剪切变形能，故 Love 杆模型存在理论缺陷。幸运的是，Love 杆模型的该截止圆频率非常高。以圆截面钢杆为例，取 Poisson 比为 $\nu = 0.28$，杆截面直径为 $d = 0.1 \, \text{m}$，则截面极回转半径为 $r_p = d/\sqrt{8} \approx 3.54 \times 10^{-2} \, \text{m}$，得到截止圆频率为 $\omega_c = c_0/\nu r_p \approx 5.23 \times 10^6 \, \text{rad/s}$，截止频率为 $f_c = \omega_c/2\pi \approx 83.3 \, \text{kHz}$。因此，Love 杆模型具有较宽的频率适用范围。

其次，由式(7.2.44)求解频率，得

$$\omega = \frac{c_0 \kappa}{\sqrt{1 + \nu^2 r_p^2 \kappa^2}} \qquad (7.2.47)$$

进而得到杆中纵波的相速度和群速度为

$$\begin{cases} c_L = \dfrac{\omega}{\kappa} = \dfrac{c_0}{\sqrt{1 + \nu^2 r_p^2 \kappa^2}} \\[2mm] c_G = \dfrac{\mathrm{d}\omega}{\mathrm{d}\kappa} = \dfrac{c_0}{(1 + \nu^2 r_p^2 \kappa^2)^{3/2}} < c_L \end{cases} \qquad (7.2.48)$$

根据 $c_G < c_L$ 可知，Love 杆模型所计入的横向惯性效应将导致杆的纵波发生正常频散。

图 7.11 给出了初等波动理论、Love 理论、三维弹性动力学精确理论预测的纵波

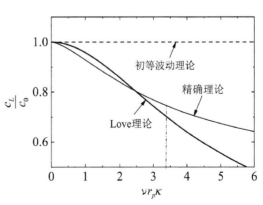

图 7.11　杆的纵波相速度随波数变化情况

无量纲相速度比较。由图 7.11 可见，随着无量纲波数 $\nu r_p \kappa$ 增加，初等波动理论与精确理论的差异逐渐加大；对于 $\nu r_p \kappa \in [0, 1]$，Love 理论预测的相速度与精确理论的结果比较接近；当 $\nu r_p \kappa > 1$ 时，Love 理论逐渐失效；特别当 $\kappa \to +\infty$ 时，Love 理论预测的相速度和群速度均趋于零。由式(7.2.47)可知，当 $\kappa \to +\infty$ 时，必有 $\omega \to \omega_c$，即杆中的纵波无法传播。然而，三维弹性动力学精确理论的结果中并没有截止频率，即波速不会为零，纵波仍可传播。

通常人们将 Love 理论作为对初等波动理论的修正，用于处理低波数的频散问题。若将 $\nu r_p \kappa = 1$ 作为 Love 理论的适用上限，则对应的波数上限为

$$\kappa_{\max} = \frac{1}{\nu r_p} \tag{7.2.49}$$

将式(7.2.49)代入式(7.2.47)，并且利用式(7.2.45)得到相应的频率上限为

$$\omega_{\max} = \frac{c_0 \kappa_{\max}}{\sqrt{2}} = \frac{c_0}{\sqrt{2}\,\nu r_p} = \frac{\omega_c}{\sqrt{2}} \tag{7.2.50}$$

例如，仍考虑圆截面钢杆，材料 Poisson 比为 $\nu = 0.28$，杆直径为 $d = 0.1\,\mathrm{m}$。根据注解 7.2.5 和式(7.2.50)，可得 $f_{\max} = \omega_{\max}/2\pi = f_c/\sqrt{2} \approx 58.96\,\mathrm{kHz}$。这表明，Love 杆模型在描述波动频散方面具有较宽的频率范围。

2. Love 杆模型的自由振动

现研究基于 Love 理论描述的左端固定、右端自由杆固有振动问题。设式(7.2.42)的分离变量解为

$$u(x, t) = \varphi(x) q(t) \tag{7.2.51}$$

将式(7.2.51)代入式(7.2.42)，得

$$\left[c_0^2 q(t) + \nu^2 r_p^2 \frac{\mathrm{d}^2 q(t)}{\partial t^2} \right]^{-1} \frac{\mathrm{d}^2 q(t)}{\mathrm{d} t^2} = [\varphi(x)]^{-1} \frac{\mathrm{d}^2 \varphi(x)}{\mathrm{d} x^2} \tag{7.2.52}$$

该等式成立的前提是：其左端和右端为同一个常数。根据式(7.2.42)的边界条件可判断，该常数必为负，可取其为 $-\kappa^2$。因此，式(7.2.52)可分离为

$$\frac{\mathrm{d}^2 \varphi(x)}{\mathrm{d} x^2} + \kappa^2 \varphi(x) = 0, \quad (1 + \nu^2 r_p^2 \kappa^2) \frac{\mathrm{d}^2 q(t)}{\mathrm{d} t^2} + c_0^2 \kappa^2 q(t) = 0 \tag{7.2.53}$$

将式(7.2.51)代入式(7.2.42)中的边界条件，得

$$\begin{cases} u(0, t) = \varphi(0) q(t) = 0 \\ c_0^2 u_x(L, t) + \nu^2 r_p^2 u_{xtt}(L, t) = \varphi_x(L)[c_0^2 q(t) + \nu^2 r_p^2 q_{tt}(t)] = 0 \end{cases} \tag{7.2.54}$$

由此得到简化的边界条件

$$\varphi(0) = 0, \quad \varphi_x(L) = 0 \tag{7.2.55}$$

首先,求解式(7.2.53)中第一个常微分方程,得到通解为

$$\varphi(x) = a_1\cos(\kappa x) + a_2\sin(\kappa x) \tag{7.2.56}$$

将式(7.2.56)代入边界条件(7.2.55),得到杆的固有振动特征值问题为

$$a_1 = 0, \quad a_2\kappa\cos(\kappa L) = 0 \tag{7.2.57}$$

由式(7.2.57)解出固有振动的波数为

$$\kappa_r = \frac{(2r-1)\pi}{2}, \quad r = 1,\, 2,\, \cdots \tag{7.2.58}$$

将其代入式(7.2.56),得到幅值归一化的固有振型为

$$\varphi_r(x) = \sin(\kappa_r x) = \sin\left[\frac{(2r-1)\pi}{2}\right], \quad r = 1,\, 2,\, \cdots \tag{7.2.59}$$

其次,对于波数 κ_r,求解式(7.2.53)中第二个常微分方程,得到其自由振动为

$$q_r(t) = b_{1r}\cos(\omega_r t) + b_{2r}\sin(\omega_r), \quad \omega_r \equiv \frac{c_0\kappa_r}{\sqrt{1 + \nu^2 r_p^2 \kappa_r^2}}, \quad r = 1,\, 2,\, \cdots \tag{7.2.60}$$

因此,杆的自由振动通解为

$$u(x,\, t) = \sum_{r=1}^{+\infty}\sin(\kappa_r x)\left[b_{1r}\cos\left(\frac{c_0\kappa_r t}{\sqrt{1 + \nu^2 r_p^2 \kappa_r^2}}\right) + b_{2r}\sin\left(\frac{c_0\kappa_r t}{\sqrt{1 + \nu^2 r_p^2 \kappa_r^2}}\right)\right] \tag{7.2.61}$$

值得注意的是,式(7.2.61)中的固有振动频率需满足以下条件:

$$\lim_{r\to+\infty}\omega_r \equiv \frac{c_0\kappa_r}{\sqrt{1 + \nu^2 r_p^2 \kappa_r^2}} = \frac{c_0}{\nu r_p} = \omega_c \tag{7.2.62}$$

式(7.2.61)表明,对于计入横向惯性的固支-自由杆,其自由振动的形态仍是正弦波形式的固有振型的叠加,且波数 κ_r 呈等差序列。式(7.2.62)表明,上述固有振动的频率随着波数 κ_r 的增加,趋于截止于圆频率 ω_c。

注解 7.2.6:随着 r 增加,式(7.2.62)中的固有频率 ω_r 趋于截止于圆频率 ω_c,这导致式(7.2.61)无法描述杆的高频自由振动,成为 Love 杆模型的缺陷。在 7.3.4 小节,将结合杆的冲击响应对此作更深入讨论。

7.2.3　杆的弹性边界引起频散

考察图 7.12 中的等截面杆,其右端通过刚度为 k 的弹簧与刚性壁相连接,故称其为弹性边界。当刚度 $k = 0$ 或 $k \to +\infty$ 时,可分别得到自由边界和固定边界。以下讨论杆中简谐纵波在弹性边界处的反射和频散。

对该杆输入右行简谐波,其在杆右端发生反射,形

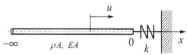

图 7.12　具有弹性边界的等截面杆

成左行简谐波。在图示坐标系中,将上述简谐波之和表示为

$$u(x, t) = a\exp[i(\omega t - \kappa x)] + b\exp[i(\omega t + \kappa x)] \qquad (7.2.63)$$

根据杆的右端边界条件

$$EAu_x(0, t) = -ku(0, t) \qquad (7.2.64)$$

将式(7.2.63)代入式(7.2.64),得

$$iEA\kappa(-a + b) = -k(a + b) \qquad (7.2.65)$$

由此得到与弹簧刚度 k 相关的行波**反射系数**为

$$\gamma_T(k) \equiv \frac{b}{a} = \frac{iEA\kappa - k}{iEA\kappa + k} \qquad (7.2.66)$$

对式(7.2.66)可讨论如下三种情况。

（1）$k = 0$：这相当于自由边界,反射系数为

$$\gamma_T(0) = 1 \qquad (7.2.67)$$

此时,反射位移波与入射位移波同幅值、同相位,两者叠加后幅值翻倍;反射应力波与入射应力波同幅值、反相位,两者叠加为零;它们均无频散。

（2）$k \to +\infty$：这相当于固定边界,反射系数可表示为

$$\gamma_T(+\infty) = -1 \qquad (7.2.68)$$

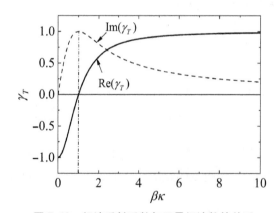

图 7.13 行波反射系数与无量纲波数的关系

此时,反射位移波与入射位移波同幅值、反相位,两者叠加为零;反射应力波与入射应力波同幅值、同相位,两者叠加后幅值翻倍;它们也均无频散。

（3）$k \in (0, +\infty)$：将式(7.2.66)改写为

$$\gamma_T(k) = \frac{i\beta\kappa - 1}{i\beta\kappa + 1}, \quad \beta \equiv \frac{EA}{k} \qquad (7.2.69)$$

式中,$\beta\kappa$ 被称为无量纲化波数。图 7.13 给出反射系数 γ_T 实部和虚部与 $\beta\kappa$ 间的关系。当 $\beta\kappa = 1$ 时, $\mathrm{Re}(\gamma_T) = 0$ 和 $\mathrm{Im}(\gamma_T) = \max\{|\mathrm{Im}(\gamma_T)|\} = 1$,反射系数相位取如下极值:

$$\arg(\gamma_T) = \tan\left[\frac{\mathrm{Im}(\gamma_T)}{\mathrm{Re}(\gamma_T)}\right] = \frac{\pi}{2} \qquad (7.2.70)$$

这时频散最严重。此外,情况（1）和情况（2）对应图中 $\beta \to +\infty$ 和 $\beta \to 0$ 的极限。

例 7.2.4：设杆中的入射右行波为如下三角波：

$$
u_R(\xi) = \begin{cases} \xi, & \xi \in [0.0, 0.5] \\ 1 - \xi, & \xi \in [0.5, 1.0] \\ 0 & \xi \notin [0.0, 1.0] \end{cases} \tag{a}
$$

对于不同的弹簧刚度 k，考察反射的左行波波形。

根据 $\kappa = \omega/c_0$，将式（7.2.66）中的行波反射系数改写为频域传递函数形式，如下所示：

$$
\gamma_T(\omega) = \frac{\mathrm{i}\bar{\beta}\omega - 1}{\mathrm{i}\bar{\beta}\omega + 1}, \quad \bar{\beta} \equiv \frac{EA}{kc_0} > 0 \tag{b}
$$

对式（a）作 Fourier 变换，得到其频谱为

$$
U_R(\omega) = \frac{4\sin^2(\omega/4)\exp(-\mathrm{i}\omega/2)}{\omega^2} \tag{c}
$$

由此得到经过反射的左行波频谱为

$$
U_L(\omega) = \gamma_T(\omega)U_R(\omega) = \frac{4(\mathrm{i}\bar{\beta}\omega - 1)\sin^2(\omega/4)\exp(-\mathrm{i}\omega/2)}{\omega^2(\mathrm{i}\bar{\beta}\omega + 1)} \tag{d}
$$

对式（d）作逆 Fourier 变换并利用 Heaviside 函数 $s(\eta)$，得到左行波表达式为

$$
\begin{aligned}
u_L(\eta) = {} & \left[2\bar{\beta}\exp\left(-\frac{\eta}{\bar{\beta}}\right) + \eta - 2\bar{\beta} \right] s(-\eta) + \left[2\bar{\beta}\exp\left(\frac{1-\eta}{\bar{\beta}}\right) + \eta - 1 - 2\bar{\beta} \right] s(1-\eta) \\
& + \left[-4\bar{\beta}\exp\left(\frac{1-2\eta}{2\bar{\beta}}\right) - 2\eta + 4\bar{\beta} + 1 \right] s\left(\frac{1}{2} - \eta\right) - 4\bar{\beta}\sinh^2\left(\frac{\bar{\beta}}{4}\right)\exp\left(\frac{1-2\eta}{2\bar{\beta}}\right)
\end{aligned} \tag{e}
$$

为考察 $\bar{\beta}$ 值对上述结果的影响，选取具有如下参数的钢杆：

$$
\begin{aligned}
& \rho = 7\,800 \text{ kg/m}^3, \quad E = 210 \text{ GPa}, \\
& A = 10^{-4} \text{ m}^2, \quad L = 1 \text{ m}
\end{aligned} \tag{f}
$$

由此得到杆拉压刚度 $k_R = EA/L = 2.1 \times 10^7$ N/m。现参考图 7.14 进行如下讨论。

（1）$\bar{\beta} = 50$ s：此时弹簧刚度 $k = EA/c_0\bar{\beta} = \sqrt{\rho E}A/\bar{\beta} \approx 80.94$ N/m，它与杆的拉压刚度之比为 $k/k_R = 3.84 \times 10^{-6}$，属于非常柔软的弹簧。杆右端犹如自由端，反射位移波与入射位移波同幅值、同相位，仅有微

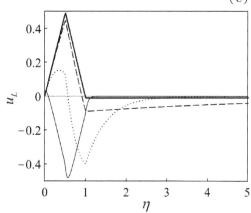

图 7.14 不同刚度比时杆右端反射的位移左行波

（粗实线：$\bar{\beta} = 50$ s；虚线：$\bar{\beta} = 5$ s；点线：$\bar{\beta} = 0.5$ s；细实线：$\bar{\beta} = 0.05$ s）

弱的频散。

（2）$\bar{\beta} = 0.05$ s：此时弹簧刚度 $k = 80.94$ kN/m，它与杆的拉压刚度之比为 $k/k_R = 3.84 \times 10^{-3}$，属于比较刚硬的弹簧。杆右端犹如固定端，反射位移波与入射位移波同幅值、反相位，也有微弱的频散。

（3）$\bar{\beta} = 5$ s 和 $\bar{\beta} = 0.5$ s：此时 $k = 809.4$ N/m 和 $k = 8094$ N/m，对应中等刚度弹簧。虚线给出前一种情况，反射波的初始部分接近柔软弹簧时的反射波，后续部分的差异较大。点线给出后一种情况，频散导致反射波严重畸变。

7.2.4　小结

本节基于初等波动理论分析杆的纵波频散问题，以杆截面变化、横向惯性、弹性边界为例，分别介绍它们在低频、高频和中频段引起的频散，提供了清晰的物理图像。尽管本节尚未涉及引起杆中纵波频散的其他因素，例如杆的剪切变形、杆的自由表面、杆的材料非均匀性等，但已为 7.3 节研究杆的宽频带冲击响应提供了必要的基础。主要结论如下。

（1）杆的截面变化会引起纵波频散。截面积指数变化的杆具有低频带阻截止频率；在截止频率以上的频域，杆的纵波发生频散；随着波数增加，纵波相速度和群速度分别从上方和下方单调趋于等截面杆的波速。对于左端固定、右端受简谐激励的有限长杆，当激励频率等于截止频率时，尽管纵波波数和群速度都为零，但该杆具有渐逝波构成的稳态简谐纵向位移。

（2）杆的横向惯性会引起纵波频散。Love 杆模型在无量纲波数 $\nu r_p \kappa < 1$ 范围内可较好预测频散；但 Love 杆模型的纵波具有高频带阻截止频率，与实际情况不符，这是 Love 杆模型的局限性。

（3）杆的端部弹性边界条件会引起纵波频散。当杆端部弹性边界的刚度为零或无穷大时，等价于自由端或固支端，纵波没有频散；当弹性边界的刚度取中间值时，会发生频散；频散最严重的波数为 $\kappa = k/EA$。

7.3　杆的冲击响应

弹性杆撞击刚性平面及其回弹是一个经典动力学问题，而且具有重要的工程意义。对于低速碰撞问题，已有的研究可分为以下两类。

第一类是刚体动力学方法，即假设弹性杆与刚性平面的碰撞接触时间非常短，根据杆碰撞前后的速度变化，定义恢复系数来描述杆的回弹速度。这种方法基于实验，优点是便于工程应用；缺点是得到的恢复系数依赖于实验用杆的尺寸和材料，只能基于碰撞速度来预测该杆的回弹速度，无法了解杆的动态变形和动应力。

第二类是弹性动力学方法，即研究杆在碰撞和回弹过程中的波传播。1883 年，法国力学家 St. Venant 首先研究杆与刚性平面碰撞的波动问题[①]，发现杆与刚性平面的碰撞接

---

① St. Venant B D, Flamant M, Résistance vive ou dynamique des solids. Représentation graphique des lois du choc longitudinal[J]. Comptes rendus hebdomadaires des Séances de l'Académie des Sciences, 1883, 97: 127 - 353.

触时间是应变波在杆内往返一次的时间。英国学者 Goldsmith 对早期研究作了系统介绍[1]。近年来,有许多学者继续深入研究该问题,涉及变截面杆碰撞[2]、粗杆碰撞的三维波动效应[3]、杆纵向波动引起的横向振动等问题[4]。这种方法基于理论模型和计算分析,优点是可揭示杆长、材料密度、杨氏模量等因素对杆碰撞和回弹过程的影响;缺点是分析和计算过程非常复杂。

本节研究弹性杆撞击刚性平面后的波动响应。首先,给出杆的一维波动响应精确解;然后,研究采用模态解法计算波动响应的可行性,并讨论杆截面变化、横向惯性导致的波动频散问题,定性回答第 1 章中问题 6B 与杆的相关内容。

7.3.1　等截面杆冲击的波动分析

在图 7.15 中,由线弹性均质材料制成的等截面杆以水平速度 v_0 与刚性壁相撞,经历短暂接触后向右回弹,分析杆在碰撞过程中的波动传播。

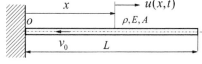

1. 问题概述

设杆的长度为 L;截面积为 A;材料密度为 ρ;弹性模量为 E。 以杆的左端截面中心点为原点,建立

图 7.15　等截面杆与刚性壁撞击问题

附着在杆上的坐标 x。 将杆与刚性壁开始接触的时刻作为时间起点,记杆在坐标 x 处横截面随时间变化的纵向运动为 $u(x, t)$。 杆的动力学方程为

$$\frac{\partial^2 u(x, t)}{\partial t^2} = c_0^2 \frac{\partial^2 u(x, t)}{\partial x^2}, \quad c_0 \equiv \sqrt{\frac{E}{\rho}}, \quad x \in [0, L], \quad t \in [0, +\infty)$$

$$(7.3.1)$$

杆与刚性平面接触时的初始条件为

$$C1: u(x, 0) = 0, \quad C2: u_t(x, 0) = -v_0, \quad x \in [0, L] \qquad (7.3.2a)$$

杆右端始终自由,对应的边界条件为

$$C3: u_x(L, t) = 0, \quad t \in [0, +\infty) \qquad (7.3.2b)$$

杆左端与刚性平面接触时的边界条件为

$$C4: u(0, t) = 0, \quad t \in [0, t_c] \qquad (7.3.2c)$$

式中,t_c 是待定的杆与刚性平面接触时间,满足的接触和脱离的切换条件为

———————————

　　① Goldsmith W. Impact：The theory and physical behavior of colliding solids[M]. London：Edward Arnold Ltd.，1960：1-379.

　　② Gan C B, Wei Y M, Yang S X. Longitudinal wave propagation in a multi-step rod with variable cross-section [J]. Journal of Vibration and Control, 2016, 22(3)：837-852.

　　③ Cerv J, Adamek V, Vales F, et al. Wave motion in a thick cylindrical rod undergoing longitudinal impact[J]. Wave Motion, 2016, 66(1)：88-105.

　　④ Morozov N F, Tovstik P E. Transverse rod vibration under a short-term longitudinal impact[J]. Doklady Physics, 2013, 58(9)：387-391.

C5： $u_x(0, t_c^-) \leqslant 0, \quad u_x(0, t_c^+) = 0, \quad u_t(0, t_c^+) > 0$ （7.3.2d）

2. 波动分析

在分析中,先假设接触边界条件 C4 对任意时刻均成立,然后根据接触和脱离的切换条件 C5 来确定切换时间 t_c,完成接触阶段的分析,并为后续运动分析提供初始条件。由于 t_c 待定,在式(7.3.2c)中先将时间放宽为 $0 \leqslant t < +\infty$。

根据 7.1.1 小节的分析,式(7.3.1)的 d'Alembert 行波解为

$$u(x, t) = u_R(c_0 t - x) + u_L(c_0 t + x)$$
$$\equiv u_R(\xi) + u_L(\eta), \quad \xi \in [-L, +\infty), \quad \eta \in [0, +\infty) \quad (7.3.3)$$

式中, $u_R(c_0 t - x)$ 是右行波; $u_L(c_0 t + x)$ 是左行波;分别在特征线 $\xi = c_0 t - x$ 和 $\eta = c_0 t + x$ 上取常值。

首先,将式(7.3.3)代入杆的左端边界条件 C4,得

$$u(0, t) = u_R(c_0 t) + u_L(c_0 t) = 0, \quad t \in [0, +\infty) \quad (7.3.4)$$

将式(7.3.4)中函数的自变量 $c_0 t \in [0, +\infty)$ 代换为宗量 $\eta \in [0, +\infty)$,则有

$$u_L(\eta) = -u_R(\eta), \quad \eta \in [0, +\infty) \quad (7.3.5)$$

将式(7.3.5)代入式(7.3.3),可得

$$\begin{cases} u(x, t) = u_R(c_0 t - x) - u_R(c_0 t + x) \\ u_t(x, t) = c_0 u_{R\xi}(c_0 t - x) - c_0 u_{R\xi}(c_0 t + x) \\ u_x(x, t) = -u_{R\xi}(c_0 t - x) - u_{R\xi}(c_0 t + x), \quad x \in [0, L], \quad t \in [0, +\infty) \end{cases} \quad (7.3.6)$$

式中, $u_{R\xi}$ 是函数 $u_R(\xi)$ 对宗量 ξ 的导数。

其次,将式(7.3.6)中前两式分别代入初始条件 C1 和 C2,得

$$\begin{cases} u_R(-x) - u_R(x) = 0 \\ c_0 u_{R\xi}(-x) - c_0 u_{R\xi}(x) = -v_0, \quad x \in [0, L] \end{cases} \quad (7.3.7)$$

对式(7.3.7)中第二式积分,得

$$u_R(-x) + u_R(x) = \frac{v_0 x}{c_0} + a_1, \quad x \in [0, L] \quad (7.3.8)$$

式中, a_1 是待定积分常数。将式(7.3.8)与(7.3.7)的第一式联立,解得

$$u_R(x) = \frac{v_0 x}{2c_0} + \frac{a_1}{2}, \quad u_R(-x) = \frac{v_0 x}{2c_0} + \frac{a_1}{2}, \quad x \in [0, L] \quad (7.3.9)$$

将式(7.3.9)中函数白变量 $x \in [0, L]$ 和 $-x \in [-L, 0]$ 代换为宗量 $\xi \in [-L, L]$,则

式(7.3.9)表明函数 $u_R(\xi)$ 是关于 $\xi \in [-L, L]$ 的偶函数,故 $u_{R\xi}(\xi)$ 是关于 $\xi \in [-L, L]$ 的奇函数。因此,由式(7.3.9)得

$$u_R(\xi) = \frac{v_0}{2c_0}|\xi| + \frac{a_1}{2}, \quad u_{R\xi}(\xi) = \frac{v_0}{2c_0}\mathrm{sgn}(\xi), \quad \xi \in [-L, L] \qquad (7.3.10)$$

将式(7.3.10)的第一式代入式(7.3.6)可知,积分常数对 $u(x, t)$ 没有影响,以下可取 $a_1 = 0$。

最后,将式(7.3.6)中第三式代入杆的右端边界条件 C3,得

$$u_{R\xi}(c_0 t - L) + u_{R\xi}(c_0 t + L) = 0, \quad t \in [0, +\infty) \qquad (7.3.11)$$

若记 $\zeta = c_0 t - L$,则 $\zeta + 2L = c_0 t + L$,故可将式(7.3.11)写为

$$u_{R\xi}(\zeta + 2L) = -u_{R\xi}(\zeta), \quad \zeta \in [-L, +\infty) \qquad (7.3.12)$$

式(7.3.12)意味着函数 $u_{R\xi}(\zeta)$ 以 $4L$ 为周期,可延拓到无穷远。对式(7.3.12)积分得到

$$u_R(\zeta + 2L) = -u_R(\zeta) + a_i, \quad \zeta \in [-L, +\infty) \qquad (7.3.13)$$

式中,a_i,$i = 2,3,\cdots$ 是积分常数,可根据位移连续性来确定。

根据式(7.3.10)和式(7.3.13),可得到 $u_R(\xi)$ 从区间 $[-L, L)$ 到 $[L, 3L)$、$[3L, 5L)$ 直至 $+\infty$ 的延拓;并获得 $u_R(\eta)$ 在 $[0, 2L)$、$[2L, 4L)$ 内的表达式。它们为

$$u_R(\xi) = \begin{cases} -v_0\xi/2c_0, & \xi \in [-L, 0) \\ v_0\xi/2c_0, & \xi \in [0, 2L) \\ -v_0\xi/2c_0 + a_2, & \xi \in [2L, 4L) \end{cases} \qquad (7.3.14\mathrm{a})$$

$$u_R(\eta) = \begin{cases} v_0\eta/2c_0, & \eta \in [0, 2L) \\ -v_0\eta/2c_0 + a_3, & \eta \in [2L, 4L) \end{cases} \qquad (7.3.14\mathrm{b})$$

式中,a_2 和 a_3 是由位移连续性确定的积分常数。

由式(7.3.14)给出的位移行波解是连续函数,但其导数分别在特征线 $\xi = 0$, $2L$, $4L$,$\cdots$ 和 $\eta = 0$, $2L$, $4L$,$\cdots$ 上出现第一类间断,是非光滑的弱解。根据式(7.3.6),由式(7.3.14)得到的速度波和应变波在特征线上有第一类间断。

为了便于后续讨论,用波动方程的特征线将 (x, t) 平面分区,如图 7.16 所示。现按时间顺序讨论图 7.16 中前四个区域中的波动情况。

(1) $0 \leqslant c_0 t < x \leqslant L$:由于 $c_0 t - x < 0$,该区域的右行波沿特征线 $c_0 t - x = \mathrm{const}$ 抵达杆右端(粗垂线段),式(7.3.14a)得 $u_R(c_0 t - x) = -v_0(c_0 t - x)/2c_0$;由于 $0 < x + c_0 t < 2L$,该区域的左行波沿特征线 $x + c_0 t = \mathrm{const}$ 抵达杆左端(粗垂线段),由式(7.3.14b)得 $u_R(c_0 t + x) = v_0(c_0 t + x)/2c_0$;将上述结果代入式(7.3.6),得到位移 $u(x, t) = -v_0 t$,速度 $u_t(x, t) = -v_0$ 和应变 $u_x(x, t) = 0$。

(2) $0 \leqslant x \leqslant c_0 t < L$:由于 $c_0 t - x > 0$ 且 $c_0 t - x < 2L$,右行波沿特征线抵达杆右端(细垂线段),故有 $u_R(c_0 t - x) = v_0(c_0 t - x)/2c_0$;由于 $0 < c_0 t + x < 2L$,左行波沿特征线

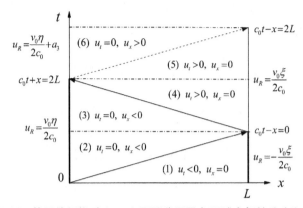

图 7.16　基于特征线对 (x, t) 平面分区及各区域内杆的速度和应变

[带箭头斜线为特征线,两侧的表达式来自式(7.3.14a)和式(7.3.14b)]

抵达杆左端(粗垂线段),故有 $u_L(c_0 t + x) = v_0(c_0 t + x)/2c_0$;将上述结果代入式(7.3.6),得到位移 $u(x, t) = - v_0 x/c_0$,速度 $u_t(x, t) = 0$ 和应变 $u_x(x, t) = - v_0/c_0$。鉴于区域(1)和区域(2)的边界是特征线 $c_0 t - x = 0$,将 $x = c_0 t$ 代入上述位移结果,可见位移在特征线上连续。

（3）$L \leqslant c_0 t < 2L - x$:区域(2)和区域(3)间无特征线,解的形式保持不变。

（4）$2L - x \leqslant c_0 t < 2L$:由于 $c_0 t - x \geqslant c_0 t - L > 0$ 且 $c_0 t - x < 2L$,右行波沿特征线抵达杆右端(细垂线段),故有 $u_R(c_0 t - x) = v_0(c_0 t - x)/2c_0$;由于 $2L < c_0 t + x < 3L$,左行波沿特征线抵达杆左端(细垂线段),故有 $u_R(c_0 t + x) = - v_0(c_0 t + x)/2c_0 + a_3$。将上述结果代入式(7.3.6),得到位移 $u(x, t) = v_0 t - a_3$。根据位移在特征线 $c_0 t + x = 2L$ 上的连续性,将区域(3)的位移代入上述位移,得到 $v_0 t - a_3 = - v_0 x/c_0 = v_0(c_0 t - 2L)/c_0$,因此 $a_3 = 2L/c_0$,故 $u(x, t) = v_0(t - 2L/c_0)$;速度和应变则分别为 $u_t(x, t) = v_0$ 和 $u_x(x, t) = 0$。

注解 7.3.1:对于本问题,只需要讨论 $t \leqslant t_c = 2L/c_0$ 的上述四种情况。图 7.16 中区域(4)上方的分区,可用于分析 $t = t_c^+$ 时杆不脱离刚性壁的问题。例如,若研究杆在重力作用下与刚性水平面之间的垂直冲击问题,杆与刚性水平面之间的接触时间可能超过 $2L/c_0$,此时需要讨论区域(5)、区域(6)等。

归纳上述四种情况,得到位移、速度和应变表达式如下:

$$u(x, t) = \begin{cases} - v_0 t, & 0 \leqslant c_0 t < x \leqslant L \\ - v_0 x/c_0, & 0 \leqslant x \leqslant c_0 t < 2L - x \\ v_0(t - 2L/c_0), & 2L - x \leqslant c_0 t \leqslant 2L \end{cases} \quad (7.3.15)$$

$$u_t(x, t) = \begin{cases} - v_0, & 0 \leqslant c_0 t < x \leqslant L \\ 0, & 0 \leqslant x \leqslant c_0 t < 2L - x \\ v_0, & 2L - x \leqslant c_0 t \leqslant 2L \end{cases} \quad (7.3.16)$$

$$u_x(x, t) = \begin{cases} 0, & 0 \leqslant c_0 t < x \leqslant L \\ - v_0/c_0, & 0 \leqslant x \leqslant c_0 t < 2L - x \\ 0, & 2L - x \leqslant c_0 t \leqslant 2L \end{cases} \quad (7.3.17)$$

现按照时间顺序,对杆的位移、速度和应变进行小结。

（1）在 $t = 0^+$ 时刻,杆左端面与刚性平面碰撞,导致杆左端速度发生阶跃,从 $u_t(0, 0^-) = -v_0$ 变为 $u_t(0, 0^+) = 0$;与此同时,杆左端面的应变发生阶跃,从 $u_x(0, 0^-) = 0$ 变为压应变 $u_x(0, 0^+) = -v_0/c_0$。

（2）当 $c_0 t \in (0, L)$ 时,碰撞产生速度为 v_0 的右行速度波与杆整体运动速度 $-v_0$ 抵消,导致杆的左端部分 $(x \in [0, c_0 t))$ 静止,而杆的右端部分 $(x \in [c_0 t, L])$ 仍以速度 $-v_0$ 运动,对杆的左端部分产生压缩;上述压应变波自杆左端面起以速度 c_0 向右传播,杆的左端部分 $(x \in [0, c_0 t))$ 的应变为 $-v_0/c_0$,杆右端部分 $(x \in [c_0 t, L])$ 的应变为零。

（3）当 $c_0 t = L$ 时,杆上所有点瞬时静止,应变波到达杆右端发生反射。

（4）当 $c_0 t \in (L, 2L)$ 时,杆的右端部分 $(x \in [2L - c_0 t, L])$ 因弹性势能释放而以速度 v_0 向右运动,杆的左端部分 $(x \in [0, 2L - c_0 t])$ 仍处于静止;继续右行的应变波与反射后的左行应变波相抵消,使杆右端部分 $(x \in [2L - c_0 t, L])$ 的应变为零,而杆左端部分 $(x \in [0, 2L - c_0 t])$ 的应变为 $-v_0/c_0$。

（5）当 $t = 2L/c_0$ 时,杆内应变消失,杆左端面的应变满足非负条件 $u_x(0, 2L/c_0) \geq 0$;杆的速度 $u_t(x, 2L/c_0) = v_0 > 0$,杆脱离刚性平面向右回弹。

最后,将上述结果归纳为图 7.17,其中数字代表波所在区域,箭头代表纵波传播方向。上述分析表明,杆左端面与刚性壁接触的时间可定义为

$$t_c \equiv \frac{2L}{c_0} \qquad (7.3.18)$$

在整个接触时间段 $0 \leq t < t_c^-$,杆左端面的应变保持为

$$u_x(0, t) = -\frac{v_0}{c_0} < 0, \quad t \in [0, t_c)$$

$$(7.3.19)$$

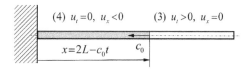

图 7.17　杆与刚性壁接触过程中的速度波、应变波变化

（灰色:压应变;白色:零应变）

当 $t = t_c^+$ 时,该应变跳变为零,而整根杆具有速度 v_0。 当 $t > t_c$ 时,杆脱离壁面并以速度 v_0 向右运动,此时杆内无应变。

虽然式(7.3.18)表明,杆与刚性壁接触时间 t_c 与碰撞速度 v_0 无关,但若 v_0 较高,杆内应力会超过材料屈服极限,形成塑性碰撞,导致式(7.3.1)失效。以 Q235 碳素结构钢为例,其屈服应力下限为 $\sigma_s = 216\ \text{MPa}$;弹性模量为 $E = 210\ \text{GPa}$;密度为 $\rho = 7\,800\ \text{kg/m}^3$。由此可得到,保持弹性变形的碰撞速度上限为 $v_c = c_0 \sigma_s / E = \sigma_s / \sqrt{\rho E} \approx 5.337\ \text{m/s}$。

7.3.2　等截面杆冲击的模态分析

7.3.1 小节对杆的冲击响应问题进行波动分析,其推理严谨,给出了波动过程的时空结构精确解。但这种波动分析方法仅适用于具有 d'Alembert 行波解的等截面杆纵向冲

击、等截面圆轴扭转冲击等个别问题，而且推导过程冗长复杂。读者很自然会想到，是否可以采用振动力学中的模态解法来计算冲击响应呢？本小节以 7.3.1 小节所研究的等截面杆撞击刚性壁问题为例，讨论采用模态解法计算波动问题的可行性。

1. 模态解法

设式(7.3.1)的分离变量解为

$$u(x, t) = \varphi(x)q(t) \tag{7.3.20}$$

将式(7.3.20)代入式(7.3.1)和边界条件 C3 和 C4，得到解耦的常微分方程

$$\frac{\mathrm{d}^2\varphi(x)}{\mathrm{d}x^2} + \kappa^2\varphi(x) = 0, \quad \varphi(0) = 0, \quad \varphi_x(L) = 0 \tag{7.3.21}$$

$$\frac{\mathrm{d}q(t)}{\mathrm{d}t^2} + c_0^2\kappa^2 q(t) = 0 \tag{7.3.22}$$

根据基础教程，微分方程边值问题(7.3.21)描述左端固定、右端自由杆的振动形态，其中 κ 是满足边界条件的波数；微分方程(7.3.22)则描述杆的运动历程，它的解经过模态叠加后应满足初始条件 C1 和 C2。

将式(7.3.21)的通解表示为

$$\varphi(x) = \alpha\cos(\kappa x) + \beta\sin(\kappa x) \tag{7.3.23}$$

将式(7.3.23)代入式(7.3.21)的边界条件，得到特征值问题为

$$\varphi(0) = \alpha = 0, \quad \varphi_x(L) = \beta\kappa\cos(\kappa L) = 0 \tag{7.3.24}$$

求解得到最大值归一化的固有振型及其波数为

$$\varphi_r(x) = \sin(\kappa_r x), \quad \kappa_r = \frac{(2r - 1)\pi}{2L}, \quad r = 1, 2, \cdots \tag{7.3.25}$$

对于每个波数 κ_r，求解式(7.3.22)得到对应的时间历程为

$$q_r(t) = a_r\cos(c_0\kappa_r t) + b_r\sin(c_0\kappa_r t), \quad r = 1, 2, \cdots \tag{7.3.26}$$

根据线性偏微分方程的解结构，式(7.3.1)的解可表示为

$$u(x, t) = \sum_{r=1}^{+\infty} \varphi_r(x)q_r(t) = \sum_{r=1}^{+\infty} \sin(\kappa_r x)\left[a_r\cos(c_0\kappa_r t) + b_r\sin(c_0\kappa_r t)\right] \tag{7.3.27}$$

式中，系数 a_r, b_r, $r = 1, 2, \cdots$ 是根据初始条件 C1 和 C2 确定的常数。

为了确定这些系数，先默认上述级数可逐项对时间求偏导数，得

$$u_t(x, t) = \sum_{r=1}^{+\infty} \sin(\kappa_r x)\left[b_r c_0\kappa_r\cos(c_0\kappa_r t) - a_r c_0\kappa_r\sin(c_0\kappa_r t)\right] \tag{7.3.28}$$

将式(7.3.27)和式(7.3.28)代入杆的初始条件 C1 和 C2，得

$$\begin{cases} u(x,\,0) = \displaystyle\sum_{r=1}^{+\infty} a_r \sin(\kappa_r x) = 0 \\ u_t(x,\,0) = \displaystyle\sum_{r=1}^{+\infty} c_0 b_r \kappa_r \sin(\kappa_r x) = -v_0 \end{cases} \tag{7.3.29}$$

将式(7.3.29)的求和指标改为 s,两端同时乘以固有振型 $\sin(\kappa_r x)$,并在区间 $[0,L]$ 上积分,根据固有振型加权正交性得

$$\begin{cases} \dfrac{a_r L}{2} = \displaystyle\sum_{s=1}^{+\infty}\left[a_s\int_0^L \sin(\kappa_s x)\sin(\kappa_r x)\,\mathrm{d}x\right] = 0 \\ \dfrac{c_0 b_r \kappa_r L}{2} = \displaystyle\sum_{s=1}^{+\infty}\left[\int_0^L c_0 b_s \kappa_s \sin(\kappa_s x)\sin(\kappa_r x)\,\mathrm{d}x\right] = -\int_0^L v_0 \sin(\kappa_r x)\,\mathrm{d}x \end{cases} \tag{7.3.30}$$

由此计算得到

$$a_r = 0, \quad b_r = -\frac{2v_0}{c_0\kappa_r L}\int_0^L \sin(\kappa_r x)\,\mathrm{d}x = -\frac{2v_0}{c_0 L\kappa_r^2} = -\frac{8v_0 L}{c_0\pi^2(2r-1)^2}, \quad r=1,2,\cdots \tag{7.3.31}$$

将式(7.3.31)代入式(7.3.27)和式(7.3.28),得到杆的纵向位移和速度的级数解为

$$u(x,\,t) = -\frac{8v_0 L}{\pi^2 c_0}\sum_{r=1}^{+\infty}\frac{1}{(2r-1)^2}\sin(\kappa_r x)\sin(c_0\kappa_r t) \tag{7.3.32}$$

$$u_t(x,\,t) = -\frac{4v_0}{\pi}\sum_{r=1}^{+\infty}\frac{1}{(2r-1)}\sin(\kappa_r x)\cos(c_0\kappa_r t) \tag{7.3.33}$$

以下讨论该纵向振动级数解与7.3.1小节中波动精确解的关系,以及式(7.3.27)可逐项求偏导数的合理性。

2. 级数解与精确解的关系

首先,将式(7.3.32)中的三角函数乘积化为和差,得

$$\sin(\kappa_r x)\sin(c_0\kappa_r t) = \frac{1}{2}\{\cos[\kappa_r(c_0 t-x)]-\cos[\kappa_r(c_0 t+x)]\} \tag{7.3.34}$$

因此,杆的纵向位移是无穷多个简谐左行波和简谐右行波之差,即

$$u(x,\,t) = \frac{4v_0 L}{\pi^2 c_0}\sum_{r=1}^{+\infty}\frac{1}{(2r-1)^2}\{\cos[\kappa_r(c_0 t+x)]-\cos[\kappa_r(c_0 t-x)]\} \tag{7.3.35}$$

这表明,模态解法得到的纵向振动级数解体现了杆受冲击后的行波传播,满足原问题的物理意义。

其次,考察振动位移级数解的收敛性。由于式(7.3.32)中的级数通项满足

$$\left| \frac{1}{(2r-1)^2} \sin(\kappa_r x) \sin(c_0 \kappa_r t) \right| \leqslant \frac{1}{(2r-1)^2} \tag{7.3.36}$$

而级数 $\sum_{r=1}^{+\infty} 1/(2r-1)^2 = \pi/8$ 是收敛级数,根据数学分析中函数级数的 M—判据,式 (7.3.32) 一致收敛。在数学物理方程理论中,已采用能量法证明了线性波动方程的初边值问题解具有唯一性[①],因此式(7.3.32)一致收敛于波动精确解。鉴于式(7.3.32)的系数以速度 $O[1/(2r-1)^2]$ 趋于零,即杆纵向振动中的高波数成分占比很低,所以该级数解收敛较快。

对于速度级数解的收敛性问题,可分两步来进行讨论:一是证明对式(7.3.27)逐项求偏导数获得式(7.3.28)的合理性;二是说明式(7.3.33)收敛性。

回顾 7.3.1 小节的波动分析过程,根据初始条件和杆左端边界条件得到的式 (7.3.10)表明,右行波 $u_{R\xi}(\xi)$ 在区间 $\xi \in [-L, L]$ 上绝对可积,在 $\xi = 0$ 处有第一类间断;根据杆右端边界条件得到的延拓关系式(7.3.12)则表明,右行波 $u_{R\xi}(\xi)$ 是绝对可积的周期函数,周期为 $4L$,在特征线 $\xi = 0, 2L, 4L, \cdots$ 处有第一类间断。由式(7.3.6)可知,$u_t(x, t) = c_0[u_{R\xi}(\xi) - u_{R\xi}(\eta)]$ 是绝对可积的周期函数,周期为 $4L$,在特征线 $\xi = 0, 2L,$ $4L, \cdots$ 和 $\eta = 0, 2L, 4L, \cdots$ 处有第一类间断。现给定 x,将式(7.3.27)视为 $u(x, t)$ 在时间区间 $t \in [0, t_c]$ 上的 Fourier 级数。根据 Fourier 级数理论[②]:由于 $u(x, t)$ 是连续函数,$u_t(x, t)$ 是具有个别第一类间断的绝对可积函数,可对式(7.3.27)关于时间 t 逐项求偏导数,得到 $u_t(x, t)$ 的 Fourier 级数式(7.3.28),完成了第一步。

第二步是证明式(7.3.33)收敛于 $u_t(x, t)$。由式(7.3.10)及后续的周期延拓,可得到周期为 $4L$ 的右行波为

$$u_{R\xi}(\xi) = \frac{v_0}{2c_0} \mathrm{sgn}(\xi), \quad \xi \in [-2L, 2L] \tag{7.3.37}$$

根据 Fourier 级数理论,由于 $u_{R\xi}(\xi)$ 是仅有第一类间断的奇函数,可展开为收敛的正弦级数,即

$$u_{R\xi}(\xi) = \frac{v_0}{2c_0} \sum_{r=1}^{+\infty} a_r \sin(\kappa_r \xi) = \frac{2v_0}{\pi c_0} \sum_{r=1}^{+\infty} \frac{1}{2r-1} \sin(\kappa_r \xi) \tag{7.3.38}$$

式中,Fourier 系数的计算过程为

$$a_r = \frac{1}{2L} \int_{-2L}^{2L} \mathrm{sgn}(\xi) \sin(\kappa_r \xi) \mathrm{d}\xi = \frac{2}{L} \int_0^L \sin(\kappa_r \xi) \mathrm{d}\xi$$

$$= \frac{2[1 - \cos(\kappa_r L)]}{L\kappa_r} = \frac{2}{L\kappa_r} = \frac{4}{\pi(2r-1)}, \quad r = 1, 2, \cdots \tag{7.3.39}$$

根据式(7.3.6),得到速度精确解的收敛正弦级数为

---

① 谷超豪,李大潜,陈恕行,等. 数学物理方程[M].北京:人民教育出版社,1979:57-68.
② 严宗达.结构力学中的富里叶级数解法[M].天津:天津大学出版社,1989:35-66.

$$u_t(x,t) = c_0[u_{R\xi}(\xi) - u_{R\xi}(\eta)] = \frac{2v_0}{\pi}\sum_{r=1}^{+\infty}\frac{1}{2r-1}[\sin(\kappa_r\xi) - \sin(\kappa_r\eta)]$$

$$= \frac{2v_0}{\pi}\sum_{r=1}^{+\infty}\frac{1}{2r-1}\{\sin[\kappa_r(c_0t - x)] + \sin[\kappa_r(c_0t + x)]\} \quad (7.3.40)$$

如果将三角函数积化和差公式用于式(7.3.33),结果与此完全一致,即速度级数解(7.3.33)收敛于速度精确解。

注解7.3.2:根据式(7.3.37),$u_t(x,0) = c_0[u_{R\xi}(-x) - u_{R\xi}(x)] = -v_0$,$x \in [0, 2L)$,即$u_t(x,0)$关于$x = L$对称,故其 Fourier 系数仅含正弦函数的奇次谐波[1]。从式(7.3.29)看,它是周期为$4L$的函数$u_t(x,0)$在区间$x \in [0, L]$的正弦级数,该级数的基波波长为$2\pi/\kappa_1 = 2\pi/(\pi/2L) = 4L$。

在结构冲击过程中,应力(应变)波的传播过程对结构动强度有重要作用。若计算杆的应变波,需将位移级数解(7.3.32)对x逐项求偏导数,得

$$u_x(x,t) = -\frac{4v_0}{\pi c_0}\sum_{r=1}^{+\infty}\frac{1}{2r-1}\cos(\kappa_r x)\sin(c_0\kappa_r t)$$

$$= \frac{2v_0}{\pi c_0}\sum_{r=1}^{+\infty}\frac{1}{2r-1}\{\sin[\kappa_r(c_0t - x)] - \sin[\kappa_r(c_0t + x)]\} \quad (7.3.41)$$

仿照对速度级数解的分析,可证明上述逐项求偏导数是可行的,而且式(7.3.41)收敛于式(7.3.17)中的应变精确解。

注解7.3.3:对于由波动方程(7.3.1)描述的冲击问题,由式(7.3.6)可见应变波$u_x(x,t)$和速度波$u_t(x,t)$处于同等地位,均分段连续并在特征线上有第一类间断。随着模态阶次r增加,其级数解的系数均以速度$O[1/(2r-1)]$趋于零。

3. 案例与收敛速度

例7.3.1:为了考察上述级数解的有效性,选择具有如下参数的钢杆:

$$E = 210 \text{ GPa}, \quad \rho = 7\,800 \text{ kg/m}^3, \quad L = 5.189 \text{ m}, \quad v_0 = 5.189 \text{ m/s} \quad (a)$$

根据这些参数,由式(7.3.1)和式(7.3.18)得到杆纵波波速和杆与刚性壁接触时间为

$$c_0 = \sqrt{\frac{E}{\rho}} \approx 5\,189 \text{ m/s}, \quad t_c = \frac{2L}{c_0} \approx 0.002 \text{ s} \quad (b)$$

在基于式(7.3.32)、式(7.3.33)和式(7.3.41)计算杆受冲击后的位移、速度和应变时,取模态截断阶次为n。

首先,考察由式(7.3.32)描述的位移级数解的收敛性。图7.18给出两个典型时刻的杆位移响应。由图可见,位移近似解收敛速度很快。从$n = 3$到$n = 6$仅增加三阶模态,但式(7.3.32)中最高次谐波的系数由$1/(2n-1)^2 = 1/25$大幅下降到$1/(2n-1)^2 = 1/121$,故$n = 6$的近似解比$n = 3$的近似解有显著改善,与精确解已相差无几,仅在位移变化拐点

① 严宗达. 结构力学中的富里叶级数解法[M]. 天津:天津大学出版社,1989:9-13.

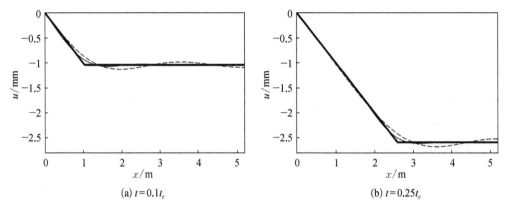

(a) $t=0.1t_c$ (b) $t=0.25t_c$

图 7.18 等截面杆的位移分布对比

（粗实线：精确解；细实线：$n = 6$ 的近似解；虚线：$n = 3$ 的近似解）

附近有些差异。

其次,考察速度近似解的计算效果。根据式(7.3.33)中级数的系数趋于零的速度,为了与式(7.3.32)给出的位移近似解计算精度相当,取 $n = (25 + 1)/2 = 13$ 和 $n = (121 + 1)/2 = 61$。图 7.19 给出杆上两个典型部位的速度时间历程,其中图 7.19(a)选择在杆的中间,图 7.19(b)则选择靠近杆的右端。由于右行速度波在 $t = t_c/2$ 时在杆右端跳变,导致杆右端附近截面的速度时间历程变化剧烈。由图 7.19 可见,式(7.3.33)的收敛性确实差许多。$n = 13$ 的近似解无法描述速度波跳变的中间过程。通过增加 48 阶模态,当 $n = 61$ 时才使速度波动有显著改善。

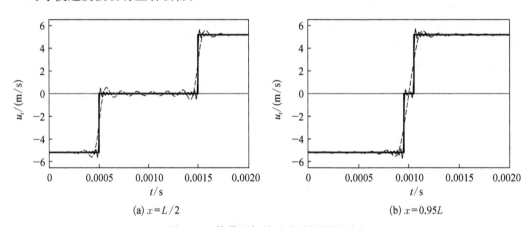

(a) $x=L/2$ (b) $x=0.95L$

图 7.19 等截面杆的速度时间历程对比

（粗实线：精确解；细实线：$n = 61$ 的近似解；虚线：$n = 13$ 的近似解）

注解 7.3.4：在工程中,通常基于有限元法和直接数值积分法来计算结构冲击响应。对于上述等截面杆冲击问题,如果采用有限元建模,即使采用非常密集的有限元网格,也难以精确描述速度波在杆右端附近随时间演化的急剧跳变。例如,在采用 1 000 个杆单元的计算结果中,杆右端附近的速度波动显得杂乱。对这种有第一类间断的波动,需要发展专门的计算方法。

最后,考察应变近似解的收敛性。根据注解 7.3.3,参考计算速度近似解的模态截断数,仍取 $n = (25 + 1)/2 = 13$ 和 $n = (121 + 1)/2 = 61$。图 7.20 给出两个典型时刻的杆应变响应。由图可见,应变近似解和速度近似解的计算效果相当。

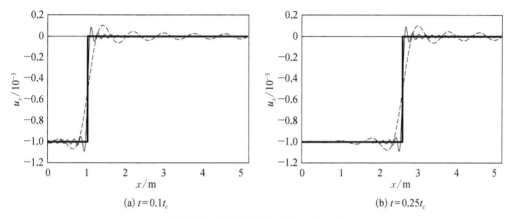

(a) $t = 0.1t_c$　　　　　　　　(b) $t = 0.25t_c$

图 7.20　等截面杆的应变分布对比

(粗实线:精确解;细实线: $n = 61$ 的近似解;虚线: $n = 13$ 的近似解)

注解 7.3.5:由图 7.19 和图 7.20 可见,在精确解的间断点两侧,近似解呈现显著波动。此时,如果增加模态截断阶次 n,则波动的最高峰会向精确解的间断点靠拢,但其峰值并不下降,保持为精确解阶跃幅度的 9% 左右。这就是对不连续函数进行 Fourier 级数展开时产生的 **Gibbs 现象**[①],也称作 Gibbs 效应。

注解 7.3.6:在本问题中,速度近似解和应变近似解收敛慢的原因是:速度波和应变波在特征线上不连续。可以证明,如果右行波 $u_R(\xi)$ 和左行波 $u_L(\eta)$ 具有 p 阶分段连续导数和 $p - 1$ 阶连续导数,则其 Fourier 系数趋于零的速度不低于 $O(1/\kappa^p)$,其中 κ 是 Fourier 级数展开的波数[①]。此处, $u_R(\xi)$ 是连续的分段光滑函数,即 $p = 1$;而 $u_{R\xi}(\xi)$ 是分段连续函数,即 $p = 0$;故速度和应变级数解系数趋于零的速度均差一个幂次。此时,通过增加模态截断阶次 n 可改善近似解的计算精度,但收效并不显著,尤其在间断点附近的效果较差。

注解 7.3.7:由于本问题中的波动没有频散,通过增加模态截断阶次 n 来改善近似解精度仍是有效的。对于一般的结构冲击问题,如果要增加模态截断阶次 n 来改善近似解精度,则应考虑所采用的动力学方程能否描述动响应的高波数频散效应。如果动力学方程的描述能力有限,则盲目追求近似解的数学精度,有可能会导致近似解的物理失真。7.3.4 小节将结合 Love 杆模型的冲击响应问题,对此作进一步讨论。

7.3.3　杆截面变化对冲击响应的影响

现研究变截面杆以速度 v_0 水平撞击刚性壁后的波动问题,进而分析杆的波动频散对冲击响应的影响。根据 7.2.1 小节的研究,杆的动力学方程为

---

①　柯朗,希尔伯特.数学物理方法 II [M].钱敏,郭敦仁,译.北京:科学出版社,1981:58 - 85.

$$\rho A(x) \frac{\partial^2 u(x, t)}{\partial t^2} - \frac{\partial}{\partial x}\left[EA(x) \frac{\partial u(x, t)}{\partial x}\right] = 0, \quad x \in [0, L], \quad t \in [0, +\infty)$$

$$(7.3.42)$$

式中,ρ 为材料密度;E 为弹性模量;$A(x) > 0$ 为杆的截面积函数。类似于 7.3.1 小节的研究,杆与刚性壁接触的初始条件为

$$C1: u(x, 0) = 0, \quad C2: u_t(x, 0) = -v_0, \quad x \in [0, L] \qquad (7.3.43a)$$

杆与刚性壁接触阶段的边界条件为

$$C3: u_x(L, t) = 0, \quad C4: u(0, t) = 0, \quad t \in [0, t_c] \qquad (7.3.43b)$$

式(7.3.43b)中,t_c 是待定的杆与刚性平面接触时间。

1. 模态解法

设式(7.3.42)的分离变量解为

$$u(x, t) = \varphi(x)q(t) \qquad (7.3.44)$$

将式(7.3.44)代入式(7.3.42),根据式(7.2.5),得到两个分离变量的常微分方程,即

$$\begin{cases} \dfrac{d}{dx}\left[A(x) \dfrac{d\varphi(x)}{dx}\right] + \dfrac{\omega^2}{c_0^2}A(x)\varphi(x) = 0, \quad c_0 \equiv \sqrt{\dfrac{E}{\rho}} \\ \dfrac{d^2 q(t)}{dt^2} + \omega^2 q(t) = 0 \end{cases} \qquad (7.3.45)$$

将式(7.3.44)代入边界条件 C3 和 C4,得到式(7.3.45)中第一个微分方程的边界条件为

$$\varphi(0) = 0, \quad \varphi_x(L) = 0 \qquad (7.3.46)$$

现考察 7.2.1 小节研究过的指数截面杆,其截面积函数为

$$A(x) = A_0 \exp(\alpha x), \quad A_0 > 0, \quad \alpha \geqslant 0 \qquad (7.3.47)$$

以下仅对 $\alpha > 0$ 的情况作理论分析。在数值算例中,将讨论 $\alpha \leqslant 0$ 的情况。

首先,求解式(7.3.45)中第一个常微分方程。根据 7.2.1 小节的研究,当 $\omega > \omega_c \equiv \alpha c_0/2$ 时,该微分方程对应的特征方程有一对共轭复特征值为

$$\lambda_{1,2} = -\frac{\alpha}{2} \pm i\kappa, \quad \kappa \equiv \sqrt{\left(\frac{\omega}{c_0}\right)^2 - \left(\frac{\alpha}{2}\right)^2} > 0 \qquad (7.3.48)$$

该微分方程的通解为

$$\varphi(x) = \exp\left(-\frac{\alpha x}{2}\right)\left[a_1 \cos(\kappa x) + a_2 \sin(\kappa x)\right] \qquad (7.3.49)$$

将式(7.3.49)代入边界条件式(7.3.46),得

$$a_1 = 0, \qquad \frac{a_2}{2}\exp\left(-\frac{\alpha L}{2}\right)\left[2\kappa\cos(\kappa L) - \alpha\sin(\kappa L)\right] = 0 \qquad (7.3.50)$$

因此,固有振动波数 κ 满足的特征方程为

$$\tan(\kappa L) = \frac{2}{\alpha L}(\kappa L) \qquad (7.3.51)$$

例如,若将例 7.3.1 中长度为 $L = 5.189$ m 的等截面杆拓展为指数截面杆,取 $\alpha = 0.1$ m^{-1} 和 $\alpha = 0.2$ m^{-1},则由式(7.3.51)解得

$$\begin{cases} \alpha L = 0.5189: & \kappa_1 = 1.386/L, \quad \kappa_2 = 4.657/L, \quad \kappa_3 = 7.821/L \\ \alpha L = 1.0378: & \kappa_1 = 1.145/L, \quad \kappa_2 = 4.600/L, \quad \kappa_3 = 7.787/L \end{cases} \qquad (7.3.52\text{a})$$

$$\kappa_r \approx \frac{(2r-1)\pi}{2L}, \quad r = 4, 5, 6, \cdots \qquad (7.3.52\text{b})$$

即指数截面杆与等截面杆的高阶波数一致。由式(7.3.52)得到固有频率和固有振型为

$$\omega_r = c_0\sqrt{\left(\frac{\alpha}{2}\right)^2 + \kappa_r^2}, \quad \varphi_r(x) = \exp\left(-\frac{\alpha x}{2}\right)\sin(\kappa_r x), \quad r = 1, 2, \cdots \quad (7.3.53)$$

为了后续分析需要,现推导上述固有振型的加权正交关系。将 $\varphi_r(x)$ 代入式(7.3.45)中的第一个微分方程,两端同乘 $\varphi_s(x)$ 后沿杆长积分;通过分部积分和边界条件(7.3.46),得

$$\int_0^L \frac{\mathrm{d}}{\mathrm{d}x}\left[A(x)\frac{\mathrm{d}\varphi_r(x)}{\mathrm{d}x}\right]\varphi_s(x)\,\mathrm{d}x + \left(\frac{\omega_r}{c_0}\right)^2\int_0^L A(x)\varphi_r(x)\varphi_s(x)\,\mathrm{d}x$$

$$= \left(\frac{\omega_r}{c_0}\right)^2\int_0^L A(x)\varphi_r(x)\varphi_s(x)\,\mathrm{d}x - \int_0^L A(x)\frac{\mathrm{d}\varphi_r(x)}{\mathrm{d}x}\frac{\mathrm{d}\varphi_s(x)}{\mathrm{d}x}\,\mathrm{d}x = 0 \qquad (7.3.54)$$

将式(7.3.54)的下标顺序进行交换,得

$$\left(\frac{\omega_s}{c_0}\right)^2\int_0^L A(x)\varphi_r(x)\varphi_s(x)\,\mathrm{d}x - \int_0^L A(x)\frac{\mathrm{d}\varphi_r(x)}{\mathrm{d}x}\frac{\mathrm{d}\varphi_s(x)}{\mathrm{d}x}\,\mathrm{d}x = 0 \qquad (7.3.55)$$

再将式(7.3.54)与式(7.3.55)相减,得到固有振型的两个正交性关系为

$$\begin{cases} \displaystyle\int_0^L A(x)\varphi_r(x)\varphi_s(x)\,\mathrm{d}x = 0 \\ \displaystyle\int_0^L A(x)\frac{\mathrm{d}\varphi_r(x)}{\mathrm{d}x}\frac{\mathrm{d}\varphi_s(x)}{\mathrm{d}x}\,\mathrm{d}x = 0, \quad r \neq s, \quad r, s = 1, 2, \cdots \end{cases} \qquad (7.3.56)$$

此外,根据式(7.3.48)和式(7.3.53),可计算得

$$\int_0^L A(x) \, \varphi_r^2(x) \, \mathrm{d}x = A_0 \int_0^L \sin^2(\kappa_r x) \, \mathrm{d}x = \frac{A_0 \left[\, 2L\kappa_r - \sin(2\kappa_r L) \,\right]}{4\kappa_r}, \quad r = 1, 2, \cdots \tag{7.3.57}$$

其次,对于上述固有频率 ω_r,求解式(7.3.45)中的第二个常微分方程,得到对应的时间历程为

$$q_r(t) = b_{1r}\cos(\omega_r t) + b_{2r}\sin(\omega_r t), \quad r = 1, 2, \cdots \tag{7.3.58}$$

因此,式(7.3.42)在边界条件 C3 和 C4 下的通解为

$$u(x, t) = \sum_{r=1}^{+\infty} \varphi_r(x) q_r(t) = \sum_{r=1}^{+\infty} \exp\left(-\frac{\alpha x}{2}\right) \sin(\kappa_r x) \left[\, b_{1r}\cos(\omega_r t) + b_{2r}\sin(\omega_r t) \,\right] \tag{7.3.59}$$

现根据初始条件 C1 和 C2 确定上式中常数。为此,需将式(7.3.59)作为时间 t 的 Fourier 级数,逐项对 t 求偏导数。对本问题,难以严格证明其合理性。在数学物理方程求解中,通常先获得形式上的解[①],再验证其正确性。

将式(7.3.59)及其对时间 t 的偏导数代入初始条件 C1 和 C2,得

$$\begin{cases} u(x, 0) = \sum_{r=1}^{+\infty} b_{1r}\exp\left(-\frac{\alpha x}{2}\right) \sin(\kappa_r x) = 0 \\ u_t(x, 0) = \sum_{r=0}^{+\infty} b_{2r}\omega_r \exp\left(-\frac{\alpha x}{2}\right) \sin(\kappa_r x) = -v_0 \end{cases} \tag{7.3.60}$$

将式(7.3.60)下标替换为 s,两端同乘 $A(x)\varphi_r(x)$ 后沿杆长积分,利用式(7.3.56)的第一式和式(7.3.57),得

$$\begin{cases} b_{1r} = 0 \\ \dfrac{A_0 \left[\, 2L\kappa_r - \sin(2\kappa_r L) \,\right] \omega_r b_{2r}}{4\kappa_r} = -v_0 A_0 \int_0^L \exp\left(\dfrac{\alpha x}{2}\right) \sin(\kappa_r x)\,\mathrm{d}x, \quad r = 1, 2, \cdots \end{cases} \tag{7.3.61}$$

完成式(7.3.61)的积分,利用(7.3.50)和式(7.3.57)进行化简,得

$$\begin{aligned} b_{2r} &= \frac{8v_0\kappa_r \{ \exp(\alpha L/2) \left[\, 2\kappa_r\cos(\kappa_r L) - \alpha\sin(\kappa_r L) \,\right] - 2\kappa_r \}}{\omega_r \left[\, 2L\kappa_r - \sin(2\kappa_r L) \,\right] (\alpha^2 + 4\kappa_r^2)} \\ &= -\frac{16v_0\kappa_r^2}{\omega_r(\alpha^2 + 4\kappa_r^2) \left[\, 2L\kappa_r - \sin(2\kappa_r L) \,\right]}, \quad r = 1, 2, \cdots \end{aligned} \tag{7.3.62}$$

将式(7.3.62)代入式(7.3.60),得到位移级数解为

---

① 谷超豪,李大潜,陈恕行,等. 数学物理方程[M]. 北京:人民教育出版社,1979:57-68.

$$u(x,\ t) = -32v_0 \sum_{r=1}^{+\infty} \frac{\kappa_r^2 \exp(-\alpha x/2) \sin(\kappa_r x) \sin(\omega_r t)}{\omega_r(\alpha^2 + 4\kappa_r^2)[2L\kappa_r - \sin(2\kappa_r L)]} \qquad (7.3.63)$$

相应的速度级数解和应变级数解为

$$u_t(x,\ t) = -32v_0 \sum_{r=1}^{+\infty} \frac{\kappa_r^2 \exp(-\alpha x/2) \sin(\kappa_r x) \cos(\omega_r t)}{(\alpha^2 + 4\kappa_r^2)[2L\kappa_r - \sin(2\kappa_r L)]} \qquad (7.3.64)$$

$$u_x(x,\ t) = -16v_0 \sum_{r=1}^{+\infty} \frac{\kappa_r^2 \exp(-\alpha x/2)[2\kappa_r \cos(\kappa_r x) - \alpha \sin(\kappa_r x)] \sin(\omega_r t)}{\omega_r(\alpha^2 + 4\kappa_r^2)[2L\kappa_r - \sin(2\kappa_r L)]}$$

$$(7.3.65)$$

如前文所述,上述解的合理性还需要验证。

2. 级数解的收敛性

现考察位移级数解的收敛性。将式(7.3.63)两端同乘 $\exp(\alpha x/2)$,则该式右端形如 Fourier 级数。由式(7.3.53)可知,对于充分大的 r,该函数级数的通项满足

$$\left| \frac{\kappa_r^2 \sin(\kappa_r x) \sin(\omega_r t)}{\omega_r(\alpha^2 + 4\kappa_r^2)[2L\kappa_r - \sin(2\kappa_r L)]} \right| \approx \left| \frac{\kappa_r^2 \sin(\kappa_r x) \sin(\omega_r t)}{2L\kappa_r \omega_r(\alpha^2 + 4\kappa_r^2)} \right| < \left| \frac{1}{16c_0 L\kappa_r^2} \right|$$

$$(7.3.66)$$

根据式(7.3.52b),级数 $\sum_{r=1}^{+\infty} 1/\kappa_r^2$ 收敛。由函数级数收敛的 M - 判别法,该函数级数一致收敛于 $\exp(\alpha x/2)u(x,\ t)$,即式(7.3.63)一致收敛于 $u(x,\ t)$。随着模态阶次 r 增加,位移级数解(7.3.63)的无量纲系数以速度 $O(1/\kappa_r^2 L^2) = O[1/(2r-1)^2]$ 趋于零。

与等截面杆相似,指数截面杆的速度近似解和应变近似解的无量纲系数均以速度 $O(1/\kappa_r L) = O[1/(2r-1)]$ 趋于零。严格证明这两个近似解的收敛性较为困难,数值计算表明其收敛性与等截面杆的情况相当。

3. 案例与频散效应

例 7.3.2：现以例 7.3.1 中的等截面钢杆冲击问题作为参考,考察指数截面钢杆冲击响应的频散效应。为此,选择例 7.3.1 中的参数,即

$$E = 210 \text{ GPa}, \quad \rho = 7\,800 \text{ kg/m}^3, \quad L = 5.189 \text{ m}, \quad v_0 = 5.189 \text{ m/s} \qquad (a)$$

为了进行对比,由式(7.3.1)和式(7.3.19)得到等截面杆纵波波速 $c_0 \approx 5\,189$ m/s,杆与刚性壁接触的时间 $t_c \approx 0.002$ s。

对于指数截面杆,选择 $\alpha = 0.1$ m^{-1} 和 $\alpha = 0.2$ m^{-1} 计算其冲击响应,并与 $\alpha = 0$ m^{-1} 时的等截面杆进行对比。根据 $L = 5.189$ m,这两种情况下对应的杆两端面积比分别为

$$\frac{A(L)}{A_0} = \exp(\alpha L) = \begin{cases} 1.680, & \alpha = 0.1 \text{ m}^{-1} \\ 2.823, & \alpha = 0.2 \text{ m}^{-1} \end{cases} \qquad (b)$$

即 7.2.1 小节中例 7.2.2 讨论的波动频散情况介于这两种情况之间。

根据式(7.2.15),可得到第 r 阶固有振动对应的纵波相速度为

$$c_L(r) = c_0 \sqrt{1 + \left(\frac{\alpha}{2\kappa_r}\right)^2} = c_0 \sqrt{1 + \frac{(\alpha L)^2}{\pi^2(2r-1)^2}} \qquad (c)$$

以截面变化较大的情况为例,即 $\alpha L = 1.037\,8$,可得 $c_L(1) = 1.053c_0$。 如果希望纵波相速度与等截面杆的差异为 $|c_L(r)/c_0 - 1| < 0.001$,可由式(c)解出 $r = 5$。 由此可见,频散主要发生在级数解的前几阶模态。根据对上述级数解收敛速度的讨论、低频频散的理解和例 7.3.1 的计算结果,取模态截断数为 $n = 60$。

图 7.21 给出杆在 $t = 0.1t_c$ 和 $t = 0.9t_c$ 两个时刻的位移响应。在前一个时刻,右行位移波刚开始传播,杆截面变化对位移波的影响尚未显现,三种杆的位移波均为梯形,几乎完全重合,难以分辨。在后一个时刻,右行位移波经历杆右端的反射后回到杆左端附近,杆截面积变化的影响已充分显现。此时,等截面杆的位移波仍保持为梯形,但指数截面杆的位移波呈现严重畸变。随着 α 的增加,杆的右端位移数倍于等截面杆的位移,体现了频散效应。

图 7.22 是杆在 $x = 0.1L$ 和 $x = 0.95L$ 处两个截面的速度时间历程。在前一个截面处,速度波在右行波特征线上由 $-v_0$ 跳升,但并像等截面杆那样达到零;随着时间延续,速

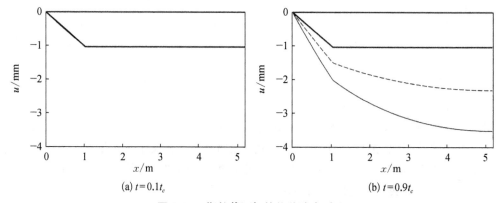

(a) $t = 0.1t_c$ (b) $t = 0.9t_c$

图 7.21 指数截面杆的位移分布对比

(粗实线: $\alpha = 0 \text{ m}^{-1}$;虚线: $\alpha = 0.1 \text{ m}^{-1}$;细实线: $\alpha = 0.2 \text{ m}^{-1}$)

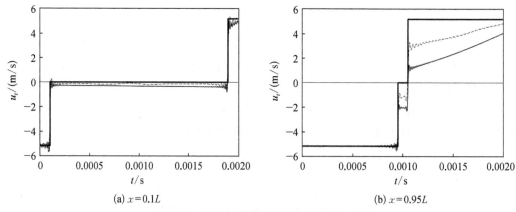

(a) $x = 0.1L$ (b) $x = 0.95L$

图 7.22 指数截面杆的速度时间历程对比

(粗实线: $\alpha = 0 \text{ m}^{-1}$;虚线: $\alpha = 0.1 \text{ m}^{-1}$;细实线: $\alpha = 0.2 \text{ m}^{-1}$)

度波在左行波特征线上再次跳升,同样未像等截面杆那样达到 v_0。 在后一个截面处,随着时间延续,速度波呈现严重畸变,在特征线上的两次跳升都显著低于等截面杆的速度波。随着 α 的增加,上述波形畸变加剧,体现了频散效应。

图 7.23 是杆在 $t = 0.1t_c$ 和 $t = 0.9t_c$ 两个时刻的应变响应。在前一个时刻,杆的截面积变化对应变波的影响尚未显现,近似解的波动主要来自 Fourier 级数的有限截断。在后一个时刻,应变波经历杆右端反射后回到杆左端附近,杆截面积变化对波的影响得到显现。此时,等截面杆的应变波仍保持为矩形,但指数截面杆的应变波随着 α 增加呈现严重畸变,体现了频散效应。

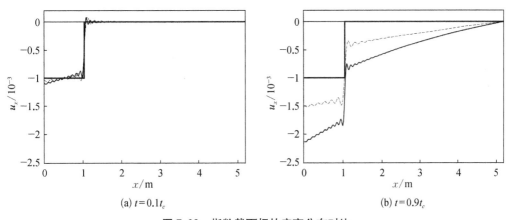

(a) $t = 0.1t_c$ (b) $t = 0.9t_c$

图 7.23 指数截面杆的应变分布对比

(粗实线: $\alpha = 0$ m^{-1};虚线: $\alpha = 0.1$ m^{-1};细实线: $\alpha = 0.2$ m^{-1})

注解 7.3.8:在图 7.23(b)中,当 $t = 0.9t_c$ 时,杆左端压应变比等截面杆压应变高许多。当 $t = t_c$ 时,杆左端仍受压,无法脱离刚性壁。现考察图 7.24 所示的杆左端应变时间历程。由图 7.24(a)可见,当 $\alpha = 0.1$ m^{-1} 时,杆左端压应变在 $t = t_c$ 附近消失;而当 $\alpha = 0.2$ m^{-1} 时,该时刻推迟到 $t \approx 1.17t_c = 0.00234$ s。 从直观看,此时杆左端截面积远小于杆右端截面积,杆左端的压应变过大,难以回弹。图 7.24(b)给出 $\alpha = -0.2$ m^{-1} 的结果,

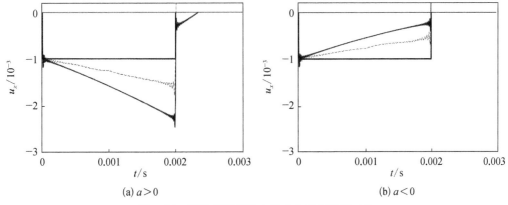

(a) $a > 0$ (b) $a < 0$

图 7.24 指数截面杆的左端应变时间历程对比

(粗实线: $\alpha = 0$ m^{-1};虚线: $|\alpha| = 0.1$ m^{-1};细实线: $|\alpha| = 0.2$ m^{-1})

此时杆左端截面积远大于右端截面积,杆左端压应变小于等截面杆,杆与刚性壁接触时间略有缩短,容易回弹。

7.3.4 杆横向惯性对冲击响应的影响

在杆的冲击响应分析中,需要关注初等波动理论的有效性,尤其是波数增加引起的频散问题。为此,本小节采用 Love 杆模型来描述杆与刚性壁水平撞击后接触阶段的动力学,考察杆的横向惯性引起的冲击响应频散问题。

1. 模态解法

根据 7.2.2 小节,计入横向惯性效应的 Love 杆模型的动力学方程为

$$\frac{\partial^2 u(x,t)}{\partial t^2} = c_0^2 \frac{\partial^2 u(x,t)}{\partial x^2} + \nu^2 r_p^2 \frac{\partial^4 u(x,t)}{\partial x^2 \partial t^2}, \quad x \in [0,L], \quad t \in [0,+\infty)$$

$$(7.3.67)$$

式中,$c_0 \equiv \sqrt{E/\rho}$;ν 为材料 Poisson 比;r_p 为杆的截面极回转半径。参考 7.3.1 小节对杆与刚性壁水平撞击问题的描述,杆与刚性壁接触的初始条件为

$$\text{C1}: u(x,0) = 0, \quad \text{C2}: u_t(x,0) = -v_0, \quad x \in [0,L] \qquad (7.3.68a)$$

杆与刚性壁接触期间的边界条件为

$$\text{C3}: c_0^2 u_x(L,t) + \nu^2 r_p^2 u_{xtt}(L,t) = 0, \quad \text{C4}: u(0,t) = 0, \quad t \in [0,t_c]$$

$$(7.3.68b)$$

式中,t_c 是杆与刚性平面接触的时间。

该问题正是 7.2.2 小节所研究的左端固定、右端自由 Love 杆模型的自由振动问题。根据式(7.2.61),杆的自由振动通解为

$$u(x,t) = \sum_{r=1}^{+\infty} \sin(\kappa_r x)\left[b_{1r}\cos(\omega_r t) + b_{2r}\sin(\omega_r t)\right] \qquad (7.3.69)$$

式中,

$$\kappa_r = \frac{(2r-1)\pi}{2L}, \quad \omega_r = c_0 \kappa_r \sqrt{\frac{1}{1 + \nu^2 r_p^2 \kappa_r^2}}, \quad r = 1, 2, \cdots \qquad (7.3.70)$$

分别为杆的第 r 阶固有振动的波数和频率。

将式(7.3.69)视为时间 t 的 Fourier 级数进行逐项求偏导,连同式(7.3.69)代入初始条件 C1 和 C2,得

$$\begin{cases} u(x,0) = \sum_{r=1}^{+\infty} b_{1r}\sin(\kappa_r x) = 0 \\ u_t(x,0) = \sum_{r=0}^{+\infty} b_{2r}\omega_r\sin(\kappa_r x) = -v_0 \end{cases} \qquad (7.3.71)$$

类似于式(7.3.29)至式(7.3.31)的推导,得到式(7.3.71)中的 Fourier 系数为

$$b_{1r} = 0, \quad b_{2r} = -\frac{2v_0}{\omega_r L}\int_0^L \sin(\kappa_r x)\,\mathrm{d}x = -\frac{2v_0}{L\omega_r\kappa_r}, \quad r = 1, 2, \cdots \quad (7.3.72)$$

将式(7.3.72)代入式(7.3.69),得到杆与刚性壁接触过程中的纵向位移级数解为

$$u(x,t) = -\frac{2v_0}{L}\sum_{r=1}^{+\infty}\frac{1}{\omega_r\kappa_r}\sin(\kappa_r x)\sin(\omega_r t)$$

$$= -\frac{2v_0}{c_0 L}\sum_{r=1}^{+\infty}\frac{\sqrt{1+\nu^2 r_p^2\kappa_r^2}}{\kappa_r^2}\sin(\kappa_r x)\sin\left(\frac{c_0\kappa_r t}{\sqrt{1+\nu^2 r_p^2\kappa_r^2}}\right) \quad (7.3.73)$$

相应的速度级数解和应变级数解形如

$$u_t(x,t) = -\frac{2v_0}{L}\sum_{r=1}^{+\infty}\frac{1}{\kappa_r}\sin(\kappa_r x)\cos\left(\frac{c_0\kappa_r t}{\sqrt{1+\nu^2 r_p^2\kappa_r^2}}\right) \quad (7.3.74)$$

$$u_x(x,t) \sim -\frac{2v_0}{c_0 L}\sum_{r=1}^{+\infty}\frac{\sqrt{1+\nu^2 r_p^2\kappa_r^2}}{\kappa_r}\cos(\kappa_r x)\sin\left(\frac{c_0\kappa_r t}{\sqrt{1+\nu^2 r_p^2\kappa_r^2}}\right) \quad (7.3.75)$$

下文将说明,由于式(7.3.75)中的级数不收敛性,所以此处采用符号~代替了等号。

　　2. 级数解的收敛性

　　首先,考察位移级数解的收敛性。由式(7.3.73)可见,随着模态阶次 r 提高,该级数的无量纲系数以速度 $O(\nu r_p/\kappa_r L) = O[1/(2r-1)]$ 趋于零,无法用 M-判别法证明其一致收敛。但若将式(7.3.73)视为 Fourier 级数,根据 Fourier 级数理论,位移的连续性可保证该级数一致收敛于 $u(x,t)$。

　　其次,由式(7.3.74)可见,速度级数解的无量纲系数以速度 $O(1/\kappa_r L) = O[1/(2r-1)]$ 趋于零。因速度解不连续,该级数至多收敛于 $u_t(x,t)$,但并非一致收敛。

　　然后,由式(7.3.75)可见,应变级数解的无量纲系数趋于非零常数,这表明该级数不收敛。在 7.3.5 小节将对此问题进行讨论。

　　回顾上述模态解法,杆的自由振动通解表达式(7.3.69)是一个 Fourier 级数,可理解为以杆边界条件确定的固有振型作为正交基函数的函数逼近,其逼近准则是选择该级数的 Fourier 系数来逼近初始条件(7.3.71)。由于式(7.3.71)是对初始位移和初始速度的描述,所以只能保证该 Fourier 级数收敛于初始位移和初始速度。换言之,上述 Fourier 级数并不保证初始应变的收敛性,即应变级数解的收敛性取决于位移近似解的收敛速度。

　　更进一步分析,虽然可通过三角函数积化和差公式将式(7.3.75)表示为无穷多个左右行波的叠加,但频散导致这些行波的相速度不同,即空间坐标 x 和时间 t 不再处于同等地位。因此,应变级数解和速度级数解的收敛性不再关联。

　　3. 案例与频散效应

　　例 7.3.3:现以例 7.3.1 中的等截面钢杆冲击问题作为参考,考察杆横向惯性效应对杆冲击响应的影响。

考察 Poisson 比为 $\nu = 0.28$ 的圆截面钢杆,取截面直径分别为 $d = 0.1$ m 和 $d = 0.2$ m,简称为细杆和粗杆,其对应的截面极回转半径分别为

$$r_p = \frac{d}{\sqrt{8}} = 0.035\,4 \text{ m}, \quad 0.0708 \text{ m} \tag{a}$$

杆冲击问题的其他参数与例 7.3.1 相同,即

$$E = 210 \text{ GPa}, \quad \rho = 7\,800 \text{ kg/m}^3, \quad L = 5.189 \text{ m}, \quad v_0 = 5.189 \text{ m/s} \tag{b}$$

为了进行对比,由式(7.3.1)和式(7.3.19)得到等截面杆纵波波速 $c_0 \approx 5\,189$ m/s,杆与刚性壁接触时间 $t_c \approx 0.002$ s。

根据 7.2.2 小节的研究,Love 杆模型的有效波数范围为 $\kappa_r \leqslant 1/\nu r_p$。 将该条件代入式(7.3.70),并将此时的最大下标 r 作为允许的最高模态截断阶次 $n_{\max}$。 对于粗杆,得

$$n_{\max} = \left(\frac{L}{\pi \nu r_p} + \frac{1}{2} \right) \approx 84 \tag{c}$$

根据式(c)的限制,考虑到位移级数解和速度级数解的收敛速度,对式(7.3.73)~式(7.3.75)取模态截断 $n = 13$ 和 $n = 26$。 图 7.25 给出 $t = 0.25\,t_c$ 时的粗杆位移计算结果,其中粗实线是不计横向惯性效应的波动精确解,即式(7.3.15),细实线和虚线则分别是 $n = 13$ 和 $n = 26$ 的近似解。由图 7.25(a)可见,近似解与精确解的差异很小。由图 7.25(b)的局部放大结果可见,近似解与精确解的差异随着 n 增加减小。这既表明近似解的收敛性,也表明横向惯性效应对杆的位移波影响较小。

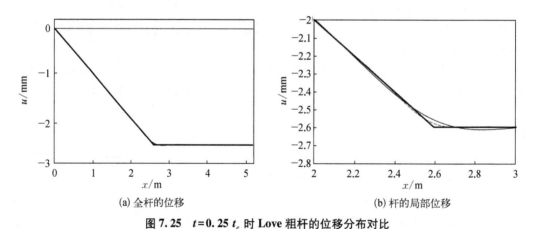

(a) 全杆的位移　　　　　　(b) 杆的局部位移

图 7.25　$t = 0.25\,t_c$ 时 Love 粗杆的位移分布对比

(粗实线:精确解;细实线:$n = 13$ 的近似解;虚线:$n = 26$ 的近似解)

图 7.26 给出了 $t = 0.25\,t_c$ 时的粗杆速度和应变计算结果,其中粗实线是不计横向惯性效应的速度波精确解(7.1.16)和应变波精确解(7.1.17),细实线和虚线分别是 $n = 13$ 和 $n = 26$ 的近似解。图 7.26 表明,随着 n 增加,速度近似解和应变近似解具有相似行为。即在不计惯性效应时的精确解平坦区,波动显著减小,而在不计惯性效应时的精确解间断处,波动几乎没有降低,在有的局部还略有增加。此时,若进一步增加 n 至 $n_{\max}$,会发

现速度近似解收敛缓慢,并且速度近似解在精确解间断处的 Gibbs 效应比较突出。至于应变近似解,虽然其收敛性存在问题,但其表现与速度近似解类似。该问题将留至7.3.5 小节作进一步讨论。

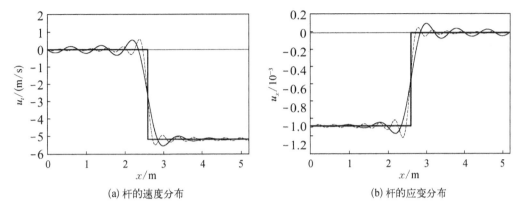

(a) 杆的速度分布　　　　　　　　　　　(b) 杆的应变分布

图 7.26　$t=0.25\,t_c$ 时 Love 粗杆的速度和应变分布对比

(粗实线:不计横向惯性的精确解;细实线:$n=13$ 的近似解;虚线:$n=26$ 的近似解)

鉴于横向惯性效应对位移波的影响不显著,图 7.27 给两种不同直径杆在 $x=L/2$ 处的速度波和应变波时间历程。由图可见,随着时间延续,速度波和应变波均发生畸变,粗杆的波形畸变更显著,表明横向惯性引起高频频散。

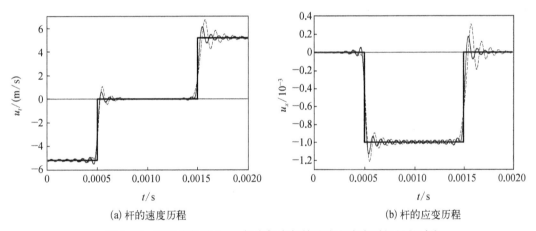

(a) 杆的速度历程　　　　　　　　　　　(b) 杆的应变历程

图 7.27　不同直径的 Love 杆在杆中部的速度和应变时间历程对比

(粗实线:不计横向惯性的精确解;细实线:细杆的近似解;虚线:粗杆的近似解)

7.3.5　模态截断的依据

为了回答第 1 章的问题 6B,现对本节所研究的等截面杆、指数截面杆、Love 杆模型的冲击响应计算进行梳理,进一步讨论模态截断问题。

在上述三种杆与刚性壁撞击问题中,速度波和应变波均出现间断,属于第 1 章的问题6B。虽然该研究仅针对杆的纵向振动,但由于是难度较大的弱解问题,故对结构冲击响应计算具有一定的普遍意义。此外,等截面杆的冲击响应问题有精确解,故对其级数解的模态截断考核,也包括考虑截面指数变化、横向惯性引起的频散波计算考核较为可靠。

1. 冲击响应的位移级数解收敛性

对于上述三种杆的冲击问题,基于模态解法得到位移级数解均具有一致收敛性,具体情况可分为如下两类:

1) 快一致收敛解

在 7.3.2 小节和 7.3.3 小节,通过函数级数的 M-判别法证明:基于初等波动理论的等截面杆和指数截面杆的位移级数解一致收敛,且其收敛速度为 $O[1/(2n-1)^2]$,其中 n 为模态截断阶次。

在实践中,若冲击响应的位移级数解具有收敛速度 $O(1/n_c^\alpha)$,其中 $\alpha > 3/2$,n_c 为级数截断阶次,可视为快一致收敛解。若需要级数解的截断次数满足 $1/n_c^\alpha = 1/100$,则 $n_c = (100)^{1/\alpha}$。以 7.3.2 小节的等截面杆冲击响应的位移级数解为例,由于其收敛速度为 $O(1/n_c^\alpha) = O[1/(2n-1)^2]$,即 $2n-1 = n_c = 100^{1/2} = 10$,取 $n = 6$ 即可,这正是例 7.3.1 中选择的模态截断数。若 $\alpha = 3/2$,则 $2n-1 = n_c = 100^{2/3} \approx 22$,只要取 $n = 12$ 即可。

2) 慢一致收敛解

基于 Love 杆模型的位移级数解收敛速度降低为 $O[1/(2n-1)]$,M-判别法失效。但根据 Fourier 级数理论可知,位移连续性可保证 Fourier 级数解的一致连续性。

对于这样的慢一致收敛解,若要位移级数解的截断次数满足 $1/n_c^\alpha = 1/100$,则需 $2n-1 = n_c = 100$,即取 $n = 51$。在例 7.3.3 中,为了兼顾应变近似解,仅取了 $n = 26$。事实上,此时进一步提高求解精度的代价较高。

上述研究可进一步推广到其他结构的冲击响应分析。例如,对于铰支-铰支 Euler-Bernoulli 梁,矩形铰支板等结构,由于其固有振型是正弦函数或正弦函数的乘积,而结构位移响应总是连续的,根据 Fourier 级数理论可知,它们的冲击响应位移级数解一致收敛。对于其他边界的梁和板,其远离边界处的动响应也具有上述性质。

2. 冲击响应的间断解收敛性

由于 Fourier 级数的收敛速度取决于函数的光滑性,故上述三种杆冲击问题的速度级数解和应变级数解收敛速度比位移级数解低一个阶次,难以获得一致收敛性。此时的情况也可分为两种:

1) 慢收敛解

对基于初等波动理论的等截面杆和指数截面杆,其速度级数解和应变级数解均收敛,但收敛速度由位移级数解的 $O[1/(2n-1)^2]$ 降低为 $O[1/(2n-1)]$,尤其在速度解和应变解的间断处波动较大。在这种情况下,已有研究大多试图通过加大级数解的截断阶次 n 来提高近似解的精度,在不少论文中甚至取 $n = 1000$。

这样处理存在如下几个问题。一是由于间断函数的 Fourier 级数近似解具有 Gibbs 现象;提高级数解的截断阶次 n,只能使近似解的波动峰值向精确解的间断点移动,而无法降低其峰值。二是为了在计算精度上提高一位有效数字,计算量要提高一个数量级,计算代价过高。三是所采用的动力学模型并不能提供可信赖的高波数固有振型,此时提高计算结果的数学精度,未必能获得具有真实物理意义的结果。

因此,在例 7.3.1 和例 7.3.2 中,均选择不高的级数截断阶次,即 $n = 60$,并检验指数截面杆模型的有效性。

2）拟收敛解

在 7.3.4 小节，已指出 Love 杆模型的应变级数解存在收敛性问题，但仍采用级数解讨论横向惯性对波动频散的影响。这样做是否有意义呢？现引进拟收敛解的概念，并对上述 Love 杆模型的应变级数解进行讨论。

若冲击响应的级数解不收敛，但对于一定范围的 n，级数解的无量纲系数的绝对值以速度 $O(1/n)$ 减小，可称其为**拟收敛**。从实用角度看，如果级数解的无量纲系数绝对值足够小，这样的级数近似解可提供工程所需的重要信息。

现考察例 7.3.3 的模态级数解，根据式（7.3.73）、式（7.3.74）和式（7.3.75），将位移、速度和应变三个级数解通项的无量纲系数分别表示为

$$\begin{cases} c_1(r) \equiv \dfrac{\sqrt{1 + \nu^2 r_p^2 \kappa_r^2}}{\kappa_r^2 L^2} = \sqrt{\dfrac{16}{\pi^4(2r-1)^4} + \dfrac{4\nu^2 r_p^2}{\pi^2 L^2(2r-1)^2}} \\[4mm] c_2(r) \equiv \dfrac{1}{\kappa_r L} = \dfrac{2}{\pi(2r-1)} \\[4mm] c_3(r) \equiv \dfrac{\sqrt{1 + \nu^2 r_p^2 \kappa_r^2}}{\kappa_r L} = \sqrt{\dfrac{4}{\pi^2(2r-1)^2} + \dfrac{\nu^2 r_p^2}{L^2}} \end{cases} \quad (7.3.76)$$

以收敛性差的 Love 粗杆（$d = 0.2\text{m}$）为例，式（7.3.76）中的无量纲参数为

$$\frac{\nu r_p}{L} = \frac{\nu d}{\sqrt{8} L} \approx 0.003\,8 \quad (7.3.77)$$

由于该参数非常小，故上述三个无量纲系数在有限模态阶次 $1 \leqslant r \leqslant 100$ 范围内的变化与 $r \to +\infty$ 时并不相同。当 $r \to +\infty$ 时，位移级数解的收敛速度为 $O(\nu\ r_p/\kappa_r L) = O[1/(2r-1)]$，速度级数解的收敛速度为 $O(1/\kappa_r L) = O[1/(2r-1)]$，两者相同；但图 7.28 表明，在 $1 \leqslant r \leqslant 100$ 范围内，位移级数解的无量纲系数 c_1 随着 r 增加的递减速度快许多。有趣的是，图 7.28 表明，当 r 在上述范围内增加时，应变级数解的无量纲系数 c_3 和速度级数解的无量纲系数 c_2 单调递减的速度基本相同，即拟收敛的应变近似解与收敛的速度近似解具有相同精度。

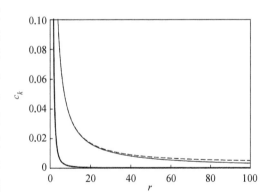

图 7.28 Love 粗杆冲击响应级数解的无量纲系数随模态阶次变化

（粗实线：位移解系数 c_1；细实线：速度解系数 c_2；虚线：应变解系数 c_3）

回顾例 7.3.3 的式（c），在该问题中 Love 杆模型允许的最高模态截断阶次为 $n_{\max} = 84$，若继续增加模态截断阶次将失去物理意义。因此，拟收敛的应变近似解可提供实用的应变信息。

7.3.6 小结

本节针对线弹性均质材料杆与刚性壁的碰撞过程,较为系统地研究了其波动分析,尤其是采用模态解法的可行性问题,回答了第1章中问题6B与杆冲击响应相关的内容。主要结论如下。

(1)对于等截面杆的碰撞过程,基于初等波动理论推导出杆纵向动力学的精确解。该精确解表明:杆与刚性壁的接触时间为弹性波在杆中往返一个来回的时间,与碰撞速度无关;杆的应变为碰撞速度与杆的纵波速度之比。该精确解是波动方程的弱解,速度波和应变波在特征线上有第一类间断。

(2)基于模态解法可获得上述等截面杆碰撞过程的级数解。通过函数级数和Fourier级数理论证明,随着模态截断阶次 n 增加,位移级数解一致收敛于精确解,其收敛速度为 $O[1/(2n-1)^2]$;速度级数解和应变级数解收敛于精确解,其收敛速度为 $O[1/(2n-1)]$。数值案例支持上述结果。

(3)针对截面积指数变化的杆与刚性壁碰撞问题,采用模态解法获得波动响应的级数解。通过数学分析证明,杆的位移、速度、应变级数解分别具有与等截面杆级数解一致的收敛性和收敛速度。上述级数解表明:杆截面积指数变化会引起冲击响应的显著低频频散,使位移波产生严重畸变;但对高频波动的影响很小,对弹性波在杆中往返时间的影响也很小。当杆的小端面冲击刚性壁时,杆中的压应变远大于等截面杆的压应变,杆与刚性壁的接触时间略有延长;而当杆的大端面冲击刚性壁时,则得到相反结果。

(4)针对等截面杆与刚性壁碰撞问题,基于Love杆模型研究了杆的横向惯性对冲击响应的影响,采用模态解法获得波动响应的级数解。通过数学分析证明:随着模态截断阶次 n 增加,杆的位移级数解一致收敛,杆的速度级数解收敛,它们的收敛速度均为 $O[1/(2n-1)]$;由于Love杆模型具有高频截止频率,导致杆的应变级数解不收敛,但具有实用意义下的拟收敛性。上述级数解表明:杆的横向惯性会引起冲击响应的显著高频频散,使速度波和应变波产生严重畸变;但对位移波的影响很小。由于Love杆模型仅在一定的波数范围内有效,上述级数解的模态截断上限受此限制。

(5)综合上述研究,对于弹性杆撞击刚性壁这类速度波、应变波有间断的波动问题,采用模态解法可以获得可信的位移、速度和应变级数解。值得指出的是,现有许多研究为了提高模态解法的精度,将模态截断阶次提高到数百阶次,甚至上千阶次,但所采用的动力学模型并不适用于描述如此高波数的问题,而且提高模态截断阶次也无法消除Fourier级数解在逼近间断函数时的Gibbs效应。

7.4 梁的自由波动与振动

梁和杆都属于一维结构,但梁的弯曲波要比杆的纵波复杂许多。例如,即使最简单的Euler-Bernoulli梁,其弯曲波也具有频散。又如,当梁的高度与弯曲波的波长之比大于某个下限时,梁的截面剪切变形和转动惯性对弯曲波具有重要影响;此时Euler-Bernoulli梁模型不再适用,需要采用Timoshenko梁模型。因此,梁的弯曲波研究历程比较曲折。

本节讨论由线弹性均质材料制成的等截面直梁的弯曲动响应,包括梁的自由波动和振动、受迫波动和振动等,并对 Euler-Bernoulli 梁模型和 Timoshenko 梁模型进行比较,讨论梁的弯曲波动与弯曲振动之间的关联,回答第 1 章中问题 6A 与梁相关的内容。

7.4.1　Euler-Bernoulli 梁的自由波动

考察均匀线弹性材料制成的等截面 Euler-Bernoulli 梁,其长度为 L;截面积为 A;截面惯性矩为 $I \equiv r_g^2 A$;材料密度为 ρ;材料弹性模量为 E;它们均为常数。以梁的左端点作为原点,建立直角坐标系 oxv,其中 x 轴与梁的中线重合。将位于坐标 x 处截面中线随时间 t 变化的横向位移记为 $v(x, t)$,则梁在无激励条件下的动力学方程为

$$\rho A \frac{\partial^2 v(x, t)}{\partial t^2} + EI \frac{\partial^4 v(x, t)}{\partial x^4} = 0, \quad x \in [0, L], \quad t \in [0, +\infty) \quad (7.4.1)$$

1. 复函数解

将梁的横向位移 $v(x, t)$ 表示为复函数解 $v_c(x, t)$ 的实部,即

$$v(x, t) = \mathrm{Re}[v_c(x, t)], \quad v_c(x, t) = \tilde{v}_c(x) \exp(\mathrm{i}\omega t) \quad (7.4.2)$$

式中,$\omega > 0$ 是振动频率;$\tilde{v}_c(x)$ 是相应的复振幅函数。将式(7.4.2)中的复函数解 $v_c(x, t)$ 代入式(7.4.1),得到任意时刻复振幅函数 $\tilde{v}_c(x)$ 应满足的齐次线性常微分方程为

$$\frac{\mathrm{d}^4 \tilde{v}_c(x)}{\mathrm{d}x^4} - \kappa^4 \tilde{v}_c(x) = 0, \quad \kappa \equiv \sqrt[4]{\frac{\rho A \omega^2}{EI}} > 0 \quad (7.4.3)$$

式中,κ 为对应振动频率 ω 的**波数**。

式(7.4.3)的解具有如下一般形式:

$$\tilde{v}_c(x) = a_1 \exp(-\mathrm{i}\kappa x) + a_2 \exp(\mathrm{i}\kappa x) + a_3 \exp(-\kappa x) + a_4 \exp(\kappa x) \quad (7.4.4)$$

式中,a_k,$k = 1, 2, 3, 4$ 是待定的积分常数,可依据梁的边界条件来确定。将式(7.4.4)代入式(7.4.2)并作适当的形式变化,得到自由波动的复函数表达式为

$$\begin{aligned}
v_c(x, t) &= [a_1 \exp(-\mathrm{i}\kappa x) + a_2 \exp(\mathrm{i}\kappa x) + a_3 \exp(-\kappa x) + a_4 \exp(\kappa x)] \exp(\mathrm{i}\omega t) \\
&= a_1 \exp[\mathrm{i}(\omega t - \kappa x)] + a_2 \exp[\mathrm{i}(\omega t + \kappa x)] \\
&\quad + a_3 \exp(-\kappa x) \exp(\mathrm{i}\omega t) + a_4 \exp(\kappa x) \exp(\mathrm{i}\omega t) \\
&= a_1 \exp[\mathrm{i}\kappa(c_B t - x)] + a_2 \exp[\mathrm{i}\kappa(c_B t + x)] \\
&\quad + a_3 \exp(-\kappa x) \exp(\mathrm{i}\omega t) + a_4 \exp(\kappa L) \exp[-\kappa(L - x)] \exp(\mathrm{i}\omega t)
\end{aligned}$$

$$(7.4.5)$$

在式(7.4.5)中,c_B 为等截面梁的**弯曲波相速度**,定义为

$$c_B \equiv \frac{\omega}{\kappa} \quad (7.4.6)$$

式(7.4.5)右端的前两项是具有振荡形式的**弯曲波**;后两项是在梁端部具有最大值,而离

开端部即衰减的**渐逝波**。以下分别进行讨论。

（1）渐逝波：式(7.4.5)中的第三项在梁左端 $x=0$ 具有最大值，随着坐标 x 增加而衰减；第四项在梁右端 $x=L$ 处具有最大值，随着坐标 $L-x$ 增加而衰减，故称为渐逝波。这两个波与 7.2.1 小节指数截面杆在截止频率以下的渐逝波相似，均无法实现长程传播，也称为**近场波**。渐逝波源自梁的左右端各有两个边界条件。如果要满足梁端部的一个边界条件，则对弯曲波进行组合即可实现。但若要满足梁端部的两个边界条件，则需要渐逝波。当然，有些边界不产生渐逝波，例如铰支和滑支边界。本小节第 3 部分将对此进行讨论。

（2）弯曲波：式(7.4.5)中的第一项和第二项是以波速 c_B 向右传播和向左传播的行波，故称为**远场波**。与等截面杆中的行波不同，等截面梁中的弯曲波是**频散波**，即式(7.4.6)所定义的弯曲波相速度依赖于波数或频率。

为了给出弯曲波相速度 c_B 和波数 κ 之间的具体关系，将式(7.4.3)中的波数 κ 两端平方，解得

$$\omega = \kappa^2 \sqrt{\frac{EI}{\rho A}} = \sqrt{\frac{E}{\rho}} \cdot \sqrt{\frac{I}{A}} \cdot \kappa^2 = c_0 r_g \kappa^2 \tag{7.4.7}$$

式中，$c_0 \equiv \sqrt{E/\rho}$ 为等截面梁的纵波波速；$r_g \equiv \sqrt{I/A}$ 为对应梁截面惯性矩的回转半径，简称**截面回转半径**。将式(7.4.7)代入式(7.4.6)，得到**弯曲波相速度**为

$$c_B = \frac{\omega}{\kappa} = c_0 r_g \kappa \tag{7.4.8}$$

根据式(7.4.7)，还可得到等截面梁的**弯曲波群速度**为

$$c_G = \frac{\mathrm{d}\omega}{\mathrm{d}\kappa} = 2c_0 r_g \kappa \tag{7.4.9}$$

根据 $c_B < c_G$ 可知，Euler-Bernoulli 梁的弯曲波具有反常频散。

例 7.4.1：考察圆截面的铰支-铰支梁，记其截面半径为 $\bar{r}$，其截面回转半径 r_g 为

$$r_g = \sqrt{\frac{\pi(2\bar{r})^4/64}{\pi \bar{r}^2}} = \frac{\bar{r}}{2} \tag{a}$$

梁的第 r 阶弯曲固有振动波数为

$$\kappa_r = \frac{r\pi}{L}, \ r = 1, 2, \cdots \tag{b}$$

将式(a)和式(b)代入式(7.4.8)，得到该梁第 r 阶固有振动的弯曲波相速度为

$$c_B(r) = c_0 r_g \kappa_r = c_0 \frac{\pi \bar{r} r}{2L} \tag{c}$$

根据 Euler-Bernoulli 梁的前提 $\bar{r}/L \ll 1$，对于低阶固有频率，可使 $\pi \bar{r} r/2L < 1$，即梁的

弯曲波相速度低于其纵波波速,符合附录 A1.2 节的三维波动理论。但当 $r \rightarrow +\infty$ 时,相速度 $c_B \rightarrow +\infty$,且群速度 $c_G \rightarrow +\infty$ 。这与物理直观不符,属于 Euler-Bernoulli 梁模型忽略剪切变形和转动惯性引发的矛盾。在 7.4.4 小节,将通过 Timoshenko 梁模型对此进行修正。

2. 实函数解

取式(7.4.5)的实部并引入新的积分常数,可得到梁的波动实函数表达式,但这样比较复杂。现引入初始相位角 θ ,将式(7.4.2)表示为实函数形式,即

$$v(x, t) = \tilde{v}(x)\cos(\omega t + \theta) \tag{7.4.10}$$

则式(7.4.3)成为

$$\frac{\mathrm{d}^4 \tilde{v}(x)}{\mathrm{d}x^4} - \kappa^4 \tilde{v}(x) = 0, \quad \kappa \equiv \sqrt[4]{\frac{\rho A \omega^2}{EI}} > 0 \tag{7.4.11}$$

式(7.4.11)的解可表示为

$$\begin{aligned}
\tilde{v}(x) &= a_1 \exp(-\mathrm{i}\kappa x) + a_2 \exp(\mathrm{i}\kappa x) + a_3 \exp(-\kappa x) + a_4 \exp(\kappa x) \\
&= b_1 \cos(\kappa x) + b_2 \sin(\kappa x) + b_3 \cosh(\kappa x) + b_4 \sinh(\kappa x)
\end{aligned} \tag{7.4.12}$$

式中, a_k 和 b_k , $k = 1, 2, 3, 4$ 均为待定积分常数,前者为复数,后者为实数。根据 Euler 公式,将式(7.4.12)表示为

$$\begin{aligned}
\tilde{v}(x) &= \frac{b_1}{2}[\exp(\mathrm{i}\kappa x) + \exp(-\mathrm{i}\kappa x)] + \frac{b_2}{2\mathrm{i}}[\exp(\mathrm{i}\kappa x) - \exp(-\mathrm{i}\kappa x)] \\
&\quad + \frac{b_3}{2}[\exp(\kappa x) + \exp(-\kappa x)] + \frac{b_4}{2}[\exp(\kappa x) - \exp(-\kappa x)]
\end{aligned} \tag{7.4.13}$$

将式(7.4.12)和式(7.4.13)对照,即可得到两组常数之间的关系

$$a_1 = \frac{b_1 + \mathrm{i}b_2}{2}, \quad a_2 = \frac{b_1 - \mathrm{i}b_2}{2}, \quad a_3 = \frac{b_3 - b_4}{2}, \quad a_4 = \frac{b_3 + b_4}{2} \tag{7.4.14}$$

由此解得

$$b_1 = a_1 + a_2, \quad b_2 = \mathrm{i}(a_2 - a_1), \quad b_3 = a_3 + a_4, \quad b_4 = a_4 - a_3 \tag{7.4.15}$$

将式(7.4.15)代入(7.4.12)即确定了实函数解。

3. 弯曲波在梁边界的反射

梁的弯曲波在边界处会发生比较复杂的反射。鉴于渐逝波传播距离有限,通常仅关注自远处传播而来的行波在梁边界处的反射问题。现以梁的右行波为例,分析其在图 7.29 所示梁右端边界的反射。

根据式(7.4.5)及其讨论,可将梁的入射波和反射波之和表示为

图 7.29　右行波在梁右端边界的反射问题

$$v_c(x, t) = a_1 \exp[i(\omega t - \kappa_1 x)]$$
$$+ a_2 \exp[i(\omega t + \kappa_1 x)] + a_4 \exp(i\omega t + \kappa_2 x), \quad x \in (-\infty, 0] \quad (7.4.16)$$

在式(7.4.16)中,$a_1 \exp[i(\omega t - \kappa_1 x)]$ 是入射右行波,$a_2 \exp[i(\omega t + \kappa_1 x)]$ 是反射左行波,$a_4 \exp(i\omega t + \kappa_2 x)$ 为反射渐逝波。根据波动振幅有限的前提可知,对于 $x < 0$,必有 $\kappa_2 > 0$。值得指出的是,通常渐逝波的波数 κ_2 与行波的波数 κ_1 不同。

在图 7.29 的坐标系中,梁的右端边界条件为

$$EIv_{xx}(0, t) + k_\theta v_x(0, t) = 0, \quad EIv_{xxx}(0, t) - k_v v(0, t) = 0 \quad (7.4.17)$$

将式(7.4.16)代入式(7.4.17),得

$$\begin{cases} (\kappa_1^2 + i\kappa_1\alpha_\theta)a_1 + (\kappa_1^2 - i\kappa_1\alpha_\theta)a_2 - (\kappa_2^2 + \alpha_\theta\kappa_2)a_4 = 0 \\ (i\kappa_1^3 - \alpha_v)a_1 - (i\kappa_1^3 + \alpha_v)a_2 + (\kappa_2^3 - \alpha_v)a_4 = 0 \end{cases} \quad (7.4.18)$$

式中,

$$\alpha_\theta \equiv \frac{k_\theta}{EI}, \quad \alpha_v \equiv \frac{k_v}{EI} \quad (7.4.19)$$

由式(7.4.18)可解出反射波与入射波的幅值比,并可将其定义为**行波反射系数** γ_T 和**渐逝波反射系数** γ_E 如下:

$$\begin{cases} \gamma_T \equiv \dfrac{a_2}{a_1} = \dfrac{(\kappa_2^3 - \alpha_v)(\kappa_1^2 + i\kappa_1\alpha_\theta) + (\kappa_2^2 + \alpha_\theta\kappa_2)(i\kappa_1^3 - \alpha_v)}{(\kappa_2^2 + \alpha_\theta\kappa_2)(i\kappa_1^3 + \alpha_v) + (\kappa_2^3 - \alpha_v)(i\kappa_1\alpha_\theta - \kappa_1^2)} \\ \gamma_E \equiv \dfrac{a_4}{a_1} = \dfrac{(i\kappa_1^3 + \alpha_v)(\kappa_1^2 + i\kappa_1\alpha_\theta) + (\kappa_1^2 - i\kappa_1\alpha_\theta)(i\kappa_1^3 - \alpha_v)}{(\kappa_2^2 + \alpha_\theta\kappa_2)(i\kappa_1^3 + \alpha_v) + (\kappa_2^3 - \alpha_v)(i\kappa_1\alpha_\theta - \kappa_1^2)} \end{cases} \quad (7.4.20)$$

式(7.4.20)比较复杂,难以进行讨论。现针对梁的以下四种齐次边界条件,分别考察式(7.4.20)的具体含义。

(1)铰支边界:此时 $\alpha_\theta = 0$ 且 $\alpha_v = +\infty$,由式(7.4.20)得到反射系数为

$$\gamma_T = -1, \quad \gamma_E = 0 \quad (7.4.21)$$

这表明,铰支边界将右行简谐波反射为反相位的左行波,不产生左渐逝波。

(2)滑支边界:此时 $\alpha_\theta = +\infty$ 且 $\alpha_v = 0$,由式(7.4.20)得到反射系数为

$$\gamma_T = 1, \quad \gamma_E = 0 \quad (7.4.22)$$

这表明,滑支边界将右行简谐波反射为同相位的左行波,也不产生左渐逝波。

(3)固支边界:此时 $\alpha_\theta = +\infty$ 且 $\alpha_v = +\infty$,反射系数为

$$\gamma_T = \frac{i\kappa_1 + \kappa_2}{i\kappa_1 - \kappa_2}, \quad \gamma_E = -\frac{2i\kappa_1}{i\kappa_1 - \kappa_2} \quad (7.4.23)$$

这表明,固支边界将右行简谐波反射为移相的左行波,而且产生左渐逝波。

（4）自由边界：此时 $\alpha_\theta = 0$ 且 $\alpha_v = 0$，反射系数为

$$\gamma_T = \frac{i\kappa_1 + \kappa_2}{i\kappa_1 - \kappa_2}, \quad \gamma_E = \left(\frac{\kappa_1}{\kappa_2}\right)^2 \frac{2i\kappa_1}{i\kappa_1 - \kappa_2} \qquad (7.4.24)$$

这表明，自由边界将右行简谐波反射为移相的左行波，也产生左渐逝波。

注解 7.4.1：将上述四种齐次边界条件对比可见，自由边界与固支边界的行波反射系数相同，渐逝波反射系数相差因子 $-(\kappa_1/\kappa_2)^2$；铰支边界和滑支边界均不产生渐逝波，而行波反射系数相差因子 -1。回顾 5.3 节的梁边界对偶，可发现它们之间的关联性。对于具有自由边界或固支边界的梁，其行波和渐逝波具有相同的波数，故渐逝波反射系数相差因子也为 -1。

注解 7.4.2：文献①②曾讨论波在梁右端边界的反射问题，但结果不妥。前者未区分行波和渐逝波，导致自由边界反射系数中 κ_1 的系数相差单位虚数 i；后者的左渐逝波表达式遗漏负号，导致 κ_2 与上述结果的符号相反。

7.4.2　Timoshenko 梁的自由波动

1912 年，乌克兰力学家 Timoshenko 在研究较为短粗的梁振动问题时，对 Euler-Bernoulli 梁的波动方程(7.4.1)作修正，计入梁的剪切变形效应和绕截面中性轴转动惯性效应的影响；并在 1921 年正式提出 Timoshenko 梁理论。

事实上，早在 1858 年英国力学家 Rankine 就研究了剪切变形效应，1859 年法国力学家 Bresse 研究了转动惯性效应③。但学术界已习惯将计入这两种效应的梁模型称为 Timoshenko 梁。在 Timoshenko 梁中，将 Euler-Bernoulli 梁的变形假设放松为：梁截面变形后仍保持平面，但未必垂直与中性轴。本小节基于上述假设，研究均匀线弹性材料制成的等截面梁波动问题。

1. 动力学方程

考察长度为 L 的 Timoshenko 梁，其截面积为 A；截面惯性矩为 $I \equiv r_g^2 A$；材料的密度为 ρ；拉伸弹性模量为 E；剪切弹性模量为 G。建立图 7.30 所示的直角坐标系 oxv，其中 x 轴与梁未变形时的中线重合。将坐标 x 处截面中线随时间 t 变化的横向位移记为 $v(x, t)$，将梁截面随时间 t 变化的剪切角记为 $\gamma(x, t)$。

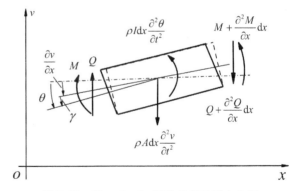

图 7.30　Timoshenko 梁的微单元受力分析

①　Doyle J F. Wave propagation in structures[M]. New York：Springer-Verlag, 1997：84 - 86.

②　Hagedorn P, Das Gupta A. Vibrations and waves in continuous mechanical systems[M]. Chichester：John Wiley & Sons Ltd., 2007：142 - 143.

③　Elishakoff I, Kaplunov J, Nolde E. Celebrating the centenary of Timoshenko's study of effects of shear deformation and rotary inertia[J]. Applied Mechanics Reviews, 2015, 67(6)：060802.

在图 7.30 中,实线是 Timoshenko 梁的微单元,其截面的法线转角为 $\theta(x, t)$,它包括两部分:一是虚线所示 Euler-Bernoulli 梁微单元的截面法线转角 $\partial v(x, t)/\partial x$;二是 Timoshenko 梁的截面剪切角 $\gamma(x, t)$。由此得

$$\theta(x, t) = \frac{\partial v(x, t)}{\partial x} + \gamma(x, t) \tag{7.4.25}$$

根据材料力学,作用在梁截面上的弯矩 $M(x, t)$ 与截面轴线转角 $\partial v(x, t)/\partial x$ 之间具有如下关系:

$$M(x, t) = EI \frac{\partial^2 v(x, t)}{\partial x^2} \tag{7.4.26}$$

而截面剪切力 $Q(x, t)$ 与截面剪切角 $\gamma(x, t)$ 之间的关系为

$$Q(x, t) = \beta GA\gamma(x, t) = \beta GA\left[\theta(x, t) - \frac{\partial v(x, t)}{\partial x}\right] \tag{7.4.27}$$

在式(7.4.27)中,β 定义为与截面形状相关的**剪应力系数**,可通过假设梁截面上剪应力均匀分布并与弹性力学精确解的应变能等价来确定。对于矩形截面,$\beta = 5/6$;对于圆形截面,$\beta = 9/10$。

根据质心运动定理和动量矩定理,长度为 $\mathrm{d}x$ 的微单元质心运动和绕质心转动满足

$$\begin{cases} \rho A \dfrac{\partial^2 v(x, t)}{\partial t^2}\mathrm{d}x = -\dfrac{\partial Q(x, t)}{\partial x}\mathrm{d}x \\ \rho I \dfrac{\partial^2 \theta(x, t)}{\partial t^2}\mathrm{d}x = \dfrac{\partial M(x, t)}{\partial x}\mathrm{d}x - Q(x, t)\,\mathrm{d}x - \dfrac{\partial Q(x, t)}{\partial x}\mathrm{d}x^2 \end{cases} \tag{7.4.28}$$

约去式(7.4.28)中的 $\mathrm{d}x$ 并取 $\mathrm{d}x \to 0$,则有

$$\begin{cases} \rho A \dfrac{\partial^2 v(x, t)}{\partial t^2} + \dfrac{\partial Q(x, t)}{\partial x} = 0 \\ \rho I \dfrac{\partial^2 \theta(x, t)}{\partial t^2} - \dfrac{\partial M(x, t)}{\partial x} + Q(x, t) = 0 \end{cases} \tag{7.4.29}$$

将式(7.4.26)和式(7.4.27)代入式(7.4.29),得到 Timoshenko 梁的动力学方程为

$$\begin{cases} \rho A \dfrac{\partial^2 v(x, t)}{\partial t^2} + \beta GA\left[\dfrac{\partial \theta(x, t)}{\partial x} - \dfrac{\partial^2 v(x, t)}{\partial x^2}\right] = 0 \\ \rho I \dfrac{\partial^2 \theta(x, t)}{\partial t^2} - EI \dfrac{\partial^2 \theta(x, t)}{\partial x^2} + \beta GA\left[\theta(x, t) - \dfrac{\partial v(x, t)}{\partial x}\right] = 0 \end{cases} \tag{7.4.30}$$

该方程是关于梁横向位移 $v(x, t)$ 和轴线转角 $\theta(x, t)$ 的二阶偏微分方程组,可转换为仅含梁横向位移 $v(x, t)$ 的四阶偏微分方程。为此,将式(7.4.30)中第一式对 t 求两次偏导,第二式对 x 求一次偏导,得

$$\begin{cases} \rho A \dfrac{\partial^4 v(x,t)}{\partial t^4} + \beta GA\left[\dfrac{\partial^3 \theta(x,t)}{\partial x \partial t^2} - \dfrac{\partial^4 v(x,t)}{\partial x^2 \partial t^2}\right] = 0 \\[3mm] \rho I \dfrac{\partial^3 \theta(x,t)}{\partial x \partial t^2} - EI\dfrac{\partial^3 \theta(x,t)}{\partial x^3} + \beta GA\left[\dfrac{\partial \theta(x,t)}{\partial x} - \dfrac{\partial^2 v(x,t)}{\partial x^2}\right] = 0 \end{cases}$$

$$(7.4.31)$$

从式(7.4.31)中消去含 $\theta(x,t)$ 混合偏导数的项,得

$$\dfrac{\rho}{\beta G}\dfrac{\partial^4 v(x,t)}{\partial t^4} - \dfrac{\partial^4 v(x,t)}{\partial x^2 \partial t^2} + \dfrac{E}{\rho}\dfrac{\partial^3 \theta(x,t)}{\partial x^3} + \dfrac{\beta GA}{\rho I}\left[\dfrac{\partial^2 v(x,t)}{\partial x^2} - \dfrac{\partial \theta(x,t)}{\partial x}\right] = 0$$

$$(7.4.32)$$

从式(7.4.31)的第一式解出 $\partial\theta(x,t)/\partial x$ 并对 x 求两次偏导数,得

$$\begin{cases} \dfrac{\partial\theta(x,t)}{\partial x} = \dfrac{\partial^2 v(x,t)}{\partial x^2} - \dfrac{\rho}{\beta G}\dfrac{\partial^2 v(x,t)}{\partial t^2} \\[3mm] \dfrac{\partial^3 \theta(x,t)}{\partial x^3} = \dfrac{\partial^4 v(x,t)}{\partial x^4} - \dfrac{\rho}{\beta G}\dfrac{\partial^4 v(x,t)}{\partial x^2 \partial t^2} \end{cases}$$

$$(7.4.33)$$

将式(7.4.33)代入式(7.4.32),化简得到所需结果为

$$\underbrace{\rho A \dfrac{\partial^2 v(x,t)}{\partial t^2}}_{A} + \underbrace{EI\dfrac{\partial^4 v(x,t)}{\partial x^4}}_{} - \underbrace{\rho I\dfrac{\partial^4 v(x,t)}{\partial x^2 \partial t^2}}_{B} - \underbrace{\dfrac{\rho IE}{\beta G}\dfrac{\partial^4 v(x,t)}{\partial x^2 \partial t^2}}_{C} + \underbrace{\dfrac{\rho^2 I}{\beta G}\dfrac{\partial^4 v(x,t)}{\partial t^4}}_{D} = 0$$

$$(7.4.34)$$

注解 7.4.3:式(7.4.30)通过截面横向位移 $v(x,t)$ 和截面转角 $\theta(x,t)$ 来描述 Timoshenko 梁的动力学,可直地观展示截面剪切变形和截面转动惯性的作用。式(7.4.34)只用截面横向位移 $v(x,t)$ 来描述 Timoshenko 梁的动力学,造成上述作用不够直观。显然,式(7.4.34)中的项 A 与 Euler-Bernoulli 梁模型相同。7.4.3 小节对固有振动的分析进一步表明,项 B 来自截面转动惯性,项 C 来自截面剪切变形,项 D 来自截面转动惯性和剪切变形的相互耦合。

注解 7.4.4:虽然不少著作介绍了上述推导①②,但在求导阶次等细节上存在问题,故此处给出详细推导过程。

2. 自由波动分析

将梁的横向位移 $v(x,t)$ 和截面转角 $\theta(x,t)$ 表示为复函数解 $v_c(x,t)$ 和 $\theta_c(x,t)$ 的实部,即

$$\begin{cases} v(x,t) = \mathrm{Re}[v_c(x,t)], \quad v_c(x,t) = \tilde{v}_c(x)\exp(\mathrm{i}\omega t) \\ \theta(x,t) = \mathrm{Re}[\theta_c(x,t)], \quad \theta_c(x,t) = \tilde{\theta}_c(x)\exp(\mathrm{i}\omega t), \end{cases}$$

$$(7.4.35)$$

① Graff K F. Wave motion in elastic solids[M]. Columbus:Ohio State University Press, 1975:180-197.
② 戴宏亮.弹性动力学[M].长沙:湖南大学出版社,2014:95-98.

式中,$\tilde{v}_c(x)$ 和 $\tilde{\theta}_c(x)$ 是待定的复振幅函数。将式(7.4.35)代入式(7.4.30),得到任意时刻复振幅函数 $\tilde{v}_c(x)$ 和 $\tilde{\theta}_c(x)$ 应满足的齐次线性常微分方程组为

$$\begin{cases} -\omega^2\rho A\tilde{v}_c(x) + \beta GA\left[\dfrac{\mathrm{d}\tilde{\theta}_c(x)}{\mathrm{d}x} - \dfrac{\mathrm{d}^2\tilde{v}_c(x)}{\mathrm{d}x^2}\right] = 0 \\ -\omega^2\rho I\tilde{\theta}_c(x) - EI\dfrac{\mathrm{d}^2\tilde{\theta}_c(x)}{\mathrm{d}x^2} + \beta GA\left[\tilde{\theta}_c(x) - \dfrac{\mathrm{d}\tilde{v}_c(x)}{\mathrm{d}x}\right] = 0, \quad 0 \leqslant x \leqslant L \end{cases}$$

$$(7.4.36)$$

根据线性常微分方程理论,式(7.4.36)的解形如

$$\tilde{v}_c(x) = \hat{v}\exp(sx), \quad \tilde{\theta}_c(x) = \hat{\theta}\exp(sx) \tag{7.4.37}$$

将式(7.4.37)代入式(7.4.36),得

$$\begin{bmatrix} -\beta GAs^2 - \rho A\omega^2 & \beta GAs \\ -\beta GAs & \beta GA - EIs^2 - \rho I\omega^2 \end{bmatrix}\begin{bmatrix} \hat{v} \\ \hat{\theta} \end{bmatrix} = 0 \tag{7.4.38}$$

式(7.4.38)有非零解的充分必要条件为

$$\det\begin{bmatrix} -\beta GAs^2 - \rho A\omega^2 & \beta GAs \\ -\beta GAs & \beta GA - EIs^2 - \rho I\omega^2 \end{bmatrix}$$
$$= (\beta GAs^2 + \rho A\omega^2)(EIs^2 + \rho I\omega^2 - \beta GA) + (\beta GAs)^2$$
$$= \beta GEAIs^4 + \rho AI(E + \beta G)\omega^2 s^2 + \rho^2 AI\omega^4 - \rho\beta GA^2\omega^2 = 0 \tag{7.4.39}$$

利用 $I = r_g^2 A$,将上式两端同除以 $\beta GEr_g^2\omega^4$,得

$$\left(\frac{s}{\omega}\right)^4 + \left(\frac{\rho}{\beta G} + \frac{\rho}{E}\right)\left(\frac{s}{\omega}\right)^2 + \frac{\rho^2}{\beta GE} - \frac{\rho}{Er_g^2\omega^2} = 0 \tag{7.4.40}$$

注意到如下关系:

$$\frac{\rho}{E} = \frac{1}{c_0^2}, \quad \frac{G}{E} = \frac{1}{2(1+\nu)} \tag{7.4.41}$$

可将式(7.4.40)改写为更紧凑的形式,即

$$\left(\frac{c_0 s}{\omega}\right)^4 + B\left(\frac{c_0 s}{\omega}\right)^2 + C = 0 \tag{7.4.42}$$

式中,无量纲参数 B 和 C 定义为

$$B \equiv \frac{2(1+\nu)}{\beta} + 1, \quad C \equiv \frac{2(1+\nu)}{\beta} - \frac{c_0^2}{r_g^2\omega^2} \tag{7.4.43}$$

对于给定的材料 Poisson 比 ν、梁截面剪应力系数 β、梁截面回转半径 r_g 和纵波波速 c_0,式(7.4.43)所定义的参数满足 $B > 0$,$C < 0$。若将式(7.4.42)视为 $(c_0 s/\omega)^2$ 的二次

代数方程,则其有一对符号互异的实根;将式(7.4.42)视为 $(c_0 s/\omega)$ 的四次代数方程,则其有一对纯虚根、一对符号互异的实根,即

$$s_{1,2} = \pm i\kappa, \quad s_{3,4} = \pm\lambda, \quad \kappa \equiv \frac{\omega}{c_0}\sqrt{\frac{B + \sqrt{B^2 - 4C}}{2}} > 0, \quad \lambda \equiv \frac{\omega}{c_0}\sqrt{\frac{\sqrt{B^2 - 4C} - B}{2}} > 0$$

$$(7.4.44)$$

因此,式(7.4.30)的复函数解可表示为

$$\begin{cases} \tilde{v}_c(x, t) = [a_1\exp(-i\kappa x) + a_2\exp(i\kappa x) + a_3\exp(-\lambda x) + a_4\exp(\lambda x)]\exp(i\omega t) \\ \tilde{\theta}_c(x, t) = [b_1\exp(-i\kappa x) + b_2\exp(i\kappa x) + b_3\exp(-\lambda x) + b_4\exp(\lambda x)]\exp(i\omega t) \end{cases}$$

$$(7.4.45)$$

类似于对 Euler-Bernoulli 梁的分析,式(7.4.45)可改写为行波和渐逝波之和,即

$$\begin{cases} v_c(x, t) = a_1\exp[i\kappa(c_B t - x)] + a_2\exp[i\kappa(c_B t + x)] \\ \qquad + a_3\exp(-\kappa x)\exp(i\omega t) + a_4\exp(\kappa L)\exp[-\kappa(L - x)]\exp(i\omega t) \\ \theta_c(x, t) = b_1\exp[i\kappa(c_B t - x)] + b_2\exp[i\kappa(c_B t + x)] \\ \qquad + b_3\exp(-\kappa x)\exp(i\omega t) + b_4\exp(\kappa L)\exp[-\kappa(L - x)]\exp(i\omega t) \end{cases}$$

$$(7.4.46)$$

式中,弯曲波的相速度定义为

$$c_B \equiv \frac{\omega}{\kappa} = c_0\sqrt{\frac{2}{B + \sqrt{B^2 - 4C}}}$$

$$(7.4.47)$$

在式(7.4.46)中,$v_c(x, t)$ 和 $\theta_c(x, t)$ 的第三项和第四项为渐逝波,它们在梁端部取极大值,然后分别随着 x 增大和 $L - x$ 增大而衰减;第一项和第二项是以波速 c_B 向右和向左传播的行波,稍后将进行重点讨论。

注解7.4.5:根据附录 A1.2 的三维弹性波理论,三维弹性介质的剪切波波速为 $\sqrt{G/\rho}$。对于矩形截面或圆截面梁,$\beta = 5/6$ 或 $\beta = 9/10$ 使得 $\sqrt{\beta} \in (0.912, 0.949)$。因此,可对 Timoshenko 梁定义**近似剪切波波速**为

$$c_S \equiv \sqrt{\frac{\beta G}{\rho}}$$

$$(7.4.48)$$

根据等截面梁的纵波波速 c_0 和近似剪切波波速 c_S,可将式(7.4.40)改写为

$$c_0^2 c_S^2 s^4 + (c_0^2 + c_S^2)\omega^2 s^2 + \omega^2\left(\omega^2 - \frac{c_S^2}{r_g^2}\right) = 0$$

$$(7.4.49)$$

由式(7.4.49)解得

$$s^2 = \frac{1}{2c_0^2 c_S^2}\left[-(c_0^2 + c_S^2)\omega^2 \pm \sqrt{(c_0^2 + c_S^2)^2\omega^4 - 4c_0^2 c_S^2\omega^2\left(\omega^2 - \frac{c_S^2}{r_g^2}\right)}\right]$$

$$= -\frac{1}{2}\left(\frac{\omega^2}{c_S^2} + \frac{\omega^2}{c_0^2}\right) \pm \sqrt{\frac{\omega^4}{4c_0^4}\left(\frac{c_0^2}{c_S^2} - 1\right)^2 + \frac{\omega^2}{r_g^2 c_0^2}}$$

$$= -\frac{\eta^2}{2}(\sigma^2 + 1) \pm \sqrt{\frac{\eta^4}{4}(\sigma^2 - 1)^2 + \frac{\eta^2}{r_g^2}} \tag{7.4.50}$$

式中,

$$\sigma \equiv \frac{c_0}{c_S} = \sqrt{\frac{E}{\beta G}} = \sqrt{\frac{2(1+\nu)}{\beta}} > 1, \quad \eta \equiv \frac{\omega}{c_0} > 0 \tag{7.4.51}$$

它们的物理含义分别是纵波波速与近似剪切波波速之比、弯曲波频率相对于纵波波速的波数。由式(7.4.50),可将式(7.4.44)表示为与常见文献相一致的结果,即

$$\begin{cases} s_{1,2} = \pm \mathrm{i}\kappa, \quad s_{3,4} = \pm \lambda, \quad \kappa \equiv \eta\left\{\left[\left(\frac{\sigma^2 - 1}{2}\right)^2 + \frac{1}{r_g^2 \eta^2}\right]^{1/2} + \frac{\sigma^2 + 1}{2}\right\}^{1/2} > 0 \\ \lambda \equiv \eta\left\{\left[\left(\frac{\sigma^2 - 1}{2}\right)^2 + \frac{1}{r_g^2 \eta^2}\right]^{1/2} - \frac{\sigma^2 + 1}{2}\right\}^{1/2} > 0 \end{cases}$$

$$\tag{7.4.52}$$

3. 弯曲行波的频散关系

在前面分析弯曲波时,虽然定义了弯曲波的相速度 c_B,但式(7.4.47)中的系数 C 与频率 ω^2 相关,不便于讨论波速 c_B 与波数 κ 之间的频散关系。若只关注弯曲行波,可通过假设行波解来较直接地获得波速 c_B 与波数 κ 的关系[①]。

针对弯曲行波,在式(7.4.40)中取 $s = \pm \mathrm{i}\kappa$,得

$$\beta E G r_g^2 \kappa^4 - \rho r_g^2 (E + \beta G)\omega^2 \kappa^2 + \rho^2 r_g^2 \omega^4 - \rho\beta G\omega^2 = 0 \tag{7.4.53}$$

将式(7.4.53)两端同除以 $\rho^2 r_g^2 \kappa^4$,改写为

$$\left(\frac{\omega}{\kappa}\right)^4 - \left[\left(\frac{E}{\rho} + \frac{\beta G}{\rho}\right) + \frac{\beta G}{\rho r_g^2 \kappa^2}\right]\left(\frac{\omega}{\kappa}\right)^2 + \frac{\beta E G}{\rho^2} = 0 \tag{7.4.54}$$

根据纵波波速 c_0 和式(7.4.48)定义的近似剪切波波速 c_S,可将式(7.4.54)表示为

$$\left(\frac{\omega}{\kappa}\right)^4 - \left[(c_0^2 + c_S^2) + \frac{c_S^2}{r_g^2 \kappa^2}\right]\left(\frac{\omega}{\kappa}\right)^2 + c_0^2 c_S^2 = 0 \tag{7.4.55}$$

将式(7.4.47)所定义的弯曲波相速度 $c_B = \omega/\kappa$ 代入式(7.4.55),得

$$\left(\frac{c_B}{c_0}\right)^4 - \tilde{B}\left(\frac{c_B}{c_0}\right)^2 + \tilde{C} = 0, \quad \tilde{B} \equiv 1 + \frac{c_S^2}{c_0^2}\left(1 + \frac{1}{r_g^2 \kappa^2}\right) > 0, \quad \tilde{C} \equiv \frac{c_S^2}{c_0^2} > 0$$

$$\tag{7.4.56}$$

---

① Graff K F. Wave motion in elastic solids[M]. Columbus: Ohio State University Press, 1975: 185.

将式(7.4.56)视为关于 (c_B/c_0) 的四次代数方程,可解出两个正实根为

$$\frac{c_{Ba}}{c_0} = \sqrt{\frac{\tilde{B} - \sqrt{\tilde{B}^2 - 4\tilde{C}}}{2}}, \quad \frac{c_{Bb}}{c_0} = \sqrt{\frac{\tilde{B} + \sqrt{\tilde{B}^2 - 4\tilde{C}}}{2}} \qquad (7.4.57)$$

当波数 $\kappa \to +\infty$ 时,式(7.4.56)简化为

$$\left(\frac{c_B}{c_0}\right)^4 - \left(1 + \frac{c_S^2}{c_0^2}\right)\left(\frac{c_B}{c_0}\right)^2 + \frac{c_S^2}{c_0^2} = 0 \qquad (7.4.58)$$

式(7.4.58)的解为

$$\frac{c_{Ba}}{c_0} = \frac{c_S}{c_0}, \quad \frac{c_{Bb}}{c_0} = 1 \qquad (7.4.59)$$

这表明,当波数 $\kappa \to +\infty$ 时,分别有波速 $c_{Ba} \to c_S$ 和 $c_{Bb} \to c_0$,这显然比 Euler-Bernoulli 梁的波速 $c_B \to +\infty$ 合理。

对于给定的材料和截面形状,材料 Poisson 比 ν 和截面剪应力系数 β 为固定参数,故波速比的平方 c_S^2/c_0^2 也如此。根据式(7.4.56)和式(7.4.57),此时无量纲弯曲波波速 c_{Ba}/c_0 和 c_{Bb}/c_0 仅取决于无量纲参数 $r_g\kappa$。以矩形截面梁为例,其截面剪应力系数 $\beta = 5/6$,图 7.31 给出材料 Poisson 比 $\nu = 0.28$ 时上述无量纲弯曲波波速 c_{Ba}/c_0 和 c_{Bb}/c_0 随着 $r_g\kappa$ 变化的频散关系。在图 7.31 中,低频波速解支 c_{Ba}/c_0 单调递增趋于 $c_S/c_0 \approx 0.571$;高频波速解支 c_{Bb}/c_0 单调递减趋于 $c_0/c_0 = 1$;虚线是 Euler-Bernoulli 梁的无量纲弯曲波相速度 c_B/c_0。

注解 7.4.6:对于圆截面梁,$\beta = 9/10$,计算结果与图 7.31 中结果几乎无差异。更重要的是,根据对圆截面梁的三维弹性动力学精确理论研究,Timoshenko 梁的低频波速解支 c_{Ba}/c_0 与精确理论解非常吻合,故低频波速 c_{Ba}/c_0 趋于近似剪切波波速 c_S;而高频波速解支 c_{Bb}/c_0 不太准确,对其有若干争议,在实践中较少采用[1][2]。

根据上述注解,可用 Timoshenko 梁的低频波速解作为高精度解,讨论 Euler-Bernoulli 梁模型的适用范围。记矩形截面梁的高度为 h,截面回转半径为 $r_g = h/\sqrt{12}$。将波数表示为 $\kappa = 2\pi/\lambda$,其中 λ 是

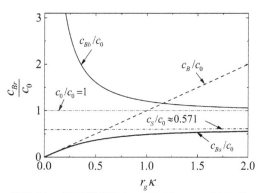

图 7.31　矩形截面梁($\nu = 0.28$, $\beta = 5/6$)的弯曲波速与波数间频散关系

(粗实线:低频波速解 c_{Ba}/c_0;细实线:高频波速解 c_{Bb}/c_0;虚线:Euler-Bernoulli 梁的波速解 c_B/c_0;点划线:渐近线 $c_0/c_0 = 1$ 和 $c_S/c_0 \approx 0.571$)

①　Elishakoff I, Kaplunov J, Nolde E. Celebrating the centenary of Timoshenko's study of effects of shear deformation and rotary inertia[J]. Applied Mechanics Reviews, 2015, 67(6): 060802.
②　金斯伯格. 机械与结构振动[M]. 白化同,李俊宝,译. 北京:中国宇航出版社,2005:386-387.

波长,则图 7.31 中的无量纲波数为 $r_g\kappa = (2\pi/\sqrt{12}) \cdot (h/\lambda) \approx 1.814h/\lambda$。当 $r_g\kappa \approx$ $1.814h/\lambda < 0.1$ 时,Euler-Bernoulli 梁的无量纲波速 c_B/c_0 与 Timoshenko 梁的低频波速解支 c_{Ba}/c_0 非常接近,对应波长为 $\lambda > 18.14h$。在工程实践中,通常约定:矩形截面 Euler-Bernoulli 梁的适用范围为,所计算固有振动的波长 λ_r 不小于梁截面高度 h 的 20 倍。由于上述波长 λ_r 是固有振型节点距离 d_r 的两倍,即要求固有振型节点间距离 d_r 大于梁截面高度 h 的 10 倍。

最后,考察 Timoshenko 梁的弯曲波群速度。对应上述弯曲波的两个相速度解支,群速度自然也有两个解支,即

$$
\begin{cases}
c_{Ga} = \dfrac{\mathrm{d}(\kappa c_{Ba})}{\mathrm{d}\kappa} = c_{Ba} + \kappa\,\dfrac{\mathrm{d}c_{Ba}}{\mathrm{d}\kappa} \\[3mm]
c_{Gb} = \dfrac{\mathrm{d}(\kappa c_{Bb})}{\mathrm{d}\kappa} = c_{Bb} + \kappa\,\dfrac{\mathrm{d}c_{Bb}}{\mathrm{d}\kappa}
\end{cases}
\tag{7.4.60}
$$

根据图 7.31,相速度的低频解支满足 $\mathrm{d}c_{Ba}/\mathrm{d}\kappa > 0$,导致式(7.4.60)中 $c_{Ga} > c_{Ba}$,即该解支具有反常频散;而相速度的高频解支满足 $\mathrm{d}c_{Bb}/\mathrm{d}\kappa < 0$,导致 $c_{Gb} < c_{Bb}$,即该解支具有正常频散。

7.4.3 Timoshenko 梁的固有振动

1. 固有振动的计算思路

考察长度为 L 的 Timoshenko 梁,根据式(7.4.35)和式(7.4.45),将梁的固有振动表示为如下实函数形式:

$$
v(x, t) = \tilde{v}(x)\cos(\omega t), \quad \theta(x, t) = \tilde{\theta}(x)\cos(\omega t), \quad x \in [0, L]
\tag{7.4.61}
$$

现讨论如何通过梁的边界条件来形成固有振动对应的特征值问题。

根据式(7.4.45),可将梁的横向振动幅值函数表示为

$$
\tilde{v}(x) = a_1\cos(\kappa x) + a_2\sin(\kappa x) + a_3\cosh(\lambda x) + a_4\sinh(\lambda x)
\tag{7.4.62}
$$

它含四个待定常数。若类似考虑梁的截面转角幅值函数 $\tilde{\theta}(x)$,则又有四个待定常数。为减少待定常数,将式(7.4.61)代入式(7.4.33)中第一式,消去 $\cos(\omega t)$ 后得

$$
\frac{\mathrm{d}\tilde{\theta}(x)}{\mathrm{d}x} = \frac{\mathrm{d}^2\tilde{v}(x)}{\mathrm{d}x^2} + \frac{\rho\omega^2}{\beta G}\tilde{v}(x)
\tag{7.4.63}
$$

将式(7.4.62)代入式(7.4.63),通过积分得

$$
\begin{aligned}
\tilde{\theta}(x) = {}& -a_1\kappa\sin(\kappa x) + a_2\kappa\cos(\kappa x) + a_3\lambda\sinh(\lambda x) + a_4\lambda\cosh(\lambda x) \\
& + \frac{\rho\omega^2}{\beta G}\left[\frac{a_1}{\kappa}\sin(\kappa x) - \frac{a_2}{\kappa}\cos(\kappa x) + \frac{a_3}{\lambda}\sinh(\lambda x) + \frac{a_4}{\lambda}\cosh(\lambda x)\right] \\
= {}& \frac{\omega^2 - \kappa^2 c_S^2}{\kappa c_S^2}[a_1\sin(\kappa x) - a_2\cos(\kappa x)]
\end{aligned}
$$

$$+ \frac{\omega^2 + \lambda^2 c_S^2}{\lambda c_S^2} [a_3\sinh(\lambda x) + a_4\cosh(\lambda x)] \tag{7.4.64}$$

根据式(7.4.26),可将截面 x 处的弯矩幅值函数表示为

$$\begin{aligned}
\tilde{M}(x) &= EI \frac{\partial^2 \tilde{v}(x)}{\partial x^2} \\
&= EI[-a_1\kappa^2\cos(\kappa x) - a_2\kappa^2\sin(\kappa x) + a_3\lambda^2\cosh(\lambda x) + a_4\lambda^2\sinh(\lambda x)]
\end{aligned}$$
$$\tag{7.4.65}$$

根据式(7.4.27),截面 x 处的剪力幅值函数可表示为

$$\begin{aligned}
\tilde{Q}(x) &= \beta AG \left[\tilde{\theta}(x) - \frac{\mathrm{d}\tilde{v}(x)}{\mathrm{d}x} \right] \\
&= \beta AG \left\{ \left(\frac{\omega^2 - \kappa^2 c_S^2}{\kappa c_S^2} + 1 \right) [a_1\sin(\kappa x) - a_2\cos(\kappa x)] \right. \\
&\quad \left. + \left(\frac{\omega^2 + \lambda^2 c_S^2}{\lambda c_S^2} - 1 \right) [a_3\sinh(\lambda x) + a_4\cosh(\lambda x)] \right\}
\end{aligned} \tag{7.4.66}$$

将式(7.4.62)、式(7.4.64)、式(7.4.65)和式(7.4.66)代入边界条件,根据非零解条件可确定弯曲波波数所满足的特征方程。求解特征方程得到弯曲波波数 κ_r, $r = 1$, 2, $\cdots$, 将其代入式(7.4.56)的第二式,由式(7.4.57)得到两个波速解 c_{Ba} 和 c_{Bb}, 对应的固有频率为 $\omega_{ra} = c_{Ba}\kappa_r$, $\omega_{rb} = c_{Bb}\kappa_r$, $r = 1$, 2, $\cdots$。

即使对于齐次边界条件,按上述步骤得到特征方程也涉及很复杂的代数运算,要采用 Maple 软件等完成,唯一例外的简单情况是铰支-铰支梁。

2. 铰支-铰支梁的固有振动

例 7.4.2:考察长度为 L 的铰支-铰支梁,计算其固有振动。将式(7.4.62)和式(7.4.65)代入梁的左端边界条件,得

$$\begin{cases} \tilde{v}(0) = a_1 + a_3 = 0 \\ \tilde{M}(0) = EI(a_3\lambda^2 - a_1\kappa^2) = 0 \end{cases} \tag{a}$$

由式(a)得到 $a_1 = 0$ 和 $a_3 = 0$, 将其代入式(7.4.62)和式(7.4.65)后,再代入梁的右端边界条件,得

$$\begin{cases} \tilde{v}(L) = a_2\sin(\kappa L) + a_4\sinh(\lambda L) = 0 \\ \tilde{M}(L) = EI[a_4\lambda^2\sinh(\lambda L) - a_2\kappa^2\sin(\kappa L)] = 0 \end{cases} \tag{b}$$

式(a)有非零解 a_2 和 a_4 充分必要条件是

$$\det \begin{bmatrix} \sin(\kappa L) & \sinh(\lambda L) \\ -\kappa^2 EI\sin(\kappa L) & \lambda^2 EI\sinh(\lambda L) \end{bmatrix} = (\lambda^2 + \kappa^2)EI\sin(\kappa L)\sinh(\lambda L) = 0 \tag{c}$$

即

$$\sin(\kappa L) = 0 \tag{d}$$

由式(d)解得

$$\kappa_r = \frac{r\pi}{L}, \quad r = 1, 2, \cdots \tag{e}$$

将式(e)连同非零解 $a_2 \neq 0$ 和 $a_4 = 0$ 代入式(7.4.62),得到梁的固有振型为

$$\tilde{v}_r(x) = a_2\sin(\kappa_r x), \quad r = 1, 2, \cdots \tag{f}$$

虽然 Timoshenko 梁与 Euler-Bernoulli 梁具有相同固有振型,但它们的固有频率并不相同。将式(e)代入式(7.4.56)的第二式,由式(7.4.57)得到波速,再得到固有频率为

$$\begin{cases} \omega_{ra} = \kappa_r c_0\sqrt{\dfrac{\tilde{B} - \sqrt{\tilde{B}^2 - 4\tilde{C}}}{2}}, \quad \omega_{rb} = \kappa_r c_0\sqrt{\dfrac{\tilde{B} + \sqrt{\tilde{B}^2 - 4\tilde{C}}}{2}} \\[2mm] \tilde{B} = 1 + \dfrac{c_S^2}{c_0^2}\left(1 + \dfrac{1}{r_g^2\kappa_r^2}\right) = 1 + \tilde{C}\left(1 + \dfrac{1}{r_g^2\kappa_r^2}\right) > 0, \quad \tilde{C} = \dfrac{c_S^2}{c_0^2} = \dfrac{\beta}{2(1+\nu)} > 0 \end{cases} \tag{g}$$

它们可更具体地表示为

$$\begin{aligned} \omega_{ra,b} = \kappa_r c_0\Bigg\{ & \frac{(1 + c_S^2/c_0^2)}{2} + \frac{c_S^2/c_0^2}{2r_g^2\kappa_r^2} \\ & \mp \left[\frac{(1 - c_S^2/c_0^2)^2}{4} + \frac{c_S^2/c_0^2(1 + c_S^2/c_0^2)}{2r_g^2\kappa_r^2} + \left(\frac{c_S^2/c_0^2}{2r_g^2\kappa_r^2}\right)^2\right]^{1/2}\Bigg\}^{1/2}, \quad r = 1, 2, \cdots \end{aligned} \tag{h}$$

值得注意的是,对应低频波速解支和高频波速解支,得到两个固有频率。虽然根据注解 7.4.6,可略去高频解支的固有频率,但为了对比,暂予以保留。

现针对两种高度比 h/L 的矩形截面铰支-铰支梁,讨论 Euler-Bernoulli 梁与 Timoshenko 梁的固有频率的差异。图 7.32(a) 和图 7.32(b) 分别给出 $h/L = 0.05$ 和 $h/L = 0.1$ 时铰支-铰支梁的前 10 阶无量纲固有频率随阶次升高的变化情况。在图 7.32 中,圆圈实线对应 Timoshenko 梁的低频解支 $\omega_{ra}/c_0 L$,方块实线对应 Timoshenko 梁的高频解支 $\omega_{rb}/c_0 L$,圆圈虚线对应的 Euler-Bernoulli 梁固有频率 $\omega_{re}/c_0 L$ 解支为

$$\frac{\omega_{re}}{c_0 L} = \frac{r_g\kappa_r^2}{L}, \quad r = 1, 2, \cdots \tag{i}$$

由图 7.32(a) 可见,当 $h/L = 0.05$ 时,Euler-Bernoulli 梁的前六阶固有频率 ω_r 和 Timoshenko 梁低频解支的对应固有频率 ω_{ra} 非常接近;而当 $h/L = 0.1$ 时,图 7.32(b) 表明,两种梁模型预测的前三阶固有频率非常接近。

事实上,图 7.31 中横坐标的无量纲波数为 $r_g\kappa$,矩形截面梁的截面回转半径为 $r_g = h/\sqrt{12}$。要使 Euler-Bernoulli 梁与 Timoshenko 梁有相近的固有频率,两者的波速必须相近,故梁的高度 h 翻倍,必要求波数 κ_r 折半,亦即固有频率的阶次折半。

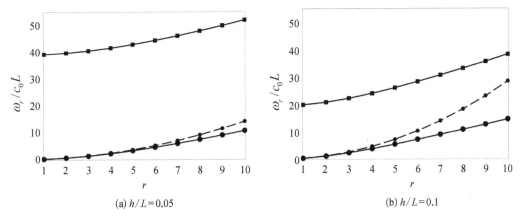

(a) $h/L = 0.05$　　　　　　　　　(b) $h/L = 0.1$

图 7.32　矩形截面铰支-铰支梁 ($\nu = 0.28$, $\beta = 5/6$) 的固有频率随阶次变化

(圈实线：低频解支 ω_{ra}；块实线：高频解支 ω_{rb}；圈虚线：Euler-Bernoulli 梁固有频率 ω_{re})

Timoshenko 梁与 Euler-Bernoulli 梁的另一个差异是转角振型。根据式(7.4.64)，得到 Timoshenko 梁的转角振型为

$$\tilde{\theta}_{ra, b}(x) = \frac{\kappa_r^2 c_S^2 - \omega_{ra, b}^2}{\kappa_r c_S^2} a_2 \cos(\kappa_r x) = a_2 \kappa_r \left(1 - \frac{\omega_{ra, b}^2}{\kappa_r^2 c_S^2} \right) \cos(\kappa_r x), \quad r = 1, 2, \cdots \quad (\text{j})$$

由于 Euler-Bernoulli 梁的转角振型为 $a_2 \kappa_r \cos(\kappa_r x)$，可定义两种梁的转角振型幅值之比作为振型差异因子，将其表示为

$$\eta_{ra, b} \equiv 1 - \frac{\omega_{ra, b}^2}{\kappa_r^2 c_S^2}, \quad r = 1, 2, \cdots \quad (\text{k})$$

利用式(g)，可将式(k)改写为便于计算的形式，即

$$\eta_{ra, b} = 1 - \frac{\omega_{ra, b}^2 / \kappa_r^2 c_0^2}{c_S^2 / c_0^2} = \frac{\tilde{B} \mp \sqrt{\tilde{B}^2 - 4\tilde{C}}}{2\tilde{C}}, \quad r = 1, 2, \cdots \quad (\text{l})$$

针对高度比为 $h/L = 0.05$ 和 $h/L = 0.1$ 的矩形截面梁，图 7.33 给出低频解支和高频解支的转角振型差异因子。在图 7.33(a) 中，随着低频解支的固有频率阶次提高，两种梁的转角振型差异增大；梁的高度比 h/L 增加，同样导致转角振型差异增大。图 7.33(b) 则表明，高频解支的固有振型差异因子比低频解支大若干量级，即截面剪切变形引起的高频解支转角振型差异非常显著；此时，梁的高度比 h/L 增加，转角振型差异减小；尤其是随着固有频率阶次提高，高度比 h/L 对高频解支的转角振型差异影响迅速缩小。

3. 转动惯性和剪切变形对固有频率的影响

现针对 Timoshenko 梁的固有振动频率，分别讨论梁的转动惯性效应和截面剪切变形效应。

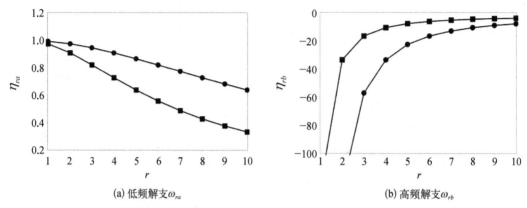

(a) 低频解支 ω_{ra}　　　　　　　　　(b) 高频解支 ω_{rb}

图 7.33　矩形截面铰支-铰支梁 ($\nu = 0.28$, $\beta = 5/6$) 的转角振型差异因子随阶次变化

（圈实线：$h/L = 0.05$；块实线：$h/L = 0.1$）

1）只计入转动惯性效应

在 Timoshenko 之前，法国力学家 Bresse 和英国物理学家 Rayleigh 已忽略截面剪切变形，先后研究了梁在固有振动中的转动惯性效应。为考察这种情况，可将固有频率 ω_r 代入式 (7.4.55)，将其改写为

$$\frac{1}{c_S^2}\left(\frac{\omega_r}{\kappa_r}\right)^4 - \left[\left(1 + \frac{c_0^2}{c_S^2}\right) + \frac{1}{r_g^2\kappa_r^2}\right]\left(\frac{\omega_r}{\kappa_r}\right)^2 + c_0^2 = 0 \qquad (7.4.67)$$

如果限定梁的截面剪切变形为零，可令近似剪切波波速 $c_S \to +\infty$，使式 (7.4.67) 简化为

$$c_0^2 - \left(1 + \frac{1}{\kappa_r^2 r_g^2}\right)\left(\frac{\omega_r}{\kappa_r}\right)^2 = 0 \qquad (7.4.68)$$

由此解得

$$\omega_r = c_0\kappa_r\left(1 + \frac{1}{r_g^2\kappa_r^2}\right)^{-\frac{1}{2}} = c_0\kappa_r\left(\frac{r_g^2\kappa_r^2}{1 + r_g^2\kappa_r^2}\right)^{\frac{1}{2}} = \frac{c_0 r_g \kappa_r^2}{\sqrt{1 + r_g^2\kappa_r^2}} \qquad (7.4.69)$$

式 (7.4.69) 的分子是 Euler-Bernoulli 梁的固有频率，若将其记为 $\omega_{re} \equiv c_0 r_g \kappa_r^2$，则有

$$\omega_r = \frac{\omega_{re}}{\sqrt{1 + r_g^2\kappa_r^2}} \qquad (7.4.70)$$

这说明，计入梁截面转动惯性导致固有频率降低，这与物理直观相一致；且这种效应随着固有频率阶次提升而变得显著。

有些学者为了直接得到上述结果，在式 (7.4.34) 中取 $G \to +\infty$，得

$$\rho A\frac{\partial^2 v(x, t)}{\partial t^2} + EI\frac{\partial^4 v(x, t)}{\partial x^4} - \rho I\frac{\partial^4 v(x, t)}{\partial x^2 \partial t^2} = 0 \qquad (7.4.71)$$

设固有振动解为

$$v_r(x,t) = a_{2r}\sin(\kappa_r x)\sin(\omega_r t) \tag{7.4.72}$$

将式(7.4.72)代入式(7.4.71),直接解得

$$\omega_r = \sqrt{\frac{EI\kappa_r^4}{\rho A(1 + r_g^2\kappa_r^2)}} = \frac{c_0 r_g \kappa_r^2}{\sqrt{1 + r_g^2\kappa_r^2}} = \frac{\omega_{re}}{\sqrt{1 + r_g^2\kappa_r^2}} \tag{7.4.73}$$

但有学者认为这种方案违背材料本构关系[①],因为当 $G \to +\infty$ 时必有 $E \to +\infty$。事实上,前一种方案在式(7.4.67)中取 $c_S \to +\infty$ 时,还须要求 c_0 不变,这隐含着弹性模量 E 和 G 彼此独立。因此,这两种方案本质相同。

2) 只计入截面剪切变形影响

在 Timoshenko 之前,英国力学家 Rankine 已忽略截面转动惯性,研究了梁在固有振动中的剪切变形效应。为这样进行分析,略去式(7.4.39)中与 $\rho I \omega^2$ 相关的项,将式(7.4.40)简化为

$$\beta E G r_g^2 s^4 + \rho r_g^2 E \omega^2 s^2 - \rho\beta G \omega^2 = 0 \tag{7.4.74}$$

将 $s_{1,2} = \pm i\kappa_r$ 代入式(7.4.74),得到第 r 阶固有频率应满足的代数方程为

$$\beta E G r_g^2 \kappa_r^4 - \rho r_g^2 E \kappa_r^2 \omega^2 - \rho\beta G \omega^2 = 0 \tag{7.4.75}$$

由式(7.4.75)解得

$$\omega_r = \sqrt{\frac{\beta E G r_g^2 \kappa_r^4}{\rho E r_g^2 \kappa_r^2 + \rho\beta G}} = \frac{c_0 c_S r_g \kappa_r^2}{\sqrt{c_0^2 r_g^2 \kappa_r^2 + c_S^2}} = \frac{\omega_{re}}{\sqrt{1 + (E/\beta G) r_g^2 \kappa_r^2}} \tag{7.4.76}$$

这表明,计入截面剪切变形导致固有频率降低,这与物理直观是一致的;且这种效应也随着固有频率阶次提升而变得显著。

为了更直接考察截面剪切变形效应,也可在式(7.4.34)中同时略去项 B 和项 D,得

$$\rho A \frac{\partial^2 v(x,t)}{\partial t^2} + EI \frac{\partial^4 v(x,t)}{\partial x^4} - \frac{\rho IE}{\beta G} \frac{\partial^4 v(x,t)}{\partial x^2 \partial t^2} = 0 \tag{7.4.77}$$

将固有振动解(7.4.72)代入式(7.4.77),得

$$EI\kappa_r^4 - \left(\frac{\rho IE}{\beta G}\kappa_r^2 + \rho A\right)\omega_r^2 = 0 \tag{7.4.78}$$

进而得到与式(7.4.76)一致的结果,即

$$\omega_r = \sqrt{\frac{EI\kappa_r^4}{\frac{\rho IE}{\beta G}\kappa_r^2 + \rho A}} = \frac{\omega_{re}}{\sqrt{1 + (E/\beta G) r_g^2 \kappa_r^2}} \tag{7.4.79}$$

---

① 李录贤,裴永乐,段铁城,等. Timoshenko 梁理论的物理本质及与 Euler 梁理论的关系研究[J]. 中国科学:技术科学,2018,48(4):360-368.

这也说明,式(7.4.34)中的项 D 源自截面剪切变形和截面转动惯性的耦合。

注解 7.4.7:在基础教程中①,通常认为式(7.4.55)中的第一项比含有波速的第二项和第三项小许多,直接略去第一项,考察截面剪切变形和截面转动惯性的影响。此时,固有频率的近似值为

$$\omega_{ra} = \frac{\kappa_r c_0 c_S}{\sqrt{(c_0^2 + c_S^2) + \dfrac{c_S^2}{r_g^2 \kappa_r^2}}} = \frac{\omega_{re}}{\sqrt{1 + r_g^2 \kappa_r^2 + (c_0^2/c_S^2) r_g^2 \kappa_r^2}} \qquad (7.4.80)$$

将式(7.4.80)与式(7.4.70)、式(7.4.76)对照可见,这种近似固有频率仅考虑了截面剪切变形和截面转动惯性的线性叠加,略去了例 7.4.2 的式(h)中两者相互耦合的非线性项。

7.4.4 小结

本节针对 Euler-Bernoulli 梁和 Timoshenko 梁,讨论其自由波动和振动,并进行对比,回答了第 1 章中问题 6A 涉及梁的部分内容。主要结论如下。

(1)梁的弯曲波动包含左右行波,以及仅在梁端部附近存在且衰减的渐逝波,具有频散特性。不同的齐次边界条件,对上述波产生不同的反射。以 Euler-Bernoulli 梁为例,铰支边界和滑支边界反射行波,但不产生渐逝波;而固支边界和自由边界既反射行波,又产生渐逝波。因此,它们的行为与 5.3 节研究的梁对偶边界一致。

(2)将梁的波动近似为一维波动,需要引进变形假设,导致与三维弹性动力学精确理论的差异。Euler-Bernoulli 梁模型忽略梁的转动惯性和截面剪切变形,其弯曲波速随着波数增加而趋于无穷大。因此,Euler-Bernoulli 梁模型只适用于描述波数阶次较低的动力学问题。Timoshenko 梁模型计入了转动惯性和简化的截面剪切变形,其圆截面梁的低频解支与三维弹性动力学精确解高度吻合,可大幅提高计算动响应问题的波数阶次;但其高频解支尚有不少争议,对于高精度的波导计算,不够可靠。

(3)通过对两种梁模型的波动频散曲线对比,当梁的截面回转半径 r_g 和波数 κ 的乘积满足 $r_g \kappa < 0.1$ 时,Euler-Bernoulli 梁具有较好的频散波动描述能力。因此,该梁模型适用于描述波长是梁高度 20 倍以上的动力学问题。

(4)本节较为严谨地介绍了 Timoshenko 梁的动力学方程、自由波动和固有振动,更正了现有文献中的若干不妥之处。

7.5 梁的受迫波动和振动

本节在 7.4 节基础上,分别采用波动分析和振动分析方法研究 Euler-Bernoulli 梁的受迫波动和振动,包括冲击响应问题。首先,讨论无限长梁在简谐激励下的波动;然后,讨论有限长梁在简谐激励下的稳态响应;最后,讨论有限长梁受冲击后的瞬态响应。这些内容

① 胡海岩.机械振动与冲击[M].北京:航空工业出版社,1998:172.

可基本回答第 1 章中问题 6A 和 6B 涉及梁的响应分析和计算内容。

7.5.1　无限长梁在简谐激励下的波动

类似于 7.1 节对杆的波动和振动研究,研究梁的波动和振动问题时,可以采用多种方法。对于求解简谐激励下 Euler-Bernoulli 梁的波动和振动问题,采用复函数解法较为简单。因此,本小节仅采用复函数解法分析梁的简谐波动和振动,不再用其他方法进行求解对比。

考察图 7.34 所示无限长的等截面 Euler-Bernoulli 梁。选择梁上指定点的截面中心作为坐标原点,建立图示直角坐标系 oxv,其中 x 轴与梁的中线重合。在该截面处施加沿 v 方向的激励 $f_0\cos(\omega_0 t)$。

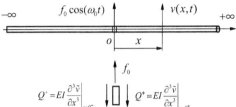

图 7.34　简谐激励下的无限长等截面梁

1. 简谐激励激发的弯曲波

现将位置坐标 x 处截面中点随时间 t 变化的横向位移记为 $v(x,t)$,它满足的动力学方程为

$$\rho A\frac{\partial^2 v(x,t)}{\partial t^2}+EI\frac{\partial^4 v(x,t)}{\partial x^4}=f_0\delta(x)\cos(\omega_0 t),\quad x\in(-\infty,+\infty),\quad t\in[0,+\infty)$$

$$(7.5.1)$$

将式(7.5.1)拓展为复指数函数激励下关于复函数 $v_c(x,t)$ 的偏微分方程,即

$$\rho A\frac{\partial^2 v_c(x,t)}{\partial t^2}+EI\frac{\partial^4 v_c(x,t)}{\partial x^4}=f_0\delta(x)\exp(\mathrm{i}\omega_0 t),\quad x\in(-\infty,+\infty),\quad t\in[0,+\infty)$$

$$(7.5.2)$$

则式(7.5.2)的实部为式(7.5.1),式(7.5.2)的解实部为式(7.5.1)的解。

将式(7.5.2)的解表示为

$$v_c(x,t)=\tilde{v}_c(x)\exp(\mathrm{i}\omega_0 t),\quad x\in(-\infty,+\infty),\quad t\in[0,+\infty)\quad(7.5.3)$$

式中,$\tilde{v}_c(x)$ 是待定的复振幅函数。将式(7.5.3)代入式(7.5.2),得到复振幅函数 $\tilde{v}_c(x)$ 满足的四阶线性常微分方程为

$$\frac{\mathrm{d}^4\tilde{v}_c(x)}{\mathrm{d}x^4}-\kappa^4\tilde{v}_c(x)=\frac{f_0}{EI}\delta(x),\quad x\in(-\infty,+\infty),\quad \kappa\equiv\sqrt[4]{\frac{\rho A\omega_0^2}{EI}}>0\;(7.5.4)$$

式中,κ 为对应振动频率 ω_0 的波数。

对于 $x\neq 0$,式(7.5.4)是与式(7.4.3)相同的齐次线性微分方程,其通解为式(7.4.4)。根据对式(7.4.5)的讨论可知:当 $x>0$ 时,梁中只有右行波 $a_1\exp(-\mathrm{i}\kappa x)$ 和随 x 增加而衰减的渐逝波 $a_3\exp(-\kappa x)$,即式(7.4.4)中的第一项和第三项,此时 $a_2=0$ 且 $a_4=0$;而当 $x<0$ 时,梁中只有左行波 $a_2\exp(\mathrm{i}\kappa x)$ 和随 $|-x|$ 增加而衰减的渐逝波

$a_4\exp(\kappa x)$，即式(7.4.4)中的第二项和第四项，此时 $a_1 = 0$ 且 $a_3 = 0$。因此，式(7.5.4)的解形如

$$\tilde{v}_c(x) = \begin{cases} a_1\exp(-\mathrm{i}\kappa x) + a_3\exp(-\kappa x), & x \in (0, +\infty) \\ a_2\exp(\mathrm{i}\kappa x) + a_4\exp(\kappa x), & x \in (-\infty, 0) \end{cases} \tag{7.5.5}$$

以下确定式(7.5.5)中的系数。

首先，鉴于无限长梁的横向振动关于坐标原点对称，可判断梁在原点处的转角为零。根据式(7.5.5)，得

$$\left.\frac{\mathrm{d}\tilde{v}_c(x)}{\mathrm{d}x}\right|_{x=0} = \begin{cases} -\mathrm{i}\kappa a_1 - \kappa a_3 = 0, & x \in (0, +\infty) \\ \mathrm{i}\kappa a_2 + \kappa a_4 = 0, & x \in (-\infty, 0) \end{cases} \tag{7.5.6}$$

由此解得

$$a_1 = \mathrm{i}a_3, \quad a_2 = \mathrm{i}a_4 \tag{7.5.7}$$

其次，在图 7.34 的梁原点处取长度为 $\mathrm{d}x$ 的微单元，当 $\mathrm{d}x \to 0$ 时，惯性力 $\rho A\omega^2 v_c(0)\exp(\mathrm{i}\omega_0 t)\mathrm{d}x \to 0$，单元两侧面的剪力 $Q^+\exp(\mathrm{i}\omega_0 t)$ 和 $Q^-\exp(\mathrm{i}\omega_0 t)$ 与外激励 $f_0\exp(\mathrm{i}\omega_0 t)$ 平衡。根据正向剪力使梁单元顺时针旋转约定，得

$$\begin{cases} \dfrac{f_0}{2} = Q^+ = EI\left.\dfrac{\mathrm{d}^3\tilde{v}_c(x)}{\mathrm{d}x^3}\right|_{x=0^+} = EI(\mathrm{i}\kappa^3 a_1 - \kappa^3 a_3), & x = 0^+ \\ \dfrac{f_0}{2} = Q^- = -EI\left.\dfrac{\mathrm{d}^3\tilde{v}_c(x)}{\mathrm{d}x^3}\right|_{x=0^-} = EI(\mathrm{i}\kappa^3 a_2 - \kappa^3 a_4), & x = 0^- \end{cases} \tag{7.5.8}$$

将式(7.5.7)代入式(7.5.8)，解得

$$\begin{cases} a_1 = -\dfrac{\mathrm{i}f_0}{4EI\kappa^3}, & a_2 = -\dfrac{\mathrm{i}f_0}{4EI\kappa^3} \\ a_3 = -\dfrac{f_0}{4EI\kappa^3}, & a_4 = -\dfrac{f_0}{4EI\kappa^3} \end{cases} \tag{7.5.9}$$

将式(7.5.9)代入式(7.5.5)，得到复振幅的表达式为

$$\tilde{v}_c(x) = -\frac{f_0}{4EI\kappa^3}\begin{cases} \mathrm{i}\exp(-\mathrm{i}\kappa x) + \exp(-\kappa x), & x \in (0, +\infty) \\ \mathrm{i}\exp(\mathrm{i}\kappa x) + \exp(\kappa x), & x \in (-\infty, 0) \end{cases}$$

$$= -\frac{f_0}{4EI\kappa^3}[\mathrm{i}\exp(-\mathrm{i}\kappa|x|) + \exp(-\kappa|x|)] \tag{7.5.10}$$

若激励作用在 x_0 截面处，则式(7.5.10)可改写为

$$\tilde{v}_c(x) = -\frac{f_0}{4EI\kappa^3}[\mathrm{i}\exp(-\mathrm{i}\kappa|x-x_0|) + \exp(-\kappa|x-x_0|)] \tag{7.5.11}$$

因此,梁的弯曲波动解具有如下复函数形式:

$$
v_c(x, t) = \tilde{v}_c(x)\exp(\mathrm{i}\omega_0 t)
$$

$$
= -\frac{f_0}{4EI\lambda^3}\{\mathrm{i}\exp[\mathrm{i}(\omega_0 t - \kappa|x - x_0|)] + \exp(-\kappa|x - x_0|)\exp(\mathrm{i}\omega_0 t)\}
$$

$$
= -\frac{f_0}{4EI\lambda^3}\{-\sin(\omega_0 t - \kappa|x - x_0|) + \exp(-\kappa|x - x_0|)\cos(\omega_0 t)
$$

$$
+ \mathrm{i}[\exp(-\kappa|x - x_0|)\sin(\omega_0 t) + \cos(\omega_0 t - \kappa|x - x_0|)]\} \quad (7.5.12)
$$

式(7.5.12)的实部就是梁的弯曲波动解,即

$$
v(x, t) = \frac{f_0}{4EI\kappa^3}[\sin(\omega_0 t - \kappa|x - x_0|) - \exp(-\kappa|x - x_0|)\cos(\omega_0 t)]
$$

$$
(7.5.13)
$$

图 7.35 是由式(7.5.13)给出的简谐弯曲波的时空关系,呈现明显的左右行波。

2. 激励点的横向振动

回顾杆在简谐激励下的纵向波动,由于杆在激励点处内部弹性力与外部简谐激励平衡的需求,杆的激励点纵向振动比简谐激励滞后 $\pi/2$。 对于梁的弯曲波动,激励点的横向振动比较复杂。

根据式(7.5.13),取 $x = x_0$ 即可得到梁在激励点的横向振动为

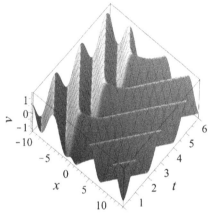

$$
v(x_0, t) = \frac{f_0}{4EI\kappa^3}[\sin(\omega_0 t) - \cos(\omega_0 t)]
$$

$$
= \frac{f_0}{2\sqrt{2}EI\kappa^3}\cos\left(\omega_0 t - \frac{3\pi}{4}\right) \quad (7.5.14)
$$

图 7.35 梁的简谐弯曲波时空关系
$(f_0/4EI\kappa^3 = 1; \omega_0 = \pi; x_0 = 0)$

这表明,梁在激励点的振动相位比激励相位滞后 $3\pi/4$。

注解 7.5.1: 首先再次强调,式(7.5.3)是梁的稳态振动,而不是简谐激励施加到梁之后的瞬态响应。其次,由式(7.5.13)到式(7.5.14)的推导过程可见,若只有行波,则激励点振动相位比激励相位滞后 $\pi/2$;而有了渐逝波,才使上述相位滞后 $3\pi/4$。

既然式(7.5.14)是梁在激励点的稳态响应,那么当 $\omega_0 \to 0^+$ 时它是否体现梁在静载荷下的静态响应呢?根据式(7.4.7),此时梁的简谐波动波数为 $\kappa = O(\sqrt{\omega_0})$。 因此,当 $\omega_0 \to 0^+$ 时,梁在激励点的位移为

$$
\lim_{\omega_0 \to 0} v(x_0, t) = \frac{f_0}{4EI}\lim_{\omega_0 \to 0^+}\frac{1}{\kappa^3}[\sin(\omega_0 t) - \cos(\omega_0 t)]
$$

$$= \frac{f_0}{4EI(\rho A/EI)^{3/4}} \lim_{\omega_0 \to 0^+} \frac{\sin(\omega_0 t) - \cos(\omega_0 t)}{\omega_0^{3/2}} \qquad (7.5.15)$$

对于有限的时间,式(7.5.15)将趋于 $-\infty$,与物理直观不符。

事实上,当 $\omega_0 \to 0^+$ 时,梁达到稳态响应的时间 $t \to +\infty$,故梁的响应并不会趋于 $-\infty$ 。图 7.36 给出式(7.5.15)随 (ω_0, t) 演化的等高线图,其中 $f_0/4EI(\rho A/EI)^{3/4} = 1$ 。当 $\omega_0 \to 0^+$ 时,存在足够长的时间 t 使 $v(0, t) > 0$;在 $t \to +\infty$ 的过程中, $v(0, t)$ 呈现正负振荡。

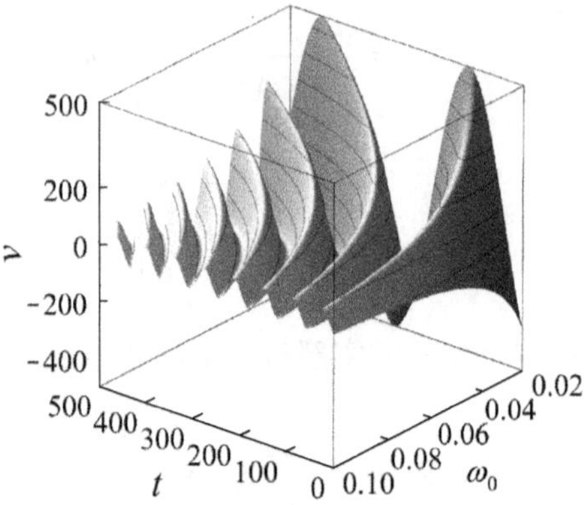

图 7.36　不同激励频率下梁的激励点位移时间历程

7.5.2　有限长梁在简谐激励下的振动

根据 7.4.1 小节和 7.5.1 小节的分析,式 (7.4.4)给出了 Euler-Bernoulli 梁在任意边界条件下的自由波动幅值函数,式(7.5.11)给出该梁在简谐激励下的受迫波动幅值函数。因此,该梁在简谐激励下的波动幅值函数可表示为它们之和,即

$$\tilde{v}_c(x) = a_1 \exp(-i\kappa x) + a_2 \exp(i\kappa x) + a_3 \exp(-\kappa x) + a_4 \exp(\kappa x)$$

$$- \frac{f_0}{4EI\kappa^3}[i\exp(-i\kappa|x-x_0|) + \exp(-\kappa|x-x_0|)] \qquad (7.5.16)$$

在式(7.5.16)中, a_k , $k = 1, 2, 3, 4$ 是复常数,需满足梁的四个边界条件所确定的线性代数方程组。

对于给定的激励位置坐标 x_0 和响应位置坐标 x ,可选择位于某个频段内的激励频率 ω_0 ,根据 $\kappa = \sqrt[4]{\rho A \omega_0^2/EI}$ 和上述四个边界条件形成的线性代数方程组,求解式(7.5.16)中的四个常数。这样得到的常数是关于 ω_0 的函数 $a_k(\omega_0)$, $k = 1, 2, 3, 4$,将它们代回式(7.5.16),即得到梁的复函数形式频率响应。如果取 $f_0 = 1$,则得到频响函数 $H_{xx_0}(\omega_0)$ 。现以铰支-铰支梁和固支-自由梁为例,说明计算过程。

1. 铰支-铰支梁

例 7.5.1: 对于在跨度中点受简谐激励的矩形截面铰支-铰支钢梁,取梁的截面宽度为 b ,截面高度为 h ,相关参数为

$$\begin{cases} L = 1 \text{ m}, \quad b = 0.01 \text{ m}, \quad h = 0.005 \text{ m} \\ E = 210 \text{ GPa}, \quad \rho = 7\,800 \text{ kg/m}^3, \quad f_0 = 1 \text{ N} \end{cases} \qquad (\text{a})$$

在上述条件下,计算梁的横向振动幅频响应。

由于该问题左右镜像对称,故取梁的中点为坐标原点。此时,激励点坐标 $x_0 = 0$,并且 $a_1 = a_2$ 和 $a_3 = a_4$,由此可将式(7.5.16)简化为

$$\tilde{v}_c(x) = 2a_1\cos(\kappa x) + 2a_3\cosh(\kappa x) - \frac{f_0}{4EI\kappa^3}\big[\,\mathrm{i}\exp(-\mathrm{i}\kappa\,|\,x\,|\,) + \exp(-\kappa\,|\,x\,|\,)\,\big]$$

$$\text{(b)}$$

铰支-铰支梁的两端位移和弯矩边界条件为

$$\tilde{v}_c\!\left(\frac{L}{2}\right) = \tilde{v}_c\!\left(-\frac{L}{2}\right) = 0, \quad \frac{\mathrm{d}^2\tilde{v}_c(x)}{\mathrm{d}x^2}\bigg|_{x=L/2} = \frac{\mathrm{d}^2\tilde{v}_c(x)}{\mathrm{d}x^2}\bigg|_{x=-L/2} = 0 \qquad \text{(c)}$$

将式(b)代入式(c),得到含待定复常数 a_1 和 a_3 的线性代数方程组为

$$\begin{bmatrix} 2\cos(\kappa L/2) & 2\cosh(\kappa L/2) \\ -2\cos(\kappa L/2) & 2\cosh(\kappa L/2) \end{bmatrix}\begin{bmatrix} a_1 \\ a_3 \end{bmatrix} = \frac{f_0}{4EI\kappa^3}\begin{bmatrix} \exp(-\kappa L/2) - \mathrm{i}\exp(-\mathrm{i}\kappa L/2) \\ \kappa^2\exp(-\kappa L/2) - \mathrm{i}\kappa^2\exp(-\mathrm{i}\kappa L/2) \end{bmatrix}$$

$$\text{(d)}$$

该方程的系数矩阵奇异条件为

$$\Delta = 4\kappa^2\cos\!\left(\frac{\kappa L}{2}\right)\cosh\!\left(\frac{\kappa L}{2}\right) = 0 \qquad \text{(e)}$$

由式(e)可求解出对应的振动波数和频率为

$$\kappa_r = \frac{(2r-1)\pi}{L}, \quad \omega_r = \frac{(2r-1)^2\pi^2 c_0 r_g}{L^2}, \quad r = 1, 2, \cdots \qquad \text{(f)}$$

这正是铰支-铰支梁的奇数阶固有振动波数和对应的固有频率。若排除这些固有振动波数,则式(d)有唯一解。求解式(d)得到 a_1 和 a_3 后代入式(b),可得到梁的复函数形式频率响应 $\tilde{v}_c(x)$。现取 $x = x_0 = 0$,并将激励波数 κ 替换为激励频率 f,即

$$\kappa = \frac{\sqrt{\omega_0}}{\sqrt[4]{EI/\rho A}} = \frac{2\pi f}{\sqrt[4]{EI/\rho A}} \qquad \text{(g)}$$

取激励频率为 $f \in [0, 320]$(单位为 Hz),得到图 7.37 所示的原点幅频响应。因该问题具有镜像对称性,其幅频响应中只含第一阶、第三阶和第五阶共振峰。

例 7.5.2:对于上述铰支-铰支钢梁,在距离梁左端 $L/4$ 处施加简谐激励,计算梁在激励点的横向振动幅频响应,并与基础教程中的模态解法作对比。

现取梁的左端点为坐标原点,响应位置和激励位置为 $x = x_0 = L/4$。该问题没有镜像对称性,需根据梁左右端的四个边界条件,列出四元线性代数方程组来求解稳态响应。选择激励频率 $f \in [0, 320]$(单位为

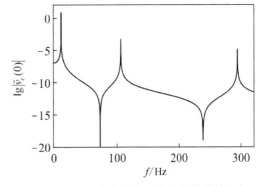

图 7.37 铰支-铰支梁在跨度中点激励的原点幅频响应

Hz），采用 Maple 软件求解 $a_k(f)$，$k = 1$，2，3，4，将计算结果代入式（7.5.16），得到图 7.38 所示梁的原点幅频响应。由于 $x_0 = L/4$ 是梁的第四阶固有振型的节点，因此该幅频响应中不含第四阶共振峰。

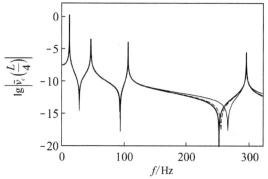

图 7.38 铰支-铰支梁在跨度 1/4 处激励的原点幅频响应

（粗实线：精确解；细实线：前五阶模态近似解；虚线：前七阶模态近似解）

值得指出的是，上述方法得到的是 Euler-Bernoulli 梁模型的精确结果；而模态解法则给出相同梁模型在不同模态截断下的近似结果。在图 7.38 中，粗实线是上述精确结果，细实线是取前五阶模态的结果，虚线是取前七阶模态的结果。在第三个共振峰和第五个共振峰之间的反共振频段，取前五阶模态的结果有明显误差，反共振峰偏高；而取前七阶模态的结果则有显著改进。

对于低频激励下的结构响应，只要计算所得到固有振型具有足够精度，模态解法可提供可信赖的动响应计算结果。当然，如果梁被激发出的模态阶次较高，则需考虑采用 Timoshenko 梁模型。

2. 固支-自由梁

例 7.5.3：将例 7.5.1 中钢梁的边界条件改为左端固支、右端自由，在其自由端作用横向简谐激励，计算梁的横向振动问题。

现选择梁的左端点为 $x = 0$，右端点为 $x = L$。由于本节并未推导梁在端部受简谐激励的波动响应，为了采用在梁内部任意点 x_0 施加简谐激励的响应表达式 （7.5.16），可取 $x_0 = L^-$。图 7.39 是该固支-自由梁在自由端受简谐激励，距离梁左端 $x = L/4$ 处的幅频响应。正如 4.3 节所分析，对于跨点频响函数，在两个共振峰之间可能不存在振幅为零的反共振。

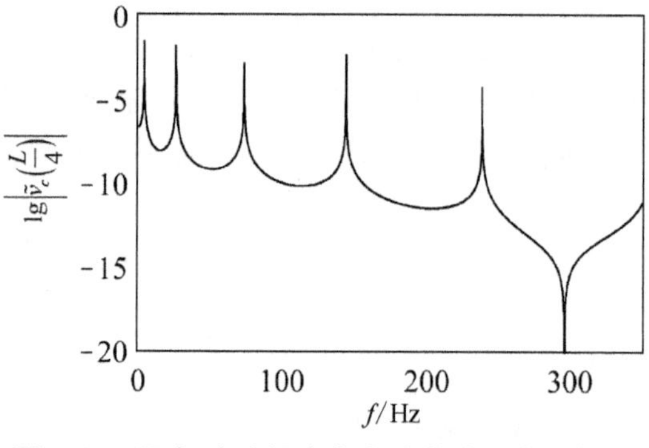

图 7.39 固支-自由梁在自由端激励下的跨点幅频响应

（$x_0 = L^-$；$x = 0.75L$）

7.5.3 有限长梁的冲击响应

与 7.3 节中有限长杆冲击响应问题相比，有限长梁的冲击响应问题难度要大许多。根据 7.2 节可知，即使是最简单的 Euler-Bernoulli 梁，其弯曲波也具有频散，冲击响应无精确解，通常只能获得模态近似解或数值积分解。在梁的冲击响应模态解方面，有些研究采用数百阶乃至上千阶模态计算一次冲击响应[①]；也有些研究则选择少

---

①　Su Y C, Ma C C. Transient wave analysis of a cantilever Timoshenko beam subjected to impact loading by Laplace transform and normal mode methods[J]. International Journal of Solids and Structures, 2012, 49(9): 1158 - 1176.

数几阶模态计算冲击响应①。根据 7.4 节的研究，Euler-Bernoulli 梁的高阶模态有先天不足，在模态截断中必须有所考虑。本小节以固支-自由梁的冲击问题为例，说明如何处理上述问题。

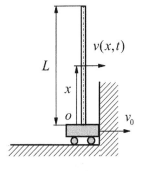

图 7.40 所示等截面固支-自由梁及其支座以速度 v_0 向右作水平运动，其支座与刚性壁碰撞后保持接触。将梁的支座与刚性壁相互接触作为初始时刻，采用 Euler-Bernoulli 梁模型建立动力学方程为

图 7.40　固支-自由梁与刚性壁碰撞的冲击响应

$$\rho A \frac{\partial^2 v(x,t)}{\partial t^2} + EI \frac{\partial^4 v(x,t)}{\partial x^4} = 0, \quad x \in [0, L], \quad t \in [0, +\infty)$$

$$(7.5.17)$$

对应的边界条件和初始条件为

$$\begin{cases} v(0,t) = 0, \quad v_x(0,t) = 0, \quad v_{xx}(L,t) = 0, \quad v_{xxx}(L,t) = 0 \\ v(x,0) = 0, \quad v_t(x,0) = v_0 \end{cases} \quad (7.5.18)$$

实践表明，在研究上述问题的模态级数近似解时，要解决如下三个问题：一是模态级数解的形式；二是高阶固有振型的计算；三是模态截断的阶次。以下逐一进行讨论。

1. 模态级数解的形式

将梁受冲击后的响应表示为模态级数解，即

$$v(x,t) = \sum_{r=1}^{+\infty} \bar{\varphi}_r(x) q_r(t), \quad x \in [0, L], \quad t \in [0, +\infty) \quad (7.5.19)$$

式 (7.5.19) 中，$\bar{\varphi}_r(x)$，$r = 1, 2, \cdots$ 是固支-自由梁关于自由端幅值归一化的固有振型，本小节第 2 部分将讨论其表达式。将式 (7.5.19) 代入式 (7.5.17)，得

$$\rho A \sum_{r=1}^{+\infty} \bar{\varphi}_r(x) \frac{\mathrm{d}^2 q_r(t)}{\mathrm{d}t^2} + EI \sum_{r=1}^{+\infty} \frac{\mathrm{d}^4 \bar{\varphi}_r(x)}{\mathrm{d}x^4} q_r(t) = 0 \quad (7.5.20)$$

将式 (7.5.20) 两端同乘 $\rho A \bar{\varphi}_s(x)$ 后沿梁的长度积分，根据固有振型正交性得

$$M_r \frac{\mathrm{d}^2 q_r(t)}{\mathrm{d}t^2} + K_r q_r(t) = 0, \quad r = 1, 2, \cdots \quad (7.5.21)$$

式中，M_r 和 K_r 是模态质量和模态刚度，可表示为

$$\begin{cases} M_r \equiv \int_0^L \rho A \, \bar{\varphi}_r^2(x) \, \mathrm{d}x \\ K_r \equiv \int_0^L EI \frac{\mathrm{d}^4 \bar{\varphi}_r(x)}{\mathrm{d}x^4} \varphi_r(x) \, \mathrm{d}x = \int_0^L EI \left[\frac{\mathrm{d}^2 \bar{\varphi}_r(x)}{\mathrm{d}x^2} \right]^2 \mathrm{d}x, \quad r = 1, 2, \cdots \end{cases} \quad (7.5.22)$$

---

①　金栋平，胡海岩.碰撞振动与控制[M].北京：科学出版社，2005：67-74，158-170.

式(7.5.21)的解可表示为

$$q_r(t) = a_r \cos(\omega_r t) + b_r \sin(\omega_r t), \quad r = 1, 2, \cdots \tag{7.5.23}$$

式中，ω_r 是固有频率，本小节第 2 部分将给出其表达式。将式(7.5.23)代入式(7.5.19)，再代入式(7.5.18)中的初始条件，得

$$\sum_{r=1}^{+\infty} \bar{\varphi}_r(x) a_r = 0, \quad \sum_{r=1}^{+\infty} \bar{\varphi}_r(x) b_r \omega_r = v_0, \quad r = 1, 2, \cdots \tag{7.5.24}$$

将式(7.5.24)两端同乘 $\rho A \bar{\varphi}_s(x)$，沿梁的长度积分，由固有振型正交性得

$$a_r = 0, \quad b_r = \frac{v_0 \rho A}{M_r \omega_r} \int_0^L \bar{\varphi}_r(x)\,\mathrm{d}x, \quad r = 1, 2, \cdots \tag{7.5.25}$$

最后，将式(7.5.25)代入式(7.5.23)，再代入式(7.5.19)，得到冲击响应的位移级数解为

$$v(x, t) = v_0 \rho A \sum_{r=1}^{+\infty} \frac{1}{M_r \omega_r} \bar{\varphi}_r(x) \sin(\omega_r t) \tag{7.5.26}$$

相应的速度级数解和计算动应力所需的弯矩级数解可表示为

$$v_t(x, t) = v_0 \rho A \sum_{r=1}^{+\infty} \frac{1}{M_r} \bar{\varphi}_r(x) \cos(\omega_r t) \tag{7.5.27}$$

$$M(x, t) = EI v_{xx}(x, t) = v_0 \rho A E I \sum_{r=1}^{+\infty} \frac{1}{M_r \omega_r} \bar{\varphi}_{rxx}(x) \sin(\omega_r t) \tag{7.5.28}$$

2. 固有模态及其高阶近似

根据基础教程，固支-自由梁的固有频率和关于自由端幅值归一化的固有振型可表示为

$$\begin{cases} \omega_r \equiv \kappa_r^2 \sqrt{\dfrac{EI}{\rho A}}, \quad \bar{\varphi}_r(x) \equiv \dfrac{\varphi_r(x)}{\varphi_r(L)}, \quad r = 1, 2, \cdots \\[3mm] \varphi_r(x) = \sin(\kappa_r x) - \sinh(\kappa_r x) - \dfrac{\sin(\kappa_r L) + \sinh(\kappa_r L)}{\cos(\kappa_r L) + \cosh(\kappa_r L)} \big[\cos(\kappa_r x) - \cosh(\kappa_r x) \big] \end{cases}$$

$$\tag{7.5.29}$$

在式(7.5.29)中，波数 κ_r 满足的特征方程为

$$\cos(\kappa_r L) \cosh(\kappa_r L) + 1 = 0 \tag{7.5.30}$$

该特征方程的解为

$$\kappa_1 L = 1.875\,1, \quad \kappa_2 L = 4.694\,1, \quad \kappa_3 L = 7.854\,8, \quad \kappa_r L = \frac{(2r-1)\pi}{2}, \quad r = 4, 5, \cdots$$

$$\tag{7.5.31}$$

在计算模态级数解时,将涉及高阶固有振型。此时,固有振型中的双曲三角函数绝对值远远大于三角函数绝对值,故 $\cosh(\kappa_r x)$ 和 $\sinh(\kappa_r x)$ 的差导致计算精度丧失,会给出错误结果。以采用 Maple 软件计算为例,当 $r=8$ 以上就会出错。如果作粗略估计,可将式(7.5.29)中未归一化的固有振型近似为

$$\lim_{\kappa_r \to +\infty} \varphi_r(x) = \lim_{\kappa_r \to +\infty} \left[\sin(\kappa_r x) - \cos(\kappa_r x) + \cosh(\kappa_r x) - \sinh(\kappa_r x) \right]$$
$$= \lim_{\kappa_r \to +\infty} \left[\sin(\kappa_r x) - \cos(\kappa_r x) + \exp(-\kappa_r x) \right] \qquad (7.5.32)$$

由于式(7.5.32)缺失 $\exp(\kappa_r x)$ 项,所以不能满足梁的右端自由边界条件。

为了研究波数 $\kappa_r \to +\infty$ 时固有振型的合理渐近表示,取出式(7.5.29)中涉及双曲三角函数的项,将其记为

$$\delta \equiv \frac{\sin(\kappa_r L) + \sinh(\kappa_r L)}{\cos(\kappa_r L) + \cosh(\kappa_r L)} \cosh(\kappa_r x) - \sinh(\kappa_r x) \qquad (7.5.33)$$

利用 $\kappa_r \to +\infty$ 时的渐近关系 $\exp(-\kappa_r L) \to 0$ 和 $\exp(-\kappa_r x - \kappa_r L) \to 0$,由式(7.5.30)得到 $\cos(\kappa_r L) \to 0$ 和 $\sin(\kappa_r L) \to (-1)^{r-1}$,因此可将式(7.5.33)近似为

$$\delta \approx \frac{\left[\sin(\kappa_r L) + \sinh(\kappa_r L) \right] \cosh(\kappa_r x) - \cosh(\kappa_r L) \sinh(\kappa_r x)}{\cosh(\kappa_r L)}$$

$$\approx \frac{\left[2\sin(\kappa_r L) + \exp(\kappa_r L) \right]\left[\exp(\kappa_r x) + \exp(-\kappa_r x) \right]}{2\exp(\kappa_r L)}$$

$$- \frac{\exp(\kappa_r L)\left[\exp(\kappa_r x) - \exp(-\kappa_r x) \right]}{2\exp(\kappa_r L)}$$

$$= \frac{\sin(\kappa_r L)\left[\exp(\kappa_r x) + \exp(-\kappa_r x) \right] + \exp(\kappa_r L)\exp(-\kappa_r x)}{\exp(\kappa_r L)}$$

$$= (-1)^r \exp\left[\kappa_r(x - L) \right] + \exp(-\kappa_r x) \qquad (7.5.34)$$

因此,高阶固有振型的渐近表示为

$$\varphi_r(x) = \sin(\kappa_r x) - \cos(\kappa_r x) + \exp(-\kappa_r x) + (-1)^r \exp\left[\kappa_r(x - L) \right]$$
$$(7.5.35)$$

注解 7.5.2:在有限长的 Euler-Bernoulli 梁中,除了铰支-铰支梁和滑支-滑支梁,其他梁的固有振型表达式均含双曲三角函数。因此,在研究高阶模态响应时,对高阶固有振型进行渐近表示具有普遍意义。

3. 模态截断

与杆的冲击响应研究相比,在研究梁的冲击响应级数解时需要考虑如下两个问题。首先,多数梁的固有振型表达式含有双曲三角函数,其模态级数的系数复杂,无法基于 Fourier 级数理论讨论级数的收敛性。其次,根据 7.4 节的研究,Euler-Bernoulli 梁模型仅

适用于描述低波数的振动问题,故不应该采用波数非常高的模态。

首先,基于 7.4.2 小节的研究来确定允许的最高模态截断阶次。根据图 7.31,当无量纲波数 $r_g \kappa < 0.1$ 时,Euler-Bernoulli 梁的无量纲波速 c_B/c_0 与 Timoshenko 梁的低频波速解支 c_{Ba}/c_0 很接近。其中,r_g 为截面回转半径;κ 为波数。若以此为依据,选择最高波数为 $\kappa_{\max} < 0.1/r_g$,根据式(7.5.31),最高模态截断阶次 $n_{\max}$ 满足

$$\frac{(2n_{\max} - 1)\pi}{2L} = \kappa_{\max} < \frac{0.1}{r_g} \tag{7.5.36}$$

由此得到最高模态截断阶次为

$$n_{\max} < \frac{0.1L}{\pi r_g} + \frac{1}{2} \tag{7.5.37}$$

值得指出的是,上述最高模态截断阶次并不是刚性界限,在应用中略有超出并不会引起太大误差和本质性错误。

其次,讨论模态级数解的收敛速度。在 7.3.5 小节讨论杆冲击问题级数解的收敛性时,将级数收敛速度表示为 $O(1/n^\alpha)$,当 $\alpha > 3/2$ 时作为快收敛。由于无法得到式 (7.5.26)中模态质量 M_r 的解析表达式,故可将式(7.5.26)中级数的系数 $1/M_r \omega_r$ 与 $1/M_1 \omega_1 r^\alpha$ 进行比较,确定收敛速度。为了作图对比,对两者分别取对数,即定义位移级数解的**收敛速度函数**为

$$p(r) \equiv \lg\left(\frac{1}{M_r \omega_r}\right) = -\lg(M_r \omega_r) \tag{7.5.38}$$

作为比较的对数函数为

$$\lg\left(\frac{1}{M_1 \omega_1 r^\alpha}\right) = -\alpha \lg(r) - \lg(M_1 \omega_1) \tag{7.5.39}$$

4. 案例研究

例 7.5.4: 对宽度为 b、高度为 h 的矩形截面固支-自由钢梁,选择如下参数:

$$\begin{cases} L = 1 \text{ m}, \quad b = 0.01 \text{ m} \quad h = 0.005 \text{ m} \\ E = 210 \text{ GPa}, \quad \rho = 7\,800 \text{ kg/m}^3, \quad v_0 = 1 \text{ m/s} \end{cases} \tag{a}$$

研究该梁与刚性壁碰撞后的冲击响应。

首先,根据 $r_g = h/\sqrt{12}$ 和上述参数,由式(7.5.37)得

$$n_{\max} < \frac{0.1L}{\pi r_g} + \frac{1}{2} = \frac{0.1\sqrt{12}L}{\pi h} + \frac{1}{2} = 22.55 \tag{b}$$

因此,选择模态截断阶次 n_c 为 20。

其次,根据式(7.5.38)考察位移级数解的收敛速度。在图 7.41 中,粗实线和细实线分别是式(7.5.39)在 $\alpha = 3/2$ 和 $\alpha = 7/2$ 时的对数函数,实心圆是式(7.5.38)定义的位移级数解的收敛速度函数。由图可见,该位移级数的收敛速度接近 $\alpha = 7/2$,具有很好的收敛性。

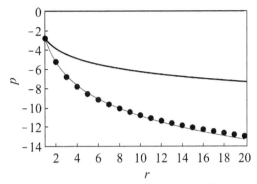

图 7.41　固支-自由梁的冲击位移级数解系数收敛速度

[粗实线:$\alpha = 3/2$;细实线:$\alpha = 7/2$;实线圆:式(7.5.38)]

然后,确定弯曲波速度和弯曲波首次抵达梁上端的时间。根据式(7.4.8)和式(7.4.9)所给出的 Euler-Bernoulli 梁弯曲波的群速度,最低阶模态、最高阶模态弯曲波的相速度和群速度分别为

$$
\left\{
\begin{aligned}
& c_{BL} = c_0 r_g \kappa_1 = \sqrt{\frac{E}{\rho}} \cdot \frac{h}{\sqrt{12}} \cdot \frac{\pi}{2L} \approx 11.76\ \text{m/s}, \quad c_{GL} = 2c_{BL} \approx 23.53\ \text{m/s} \\
& c_{BH} = c_0 r_g \kappa_{nc} = \sqrt{\frac{E}{\rho}} \cdot \frac{h}{\sqrt{12}} \cdot \frac{(2n_c - 1)\pi}{2L} = 458.8\ \text{m/s}, \quad c_{GH} = 2c_{BH} \approx 917.6\ \text{m/s}
\end{aligned}
\right.
$$

$$(\text{c})$$

由此得到最低阶、最高阶弯曲波按群速度、相速度首次抵达梁上端的时间为

$$
\left\{
\begin{aligned}
& t_{GH} = \frac{L}{c_{GH}} \approx 0.001\ \text{s}, \quad t_{BH} = 2t_{GH} \approx 0.002\ \text{s} \\
& t_{GL} = \frac{L}{c_{GL}} \approx 0.043\ \text{s}, \quad t_{BL} = 2t_{GL} \approx 0.086\ \text{s}
\end{aligned}
\right.
$$

$$(\text{d})$$

基于上述准备,以下根据式(7.5.26)讨论固支-自由梁撞击刚性壁后的冲击响应 $v(x, t)$。

首先,选择最高阶模态弯曲波按群速度首次抵达梁上端的时间,即 $t_{GH} \approx 0.001\ \text{s}$,得到图 7.42(a)所示 $t \in [0, t_{GH}]$ 时弯曲波 $v(x, t)$ 的时空分布,由此可清晰地看到各模态弯曲波峰随时间演化的情况。在图 7.42(a)中,曲面与平面 $t = t_{GH}$ 的交线是梁在该时刻的动态变形。第一阶模态的波峰大约位于 $x = 0.1L$ 处,而最高阶模态的波峰已抵达 $x = L$。虽然高阶模态弯曲波已抵达梁的上部,但它们对位移级数解贡献很小。因此,图 7.42(a)中曲面与平面 $x = L$ 的交线接近直线,即梁根部弯曲引起梁上部的刚体运动。

其次,选择时间 $t_{BH} \approx 0.002\ \text{s}$,即最高阶模态弯曲波按相速度首次抵达梁上端的时间,得到图 7.42(b)所示 $t \in [0, t_{BH}]$ 时弯曲波 $v(x, t)$ 的时空分布。此时,梁的四阶以上模态弯曲波均已抵达梁上端后发生反射。梁的动态变形呈现较大起伏,梁上端的位移时间历程也不再是直线。

随着时间延续,更多的模态弯曲波在梁上端发生反射,导致弯曲波的时空分布越来越

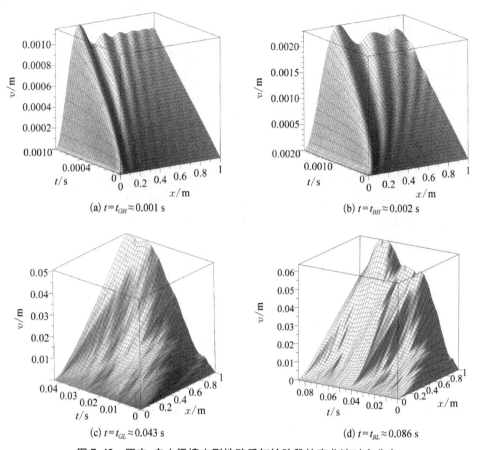

(a) $t = t_{GH} \approx 0.001$ s

(b) $t = t_{BH} \approx 0.002$ s

(c) $t = t_{GL} \approx 0.043$ s

(d) $t = t_{BL} \approx 0.086$ s

图 7.42　固支-自由梁撞击刚性壁后初始阶段的弯曲波时空分布

非常复杂。图 7.42(c)给出 $t \in [0, t_{GL}]$ 时的 $v(x, t)$，此时第一阶弯曲波按群速度抵达梁上端；图 7.42(d)给出 $t \in [0, t_{BL}]$ 时的 $v(x, t)$，此时第一阶弯曲波按相速度抵达梁上端。由图 7.42(d)可见，梁上端的位移最大值约为 0.006 m，发生在上述两个时刻之间，在 $t = 0.07$ s 附近。

当梁的低阶模态弯曲波发生反射后，已不便讨论弯曲波的时空结构。现用图 7.43 给出工程中最关心的两个时间历程，分别是图 7.43(a)中梁的自由端位移，以及图 7.43(b)中梁的固支端弯矩。由图可见，当梁自由端位移达到峰值时，其固支端弯矩也出现峰值。需说明的是，采用梁的前 20 阶模态计算得到的弯矩时间历程含过许多高频"毛刺"。为了清晰起见，图 7.43(b)是采用前 3 阶模态计算得到的梁固支端弯矩。

对本例题，若突破由式(b)所确定的最高模态截断阶次，可使位移近似解在非光滑区域更为平滑，但弯矩近似解会有更多毛刺，因此并不可取。

最后需指出的是，本小节的研究方法和案例对第 1 章所介绍的空间细长结构动力学问题研究具有借鉴意义。例如，在空间结构的在轨组装过程中，涉及细长悬臂结构的安装制动问题。对于长度 $L = 50$ m 的铝制桁架结构，若将其等效为边长 $b = h = 0.2$ m 的 Euler-Bernoulli 梁，在 $v_0 = 0.1$ m/s 的低速运动下制动。仿照例 7.5.4 可以估算，其结构的第一

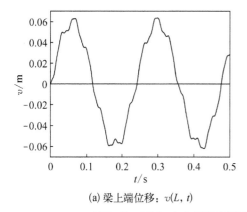
(a) 梁上端位移：$v(L, t)$

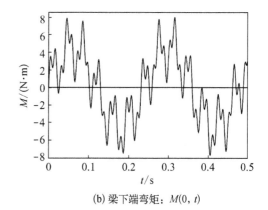
(b) 梁下端弯矩：$M(0, t)$

图 7.43　固支-自由梁撞击刚性壁后的上端位移和下端弯矩时间历程

阶模态弯曲波以群速度和相速度抵达结构自由端的时间为 $2.7 \sim 5.4\,\text{s}$，自由端的振动周期约 $15\,\text{s}$，振动幅值达 $0.4\,\text{m}$。因此，需要用先进材料和控制措施减小振动幅值和周期。

7.5.4　小结

本节以 Euler-Bernoulli 梁为例，讨论其波动和振动问题，回答了第 1 章中问题 6A 和 6B 所涉及的梁波动和振动计算内容。主要结论如下。

（1）基于复函数解法，可给出无限长 Euler-Bernoulli 梁在任意点受简谐激励的稳态波动响应。梁中的行波和渐逝波导致激励点横向位移比激励滞后 $3\pi/4$。当激励频率趋于零时，激励点横向位移会经历长时间正负振荡。

（2）根据上述波动响应，可非常方便地计算有限长 Euler-Bernoulli 梁在给定边界条件下的简谐稳态响应。该计算过程不需要处理模态解法所涉及的超越特征值问题，只需求解四个复未知量的线性代数方程。用 Maple 软件可实现包含梁参数的符号运算，得到关于激励位置、响应位置、激励频率的精确解，验证模态解法的计算精度。

（3）以固支-自由梁与刚性壁碰撞为例，研究了用模态解法计算梁的冲击响应所涉及的三个主要问题，即如何提供高阶模态的渐近表示，如何基于 Euler-Bernoulli 梁模型的无量纲波数上限确定最高模态截断阶次，如何判断级数解的收敛速度。算例表明，上述高阶模态渐近表示是正确的，关于模态截断阶次和收敛速度的研究结论对其他结构的冲击响应计算也有借鉴意义；计算结果清晰地展示了低阶和高阶模态弯曲波在冲击响应中的时空结构。

7.6　思考与拓展

（1）阅读文献[①-③]，对不计波动效应的结构碰撞分析方法进行梳理；讨论对 7.3 节中

①　胡海岩. 机械振动与冲击[M]. 北京：航空工业出版社，1998：242-262.

②　金栋平，胡海岩. 碰撞振动与控制[M]. 北京：科学出版社，2005：1-74.

③　Stronge W J. Impact mechanics[M]. Cambridge：Cambridge University Press, 2000：1-115.

杆与刚性壁水平撞击问题进行简化分析的可能性。

（2）在研究图 7.44 所示单壁碳纳米管的弯曲波动时，可将碳纳米管简化为有周期微结构的梁，其等效的弹性材料满足如下非局部弹性本构关系：

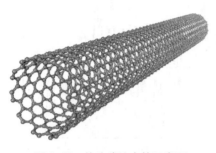

图 7.44　单壁碳纳米管示意图

$$\sigma_x = E\left(\varepsilon_x + r^2 \frac{\partial^2 \varepsilon_x}{\partial x^2}\right) \qquad (7.6.1)$$

在式（7.6.1）中，σ_x 和 ε_x 分别为沿梁轴向的正应力和正应变；E 为弹性模量；r 是与梁轴向微结构尺度相关的常数。基于该本构关系，建立 Timoshenko 梁的动力学模型；借鉴文献[1][2] 讨论碳纳米管的弯曲波的群速度、频散和截止频率；讨论在研究上述问题过程中所涉及的科学美特征。

（3）考察具有矩形截面的 Euler-Bernoulli 梁和 Timoshenko 梁，其高度与长度之比为 $h/L = 0.05$，计算这两种梁在固支-固支边界下的前 10 阶固有振动并进行对比，根据计算误差决定是否对高阶固有振型进行渐近表示；在距梁左端 $L/5$ 处施加简谐激励，在梁的第 6~10 阶共振频段内计算激励点的稳态响应，并对两种梁模型的计算结果进行比较。

（4）阅读文献[3]~[5]；对于有初始小曲率的无限长 Euler-Bernoulli 梁，讨论其弯曲波与纵波的耦合问题。

（5）考察在重力场中垂直下落并与刚性地面碰撞的等截面杆，研究重力加速度对低速碰撞时杆的起跳时间影响，分析杆在起跳后的运动特征。

① Wang L F, Hu H Y. Flexural wave propagation in single-walled carbon nanotubes[J]. Physical Review B, 2005, 71(19): 195412.

② Wang L F, Guo W L, Hu H Y. Group velocity of wave propagation in carbon nanotubes[J]. Proceedings of the Royal Society A, 2008, 464(2094): 1423-1438.

③ Graff K F. Wave motion in elastic solids[M]. Columbus: Ohio State University Press, 1975: 75-212.

④ Doyle J F. Wave propagation in structures[M]. New York: Springer-Verlag, 1997: 43-104.

⑤ Rao S S. Vibration of continuous systems[M]. Hoboken: John Wiley & Sons Ltd., 2007: 393-419.

附 录
三维弹性波理论概要

关于三维弹性介质的波动理论,有许多优秀文献值得阅读。本附录针对均匀、各向同性的线弹性介质(简称弹性介质或介质),介绍若干基本理论和典型波动,帮助读者加深理解第7章的一维结构波动和振动问题。与通常的附录有所不同,本附录包含完整和详细的推理过程,便于读者阅读和理解。

A1　三维弹性波的描述

本节介绍弹性介质的动力学方程,采用分离变量法给出其波动解的一般形式,为后续讨论具体的波动问题、反射问题等提供基础。

A1.1　弹性动力学方程

1. 基本描述

对弹性介质建立直角坐标系 $ox_1x_2x_3$,选择介质中任意点 (x_1, x_2, x_3),定义包含该点的微单元体。对于时刻 t,定义该点在坐标系中的位移分量为 $u_i(x_1, x_2, x_3, t)$,$i = 1, 2, 3$,微单元体的线性应变分量满足几何方程

$$\varepsilon_{ij}(x_1, x_2, x_3, t) \equiv \frac{1}{2}\left(\frac{\partial u_i}{\partial x_j} + \frac{\partial u_j}{\partial x_i}\right), \quad i, j = 1, 2, 3 \tag{A1.1}$$

对于时刻 t,记微单元体的应力分量为 $\sigma_{ij}(x_1, x_2, x_3, t)$,体力分量为 $\rho f_i(x_1, x_2, x_3, t)$,惯性力分量为 $-\rho \partial^2 u_i(x_1, x_2, x_3, t)/\partial t^2$,其中 ρ 为介质的密度。根据 d'Alembert 原理,该微单元体满足平衡方程

$$\sum_{j=1}^{3} \frac{\partial \sigma_{ij}}{\partial x_j} + \rho f_i - \rho \frac{\partial^2 u_i}{\partial t^2} = 0, \quad i = 1, 2, 3 \tag{A1.2}$$

设弹性介质满足的本构关系为

$$\sigma_{ij} = \lambda \delta_{ij} e + 2\mu \varepsilon_{ij}, \quad e \equiv \sum_{k=1}^{3} \varepsilon_{kk}, \quad i, j = 1, 2, 3 \tag{A1.3}$$

式中,λ 和 μ 是介质的 **Lame 常数**;e 是**体积应变**;δ_{ij} 是 Kronecker 符号,即 $\delta_{ii} = 1$,$\delta_{ij} = 0$,

$i \neq j$。在后续分析中,将使用更为直观的介质拉伸模量 E、剪切模量 G 和 Poisson 比 ν 等参数,它们与 Lame 常数之间的关系是

$$\lambda = \frac{\nu E}{(1+\nu)(1-2\nu)}, \quad \mu = G = \frac{E}{2(1+\nu)} \tag{A1.4}$$

根据式(A1.3)可知,**平均正应力 σ_m** 满足

$$\sigma_m \equiv \frac{1}{3}\sum_{k=1}^{3}\sigma_{kk} = \frac{3\lambda+2\mu}{3}\sum_{k=1}^{3}\varepsilon_{kk} = \frac{3\lambda+2\mu}{3}e \tag{A1.5}$$

在弹性介质的波动分析中,常采用介质的**体积模量 K**,它定义为上述平均正应力 σ_m 与体积应变 e 之比,即

$$K \equiv \frac{\sigma_m}{e} = \frac{3\lambda+2\mu}{3} = \frac{E}{3(1-2\nu)} \tag{A1.6}$$

由此可导出后续分析要用的两个关系为

$$\lambda + 2\mu = \lambda + \frac{2\mu}{3} + \frac{4\mu}{3} = K + \frac{4G}{3}, \quad \lambda + 2\mu = \frac{E(1-\nu)}{(1+\nu)(1-2\nu)} \tag{A1.7}$$

2. Navier 动力学方程

根据弹性介质的上述几何方程、平衡方程和本构关系,可以建立以位移分量为未知量的三维介质动力学方程。为此,将式(A1.1)代入式(A1.3),再将结果代入式(A1.2),得

$$\lambda\delta_{ij}\frac{\partial}{\partial x_j}\sum_{k=1}^{3}\frac{\partial u_k}{\partial x_k} + \mu\sum_{j=1}^{3}\frac{\partial}{\partial x_j}\left(\frac{\partial u_i}{\partial x_j} + \frac{\partial u_j}{\partial x_i}\right) + \rho f_i - \rho\frac{\partial^2 u_i}{\partial t^2} = 0, \quad i = 1, 2, 3 \tag{A1.8}$$

根据 Kronecker 符号的性质,简化式(A1.8)中第一个求和项,再将式(A1.8)中第二个求和项的指标 j 替换为 k,得

$$\lambda\frac{\partial}{\partial x_i}\sum_{k=1}^{3}\frac{\partial u_k}{\partial x_k} + \mu\sum_{k=1}^{3}\left(\frac{\partial^2 u_i}{\partial x_k^2} + \frac{\partial^2 u_k}{\partial x_i\partial x_k}\right) + \rho f_i - \rho\frac{\partial^2 u_i}{\partial t^2} = 0, \quad i = 1, 2, 3 \tag{A1.9}$$

对式(A1.9)进行整理,得到仅含位移分量的三维介质动力学方程如下:

$$(\lambda+\mu)\frac{\partial}{\partial x_i}\sum_{k=1}^{3}\frac{\partial u_k}{\partial x_k} + \mu\sum_{k=1}^{3}\frac{\partial^2 u_i}{\partial x_k^2} + \rho f_i = \rho\frac{\partial^2 u_i}{\partial t^2}, \quad i = 1, 2, 3 \tag{A1.10}$$

1821 年,法国力学家 Navier 首次获得该方程,故它被称为 **Navier 方程**。

上述 Navier 方程可表示为向量形式,即

$$(\lambda+\mu)\nabla[\nabla\cdot\boldsymbol{u}(\boldsymbol{x},t)] + \mu\nabla^2\boldsymbol{u}(\boldsymbol{x},t) + \rho\boldsymbol{f}(\boldsymbol{x},t) = \rho\boldsymbol{u}_{tt}(\boldsymbol{x},t) \tag{A1.11}$$

式中,列阵 $\boldsymbol{x} \equiv [x_1 \quad x_2 \quad x_3]^{\mathrm{T}}$ 为位置向量;位移向量 $\boldsymbol{u}(\boldsymbol{x},t)$ 和体力向量 $\rho\boldsymbol{f}(\boldsymbol{x},t)$ 的分量如前面所定义;梯度算子 ∇ 和 **Laplace 算子 ∇^2** 定义为

$$\nabla \equiv \sum_{j=1}^{3} \frac{\partial}{\partial x_j} \boldsymbol{i}_j, \quad \nabla^2 \equiv \nabla \cdot \nabla = \left(\sum_{j=1}^{3} \frac{\partial}{\partial x_j} \boldsymbol{i}_j \right) \cdot \left(\sum_{k=1}^{3} \frac{\partial}{\partial x_k} \boldsymbol{i}_k \right) = \sum_{j=1}^{3} \frac{\partial^2}{\partial x_j^2} \quad （A1.12）$$

A1.2　位移场的 Helmholtz 分解

现将 Navier 方程描述的弹性介质位移向量 $\boldsymbol{u}(\boldsymbol{x}, t)$ 视为随时间和空间变化的向量场,它包括介质的膨胀、收缩、旋转和剪切。以下研究将表明,不同的介质运动和变形,具有不同的波动特征,尤其是不同的波速。

为了简化分析,暂不考虑体力 $\rho\boldsymbol{f}(\boldsymbol{x}, t)$,则式(A1.11)简化为

$$(\lambda + \mu) \nabla[\nabla \cdot \boldsymbol{u}(\boldsymbol{x}, t)] + \mu \nabla^2 \boldsymbol{u}(\boldsymbol{x}, t) = \rho \boldsymbol{u}_{tt}(\boldsymbol{x}, t) \quad （A1.13）$$

以下先讨论上式的两种特殊情况,再讨论一般情况。

1. 两种特殊情况

1) 位移场的旋度为零

此时,$\mathbf{rot}(\boldsymbol{u}) \equiv \nabla \times \boldsymbol{u} = \boldsymbol{0}$,介质无转动。根据向量的二重叉积性质,得

$$\boldsymbol{0} = \nabla \times (\nabla \times \boldsymbol{u}) = \nabla(\nabla \cdot \boldsymbol{u}) - (\nabla \cdot \nabla)\boldsymbol{u} \quad \Rightarrow \quad \nabla(\nabla \cdot \boldsymbol{u}) = (\nabla \cdot \nabla)\boldsymbol{u} = \nabla^2 \boldsymbol{u}$$

$$（A1.14）$$

因此,式(A1.13)左端的第二项可并入第一项,进而简化为波动方程

$$c_p^2 \nabla^2 \boldsymbol{u}(\boldsymbol{x}, t) = \boldsymbol{u}_{tt}(\boldsymbol{x}, t), \quad c_p \equiv \sqrt{\frac{\lambda + 2\mu}{\rho}} = \sqrt{\frac{3K + 4G}{3\rho}} \quad （A1.15）$$

因式(A1.15)描述的波动无旋转,故称为**无旋波**;图 A1(a)给出这种波动的示意图,显示它沿某个方向(图中 x_1 轴)产生膨胀和压缩,故称其为**压缩波**或 **P 波**;还因该波动的质点振动方向与波动传播方向一致,故称其为**纵波**。

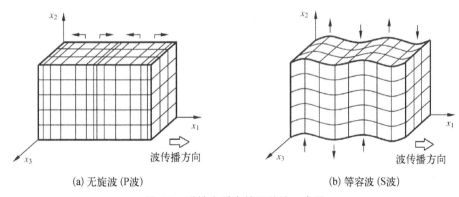

(a) 无旋波 (P波)　　　　　　　　　　(b) 等容波 (S波)

图 A1　弹性介质中的两种波示意图

2) 位移场的散度为零

此时,$\mathrm{div}(\boldsymbol{u}) \equiv \nabla \cdot \boldsymbol{u} = 0$,介质没有膨胀或收缩导致的体积变化,只有旋转和剪切。此时,式(A1.13)左端的第一项消失,进而简化为波动方程

$$c_s^2 \nabla^2 \boldsymbol{u}(\boldsymbol{x},\ t) = \boldsymbol{u}_{tt}(\boldsymbol{x},\ t), \quad c_s \equiv \sqrt{\frac{\mu}{\rho}} = \sqrt{\frac{G}{\rho}} \qquad (A1.16)$$

由于式(A1.16)描述的波动无体积变换,故称为**等容波**;图 A1(b)给出这种波动的示意图,显示它产生某个平面内[图中 $(x_2,\ x_3)$ 平面]的剪切,故又称其为**剪切波**或 **S 波**;还因该波动的质点振动方向与波动传播方向垂直,称其为**横波**。

现考察上述两种波速的关系。将式(A1.7)代入式(A1.15)和式(A1.16),得到两种波速的如下表达式:

$$\begin{cases} c_p \equiv \sqrt{\dfrac{\lambda + 2\mu}{\rho}} = \sqrt{\dfrac{E(1-\nu)}{\rho(1+\nu)(1-2\nu)}} = c_0 \sqrt{\dfrac{1-\nu}{(1+\nu)(1-2\nu)}} \geqslant c_0 \\[4mm] c_s \equiv \sqrt{\dfrac{\mu}{\rho}} = \sqrt{\dfrac{E}{2\rho(1+\nu)}} = c_0 \sqrt{\dfrac{1}{2(1+\nu)}} \end{cases} \qquad (A1.17)$$

在式(A1.17)中,$c_0 \equiv \sqrt{E/\rho}$ 是基于初等波动理论的等截面杆纵波波速,即杆速。

为了后续分析方便,引入**波速比**,即

$$D \equiv \frac{c_p}{c_s} = \sqrt{\frac{\lambda + 2\mu}{\mu}} = \sqrt{\frac{2(1-\nu)}{1-2\nu}} > 1 \qquad (A1.18)$$

这是弹性介质的一种属性,在后续研究 P 波和 S 波的关系中具有重要作用。

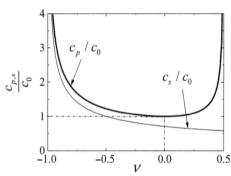

图 A2　无量纲化波速与泊松比 ν 的关系

(粗实线:P 波波速;细实线:S 波波速)

图 A2 是 Poisson 比 $\nu \in (-1,\ 0.5)$ 范围内 P 波和 S 波的波速关系,其中恒有关系 $c_p > c_s$。对于传统弹性介质,Poisson 比满足 $\nu \in [0,\ 0.5)$。此时,$c_s < c_0 \leqslant c_p$,即初等波动理论确定的等截面杆纵波波速 c_0 介于 P 波波速和 S 波波速之间。特别地,当 $\nu = 0$ 时,得到 $c_p = c_0$ 和 $c_s = 0.707 c_0$;当 $\nu = 0.28$ 时,得到 $c_p = 1.13 c_0$ 和 $c_s = 0.625 c_0$。

注解 A1.1:在三维弹性动力学中,纵波包含拉伸、压缩和剪切变形,其波速 c_p 同时依赖体积模量 K 和剪切模量 G。在杆的初等波动理论中,纵波简化为一维拉伸和压缩波,故其波速 c_0 仅与拉伸模量 E 有关。值得注意的是,在三维弹性动力学中,虽然当 Poisson 比 $\nu = 0$ 时得到 $c_p = c_0$,但纵波仍包含剪切变形。事实上,当 $\nu = 0$ 时,由式(A1.4)得到 $\lambda = 0$,故式(A1.8)左端的第一项消失,但该式的第二项包含着剪切变形。

注解 A1.2:在三维弹性动力学中,横波的波速 c_s 与剪切模量 $\mu = G$ 相关,体现纯剪切变形。对于无限长圆轴的扭转波动,其变形为纯剪切,故波速为 c_s。根据 7.4.4 小节可知,矩形截面 Timoshenko 梁弯曲波的低频波速解随着波数增加从下方趋于近似剪切波波速 $\sqrt{\beta G/\rho}$,表明梁的高阶弯曲波以剪切波为主;但当 $\nu = 0.28$ 时,近似剪切波波速为

$0.571c_0$，低于三维剪切波的波速 $c_s \approx 0.625c_0$。 至于 Euler-Bernoulli 梁的弯曲波，虽然其呈现横波形态，但由于忽略梁截面的剪切变形假设，故其波速远远偏离三维剪切波的波速。

2. 一般情况的分解

1829 年，法国力学家 Poisson 首先指出，式(A1.13)所描述的位移场 $\boldsymbol{u}(\boldsymbol{x}, t)$ 包含两部分，即无旋部分和有旋部分。1852 年，法国力学家 Lame 基于向量场的 **Helmholtz 分解定理**，通过引入标量势函数 $\varphi(\boldsymbol{x}, t)$ 和向量势函数 $\boldsymbol{\psi}(\boldsymbol{x}, t)$，将位移场 $\boldsymbol{u}(\boldsymbol{x}, t)$ 表示为

$$\boldsymbol{u}(x, t) = \nabla\varphi(\boldsymbol{x}, t) + \nabla\times\boldsymbol{\psi}(\boldsymbol{x}, t) \tag{A1.19}$$

可以证明，若这两个势函数分别满足波动方程

$$c_p^2 \nabla^2\varphi(\boldsymbol{x}, t) = \varphi_{tt}(\boldsymbol{x}, t), \quad c_s^2 \nabla^2\boldsymbol{\psi}(\boldsymbol{x}, t) = \boldsymbol{\psi}_{tt}(\boldsymbol{x}, t) \tag{A1.20}$$

及规范化条件

$$\nabla\cdot\boldsymbol{\psi}(\boldsymbol{x}, t) = 0 \tag{A1.21}$$

则式(A1.19)是式(A1.13)的解。

为了证明上述结论，将式(A1.19)代入式(A1.13)得

$$(\lambda + \mu)\nabla\{\nabla\cdot[\nabla\varphi(\boldsymbol{x}, t) + \nabla\times\boldsymbol{\psi}(\boldsymbol{x}, t)]\} + \mu\nabla^2[\nabla\varphi(\boldsymbol{x}, t) + \nabla\times\boldsymbol{\psi}(\boldsymbol{x}, t)]$$
$$= \rho[\nabla\varphi_{tt}(\boldsymbol{x}, t) + \nabla\times\boldsymbol{\psi}_{tt}(\boldsymbol{x}, t)] \tag{A1.22}$$

根据向量的混合积性质，式(A1.22)左端第一个大括号中的 $\nabla\cdot[\nabla\times\boldsymbol{\psi}(\boldsymbol{x}, t)] = 0$，通过交换微分顺序，可将式(A1.22)改写为

$$\nabla[(\lambda + 2\mu)\nabla^2\varphi(\boldsymbol{x}, t) - \rho\varphi_{tt}(\boldsymbol{x}, t)] + \nabla\times[\mu\nabla^2\boldsymbol{\psi}(\boldsymbol{x}, t) - \rho\boldsymbol{\psi}_{tt}(\boldsymbol{x}, t)] = 0 \tag{A1.23}$$

如果将式(A1.20)作为前提，则式(A1.23)成为恒等式，即式(A1.19)是式(A1.13)的解。

值得指出的是，由于三维向量势函数含有三个标量势函数，故总的标量势函数个数多于位移场 $\boldsymbol{u}(\boldsymbol{x}, t)$ 所对应的标量函数，需要采用式(A1.21)中的规范化条件来约束冗余的势函数。

在应用中，一般采用式(A1.19)~式(A1.21)的分量形式，包括位移场的势函数分解表达式、规范化条件以及四个三维波动方程

$$\begin{cases} u_i = \dfrac{\partial\varphi}{\partial x_i} + \displaystyle\sum_{j=1}^{3}\sum_{k=1}^{3} e_{ijk}\dfrac{\partial\psi_k}{\partial x_j}, \quad \displaystyle\sum_{j=1}^{3}\dfrac{\partial\psi_j}{\partial x_j} = 0 \\[4mm] c_p^2 \displaystyle\sum_{j=1}^{3}\dfrac{\partial^2\varphi}{\partial x_j^2} = \dfrac{\partial^2\varphi}{\partial t^2}, \quad c_s^2 \displaystyle\sum_{j=1}^{3}\dfrac{\partial^2\psi_i}{\partial x_j^2} = \dfrac{\partial^2\psi_i}{\partial t^2}, \quad i = 1, 2, 3 \end{cases} \tag{A1.24}$$

在式(A1.24)中，e_{ijk} 为如下 **Ricci 符号**：

$$e_{ijk} \equiv \begin{cases} 1, & i, j, k \text{ 为 } 1, 2, 3 \text{ 的偶数次置换} \\ -1, & i, j, k \text{ 为 } 1, 2, 3 \text{ 的奇数次置换} \\ 0, & i, j, k \text{ 中至少两个指标相同} \end{cases} \tag{A1.25}$$

在求解式(A1.24)时,首先,求解其中的三个波动方程,例如,解出 φ、ψ_1 和 ψ_2;然后,通过式(A1.24)中的规范化条件得到冗余势函数 ψ_3;最后,代入式(A1.24)的第一式得到位移场。由于这些势函数均满足波动方程,由此得到的三维波动位移场是非频散的。

注解 A1.3:若在上述研究中计入体力,则问题较为复杂。此时可将体力 $\rho f(x, t)$ 视为向量场,对其引入 Lame 势函数描述[①];从式(A1.11)出发,将式(A1.15)和式(A1.16)扩充为非齐次波动方程,进而研究体力的作用效果。对于与空间坐标 x 无关的重力 ρg,则可通过引入辅助函数 $\bar{u}(x, t) = u(x, t) - \rho g$,将非齐次波动方程简化为齐次波动方程求解,这属于最简单的情况。

A1.3　波动方程的分离变量解

根据 A1.2 节的分析,研究三维弹性波的核心问题是求解标量势函数和向量势函数所满足的波动方程,它们的统一形式为

$$c^2 \nabla^2 \phi(x, t) - \phi_{tt}(x, t) = 0, \quad c > 0 \tag{A1.26}$$

式中,ϕ 为标量势函数 φ 或向量势函数的分量 ψ_1、ψ_2、ψ_3;c 为波速 c_p 或 c_s。

设式(A1.26)的分离变量解为

$$\phi(x, t) = \tilde{\phi}(x) q(t) \tag{A1.27}$$

将其代入式(A1.26),得

$$\frac{c^2}{\tilde{\phi}(x)} \nabla^2 \tilde{\phi}(x) = \frac{1}{q(t)} \frac{\mathrm{d}^2 q(t)}{\mathrm{d}t^2} \tag{A1.28}$$

根据第 7 章中一维波动方程的分离变量求解过程,当且仅当式(A1.28)两端均恒等于常数 $-\omega^2 < 0$ 时,函数 $q(t)$ 呈现简谐振动。在此条件下,式(A1.28)解耦为

$$\frac{\mathrm{d}^2 q(t)}{\mathrm{d}t^2} + \omega^2 q(t) = 0 \tag{A1.29a}$$

$$\nabla^2 \tilde{\phi}(x) + \kappa^2 \tilde{\phi}(x) = 0, \quad \kappa \equiv \frac{\omega}{c} > 0 \tag{A1.29b}$$

式(A1.29a)中的常微分方程描述频率为 ω 的简谐波动的时间特性,其解为

$$q(t) = b_1 \exp(-\mathrm{i}\omega t) + b_2 \exp(\mathrm{i}\omega t) \tag{A1.30}$$

式(A1.29b)被称作 **Helmholtz 方程**,描述波数为 κ 的简谐波动的空间特性。

现继续用分离变量法求解 Helmholtz 方程。设该方程的分离变量解为

$$\tilde{\phi}(x) = \phi_1(x_1) \phi_2(x_2) \phi_3(x_3) \tag{A1.31}$$

将式(A1.31)代入式(A1.29b),得

---

① 戴宏亮. 弹性动力学[M]. 长沙:湖南大学出版社,2014;24-25, 57-60.

$$\phi_2(x_2)\phi_3(x_3)\frac{\mathrm{d}^2\phi_1(x_1)}{\mathrm{d}x_1^2} + \phi_1(x_1)\phi_3(x_3)\frac{\mathrm{d}^2\phi_2(x_2)}{\mathrm{d}x_2^2}$$

$$+ \phi_1(x_1)\phi_2(x_2)\frac{\mathrm{d}^2\phi_3(x_3)}{\mathrm{d}x_3^2} + \kappa^2\phi_1(x_1)\phi_2(x_2)\phi_3(x_3) = 0 \qquad (\mathrm{A1.32})$$

将式(A1.32)改写为

$$\frac{1}{\phi_1(x_1)}\frac{\mathrm{d}^2\phi_1(x_1)}{\mathrm{d}x_1^2} + \frac{1}{\phi_2(x_2)}\frac{\mathrm{d}^2\phi_2(x_2)}{\mathrm{d}x_2^2} + \kappa^2 = -\frac{1}{\phi_3(x_3)}\frac{\mathrm{d}^2\phi_3(x_3)}{\mathrm{d}x_3^2} \qquad (\mathrm{A1.33})$$

针对波动问题,取上式两端均为常数 $k_3^2 > 0$,可得到两个解耦的微分方程为

$$\frac{\mathrm{d}^2\phi_3(x_3)}{\mathrm{d}x_3^2} + \kappa_3^2\phi_3(x_3) = 0 \qquad (\mathrm{A1.34a})$$

$$\frac{1}{\phi_1(x_1)}\frac{\mathrm{d}^2\phi_1(x_1)}{\mathrm{d}x_1^2} + \kappa^2 - \kappa_3^2 = -\frac{1}{\phi_2(x_2)}\frac{\mathrm{d}^2\phi_2(x_2)}{\mathrm{d}x_2^2} \qquad (\mathrm{A1.34b})$$

对于式(A1.34b),再取等式两端均为常数 $k_2^2 > 0$,又得到两个解耦的微分方程为

$$\frac{\mathrm{d}^2\phi_2(x_2)}{\mathrm{d}x_2^2} + \kappa_2^2\phi_2(x_2) = 0 \qquad (\mathrm{A1.35a})$$

$$\frac{\mathrm{d}^2\phi_1(x_1)}{\mathrm{d}x_1^2} + \kappa_1^2\phi_1(x_1) = 0 \qquad (\mathrm{A1.35b})$$

式中,

$$\sum_{j=1}^{3}\kappa_j^2 = \kappa^2 \qquad (\mathrm{A1.36})$$

常微分方程(A1.34a)、(A1.35a)和(A1.35b)的形式相同,其解形如

$$\phi_j(x_j) = c_j\exp(\mathrm{i}\kappa_j x_j) + d_j\exp(-\mathrm{i}\kappa_j x_j), \quad \kappa_j > 0, \quad j = 1, 2, 3 \qquad (\mathrm{A1.37})$$

如果不限定 $\kappa_j > 0$,可将式(A1.37)改写如下一般形式:

$$\phi_j(x_j) = c_j(\kappa_j)\exp(\mathrm{i}\kappa_j x_j), \quad j = 1, 2, 3 \qquad (\mathrm{A1.38})$$

将式(A1.38)代入式(A1.31),得

$$\begin{cases} \tilde{\phi}(\boldsymbol{x}) = \prod_{j=1}^{3}c_j(\kappa_j)\exp(\mathrm{i}\kappa_j x_j) = c\exp(\mathrm{i}\sum_{j=1}^{3}\kappa_j x_j) = c\exp(\mathrm{i}\boldsymbol{\kappa}^{\mathrm{T}}\boldsymbol{x}) \\ c \equiv c_1(\kappa_1)c_2(\kappa_2)c_3(\kappa_3), \quad \boldsymbol{\kappa} \equiv \begin{bmatrix} \kappa_1 & \kappa_2 & \kappa_3 \end{bmatrix}^{\mathrm{T}} \end{cases} \qquad (\mathrm{A1.39})$$

在式(A1.39)中,新引入的列阵 $\boldsymbol{\kappa}$ 称为**波向量**,它可进一步表示为

$$\boldsymbol{\kappa} = \kappa \hat{\boldsymbol{\kappa}}, \quad \hat{\boldsymbol{\kappa}} \equiv \frac{\boldsymbol{\kappa}}{\kappa}, \quad \kappa \equiv \sqrt{\kappa_1^2 + \kappa_2^2 + \kappa_3^2} \tag{A1.40}$$

式中,单位向量 $\hat{\boldsymbol{\kappa}}$ 给出波传播方向;κ 给出沿 $\hat{\boldsymbol{\kappa}}$ 方向单位长度内的简谐波数,即波的空间密度。注意到积分常数 c 依赖于波向量的分量,可记为 $c(\boldsymbol{\kappa})$。

最后,将式(A1.30)和式(A1.39)代回式(A1.27),引入依赖波向量 $\boldsymbol{\kappa}$ 的积分常数 $a_j(\boldsymbol{\kappa}) = b_j c(\boldsymbol{\kappa})$,$j = 1, 2$,得

$$\phi_\kappa(\boldsymbol{x}, t) = a_1(\boldsymbol{\kappa}) \exp[\mathrm{i}(\boldsymbol{\kappa}^\mathrm{T}\boldsymbol{x} - \omega t)] + a_2(\boldsymbol{\kappa}) \exp[\mathrm{i}(\boldsymbol{\kappa}^\mathrm{T}\boldsymbol{x} + \omega t)] \tag{A1.41}$$

式(A1.41)只是式(A1.26)对给定波向量的解。由于波向量的分量可任意取值,根据线性微分方程的叠加原理,可通过对式(A1.41)的积分,得到波动方程(A1.26)的通解为

$$\phi(\boldsymbol{x}, t) = \int_{-\infty}^{+\infty} \{a_1(\boldsymbol{\kappa}) \exp[\mathrm{i}(\boldsymbol{\kappa}^\mathrm{T}\boldsymbol{x} - \omega t)] + a_2(\boldsymbol{\kappa}) \exp[\mathrm{i}(\boldsymbol{\kappa}^\mathrm{T}\boldsymbol{x} + \omega t)]\} \mathrm{d}\boldsymbol{\kappa}$$

$$\tag{A1.42}$$

注解 A1.4:若将式(A1.41)与 7.1 节中一维波动方程的 d'Alembert 行波解进行对比,可看出它包含两个行波。略有不同的是,7.1 节将右行波表示为 $u_R(c_0 t - x)$ 或 $u_R(\omega t - \kappa x)$,而此处对应的行波是 $a_1(\boldsymbol{\kappa}) \exp[\mathrm{i}(\boldsymbol{\kappa}^\mathrm{T}\boldsymbol{x} - \omega t)]$,两者的宗量正负号差异并非本质差异,仅仅是表达方式不同。

注解 A1.5:在对 Helmholtz 方程的上述求解中,通过取 $k_j^2 > 0$,$j = 1, 2, 3$ 来分离变量,得到复指数函数描述的波动解,其波动幅值与时间无关。如果不限定 $k_j^2 > 0$,$j = 1, 2, 3$,则由式(A1.37)描述的波动幅值不再定常,呈现第 7 章所讨论的渐逝波,以及 A2.1 节末将讨论的非均匀平面波。

A2　两种简单波动

在三维弹性波中,平面波和球面波是最简单的两种波动,对于理解三维弹性波具有基础性作用。在第 7 章讨论一维结构波动问题时,均采用了平面波假设。因此,本节重点讨论平面波问题。

A2.1　平面波

平面波的波阵面为平面,是一种理想化的波。只有对于离开波源足够远的波阵面,才可在小范围内将其近似为平面。

在平面波的波阵面上选择任意点,记其位置向量为 $\boldsymbol{x} \in \Re^3$,记波阵面的单位法向量为 $\boldsymbol{n} \in \Re^3$。在初始时刻,波阵面满足 $\Re^3$ 中如下平面方程:

$$\boldsymbol{n}^\mathrm{T}\boldsymbol{x} = d, \quad t = 0 \tag{A2.1}$$

式中,$d > 0$ 是坐标原点到波阵面的距离。当 $t > 0$ 时,若波阵面沿方向 $\boldsymbol{n}$ 以固定速度 $c > 0$ 传播,则波阵面满足的运动学关系为

$$n^{\mathrm{T}} x - ct = d, \quad t > 0 \tag{A2.2}$$

在此基础上,构造如下函数:

$$\phi(x, t) = \phi(n^{\mathrm{T}} x - ct) \tag{A2.3}$$

可验证该函数在波阵面上为常数 $\phi(d) = \mathrm{const}$,并满足波动方程

$$c^2 \nabla^2 \phi(x, t) - \phi_{tt}(x, t) = 0 \tag{A2.4}$$

因此,可将函数 $\phi(x, t)$ 作为三维平面波势函数的一般形式。

参考式(A2.4),可将三维平面波的标量位移势函数、向量位移势函数及其规范化条件表示为

$$\phi(x, t) = \phi(n^{\mathrm{T}} x - c_p t), \quad \psi(x, t) = \psi(n^{\mathrm{T}} x - c_s t), \quad \nabla \cdot \psi(n^{\mathrm{T}} x - c_s t) = 0 \tag{A2.5}$$

为了循序渐进,以下先讨论沿指定方向传播的平面波,再讨论更一般情况。

1. 沿指定方向传播的平面波

取平面波的传播方向沿坐标轴 x_1 的正向,即 $n = \begin{bmatrix} 1 & 0 & 0 \end{bmatrix}^{\mathrm{T}}$,则上述位移势函数及其规范化条件可简化为

$$\varphi(x, t) = \varphi(x_1 - c_p t), \quad \psi(x, t) = \psi(x_1 - c_s t), \quad \psi_{1\xi}(x_1 - c_s t) = 0 \tag{A2.6}$$

式中,下标 ξ 是对函数的宗量 $\xi = x_1 - c_s t$ 求导数。将式(A2.6)代入式(A1.24),得

$$\begin{cases} u_1 = \dfrac{\partial \varphi}{\partial x_1} + \dfrac{\partial \psi_3}{\partial x_2} - \dfrac{\partial \psi_2}{\partial x_3} = \dfrac{\partial \varphi}{\partial x_1} = \varphi_\xi(x_1 - c_p t) \\[3mm] u_2 = \dfrac{\partial \varphi}{\partial x_2} + \dfrac{\partial \psi_1}{\partial x_3} - \dfrac{\partial \psi_3}{\partial x_1} = -\psi_{3\xi}(x_1 - c_s t) \\[3mm] u_3 = \dfrac{\partial \varphi}{\partial x_3} + \dfrac{\partial \psi_2}{\partial x_1} - \dfrac{\partial \psi_1}{\partial x_2} = \psi_{2\xi}(x_1 - c_s t) \end{cases} \tag{A2.7}$$

在式(A2.7)中,下标 ξ 是对函数的宗量 $\xi = x_1 - c_p t$ 或 $\xi = x_1 - c_s t$ 求导数。

如图 A3 所示,$u_1(x_1, t)$ 是以速度 c_p 向右传播的平面纵波,由短粗箭头表示的质点振动方向与波传播方向平行;$u_2(x_1, t)$ 和 $u_3(x_1, t)$ 是以速度 c_s 向右传播的平面横波,由短粗箭头表示的质点振动方向与波传播方向垂直;纵波行进速度高于横波。在地震学中,将上述三个位移分量称为 **P 波**(压缩波)、**SH 波**(水平偏振剪切波)和 **SV 波**(垂直偏振剪切波)。若将波速相同的 SH 波和 SV 波合成为 S 波,则其质点振动方向如图 A3 中虚线

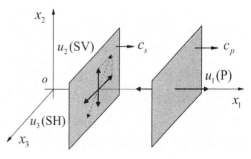

图 A3　三维弹性介质中的平面波传播

箭头所示。

2. 沿平面内任意方向传播的平面波

现讨论平面波沿 (x_1, x_2) 平面上任意方向的传播问题,为 A3 节研究平面波在半无限弹性介质界面处的反射问题建立基础。

此时,位移势函数与 x_3 无关,可表示为 $\varphi(x_1, x_2, t)$ 和 $\psi_j(x_1, x_2, t)$,$j = 1, 2, 3$。平面波的位移分量及其势函数规范化条件为

$$u_1 = \frac{\partial \varphi}{\partial x_1} + \frac{\partial \psi_3}{\partial x_2}, \quad u_2 = \frac{\partial \varphi}{\partial x_2} - \frac{\partial \psi_3}{\partial x_1}, \quad u_3 = \frac{\partial \psi_2}{\partial x_1} - \frac{\partial \psi_1}{\partial x_2}, \quad \frac{\partial \psi_1}{\partial x_1} + \frac{\partial \psi_2}{\partial x_2} = 0 \quad (A2.8)$$

根据式(A1.1),该平面波产生的应变分量为

$$
\begin{cases}
\varepsilon_{11} = \dfrac{\partial u_1}{\partial x_1} = \dfrac{\partial^2 \varphi}{\partial x_1^2} + \dfrac{\partial^2 \psi_3}{\partial x_1 \partial x_2}, \quad \varepsilon_{22} = \dfrac{\partial u_2}{\partial x_2} = \dfrac{\partial^2 \varphi}{\partial x_2^2} - \dfrac{\partial^2 \psi_3}{\partial x_1 \partial x_2}, \quad \varepsilon_{33} = \dfrac{\partial u_3}{\partial x_3} = 0 \\[2mm]
\varepsilon_{12} = \dfrac{1}{2}\left(\dfrac{\partial u_1}{\partial x_2} + \dfrac{\partial u_2}{\partial x_1}\right) = \dfrac{1}{2}\left(2\dfrac{\partial^2 \varphi}{\partial x_1 \partial x_2} + \dfrac{\partial^2 \psi_3}{\partial x_2^2} - \dfrac{\partial^2 \psi_3}{\partial x_1^2}\right) \\[2mm]
\varepsilon_{13} = \dfrac{1}{2}\left(\dfrac{\partial u_1}{\partial x_3} + \dfrac{\partial u_3}{\partial x_1}\right) = \dfrac{1}{2}\left(\dfrac{\partial^2 \psi_2}{\partial x_1^2} - \dfrac{\partial^2 \psi_1}{\partial x_1 \partial x_2}\right) \\[2mm]
\varepsilon_{23} = \dfrac{1}{2}\left(\dfrac{\partial u_2}{\partial x_3} + \dfrac{\partial u_3}{\partial x_2}\right) = \dfrac{1}{2}\left(\dfrac{\partial^2 \psi_2}{\partial x_1 \partial x_2} - \dfrac{\partial^2 \psi_1}{\partial x_2^2}\right)
\end{cases}
\quad (A2.9)
$$

根据式(A1.3),该平面波产生的应力分量为

$$
\begin{cases}
\sigma_{11} = (\lambda + 2\mu)(\varepsilon_{11} + \varepsilon_{22}) - 2\mu\varepsilon_{22} = (\lambda + 2\mu)\left(\dfrac{\partial^2 \varphi}{\partial x_1^2} + \dfrac{\partial^2 \varphi}{\partial x_2^2}\right) - 2\mu\left(\dfrac{\partial^2 \varphi}{\partial x_2^2} - \dfrac{\partial^2 \psi_3}{\partial x_1 \partial x_2}\right) \\[2mm]
\sigma_{22} = (\lambda + 2\mu)(\varepsilon_{11} + \varepsilon_{22}) - 2\mu\varepsilon_{11} = (\lambda + 2\mu)\left(\dfrac{\partial^2 \varphi}{\partial x_1^2} + \dfrac{\partial^2 \varphi}{\partial x_2^2}\right) - 2\mu\left(\dfrac{\partial^2 \varphi}{\partial x_1^2} + \dfrac{\partial^2 \psi_3}{\partial x_1 \partial x_2}\right) \\[2mm]
\sigma_{33} = \lambda(\varepsilon_{11} + \varepsilon_{22}) = \lambda\left(\dfrac{\partial^2 \varphi}{\partial x_1^2} + \dfrac{\partial^2 \varphi}{\partial x_2^2}\right), \quad \sigma_{12} = \mu\left(2\dfrac{\partial^2 \varphi}{\partial x_1 \partial x_2} + \dfrac{\partial^2 \psi_3}{\partial x_2^2} - \dfrac{\partial^2 \psi_3}{\partial x_1^2}\right) \\[2mm]
\sigma_{13} = \mu\left(\dfrac{\partial^2 \psi_2}{\partial x_1^2} - \dfrac{\partial^2 \psi_1}{\partial x_1 x_2}\right), \quad \sigma_{23} = \mu\left(\dfrac{\partial^2 \psi_2}{\partial x_1 \partial x_2} - \dfrac{\partial^2 \psi_1}{\partial x_2^2}\right)
\end{cases}
$$

$$(A2.10)$$

根据以上三式,可将上述平面波分解为如下两类。

第一类波:这类波的势函数为 $\varphi(x_1, x_2, t)$ 和 $\psi_3(x_1, x_2, t)$,位移分量为 $u_1(x_1, x_2, t)$ 和 $u_2(x_1, x_2, t)$。其中,由 $\varphi(x_1, x_2, t)$ 产生的波是 P 波,其传播方向如图 A4 中的向量 $\boldsymbol{P}$ 所示,由短粗箭头表示的质点位移向量 $\boldsymbol{u}_P$ 与向量 $\boldsymbol{P}$ 平行。由 $\psi_3(x_1, x_2, t)$ 产生的波是 SV 波,其传播方向如图 A4 中向量 $\boldsymbol{SV}$ 所示,由短粗箭头表示的质点位移向量 $\boldsymbol{u}_{SV}$ 位于

平面 (x_1, x_2) 内,与向量 SV 垂直。上述 P 波和 SV 波产生的应变分量为 $\varepsilon_{11}(x_1, x_2, t)$、$\varepsilon_{22}(x_1, x_2, t)$ 和 $\varepsilon_{12}(x_1, x_2, t)$,应力分量为 $\sigma_{11}(x_1, x_2, t)$、$\sigma_{22}(x_1, x_2, t)$、$\sigma_{12}(x_1, x_2, t)$ 和 $\sigma_{33}(x_1, x_2, t)$。在 A3 节将看到,P 波和 SV 波经过反射可相互转化。

第二类波: 这类波的势函数为 $\psi_1(x_1, x_2, t)$ 和 $\psi_2(x_1, x_2, t)$,其位移分量为 $u_3(x_1, x_2, t)$,是 SH 波。这类波的传播方向如图 A4 中的向量 SH 所示,由短粗箭头表示的质点位移向量 u_{SH} 平行于 x_3 轴,与向量 SH 垂直。SH 波产生的应变分量为 $\varepsilon_{13}(x_1, x_2, t)$ 和 $\varepsilon_{23}(x_1, x_2, t)$,应力分量为 $\sigma_{13}(x_1, x_2, t)$ 和 $\sigma_{23}(x_1, x_2, t)$,是纯剪切波。

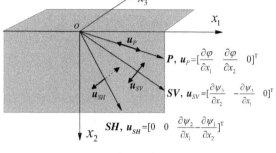

图 A4 三种平面波的向量表示

现对上述三种平面波进一步讨论,分别给出它们的简化描述及其对应的波动方程。

1) P 波

此时,位移势函数只含 $\varphi(x_1, x_2, t)$。根据式(A2.8),P 波的位移分量为

$$u_1 = \frac{\partial \varphi}{\partial x_1}, \quad u_2 = \frac{\partial \varphi}{\partial x_2}, \quad u_3 \equiv 0 \tag{A2.11}$$

它对应图 A4 中的向量 u_P,是位于 (x_1, x_2) 平面内的纵波;其势函数满足如下波动方程:

$$c_p^2 \left(\frac{\partial^2 \varphi}{\partial x_1^2} + \frac{\partial^2 \varphi}{\partial x_2^2} \right) = \frac{\partial^2 \varphi}{\partial t^2} \tag{A2.12}$$

根据式(A2.9),P 波对应的应变分量为

$$\begin{cases} \varepsilon_{11} = \dfrac{\partial^2 \varphi}{\partial x_1^2}, \quad \varepsilon_{22} = \dfrac{\partial^2 \varphi}{\partial x_2^2}, \quad \varepsilon_{33} = 0 \\[3mm] \varepsilon_{12} = \dfrac{\partial^2 \varphi}{\partial x_1 \partial x_2}, \quad \varepsilon_{13} = 0, \quad \varepsilon_{23} = 0 \end{cases} \tag{A2.13}$$

根据式(A2.10),P 波产生的应力分量为

$$\begin{cases} \sigma_{11} = (\lambda + 2\mu)\nabla^2 \varphi - 2\mu \dfrac{\partial^2 \varphi}{\partial x_2^2}, \quad \sigma_{22} = (\lambda + 2\mu)\nabla^2 \varphi - 2\mu \dfrac{\partial^2 \varphi}{\partial x_1^2} \\[3mm] \sigma_{33} = \lambda \nabla^2 \varphi, \quad \sigma_{12} = 2\mu \dfrac{\partial^2 \varphi}{\partial x_1 \partial x_2}, \quad \sigma_{13} = \sigma_{23} = 0 \end{cases} \tag{A2.14}$$

由式(A2.13)和式(A2.14)可见,虽然此时介质沿 x_3 轴方向的应变均为零,但应力不为零,故 P 波处于与 x_3 轴无关的平面应变状态。

2) SV 波

此时,位移势函数只含 $\psi_3(x_1, x_2, t)$。根据式(A2.8),SV 波的位移分量为

$$u_1 = \frac{\partial \psi_3}{\partial x_2}, \quad u_2 = -\frac{\partial \psi_3}{\partial x_1}, \quad u_3 \equiv 0 \tag{A2.15}$$

它对应图 A4 中的向量 $\boldsymbol{u}_{SV}$，是位于 (x_1, x_2) 平面内的横波；其势函数满足如下波动方程：

$$c_s^2 \left(\frac{\partial^2 \psi_3}{\partial x_1^2} + \frac{\partial^2 \psi_3}{\partial x_2^2} \right) = \frac{\partial^2 \psi_3}{\partial t^2} \tag{A2.16}$$

根据式（A2.9），SV 波对应的应变分量为

$$\begin{cases} \varepsilon_{11} = \frac{\partial^2 \psi_3}{\partial x_1 \partial x_2}, \quad \varepsilon_{22} = -\frac{\partial^2 \psi_3}{\partial x_1 \partial x_2}, \quad \varepsilon_{33} = 0 \\ \varepsilon_{12} = \frac{1}{2} \left(\frac{\partial^2 \psi_3}{\partial x_2^2} - \frac{\partial^2 \psi_3}{\partial x_1^2} \right), \quad \varepsilon_{13} = 0, \quad \varepsilon_{23} = 0 \end{cases} \tag{A2.17}$$

根据式（A2.10），SV 波产生的应力分量为

$$\begin{cases} \sigma_{11} = 2\mu \frac{\partial^2 \psi_3}{\partial x_1 \partial x_2}, \quad \sigma_{22} = -2\mu \frac{\partial^2 \psi_3}{\partial x_1 \partial x_2}, \quad \sigma_{33} = 0 \\ \sigma_{12} = \mu \left(\frac{\partial^2 \psi_3}{\partial x_2^2} - \frac{\partial^2 \psi_3}{\partial x_1^2} \right), \quad \sigma_{13} = \sigma_{23} = 0 \end{cases} \tag{A2.18}$$

由上述两式可见，SV 波处于与 x_3 轴无关的平面应变和平面应力状态。

3）SH 波

这种波具有两个位移势函数 $\psi_1(x_1, x_2, t)$ 和 $\psi_2(x_1, x_2, t)$，其位移分量和势函数规范化条件为

$$u_1 = 0, \quad u_2 = 0, \quad u_3 = -\frac{\partial \psi_1}{\partial x_2} + \frac{\partial \psi_2}{\partial x_1}, \quad \frac{\partial \psi_1}{\partial x_1} + \frac{\partial \psi_2}{\partial x_2} = 0 \tag{A2.19}$$

上述位移分量对应图 A4 中的向量 $\boldsymbol{u}_{SH}$，平行于 x_3 轴，垂直于向量 $\boldsymbol{u}_P$ 和向量 $\boldsymbol{u}_{SV}$。由于上述两个势函数不独立，而非零位移只有 $u_3(x_1, x_2, t)$，故也可用该位移描述 SH 波。根据式（A1.16），SH 波的位移满足如下波动方程：

$$c_s^2 \left(\frac{\partial^2 u_3}{\partial x_1^2} + \frac{\partial^2 u_3}{\partial x_2^2} \right) = \frac{\partial^2 u_3}{\partial t^2} \tag{A2.20}$$

根据式（A1.1），上述位移分量对应的应变分量为

$$\begin{cases} \varepsilon_{11} = \frac{\partial u_1}{\partial x_1} = 0, \quad \varepsilon_{22} = \frac{\partial u_2}{\partial x_2} = 0, \quad \varepsilon_{33} = \frac{\partial u_3}{\partial x_3} = 0 \\ \varepsilon_{12} = 0, \quad \varepsilon_{13} = \frac{1}{2} \frac{\partial u_3}{\partial x_1}, \quad \varepsilon_{23} = \frac{1}{2} \frac{\partial u_3}{\partial x_2} \end{cases} \tag{A2.21}$$

SH 波产生的应力分量为

$$\begin{cases} \sigma_{11} = \sigma_{22} = \sigma_{33} = 0 \\ \sigma_{12} = 0, \quad \sigma_{13} = \mu \dfrac{\partial u_3}{\partial x_1}, \quad \sigma_{23} = \mu \dfrac{\partial u_3}{\partial x_2} \end{cases} \quad (\text{A2.22})$$

根据式(A2.21)和式(A2.22),此时的非零剪应变和剪应力均沿 x_3 轴方向。

3. 非均匀平面波

在无限弹性介质中,式(A2.5)中的平面波势函数满足式(A1.41),由此得到具有定常幅值的平面波,这种波被称为均匀平面波。对于有限弹性介质,当均匀平面波抵达介质界面时发生反射,有可能变为非均匀平面波。

考察沿 x_2 轴方向具有非均匀性的平面 P 波和 SV 波,设其势函数分别为

$$\begin{cases} \varphi(x_1, x_2, t) = \tilde{\varphi}(x_2) \exp[\,\mathrm{i}\kappa(x_1 - ct)\,] \\ \psi_3(x_1, x_2, t) = \tilde{\psi}_3(x_2) \exp[\,\mathrm{i}\kappa(x_1 - ct)\,] \end{cases} \quad (\text{A2.23})$$

式中,波速 c 和波数 κ 是待定的常数。将式(A2.23)代入式(A1.24),删去不恒为零的指数函数,得到 $\tilde{\varphi}(x_2)$ 和 $\tilde{\psi}_3(x_2)$ 所满足的常微分方程为

$$\begin{cases} \dfrac{\mathrm{d}^2 \tilde{\varphi}(x_2)}{\mathrm{d}x_2^2} + \kappa^2 r_p^2 \tilde{\varphi}(x_2) = 0, \quad r_p \equiv \sqrt{\dfrac{c^2}{c_p^2} - 1} \\ \dfrac{\mathrm{d}^2 \tilde{\psi}_3(x_2)}{\mathrm{d}x_2^2} + \kappa^2 r_s^2 \tilde{\psi}_3(x_2) = 0, \quad r_s \equiv \sqrt{\dfrac{c^2}{c_s^2} - 1} \end{cases} \quad (\text{A2.24})$$

根据波速 c 与 P 波波速 c_p 和 SV 波波速 c_s 的关系,需讨论如下五种情况。

(1) $c > c_p$,此时 $0 < r_p < r_s$ 为正实数,故式(A2.24)的解形如

$$\begin{cases} \tilde{\varphi}(x_2) = a_1 \exp(-\mathrm{i}\kappa r_p x_2) + a_2 \exp(\mathrm{i}\kappa r_p x_2) \\ \tilde{\psi}_3(x_2) = b_1 \exp(-\mathrm{i}\kappa r_s x_2) + b_2 \exp(\mathrm{i}\kappa r_s x_2) \end{cases} \quad (\text{A2.25})$$

对照式(A1.37)可见,此时的 P 波和 SV 波都是均匀平面波。

(2) $c = c_p$,此时 $r_p = 0$,$r_s = \sqrt{c_p^2/c_s^2 - 1} > 0$,故式(A2.24)的解形如

$$\begin{cases} \tilde{\varphi}(x_2) = a_1 x_2 + a_2 \\ \tilde{\psi}_3(x_2) = b_1 \exp[-\mathrm{i}\kappa(c_p^2/c_s^2 - 1)^{1/2} x_2] + b_2 \exp[\mathrm{i}\kappa(c_p^2/c_s^2 - 1)^{1/2} x_2] \end{cases} \quad (\text{A2.26})$$

在式(A2.26)中,第一式的第一项随着 x_2 增加趋于无穷,不符合物理意义,使用时应略去。此时,SV 波为均匀平面波,P 波则与 x_2 无关。在 A3.2 节将介绍,这种 P 波是 SV 波入射到自由界面 $x_2 = 0$ 后,掠射出的 P 波。

(3) $c_s < c < c_p$,此时 $r_s > 0$ 为实数,r_p 为虚数,可表示为 $r_p \equiv \mathrm{i}v_p$,$v_p \equiv \sqrt{1 - c^2/c_p^2}$,故式(A2.24)的解形如

$$\begin{cases} \tilde{\varphi}(x_2) = a_1 \exp(-\kappa v_p x_2) + a_2 \exp(\kappa v_p x_2) \\ \tilde{\psi}_3(x_2) = b_1 \exp(-\mathrm{i}\kappa r_s x_2) + b_2 \exp(\mathrm{i}\kappa r_s x_2) \end{cases} \tag{A2.27}$$

在式(A2.27)中,第一式的第二项随着 x_2 增加趋于无穷,不符合物理意义,使用时应略去。此时,SV 波为均匀平面波,P 波的幅值随着 x_2 增加呈指数衰减。在 A3.2 节将介绍,这种 P 波由 SV 波入射到自由界面 $x_2 = 0$ 而产生,存在于自由界面附近,属于**非均匀波**。由于非均匀波仅位于介质界面附近,故称为**表面波**;而均匀波位于介质内部,故称为**体波**。

(4) $c = c_s$,此时 $r_s = 0$,r_p 为虚数,可表示为 $r_p \equiv \mathrm{i}v_p$,$v_p \equiv \sqrt{1 - c_s^2/c_p^2}$,故式 (A2.24)的解形如

$$\begin{cases} \tilde{\varphi}(x_2) = a_1 \exp(-\kappa v_p x_2) + a_2 \exp(\kappa v_p x_2) \\ \tilde{\psi}_3(x_2) = b_1 x_2 + b_2 \end{cases} \tag{A2.28}$$

在式(A2.28)中,第一式的第二项和第二式的第一项均随着 x_2 增加趋于无穷,不符合物理意义,使用时应略去。此时,P 波为非均匀平面波,而 SV 波与 x_2 无关。已有研究证明,这种情况在 Poisson 比为 $\nu \in (0.0, 0.5)$ 的传统弹性介质中不会发生[①]。

(5) $c < c_s$,此时 r_p 和 r_s 均为虚数,将其记为 $r_p \equiv \mathrm{i}v_p$,$r_s \equiv \mathrm{i}v_s$,其中 $v_p \equiv \sqrt{1 - c^2/c_p^2}$,$v_s \equiv \sqrt{1 - c^2/c_s^2}$,故式(A2.24)的解形如

$$\begin{cases} \tilde{\varphi}(x_2) = a_1 \exp(-\kappa v_p x_2) + a_2 \exp(\kappa v_p x_2) \\ \tilde{\psi}_3(x_2) = b_1 \exp(-\kappa v_s x_2) + b_2 \exp(\kappa v_s x_2) \end{cases} \tag{A2.29}$$

在式(A2.29)中,两个表达式的第二项均随着 x_2 增加而趋于无穷,不符合物理意义,使用时应略去。在 A3.3 节中将介绍,式(A2.29)描述了非均匀的 P 波和 SV 波,它们可在介质界面 $x_2 = 0$ 附近合成为沿 x_1 传播很远的表面波。

A2.2 球面波

对于无限弹性介质,由内部点源扰动产生的波动从点源向各方向对称传播,其波阵面为球面,故称为**球面波**。

现以点源中心为原点,建立直角坐标系 (x_1, x_2, x_3) 和球坐标系 (r, θ_1, θ_2),它们之间的变换关系为

$$\begin{cases} x_1 = r\sin\theta_1\cos\theta_2, \quad x_2 = r\sin\theta_1\sin\theta_2, \quad x_3 = r\cos\theta_1 \\ r \in [0, +\infty), \quad \theta_1 \in [0, \pi], \quad \theta_2 \in [0, 2\pi) \end{cases} \tag{A2.30}$$

根据球面波的对称性,其非零位移分量只有径向位移 $u_r(r, t)$。它与球面波的传播方向一致,因此是 P 波。根据直角坐标和球坐标之间的导数和 Laplace 算子关系[②],球面波的位移 $u_r(r, t)$ 及其势函数 $\varphi(r, t)$ 满足

---

① Eringen A C, Suhubi E S. Elastodynamics, Volume 2[M]. New York: Academic Press, 1975: 524.
② 梁昆森. 数学物理方法[M]. 第 2 版. 北京: 人民教育出版社,1978: 511-515.

$$u_r(r, t) = \frac{\partial \varphi(r, t)}{\partial r}, \quad \nabla^2 \varphi(r, t) = \frac{1}{r^2} \frac{\partial}{\partial r} \left[r^2 \frac{\partial \varphi(r, t)}{\partial r} \right] = \frac{1}{c_p^2} \varphi_{tt}(r, t) \quad (\text{A2.31})$$

将式(A2.31)中的偏微分方程两端同乘以 r,并利用以下微分关系:

$$\frac{1}{r} \frac{\partial}{\partial r} \left[r^2 \frac{\partial \varphi(r, t)}{\partial r} \right] = r \frac{\partial^2 \varphi(r, t)}{\partial r^2} + 2 \frac{\partial \varphi(r, t)}{\partial r}$$

$$= \frac{\partial}{\partial r} \left[r \frac{\partial \varphi(r, t)}{\partial r} + \varphi(r, t) \right] = \frac{\partial^2 [r\varphi(r, t)]}{\partial r^2} \quad (\text{A2.32})$$

可得到关于函数 $r\varphi(r, t)$ 的一维波动方程为

$$\frac{\partial^2 [r\varphi(r, t)]}{\partial r^2} = \frac{1}{c_p^2} \frac{\partial^2 [r\varphi(r, t)]}{\partial t^2} \quad (\text{A2.33})$$

对于无限弹性介质,球面波从点源出发后沿着径向一直膨胀,不发生反射。根据一维波动方程的 d'Alembert 行波解,该球面波的位移势函数可表示为

$$\varphi(r, t) = \frac{1}{r} \varphi_R(r - c_p t) \quad (\text{A2.34})$$

将式(A2.34)代入式(A2.31)的第一式,以 $\varphi_{R\xi}$ 表示函数 $\varphi_R(\xi)$ 对宗量 $\xi = r - c_p t$ 的导数,得到随着 r 增加而衰减的球面波位移为

$$u_r(r, t) = \frac{\partial \varphi(r, t)}{\partial r} = \frac{1}{r^2} \left[r\varphi_{R\xi}(r - c_p t) - \varphi_R(r - c_p t) \right] \quad (\text{A2.35})$$

A3 半无限弹性介质界面的波反射

本节讨论简谐平面波在半无限弹性介质界面处的反射问题。在图 A5 中,弹性介质充满半空间 $x_2 \geqslant 0$,而半空间 $x_2 < 0$ 为真空。简谐平面波在弹性介质中传播,在弹性介质与真空的分界面发生反射。

根据 A2.1 节的分析,可将简谐平面波分解为 P 波、SV 波和 SH 波。在图 5A 中,取坐标轴 x_3 与 SH 波的质点振动方向平行。此时,P 波和 SV 波的质点振动均位于 (x_1, x_2) 平面,彼此相互影响,故一并分析;而 SH 波的质点振动垂直于该平面,不会影响 P 波和 SV 波,可单独分析。

A3.1 P 波和 SV 波的反射

在图 A5 中,因弹性介质沿 x_3 轴方向具有无限尺度,故 P 波和 SV 波的势函数与 x_3 无关。设

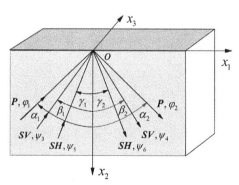

图 A5 三种平面波在半无限介质界面处的反射

入射 P 波和入射 SV 波分别具有势函数 $\varphi_1(x_1, x_2, t)$ 和 $\psi_3(x_1, x_2, t)$，其入射角分别为 $\alpha_1 \in [0, \pi/2]$ 和 $\beta_1 \in [0, \pi/2]$。它们在介质界面 $x_2 = 0$ 处反射，反射波包括 P 波和 SV 波，分别具有势函数 $\varphi_2(x_1, x_2, t)$ 和 $\psi_4(x_1, x_2, t)$，反射角 α_2 和 β_2 待定。

现设上述 P 波和 SV 波为均匀简谐波，将它们的位移势函数表示为

$$\begin{cases} \varphi_1(x_1, x_2, t) = a_1 \exp[i\kappa_1(l_1 x_1 - m_1 x_2 - c_p t)] \\ \varphi_2(x_1, x_2, t) = a_2 \exp[i\kappa_2(l_2 x_1 + m_2 x_2 - c_p t)] \\ \psi_3(x_1, x_2, t) = a_3 \exp[i\kappa_3(l_3 x_1 - m_3 x_2 - c_s t)] \\ \psi_4(x_1, x_2, t) = a_4 \exp[i\kappa_4(l_4 x_1 + m_4 x_2 - c_s t)] \end{cases} \tag{A3.1}$$

在式(A3.1)中，κ_j, $j = 1, 2, 3, 4$ 是波数，l_j、m_j, $j = 1, 2, 3, 4$ 是波传播路径与各坐标轴的夹角余弦，它们与上述入射角、反射角之间具有如下关系：

$$\begin{cases} l_j = \sin\alpha_j, \quad m_j = \cos\alpha_j, \quad j = 1, 2 \\ l_{j+2} = \sin\beta_j, \quad m_{j+2} = \cos\beta_j, \quad j = 1, 2 \\ l_j^2 + m_j^2 = 1, \quad j = 1, 2, 3, 4 \end{cases} \tag{A3.2}$$

在上述约定下，因入射波的传播方向与 x_2 轴的方向相反，故式(A3.1)中出现 $-m_1$ 和 $-m_3$。

根据式(A2.8)，上述入射波和反射波的位移分量之和可表示为

$$\begin{cases} \begin{aligned} u_1 &= \dfrac{\partial\varphi_1}{\partial x_1} + \dfrac{\partial\varphi_2}{\partial x_1} + \dfrac{\partial\psi_3}{\partial x_2} + \dfrac{\partial\psi_4}{\partial x_2} \\ &= i(\kappa_1 l_1 \varphi_1 + \kappa_2 l_2 \varphi_2 - \kappa_3 m_3 \psi_3 + \kappa_4 m_4 \psi_4) \end{aligned} \\ \begin{aligned} u_2 &= \dfrac{\partial\varphi_1}{\partial x_2} + \dfrac{\partial\varphi_2}{\partial x_2} - \dfrac{\partial\psi_3}{\partial x_1} - \dfrac{\partial\psi_4}{\partial x_1} \\ &= i(-\kappa_1 m_1 \varphi_1 + \kappa_2 m_2 \varphi_2 - \kappa_3 l_3 \psi_3 - \kappa_4 l_4 \psi_4) \end{aligned} \end{cases} \tag{A3.3}$$

根据式(A2.9)，对应上述位移分量的非零应变分量之和为

$$\begin{cases} \varepsilon_{11} = \dfrac{\partial u_1}{\partial x_1} = -(\kappa_1^2 l_1^2 \varphi_1 + \kappa_2^2 l_2^2 \varphi_2 - \kappa_3^2 l_3 m_3 \psi_3 + \kappa_4^2 l_4 m_4 \psi_4) \\[2mm] \varepsilon_{22} = \dfrac{\partial u_2}{\partial x_2} = -(\kappa_1^2 m_1^2 \varphi_1 + \kappa_2^2 m_2^2 \varphi_2 + \kappa_3^2 l_3 m_3 \psi_3 - \kappa_4^2 l_4 m_4 \psi_4) \\[2mm] \begin{aligned} \varepsilon_{21} &= \dfrac{1}{2}\left(\dfrac{\partial u_1}{\partial x_2} + \dfrac{\partial u_2}{\partial x_1}\right) = -\dfrac{1}{2}(-\kappa_1^2 l_1 m_1 \varphi_1 + \kappa_2^2 l_2 m_2 \varphi_2 + \kappa_3^2 m_3^2 \psi_3 + \kappa_4^2 m_4^2 \psi_4) \\ &\quad -\dfrac{1}{2}(-\kappa_1^2 l_1 m_1 \varphi_1 + \kappa_2^2 l_2 m_2 \varphi_2 - \kappa_3^2 l_3^2 \psi_3 - \kappa_4^2 l_4^2 \psi_4) \\ &= \kappa_1^2 l_1 m_1 \varphi_1 - \kappa_2^2 l_2 m_2 \varphi_2 - \dfrac{1}{2}\kappa_3^2(m_3^2 - l_3^2)\psi_3 - \dfrac{1}{2}\kappa_4^2(m_4^2 - l_4^2)\psi_4 \end{aligned} \end{cases}$$

$$\tag{A3.4}$$

根据式(A2.10)和式(A3.2)最后一行,得到后续分析涉及的应力分量之和为

$$
\begin{cases}
\sigma_{22} = (\lambda + 2\mu)\varepsilon_{22} + \lambda\varepsilon_{11} \\
\quad = -(\lambda + 2\mu m_1^2)\kappa_1^2\varphi_1 - (\lambda + 2\mu m_2^2)\kappa_2^2\varphi_2 \\
\quad\quad - 2\mu\kappa_3^2 l_3 m_3 \psi_3 + 2\mu\kappa_4^2 l_4 m_4 \psi_4 \\
\sigma_{21} = 2\mu\varepsilon_{21} \\
\quad = \mu\left[2\kappa_1^2 l_1 m_1\varphi_1 - 2\kappa_2^2 l_2 m_2\varphi_2 + \kappa_3^2(l_3^2 - m_3^2)\psi_3 + \kappa_4^2(l_4^2 - m_4^2)\psi_4\right]
\end{cases} \tag{A3.5}
$$

对于给定的入射波,可通过入射波和反射波叠加后在介质界面 $x_2 = 0$ 处的力学条件来确定反射波。这样的条件包括入射波和反射波叠加后的位移协调条件 $u_1(x_1, 0, t) = 0$ 和 $u_2(x_1, 0, t) = 0$,以及入射波和反射波叠加后的应力平衡条件 $\sigma_{22}(x_1, 0, t) = 0$ 和 $\sigma_{21}(x_1, 0, t) = 0$。由于求解反射波只需要这四个条件中的两个,因此可提出如下四种可能的条件。

(1)固定界面: $u_1(x_1, 0, t) = 0$, $u_2(x_1, 0, t) = 0$。

(2)自由界面: $\sigma_{22}(x_1, 0, t) = 0$, $\sigma_{21}(x_1, 0, t) = 0$。

(3)光滑刚性界面 I: $u_2(x_1, 0, t) = 0$, $\sigma_{21}(x_1, 0, t) = 0$。

(4)光滑刚性界面 II: $u_1(x_1, 0, t) = 0$, $\sigma_{22}(x_1, 0, t) = 0$。

其中,前两种界面易于实现,后两种界面具有理论意义。以下针对入射 P 波和入射 SV 波,分别讨论它们在固定界面和自由界面的反射问题。

1. P 波入射固定界面

在固定界面上,入射波和反射波叠加后的位移满足如下界面条件:

$$u_1(x_1, 0, t) = 0, \quad u_2(x_1, 0, t) = 0 \tag{A3.6}$$

当入射波仅含 P 波时, $a_3 = 0$,将其连同式(A3.3)代入式(A3.6),得

$$
\begin{cases}
\mathrm{i}\{\kappa_1 l_1 a_1 \exp[\mathrm{i}\kappa_1(l_1 x_1 - c_p t)] + \kappa_2 l_2 a_2 \exp[\mathrm{i}\kappa_2(l_2 x_1 - c_p t)] \\
\quad + \kappa_4 m_4 a_4 \exp[\mathrm{i}\kappa_4(l_4 x_1 - c_s t)]\} = 0 \\
\mathrm{i}\{-\kappa_1 m_1 a_1 \exp[\mathrm{i}\kappa_1(l_1 x_1 - c_p t)] + \kappa_2 m_2 a_2 \exp[\mathrm{i}\kappa_2(l_2 x_1 - c_p t)] \\
\quad - \kappa_4 l_4 a_4 \exp[\mathrm{i}\kappa_4(l_4 x_1 - c_s t)]\} = 0
\end{cases} \tag{A3.7}
$$

由于式(A3.7)对任意的空间坐标 x_1 和时间 t 均成立,故要求其各指数函数的自变量 x_1 前系数相同,自变量 t 前系数相同,因此得

$$
\begin{cases}
\kappa_1 c_p = \kappa_2 c_p = \kappa_4 c_s \\
\kappa_1 l_1 = \kappa_2 l_2 = \kappa_4 l_4
\end{cases} \Rightarrow
\begin{cases}
\kappa_1 = \kappa_2, \quad l_1 = l_2 \\
\kappa_1 l_1 = \kappa_4 l_4
\end{cases} \tag{A3.8}
$$

现取如下物理意义更明确的参数,将式(A3.8)表示为

$$
\begin{cases}
\kappa_1 = \kappa_2 \equiv \kappa_p, \quad \kappa_4 \equiv \kappa_s, \quad \alpha_1 = \alpha_2 \equiv \alpha, \quad \beta_2 \equiv \beta \\
\kappa_p \sin\alpha = \kappa_s \sin\beta
\end{cases} \tag{A3.9}
$$

式(A3.9)的第一行表明,P 波在反射前后的波数不变,而且其反射角与入射角相同;式

（A3.9）的第二行给出由弹性介质中两种波数（亦即两种波速）所确定的 P 波入射角 α 与 SV 波反射角 β 之间的关系，即著名的 **Snell 定律**。根据式（A1.18）所定义的波速比，可将 Snell 定律表示为

$$D = \frac{c_p}{c_s} = \frac{\kappa_s}{\kappa_p} = \frac{\sin \alpha}{\sin \beta} > 1, \quad D \equiv \sqrt{\frac{2(1-\nu)}{1-2\nu}} \qquad (A3.10)$$

现将式（A3.9）和式（A3.10）代入式（A3.7），消去不恒为零的指数函数，得

$$\begin{cases} a_2 \sin \alpha + D a_4 \cos \beta = -a_1 \sin \alpha \\ a_2 \cos \alpha - D a_4 \sin \beta = a_1 \cos \alpha \end{cases} \qquad (A3.11)$$

由式（A3.11）可解出反射波幅值与入射波幅值之比，即如下两个反射系数：

$$\frac{a_2}{a_1} = \frac{\cos(\alpha + \beta)}{\cos(\alpha - \beta)}, \quad \frac{a_4}{a_1} = -\frac{\sin(2\alpha)}{D\cos(\alpha - \beta)} \qquad (A3.12)$$

注解 A3.1：现有文献大多未涉及 P 波入射固定界面问题。在讨论该问题的文献中[①]，对应式（A3.12）的结果为位移反射系数，且因坐标方向不同而有差异。

在对式（A3.12）进行讨论时，可先给定介质的 Poisson 比 ν，由式（A3.10）获得波速比 $D > 1$；再给定 P 波入射角 $\alpha \in [0, \pi/2]$，此时总有 SV 波的反射角满足 $\beta = \arcsin[(\sin \alpha)/D] < \alpha$，进而可由式（A3.12）得到反射系数。图 A6 针对四种典型的介质 Poisson 比 ν，给出反射系数 a_2/a_1 和 a_4/a_1 以及反射角 β 随入射角 α 的变化规律，其中 α 和 β 的单位均已换算为度。

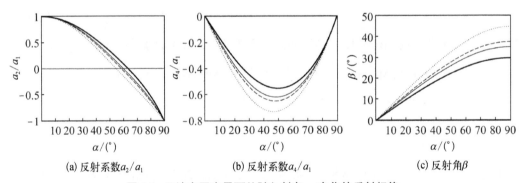

(a) 反射系数a_2/a_1 (b) 反射系数a_4/a_1 (c) 反射角β

图 A6　P 波在固定界面处随入射角 α 变化的反射规律

（粗实线：$\nu = 1/3$；细实线：$\nu = 1/4$；虚线：$\nu = 1/5$；点线：$\nu = 0$）

现结合图 A6，讨论几种典型情况。

1）垂直入射

取 $\alpha = 0$，根据 Snell 定律推知 $\beta = 0$，进而由式（A3.12）得到 $a_2 = a_1$ 和 $a_4 = 0$。此时，反射 P 波与入射 P 波的幅值、波数、相位均相同，反射波中无 SV 波。将该结果代入式

---

① Achenbach J D. Wave propagation in elastic solids [M]. Amsterdam：North-Holland Publishing Company, 1973：177.

（A3.3），可得到水平位移和垂直位移均为零，满足界面条件。

将上述结果代入式（A3.5），可得到入射 P 波和反射 P 波叠加后在介质内产生的应力分量为

$$
\begin{cases}
\sigma_{22}(x_1, x_2, t) = -(\lambda + 2\mu)\kappa_p^2 a_1 \{\exp[i\kappa_p(-x_2 - c_p t)] + \exp[i\kappa_p(x_2 - c_p t)]\} \\
\sigma_{21}(x_1, x_2, t) = 0
\end{cases}
$$

（A3.13）

在式（A3.13）中取 $x_2 = 0$，则由入射 P 波和反射 P 波产生的正应力相同。这表明，在固定界面上，总的正应力是入射波所产生正应力的两倍，即

$$
\sigma_{22}(x_1, 0, t) = -2(\lambda + 2\mu)\kappa_p^2 a_1 \exp(-i\kappa_p c_p t) \tag{A3.14}
$$

2）波形完全转换

根据式（A3.12），若 $\alpha + \beta = \pi/2$，则 $a_2 = 0$，反射波中只含 SV 波，该现象被称作**波形完全转换**。根据 Snell 定律，此时的入射角满足三角函数方程

$$
\alpha + \arcsin\left(\frac{\sin \alpha}{D}\right) = \frac{\pi}{2} \tag{A3.15}
$$

在图 A6(a) 中，有唯一入射角 α 满足 $a_2/a_1 = 0$，实现波形完全转换。值得指出，对应该入射角，SV 的幅值并不取极值。

2. P 波入射自由界面

在自由界面上，入射波和反射波叠加后的正应力和剪应力满足如下界面条件：

$$
\sigma_{22}(x_1, 0, t) = 0, \quad \sigma_{21}(x_1, 0, t) = 0 \tag{A3.16}
$$

将式（A3.5）连同 $a_3 = 0$ 代入式（A3.16），利用式（A3.2）中最后一行化简，得

$$
\begin{cases}
(\lambda + 2\mu m_1^2)\kappa_1^2 \varphi_1 + (\lambda + 2\mu m_2^2)\kappa_1^2 \varphi_2 - 2\mu\kappa_4^2 l_4 m_4 \psi_4 = 0 \\
2\kappa_1^2 l_1 m_1 \varphi_1 - 2\kappa_2^2 l_2 m_2 \varphi_2 - \kappa_4^2(m_4^2 - l_4^2)\psi_4 = 0
\end{cases}
$$

（A3.17）

类似于由式（A3.7）导出式（A3.8）的过程，可再次得到式（A3.8）和式（A3.9）。将它们代入式（A3.17），得

$$
\begin{cases}
(\lambda + 2\mu\cos^2\alpha)(a_1 + a_2) - \mu D^2 \sin(2\beta) a_4 = 0 \\
\sin(2\alpha)(a_1 - a_2) - D^2 \cos(2\beta) a_4 = 0
\end{cases}
$$

（A3.18）

为了求解式（A3.18），利用式（A3.10）简化其系数表达式，得

$$
\frac{\lambda + 2\mu\cos^2\alpha}{\mu} = \frac{\lambda + 2\mu}{\mu} - 2\sin^2\alpha
$$

$$
= D^2\left(1 - \frac{2\sin^2\alpha\cos^2\beta}{\sin^2\alpha}\right) = D^2\cos(2\beta) \tag{A3.19}
$$

将式（A3.19）代入式（A3.18），得

$$\begin{cases} \left(1 + \dfrac{a_2}{a_1}\right)\cos(2\beta) - \left(\dfrac{a_4}{a_1}\right)\sin(2\beta) = 0 \\ \left(1 - \dfrac{a_2}{a_1}\right)\sin(2\alpha) - D^2\left(\dfrac{a_4}{a_1}\right)\cos(2\beta) = 0 \end{cases} \tag{A3.20}$$

由式(A3.20)可解出两个反射系数如下:

$$\begin{cases} \dfrac{a_2}{a_1} = \dfrac{\sin(2\alpha)\sin(2\beta) - D^2\cos^2(2\beta)}{\sin(2\alpha)\sin(2\beta) + D^2\cos^2(2\beta)} \\ \dfrac{a_4}{a_1} = \dfrac{2\sin(2\alpha)\cos(2\beta)}{\sin(2\alpha)\sin(2\beta) + D^2\cos^2(2\beta)} \end{cases} \tag{A3.21}$$

注解 A3.2: 许多文献给出了 P 波在自由界面处反射的类似分析结果,但部分文献存在错误[1][2],对应式(A3.17)到式(A3.21)的推导结果需更正。

图 A7 对四种典型的介质 Poisson 比 ν,给出反射系数 a_2/a_1 和 a_4/a_1 以及反射角 β 随入射角 α 的变化规律,其中 α 和 β 的单位均已换算为度。

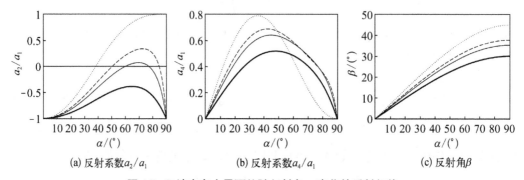

(a) 反射系数 a_2/a_1 (b) 反射系数 a_4/a_1 (c) 反射角 β

图 A7　P 波在自由界面处随入射角 α 变化的反射规律

(粗实线:$\nu = 1/3$;细实线:$\nu = 1/4$;虚线:$\nu = 1/5$;点线:$\nu = 0$)

现参考图 A7,对式(A3.21)进行讨论。

1) 垂直入射

取 $\alpha = 0$,根据 Snell 定律推知 $\beta = 0$,由式(A3.21)得到 $a_2/a_1 = -1$ 和 $a_4/a_1 = 0$。这说明,入射的 P 波完全反射为 P 波,无 SV 波;反射 P 波和入射 P 波的幅值、波数均相同,但相位相反。

将上述结果代入式(A3.3),得到入射 P 波和反射 P 波叠加后在介质内产生的位移分量为

$$\begin{cases} u_1(x_1, x_2, t) = 0 \\ u_2(x_1, x_2, t) = -\mathrm{i}\kappa_p a_1\{\exp[\mathrm{i}\kappa_p(-x_2 - c_p t)] + \exp[\mathrm{i}\kappa_p(x_2 - c_p t)]\} \end{cases} \tag{A3.22}$$

---

① 贺玲凤,刘军. 声弹性技术[M]. 北京:科学出版社,2002:78-79.
② 戴宏亮. 弹性动力学[M]. 长沙:湖南大学出版社,2014:68-69.

在自由界面 $x_2 = 0$ 处,入射 P 波和反射 P 波产生的水平位移恒为零;而它们产生的垂直位移分量相同,导致总的垂直位移翻倍,即

$$u_2(x_1,\ 0,\ t) = -2\mathrm{i}\kappa_p a_1 \exp(-\mathrm{i}\kappa_p c_p t) \tag{A3.23}$$

此时,P 波不引起剪应力;垂直入射的拉伸应力波反射为压缩应力波,而压缩应力波反射为拉伸应力波。因此,入射波和反射波产生的正应力相互抵消,进而满足自由界面条件。

2)波形完全转换

在图 A7(a)中,对应 $\nu = 1/4$ 和 $\nu = 1/5$ 的反射系数 a_2/a_1 曲线与横坐标轴有两个交点满足 $a_2/a_1 = 0$。 在这两个交点处,入射 P 波发生波形完全转换,反射为 SV 波。以 $\nu = 1/4$ 为例,对应的横坐标为 $\alpha = \pi/3$ 和 $\alpha = 0.429\pi$。 随着 ν 减小,上述交点的间隔加大;随着 ν 增加,上述两个交点变为一个,然后不再有交点。

3)掠入射

掠入射是指入射角 $\alpha \to \pi/2$ 的情况,即入射波方向与界面 $x_2 = 0$ 趋于平行。将 $\alpha = \pi/2$ 代入式(A3.21),得

$$a_2 = -a_1,\quad a_4 = 0 \tag{A3.24}$$

当 $x_2 > 0$ 时,对反射 P 波的严格分析需采用极限过程。研究表明,反射 P 波的幅值随着距离自由界面的深度增加而变化[①]。

4)实验观测

与固定界面相比,P 波在自由界面处的反射容易观测。根据 Snell 定理,当 $\alpha > 0$ 和 $\beta > 0$ 时,可定义**水平波数**和相应的振动频率为

$$\kappa \equiv \kappa_p \sin\alpha = \kappa_s \sin\beta,\quad \omega \equiv \kappa_p c_p = \kappa_s c_s \tag{A3.25}$$

由此定义**视波速**为

$$c \equiv \frac{\omega}{\kappa} = \frac{\kappa_p c_p}{\kappa_p \sin\alpha} = \frac{c_p}{\sin\alpha} = \frac{c_s}{\sin\beta} \tag{A3.26}$$

根据三角函数关系,水平波数和视波速可在自由界面上直接测量,由此可推算波数、波速、入射角、反射角等信息。

注解 A3.3:根据上述结果,当 P 波垂直入射到固定界面或自由界面时,反射波是同幅值、同波数的 P 波;由固定界面反射的 P 波相位不变,由自由界面反射的 P 波相位反转;入射 P 波和反射 P 波可形成驻波。对于直杆中纵波在固定端和自由端的反射,可视为上述情况的特例。如果杆的端面与杆的轴线不垂直,则纵波在该端面的反射波中含有横波,导致杆端部呈现横向振动,后续波动变得非常复杂。

---

① Achenbach J D. Wave propagation in elastic solids[M]. Amsterdam: North-Holland Publishing Company, 1973: 176.

3. SV 波入射固定界面

在固定界面上,入射波和反射波叠加后的位移满足如下界面条件:

$$u_1(x_1,\ 0,\ t)=0,\quad u_2(x_1,\ 0,\ t)=0 \tag{A3.27}$$

此时 $a_1=0$,将其连同式(A3.3)代入式(A3.27),得

$$\begin{cases} \mathrm{i}(\kappa_2 l_2\varphi_2-\kappa_3 m_3\psi_3+\kappa_4 m_4\psi_4)=0 \\ \mathrm{i}(\kappa_2 m_2\varphi_2-\kappa_3 l_3\psi_3-\kappa_4 l_4\psi_4)=0 \end{cases} \tag{A3.28}$$

采用类似于 P 波入射固定界面的推导,得

$$\begin{cases} a_2\sin\alpha+Da_4\cos\beta=Da_3\cos\beta \\ a_2\cos\alpha-Da_4\sin\beta=Da_3\sin\alpha \end{cases} \tag{A3.29}$$

由式(A3.29)解出两个反射系数:

$$\frac{a_2}{a_3}=\frac{D\sin(2\beta)}{\cos(\alpha-\beta)},\quad \frac{a_4}{a_3}=\frac{\cos(\alpha+\beta)}{\cos(\alpha-\beta)} \tag{A3.30}$$

注解 A3.4:在讨论 SV 波反射问题时,需要先限定其入射角 β 的范围。根据式(A3.10),$\sin\beta=(\sin\alpha)/D<\sin\alpha$,即入射角 β 增加时,P 波反射角 α 也增加。由于 P 波反射角的上限是 $\alpha_{cr}=\pi/2$,故 SV 波的入射角具有上限 $\beta_{cr}=\arcsin(1/D)$。当 $\beta\in(\beta_{cr},\pi/2)$ 时,式(A3.30)失效,反射 P 波为非均匀波。

对于给定的介质 Poisson 比 ν,可先由式(A3.10)获得波速比 D;再根据 SV 波的入射角 $0\leq\beta\leq\beta_{cr}=\arcsin(1/D)$,得到 P 波的反射角 $\alpha=\arcsin(D\sin\beta)>\beta$;最后,由式(A3.30)得到反射系数。图 A8 针对四种典型的介质 Poisson 比,给出反射系数 a_2/a_3 和 a_4/a_3 以及反射角 α 随入射角 β 的变化规律,图中 β 和 α 的单位已换算为角度。

图 A8 表明,由于 SV 波的入射角具有上限 β_{cr},随着 $\beta\to\beta_{cr}$,图中曲线均呈现渐近行为。例如,P 波反射角 $\alpha\to90°$,SV 波反射系数 $a_4/a_3\to-1$。以下讨论两种典型情况。

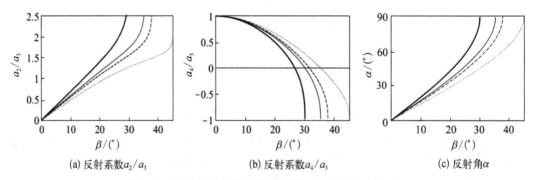

(a) 反射系数a_2/a_3　(b) 反射系数a_4/a_3　(c) 反射角α

图 A8　SV 波在固定界面处随入射角 β 变化的反射规律

(粗实线:$\nu=1/3$;细实线:$\nu=1/4$;虚线:$\nu=1/5$;点线:$\nu=0$)

1)垂直入射

取 $\beta=0$,根据 Snell 定律可知 $\alpha=0$,由此得到 $a_2=0$,$a_4=a_3$。此时,反射 SV 波与入

射 SV 波的幅值相同;反射波中无 P 波。将上述结果代入式(A3.3),得到水平位移和垂直位移为零,满足界面条件。将上述结果代入式(A3.5),则得到入射 SV 波和反射 SV 波叠加后在介质内产生的应力分量为

$$\begin{cases} \sigma_{22}(x_1,\ x_2,\ t) = 0 \\ \sigma_{21}(x_1,\ x_2,\ t) = -\mu\kappa_s^2 a_3 \{\exp[i\kappa_s(-x_2 - c_s t)] + \exp[i\kappa_s(x_2 - c_s t)]\} \end{cases} \quad (A3.31)$$

在介质界面 $x_2 = 0$ 处,式(A3.31)中由入射 SV 波和反射 SV 波产生的剪应力相同。因此,总的剪应力比入射 SV 波产生的剪应力翻倍,即

$$\sigma_{21}(x_1,\ 0,\ t) = -2\mu\kappa_s^2 a_3 \exp(-i\kappa_s c_s t) \quad (A3.32)$$

2) 波形完全转换

根据式(A3.30),若 $\alpha + \beta = \pi/2$,则 $a_4 = 0$,反射波中只含 P 波。根据 Snell 定律,此时的入射角满足三角函数方程

$$\beta + \arcsin(D\sin\beta) = \frac{\pi}{2} \quad (A3.33)$$

在图 A8(b)中,有唯一入射角 β 满足 $a_4/a_3 = 0$,实现波形完全转换。

4. SV 波入射自由界面

在自由界面上,入射波和反射波叠加后的正应力和剪应力满足如下界面条件:

$$\sigma_{22}(x_1,\ 0,\ t) = 0, \quad \sigma_{21}(x_1,\ 0,\ t) = 0 \quad (A3.34)$$

此时 $a_1 = 0$,将其连同式(A3.5)代入式(A3.34),得

$$\begin{cases} (\lambda + 2\mu m_2^2)\kappa_2^2\varphi_2 + 2\mu\kappa_3^2 l_3 m_3 \psi_3 - 2\mu\kappa_4^2 l_4 m_4 \psi_4 = 0 \\ 2\kappa_2^2 l_2 m_2 \varphi_2 + \kappa_3^2(m_3^2 - l_3^2)\psi_3 + \kappa_4^2(m_4^2 - l_4^2)\psi_4 = 0 \end{cases} \quad (A3.35)$$

采用类似于 P 波入射自由界面的推导过程,得

$$\begin{cases} (\lambda + 2\mu\cos^2\alpha)a_2 + \mu D^2 \sin(2\beta)(a_3 - a_4) = 0 \\ \sin(2\alpha)a_2 + D^2\cos(2\beta)(a_3 + a_4) = 0 \end{cases} \quad (A3.36)$$

利用式(A3.19),将式(A3.36)改写为

$$\begin{cases} \cos(2\beta)\left(\dfrac{a_2}{a_3}\right) + \sin(2\beta)\left(1 - \dfrac{a_4}{a_3}\right) = 0 \\ \sin(2\alpha)\left(\dfrac{a_2}{a_3}\right) + D^2\cos(2\beta)\left(1 + \dfrac{a_4}{a_3}\right) = 0 \end{cases} \quad (A3.37)$$

由此解出两个反射系数为

$$
\begin{cases}
\dfrac{a_2}{a_3} = -\dfrac{D^2 \sin(4\beta)}{\sin(2\alpha)\sin(2\beta) + D^2\cos^2(2\beta)} \\[4mm]
\dfrac{a_4}{a_3} = \dfrac{\sin(2\alpha)\sin(2\beta) - D^2\cos^2(2\beta)}{\sin(2\alpha)\sin(2\beta) + D^2\cos^2(2\beta)}
\end{cases}
\tag{A3.38}
$$

值得指出的是,许多文献给出了 SV 波在介质自由界面的反射结果,但有些文献中对应式(A3.38)和后续式(A3.42)的结果①②需要更正。

根据注解 A3.4,在讨论式(A3.38)时,需要限定入射角 β 的范围。即 SV 波的入射角具有上限 $\beta_{cr} = \arcsin(1/D)$。因此,给定介质 Poisson 比 ν,先由式(A3.10)获得波速比 D;再根据 SV 波的入射角 $0 \leqslant \beta \leqslant \beta_{cr} = \arcsin(1/D)$,获得 P 波的反射角 $\alpha = \arcsin(D\sin\beta) > \beta$;最后由式(A3.38)得到反射系数。

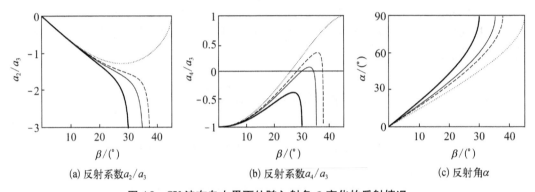

(a) 反射系数 a_2/a_3 (b) 反射系数 a_4/a_3 (c) 反射角 α

图 A9　SV 波在自由界面处随入射角 β 变化的反射情况

(粗实线:$\nu = 1/3$;细实线:$\nu = 1/4$;虚线:$\nu = 1/5$;点线:$\nu = 0$)

图 A9 针对四种典型的介质 Poisson 比,给出上述两个反射系数和反射角随入射角的变化规律,图中 β 和 α 的单位已换算为角度。由图可见,随着 $\beta \to \beta_{cr}$,图中曲线均呈现渐近行为。例如,随着 $\beta \to \beta_{cr}$,P 波的反射角 $\alpha \to 90°$,SV 波的反射系数 $a_4/a_3 \to -1$。现参考图 A9,对式(A3.38)进行讨论。

1) 垂直入射

取 $\beta = 0$,由 Snell 定律推知 $\alpha = 0$,由式(A3.38)得 $a_2/a_3 = 0$ 和 $a_4/a_3 = -1$。因此,入射 SV 波完全反射为 SV 波,其幅值、波数均保持不变,但相位相反。将上述结果代入式(A3.5),在界面 $x_2 = 0$ 处,入射和反射的正应力均为零;入射和反射剪应力之和为零,满足自由界面条件。

将上述结果代入式(A3.3),得到入射 SV 波和反射 SV 波叠加后在介质内产生的位移分量为

$$
\begin{cases}
u_1(x_1,\ x_2,\ t) = -\,\mathrm{i}\kappa_s a_3 \{\exp[\mathrm{i}\kappa_s(x_2 - c_s t)] + \exp[\mathrm{i}\kappa_s(-x_2 - c_s t)]\} \\
u_2(x_1,\ x_2,\ t) = 0
\end{cases}
\tag{A3.39}
$$

---

① 贺玲凤,刘军. 声弹性技术[M]. 北京:科学出版社,2002:81 – 82.
② 戴宏亮. 弹性动力学[M]. 长沙:湖南大学出版社,2014:68 – 69.

在自由界面 $x_2 = 0$ 处,入射 SV 波和反射 SV 波的垂直位移分量恒为零;水平位移分量相同,两者叠加使总的水平位移翻倍,即

$$u_1(x_1, 0, t) = -2\mathrm{i}\kappa_s a_3 \exp(-\mathrm{i}\kappa_s c_s t) \tag{A3.40}$$

2)波形保持不变

根据式(A3.38),当 $\beta = \pi/4$ 时,$a_2/a_3 = 0$ 和 $a_4/a_3 = 1$。 此时,入射 SV 波在自由界面的反射波只含 SV 波,并保持原来的波数和相位。

3)波形完全转换

在式(A3.38)中,若 $a_4/a_3 = 0$,则入射 SV 波发生波形完全转换,反射成为 P 波。发生这种情况的条件为

$$\sin(2\alpha)\sin(2\beta) = D^2\cos^2(2\beta) \tag{A3.41}$$

这对应图 A9(b)中曲线与水平轴的交点。对于适当的 Poisson 比,有两个入射角满足上述条件。将式(A3.41)代入式(A3.38),得到此时 P 波的反射系数为

$$\frac{a_2}{a_3} = -\frac{D^2\sin(4\beta)}{2D^2\cos^2(2\beta)} = -\tan(2\beta) \tag{A3.42}$$

4)掠入射

取入射角 $\beta \to \pi/2$,此时入射波方向与界面 $x_2 = 0$ 趋于平行。将 $\beta = \pi/2$ 代入式(A3.38),得

$$a_2 = 0, \quad a_4 = -a_3 \tag{A3.43}$$

这表明,入射 SV 波反射为相位相反的 SV 波,其方向与界面 $x_2 = 0$ 趋于平行。

5)临界反射

根据注解 A3.4,若反射 P 波的反射角 $\alpha = \pi/2$,则称对应的 SV 波入射角 β 为**临界入射角**,记为 β_{cr},并称此时的反射为**临界反射**。由于 $\beta_{cr} = \arcsin(1/D)$,当 SV 波临界入射时,$\sin\alpha = 1$,故视波速为 $c = c_p$。 根据式(A2.26)及其讨论,此时反射 P 波为掠出射波,反射 SV 波为均匀平面波,它们的势函数可表示为

$$\begin{cases} \varphi_2(x_1, x_2, t) = a_2\exp\left[\mathrm{i}\kappa_p(x_1 - c_p t)\right] \\ \psi_4(x_1, x_2, t) = a_4\exp\left\{\mathrm{i}\kappa_s\left[(\sin\beta_{cr})x_1 + (\cos\beta_{cr})x_2 - c_s t\right]\right\} \end{cases} \tag{A3.44}$$

与式(A2.26)相比,此处的势函数作了化简。根据式(A3.38),可得到临界入射的反射系数为

$$\begin{cases} \dfrac{a_2}{a_3} = -\dfrac{\sin(4\beta_{cr})}{\cos^2(2\beta_{cr})} = -\dfrac{4(\sin\beta_{cr})\sqrt{1-\sin^2\beta_{cr}}}{1-2\sin^2\beta_{cr}} = -\dfrac{4\sqrt{D^2-1}}{D^2-2} \\ \dfrac{a_4}{a_3} = -1 \end{cases} \tag{A3.45}$$

6)非均匀平面波

若 SV 波的入射角满足 $\beta \in (\beta_{cr}, \pi/2)$，则基于均匀平面波前提的式(A3.38)无法预测反射 P 波，需考虑非均匀平面波问题。根据 A2.1 节的讨论，采用式(A2.23)和式(A2.27)来描述反射 P 波和 SV 波，取它们的势函数为

$$\begin{cases} \varphi_2(x_1, x_2, t) = a_2 \exp(-\kappa v_p x_2) \exp[\, \mathrm{i}\kappa(x_1 - ct)\,] \\ \psi_4(x_1, x_2, t) = a_4 \exp[\, \mathrm{i}\kappa(x_1 + r_s x_2 - ct)\,] \end{cases} \tag{A3.46}$$

此处，$\kappa = \kappa_s \sin\beta$ 和 $c = c_s/\sin\beta$ 分别是式(A3.25)和式(A3.26)定义的水平波数和视波速。

将式(A3.46)代入式(A2.8)，得到入射波和反射波叠加后的位移分量为

$$\begin{cases} u_1(x_1, x_2, t) = \dfrac{\partial\varphi_2}{\partial x_1} + \dfrac{\partial\psi_3}{\partial x_2} + \dfrac{\partial\psi_4}{\partial x_2} = \mathrm{i}(\kappa\varphi_2 - \kappa_3 m_3\psi_3 + \kappa r_s\psi_4) \\ u_2(x_1, x_2, t) = \dfrac{\partial\varphi_2}{\partial x_2} - \dfrac{\partial\psi_3}{\partial x_1} - \dfrac{\partial\psi_4}{\partial x_1} = -\kappa v_p\varphi - \mathrm{i}(\kappa_3 l_3\psi_3 + \kappa\psi_4) \end{cases} \tag{A3.47}$$

根据式(A2.9)，对应上述位移分量的非零应变分量为

$$\begin{cases} \varepsilon_{11} = -\kappa^2\varphi_2 + \kappa_s^2 l_3 m_3\psi_3 - \kappa^2 r_s\psi_4 \\ \varepsilon_{22} = \kappa^2 v_p^2\varphi_2 - \kappa_3^2 l_3 m_3\psi_3 + \kappa^2 r_s\psi_4 \\ \varepsilon_{21} = -2\mathrm{i}\kappa^2 v_p\varphi_2 + \kappa_s^2(l_3^2 - m_3^2)\psi_3/2 + \kappa^2(1 - r_s^2)\psi_4/2 \end{cases} \tag{A3.48}$$

将式(A3.48)代入式(A1.3)，得到自由界面应所满足的应力条件为

$$\begin{cases} \sigma_{22} = [\,(\lambda + 2\mu)\kappa^2 v_p^2 - \lambda\kappa^2\,]\varphi_2 - 2\mu\kappa_s^2 l_3 m_3\psi_3 + 2\mu\kappa^2 r_s\psi_4 = 0 \\ \sigma_{12} = \mu[\, -2\mathrm{i}\kappa^2 v_p\varphi_2 + \kappa_s^2(l_3^2 - m_3^2)\psi_3 + \kappa^2(1 - r_s^2)\psi_4\,] = 0 \end{cases} \tag{A3.49}$$

根据前面已定义和导出的如下关系：

$$\begin{cases} l_3 = \sin\beta, \quad m_3 = \cos\beta, \quad \kappa = \kappa_s \sin\beta, \quad \lambda = \mu(D^2 - 2) \\ D^2 = \dfrac{c_p^2}{c_s^2}, \quad v_p^2 = 1 - \dfrac{c^2}{c_p^2}, \quad r_s^2 = \dfrac{c^2}{c_s^2} - 1 = \dfrac{1}{\sin^2\beta} - 1 = \cot^2\beta \end{cases} \tag{A3.50}$$

对式(A3.49)化简，消去不恒为零的指数函数，得

$$\begin{cases} (1 - r_s^2)a_2 + 2r_s a_4 = 2r_s a_3 \\ 2\mathrm{i}v_p a_2 + (r_s^2 - 1)a_4 = (1 - r_s^2)a_3 \end{cases} \tag{A3.51}$$

由式(A3.51)得到两个反射系数的复数解为

$$\frac{a_2}{a_3} = \frac{4r_s(1 - r_s^2)}{(1 - r_s^2)^2 + 4\mathrm{i}v_p r_s}, \quad \frac{a_4}{a_3} = -\frac{(1 - r_s^2)^2 - 4\mathrm{i}v_p r_s}{(1 - r_s^2)^2 + 4\mathrm{i}v_p r_s} \tag{A3.52}$$

上述分析表明：此时的反射 P 波沿 x_1 轴方向以视波速 $c = c_s/\sin\beta$ 传播，其幅值沿

x_2 呈指数衰减,属于**非均匀波**;反射 SV 波具有反射角 β,以波速 c_s 传播;由于其反射系数的分子和分母为共轭复数,即 $|a_4/a_3| = 1$,故其幅值与入射 SV 波相同,而相位角滞后量为 $2\mathrm{arccot}[4v_p r_s/(1 - r_s^2)^2]$。

注解 A3.5:根据上述分析,当 SV 波垂直入射到固定界面或自由界面时,反射波是同幅值、同波数的 SV 波,但相位相同或相反;入射 SV 波与反射 SV 波可形成驻波。对于梁的弯曲波在固定端和自由端的反射,可视为上述情况的特例。若梁的端面与梁的轴线不垂直,则弯曲波在端面反射后含有纵波。

A3.2　SH 波的反射

根据图 A5,将 SH 波的位移分量记为 $u_3(x_1, x_2, t)$。根据式(A2.8),存在两个位移势函数 $\psi_1(x_1, x_2, t)$ 和 $\psi_2(x_1, x_2, t)$,进而可将该位移表示为

$$u_3(x_1, x_2, t) = \frac{\partial \psi_1}{\partial x_2} - \frac{\partial \psi_2}{\partial x_1} \tag{A3.53}$$

而这两个势函数需满足规范化条件

$$\frac{\partial \psi_1}{\partial x_1} + \frac{\partial \psi_2}{\partial x_2} = 0 \tag{A3.54}$$

由于这两个位移势函数中只有一个是独立的,因此可考虑用一个势函数来表示位移。

引入新势函数 $\psi(x_1, x_2, t)$,满足如下波动方程:

$$c_s^2 \nabla^2 \psi(x_1, x_2, t) - \frac{\partial^2 \psi(x_1, x_2, t)}{\partial t^2} = 0 \tag{A3.55}$$

用 $\psi(x_1, x_2, t)$ 来表示势函数 $\psi_1(x_1, x_2, t)$ 和 $\psi_2(x_1, x_2, t)$,则其满足规范化条件

$$\psi_1 = \frac{\partial \psi}{\partial x_2}, \quad \psi_2 = -\frac{\partial \psi}{\partial x_1} \Rightarrow \frac{\partial \psi_1}{\partial x_1} + \frac{\partial \psi_2}{\partial x_2} = \frac{\partial^2 \psi}{\partial x_1 \partial x_2} - \frac{\partial^2 \psi}{\partial x_2 \partial x_1} = 0 \tag{A3.56}$$

不难验证,$\psi_1(x_1, x_2, t)$ 和 $\psi_2(x_1, x_2, t)$ 满足如下波动方程:

$$\begin{cases} c_s^2 \nabla^2 \psi_1(x_1, x_2, t) - \dfrac{\partial^2 \psi_1(x_1, x_2, t)}{\partial t^2} = \dfrac{\partial}{\partial x_2}\left[c_s^2 \nabla^2 \psi(x_1, x_2, t) - \dfrac{\partial^2 \psi(x_1, x_2, t)}{\partial t^2} \right] = 0 \\[4mm] c_s^2 \nabla^2 \psi_2(x_1, x_2, t) - \dfrac{\partial^2 \psi_2(x_1, x_2, t)}{\partial t^2} = -\dfrac{\partial}{\partial x_1}\left[c_s^2 \nabla^2 \psi(x_1, x_2, t) - \dfrac{\partial^2 \psi(x_1, x_2, t)}{\partial t^2} \right] = 0 \end{cases} \tag{A3.57}$$

因此,式(A3.53)可表示为

$$u_3(x_1, x_2, t) = \frac{\partial \psi_1}{\partial x_2} - \frac{\partial \psi_2}{\partial x_1} = \frac{\partial^2 \psi}{\partial x_2^2} + \frac{\partial^2 \psi}{\partial x_1^2} = \nabla^2 \psi(x_1, x_2, t) \tag{A3.58}$$

参考图 A5,入射 SH 波和反射 SH 波分别具有入射角 γ_1 和反射角 γ_2。 根据上述讨论,将它们对应的新势函数分别表示为

$$\begin{cases} \psi_5(x_1, x_2, t) = a_5 \exp[\,i\kappa_5(l_5 x_1 - m_5 x_2 - c_s t)\,] \\ \psi_6(x_1, x_2, t) = a_6 \exp[\,i\kappa_6(l_6 x_1 + m_6 x_2 - c_s t)\,] \end{cases} \tag{A3.59}$$

其中,$\kappa_j, j = 5, 6$ 是波数;l_j、$m_j, j = 5, 6$ 是波传播路径与坐标轴夹角的余弦,它们与上述入射角 γ_1 和反射角 γ_2 之间具有如下关系:

$$l_{j+4} = \sin \gamma_j, \quad m_{j+4} = \cos \gamma_j, \quad l_{j+4}^2 + m_{j+4}^2 = 1, \quad j = 1, 2 \tag{A3.60}$$

在图 A5 中,入射 SH 波的方向与 x_2 轴方向相反,故式(A3.59)中出现 $-m_5$。

根据式(A3.58)、式(A3.59)和式(A3.60),入射 SH 波和反射 SH 波叠加后在介质内产生的位移分量为

$$\begin{aligned} u_3(x_1, x_2, t) &= \nabla^2[\,\psi_5(x_1, x_2, t) + \psi_6(x_1, x_2, t)\,] \\ &= -\{\kappa_5^2 a_5 \exp[\,i\kappa_5(l_5 x_1 - m_5 x_2 - c_s t)\,] \\ &\quad + \kappa_6^2 a_6 \exp[\,i\kappa_6(l_6 x_1 + m_6 x_2 - c_s t)\,]\} \end{aligned} \tag{A3.61}$$

上述位移之和对应的非零应变分量之和为

$$\begin{cases} \varepsilon_{13} = \dfrac{1}{2} \dfrac{\partial u_3}{\partial x_1} = -\dfrac{i}{2}\{\kappa_5^3 l_5 a_5 \exp[\,i\kappa_5(l_5 x_1 - m_5 x_2 - c_s t)\,] \\ \qquad\qquad\qquad + \kappa_6^3 l_6 a_6 \exp[\,i\kappa_6(l_6 x_1 + m_6 x_2 - c_s t)\,]\} \\ \varepsilon_{23} = \dfrac{1}{2} \dfrac{\partial u_3}{\partial x_2} = -\dfrac{i}{2}\{-\kappa_5^3 m_5 a_5 \exp[\,i\kappa_5(l_5 x_1 - m_5 x_2 - c_s t)\,] \\ \qquad\qquad\qquad + \kappa_6^3 m_6 a_6 \exp[\,i\kappa_6(l_6 x_1 + m_6 x_2 - c_s t)\,]\} \end{cases} \tag{A3.62}$$

对应的非零应力分量之和为

$$\begin{cases} \sigma_{13} = 2\mu \varepsilon_{13} = -i\mu\{\kappa_5^3 l_5 a_5 \exp[\,i\kappa_5(l_5 x_1 - m_5 x_2 - c_s t)\,] \\ \qquad\qquad\qquad + \kappa_6^3 l_6 a_6 \exp[\,i\kappa_6(l_6 x_1 + m_6 x_2 - c_s t)\,]\} \\ \sigma_{23} = 2\mu \varepsilon_{23} = -i\mu\{-\kappa_5^3 m_5 a_5 \exp[\,i\kappa_5(l_5 x_1 - m_5 x_2 - c_s t)\,] \\ \qquad\qquad\qquad + \kappa_6^3 m_6 a_6 \exp[\,i\kappa_6(l_6 x_1 + m_6 x_2 - c_s t)\,]\} \end{cases} \tag{A3.63}$$

在求解 SH 波入射到半无限弹性介质界面的反射问题时,只需要一个界面条件,即沿 x_3 轴方向的位移协调条件或应力平衡条件。现对此分别进行讨论。

1. 固定界面

在固定界面上,入射波和反射波叠加后的水平位移为零,即

$$u_3(x_1, 0, t) = 0 \tag{A3.64}$$

将式(A3.61)代入式(A3.64),得

$$\kappa_5^2 a_5 \exp[\,i\kappa_5(l_5 x_1 - c_s t)\,] + \kappa_6^2 a_6 \exp[\,i\kappa_6(l_6 x_1 - c_s t)\,] = 0 \tag{A3.65}$$

由于式(A3.65)对任意时刻 t、任意坐标 x_1 均成立,故有

$$\kappa_5 c_s = \kappa_6 c_s, \quad \kappa_5 l_5 = \kappa_6 l_6 \quad \Rightarrow \quad \kappa_5 = \kappa_6, \quad l_5 = l_6 \tag{A3.66}$$

即入射 SH 波和反射 SH 波的波数相同,反射角与入射角也相同。

取物理意义更明确的参数

$$\kappa_5 = \kappa_6 \equiv \kappa_s, \quad \gamma_1 = \gamma_2 \equiv \gamma \tag{A3.67}$$

将式(A3.67)代入式(A3.65),消去不恒为零的指数函数,得

$$\kappa_s^2(a_5 + a_6) = 0 \quad \Rightarrow \quad a_6 = -a_5 \tag{A3.68}$$

这表明,反射 SH 波与入射 SH 波具有相同幅值,但相位相反。

现考察 SH 波的垂直入射问题。取 $\gamma = 0$,即 $l_5 = l_6 = 0$, $m_5 = m_6 = 1$,将其连同式 (A3.67)和式(A3.68)代入式(A3.61),可以验证水平位移之和为零,满足固定界面条件。将上述几式代入式(A3.63),得到入射 SH 波和反射 SH 波叠加后在介质内产生的剪应力分量为

$$\begin{cases} \sigma_{13}(x_1, x_2, t) = 0 \\ \sigma_{23}(x_1, x_2, t) = \mathrm{i}\mu\kappa_s^3 a_5 \{ \exp[\mathrm{i}\kappa_s(-x_2 - c_s t)] + \exp[\mathrm{i}\kappa_s(x_2 - c_s t)] \} \end{cases} \tag{A3.69}$$

在固定界面 $x_2 = 0$ 处,入射 SH 波和反射 SH 波叠加产生的非零剪应力等于入射 SH 波的非零剪应力翻倍,即

$$\sigma_{23}(x_1, 0, t) = 2\mathrm{i}\mu\kappa_s^3 a_5 \exp(-\mathrm{i}\kappa_s c_s t) \tag{A3.70}$$

2. 自由界面

在自由界面上,入射波和反射波叠加产生的剪应力为零,即

$$\sigma_{23}(x_1, 0, t) = 0 \tag{A3.71}$$

将式(A3.63)中第二式代入式(A3.71),得

$$-\kappa_5^3 m_5 a_5 \exp[\mathrm{i}\kappa_5(l_5 x_1 - c_s t)] + \kappa_6^3 m_6 a_6 \exp[\mathrm{i}\kappa_6(l_6 x_1 - c_s t)] = 0 \tag{A3.72}$$

式(A3.72)对任意时刻 t、任意坐标 x_1 均成立,故再次得到式(A3.66)和式(A3.67)。将它们代入式(A3.72),消去不恒为零的指数函数,得

$$\kappa_s^3(a_6 - a_5)\cos\gamma = 0 \tag{A3.73}$$

若不考虑掠入射,则入射角满足 $0 \leqslant \gamma < \pi/2$,即 $\cos\gamma \neq 0$。由式(A3.73)得到 $a_6 = a_5$,即反射 SH 波与入射 SH 波完全相同。将该结果代入式(A3.61),得到入射 SH 波和反射 SH 波叠加后在介质内产生的位移分量为

$$\begin{aligned} u_3(x_1, x_2, t) = -\kappa_s^2 a_5 \{ &\exp[\mathrm{i}\kappa_s(x_1\sin\gamma - x_2\cos\gamma - c_s t)] \\ &+ \exp[\mathrm{i}\kappa_s(x_1\sin\gamma + x_2\cos\gamma - c_s t)] \} \end{aligned} \tag{A3.74}$$

对于垂直入射问题,取 $\gamma = 0$,将式(A3.74)简化为

$$u_3(x_1, x_2, t) = -\kappa_s^2 a_5 \{\exp[i\kappa_s(-x_2 - c_s t)] + \exp[i\kappa_s(x_2 - c_s t)]\} \quad (A3.75)$$

在自由界面 $x_2 = 0$ 处，入射 SH 波和反射 SH 波叠加，使总的水平位移翻倍，其结果为

$$u_3(x_1, x_2, t) = -2\kappa_s^2 a_5 \exp(-i\kappa_s c_s t) \quad (A3.76)$$

综合 A3.1 节和 A3.2 节的讨论，现将简谐平面波在半无限弹性介质与真空界面处的主要反射规律归纳为表 A1，其中反射引起的位移和应力翻倍结果均仅限于在界面上，式中的上标 (I) 代表入射波。

表 A1 半无限弹性介质界面处的平面波反射规律

入 射 波	垂直入射固定界面的反射	垂直入射自由界面的反射	一般入射自由界面的反射
P	P, $a_2 = a_1$, $\sigma_{22} = 2\sigma_{22}^{(I)}$	P, $a_2 = -a_1$, $u_2 = 2u_2^{(I)}$	P 和 SV，或波形全转换
SV	SV, $a_4 = a_3$, $\sigma_{21} = 2\sigma_{21}^{(I)}$	SV, $a_4 = -a_3$, $u_1 = 2u_1^{(I)}$	P 和 SV，或波形全转换
SH	SH, $a_6 = -a_5$, $\sigma_{23} = 2\sigma_{23}^{(I)}$	SH, $a_6 = a_5$, $u_3 = 2u_3^{(I)}$	SH

至此，本节已完成对简谐平面波在半无限弹性介质与真空界面处反射问题的讨论。对于简谐平面波在两种不同弹性介质界面处的传播问题，可类似进行分析。这两类问题具有如下共性之处：一是均满足 Snell 定律，可由两种介质各自的波速比确定反射角和折射角；二是 P 波和 SV 波不会与 SH 波相互激发。不同之处是：在第二类问题中。入射波不仅产生反射，还产生折射，导致推导较为繁琐。以入射 P 波为例，不仅需要考虑反射 P 波和反射 SV 波，还需考虑折射 P 波和折射 SV 波，因此要联立求解四阶线性代数方程，进而获得两个反射系数和两个折射系数。

A3.3 Rayleigh 表面波

根据 A2.1 节对非均匀平面波的讨论，当视波速满足 $c < c_s$ 时，在弹性介质中会同时存在非均匀 P 波和非均匀 SV 波，其幅值呈指数衰减。这种波乍看似乎不太重要。然而，1887 年英国物理学家 Rayleigh 发现：在一定条件下，这两种 P 波和 SV 波可叠加成一种表面波，传播到很远。这就是著名的 **Rayleigh 表面波**，或简称为 **Rayleigh 波**。

现根据图 A5 的坐标系讨论该问题，即 $x_2 = 0$ 为半无限弹性介质与真空的界面，非均匀 P 波和非均匀 SV 波在半无限介质 $x_2 \geq 0$ 中传播。根据式（A2.23）和式（A2.29），上述两种波的势函数分别为

$$\begin{cases} \varphi(x_1, x_2, t) = a\exp\left[-\kappa\sqrt{1-(c/c_p)^2}\,x_2\right]\exp[i\kappa(x_1 - ct)] \\ \psi_3(x_1, x_2, t) = b\exp\left[-\kappa\sqrt{1-(c/c_s)^2}\,x_2\right]\exp[i\kappa(x_1 - ct)] \end{cases} \quad (A3.77)$$

式中，c 和 κ 是待定的视波速和波数。这样合成的波是否存在，取决于是否有实数 $c < c_s$ 作为视波速。

为了推导方便，引入如下常数：

$$\begin{cases} r \equiv \kappa\sqrt{1-(c/c_p)^2} \\ s \equiv \kappa\sqrt{1-(c/c_s)^2} \end{cases} \quad (A3.78)$$

将式(A3.77)表示为

$$\begin{cases} \varphi(x_1,\ x_2,\ t) = a\exp[-rx_2 + \mathrm{i}\kappa(x_1 - ct)] \\ \psi_3(x_1,\ x_2,\ t) = b\exp[-sx_2 + \mathrm{i}\kappa(x_1 - ct)] \end{cases} \qquad (\mathrm{A3.79})$$

根据式(A3.79),上述波动的位移分量为

$$\begin{cases} u_1(x_1,\ x_2,\ t) = \dfrac{\partial \varphi}{\partial x_1} + \dfrac{\partial \psi_3}{\partial x_2} = \mathrm{i}\kappa\varphi - s\psi \\[2mm] u_2(x_1,\ x_2,\ t) = \dfrac{\partial \varphi}{\partial x_2} - \dfrac{\partial \psi_3}{\partial x_1} = -r\varphi - \mathrm{i}\kappa\psi \end{cases} \qquad (\mathrm{A3.80})$$

将式(A3.80)代入式(A1.1),得到对应的应变分量为

$$\begin{cases} \varepsilon_{11}(x_1,\ x_2,\ t) = -\kappa^2\varphi - \mathrm{i}\kappa s\psi_3 \\ \varepsilon_{22}(x_1,\ x_2,\ t) = r^2\varphi + \mathrm{i}\kappa s\psi_3 \\ \varepsilon_{21}(x_1,\ x_2,\ t) = -\mathrm{i}r\kappa\varphi + (s^2 + \kappa^2)\psi_3/2 \end{cases} \qquad (\mathrm{A3.81})$$

再将式(A3.81)代入式(A1.3),得到后续分析所需的应力分量为

$$\begin{cases} \sigma_{22} = -(\lambda + 2\mu)(r^2\varphi + \mathrm{i}\kappa s\psi_3) + \lambda(\kappa^2\varphi + \mathrm{i}\kappa s\psi_3) \\ \sigma_{21} = -2\mathrm{i}\mu r\kappa\varphi + \mu(s^2 + \kappa^2)\psi_3 \end{cases} \qquad (\mathrm{A3.82})$$

将式(A3.82)和式(A3.79)代入自由界面的应力条件,即

$$\sigma_{22}(x_1,\ 0,\ t) = 0, \quad \sigma_{21}(x_1,\ 0,\ t) = 0 \qquad (\mathrm{A3.83})$$

消去不恒为零的指数函数,得

$$\begin{cases} [(\lambda + 2\mu)r^2 - \lambda\kappa^2]a + 2\mathrm{i}\kappa\mu sb = 0 \\ -2\mathrm{i}r\kappa a + (s^2 + \kappa^2)b = 0 \end{cases} \qquad (\mathrm{A3.84})$$

式(A3.84)有非零解的充分必要条件是

$$[(\lambda + 2\mu)r^2 - \lambda\kappa^2](s^2 + \kappa^2) - 4\kappa^2\mu rs = 0 \qquad (\mathrm{A3.85})$$

为了便于讨论,将式(A3.85)两端同除以 $\mu\kappa^4$ 并利用式(A3.10),得

$$\left[D^2\left(\frac{r}{\kappa}\right)^2 - \frac{\lambda}{\mu}\right]\left[1 + \left(\frac{s}{\kappa}\right)^2\right] - 4\left(\frac{r}{\kappa}\right)\left(\frac{s}{\kappa}\right) = 0 \qquad (\mathrm{A3.86})$$

将式(A3.78)代入上式,再次利用式(A3.10),得

$$\left\{D^2\left[1 - \left(\frac{c}{c_p}\right)^2\right] - \frac{\lambda}{\mu}\right\}\left[1 + 1 - \left(\frac{c}{c_s}\right)^2\right] - 4\left[1 - \left(\frac{c}{c_p}\right)^2\right]^{\frac{1}{2}}\left[1 - \left(\frac{c}{c_s}\right)^2\right]^{\frac{1}{2}}$$

$$= \left[D^2 - \left(\frac{c}{c_s}\right)^2 - \frac{\lambda}{\mu}\right]\left[2 - \left(\frac{c}{c_s}\right)^2\right] - 4\left[1 - \frac{1}{D^2}\left(\frac{c}{c_s}\right)^2\right]^{\frac{1}{2}}\left[1 - \left(\frac{c}{c_s}\right)^2\right]^{\frac{1}{2}}$$

$$= \left[2 - \left(\frac{c}{c_s} \right)^2 \right]^2 - 4 \left[1 - \frac{1}{D^2} \left(\frac{c}{c_s} \right)^2 \right]^{1/2} \left[1 - \left(\frac{c}{c_s} \right)^2 \right]^{1/2} = 0 \qquad (A3.87)$$

引入新参数 $\xi^2 \equiv (c/c_s)^2$，将式(A3.87)改写为

$$(2 - \xi^2)^2 = 4 \left(1 - \frac{1}{D^2} \xi^2 \right)^{1/2} (1 - \xi^2)^{1/2} \qquad (A3.88)$$

将式(A3.88)两端平方，得到关于 ξ^2 的四次代数方程，即

$$\xi^2 f(\xi^2) = 0, \quad f(\xi^2) \equiv \left[\xi^6 - 8\xi^4 + \left(24 - \frac{16}{D^2} \right) \xi^2 + 16 \left(\frac{1}{D^2} - 1 \right) \right] = 0 \quad (A3.89)$$

排除零解，根据 $f(0) = 16(1/D^2 - 1) < 0$ 和 $f(1) = 1 > 0$ 可知，三次代数方程 $f(\xi^2) = 0$ 在区间 $\xi^2 \in (0, 1)$ 内有实根 ξ_R^2，从而有

$$\begin{cases} \xi_R = \left[\dfrac{8}{3} - \dfrac{\delta}{3(1 - \nu)} + \dfrac{3(5\nu - 2)}{8\delta} \right]^{1/2} \\ \delta \equiv \left[(1 - \nu)^2 \left(224\nu - 44 + 12 \sqrt{\dfrac{96\nu^3 - 48\nu^2 + 63\nu - 15}{1 - \nu}} \right) \right]^{1/3} \end{cases} \qquad (A3.90)$$

因此，存在实数 $\xi_R c_s < c_s$ 作为波速，使式(A3.78)和式(A3.77)成立。

根据上述分析，定义满足如下波速关系的 **Rayleigh 波速**：

$$c_R \equiv \xi_R c_s < c_s < c_P \qquad (A3.91)$$

对于传统弹性介质的 Poisson 比 $\nu \in [0, 0.5]$，可证明 ξ_R 是三次代数方程 $f(\xi) = 0$ 在区间 $\xi \in (0, 1)$ 内的唯一实根[①]，即 Rayleigh 波速是唯一的。

鉴于上述三次代数方程根的表达式过于复杂，以下对数值计算结果进行讨论。由图 A10(a)可见，ξ_R 关于介质 Poisson 比 ν 单调递增。以 $\nu = 0.25$ 为例，可得到 $c_R = 0.919\,4 c_s$。图 A10(b)则给出随着 Poisson 比 ν 增加，无量纲化的 SV 波速和 Rayleigh 波速的比较。如果以地震传播为例，P 波最快，SV 波其次，Rayleigh 波最慢；而它们的差异随着

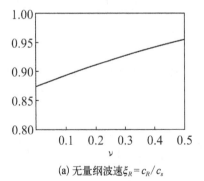

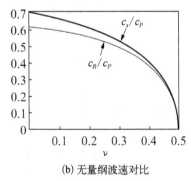

(a) 无量纲波速 $\xi_R = c_R/c_s$ (b) 无量纲波速对比

图 A10 无量纲 Rayleigh 波速随 Poisson 比 ν 的变化

① 盖秉政. 弹性力学[M]. 哈尔滨：哈尔滨工业大学出版社, 2009：537 - 542.

Poisson 比 $\nu \to 0.5$ 而消失。

注解 A3.6：由式（A3.90）可见，ξ_R 只取决于介质的 Poisson 比，与振动频率无关。因此，Rayleigh 波的波速与频率无关，即该波无频散现象。

以下证明，在 Rayleigh 波传播过程中，质点运动轨迹是随着时间增加而逆时针演化的椭圆。根据式（A3.84）的第二式，将振幅 b 表示为

$$b = \frac{2\mathrm{i}r\kappa a}{\kappa^2 + s^2} \tag{A3.92}$$

将其代入式（A3.80），得

$$\begin{cases} u_1(x_1, x_2, t) = \mathrm{i}\kappa a \left[\exp(-rx_2) - \dfrac{2rs}{\kappa^2 + s^2}\exp(-sx_2) \right] \exp[\mathrm{i}\kappa(x_1 - c_R t)] \\ u_2(x_1, x_2, t) = \kappa a \left[-\dfrac{r}{\kappa}\exp(-rx_2) + \dfrac{2r\kappa}{\kappa^2 + s^2}\exp(-sx_2) \right] \exp[\mathrm{i}\kappa(x_1 - c_R t)] \end{cases} \tag{A3.93}$$

对于给定的质点位置 (x_1, x_2)，式（A3.93）对应的实部为如下椭圆参数方程：

$$\begin{cases} u_1(x_1, x_2, t) = -\kappa a \left[\exp(-rx_2) - \dfrac{2rs}{\kappa^2 + s^2}\exp(-sx_2) \right] \sin[\kappa(x_1 - c_R t)] \\ u_2(x_1, x_2, t) = \kappa a \left[-\dfrac{r}{\kappa}\exp(-rx_2) + \dfrac{2r\kappa}{\kappa^2 + s^2}\exp(-sx_2) \right] \cos[\kappa(x_1 - c_R t)] \end{cases} \tag{A3.94}$$

现考察自由界面上的质点运动，将 $x_2 = 0$ 代入式（A3.94），得到质点位移分量随时间增加而逆时针演化的椭圆参数方程，即

$$\begin{cases} u_1(x_1, 0, t) = \kappa a \left(\dfrac{2rs}{\kappa^2 + s^2} - 1 \right) \sin[\kappa(x_1 - c_R t)] \\ u_2(x_1, 0, t) = \kappa a \left(\dfrac{2r\kappa}{\kappa^2 + s^2} - \dfrac{r}{\kappa} \right) \cos[\kappa(x_1 - c_R t)] \end{cases} \tag{A3.95}$$

以 $\nu = 0.25$ 为例，可计算出 $c_p = 1.732 c_s$ 和 $c_R = 0.919\,4 c_s$，进而得

$$\begin{cases} u_1(x_1, 0, t) = -0.422\,7\kappa a \sin[\kappa(x_1 - 0.919\,4 c_s t)] \\ u_2(x_1, 0, t) = 0.620\,4\kappa a \cos[\kappa(x_1 - 0.919\,4 c_s t)] \end{cases} \tag{A3.96}$$

对于给定的介质 Poisson 比 ν，视横波波速 $c_s = \sqrt{G/\rho}$ 为常数，通过式（A3.10）得到纵波波速 c_p，由式（A3.90）和式（A3.91）计算 Rayleigh 波速 c_R；再通过式（A3.78）计算 r/κ 和 s/κ，最后由式（A3.95）得到无量纲的水平和垂向位移振幅为

$$\left| \frac{u_{1\max}}{\kappa a} \right| = \left| \frac{2(r/\kappa)(s/\kappa)}{1 + (s/\kappa)^2} - 1 \right|, \quad \left| \frac{u_{2\max}}{\kappa a} \right| = \left| \frac{2(r/\kappa)}{1 + (s/\kappa)^2} - \frac{r}{\kappa} \right| \tag{A3.97}$$

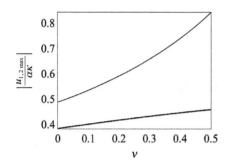

图 A11 无量纲振幅随 Poisson
比的变化

（粗实线：水平位移；细实线：垂向位移）

图 A11 是上述无量纲振幅随介质 Poisson 比变化的情况，其中垂向振幅远大于水平振幅。在地震中，由于 Rayleigh 波的垂向振幅大，破坏力也最大。鉴于它传播速度低，人们已尝试获得地震后最先抵达观测点的 P 波，在波速最低的 Rayleigh 波到来之前，通过信息技术来紧急告警。

注解 A3.7：上述 Rayleigh 波发生在弹性介质与真空界面处，由非均匀 P 波和非均匀 SV 波联合作用而形成。1924 年，英国地震学家 Stoneley 发现，在两种波速相近的弹性介质的界面附近，非均匀 P 波和非均匀 SV 波联合作用也会形成表面波。这种波被称为 **Stoneley 波**，其波速高于 Rayleigh 波速，低于两种弹性介质的剪切波波速。Stoneley 波与 Rayleigh 的基本属性相同，都是非频散波。

注解 A3.8：1911 年，英国力学家 Love 发现，如果在半无限弹性介质与真空的界面上布置等厚度的弹性覆盖层，则由弹性介质折射到弹性覆盖层的波会在覆盖层的两个界面之间来回反射，通过干涉形成表面波。这种波被称为 **Love 波**。如果记弹性介质的剪切波波速为 c_s，弹性覆盖层的剪切波波速为 c'_s，当 $c'_s < c_s$ 时，则有从弹性介质折射到弹性覆盖层的 SH 波，在层内形成波速为 $c(\kappa) \in (c'_s, c_s)$ 的 Love 波。由于该波速依赖波数，因此 Love 波具有频散，有别于 Rayleigh 波和 Stoneley 波。

参考文献

陈滨,2012.分析动力学[M].第 2 版.北京：北京大学出版社.

戴宏亮,2014.弹性动力学[M].长沙：湖南大学出版社.

甘特马赫,克列因,2008.振荡矩阵、振荡核和力学系统的微振动[M].王其申,译.合肥：中国科学技术大学出版社.

胡海昌,1987.多自由度结构固有振动理论[M].北京：科学出版社.

胡海岩,1998.机械振动与冲击[M].北京：航空工业出版社.

胡海岩,2013.科学与艺术演讲录[M].北京：国防工业出版社.

胡海岩,程德林,王莱,1986.含中心点的循环对称结构振动研究[C].上海：第二届全国计算力学会议论文：2 - 236.

胡海岩,程德林,1986.循环对称结构振动分析的广义模态综合法[J].振动与冲击,5(4)：1 - 7.

胡海岩,程德林,1988.循环对称结构固有模态特征[J].应用力学学报,5(3)：1 - 8.

胡海岩,1993.结构阻尼模型及其系统时域动响应[J].应用力学学报,10(1)：34 - 43.

胡海岩,2018.论固有振型的节点规律[J].动力学与控制学报,16(3)：193 - 200.

胡海岩,2018.论线性系统的反共振问题[J].动力学与控制学报,16(5)：385 - 390.

胡海岩,2018.论力学系统的自由度[J].力学学报,50(5)：1135 - 1144.

胡海岩,2020.梁在固有振动中的对偶关系[J].力学学报,52(1)：139 - 149.

胡海岩,2020.杆在固有振动中的对偶关系[J].动力学与控制学报,18(2)：1 - 8.

金斯伯格,2005.机械与结构振动[M].白化同,李俊宝,译.北京：中国宇航出版社.

柯朗,希尔伯特,1981.数学物理方法 Ⅰ[M].钱敏,郭敦仁,译.北京：科学出版社.

柯朗,希尔伯特,1981.数学物理方法 Ⅱ[M].钱敏,郭敦仁,译.北京：科学出版社.

吴崇建,2019.波传播法解析结构振动[M].哈尔滨：哈尔滨工程大学出版社.

郑钢铁,2016.结构动力学续篇——在飞行器设计中的应用[M].北京：科学出版社.

Abrate S, 1995. Vibration of non-uniform rods and beams [J]. Journal of Sound and Vibration, 185(4)：703 - 716.

Achenbach J D, 1973. Wave propagation in elastic solids [M]. Amsterdam：North-Holland Publishing Company.

Balachandran B, Magrab E B, 2019. Vibrations[M]. 3rd edition. Cambridge：Cambridge University Press.

Doyle J F, 1997. Wave propagation in structures [M]. New York：Springer-Verlag.

Elishakoff I, Kaplunov J, Nolde E, 2015. Celebrating the centenary of Timoshenko's study of effects of shear deformation and rotary inertia [J]. Applied Mechanics Reviews, 67(6)：060802.

Eringen A C, Suhubi E S, 1975. Elastodynamics, Volume 2 [M]. New York：Academic Press.

Evensen D A, 1976. Vibration analysis of multi-symmetric structures [J]. AIAA Journal, 14(4)：446 - 453.

Guo S Q, Yang S P, 2012. Wave motions in non-uniform one-dimensional waveguides [J]. Journal of Vibration and Control, 18(1): 92 - 100.

Graff K F, 1975. Wave motion in elastic solids [M]. Columbus: Ohio State University Press.

Greenwood D T, 2003. Advanced dynamics [M]. Cambridge: Cambridge University Press.

Hagedorn P, Das Gupta A, 2007. Vibrations and waves in continuous mechanical systems [M]. Chichester: John Wiley & Sons Ltd.

Joshi A W, 1977. Elements of group theory for physicists [M]. New Delhi: Wiley Eastern.

Lee T, Leok M, McClamroch N H, 2018. Global formulations of Lagrangian and Hamiltonian dynamics on manifolds [M]. New York: Springer-Verlag.

Marsden J E, Ratiu T S, 1999. Introduction to mechanics and symmetry [M]. 2nd edition. New York: Springer-Verlag.

Rao S S, 2007. Vibration of continuous systems [M]. Hoboken: John Wiley & Sons.

Ram Y M, Elhay S, 1995. Dualities in vibrating rods and beams: continuous and discrete models [J]. Journal of Sound and Vibration, 184(5): 648 - 655.

Stronge W J, 2000. Impact mechanics [M]. Cambridge: Cambridge University Press.

Stewart I, Golubitsky M, 1992. Fearful symmetry [M]. Oxford: Blackwell Publishe.

Thomas D L, 1979. Dynamics of rotationally periodic structures [J]. International Journal of Numerical Methods in Engineering, 14(1): 81 - 102.

Wang D J, Wang Q S, He B C, 2019. Qualitative theory in structural mechanics [M]. Singapore: Springer Nature.

名词索引

（按英语字母、汉语拼音排序）